普通高等教育"十四五"规划教材

发酵食品工艺学

第 2 版

王　君　主编
王晓闻　主审

中国农业大学出版社
· 北京 ·

内 容 简 介

本教材全面、系统地介绍了发酵食品的起源、种类、特点，传统和新型发酵食品的生产工艺、传统工艺的改革及安全生产质量控制体系等知识，内容包括啤酒、葡萄酒、白酒等酒类的生产，食醋、酱油、味精等调味品的生产，有机酸、增稠剂、微生物防腐剂、天然食用色素等食品添加剂的生产，发酵乳制品、发酵豆制品、发酵果蔬产品等的生产，现代微生物制剂的生产，现代物流的应用，发酵副产品的综合利用。

本教材既可作为相关院校食品科学与工程类、生物工程类专业及其他相关专业的教学用书，也可作为研究生的教学教材和实践参考书，同时可供其他生产企业或广大发酵食品爱好者阅读。

图书在版编目(CIP)数据

发酵食品工艺学/王君主编. -- 2 版 . --北京：中国农业大学出版社，2025. 3.
ISBN 978-7-5655-3355-6

Ⅰ. TS26

中国国家版本馆 CIP 数据核字第 2025JU4900 号

书　　名　发酵食品工艺学　第 2 版
Fajiao Shipin Gongyixue
作　　者　王　君　主编　　王晓闻　主审

策划编辑　魏　巍　　**责任编辑**　翟海汝
封面设计　郑　川　李尘工作室
出版发行　中国农业大学出版社
社　　址　北京市海淀区圆明园西路 2 号　　**邮政编码**　100193
电　　话　发行部 010-62733489，1190　　读者服务部 010-62732336
编辑部 010-62732617，2618　　出　版　部 010-62733440
网　　址　http://www.caupress.cn　　**E-mail**　cbsszs@cau.edu.cn
经　　销　新华书店
印　　刷　天津鑫丰华印务有限公司
版　　次　2025 年 3 月第 2 版　　2025 年 3 月第 1 次印刷
规　　格　185 mm×260 mm　16 开本　30 印张　741 千字
定　　价　76.00 元

第2版编审人员

主　编　王　君　山西农业大学

参　编　（按姓氏笔画排序）

王家东　信阳农林学院
石建春　山西农业大学
田　辉　兰州理工大学
冯亚运　安阳工学院
朱　强　云南农业大学
刘　敏　山西农业大学
许　女　山西农业大学
李永强　云南农业大学
张　宝　江西农业大学
陈晋明　山西农业大学
武　陶　天津商业大学
罗　华　山西农业大学
聂志强　山西大学
靳建国　中国轻工业西安设计工程有限责任公司
薄　涛　山西大学
戴铭成　晋中信息学院

主　审　王晓闻　山西农业大学

第 1 版编写人员

主　　编　侯红萍

副 主 编　靳建国　傅　力　段开红　李大鹏

编写人员　（按姓氏笔画排序）

王　君　山西农业大学

石建春　山西农业大学

许　女　山西农业大学

李大鹏　黑龙江八一农垦大学

李永强　云南农业大学

张　宝　江西农业大学

陈晋明　山西农业大学

段开红　内蒙古农业大学

侯红萍　山西农业大学

章　斌　韩山师范学院

傅　力　韩山师范学院

靳建国　中国轻工业西安设计工程有限责任公司

戴铭成　内蒙古农业大学

第 2 版前言

发酵食品是人类祖先的智慧结晶，是一个具有悠久历史的、与现代科学融合发展的食品学科方向与领域，具有保护自然、抑菌、提高食品营养价值、改善食品的风味和结构、保健等作用。

我国发酵食品生产历史悠久，工艺独特，种类繁多，风味优美。我国的传统发酵食品是劳动人民历经千百年的传承和发展积累下来的重要财富，至今仍以其独特的魅力在国人的餐桌上盛行，在全球范围内的认可度不断提升。

《发酵食品工艺学》第 1 版自 2016 年发行以来，被国内多所院校的食品科学与工程类、生物工程类专业所使用，在充分肯定该教材的水平和质量的同时，也提出了许多不足和修改建议。为此，本教材在遵循第 1 版指导思想不变的基础上，理论与实际联系更为紧密，应用与学术并重，吐故纳新，紧跟科技与学科发展前沿，内容编排逻辑统一，补充丰富了发酵食品的新形态，力求让读者掌握传统发酵食品生产工艺的同时能了解其发展动态。

本次教材得以修订，首先，感谢第 1 版主编侯红萍教授倾心以授，定格本书以基本理论为基础，应用实践为导向，本次修订将继续秉承这一特点；其次，邀请几位长期从事发酵食品教学、科研以及工厂设计工作的学者、专家和教授加入，与第 1 版的大部分编写人员一起编写。具体编写分工如下：其中第一章第一节、第二节，第四章、第九章由王君编写；第一章第三节及第二章由张宝编写；第三章由薄涛编写；第五章、第十二章由李永强编写；第六章、第十四章由许女编写；第七章由聂志强编写；第八章由田辉编写；第十章由靳建国、王家东编写；第十一章由戴铭成编写；第十三章由武陶编写；第十五章、第二十章由石建春编写；第十六章由冯亚运编写；第十七章、第十八章由朱强编写；第十九章、第二十一章由陈晋明编写，全书最后由王君统稿，由王晓闻主审。文中二维码视频教学资源由王君、罗华、刘敏录制，由山西农业大学食品科学与工程学院提供并授权使用。

本教材内容丰富并有新意，理论联系实际且注重实用性，既可作为相关院校食品科学与工程类、生物工程类专业及其他相关专业的教材用书，也可作为研究生的教学教材和实践参考书，同时可供其他生产企业或广大发酵食品爱好者阅读。

本教材在编写过程中得到了许多同人的帮助与指点，也得到了山西省研究生教育创新计划项目和研究生精品教材项目《发酵食品工艺学》(2023JC08)的支持，在此一并表示感谢！由于编者水平有限以及时间仓促，书中难免有不妥或错误之处，敬请广大同行和其他读者批评指正！

编　者
2024 年 6 月

第1版前言

我国发酵食品生产历史悠久，工艺独特，种类繁多，风味优美，引领着日本、韩国等东方国家乃至世界各国发酵食品的发展方向。随着生物技术的发展，我国发酵食品生产技术和工艺得到了改革和完善，新的发酵食品层出不穷。归纳起来，发酵食品有五个优点：自然保护、抑菌、提高食品营养价值、改善食品的风味和结构、保健功能。所以说，发酵食品丰富了人们的日常生活，使人们在享受美味的同时，又得到了保健作用。目前，世界各国的发酵食品产销量逐年增加，相关学者也在努力地研究和开发新型的发酵食品。当今，经济全球化、信息化和网络化已成为一种趋势，而科技的进步推动着经济的发展，作为一名长期从事发酵食品教学和科研的工作者，笔者觉得出版一本既全面又前沿的《发酵食品工艺学》教材非常迫切而又实用，让读者在掌握传统发酵食品的生产工艺的同时能了解其发展动态。

本书全面、系统地介绍了发酵食品的起源、种类、特点，传统和新型发酵食品的生产工艺、传统工艺的改革及安全生产质量控制体系等知识，内容包括啤酒、葡萄酒、白酒等酒类的生产，食醋、酱油、味精等调味品的生产，有机酸、增稠剂、微生物防腐剂、微生物食用色素等食品添加剂的生产，发酵乳制品、发酵豆制品、发酵果蔬产品等的生产，现代物流的应用，发酵副产品的综合利用。体现了该书的科学性、适用性和先进性，为读者提供了丰富的发酵食品知识大餐。

本书的作者均为长期从事发酵食品教学、科研以及工厂设计工作的学者、专家和教授，其中第一章第一、二节，第十章第一节以及第十三章第四节由侯红萍编写；第一章第三节及第二章由张宝编写；第三、十一章由段开红、戴铭成编写；第四、九章由王君编写；第五、十二章由李永强编写；第六、十四章由许女编写；第七、八章由李大鹏编写；第十章第二、三、四节由靳建国编写；第十三章第一、二、三节由章斌编写；第十五、十九章由石建春编写；第十六、十七章由傅力编写；第十八、二十章由陈晋明编写，全书最后由天津科技大学肖冬光教授主审。

本书可作为相关院校生物工程专业、食品工程专业、食品质量与安全专业及其他相关专业的本科教材，也可供生产企业或广大发酵食品爱好者阅读。

本书在编写过程中得到许多同人的帮助与指点，在此一并表示感谢！由于编者水平有限以及时间仓促，书中难免有不妥或错误之处，敬请广大同行和读者批评指正！

编　者

2015年11月

目　　录

第一章　绪　　论

第一节　发酵食品概述

一、发酵与发酵工业

（一）发酵及其历史

发酵（fermentation）的英文来自拉丁语“*ferver*”，意思是“发泡”，描述的是果汁或谷物发酵时产生 CO_2 的现象，故传统意义上的发酵是指酵母菌在无氧条件下的呼吸过程，是生物获得能量的一种形式。随着人们对微生物的深入研究和利用，发酵被赋予了新的内涵，并且把可以引起发酵的酵母菌扩展到所有生物，故现代发酵的定义则是：生物为获得能量所进行的氧化还原反应的过程。从这个定义来看，地球上有了生命的同时也就有了发酵现象，即发酵的历史与地球上生命出现的历史相同。

但揭示发酵本质则是近 200 多年的历史，对此做出重大贡献的科学家有荷兰科学家安东·列文虎、法国微生物学家路易·巴斯德、德国生物学家罗伯特·科赫、丹麦科学家汉森、布雷菲尔德等。自从发酵本质被揭示以后，发酵技术不断革新，有了真正意义上的发酵工业，从此发酵工业得到了迅猛发展，发酵产品不断增加，生产规模日益扩大。

发酵工业的发展史可分为以下几个阶段：①天然发酵阶段（从史前至 19 世纪），其特点是作坊式生产、非纯种培养、产品质量不稳定；②纯培养技术的建立（19 世纪末至 20 世纪 30 年代），这是发酵史上的第一次技术进步，其特点是生产过程简单、规模不大、对设备要求不高；③通气搅拌技术的建立（20 世纪 40—70 年代），这是发酵史上的第二次技术进步，并开拓了庞大的抗生素发酵工业，建立了深层培养法发酵；④代谢控制发酵技术的建立（20 世纪 80 年代至 21 世纪初），这是发酵史上的第三次技术进步，此阶段可进行甾族化合物的转化，以代谢控制发酵生产谷氨酸、赖氨酸等；⑤基因工程阶段（21 世纪开始至今），其特点是可以定向育种、构建物种，如工程菌等。

（二）发酵工业及其范畴

发酵工业是指利用生物的生命活动产生的酶对无机或有机原料进行酶加工，获得产品的工业。实现发酵过程并获得发酵产品所必需的条件：①有某种适宜的微生物；②要保证或控制微生物进行代谢的各种条件；③微生物进行发酵的设备；④有将菌体或代谢产物提取出来，精制成产品的方法和设备。发酵工业分为食品发酵工业（food fermentation industry）和非食品发酵工业(non-food fermentation industry)。食品发酵工业包括酿酒工业、调味品工业、有机酸工业、氨基酸工业、酵母工业、酶制剂工业、食品添加剂工业、乳制品工业等。非食品发酵工业包括微生物冶金、煤或石油脱硫、污水处理等。发酵工业的具体内容如下。

(1)微生物菌体发酵　包括单细胞酵母、藻类、担子菌、疫苗、微生物杀虫剂等制品的生产。

(2)微生物酶发酵　包括淀粉酶、蛋白酶、果胶酶、纤维素酶、曲。

(3)微生物代谢产物发酵　初级代谢产物,如氨基酸、核苷酸、多糖、维生素等;次级代谢产物,如抗生素、毒素、激素、色素等。

(4)微生物的生物转化发酵　乙醇转化、甾体转化等。

(5)微生物特殊技能的利用,消除环境污染　活性污泥、保持生态平衡、微生物冶金。

发酵工业是一个既古老又年轻的工业,我国应用微生物发酵的历史悠久,今天现代生物技术又赋予它崭新的内涵和旺盛的生命力,它也成为高科技生物技术产业化的重要基础。改革开放以后,我国新型发酵工业发展非常迅速,取得了令世界瞩目的成绩。行业紧紧依靠科技创新,内引外联,逐步调整产业结构和产品结构,发展到今天在食品工业乃至整个国民经济中都占有着越来越重要的地位。目前,我国啤酒、味精、柠檬酸等产量均居世界第一位,其中柠檬酸的产量和出口量都居世界首位,淀粉糖的产量也居世界前列,还有酶制剂、酵母以及其他发酵制品也都有非常大的发展,因此我国已成为世界发酵工业大国。

二、发酵食品概况

(一)发酵食品及其保健作用

发酵食品是指人们利用有益微生物加工制造的一类食品,具有独特的风味,如啤酒、葡萄酒、黄酒、酸奶、干酪、酒酿、泡菜、酱油、食醋、豆豉等。目前市场上常见的发酵食品主要有谷物发酵制品、豆类发酵制品和乳类发酵制品。在发酵过程中,微生物能保留原来食物中的一些活性成分,如多糖、膳食纤维、生物类黄酮等对机体有保健作用的物质,还能分解某些对人体不利的因子,如豆类中的低聚糖、胀气因子、豆腥味物质等。微生物新陈代谢时产生的不少代谢产物,多数有调节机体生物功能的作用,能抑制体内有害物的产生。最新的研究表明,不少发酵食品对预防肿瘤的发生有奇特的作用。含有益生菌的发酵食品能保持肠道内各种微生物之间的菌群平衡,改善肠胃道功能,不少微生态制剂的保健食品就是利用这一特点制造的。

我国发酵食品历史悠久,影响着日本、朝鲜等东方国家,传统发酵食品制造中多采用酵母菌、霉菌和细菌等多种微生物进行固态自然发酵,目前已有纯种发酵工艺,产品风味浓郁、丰厚、独特。西方国家多使用细菌、酵母菌中的一种或几种进行液态纯种发酵,生产效率高,但产品味感较清、纯、淡薄,常加入水果混合料、各种香料或营养物质制成多种再造食品、功能食品等。

发酵食品主要有以下 5 个方面的优点。

①自然保护:发酵食品在常温下的保存时间通常要长于非发酵食品。传统的发酵食品大多是以促进自然保护、防腐、延长食品保存期、拓展在不同食用季的可食性为目的的。

②发酵过程中产生的酸能够降低环境的 pH,抑制其他微生物生长。

③经过发酵的食品营养价值有所提高。一些不能被人体利用的物质(如乳糖、棉子糖、水

苏糖等)经发酵后可转变成能被人体利用的形式,例如酸奶就比纯牛奶利于消化和吸收。薯类含有对人体有害的氰基化合物,经发酵后可使其转化成安全无毒的物质。

④经过发酵某些食品的风味和结构能得到有效改善。如木薯经发酵产生甘露醇和双乙酰而改善风味;酸奶发酵生成的乙醛、双乙酰和3-羟基丁酮等得到令人愉快的口感;蛋白酶水解酪蛋白使奶酪具有理想的柔软结构等。

⑤保健功能:发酵食品一般脂肪含量较低,发酵过程要消耗碳水化合物的能量,发酵食品的能量值比较低。对于欲控制热量摄入而减肥的人来说,发酵食品是首选的低热能食品。发酵食品中的保健成分包括:a. 对人体有益的微生物及酶,如乳酸菌、酵母菌、红曲霉等。b. 多肽与氨基酸,如腐乳、豆酱和豆豉是植物蛋白质的不完全降解产物,含有大量的多肽与氨基酸。c. 多糖与低聚糖。d. 抗氧化活性物质。e. 降低胆固醇及降血压物质。f. 其他对人体有益的物质,如B族维生素、亚油酸、亚麻酸、花生四烯酸、二十碳五烯酸、二十二碳六烯酸等。总之,小小的微生物为人类贡献了各种风味的发酵食品,这样我们既能享受饮食的乐趣,又能保健养生。

(二)发酵食品工业展望

1. 生物技术快速发展

自"十四五"伊始,中国明确提出"树立大食物观""构建多元化食物供给体系""发展未来食品制造",推动包括生物技术在内的战略性新兴产业发展,构建新的增长引擎。"大食物观"拓展了传统的食物边界,"新食品"应运而生。从耕地资源生产食物,转变为全方位、多途径开发食物资源,向植物、动物、微生物等要热量、要蛋白质,创新蛋白质来源、食品原料和食品工业配料,开发用于食品生产的细胞工厂,以科技手段赋能食品产业,拓展食品边界,运用新技术将更多的生产场景引入食品领域,成为"新食品"的关键推动力。基因工程和合成生物学的发展将为发酵技术带来更多的可能性。

基因工程又称分子克隆或重组DNA技术,是指用酶学方法,将异源基因与载体DNA在体外进行重组,将形成的重组基因转入受体细胞,使异源基因在其中复制表达,从而改造生物特性,大量生产出目标产物的高新技术。合成生物学是新的生命科学以工程化设计理念对生物体进行有目标的设计、改造乃至重新合成,也是从理解生命规律到设计生命体系的关键技术。通过合成生物学,研究人员可以设计和构建新的生物分子成分、途径和网络,并使用这些结构重新编程有机体,以获得工程细胞工厂。合成生物学允许通过使用程序化的单克隆细胞工厂、工程化的微生物联合体或无细胞生物合成平台来改进食品生产,并在提高资源转化效率、摆脱传统农牧业、解决食品安全与营养存在问题、克服传统食品技术带来的不可持续性问题等方面应用于未来食品生产。

2. 新型微生物的发现和利用

随着对微生物多样性的深入研究,未来将发现更多具有特殊代谢途径和产物合成能力的微生物。这些新型微生物可以用于生产更多种类的化合物,包括药物、生物燃料和新型材料等。围绕该方向可开展如下工作。

(1)微生物高通量和超高通量筛选技术　开发出针对微生物不同代谢产物、不同类型的高通量筛选平台;建立基于流式分选与微流控的超高通量筛选平台,通过机器人自动检测智能筛选系统，可实现每天上亿个菌株的筛选工作；可根据不同产物特性制订高通量分析策略，如紫外-可见光和荧光直接检测，酶联和化学反应间接检测，基于荧光生物传感器和荧光电化学传感器、拉曼和(近)红外等成像等技术。

(2)微生物群落的定向自组装　通过微生物数量和种类的变化规律，群落内物种相对丰度的弹性、新物种进化和微生物的互作关系，微生物与环境的互作关系，代谢物与微生物的关系，菌群感应和协调等内容研究，让微生物群落能自感知、自学习、自决策、自执行、自适应，实现定向风味和营养的酿造产品的高质量制造。

3. 自动化和智能化生产技术

随着自动化技术和人工智能的发展，未来的发酵过程将更加智能化和自动化。通过使用传感器、自动调控系统和数据分析算法，可以实时监测和优化发酵过程，提高生产效率和产品质量。如酿造单一工段装备机械化和自动化，酿造不同工段装备智能化，酿造生产全过程智能化等方向现在正在逐步取代传统手工制造模式。

4. 感知科学与技术

食品感知(sensory perception)科学是未来食品研究的重要领域。食品风味的最基本组成是酸、甜、苦、咸、鲜。味觉与想象力和情感相关，味觉是特有的感官，不同于视觉、听觉和触觉等有共同性的感官。2019 年 *Cell* 报道了酸味受体的鉴定结果，同时确定了酸、甜、苦、咸、鲜 5 种味道的神经元结构；2021 年冷热和触觉感知机制获得了诺贝尔奖生理学或医学奖。在应用研究领域，食品感知科学在酒产品上头和口干机理的鉴定方面得到了成功应用。首先，该研究建立宿醉动物模型，确定上头和口干指标；然后，开展行为学、体外脑组织培养高通量筛选技术、生化和生理学实验，明确宿醉的标志物和引起上头、口干的机理；最后，开展转化研究及人体大脑功能性核磁共振扫描。该研究成果为找出酒产品中引起上头和口干的物质成分，了解其造成宿醉反应的机制，并找到减轻饮后上头、口干的干预措施，为提升酒产品的饮后舒适度提供了重要指导。目前，食品感知科学虽然在基础研究领域获得了众多突破性进展，但是还有许多新的方向待探索、新的技术待发展，且必将面临许多新的挑战。

基于食品的感知科学研究，可开展如下几个方面的研究：①研究食品的感官特性和消费者的感觉；②探究感官交互作用和味觉多元性；③解析大脑处理化学和物理刺激过程，从而实现感官模拟；④理解感官的个体差异；⑤多学科交叉进行消费者行为分析；⑥评估感官/消费者的方法学。

5. 可持续发展和环境友好型发酵技术

未来的发酵技术将越来越注重可持续发展和环境保护，随着全球对可持续发展和环保意识的增强，节能减排成为了各个产业的重要目标。绿色生物制造技术(green biotechnology)是一种利用生物学和生物工程技术来开发和生产环境友好型产品和解决环境问题的技术领域。它涉及利用植物、微生物和其他生物体的生物化学过程，生产食品、药物、能源和其他化学物质，同时减少对环境的负面影响。围绕该领域可开展如下具体研究。

(1)改进发酵罐的设计和操作　生物发酵罐作为生产微生物制品的核心设备，其能耗和环境影响受到了广泛关注。改进发酵罐的设计和操作，能提高生产效率，同时对于促进整个行业的绿色转型具有重要意义。生物发酵是一个复杂的生物化学过程，它需要大量的能源来维持适宜的温度、pH 和搅拌，以确保微生物的生长和产物的形成。因此，优化这些条件是降低能源消耗的关键。现代发酵罐通过引入先进的控制系统和传感器，实现了对这些条件的精准控制。这样不仅提高了反应的转化率和产物的产率，而且减少了过度搅拌和能量浪费。为了全面评估生物发酵罐在可持续生产中的作用，生命周期评估可作为一个有力的工具。通过生命周期评估，科学家和工程师能够量化发酵罐在整个生命周期中的能源消耗和环境影响，从而识别改进的机会。通过整合创新技术和策略，这一重要的工业设备可以更加节能环保，进一步推动生物工程和制药行业向绿色可持续的方向发展。

(2)使用可再生资源　如农业副产品或废弃物、微生物细胞等不仅可以减少对化石资源的依赖，还可以减少生产过程中的碳排放。如酵母发酵溶胞产物、酿酒葡萄皮渣副产物等生产保健品和日用品的可持续利用可以减少对有限资源的依赖，降低环境污染。

综上所述，发酵食品营养价值极高，在我国已有上千年的历史，现在已普及朝鲜、日本及东南亚等，对亚洲乃至整个世界的饮食生活和健康起到了很重要的作用。然而，发酵食品虽然起源于我国，但是我国对其研究还不够深入：作为发酵食品，我国对其理想的发酵设备和参数、发酵过程中必需的微生物、发酵过程中所发生的生物和化学变化、原料和终产品的营养品质和感官等还未进行深入系统的研究；作为保健食品，其保健生理功能和生理活性成分的研究还有很大的研究空间。总之，未来发酵技术将朝着高效和科学生产、新型微生物的智能利用、基因工程和合成生物学的应用、可持续发展和环境友好型以及自动化和智能化等方向发展。这些发展趋势将促进发酵技术的创新和应用，为各个领域带来更多的机会和挑战。

第二节　食品发酵原理

一、食品发酵中的微生物及其作用

(一)发酵工业对微生物菌种的要求

1. 选择菌种应遵循的原则

选择菌种应遵循的原则：①培养基廉价、生长繁殖快、代谢产物的产量高；②在易于控制的条件下菌种能迅速生长和发酵，发酵周期短；③单产高的营养缺陷型突变株或调节突变型菌株或野生菌株；④选育抗噬菌体强的菌株；⑤菌种性能稳定、不易变异退化；⑥不产生任何有毒的生物活性物质和毒素。

2. 发酵工业所用菌种的总趋势

发酵工业所用菌种的总趋势：发酵菌→氧化菌；野生菌→变异菌；自然选育→代谢控制育种；诱发基因突变→基因重组。

(二)发酵工业中常用的微生物及其作用

工业生产常用的微生物有霉菌、细菌、酵母菌和放线菌。由于发酵工程的发展以及遗传工程的介入，藻类、病毒等也逐步成为工业生产的微生物。

1. 霉菌

霉菌分布广，地球的各个角落都有它们的踪迹。霉菌有着广泛的用途，尤其是在发酵工业中，可用于生产抗生素、酒精（又称乙醇）、有机酸、酶制剂等；在农业中，可用于生产饲料、赤霉素、生长激素、白僵菌剂（杀虫农药）、除草剂等。

霉菌的繁殖能力很强，繁殖方式多种多样，能进行无性繁殖和有性繁殖。在自然界中，霉菌主要依靠产生形形色色的无性或有性孢子进行繁殖，常见的有节孢子、厚垣孢子、孢囊孢子和分生孢子。霉菌的孢子具有小、轻、多、干以及形态色泽各异、休眠期长、抗逆性强等特点。这些特点有利于霉菌在自然界中随机播种和繁殖。对于人类的实践来说，这些特点有利于接种、扩大培养、菌种选育、保藏和鉴定等工作。

工业上常用的霉菌有：黑曲霉（*Aspergillus niger*）、红曲霉、木霉、青霉（*Penicillium*）、根霉、毛霉（*Mucor*）、犁头霉等。霉菌具有分解淀粉、蛋白质、纤维素、脂肪的能力。例如，可以将原料中的淀粉分解成糊精、低聚糖、双糖或单糖，将蛋白质分解成低分子含氮物或氨基酸，故常用于生产酒精、白酒、酶制剂、抗生素、有机酸、生长素及类固醇激素等。又如，鲁氏毛霉用于制作腐乳；总状毛霉用于制作豆豉；黑曲霉用来制作麸曲，用于酿酒、酿醋生产中；米曲霉（*Aspergillus oryzae*）用于酿造酱油等。

2. 酵母菌

酵母菌是一种单细胞真菌，在有氧和无氧环境下都能生存，属于兼性厌氧菌。在有氧的情况下，它把糖分解成二氧化碳和水，并产生能量，酵母菌生长较快。在缺乏氧气时，发酵型的酵母菌通过将糖类转化成为二氧化碳和酒精来获取能量。反应式如下：

$$C_6H_{12}O_6(\text{糖}) \longrightarrow 2C_2H_5OH(\text{酒精}) + 2CO_2 + \text{少量能量}$$

利用这一原理，酵母菌可以生产酒精、白酒或用于食醋生产的酒化过程中；在烤面包或蒸馒头的过程中，二氧化碳将面团发起，而酒精则挥发。酵母菌通常附着在富含糖类的环境中，比如葡萄、苹果、桃等水果或植物分泌物（如仙人掌的汁）中。

酵母本身是一种产品，通常以人类食用和作动物饲料的目的不同将其分为食用酵母和饲料酵母。食用酵母又被分为面包酵母、食品酵母、药用酵母等。

面包酵母又分压榨酵母、活性干酵母和快速活性干酵母。①压榨酵母：采用酿酒酵母生产的含水分 70%～73%的块状产品，呈淡黄色，具有紧密的结构且易粉碎，有较强的发面能力。在 4 ℃下可保藏 1 个月左右。②活性干酵母：采用酿酒酵母生产的含水分 8%左右、颗粒状、具有发面能力的干酵母产品。它采用具有耐干燥能力、发酵力稳定的酵母经培养得到鲜酵母，再经挤压成型和干燥而制成，发酵效果与压榨酵母相近。产品用真空或充惰性气体（如氮气或二氧化碳）的铝箔袋或金属罐包装，货架寿命为半年到 1 年。与压榨酵母相比，它具有保藏期长，不需低温保藏，运输和使用方便等优点。③快速活性干酵母：一种新型的具有快速高效发酵力的细小颗粒状（直径小于 1 mm）产品，水分含量为 4%～6%。它是在活性干酵母的基础上，采用遗传工程技术获得高度耐干燥的酿酒酵母菌株，经特殊的营养配比和严格的增殖培养条件以及采用流化床干燥设备干燥而得的。与活性干酵母相同，它采用真空或充惰性气体保藏，货架期为 1 年以上，颗粒较小，发酵力高，使用时无须先水化而可直接使用。

食品酵母不具有发酵力，供人类食用的干酵母粉或颗粒状产品，可通过回收啤酒厂的酵母泥或为了人类营养的要求专门培养并干燥而得。美国、日本及欧洲一些国家在普通的粮食制品如面包、蛋糕、饼干和烤饼中掺入5%左右的食用酵母粉以提高食品的营养价值。

药用酵母的制造方法和性质与食品酵母相同。由于它含有丰富的蛋白质、维生素和酶等生理活性物质，医药上将其制成酵母片如食母生片，用于治疗因不合理的饮食引起的消化不良症，体质衰弱的人服用后能起到一定程度的调整新陈代谢机能的作用。在酵母培养过程中，如添加一些特殊的元素制成含硒、铬等微量元素的酵母，对一些疾病具有一定的疗效。如含硒酵母可用于治疗克山病和大骨节病，并有一定防止细胞衰老的作用；含铬酵母可用于治疗糖尿病等。

饲料酵母通常用假丝酵母或脆壁克鲁维酵母经培养、干燥制成不具有发酵力、细胞呈死亡状态的粉末状或颗粒状产品。它含有丰富的蛋白质(30%～40%)、B族维生素、氨基酸等物质，被广泛用作动物饲料的蛋白质补充物。

3. 细菌

细菌广泛分布于土壤和水中，或与其他生物共生。细菌对环境、人类和动物既有利又有危害。一些细菌成为病原体，导致了破伤风、伤寒、肺炎、梅毒、霍乱和肺结核。在植物中，一些细菌导致了叶斑病、火疫病和萎蔫。感染方式包括接触、空气传播、食物、水和带菌微生物。但许多细菌被应用在发酵工业中，为人类造福。例如，醋的传统制造就是利用空气中的醋酸菌(*Acetic acid bacteria*)使酒转变成醋；利用细菌制造奶酪、泡菜、酸奶等；细菌也能够分泌多种抗生素，如链霉素即是由链霉菌(*Steptomyces*)所分泌的。细菌能降解多种有机化合物的能力也常被用来清除污染、废水处理等。由此可见，在生物科技领域中，细菌也有着广泛的运用，具体应用如下。

①枯草芽孢杆菌(*Bacillus subtilis*)生产蛋白酶、淀粉酶、5′-核苷酸酶、氨基酸、核苷等，例如枯草芽孢杆菌BF7658为生产淀粉酶的主要菌株，枯草芽孢杆菌AS1398为生产中性蛋白酶的主要菌株。

②丙酮丁醇梭状芽孢杆菌(*Clostridium acetobutylicum*)一般以玉米粉为原料生产丙酮、丁醇，还可生产乙醇、丁酸、乙酸等有机溶剂。

③德氏乳杆菌(*Lactobacillus delbruckii*)生产乳酸、乳酸钙。

④乳链球菌(*Streptococcus lactis*)可使葡萄糖发酵产生右旋乳糖，常用于乳制品工业及传统食品工业。

⑤肠膜状明串珠菌(*Leucanostoc mesenteroides*)是制药工业生产右旋糖苷的重要菌种。

⑥醋酸杆菌(*Acetobacter*)中有醋化醋酸杆菌(*Acetobacter aceti*)、巴氏醋酸杆菌(*Acetobacter pasteurianus*)、许氏醋酸杆菌(*Acetobacter schutzenbachii*)。弱氧化醋酸杆菌(*Acetobacter suboxydans*)可氧化乙醇为乙酸(又称醋酸)、氧化葡萄糖为葡萄糖酸、氧化山梨醇为山梨酸生产酒石酸。

⑦大肠杆菌(*Escherichia coli*)，利用其谷氨酸脱羧酶进行谷氨酸定量分析；生产天冬氨酸、苏氨酸、缬氨酸，医药工业中生产天冬酰胺酶，治疗白血病。

⑧北京棒状杆菌(*Crynebacterium pekinese*)为谷氨酸生产菌，北京棒状杆菌T6-13及其变种415均为我国生产谷氨酸的高产菌株。

⑨产氨短杆菌(*Brevibacterium ammoniagenes*)产生谷氨酸、缬氨酸、肌氨酸，常用于氨基酸和核苷酸的生产，也是酶法生产辅酶A(CoA)的菌株。

⑩保加利亚乳杆菌(*Lactobacillus bulgaricus*)、嗜热链球菌(*Streptoccus thermophilus*)、双歧杆菌(*Bifidobacterium bifidum*)、嗜酸乳杆菌(*Lactobacillus acidophilus*)等常用来生产发酵乳制品。

4. 放线菌

放线菌最大的经济价值在于能产生多种抗生素。从微生物中发现的抗生素有60%以上是放线菌产生的,如链霉素、金霉素、红霉素、庆大霉素等。常用的放线菌主要来自以下几个属:链霉菌属、小单孢菌属和诺卡氏菌属等。近年来也用放线菌生产氨基酸、核苷酸、维生素和酶制剂等。

(三)发酵食品生产过程中的物质变化

原料 —微生物或酶→ {淀粉分解、蛋白质分解、脂肪分解、半纤维素分解、……} —微生物或酶→ {醇类物质的形成、酸类物质的形成、酯类物质的形成、醛类物质的形成、缩醛类物质的形成、……} —陈酿与平衡→ 各种发酵食品

二、菌种的选育与保藏

(一)菌种的分离

发酵工业中的菌种来源:①向菌种保藏单位索取或购买;②分离与筛选新菌种(制订方案→采样→增殖→分离→发酵→性能测定)。

纯种分离技术有简单平板分离法、稀释分离法、涂布分离法等。

(二)菌种的选育

1. 自然选育

根据菌种自发突变的特点进行优良菌种筛选的过程称为自然选育。在实际生产中,由于各种因素的影响自然突变是经常发生的,故进行自然选育、淘汰衰退的菌株可达到纯化菌种、稳定生产和提高产量的目的。自然选育的程序:将菌种制成菌悬液,用稀释法在固体平板上分离单菌落,再分别测定单菌落的生产能力,从中选出高产菌株。

2. 诱变育种

(1)原理　通过物理或化学诱变剂的处理,使诱变对象内的遗传物质发生变化,筛选具有优良性状的变异菌株的过程。

(2)诱变因子　物理诱变因子为紫外线、α-射线、β-射线;化学诱变因子为亚硝基胍(nitrosoguanidine,NTG)、硫酸二乙酯(diethyl sulfate,DES);生物诱变因子为噬菌体(诱发抗性突变)。

(3)诱变育种的基本方法　诱变育种一般包括诱变和筛选两个部分,诱变是成功的关键。

诱变的程序:出发菌株的选择、诱变剂种类和剂量的选择以及合理的使用方法。筛选包括初筛和复筛,用于测定菌种的生产能力。

突变菌株的筛选过程:出发菌株的选择→诱变剂处理→初筛→复筛→发酵条件的优化。

①出发菌株的选择:选择原则——有一定的目的产物的生产能力;生长繁殖快,营养要求低、产孢子多且早;对诱变剂敏感,变异幅度大。

②诱变剂种类的选择:诱变剂包括单一诱变剂和复合诱变剂,两种诱变剂可选择先后分别处理,或同时多次处理。

③诱变剂剂量的选择:诱变剂的剂量与致死率有关,而致死率与诱变率有一定的关系。因此,可用致死率作为诱变剂剂量选择的依据。一般来说,诱变率随诱变剂剂量的增加而提高,但达到一定程度后,再提高剂量,诱变率反而下降,故一般选择致死率为70%～80%的剂量。

④初筛和复筛:诱变处理后,正向突变的菌株通常为少数,须进行大量的筛选才能获得高产菌株。经诱变后,菌种的性能有可能发生各种各样的变异,如营养变异、抗性变异、代谢变异、形态变异、生长繁殖变异和发酵温度变异等。这些变异的菌种可用各种方法筛选出来。

⑤发酵条件的优化:通过初筛和复筛后,还要经过发酵条件的优化研究,确定最佳的发酵条件,高产菌株的生产能力才能充分发挥。

3. 杂交育种

两个基因型不同的菌株通过结合使遗传物质重新组合,从中分离和筛选具有新性状的菌株的过程称为杂交育种。例如,真核微生物的有性杂交、准性生殖,原核生物的转化、转导、接合等,这些都是基因重组在细胞水平上的反映。

(1)转化　受体菌直接吸收外源(供体菌)DNA 片段而获得后者部分遗传性状的现象称为转化或转化作用。通过转化方式而形成的杂种后代称为转化子。受体菌最易接受外源 DNA 片段并进行转化的生理状态称为感受态(competence)。

(2)转导　通过缺陷噬菌体为媒介,把供体菌的小片段 DNA 携带到受体菌中,通过交换和整合,使后者获得前者部分遗传性状的现象称为转导。通过转导作用而获得部分新性状的受体细胞称为转导子。

(3)接合　供体菌(雄性菌)通过性菌毛与受体菌(雌性菌)直接接触,把 F 质粒或其携带的不同长度的基因组片段传递给后者,使后者获得若干新遗传性状的现象,或雄性菌通过性菌毛,将遗传物质(主要是 F 质粒)转移到雌性菌的过程称为接合。通过接合而获得新遗传性状的受体细胞称为接合子。

4. 分子育种

将供体 DNA 上的基因,在体外重组于载体 DNA 上,再转移到受体细胞中,使其复制、转录和翻译,表达出供体原有的遗传性状。例如“工程菌”构建。

5. 原生质体融合

原生质体融合是指人为地将遗传性状不同的两个细胞的原生质体进行融合,从而获得同时带有双亲遗传性状的稳定重组子的过程。由此获得的重组子称为融合子。

原生质体融合主要步骤:标记菌株建立→原生质体制备→原生质体再生→原生质体融合→融合子的选择与鉴定→实用菌株。

(三)菌种的保藏

1. 保藏原理

菌种保藏的原理是根据菌种的生理、生化特点，人为地创造条件，使菌种的代谢活动处于不活泼状态。选择保藏对象时应做到：挑选优良菌种，最好是休眠体，例如孢子、芽孢等；创造一个最有利于休眠的环境条件，例如低温、干燥、缺氧、缺乏营养物等。

2. 保藏方法

(1)斜面低温保藏法　4 ℃冰箱中保藏，一般情况下霉菌保藏时间为半年；乳酸菌为 1 个月；酵母菌为 3 个月。

(2)液体石蜡保藏法　将生长好的新鲜斜面菌在无菌条件下倒入灭菌的液体石蜡，油层高出斜面 1 cm，以隔绝空气。该法适用范围：非厌氧微生物、不能分解烃类的微生物等。保藏时间为 1 年以上。

(3)沙土管保藏法　沙和土的比例为 2∶1，灭菌，装管，然后将生长好的斜面菌制成孢子悬浮液，倒入沙土管，抽真空后转移到盛有氯化钙干燥剂的容器中，密封低温保藏。

(4)冷冻干燥保藏法　在低温下使菌液呈冰结状态，然后减压、抽气、干燥。

注意：需要加保护剂，如脱脂牛奶、血清等。

(5)其他保藏法　液氮保藏法；麸皮保藏法，适于霉菌、放线菌。

3. 菌种保藏机构

(1)国内菌种保藏机构　主要是 6 个菌种保藏管理中心：普通微生物菌种保藏管理中心；农业微生物菌种保藏管理中心；工业微生物菌种保藏管理中心；医学微生物菌种保藏管理中心；抗生素菌种保藏管理中心；兽医微生物菌种保藏管理中心。

(2)国外主要菌种保藏机构　主要是美国标准菌种收藏所；美国北部地区研究实验室；荷兰真菌中心收藏所；英联邦真菌研究所。

第三节　食品发酵过程的监控

一、发酵温度及其监控

由于生产菌种的种类不同，所处的发酵阶段不同，所具有的酶系及其性质也不同，所要求的温度也不尽相同。要想获得高产量和高质量，在发酵的各个阶段都应该对发酵温度进行适当的控制。温度对发酵的影响是多方面的，既会影响微生物细胞的生长，也会影响发酵液的黏度、细胞膜的通透性、生物酶的活性，以及菌体的代谢途径和产物合成方向等。因此，在发酵过程中必须保证稳定而适宜的温度环境。

(一)发酵过程中的温度变化规律

在发酵过程中，随着微生物对培养基的利用，以及搅拌器的机械搅拌作用，将会产生一定的热量。同时,因发酵罐罐壁的热辐射和部分水分的蒸发也会带走一些热量。发酵过程释放出来的净热量统称为发酵热。发酵热包括生物热、搅拌热、蒸发热和辐射热等,是引起发酵过程中温度变化的根本原因。

1. 生物热($Q_{生物}$)

生物热是微生物生长繁殖过程中产生的热量,是发酵液中的营养基质(主要是碳水化合物、脂肪和蛋白质等)被微生物分解成CO_2、水和其他物质时释放出来的代谢热。释放出的热量一部分用来合成高能化合物,供微生物合成和代谢活动的需要;另一部分用来合成代谢产物,其余的以热的形式散发出来,导致发酵温度的升高。在发酵过程中,生物热的产生有很强的时间性,在菌体生长的不同时期,由于菌体细胞的呼吸作用和发酵作用强度不同所产生的热量也不同。在菌体处于对数生长期时,菌体细胞繁殖旺盛,呼吸作用剧烈,细胞数量多,产生的热量也多。

2. 搅拌热($Q_{搅拌}$)

搅拌热是指在机械搅拌通气发酵罐中,由于搅拌器旋转,在发酵液与搅拌器、发酵液与罐壁之间因摩擦而产生的热量。

3. 蒸发热($Q_{蒸发}$)

蒸发热是发酵过程中因水分蒸发以及气体排出带出的热量。蒸发热因发酵温度、季节、通气条件的不同而有所变化。

4. 辐射热($Q_{辐射}$)

辐射热是由于罐内发酵温度高于罐外周围环境温度,发酵液通过罐体向外辐射的部分热量。辐射热的大小决定于罐内温度与外界温度的差值大小,一般随着季节变化而有所不同。

总之,发酵热($Q_{发酵}$)与生物热($Q_{生物}$)、搅拌热($Q_{搅拌}$)、蒸发热($Q_{蒸发}$)、辐射热($Q_{辐射}$)的关系如公式(1-1)所示。

$$Q_{发酵}=Q_{生物}+Q_{搅拌}-Q_{蒸发}-Q_{辐射} \tag{1-1}$$

由于$Q_{生物}$与$Q_{蒸发}$在发酵过程中随时间变化而变化,$Q_{发热}$在发酵的整个过程中也随时间变化而变化。而发酵通常是在一定温度下进行的,为了发酵温度维持稳定,必须采取措施控制发酵液温度。

(二)温度对发酵的影响

在达到最适温度之前,温度越高,反应速度越快,呼吸强度越强,必然导致细胞生长繁殖加快;同时随着温度的上升,酶的失活速度也在加快,菌体衰老提前,发酵周期缩短,对发酵后期生产尤其是产物生成可能带来极为不利的影响。

随着温度的升高,发酵液黏度不断下降,物质传递和物质交换速度加快,对发酵产生积极的影响;但同时由于温度的升高,发酵液中溶解氧(dissolved oxygen,DO)浓度不断地下降,直接影响细胞的呼吸代谢,从而影响细胞代谢和产物的生物合成。

温度能够改变菌体代谢产物的合成方向。例如,在四环素的发酵过程中,生产菌株金色链霉菌的同时也能产生金霉素,当温度低于30 ℃时,生产菌株金色链霉菌合成金霉素的能力较强,随着温度的升高,合成四环素的能力也逐渐增强,当温度提高到35 ℃时,则只合成四环素,而金霉素的合成几乎处于停止状态。

温度还能影响微生物的代谢机制。

(三)发酵温度的控制和最适温度的选择

通常,菌体的最适生长温度与产物最适生成温度并不相同,所以在整个发酵过程中往往不能把发酵温度控制在一个温度内。例如,在抗生素的发酵中,生长初期抗生素还未开始合成,菌丝浓度较低,在此阶段主要是促进菌丝生长繁殖,因此,应优先考虑最适合菌体生长的温度;等到了抗生素合成期时,由于菌丝已增长到了一定浓度,这时应把温度调整到适合产物合成的温度。因此,对各种生产菌的培养,其各个发酵阶段适当温度的选择要从各方面因素综合考虑。通过实验和实际生产过程研究其规律性,从而能有效提高代谢产物产量。

例如,在通气条件较差的情况下,最合适的发酵温度会比正常良好通气条件下低一些。这是由于在较低的温度下,氧溶解度相对较大,菌体的生长速率相对较小,从而弥补了因通气不足而造成的代谢异常。在使用较稀或易被利用的培养基时,降低培养温度,限制微生物的生长繁殖,可防止养料过早被耗光而出现菌丝过早自溶,从而提高代谢产物的产量。

二、发酵过程中 pH 的变化及其监控

培养基的 pH 会影响发酵过程中各种酶活性,对微生物菌体的生长及产物的合成也有重大的影响,是发酵过程的一项重点检测参数。因此,必须掌握发酵过程中 pH 的变化规律,以便及时进行监控,使其一直处于生产的最佳水平。

(一)pH 对发酵的影响

发酵过程中 pH 对微生物的生长和代谢产物的生成都有很大影响。不同的微生物对 pH 的要求是不同的,每种微生物都有自己的最适生长和耐受的 pH。

pH 对发酵主要有以下几个方面的影响:①改变膜电荷状态,引起原生质膜的渗透性改变,影响细胞的结构与形态。②影响培养基中某些重要营养物质和中间代谢产物的解离,从而影响微生物对这些物质的吸收利用。③影响代谢产物的合成途径。④影响产物的稳定性,如青霉素在碱性条件下发酵单位低,就与青霉素的稳定性差有关。⑤影响酶的活性。由于酶作用均有其最适的 pH,所以在不适宜的 pH 下,微生物细胞中某些酶的活性会受到抑制,从而影响菌体对基质的利用和产物的合成。

(二)发酵最适 pH 及其控制

发酵过程中 pH 随菌种和产品的不同而不同。发酵最适 pH 通常是根据实验结果来确定的。将发酵培养基调节成不同的出发 pH,进行发酵,在发酵过程中,实时调节监测 pH,以分别维持出发 pH,或者利用缓冲液来配制培养基,定时观察菌体的生长情况,以菌体生长达到最高值的 pH 为菌体生长的最适 pH。以同样的方法,可测得产物合成的最适 pH。在确定最适发酵 pH 时,还要考虑培养温度的影响,若温度提高或降低,最适 pH 也可能发生变动。

在实际发酵生产中,控制和调节 pH 的方法主要有以下几种:①精心设计发酵培养基基础配方,使碳源、氮源、无机盐等配比均衡。②加入缓冲剂,以控制培养基 pH 的变化。常用缓冲

剂有碳酸钙($CaCO_3$)、磷酸钙。其中碳酸钙使用最普遍,主要作用是中和各种酸类产物,防止pH的急剧下降。③流加酸碱性物质。可以直接加入酸或碱类物质加以调节,使之迅速恢复正常。抗生素发酵加入氨水、尿素既可提高pH,又可进行氮源的补充。④中间补糖控制。在存在碳分解代谢物阻遏代谢的情况下,可通过中间补糖操作,既可避免代谢阻遏现象的出现,又可以降低培养基pH。

三、溶解氧及其监控

氧气极难溶于水,在纯水和发酵液中的溶解度都极小,而微生物只能利用溶解状态的氧。

(一)临界氧浓度与最适氧浓度

在好氧通风发酵中,溶氧的大小往往是发酵控制的重要指标。溶氧水平的高低不但会直接影响菌体生长、产物合成,还可能造成泡沫的形成和增加污染杂菌的机会。因此发酵过程中需要不断地进行通风和搅拌,才能满足不同发酵过程对氧的需求。溶氧高虽然有利于菌体生长和产物合成,但溶氧太高有时反而会抑制产物的形成。不同的需氧发酵往往都有自身的临界氧浓度和最适氧浓度。

临界氧浓度一般是指不影响菌的呼吸所允许的最低氧浓度。如对产物形成而言便称之为产物合成的临界氧浓度。

生物合成最适氧浓度与临界氧浓度是不同的。它是指溶解氧浓度对生物合成有一最适范围,过低或过高时对产物合成和最终产量未必都有利。最适溶解氧浓度的大小与菌体和产物合成代谢的特性有关,具体情况应由实验来确定。

(二)呼吸强度与摄氧率

好氧微生物生长和代谢均需要氧气,因此供氧必须满足微生物在不同阶段的需要。在不同的环境条件下,各种不同的微生物的需氧量或呼吸强度是不同的。微生物的需氧量常用呼吸强度和摄氧率两种方法来表示。呼吸强度是指单位质量的干菌体在单位时间内所吸取的氧量,以Q_{O_2}表示,单位为mmol O_2/(g干菌体·h)。摄氧率是指单位体积培养液在单位时间内的耗氧量,以r表示,单位为mmol O_2/(L·h)。呼吸强度可以表示微生物的相对吸氧量,但是,当培养液中有固体成分存在时,测定有困难,这时可用摄氧率来表示。微生物在发酵过程中的摄氧率取决于微生物的呼吸强度和单位体积菌体浓度。

在不存在其他限制性基质的情况下,当溶解氧浓度高于临界氧浓度时,细胞的比耗氧速率保持恒定;当溶解氧浓度低于临界氧浓度时,微生物的呼吸速率随溶解氧浓度降低而显著下降,细胞处于半厌氧状态,代谢活动受到阻碍。培养液中维持微生物呼吸和代谢所需的氧,保持供氧与耗氧的平衡,才能满足微生物对氧的利用。例如谷氨酸发酵在菌体生长期,希望糖的消耗最大限度地用于合成菌体,而在谷氨酸生成期,则希望糖的消耗最大限度地用于合成谷氨酸。因此,在菌体生长期,供氧必须满足菌体呼吸的需氧量,如果菌体的需氧量得不到满足,则菌体呼吸受到抑制,进而抑制生长,引起乳酸等副产物的积累,菌体收率降低。但是供氧并非越大越好,当供氧满足菌体需要时,菌体的生长速率达最大值,如果再提高供氧,不但不能促进生长,造成浪费,而且会因高氧水平抑制生长。同时高氧水平下生长的菌体不能有效地产生谷氨酸。

(三)影响微生物需氧量的因素

在需氧微生物发酵过程中影响微生物需氧量的因素有很多。基质及基质浓度对生产菌的需氧量的影响是显著的。培养基中碳源的种类和浓度对微生物的需氧量的影响尤其显著。一般来说,碳源在一定范围内,需氧量随碳源浓度的增加而增加。在补料分批发酵过程中,菌种的需氧量随补入的碳源浓度而变化,一般补料后,摄氧率均呈现不同程度的增大。

生产菌种和细胞所处生长阶段不同,微生物需氧量也会不同。一般来说,菌体处于对数生长阶段的呼吸强度较高,生长阶段的摄氧率大于产物合成期的摄氧率。

在发酵过程中,当溶解氧浓度高于菌体生长的临界氧浓度时,菌体的呼吸就不受影响,菌体的各种代谢活动不受干扰;当培养液中的溶氧浓度低于菌体生长的临界氧浓度时,菌体的许多生化代谢就可能受到影响,严重时会产生不可逆的抑制菌体生长和产物合成的现象。

微生物呼吸强度的临界值除受培养基组成的影响外,还受培养液的 pH、温度等培养条件的影响。一般说,温度越高,营养成分越丰富,其呼吸强度的临界值也相应增高。

(四)发酵液中溶解氧的控制

发酵液中单位时间内培养液氧浓度的变化按公式(1-2)计算。

$$\frac{\mathrm{d}C}{\mathrm{d}t}=K_{\mathrm{L}}a(C^{*}-C) \tag{1-2}$$

式中,$\mathrm{d}C/\mathrm{d}t$—单位时间内培养液氧浓度的变化,mmol O_2/(L•h);C^{*}—在罐内氧分压下培养液中氧的饱和浓度,mmol O_2/L;C—测定的氧浓度,mmol O_2/L;K_{L}—氧传递系数,m/h;a—比表面积,m^2/m^3。

1.增加氧的溶解

通过增加设备 $K_{\mathrm{L}}a$ 可提高氧的溶解速率。影响发酵设备 $K_{\mathrm{L}}a$ 的主要因素有搅拌速度与效率、空气流速、发酵液的物理化学性质、空气分布器形状和发酵罐的结构等。

生产中采用降低温度、增加罐压、提高氧的分压或通纯氧等措施改善氧的溶解。

2.降低微生物对氧的消耗

在设备供氧不足的情况下,可通过控制基质浓度减少菌的生长速率,从而控制菌体量,达到限制菌对氧的大量消耗从而提高溶氧水平,以利于代谢产物的合成从而提高产量。

发酵过程中菌体浓度和形态在氧的传递速率方面有着一定影响。许多细菌和酵母菌发酵时,发酵液黏度低,呈现牛顿型流体性质,对氧的转移没有什么影响。霉菌和放线菌等丝状菌发酵液的菌体浓度增加,会使发酵液黏度不断增大,致使 $K_{\mathrm{L}}a$ 值降低,进而导致菌体的氧吸收速率下降。这时可增加搅拌作用,使菌丝形成不连续的球状体(菌丝球),从而降低发酵液黏度。同时由于搅拌强度大,高剪切速率可能会增加菌丝自溶。

四、中间补料对发酵的影响及其监控

营养基质是指微生物生长及产物合成所需的营养,主要包括碳源、氮源、无机盐、微量元素和生长因子等。在分批发酵过程中，若培养基过于丰富，会使菌体生长过盛，发酵液黏度增大，影响传质和传热状况，影响溶氧，还会使细胞不得不花费许多能量来维持其生存环境，即用于非生产的能量增高，最终不利于代谢产物的合成。若培养基浓度过低，会使菌体营养不足，影响菌体生长和产物的合成，使设备利用率降低。所以，在发酵过程中要及时了解发酵液的浓度变化，并根据微生物的需要，及时进行中间补料，以补充各种微生物生长代谢所需基质，提高发酵产物的产量。

1. 补料原则

发酵过程的中间补料原则大致相似。一般需根据生产菌株的生长情况、发酵工艺的特点、产物的合成途径、长期的实践经验，适时适当地对发酵进行中间补料。补料过程料液配比要适当，过浓会影响灭菌及料液运输，过稀则发酵单位被稀释。补料时，应注意无菌控制，注意培养基的碳氮平衡，并进行经济核算，以节约粮食。

2. 补料内容

中间补料大致可以分为以下几个方面。

(1)碳源的补充　如补充葡萄糖、淀粉、饴糖、糊精等。

(2)氮源的补充　如玉米浆、蛋白胨、尿素、酵母粉等有机氮及氨水，硫酸铵、硝酸钠、硝酸钾等无机氮。

(3)无机盐的补充　如磷酸盐、硫酸锌、硫酸锰、氯化钴、氯化钙、碳酸钙等。

(4)补全料和补水　降低发酵液的黏度，改善通风搅拌效果，提高发酵醪液的溶解氧，还可以增加发酵罐的单罐产量。

五、泡沫对发酵的影响及其监控

在通气发酵过程中，产生一定数量的泡沫是正常现象，但过多的持久性泡沫会给发酵带来诸多不利影响，故必须加以控制。

(一)泡沫对发酵的影响

在发酵过程中，通气搅拌和代谢产生的气体是泡沫产生的主要原因。

泡沫的形成条件：一是气-液两相共存，二是表面张力大的物质存在。

发酵过程中形成的泡沫主要有两种类型：一种是发酵液面上的泡沫，气相所占的比例大，与液体有较明显的界限，如发酵前期的泡沫；另一种是分散于发酵液中的泡沫，又称流态泡沫，比较稳定，与液体之间无明显的界限，其实质是由气溶胶构成的胶体系统，分散相主要是空气和代谢产生的 CO_2，连续相是发酵液，泡沫间隔着一层液膜而被彼此分开不相连通。

泡沫的危害主要有：导致发酵罐的装料系数减少，若不加以控制，还会造成排气管大量逃液的损失，泡沫升到罐顶有可能从轴封渗出，增加污染杂菌的机会，并使部分菌丝黏附在罐盖或罐壁上而失去作用；严重时还会影响通气搅拌的正常进行，从而妨碍菌体的呼吸，造成代谢异常或菌体自溶。因此，控制泡沫是保证正常发酵的基本条件。

(二)泡沫的消除

泡沫的控制可以采用以下 3 种途径：①调整培养基中的成分，或改变某些物理化学参数，或改变发酵工艺来控制，以减少泡沫形成的机会，但这些方法的效果有一定的限度。②采用机械消泡或消泡剂消泡来消除已形成的泡沫。通过化学方法，降低泡沫液膜的表面张力，使泡沫破灭；利用物理方法，使泡沫液膜的局部受力，打破液膜受力平衡而破裂。③采用菌种选育的方法，筛选出不产生流态泡沫的菌种来消除起泡的内在因素。如杂交选育不产生流态泡沫的土霉素生产菌株。

对于已形成的泡沫，工业上可以采用机械消泡、化学消泡剂消泡或二者组合使用消泡。

1. 机械消泡

机械消泡是一种物理作用，主要是用机械所引起的强烈振动或变化使泡沫破裂而消泡。消泡装置可安装在罐内或罐外。常用消泡装置主要有耙式消泡器和旋转叶片式消泡器。

机械消泡的优点在于不需引进外界物质，如消泡剂，从而减少染菌机会，节省原材料且不会增加下游操作的负担。其缺点是不能从根本上消除泡沫的成因，故消泡效果不明显，一般只作为消泡剂的补充。

2. 化学消泡

化学消泡是在泡沫中加入某些表面活性剂，降低泡沫的局部表面张力，降低泡沫液膜的机械强度，或降低液膜的表面黏度，使泡沫破裂的方法。

发酵工业常用的消泡剂分为天然油脂类、聚醚类、高级醇类和硅树脂类。常用的天然油脂有玉米油、豆油、米糠油、棉籽油、鱼油和猪油等。这类物质除作消泡剂外，还可兼作碳源使用。

第二章　啤酒生产

啤酒是世界上产量最大的酒种，我国已连续 20 年成为全球最大的啤酒生产国，其次是美国、巴西、俄罗斯、德国。中国的啤酒产量约为 500 亿 L，占全球啤酒产量的 1/4。啤酒也是中国第一大消费酒类。

第一节　啤酒及其种类

一、啤酒的定义

啤酒是以麦芽和水为主要原料，大米或谷物、酒花等为辅料，经过糖化、发酵、过滤澄清等工艺而制成的一种含有二氧化碳、低酒精度和营养丰富的饮料。

啤酒生产的一般工艺流程如图 2-1 所示。

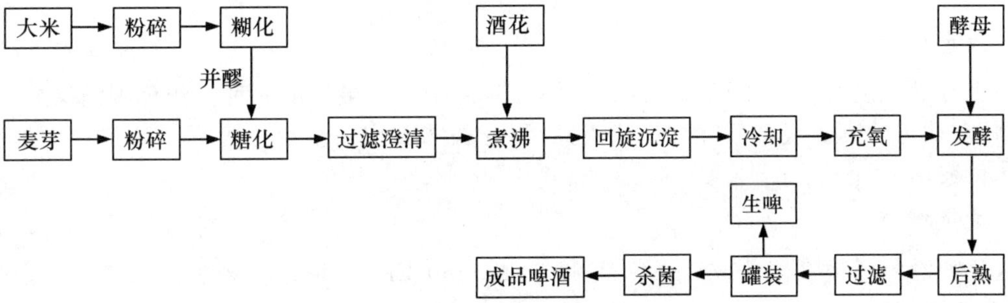

图 2-1　啤酒生产的一般工艺流程

二、啤酒的种类

啤酒的种类有很多，根据《饮料酒术语和分类》(GB/T 17204—2021)，啤酒可分为以下几种类型。

(一)按浊度分类

浊度小于或等于 2.0 EBC 的啤酒为清亮啤酒，浊度大于 2.0 EBC 的啤酒为浑浊啤酒。

(二)按杀菌工艺分类

经过巴氏杀菌或瞬时高温灭菌的啤酒为熟啤酒。不经过巴氏杀菌或瞬时高温灭菌，达到一定生物稳定性的啤酒为生啤酒(包括鲜啤酒)。其中，纯生啤酒采用特殊的酿造工艺，严格控制微生物指标，使用 0.45 μm 微孔滤膜进行三级过滤，不经过热杀菌，从而使啤酒保持较高的生物、非生物、风味稳定性，该种啤酒非常新鲜、可口，保质期达半年以上。

(三)按酵母类型分类

世界公认的啤酒分为两大类：上面发酵啤酒(艾尔啤酒)和下面发酵啤酒(拉格啤酒)。

1. 上面发酵啤酒

上面发酵啤酒是指采用上面酵母发酵生产的啤酒。在发酵结束时酵母浮在发酵液上面。使用该酵母发酵啤酒时，液体表面大量聚集泡沫。这种方式发酵的啤酒适合温度高的环境，即 16～24 ℃。

2. 下面发酵啤酒

下面发酵啤酒是指采用下面酵母发酵生产的啤酒。啤酒酵母在底部发酵，发酵温度要求较低，酒精含量较低。我国绝大多数啤酒属于这类啤酒。

3. 混合发酵啤酒

混合发酵啤酒是指除两大类酵母发酵的啤酒外，在酿造过程中，使用一种以上微生物混合发酵生产的啤酒。

(四)按啤酒的色度分类

1. 淡色啤酒

淡色啤酒色度在 2～14 EBC。淡色啤酒为啤酒中产量最大的一种。浅色啤酒又分为浅黄色啤酒、金黄色啤酒。浅黄色啤酒口味淡爽，酒花香味突出。金黄色啤酒口味清爽而醇和，酒花香味也突出。

2. 浓色啤酒

浓色啤酒色泽呈红棕色或红褐色，色度在 15～60 EBC。浓色啤酒麦芽香味突出、口味醇厚、酒花口味较轻。

3. 黑色啤酒

黑色啤酒色泽呈深红褐色乃至黑褐色，色度大于或等于 61 EBC。黑色啤酒麦芽香味突出、口味浓醇、泡沫细腻，苦味根据产品类型而有较大差异。

(五)按产品特性分类

由于原辅材料、工艺的改变，而具有特殊风格的啤酒，统称为特种啤酒，具体又可分为以下几种。

1. 干啤酒

该啤酒的发酵度高，真正(实际)发酵度不低于 72%，残糖低，二氧化碳含量高，故具有口味干爽、杀口性强的特点。由于糖的含量低，该啤酒属于低热量啤酒。

2.冰啤酒

冰啤酒是经冰晶化工艺处理，浊度小于或等于0.8 EBC的啤酒，即在酿造过程中使啤酒在低温下进行冷冻，形成冰晶，并进一步强化去除浑浊物而得到的质量更为优良的新型啤酒。去除冰晶后的啤酒口感细腻柔和、丰满圆润。

3.白啤酒

白啤酒是使用小麦芽和(或)小麦作为原料之一，经上面酵母发酵的具有丁香、酯香等风味的浑浊啤酒。

4.司陶特(世涛)啤酒

司陶特(世涛)啤酒是使用烘烤麦芽或烘烤大麦作为原料之一，经上面酵母发酵的酒精度不低于4%(体积分数)，苦味值不低于20 BU，色度为40～150 EBC的深色啤酒。

5.皮尔森(比尔森)啤酒

皮尔森(比尔森)啤酒是使用下面酵母发酵的酒精度不低于4%(体积分数)，苦味值不低于20 BU，色度为4～20 EBC的具有特殊风味的啤酒。

6.酸啤酒

酸啤酒是经乳酸菌发酵或自然发酵等酸化工艺处理的啤酒，其pH不高于3.8。

7.低(无)醇啤酒

低(无)醇啤酒是基于消费者对健康的追求，减少酒精的摄入量所推出的新品种。其生产方法与普通啤酒的生产方法一样，但最后经过脱醇方法，将酒精分离。无醇啤酒的酒精含量小于或等于0.5%(体积分数)，低醇啤酒的酒精含量为0.5%～2.5%(体积分数)。

8.小麦啤酒

小麦啤酒是以小麦芽和(或)小麦(占麦芽的30%以上)为主要生产原料酿制，具有小麦芽和(或)小麦经酿造所产生的特殊香气的啤酒。其生产工艺要求较高，酒液清亮透明，酒的贮藏期较短。此种酒的特点为色泽较浅，口感淡爽，苦味轻。

9.果味啤酒

果味啤酒在发酵中加入果汁提取物，酒精度低。该啤酒既有啤酒特有的清爽口感，又有水果的香甜味道，适于妇女、老年人饮用。

第二节　啤酒酿造原料

一、大麦

(一)大麦的品种

大麦的品种很多，分类方法也有多种：按籽粒生长形态分类，分为二棱大麦、四棱大麦和六棱大麦，如图2-2所示；按外观色泽分类，分为黄皮大麦、白皮大麦和紫皮大麦；按麦穗形态分

图 2-2 麦穗横断面

类，分为直穗大麦和曲穗大麦；按种植季节分类，分为冬大麦和春大麦。

二棱大麦是六棱大麦的变种，即由原生在穗轴一边的三朵花，发展成一朵，即只有居中一朵结实，穗形扁平，形成两条棱角，二棱大麦由此而得名。二棱大麦籽粒大而整齐，谷皮较薄，淀粉含量高，浸出物收率高，蛋白质含量相对较低，发芽均匀，是酿造啤酒的最好原料。

(二)大麦主要化学成分

1. 碳水化合物

(1)淀粉　大麦中淀粉是以颗粒状态存在于胚乳细胞里(糊粉层中不含淀粉)，是最重要的碳水化合物，约占干物质重的 60%。淀粉含量越高，浸出物就越多，麦芽汁收率也就越高。

大麦中淀粉包括直链淀粉和支链淀粉。其中直链淀粉约占 20%；支链淀粉约占 80%。直链淀粉相对分子质量为 50 000～160 000，易溶于温水，形成黏度不大的溶液。直链淀粉遇碘时呈蓝色。支链淀粉相对分子质量为 100 000～1 000 000，需加热方能溶于水中，形成黏度较大的溶液。支链淀粉遇碘时只能呈红紫色。

直链淀粉在麦芽淀粉酶作用下，可以全部转化为麦芽糖。而麦芽淀粉酶作用于支链淀粉时，除生成麦芽糖和葡萄糖外，还会生成大量的糊精和异麦芽糖。

(2)纤维素及半纤维素　大麦中纤维素及半纤维素主要存在于皮壳中，是构成谷皮细胞壁的主要成分，占大麦干重的 3%～7%。纤维素与木质素、无机盐结合在一起会产生不溶于水的沉淀物。大麦发芽时纤维素不起任何变化。

(3)小分子糖　大麦中还含有少量的低分子糖类，主要存在于胚和糊粉层中，其中主要是蔗糖(约 2.1%)、棉子糖(约 0.7%)，另外胚乳中还存在少量的麦芽糖、葡萄糖和果糖。这些低分子糖在大麦发芽初期起着重要的作用。

2. 蛋白质

大麦中蛋白质主要集中于糊粉层中，含量一般在 10%左右。蛋白质含量是酿造大麦的一项重要质量指标，既影响啤酒酿造工艺过程，又影响啤酒的质量，过高和过低都不适宜，一般认为啤酒酿造最适蛋白质含量为 10%。蛋白质含量及类型会直接影响大麦的发芽力、酵母营养、啤酒风味、泡持性、非生物稳定性、适口性等。

大麦及麦芽中存在的蛋白质主要是一些简单蛋白质。按其在 50%饱和度的硫酸铵溶液中的溶解度和沉淀性不同分为清蛋白(5%)、球蛋白(30%)、醇溶蛋白(35%)、谷蛋白(30%)。

3. 脂类

大麦中脂肪含量占 2%～3%，主要分布于糊粉层中。其中油酸 30%、亚油酸 50%、棕榈酸 10%。大麦发芽时部分脂肪被消耗，部分被水解成甘油和脂肪酸。麦芽干燥时，由于脂肪酶失活，因此大部分脂肪未被分解而滞留在麦糟中，少量会进入麦芽汁。脂肪一旦进入麦芽汁，会对啤酒风味的稳定性和泡持性产生不利影响。

4. 无机盐

无机盐占大麦干重的2%～3%，对大麦发芽和酵母菌生长影响很大，主要是一些磷酸盐，如磷酸钾、钙、镁等。磷酸盐对发酵酸度具有调节和稳定作用。

5. 多酚类物质

多酚类物质占大麦干重的0.1%～0.3%，主要存在于麦壳和糊粉层中。大麦中的多酚物质会影响啤酒的色泽、泡沫、风味和非生物稳定性。特别是麦壳中的多酚，浸麦时被浸出，有利于发芽和啤酒的风味。

6. 维生素

大麦及大麦芽中富含维生素，维生素集中分布在胚和糊粉层中，具体情况见表2-1。

表2-1 每100 g大麦中维生素含量 mg

项目	含量	项目	含量
维生素 B_1	0.12～0.75	维生素 B_3	0.30～0.40
维生素 B_2	0.11～0.38	维生素 B_6	8.0～15.0

维生素含量对大麦发芽、酵母菌生长和啤酒发酵有重要影响。

(三)啤酒发酵对大麦的要求

1. 外观检查

(1)色泽　正常情况下，大麦有光泽，呈淡黄色。若大麦呈微绿色，说明大麦不成熟；呈灰色、黑色、红色或蓝色是微生物——霉菌污染的结果；呈白色或色泽非常浅，多是特别硬的粒或玻璃质粒，也可能是由硫熏脱色所致的。

(2)气味和香味　正常情况下，大麦有新鲜的麦秆香味，口咬有淀粉味，并略带甜味。若大麦有霉味，则是由湿度大、污染霉菌造成的。

(3)均一性　对于啤酒酿造来讲，大麦的品种、种植区、收获年份、蛋白质含量和水分含量等应尽可能要求一致。

(4)纯度　大麦中不应有或很少有杂谷，如燕麦、黑麦、小麦等；很少含草屑、泥沙等。

(5)颗粒形状　大麦应籽粒饱满，大小均匀。

(6)皮壳特征　皮薄的大麦浸出物相对较高，无用物质甚至有害物质进入麦芽汁中的少，适宜酿制浅色啤酒；皮厚的大麦浸出物相对较低，无用物质进入麦芽汁中的多，对深色啤酒的醇厚感、烈性有利。

2. 物理检验

(1)千粒重　即千颗麦粒的质量，一般为35～45 g。千粒重与麦粒大小和浸出物含量成正比，千粒重越高，浸出率也越高；反之则越低。

(2)均匀度　大麦均匀度对颗粒吸水、发芽和溶解的均匀性非常重要，也影响浸出物含量的高低。实验表明，大于2.8 mm颗粒的大麦占比提高3.5%以上时，浸出物含量提高1%。

(3)胚乳状态　大麦胚乳按麦粒断面分为粉质粒、半玻璃质粒和玻璃质粒三种状态。粉质粒呈软质白色，半玻璃质粒和玻璃质粒密致而有透明光泽。粉质粒淀粉含量较高，蛋白质含量相对较低，有利于制麦和啤酒酿造。玻璃质粒又分为暂时玻璃质粒和永久性玻璃质粒，暂时玻璃质粒通过加工可变成粉质粒，这种颗粒不影响酿造价值；永久性玻璃质粒含蛋白质高，发芽时内含物溶解困难，制出的麦芽继续处理困难。

(4)发芽　发芽率是指在室温下，全部样品中最终能发芽的麦粒的百分率，一般不低96%。发芽力是指发芽 3 d 内发芽麦粒的百分率，一般不低 85%。对大麦要求是不仅能发芽，而且发芽均匀。优良大麦的发芽率与发芽力十分接近。

3. 化学检验

(1)水分含量　大麦中水分含量应在 12%左右，如果高于 15%应进行风干处理。

(2)淀粉含量　大麦中淀粉含量应在 65%以上，淀粉含量高则浸出物含量高。

(3)蛋白质含量　大麦中蛋白质含量应在 12%左右，但有研究认为在 10%时最适宜啤酒酿造。

二、酒花

酒花，又称忽布、蛇麻花、酵母花、啤酒花，是桑科、葎草属的一种多年生草本蔓性植物，为酿造啤酒的主要原料。酒花始用于德国，雌雄异株，酿造所用均为成熟的雌花。我国人工栽培酒花的历史已有半个世纪，始于东北，在新疆、甘肃、内蒙古、黑龙江、辽宁等地都建立了较大的酒花原料基地。成熟的新鲜酒花经干燥压榨，以完整酒花使用，或粉碎压制成颗粒后密封包装，也可制成酒花浸膏，然后在低温仓库中保存。

在啤酒酿造中，酒花具有不可替代的作用：①赋予啤酒特有的香味和爽口的苦味；②在煮沸时加入能促进蛋白质凝固，有利于麦芽汁的澄清；③能增进啤酒的泡持性和稳定性；④可起到防腐剂的作用，增加麦芽汁和啤酒的防腐能力。

(一)酒花的主要成分

酒花的主要成分为酒花树脂、酒花油、多酚物质三大类。

1. 酒花树脂

酒花树脂分为硬树脂和软树脂两类。软树脂又分为 α-酸、β-酸和未定型树脂(γ-树脂，含量低且无用)。

(1)α-酸　α-酸是 5 种葎草酮化合物的混合物，包括葎草酮、合葎草酮、加葎草酮、前葎草酮和后葎草酮。啤酒中我们感觉到的苦味来自异 α-酸，它是由 α-酸高温煮沸异构化而成的，是苦味的主要成分，有强烈的苦味和很强的防腐能力，能增加啤酒的泡沫稳定性。α-酸呈菱形，浅黄色，易溶于乙醚、乙烷、甲醇等有机溶剂，微溶于沸水，pH 越高，溶解度越高。比如 pH 为 5.2 时，α-酸溶解度为 85 mg/L；pH 为 6.0 时，α-酸溶解度能达到 500 mg/L。

酒花中 α-酸含量因品种、产地、年份、收货时间、处理方法不同而有很大的不同，鲜酒花中一般为 5%～10%，干酒花中为 3%～15%。5 种葎草酮化合物中，加葎草酮含量为 15%～20%，葎草酮和合葎草酮含量因酒花品种不同而有很大差异。一般来说，香型酒花中 α-酸含量较低，苦型酒花中α-酸含量较高，这也是鉴别是苦花还是香花的主要依据。前葎草酮和后葎草酮微量存在。

α-酸在煮沸 30 min 后开始异构为异 α-酸，异 α-酸呈黄色油状，跟 α-酸具有同等的苦味、防腐能力和泡沫性。异 α-酸在啤酒中的溶解度远高于 α-酸，在 pH 为 5.0 的麦芽汁中的溶解度可达 2 000 mg/L。

α-酸在贮藏不良时，容易氧化聚合为软树脂，继而形成硬树脂，失去苦味和防腐能力。酒花跟麦芽汁煮沸时间过长时，α-酸可能转化为无苦味的葎草酸或其他衍生物。

(2)β-酸　新鲜酒花的 β-酸含量约为 11%，干酒花一般为 3%～6%。β-酸为白色针状或者长菱形结晶，难溶于水，其苦味防腐能力均不如 α-酸，易氧化为苦味较大的软树脂。啤酒中的苦味，β-酸仅占 15%。β-酸与乙酸铅会生成不溶性铅盐，因此可用这种方法将 α-酸和 β-酸分离开。

由 α-酸和 β-酸氧化形成的硬树脂一旦在酒花中的含量超过 20%，酒花即被视为陈酒花，会给啤酒带来后苦味并降低其泡沫性能。

2. 酒花油

酒花中酒花油含量的差别较大，好的香花酒花油含量达 2.8%，低的在 0.5%左右，是香气的主要成分。酒花油中包含 200 多种化合物，其中 75%为萜烯碳氢化合物，25%为含氧化合物。前者是香气的主要来源，挥发性很强，即使在常温下也会挥发，在麦芽汁煮沸、冷却、发酵过程中会损失掉 90%，真正溶解在啤酒中的仅有 8%～9%。煮沸时间越长，损失越大，这就是为什么香花要在煮沸后期加入的原因。香型酒花添加方法很多，可以添加在煮沸后期，也可以添加在回旋沉淀槽中，甚至可以添加在发酵罐中，即干泡。

酒花油为黄绿色或棕色的液体，易挥发，溶于乙醚、脂、浓乙醇，不溶于水和麦芽汁。某些萜烯碳氢化合物会被氧化为相应的环氧化物，这种物质被认为是香气的主要来源，但是真正的香型酒花，其酒花油含量不一定高，这说明酒花油的香气主要取决于酒花油的成分而不是含量。比如酒花油中的主要成分香叶烯和异丁酸二甲基丁酯对酒花香味起负面作用，好的香花中这两种物质的含量均比苦型酒花低，而苦型酒花中 2-癸酮和芳香醇的含量要比香花低。

酒花油在贮存过程中香味逐渐挥发，同时一些萜烯醇类和脂肪酸形成的酯类经过水解作用会再次形成脂肪酸，如异戊酸，后者使酒花产生奶酪味，这种物质在煮沸时易挥发掉。

3. 多酚物质

酒花中多酚物质含量为 4%～10%，主要成分为花色苷、单宁、儿茶素。多酚能影响啤酒风味并引起沉淀。低分子多酚能赋予啤酒醇厚味，高分子多酚氧化后会导致啤酒风味生硬粗糙、色泽加深。多酚物质既有氧化性也有还原性，一方面能使啤酒中的物质避免被氧化，另一方面又能催化脂肪酸高级醇形成醛类增加啤酒老化味。

多酚可与蛋白质结合形成蛋白质-多酚沉淀，这种作用在煮沸过程中是有利的，但是在过滤装瓶后，这种沉淀的产生会影响啤酒稳定性。

(二)酒花制品

酒花制品与酒花相比具有许多优点：有效苦味成分 α-酸含量高，在无氧低温下贮存，酸损失小；便于运输和长期贮藏；质量容易保证，因而也可使啤酒的质量有保证；有效成分的利用率高等。酒花制品的产量提高很快，已占全球酒花产量的 80%以上，主要的酒花制品有颗粒酒花、酒花浸膏、酒花油等。

1. 颗粒酒花

颗粒酒花是把酒花粉压制成直径为 2～8 mm，长约 15 mm 的短棒状。颗粒酒花具有体积小，不易氧化，运输、使用控制和保管都比较方便的优点，是世界上使用最广泛的酒花形式。

2. 酒花浸膏

酒花浸膏是使用乙醚、石油醚、乙醇等根据逆流分配原理萃取酒花而得到的膏状物。由于浸膏中有微量的有机溶剂残留，因而现在多采用 CO_2 超临界萃取以获得浸膏。世界酒花产量的 25%～30%加工成浸膏。酒花浸膏的主要优点是提高了 α-酸的利用率。

异构酒花浸膏：将普通酒花在碱性溶液中加热，在乙醇中与 Ca^{2+}、Mg^{2+} 存在下处理使 α-酸异构化，再用甲苯、甲醇、二氯甲烷等溶剂提纯。该酒花制品不必在煮沸锅中加入，简化了麦芽汁糖化工艺。

3. 酒花油

采用液态 CO_2 超临界萃取制得，含 20%左右酒花油的酒花制品。它与酒花几乎一样仅含极少量 α-酸、单宁及多酚，不含亚硝酸盐和其他对啤酒无用的物质，仅提供新鲜酒花香气，可替代第三次添加的酒花和香花，添加量为 2～4 kg/200 t 麦芽汁。该类酒花制品可在规定酒花库中长期贮存。

三、辅料

啤酒酿造中，常常添加一些富含淀粉的未发芽谷物、糖类或糖浆作为麦芽辅料。使用辅料的目的是：①以价廉而富含淀粉的谷物作为麦芽辅料，可以降低原料成本和吨酒粮耗；②以糖类或糖浆作为辅料，可以节省糖化设备的容量，同时可以调节麦芽汁中糖的比例，提高啤酒发酵度；③使用辅料，可以降低麦芽汁中蛋白质和多酚类物质的含量，降低啤酒色度，改善啤酒风味和非生物稳定性；④使用部分辅料（如小麦），可以增加啤酒中糖蛋白的含量，改进啤酒泡沫性能。

原则上凡富含淀粉的谷物都可以作为辅料，但添加辅料后不应造成过滤困难，不影响酵母的发酵和产品卫生指标，不能带入异味或影响啤酒的风味。谷类辅料用量一般控制在 10%～50%，常用的比例为 30%～50%；糖类或糖浆辅料用量为 10%～20%。

1. 大米

大米是最常用的辅助原料。添加大米的啤酒，色泽浅、口味清爽、泡沫细腻、酒花香味突出、非生物性好。大米淀粉含量高，蛋白质、多酚类物质、脂肪含量较麦芽低。大米的化学成分为：水分 11%～13%，淀粉 76%～85%，浸出物 90%～95%，蛋白质 6%～11%，脂肪 0.2%～1.0%。国内在啤酒酿造中一般大米添加量为 25%～50%。大米用量过大会造成麦芽汁中 α-氨基氮含量过低，影响酵母的繁殖和发酵。

2. 玉米

国外使用玉米作辅料比较普遍。玉米脂肪含量高，脂肪主要集中在胚中，所以一般先去胚，再用于啤酒生产。脂肪进入啤酒会影响啤酒的泡沫性能，同时脂肪容易氧化，会使啤酒风味变坏。所以啤酒生产中要使用新鲜的玉米。

黄玉米(未脱胚)的化学成分为:水分 12%～13.5%,淀粉 68%～72.5%,干浸出物 81%～85%,蛋白质 10.5%～11.0%,脂肪 6.0%～6.3%,粗纤维 2.5%～3.0%,灰分 1.5%～3.2%。低脂玉米用量为 30%～35%。

3. 小麦

使用小麦作辅料有以下特点:啤酒泡沫性能好;花色苷含量低,有利于提高啤酒非生物稳定性,且风味也较好;麦芽汁中可同化性氮含量高,发酵速度快,啤酒最终 pH 较低;小麦富含 α-淀粉酶和 β-淀粉酶,有利于快速糖化。小麦或小麦芽用量一般为 20%左右。

4. 大麦

未发芽大麦中含有较多的 β-葡聚糖,故一般用量不要超过 15%。如添加含淀粉酶、肽酶和 β-葡聚糖酶的复合酶制剂,大麦用量可达 30%～40%。大麦在糖化前,应先用碱溶液浸泡,以除去花色苷、色素和硅酸盐等有害物质,用清水洗至中性,再采用湿法粉碎。

5. 淀粉

使用淀粉作辅料的优点是:淀粉纯度高、杂质少、黏度低、无残渣,可以生产高浓度啤酒、高发酵度啤酒,麦芽汁过滤容易,啤酒风味和非生物稳定性能满足实际要求。

6. 糖类或淀粉水解糖浆

为调节麦芽汁中糖的比例、提高发酵度,可以在煮沸锅中直接添加糖类(蔗糖、葡萄糖)或淀粉水解糖浆(大麦糖浆、玉米糖浆等)。糖类缺乏含氮物质,为了保证酵母的营养,添加量一般为 10%左右。糖浆的添加量可稍高,为 30%左右。生产深色啤酒时也可添加部分焦糖,以调节啤酒颜色。

四、水

啤酒生产用水包括酿造用水和普通用水。酿造用水是指糖化用水、洗糟用水、啤酒稀释用水。普通用水包括洗涤用水、冷却用水及锅炉用水等。普通用水只要符合饮用水标准即可;酿造用水的好坏则直接影响啤酒的质量,因此酿造优质的啤酒必须有优质的水源,可以使用地表水和地下水,其水质必须符合酿造用水质量要求,见表 2-2。

表 2-2 啤酒酿造用水质量要求

项目	单位	理想要求	最高极限	原因
浑浊度		透明,无沉淀	透明,无沉淀	影响麦芽汁浊度,啤酒容易浑浊
色		无色	无色	有色水是污染的水,不能使用
味		50 ℃无味	50 ℃无味	若有异味,会污染啤酒,使口味恶劣
残余碱度	°d	≤3	≤5(淡色啤酒)	影响糖化醪 pH,使啤酒的风味改变。总硬度为 5～20 °d 时,深色啤酒残余碱度>5 °d,黑啤酒残余碱度>10 °d
pH		6.8～7.2	6.5～7.8	pH 超出最高极限范围时,不利于糖化时酶发挥作用,造成糖化困难,增加麦皮色素的溶出,使啤酒色度增加、口味不佳

续表 2-2

项目	单位	理想要求	最高极限	原因
总溶解盐类	mg/L	150～200	<500	含盐过高，会使啤酒口味苦涩、粗糙
硝酸根态氮	mg/L（氮计）	<0.2	0.5	过量，会妨碍发酵。饮用水硝酸盐含量规定为<50 mg/L
亚硝酸根态氮	mg/L（氮计）	0	0.05	影响糖化进行，妨碍酵母发酵，使酵母变异，口味改变，并有致癌风险
氨态氮	mg/L	0	0.5	表明水源受污染的程度
氯化物	mg/L	20～60	<100	适量，糖化时有促进酶的作用，提高酵母活性，使啤酒口味柔和；过量，会引起酵母早衰，使啤酒有咸味
硫酸盐	mg/L	<100	240	过量，会使啤酒涩味重
铁	mg/L	<0.05	<0.1	过量，会使水呈红或褐色，有铁腥味，麦芽汁色泽暗
锰	mg/L	<0.03	<0.1	过量，会使啤酒缺乏光泽，口味粗糙
硅酸盐	mg/L	<20	<50	过量，会导致麦芽汁浑浊，发酵时形成胶团，影响发酵和过滤，引起啤酒浑浊，口味粗糙
高锰酸钾消耗量	mg/L	<3	<10	超过 10 mg/L 时，有机物污染严重，不能使用
微生物			细菌总数<100 个/mL，不得有大肠杆菌和八叠球菌	超标对人体健康有害

若酿造用水某些项目达不到要求，必须对酿造用水进行适当处理，处理方法有机械过滤、活性炭过滤、砂滤、加酸法、煮沸法、添加石膏法、离子交换法、电渗析法、紫外线消毒等。

第三节 麦芽制造

将原料大麦制成麦芽，称为制麦。发芽后制得的新鲜麦芽叫作绿麦芽，经干燥和焙焦后的麦芽称为干麦芽。麦芽制造的主要目的：大麦能生成各种酶，并使大麦胚乳中的成分在酶的作用下，达到适度的溶解；去掉绿麦芽的生腥味，产生啤酒特有的色、香和风味成分。

麦芽制造主要有三大步骤：浸麦、发芽、干燥。其工艺流程如图 2-3 所示。

图 2-3 麦芽制造工艺流程

一、大麦的浸渍

原料大麦质量应符合《啤酒大麦》(GB/T 7416—2008)。用水浸渍大麦使其吸收发芽所需要的一定量水分的过程,称为大麦的浸渍,简称浸麦。经浸渍后的大麦称为浸渍大麦。浸麦是为了供给大麦发芽时所需的水分,给以充足的氧气,使之开始发芽。与此同时还可洗涤麦粒,除去浮麦,除去麦皮中对啤酒有害的物质。

浸麦水最好使用中等硬度的饮用水,不得含有害健康的有机物,应无漂浮物。水中亚硝酸盐含量达到一定量时,对发芽有抑制作用。水中含铁、锰过多时,会使麦芽表面呈灰白色。水呈碱性,会提高皮壳的半渗透性,增加水的铁含量,限制沉降作用,甚至影响色泽。

浸麦度是指大麦浸渍后的含水百分比。它是制麦工艺的关键控制点,按公式(2-1)计算。

$$浸麦度=\frac{浸后大麦质量-浸前大麦质量+浸前大麦中水分质量}{浸后大麦质量}\times 100\% \quad (2\text{-}1)$$

(一)浸麦方法

浸麦方法很多,常用的方法有间歇浸麦法、喷淋浸麦法等。

1. 间歇浸麦法

该法是浸水和断水交替进行,即大麦每浸渍一定时间后断水,使麦粒接触空气,浸水和断水交替进行,直至达到要求的浸麦度。在浸水和断水期间需通风供氧。根据大麦的特性、室温、水温的不同,常采用浸二断六、浸四断四、浸六断六、浸三断九等方法。

实例 1:浸麦槽先放入 12~16 ℃清水,将精选大麦称量好,把浸麦度测定器放入浸麦槽,边投麦,边进水,边用压缩空气通风搅拌,使浮麦和杂质浮在水面与污水一道从侧方溢流槽排除。不断从槽底通入清水,直至水清为止,然后加入石灰乳(每立方米水加入 1.3 kg 生石灰)。浸水 4 h 后放水,断水 4 h,此后浸四断四交替进行。浸渍时每小时通风一次,每次 10~20 min。断水期间每小时通风 10~15 min,并定时抽吸二氧化碳。浸麦度达到要求、萌芽率达 70%以上时,浸麦结束,将浸渍大麦送至发芽箱。此时应注意浸麦度与萌芽率的一致性,如萌芽率滞后应延长断水时间;反之,应延长浸水时间。

2. 喷淋浸麦法

该法是在浸麦断水期间,用水雾对麦粒进行淋洗,既能提供氧气和水分,又可带走麦粒呼吸产生的热量和放出的二氧化碳。由于水雾含氧量高,通风供氧效果明显,所以可显著缩短浸麦时间,还可节省浸麦用水,比间歇浸麦法省水 30%。

实例 2:洗麦同间歇浸断法,然后浸水 2~4 h,每隔 1~2 h 通风 10~20 min。断水喷雾 8~12 h,每隔 1~2 h 通风 10~20 min。浸水 2 h,通风一次(10 min)。每次浸水均通风搅拌 10~20 min。再断水喷雾 8~12 h,反复进行,直至达到浸麦度,停止喷淋,控水。2 h 后出槽,全过程约 48 h。

生产中还有一些其他浸麦方法,如温水浸麦法、快速浸麦法、长断水浸麦法等。

常用的浸麦设备有传统的柱体锥底浸麦槽、新型的平底浸麦槽等。

(二)浸麦添加剂

1. 高锰酸钾

高锰酸钾用量为0.1～0.2 g/t大麦，能消毒灭菌，促使麦粒露头，均匀整齐。

2. 石灰

石灰用量为1～2 kg/t大麦，起灭菌作用，也能浸出麦皮中多酚物质、苦味物质等有害物质。暂硬过高的水，加石灰乳后会产生碳酸盐沉淀，附于麦粒上，应加强洗涤。

3. 氢氧化钠

氢氧化钠用量为0.35 kg/m^3水，能浸出麦皮中多酚物质、苦味物质及蛋白质等物质，改善啤酒风味和色泽，提高非生物稳定性。碱水可循环使用。

4. 甲醛

甲醛用量为0.5～1.5 kg/t大麦，有杀菌和防腐作用，可降低麦芽中花色苷含量，提高啤酒非生物稳定性，抑制根芽生长。

5. 赤霉素

赤霉素用量为0.5～1.5 g/t大麦，能刺激发芽，促进多种酶的作用。其最大效应是可缩短发芽周期1～2 d。

6. 漂白粉

漂白粉用量为0.5～1 kg/t大麦，能杀灭藻类和真菌，浸出麦皮中色素和多酚。但其用量不宜过多，否则会影响麦芽中酶的生成。

二、大麦发芽条件及控制

浸渍大麦在一定温度、湿度下发芽，并形成大量的水解酶类，同时麦粒中一部分酶得到活化和增长。随着酶系统的形成，胚乳中的淀粉、蛋白质、半纤维素等高分子物质得到逐步分解，可溶性的低分子糖类和含氮物质不断增加，整个胚乳结构由坚韧变为疏松，这种现象被称为麦芽溶解。

(一)发芽过程中主要物质的变化

1. 淀粉的变化

发芽期间，部分淀粉受淀粉酶的作用，逐步分解成低分子糊精和糖类，其分解产物一部分供根芽、叶芽生长需要，一部分供麦粒呼吸消耗，剩余的糖和糊精仍存在于胚乳中。未被分解为糖和糊精的淀粉，也受酶的作用，一部分支链淀粉被分解为直链淀粉，直链淀粉的含量有所增加。

2. 蛋白质的变化

在制麦过程中，由蛋白质分解引起的物质变化是最复杂而重要的变化，它直接影响麦芽的质量，及啤酒的风味、泡沫和稳定性。

在发芽过程中，部分蛋白质在蛋白酶的作用下，分解成为低分子的肽类和氨基酸，分解产物又分泌至胚部，合成新的蛋白质组分。因此，蛋白质分解和合成是同时进行的，总体上以分解为主。蛋白质分解程度常用库尔巴哈(KoL-bach)值表示，即麦芽中可溶性氮与麦芽总氮之比。一般认为蛋白质分解程度在35%～45%为合格，最好在40%左右，即每100 g干麦芽α-氨基氮在125～160 mg为好。

3. 半纤维素和麦胶物质的变化

从组成成分来说，在发芽过程中，半纤维素和麦胶物质的变化，就是β-葡聚糖和戊聚糖的变化。由于半纤维素和麦胶物质是构成细胞壁的成分，所以半纤维素和麦胶物质的分解通常称为胚乳细胞壁的溶解。

β-葡聚糖是高黏度物质，在发芽过程中，β-葡聚糖受酶的作用被分解为较小分子的β-葡聚糖糊精、昆布二糖、纤维二糖和葡萄糖等。戊聚糖在发芽过程中既被分解，又重新合成，总量几乎不变。它们的分解对于浸出物黏度的降低是十分重要的。溶解良好的麦粒β-葡聚糖分解比较完全，用手指搓之，胚乳呈粉状散开，制成的麦芽汁黏度低。溶解不良的麦粒，用手指搓之，则呈胶团状，制成的麦芽汁黏度高。

4. 酸度的变化

大麦发芽后，酸度明显增加。生酸的主要原因是生成了磷酸、酸性磷酸盐、其他有机酸及少量的无机酸等。麦芽的溶解度高，其酸度相应也高。麦芽的酸度不正常，说明发芽条件不正常，如通风不足、浸麦过度、发芽温度过高等。

5. 酶的形成

原大麦中只含有少量的酶，且多数以非活性的状态存在于胚中。发芽中，利用释放出的赤霉酸，催化合成与释放大量的酶。这些酶主要有α-淀粉酶、β-淀粉酶、界限糊精酶、半纤维素酶类和磷酸酯酶等。

(二)发芽工艺条件

1. 发芽水分

大麦经过浸渍以后含水量为42%～48%，制造深色麦芽宜提高至45%～48%，而制造浅色麦芽一般控制在42%～45%。在发芽过程中，由于呼吸产生热量以及麦粒中水分蒸发等原因，发芽室必须保持一定的相对湿度。通风式发芽，室内的空气相对湿度一般要求在96%以上。

2. 发芽温度

发芽温度一般分为低温、高温、低高温结合等几种情况。

(1)低温发芽　低温发芽一般为12～15 ℃，根芽、叶芽生长缓慢而均匀，呼吸缓慢，麦层温度升幅小，容易控制，麦粒的生长和细胞的溶解是一致的，酶活性也比较高，麦芽溶解较好，适宜制造浅色麦芽。但温度也不能过低，否则会延长发芽时间。

(2)高温发芽　高温发芽一般为18～22 ℃，根芽、叶芽生长迅速，呼吸旺盛，酶活力初期形成较快，后期不及低温发芽的高，麦芽生长不均匀，制麦损耗大，浸出率低，淀粉细胞溶解较好，但蛋白质溶解度低，适宜制造深色麦芽。

(3)低高温结合发芽 对蛋白质含量高、玻璃质粒、难溶的大麦,宜采用低高温结合发芽。开始 3～4 d 麦层温度维持在 12～15 ℃,后期维持在 18～22 ℃,这样可制得溶解良好而酶活力高的麦芽。也有采用先高温后低温的控制方法,也可制出较好的麦芽。

3. O_2 与 CO_2

发芽初期麦粒呼吸旺盛,品温上升,CO_2 浓度增大,这时需通入大量新鲜空气,提供氧气,以利于麦芽的生长和酶的形成。但通风过度,会导致麦粒内容物消耗过多,发芽损失增加;通风不足,麦堆中二氧化碳不能及时排出,会抑制麦粒的呼吸作用。特别要防止因麦粒内分子间呼吸造成麦粒内容物损失,或产生毒性物质使麦粒窒息。

在发芽后期,应减少通风,使 CO_2 在麦层中适度积存,以抑制麦粒的呼吸,控制根芽生长,促进麦芽溶解,减少制麦损失。

4. 发芽时间

发芽时间是由多种条件决定的。发芽温度越低,水分越少,麦层含氧越少,麦芽生长和溶解便越慢,发芽时间也就越长。另外,发芽时间也与大麦品种和所制麦芽类型有关,难溶的大麦发芽时间长,制造深色麦芽的时间也较长。

浅色麦芽发芽时间一般控制在 6 d 左右,深色麦芽为 8 d 左右。如浸麦时添加赤霉素,以及改进浸麦方法等,发芽时间还可以缩短。

5. 光线

发芽过程中必须避免光线直射,以防止叶绿素的形成。叶绿素的形成会有损啤酒的风味。发芽室的窗户宜安装蓝色玻璃。

(三)发芽质量的判断与控制

发芽操作结束后得到的麦芽称为绿麦芽。发芽的质量主要从两方面来判断:一是物质的转化,主要表现在根芽、叶芽的生长以及胚乳的溶解上;二是物质的消耗,要求在合理的物质转化条件下,尽量减少物质的消耗。

1. 根芽和叶芽的判断

浅色麦芽的根芽较短,一般为麦粒长度的 1～1.5 倍;深色麦芽的根芽较长,一般为麦粒的 2～2.5 倍。根芽生长强壮、发育均匀是发芽旺盛和麦粒溶解均匀的象征。

叶芽的长度视麦芽种类不同而异。在正常的生产条件下,叶芽长度不足,麦芽溶解度低,粉状粒少,酶活力低;叶芽过长,麦芽溶解过度,则麦芽浸出率低。对浅色麦芽来说,叶芽平均长度应相当于麦粒长度的 0.7 倍,且 3/4 者应占 75％以上;对深色麦芽来说,其平均长度应相当于麦粒长度 0.8 倍,3/4～1 者应占 75％以上。

2. 溶解度的判断

(1)感官判断

①将绿麦芽的皮剥开,以拇指和食指将胚乳搓开,如呈粉状散开,且感觉细腻者即为溶解良好;虽能碾开但感觉粗重者为溶解一般;不能碾开而成胶团状者为溶解不良。

②将干麦芽切断,其断面呈粉状者为溶解良好;呈玻璃状者为溶解不良;呈半玻璃状者介于两者之间。

③用牙咬干麦芽,疏松易碎者为溶解良好;坚硬不易咬断者为溶解不良。

(2)理化测定　常用的麦芽溶解度理化测定方法见表 2-3。

表 2-3　常用的麦芽溶解度理化测定方法

方法分类	检测指标	说明
物理	沉浮试验	利用麦芽不同的相对密度来判断麦芽细胞溶解情况
	千粒重	利用大麦和麦芽千粒质量之差来判断麦芽细胞溶解情况
	麦芽硬度	利用勃氏硬度计测出的麦芽硬度值来判断麦芽细胞溶解情况
	麦芽脆度	利用脆度测定器测出的麦芽脆度情况来判断麦芽细胞溶解情况
	粗细粉浸出率差	利用粗粉与细粉的浸出物差来判断麦芽细胞溶解情况
	麦芽汁黏度	利用麦芽汁黏度来判断麦芽细胞溶解的情况
化学	蛋白质分解程度	利用麦芽汁中可溶性氮占总氮的百分数来判断蛋白质分解情况
	45 ℃哈同值	利用 45 ℃糖化麦芽汁的浸出率来判断麦芽细胞溶解情况

(四)发芽方式

发芽方式分地板式发芽和通风式发芽两大类。通风式发芽又有多种设备形式,如箱式发芽、圆形制麦系统等。

传统的发芽方式是地板式发芽,即将浸渍后的大麦平摊在水泥地板上,人工翻麦,这种方式由于占地面积大、劳动强度大、不能机械化操作、工艺条件很难人工控制、受外界气候影响等,已不再采用。

通风式发芽料层厚、单位面积产量高、设备生产能力大、占地面积小、工艺条件能够人工控制、容易实现机械化操作,所以在国内已经完全取代了地板式发芽。

三、绿麦芽干燥及麦芽质量评定

绿麦芽需先通过热空气强制通风干燥和焙焦后方可于啤酒生产。干燥的主要目的有:①除去绿麦芽多余的水分,防止腐败变质,便于贮藏;②终止绿麦芽的生长和酶的分解作用;③除去绿麦芽的生腥味,麦芽能产生特有的色、香、味;④便于干燥后除去麦根。麦根有不良苦味,如带入啤酒,将破坏啤酒风味。

麦芽干燥设备普遍采用的是间接加热的单层高效干燥炉、水平式(单层、双层)干燥炉及垂直式干燥炉等。

(一)绿麦芽干燥期的物质变化

1. 水分变化

一般绿麦芽含水率为 40%～45%。通过干燥,浅色麦芽水分要降至 3.0%～5.0%,深色麦芽水分要降至 1.5%～3.5%。

麦芽水分的变化会导致麦芽的容量和质量发生变化。优质的麦芽在干燥后，容量较原料大麦增加20%左右，但质量较原料大麦有所降低。麦芽溶解得越好，其质量降低得越多。一般是100 kg精选大麦生成160 kg左右的绿麦芽(水分47%左右)，经干燥得到80 kg左右的干麦芽。

水分的去除经过以下两个过程。

(1)凋萎过程 该阶段要求大风量排潮，风温低，麦芽水分降至10%～12%。浅色麦芽糖化力残存一般在60%～80%，不希望麦粒内容物过分溶解，因此要求风量更大一些，温度更低一些，水分下降更快一些。深色麦芽则要求在发芽的基础上，继续溶解的更多一些，因此要求风量小一些，温度高一些，水分下降慢一些，而相应的糖化力仅残存30%～50%，则较浅色麦芽低得多。

(2)焙焦过程 该阶段干燥风量小，温度高，水分下降缓慢。一般制浅色麦芽的焙焦温度控制在82～85 ℃，制深色麦芽的焙焦温度控制在95～105 ℃。

2. 酶的变化

麦芽在干燥期间，酶活力对温度很敏感，还和麦芽中的含水量有直接关系。温度高对酶活力破坏大，酶活力损失多；麦芽含水量越小，对酶的破坏越小。因此浅色麦芽的酶活力较深色麦芽高。这也是麦芽在干燥前期要低温脱水，后期才高温焙焦的原因。

3. 碳水化合物的变化

当温度在60 ℃以内，水分在15%以上时，淀粉继续分解，主要产物是葡萄糖、麦芽糖、果糖、蔗糖。当温度继续升高，水分小于15%时，类黑素的形成会消耗一部分可发酵性糖，使转化糖含量有所降低。

4. 含氮物的变化

干燥前期，蛋白质在酶的作用下继续分解。当温度继续升高时，少量蛋白质受热凝固，导致麦芽中凝固性氮含量有所降低，深色麦芽比浅色麦芽降低的幅度更大。

5. 半纤维素的分解

在凋萎阶段，半纤维素在半纤维素酶的作用下，加速分解为β-葡聚糖和戊聚糖；在焙焦温度下，部分β-葡聚糖和戊聚糖又水解为低分子物质。这种变化有利于麦芽汁黏度的降低。

6. 类黑素的形成

类黑素的形成是麦芽干燥后期最重要的变化之一。类黑素主要是由淀粉分解产物单糖与蛋白质分解产物氨基酸发生美拉德反应形成的。麦芽的色泽和香味主要取决于类黑素，类黑素还对啤酒的起泡性、泡持性、非生物稳定性以及啤酒的风味都有好处。

麦芽中含单糖和氨基酸的量越大、水分和温度越高，类黑素的形成就越多、色泽越深、香味越大。pH为5时最有利于类黑素的形成。类黑素在80～90 ℃已开始少量形成。温度为100～110 ℃、水分不低于5%是形成类黑素的最适条件。

7. 多酚物质的变化

在凋萎阶段，由于氧化酶的作用，花色苷含量有所下降。在焙焦阶段，随着温度的提高，总多酚物质和花色苷含量增加，且总多酚物质与花色苷的比值降低。

8.酸度的变化

在干燥过程中，由于生酸酶的作用、磷酸盐相互间的作用以及类黑素的形成，麦芽的酸度会增加。

(二)干麦芽的处理和贮藏

干麦芽的处理包括除根、冷却与磨光等。

1.干麦芽的处理

干麦芽处理的目的：①麦根中含有40%左右的蛋白质，具有不良苦味，而且色泽很深，如带入啤酒，会影响啤酒的口味、色泽以及非生物稳定性；②除根后要尽快冷却，以防淀粉酶被破坏；③经过磨光，提高麦芽的外观质量。

出炉麦芽的麦根吸湿性很强，应在24 h内完成除根操作，否则，麦根将难以除去。除根常用设备为除根机。除根机有一个缓慢转动的带筛孔的金属圆筒，内装搅刀，滚筒转速以20 r/min为宜，搅刀转速为160～240 r/min，与滚筒转动方向相同。麦根靠麦粒间相互碰撞和麦粒与滚筒壁撞击作用而脱落。除根后的麦芽需再经一次风选，除去灰尘及轻微杂物，并将麦芽冷却至室温(20 ℃左右)，入库贮藏。

2.干麦芽的贮藏

除根后的麦芽一般都需经过6～8周(最短1个月，最长为半年)的贮藏后，才能用于酿酒。主要原因有：①干燥操作不当时产生的玻璃质麦芽，在贮藏期间会产生变化，向好的方面转化；②经过贮藏，麦芽的蛋白酶活性与淀粉酶活性得以恢复和提高，有利于提高糖化力；③提高麦芽的酸度，有利于糖化；④麦芽在贮藏期间吸收少量水分后，麦皮失去原有的脆性，粉碎时破而不碎，有利于麦芽汁过滤。

注意：贮藏中要按质量等级分别贮藏；减少麦芽与空气的接触面；按时检查麦温和水分变化，控制干麦芽贮藏回潮水分在5%～8%，不宜超过9%；并要采取防治虫害的措施。

3.磨光

商业性麦芽厂在麦芽出厂前还经过磨光处理，以除去附着在麦芽上的脏物和破碎的麦皮，使麦芽外观更漂亮。麦芽磨光在磨光机中进行，使麦芽受到摩擦、撞击，从而达到清洁除杂的目的。

(三)麦芽质量指标与评定

1.感官要求

麦芽感官要求见表2-4。

表2-4 麦芽感官要求

项目	特征与评定
夹杂物	麦芽应除根干净，不含杂草、谷粒、尘埃、枯草、半粒、霉粒和损伤粒等杂物
色泽	麦芽应呈淡黄色，有光泽，与大麦相似。发霉的麦芽呈绿色、黑色或红斑色
香味	麦芽有特殊香味，不应有霉味、潮湿味、酸味、焦苦味和烟熏味等。浅色麦芽香味小一些，深色麦芽香味浓一些

2. 物理特性

麦芽物理特性及其评定见表 2-5。

表 2-5 麦芽物理特性及其评定

项目	特性与评定
千粒质量	麦芽溶解越完全,千粒质量越低。可衡量其溶解程度
相对密度	麦芽相对密度越小,麦芽溶解度越高。相对密度<1.1 为优;1.1≤相对密度<1.13 为良好;1.13≤相对密度<1.18 为基本满意;相对密度>1.18 为不良。相对密度可用沉浮试验反映,沉降粒<10%为优;10%≤沉降粒<25%为良好;25%≤沉降粒<50%为基本满意;沉降粒>50%为不良
切断试验	通过 200 粒麦芽断面进行评定,粉状粒越多者越佳,玻璃质粒越多者越差
叶芽长度	通过叶芽平均长度和长度范围评定麦芽溶解度。浅色麦芽中叶芽长度 3/4 者占 75%左右,平均长度在 3/4 左右为好;深色麦芽中叶芽长度 3/4～1 者占 75%左右,平均长度在 4/5 以上为好

3. 化学特性

(1)一般检验　麦芽化学特性及其评定(一般检验)见表 2-6。

表 2-6 麦芽化学特性及其评定(一般检验)

项目	特性与评定
水分	出炉麦芽水分含量:浅色麦芽 3.5%～5%,深色麦芽 2%～3%。贮藏期中麦芽水分含量增长 0.5%～1%,使用时不超过 6%
浸出率	优良的麦芽,无水浸出率应为 78%～82%,与大麦品种、气候与生长条件以及制麦方法有关
糖化时间	优良的麦芽糖化时间:浅色麦芽 10～15 min,深色麦芽 20～30 min
麦芽汁过滤速度与透明度	溶解良好的麦芽,麦芽汁的过滤速度快,麦芽汁清;溶解不良的麦芽,麦芽汁过滤速度慢,麦芽汁不清。麦芽汁的过滤速度和透明度还受大麦品种、生长条件、发芽方法、干燥温度和麦芽贮藏期等的影响。不能仅以此作为衡量麦芽质量的标准
色度	正常的麦芽,协定法麦芽汁的色度应为:浅色麦芽 2.5～4.5 EBC 单位,中度深色麦芽 5～8 EBC 单位,深色麦芽 9～13 EBC 单位
香味和口味	协定法麦芽汁的香味与口味应纯正,无酸涩味、焦味、霉味、铁腥味等不良杂味

(2)细胞溶解度检验

①粗细粉浸出率差:可利用粗粉和细粉的浸出率差来评定麦芽细胞的溶解情况,如表 2-7 所示。

表 2-7 细胞溶解度的评定(粗细粉浸出率差)　%

粗细粉浸出率差	<1.5	1.5～2.2	2.2～2.7	2.7～3.2	≥3.2
细胞溶解度	优	良好	满意	不佳	很差

②麦芽汁黏度：可利用麦芽汁黏度来说明麦芽胚乳细胞壁半纤维素和麦胶物质的降解情况，从而评定麦芽细胞的溶解情况，如表 2-8 所示。其中，协定法麦芽汁的黏度均以质量分数调整至 8.6%时的计算黏度为准。

表 2-8　细胞溶解度的评定(麦芽汁黏度)　mPa·s

麦芽汁黏度	<1.53	1.53～1.61	1.61～1.67	≥1.67
细胞溶解度	优	良好	一般	不佳

(3)蛋白质溶解度检验

①蛋白质溶解度：可利用协定法麦芽汁的可溶性氮与总氮的百分比表示麦芽蛋白质溶解度，此值越高，说明蛋白质分解越完全，如表 2-9 所示。

表 2-7　蛋白质溶解度的评定(可溶性氮与总氮的百分比)　%

可溶性氮与总氮的百分比	<35	35～38	38～40	≥40
蛋白质溶解度	一般	满意	良好	优

②隆丁区分：将麦芽汁中的可溶性氮根据其相对分子质量分为 A、B、C 3 组。A 组，高分子含氮物质占 25%左右，其相对分子质量为 60 000 以上；B 组，中分子含氮物质占 15%左右，其相对分子质量为 12 000～60 000；C 组，低分子含氮物质占 60%左右，其相对分子质量为 12 000 以下。通过此 3 个值的比例，可估计蛋白质的分解情况。

③甲醛氮与 α-氨基氮：通过测定麦芽汁中甲醛氮与 α-氨基氮的含量，可衡量蛋白质分解情况。以协定法麦芽汁为例，每 100 g 麦芽干物质指标如表 2-10 所示。

表 2-10　每 100 g 麦芽干物质指标　mg

甲醛氮(甲醛滴定法)	α-氨基氮(EBC 茚三酮法)	蛋白质溶解度
<180	<115	不佳
180～200	115～135	满意
200～215	135～150	良好
≥215	≥150	优

(4)淀粉分解检验

①最终发酵度：以麦芽汁的最终发酵度来表示麦芽糖化后，可发酵浸出物与非可发酵浸出物的关系。最终发酵度与大麦品种、生长条件和时间、制麦方法都有关系。一般是麦芽溶解得越好，其最终发酵度越高。正常的麦芽，其协定法麦芽汁的外观最终发酵度达 80%以上。

②α-淀粉酶与糖化力的测定：通过对麦芽淀粉酶活性的测定，也可以估价麦芽的淀粉分解情况。在啤酒生产中最具有实用价值的是测 α-淀粉酶活性和麦芽糖化力。一般在正常情况下，浅色麦芽的 α-淀粉酶活性为 40～70 ASBC 单位，糖化力为 200～250 °WK①；深色麦芽的

① 糖化力单位 WK 表示 100 g 绝干麦芽在 20 ℃和 pH 4.5 条件下，分解可溶性淀粉，每 30 min 产生 1g 麦芽糖为 1 °WK。

糖化力为100 °WK。

(5)其他

①哈同值:将麦芽在20、45、65、80 ℃下,分别糖化1 h,求得4种麦芽汁的浸出率与协定法麦芽汁的浸出率比值的平均值,以此值减58,所得差数即为哈同值。它可反映麦芽的酶活力和溶解情况。麦芽哈同值的具体指标为:6.5~10表示高酶活性;5.5~6.5表示溶解良好;5左右表示溶解满意;3.5~4.5表示溶解一般;0~3.5表示溶解不足。

②pH:溶解良好和干燥温度高的麦芽,其协定法麦芽汁的pH较低;溶解不足和干燥温度低的麦芽,其pH则高。凡pH低者,其麦芽浸出率高。浅色麦芽的协定法麦芽汁的pH一般为6.0;深色麦芽因为会形成更多的黑色素,其协定法麦芽汁的pH有所降低,一般为5.6~5.7。

总之,上述任何一种麦芽感官要求、理化指标均不能对麦芽质量做出全面的评定,故应以感官要求和若干理化指标对麦芽进行全面评定。

第四节 麦芽汁制备

麦芽汁制备是指麦芽经过适当粉碎后与温水混合,借助自身的淀粉酶、糖化酶、蛋白酶等多种酶的水解作用,将淀粉和蛋白质等大分子水解成可溶性低分子,如麦芽糖、氨基酸、多肽等,再经过过滤澄清制成麦芽汁的过程。

一、麦芽及辅料的粉碎

大米粉碎对工艺要求不高,而采用的酒花制品大多是不需要粉碎的,因此原料的粉碎实际上是指麦芽的粉碎。原料粉碎后增加了原料颗粒的比表面积,糖化时可溶性物质容易浸出,有利于酶反应的进行。

一方面由于麦芽的皮壳是麦芽汁过滤时的过滤介质,为了减小过滤时的阻力,避免麦芽汁过滤困难,麦芽粉碎时应尽量保持皮壳的完整;另一方面皮壳中的有害物质如多酚、苦味物质等容易溶出,使啤酒苦味粗糙、色度加深。麦芽胚乳部分从理论上讲粉碎得越细越好,特别是对溶解不好的麦芽,采用机械破碎的方式可以使内含物在糖化过程中最大限度地溶出,提高糖化收率。但过细也会增加耗电量,增加操作费用。总之,麦芽粉碎应做到"皮壳破而不碎,胚乳尽细碎"。

(一)麦芽粉碎方法

麦芽粉碎有干法粉碎、湿法粉碎和回潮粉碎3种方法。

1. 干法粉碎

干法粉碎是传统的粉碎方法,要求麦芽水分含量为6%~8%。其缺点是粉尘较大,麦皮易碎。

2. 湿法粉碎

先将麦芽用50 ℃水浸泡15~20 min,使麦芽水分含量达到25%~30%之后,再用湿式粉碎机粉碎，并立即加入 30～40 ℃水调浆，泵入糖化锅。其优点是麦皮较完整，对溶解不良的麦芽，可提高浸出率 1%～2%；缺点是动力消耗大。

3. 回潮粉碎

回潮粉碎又叫增湿粉碎。可用 0.05 MPa 蒸汽处理麦芽 0.5 min，增湿 1%左右。也可在增湿装置中向麦芽喷水雾 1.5～2.0 min，增湿 1%～2%，可达到麦皮破而不碎的目的。用蒸汽增湿时，应控制麦芽品温在 50 ℃以下，以免引起酶的失活。

（二）粉碎设备

麦芽粉碎常用辊式设备。辊式设备根据辊的数量又可分为对辊式、四辊式、五辊式、六辊式等。锤式粉碎机极少使用。

对辊式粉碎机是最简单的粉碎机，主要由一对平行安装的拉丝辊，以相反转向运转来将麦芽粉碎。对辊式粉碎机存在着粉碎度较难控制的缺点。

以对辊式粉碎机为基础发展起来的四辊式、五辊式、六辊式等类型的麦芽粉碎机，粉碎性能有了极大的提高，适用于各种麦芽的粉碎，并可使粉碎度符合酿造需要。

辅料粉碎多用对辊式粉碎机，也有采用磨盘式磨米机。

（三）粉碎度的调节

粉碎度是指麦芽或辅助原料的粉碎程度。通常是以谷皮、粗粒、细粒及细粉各部分所占料粉的质量分数表示。一般要求粗粒与细粒（包括细粉）的比例以 1∶(2.5～3.0)为宜。麦芽的粉碎度应视投产麦芽的性质、糖化方法、麦芽汁过滤设备的具体情况来调节。

1. 麦芽性质

溶解良好的麦芽，粉碎后细粉和粉末较多，易于糖化，因此可以粉碎得粗一些。而溶解不良的麦芽，玻璃质粒多，胚乳坚硬，糖化困难，因此应粉碎得细一些。

2. 糖化方法

不同的糖化方法对粉碎度的要求也不同。采用浸出糖化法或快速糖化法时，麦芽应粉碎得细一些；采用长时间糖化法或煮出糖化法，以及采用外加酶糖化法时，麦芽可粉碎得略粗一些。

3. 过滤设备

采用过滤槽法是以麦皮作为过滤介质，要求麦皮尽可能完整，因此麦芽应粉碎得粗一些。采用麦芽汁压滤机法是以涤纶滤布和麦皮作为过滤介质，麦芽应粉碎得细一些。

麦芽及辅料的粉碎度可通过对糖化收率、过滤时间、麦芽汁浊度，以及碘液颜色反应的分析检验结果来调节。操作时，可调节手柄，调整辊的间距，并通过取样，检查麦皮的粗粒和细粉的比例，判断粉碎度的好坏。湿式粉碎还可通过漂浮在过滤麦芽汁中的颗粒数量来判断粉碎度的大小。

二、糖化

糖化过程实际上主要是淀粉水解过程，是指利用麦芽本身所含有的各种水解酶或外加的酶制剂，在适宜的温度、pH、时间下，将麦芽和辅助原料中的不溶性大分子物质——淀粉水解成可溶性的低分子物质的过程。

未分离麦糟的混合液称为糖化醪；滤除麦糟后称为麦芽汁；麦芽中溶解于水的干物质称为浸出物，麦芽汁中浸出物质量占原料中所有干物质质量的百分数称为无水浸出率，即浸出率。一般麦芽的浸出率为80%左右。

糖化过程是啤酒生产中的重要环节。糖化的要求是麦芽汁浸出物收率要高，浸出物的组成及其比例要符合啤酒发酵生产的要求，而且要降低生产费用，降低成本。

（一）糖化时主要物质的变化

麦芽中可溶性物质占麦芽干物质的18%～20%，为少量的蔗糖、果糖、葡萄糖、麦芽糖等糖类和蛋白胨、氨基酸以及果胶质和各种无机盐等。麦芽中不溶性和难溶性物质占绝大多数，如淀粉、蛋白质、β-葡聚糖等。辅助原料中的可溶性物质更少。麦芽和辅料在糖化过程中的主要物质变化有以下几方面。

1. 淀粉的分解

麦芽的淀粉含量占其干物质的50%～60%，辅料大米的淀粉含量为干物质的80%左右。麦芽淀粉颗粒在发芽过程中因受自身许多酶的作用，其外围蛋白质层和细胞壁的半纤维素物质已初步分解，因此更容易受淀粉酶的作用而分解。淀粉的分解分为3个连续进行的过程，即糊化、液化和糖化。

（1）糊化　胚乳细胞在一定温度下吸水膨胀、破裂，淀粉分子溶出，呈胶体状态分布于水中而形成糊状物的过程称为糊化。辅料糊化时可添加少量麦芽粉或淀粉酶，由于淀粉的参与，糊化温度可降低20 ℃左右。

（2）液化　经糊化后的淀粉，在α-淀粉酶的作用下，进一步水解成糊精和麦芽糖，醪液黏度迅速降低的过程称为液化。生产过程中，糊化与液化两个过程几乎是同时发生的。

辅料的糊化与液化是在糊化锅中进行的。辅助原料主要是淀粉质原料，如大米、玉米淀粉等，没有经过发芽，其淀粉颗粒被外围的蛋白质层和细胞壁包围。为了提高糊化、液化的效果，生产上通常在辅料中加入15%～20%麦芽或少量α-淀粉酶(6～8 U/g原料)，配以适量的水，使其在55 ℃起就开始糊化、液化。有时还将辅料升温到105～110 ℃，保温一段时间，促进胚乳细胞的破裂和淀粉的溶出。

辅料糊化要注意避免出现淀粉的老化现象（或称回生）。老化现象是指糊化后的淀粉糊，在温度降至50 ℃以下时，产生凝胶脱水，使其结构又趋紧密的现象。

（3）糖化　在啤酒生产中，淀粉的糖化是指辅料和麦芽中的淀粉受淀粉酶的作用，产生以麦芽糖为主的可发酵性糖和以低聚糊精为主的非发酵性糖的过程。在糖化过程中，随着可发酵性糖的不断产生，醪液黏度迅速下降，碘液颜色反应由蓝色逐步消失至无色。

可发酵性糖是指麦芽汁中能被啤酒酵母发酵的糖类，如果糖、葡萄糖、蔗糖、麦芽糖、麦芽三糖和棉子糖等。非发酵性糖是指麦芽汁中不能被啤酒酵母发酵的糖类，如低聚糊精、异麦芽糖、戊糖等；非发酵性糖，虽然不能被酵母发酵，但它们对啤酒的适口性、黏稠性、泡沫的持久性以及营养等均起着有益的作用。

在淀粉分解时，应控制好麦芽汁中可发酵性糖与非发酵性糖的比例。一般浓色啤酒可发酵性糖与非发酵性糖之比应控制在 1∶(0.5～0.7)，浅色啤酒控制在 1∶(0.25～0.35)。必须指出的是，在成品麦芽汁中不允许有淀粉和高分子糊精存在，因为它们容易引起啤酒浑浊。

糖化时主要酶作用的最适 pH、温度见表 2-11。

表 2-11 糖化时主要酶作用的最适 pH、温度

酶	最适 pH	最适温度/℃	失活温度/℃
α-淀粉酶	5.5～6.0	70～75	80
β-淀粉酶	5.5	60～65	70
麦芽糖酶	6.0	35～40	＞40
糊精酶	5.0	55～60	65
内-β-葡聚糖酶	4.5～5.0	40～45	＞55
外-β-葡聚糖酶	4.5～5.0	25～30	＞40
β-葡聚糖溶解酶	6.5～7.0	60～65	72
羧肽酶	5.0～5.5	50～60	70
氨肽酶	7.0～8.0	40～45	＞50
内肽酶	5.0～5.2	50～60	80
酸性磷酸酶	4.5～5.0	50～55	70

2. 蛋白质的水解

糖化时，蛋白质的水解主要是指麦芽中蛋白质的水解。蛋白质的水解很重要，其分解产物影响着啤酒的泡沫、风味和非生物稳定性等。糖化时蛋白质的水解也称蛋白质休止。

在糖化过程中，麦芽蛋白质继续分解，但分解的程度远不及制麦时分解得多。因此，蛋白质溶解不良的麦芽，靠糖化时的蛋白质休止来弥补其不足是难以达到要求的。但这并不意味着不需要进行蛋白质的继续水解。

麦芽汁中含氮物质可分为高分子氮、中分子氮和低分子氮，它们对啤酒的影响是不同的。高分子氮含量过高，煮沸时凝固不彻底，极易引起啤酒早期沉淀；中分子氮含量过低，啤酒泡沫性能不良，过高也会引起啤酒浑浊沉淀；低分子氮含量过高，啤酒口味淡薄，过低则酵母的营养不足，影响酵母的繁殖。因此麦芽汁中高、中、低分子氮组分要保持一定的比例。据研究，以高分子氮为 25%左右、中分子氮为 15%左右、低分子氮为 60%左右的比例较为合适。应当指出的是，这个比例随大麦种类不同而有所变动。对溶解良好的麦芽，蛋白质分解时间可短一些；对溶解不良的麦芽，蛋白质分解时间应延长一些，特别是增加辅料用量时，更需要加强蛋白质的分解。

3. β-葡聚糖的分解

在制麦过程中，已有 80%左右的 β-葡聚糖被分解，但在麦芽中，特别是在溶解不良的麦芽中仍有相当数量的高分子β-葡聚糖未被分解，糖化中它们在35～50 ℃时溶出，会提高麦芽汁的黏度。因此，糖化时要创造条件，通过麦芽中β-葡聚糖分解酶的作用，促进β-葡聚糖降解为糊精和低分子葡聚糖。糖化过程中，控制醪液pH在5.5以下、37～45 ℃休止，都有利于促进β-葡聚糖的分解和降低麦芽汁的黏度。当然，β-葡聚糖不可能、也不需要完全被分解，适量的β-葡聚糖也是构成啤酒酒体和泡沫的主要成分。

4. 酸的形成

糖化时，由于麦芽所含的有机磷酸盐，如植酸钙镁的分解和蛋白质分解形成的氨基酸等缓冲物质的溶解，醪液的pH下降。

5. 多酚类物质的变化

溶解良好的麦芽，游离的多酚物质较多，在糖化时溶出的多酚也多。糖化中，多酚物质通过游离、沉淀、氧化和聚合等多种形式不断地变化。游离出的多酚，在较高温度下，易与高分子蛋白质结合而形成沉淀。另外在某些氧化酶的作用下，多酚物质不断氧化和聚合，也容易与蛋白质形成不溶性的复合物而沉淀下来。因此，在糖化操作中，减少麦芽汁与氧的接触、适当调酸降低pH、让麦芽汁适当地煮沸使多酚与蛋白质结合形成沉淀等，都有利于提高啤酒的非生物稳定性。

(二)影响糖化的因素

1. 麦芽的质量及粉碎度

溶解良好的麦芽，酶的含量高，内含物易受酶的作用。使用这种麦芽时，糖化时间短，生成的可发酵性糖多，可采用较低的糖化温度。但在蛋白质休止时，应予以适当限制，避免麦芽中的中分子肽类被过多分解成α-氨基氮，导致啤酒泡持性降低。

溶解度差、玻璃质粒多的麦芽，糖化力低，酶的活性也低，麦芽粉碎后粗粒多，内容物不易受到酶的作用。使用这种麦芽时，糖化时间长，过滤困难，制得的麦芽汁透明度及色泽都差，最好采用二段法糖化，并延长蛋白质休止时间，尽量提高麦芽汁的收率。

麦芽的粉碎必须适度，不能太细，否则细粉太多，麦芽与水混合时易结块，增加糖化的困难。

2. 温度的影响

温度是糖化过程的重要影响因素。各种酶的活性都对温度很敏感。温度的影响不仅表现在高低上，还表现在升温速度的快慢。

①在蛋白质休止时，蛋白酶作用的最适温度为40～65 ℃。当蛋白质休止温度较高(50～65 ℃)时，可溶性高、中分子氮含量增多，影响非生物稳定性的高分子氮也相应增加，这类高分子氮在低温时容易形成细小凝固物，悬浮于麦芽汁中，影响发酵与酒液的澄清。当休止温度偏低（45～50 ℃)时，有利于形成较多的α-氨基氮，但中分子肽类物质也随之减少。休止时间越长，高分子蛋白质的残留量越少，α-氨基氮的积累越多，啤酒的稳定性越好，但不利于啤酒的泡沫形成。

在麦芽溶解较好的情况下，通常采用较高的休止温度和较短的休止时间，如先将温度保持在52 ℃，时间控制在10～15 min，再升至63 ℃、30 min；如果麦芽溶解较差，只能采用较低的休止温度和较长的休止时间，如45～50 ℃、1 h。

②α-淀粉酶作用的最适温度是 60～65 ℃，β-淀粉酶作用的最适温度是 45～52 ℃。在淀粉水解时，由于糖化醪中有糊精、糖类、蛋白质分解物的存在，增加了淀粉酶的耐热性，所以实际上 α-淀粉酶的适宜温度为 65～70 ℃，β-淀粉酶为 60～65 ℃。当糖化温度高，升温迅速时，α-淀粉酶起主要作用，产生较多的糊精和少量的麦芽糖，可发酵性糖较少。当糖化温度低，升温缓慢时，则有利于 β-淀粉酶的作用，产生较多的麦芽糖和少量的糊精，可发酵性糖较多。所以可通过改变糖化温度来调节麦芽汁中可发酵性糖和非发酵性糖成分的比例。

另外，从麦芽汁收率考虑，糖化温度为 60～70 ℃时，麦芽汁浸出物含量最高。所以实际生产中，糖化温度确定为 60～70 ℃。

3. pH 的影响

蛋白酶的 pH 范围集中在 5.0～5.5。当 pH 高于 5.5 时，酶活性受到抑制，可溶性氮下降。当 pH 较低时，产生的低分子氮就多。考虑各方面影响因素，确定蛋白酶的最适 pH 为 5.2～5.4。淀粉酶的 pH 范围集中在 5.0～6.0，实际生产中还受到温度等因素的影响，通常在 60～70 ℃糖化温度范围内，淀粉酶的 pH 为 5.2～5.6 比较理想。如果 pH 较高，α-淀粉酶将受到抑制，β-淀粉酶会因钝化而降低活性。

实际生产中，多采用加酸调节糖化醪 pH，以增加各种酶的活性。通常选用磷酸或乳酸调节 pH。磷酸是中强酸，略有涩味，酸味小，调节效果明显，形成的磷酸盐可作为酵母繁殖所需磷源。乳酸安全可靠，并对啤酒口味有利，但添加量大，成本较高。故可采取添加一定量的磷酸，辅以一定量的乳酸来调酸。

4. 糖化醪浓度的影响

对淀粉而言，糖化醪浓度增加则黏度变大，影响酶对基质的渗透，使淀粉的水解速度变慢；浓度越低越有利于糖化，生成的可发酵性糖越多。对蛋白质水解而言，浓醪因酸性物质溶解增加、pH 降低和酶与基质浓度的提高、相互接触机会多而有利于蛋白质休止。所以在糖化中，糖化料水比为 1∶(3～4)，糊化料水比为 1∶(5～6)。

(三)糖化方法

1. 煮出糖化法

煮出糖化法是指兼用生化作用和物理作用进行糖化的方法。其特点是将一部分糖化醪液，分批地加热到沸点，然后与其余未煮沸的醪液混合，使全部醪液温度分阶段地升高到不同酶分解所需要的温度，最后达到糖化终止温度。煮出糖化法可以弥补一些麦芽溶解不良的缺点。根据醪液的煮沸次数，煮出糖化法可分为一次煮出糖化法、二次煮出糖化法和三次煮出糖化法以及快速煮出法等。

2. 浸出糖化法

浸出糖化法是指纯粹利用酶的作用进行糖化的方法，其特点是将全部醪液从一定的温度开始，缓慢分阶段升温到糖化终止温度。浸出糖化法需要使用溶解良好的麦芽。应用此法时，醪液没有煮沸阶段。

3. 双醪糖化法

双醪糖化法是指采用部分未发芽的淀粉质原料作为辅料，将麦芽和淀粉质辅料分别在糖化锅和糊化锅中进行处理，然后兑醪。兑醪后按煮出法操作进行的，即为双醪煮出糖化法；兑醪后按浸出法操作进行的，即为双醪浸出糖化法。国内大多数啤酒厂采用双醪浸出糖化法生产淡色啤酒。生产浓色啤酒或黑色啤酒可采用双醪煮出糖化法。

4. 外加酶制剂糖化法

外加酶制剂糖化法是指麦芽用量小于 50%，使用双辅料(其中大麦占 25%～50%，大米或玉米占 25%)，并添加适量酶制剂制备麦芽汁的方法。此法可以大幅度降低成本，生产的啤酒质量与正常啤酒相近。此法要注意的工艺问题有：选用优质麦芽，糖化力不小于 250 °WK，α-氨基氮不小于 140 mg/100 g 干麦芽；大麦和麦芽占总料的 55%～70%，以保证麦芽汁过滤时有适当的滤层厚度。

生产实际中，具体采取什么样的糖化方法，取决于原料的质量、产品的类型和生产设备条件。糖化设备现多采用由糊化锅、糖化锅、过滤槽、煮沸锅和回旋沉淀槽组合的复式糖化设备。糊化锅的规格和结构与糖化锅基本一致。

三、麦醪过滤

糖化后的醪液必须通过麦芽汁过滤澄清槽处理，将麦芽汁和麦糟分离，才能到清亮和较高收率的麦芽汁。麦芽汁过滤澄清分两步进行：一是以麦糟为滤层，利用过滤的方法提取出麦芽汁，称为第一麦芽汁或过滤麦芽汁；二是利用热水冲洗出残留在麦糟中的麦芽汁，称为第二麦芽汁或洗涤麦芽汁。麦芽汁过滤最常用的是过滤槽法。过滤槽的槽身内安装有过滤筛板、耕刀等，槽身与若干管道、阀门以及泵组成可循环的过滤系统，利用液柱静压为动力进行过滤。

影响麦芽汁过滤速度的因素：①麦芽汁的黏度越大，过滤速度越慢；②过滤层厚度越大，过滤速度越低；③过滤层的阻力大，过滤则慢。过滤层的阻力大小取决于孔道的直径、长度和弯曲性及孔隙率。滤层阻力是由过滤层厚度和过滤层渗透性决定的。

四、麦芽汁的煮沸及酒花添加

(一)麦芽汁煮沸

1. 麦芽汁煮沸的目的和作用

麦芽汁煮沸的目的和作用：①蒸发多余水分，使麦芽汁浓缩到规定的浓度；②破坏全部酶的活性，杀菌和稳定麦芽汁组分，保证最终产品的质量；③浸出酒花中的有效成分，增加麦芽汁的苦味和香味，提高麦芽汁的防腐能力；④促进蛋白质沉淀析出，提高啤酒的非生物稳定性；⑤使麦芽汁的 pH 降低，促进 β-球蛋白的析出，有利于啤酒稳定性的提高；⑥蒸出易挥发的异味，提高麦芽汁质量。

2. 麦芽汁煮沸的方法

间歇常压煮沸是国内目前广泛使用的传统煮沸方法。它是在麦芽汁的容量盖过煮沸锅加热层后开始加热，使麦芽汁温度保持在 80 ℃左右，待麦槽洗涤结束后，即加大蒸汽量，使混合麦芽汁沸腾。

麦芽汁在煮沸过程中,必须始终保持强烈的对流状态,以使蛋白质凝固得更多些。同时要检查麦芽汁蛋白质凝固情况,尤其是在酒花加入后,蛋白质必须凝固良好,呈絮状凝固,麦芽汁清亮透明,达到要求后,即可停汽,并测量麦芽汁浓度。除传统煮沸方法外,还有内加热煮沸法和外加热煮沸法等。

3.麦芽汁煮沸的技术条件

(1)煮沸时间　煮沸时间是指将混合麦芽汁蒸发、浓缩到要求的定型麦芽汁浓度所需的时间。

一般来说,煮沸时间短不利于蛋白质的凝固及啤酒的稳定性。合理地延长煮沸时间,对蛋白质凝固、α-酸的利用,以及还原物质的形成都是有利的。但过分地延长煮沸时间,会使麦芽汁质量下降。如淡色啤酒的麦芽汁色泽加深、苦味加重、泡沫不佳。煮沸超过 2 h,还会使已凝固的蛋白质及其复合物被击碎进入麦芽汁而难以除去。

常压煮沸,淡色啤酒(10%～12%)煮沸时间一般控制在 1～2 h,浓色啤酒可适当延长,内加热或外加热煮沸时间为 60～80 min。

(2)煮沸强度　煮沸强度是指麦芽汁在煮沸时,每小时蒸发水分的百分数,按公式(2-2)计算。

$$\text{煮沸强度}(\%/\text{h})=\frac{\text{麦芽汁初始量(L)}-\text{最终麦芽汁量(L)}}{\text{麦芽汁初始量(L)}\times\text{煮沸时间(h)}}\times 100\% \qquad (2\text{-}2)$$

煮沸强度是影响蛋白质凝结的决定因素,对麦芽汁的透明度和可凝固性氮有显著影响。煮沸强度越大,翻腾越强烈,蛋白质凝结的机会就越多,越有利于蛋白质的变性而形成沉淀。煮沸强度一般在 8%/h～10%/h,可凝固性氮的质量浓度达 1.5～2.0 mg/100 mL,即可满足工艺要求。煮沸强度的高低与煮沸锅的加热方式、加热面积,导热系数和蒸汽压力等密切相关。要求最终麦芽汁清亮透明,蛋白质凝结、颗粒大、沉淀快。

(3)pH　麦芽汁煮沸时的 pH 通常为 5.2～5.6,最理想为 5.2。此时有利于蛋白质及其与多酚物质的凝结,但会稍稍降低酒花的利用率。pH 的调节可通过加酸或生物酸化进行处理。

(二)酒花添加

1.酒花添加的目的

(1)赋予啤酒特有的香味　这种香味来自酒花油蒸发后的存留成分。

(2)赋予啤酒爽快的苦味　这种苦味主要来自异 α-酸和 β-酸氧化后的产物等。

(3)增加啤酒的防腐能力　酒花中的 α-酸、异 α-酸和 β-酸都具有一定的防腐作用。

(4)提高啤酒的非生物稳定性　酒花的单宁、花色苷等多酚物质能与麦芽汁中蛋白质形成复合物而沉淀出来,有利于提高啤酒的非生物稳定性。

2.添加方法

酒花的添加一般采用多次添加的方法。添加的原则一般为:①香型、苦型酒花并用时,先加苦型酒花、后加香型酒花;②使用同类酒花时,先加陈酒花、后加新酒花;③分几次添加酒花时,先少后多。酒花制品的添加原则与酒花添加原则大体相同。

五、麦芽汁冷却及凝固物去除

经煮沸的麦芽汁要冷却到发酵温度，在冷却过程中分离凝固物，并通入无菌空气提供酵母生长繁殖所需的氧。凝固物是在麦芽汁煮沸过程中由蛋白质变性凝固和多酚物质不断氧化聚合而形成的，根据析出的温度不同分为热凝固物和冷凝固物。

（一）麦芽汁冷却

1. 冷却的目的与要求

麦芽汁煮沸定型后，必须立即进行冷却处理，其目的是：①降低麦芽汁温度，使之达到适合酵母发酵的温度；②麦芽汁能吸收一定量的氧气，以利于酵母的生长增殖；③析出和分离麦芽汁中的冷、热凝固物，改善发酵条件和提高啤酒质量。

2. 冷却的作用

（1）形成热凝固物　麦芽汁在比较高的温度下凝固析出的凝固物称为热凝固物，这种凝固物主要是在麦芽汁煮沸时产生，在麦芽汁冷却至 60 ℃以上的过程中也有生成。热凝固物的生成量受很多因素影响，如麦芽含氮量高，特别是高分子氮含量高，热凝固物多；麦芽溶解越充分，蛋白质分解越多，热凝固物析出就越多；麦芽汁越浓，热凝固物越多；麦芽焙焦温度高、糖化投料温度低、煮醪量多，麦芽汁煮沸时热凝固物少；麦芽汁煮沸时间、麦芽汁 pH、麦芽汁澄清剂和酒花的添加以及酒花中多酚含量等，都会影响热凝固物的析出。热凝固物主要成分有：蛋白质 50%～60%、酒花树脂 15%～20%、灰分 1%～3%、多酚及其他有机物 20%～30%。

（2）析出冷凝固物　冷凝固物又称冷浑浊物或细凝固物，是指麦芽汁在 60 ℃以下冷却时凝聚析出的浑浊物质，25～35 ℃时析出最多。麦芽汁冷凝固物的多少与很多因素有关，如麦芽溶解度、麦芽粉碎度；煮沸过程中添加酒花；糖化方法。冷凝固物的组成主要是蛋白质与多酚的复合物，另外还黏附有碳水化合物、苦味物质和无机盐等。

（3）麦芽汁的充氧　麦芽汁中适度的溶解氧有利于酵母的生长和繁殖。麦芽汁充氧大多选用文丘里管或气流混合器，在麦芽汁流动中，将除菌过滤后的压缩空气吸入麦芽汁。一般麦芽汁含氧达到 8～12 mg/L 即可。

3. 冷却的方法

麦芽汁冷却现均采用密闭法，即先利用回旋沉淀槽分离出热凝固物，然后即可用薄板冷却器进行冷却。

过去常采用两段冷却法，即先用自来水冷却，再用 20%（体积分数）酒精水或盐水冷却。也可用低温生产用水在预冷区先将麦芽汁冷却至 16～18 ℃，再用 1～2 ℃冰水冷却至接种温度（6～8）℃。

目前我国啤酒行业多采用一段冷却法，即先将酿造用水冷至 1～2 ℃作为冷媒，与热麦芽汁在板式换热器中进行热交换，使 95～98 ℃麦芽汁冷却至 6～8 ℃后进行发酵，而将 1～2 ℃酿造用水升温至 80～88 ℃，加入热水箱，作糖化用水。其优点是冷耗可节约 30%左右，冷却水可回收使用，节省能源。

(二)凝固物的去除

1.热凝固物的分离

发酵前必须除掉热凝固物,若带入发酵醪中,可能会黏附在酵母细胞表面,影响酵母的正常发酵。另外,热凝固物对啤酒色度、泡沫性质、苦味和口味稳定性都有不良影响。分离热凝固物的方法很多,如沉淀槽分离、回旋沉淀槽分离、离心机分离、硅藻土过滤机分离等。目前绝大多数啤酒厂采用回旋沉淀槽分离热凝固物。

回旋沉淀槽分离原理是用泵将煮沸后的热麦芽汁沿切线方向打入回旋沉淀槽,麦芽汁在槽内做减速回旋运动,同时液面形成凹形抛物面,中心形成一个倒锥形旋涡区。上部液体中的颗粒在重力和离心力的作用下向外下方移动,下部液体中的颗粒在向心力的作用下向中心移动,一旦到达旋涡区,颗粒就被迅速旋入底部,与麦芽汁分离,麦芽汁回旋运动自然减速静止后,颗粒在回旋沉淀槽底部中央形成丘状沉淀物,即热凝固物。

2.冷凝固物的分离

在进行发酵之前应将冷凝固物分离,否则会黏附酵母细胞,造成发酵困难,增加啤酒过滤负荷,使啤酒口味粗糙,啤酒泡沫性质及啤酒口味稳定性不好。分离冷凝固物常用方法有酵母繁殖槽沉降法和浮选法。

酵母繁殖槽沉降法是利用现有繁殖槽分离冷凝固物,无须添加其他设备,分离效率为30%~40%,是我国啤酒生产常用的一种方法。

浮选法是向麦芽汁中通入无菌空气,并将空气打碎成细小的气泡,气泡缓慢地上升,冷凝固物吸附在气泡表面并随之一起上升到液体表面,在液面上形成一层泡盖,静置一段时间后,将下面澄清的麦芽汁与冷凝固物泡盖分离。

第五节 啤酒发酵

啤酒发酵是指啤酒酵母在一定的条件下,将麦芽汁中的可发酵性成分代谢生成酒精和二氧化碳等主要代谢产物,以及其他副产物的过程。啤酒生产中主要是利用纯培养的啤酒酵母。由于酵母类型、发酵条件、产品要求、产品风味等不同,其发酵方式也不相同。根据酵母类型不同可分成上面发酵和下面发酵。根据所用发酵技术及设备不同,可分为传统发酵和现代发酵。

传统发酵过程分为主发酵(又称为前发酵)和后发酵两个阶段。接种酵母后,在有氧的条件下,酵母进行细胞繁殖;当发酵液中的溶解氧耗尽后,酵母便开始无氧发酵。在这一阶段,麦芽汁中的糖被酵母发酵成酒精和二氧化碳。进入后发酵阶段,发酵液中的酵母继续将残留的糖分分解成酒精和二氧化碳,在密闭的容器中二氧化碳很容易溶于啤酒内,达到饱和。后发酵温度较低有利于促进啤酒的成熟和澄清。

现代发酵主要有露天圆柱锥形发酵罐发酵、连续发酵和高浓稀释发酵等方式。目前主要采用露天圆柱锥形发酵罐发酵,为了缩短发酵周期,提高发酵设备利用率,即让主发酵和后发酵在同一个容器中进行,使产率大大提高。

一、啤酒酵母种类及扩大培养

(一)啤酒酵母的种类

根据啤酒酵母的发酵类型和凝聚性的不同,可分为上面酵母与下面酵母,凝聚性酵母与粉状酵母。

1. 上面酵母与下面酵母

上面酵母多呈圆形,多数细胞集结在一起,发酵温度为15～25 ℃,发酵终了,大量细胞悬浮在液面。而下面酵母多呈卵圆形,细胞较分散,发酵温度为5～12 ℃,发酵终了,大部分酵母凝集而沉淀到罐底。

2. 凝聚性酵母与粉状酵母

发酵时细胞容易发生凝聚而沉淀的酵母称为凝聚性酵母。酵母的凝聚性既受基因的控制,又与环境条件有关,且凝聚作用是可逆的。在主发酵期,酵母细胞由于带相同电荷不会相互凝聚,发酵快结束时pH降至4.2～4.6,接近酵母细胞的等电点,使酵母细胞相互凝聚而沉淀。使用凝聚性酵母,啤酒澄清快,但发酵度较低。粉状酵母在发酵期间始终悬浮于发酵液中,不易沉淀,酵母不易回收,啤酒难以澄清,但发酵度高。

(二)啤酒酵母的主要特性要求

啤酒生产中使用的啤酒酵母必须是经过反复使用和考验的,具有正常生理状态和特性,适合啤酒生产要求的酵母。对啤酒酵母的基本要求是:繁殖能力适当,生理性能稳定,发酵力高,凝聚力强、沉降缓慢而彻底,酿制出的啤酒风味好。啤酒酵母的主要特性要求如下。

1. 细胞和菌落形态

不同菌株的啤酒酵母有着不同的形态。优良健壮的啤酒酵母细胞,具有均匀的形状和大小,平滑而薄的细胞膜,透明均一的细胞质。啤酒酵母在麦芽汁固体培养基上菌落呈乳白色至微黄褐色,表面光滑但无光泽,边缘整齐或呈波状。

2. 主要的生理特性

①凝聚性不同,酵母菌的沉降速度不同,则发酵度不同。啤酒生产一般选择凝聚性比较强的酵母菌。

②发酵度反映酵母对麦芽汁中各种糖的利用情况,正常的啤酒酵母能发酵葡萄糖、果糖、蔗糖、麦芽糖和麦芽三糖等。一般啤酒酵母的真正发酵度应为50%～68%。

③酵母死灭温度是指一定时间内使酵母死灭的最低温度,可作为鉴别菌株的内容之一。一般啤酒酵母的死灭温度在52 ℃左右,若死灭温度增高,则说明酵母变异或污染野生酵母菌。

④一般啤酒酵母生产菌种都不能产生孢子或产孢能力极弱,而某些野生酵母菌产孢子能力强。根据该特性,可判别啤酒酵母是否混入野生酵母菌。野生酵母菌是指不为生产所能控制利用的、与培养酵母菌形态不一样的酵母菌。这些酵母菌妨碍啤酒正常发酵,对啤酒生产有很大危害。

(三)啤酒酵母扩大培养

啤酒酵母纯正与否,对啤酒发酵和啤酒质量有很大影响。生产中使用的酵母来自保存的纯种酵母,在适当的条件下,经扩大培养,达到一定数量和质量后,供生产发酵使用。每个啤酒厂都应保存适合本厂使用的纯种酵母,以保证生产的稳定性和产品的风格质量。

酵母扩大培养的目的是为啤酒发酵提供足够量的优良、强壮的酵母菌种,以保证正常进行生产和获得良好的啤酒质量。啤酒酵母扩大培养是指从斜面种子到生产所用种子的培养过程,这一过程又分为实验室扩大培养和生产现场扩大培养。

1.实验室扩大培养

实验室扩大培养工艺流程如图 2-4 所示。

图 2-4 实验室扩大培养工艺流程

(1)斜面原种 一般为工厂自己保藏的纯粹原菌或由科研机构和菌种保藏单位提供的菌种。

(2)液体试管培养 试管装入 10 mL 优级麦芽汁,灭菌、冷却备用。接入纯种酵母后在 25～27 ℃保温箱中培养 2～3 d,每天定时摇动。平行培养 2～4 瓶,供扩大时选择。

(3)大三角瓶培养 取 500～1 000 mL 的大三角瓶,加入 250～500 mL 优级麦芽汁,加热煮沸 30 min,冷却备用。接入液体试管中的酵母液,在 20 ℃保温箱中培养 2～3 d。

(4)卡氏罐培养 卡氏罐容量一般为 10～20 L,放入约半量的优级麦芽汁,加热灭菌 30 min 后,加入 1 L 无菌水,补充水分的蒸发,冷却备用。再在卡氏罐中接入 1～2 个大三角瓶的酵母液,摇动均匀后,置于 15～20 ℃保温 3～5 d,即可进行扩大培养,或可供 1 000 L 麦芽汁发酵用。

实验室扩大培养的技术要求:①应按无菌操作的要求对培养用具和培养基进行灭菌;②每次扩大稀释的倍数为 10～20 倍;③每次移植接种后,要镜检酵母细胞的发育情况;④随着每阶段的扩大培养,培养温度要逐步降低,以使酵母逐步适应低温发酵;⑤每个扩大培养阶段,均应做平行培养:试管 4～5 个,大三角瓶 2～3 个,卡氏罐 2 个,然后选优进行扩大培养。

2.生产现场扩大培养

卡氏罐培养结束后,酵母进入生产现场扩大培养。啤酒厂一般都用汉生罐、酵母罐等设备来进行生产现场扩大培养。

(1)麦芽汁杀菌 取麦芽汁 200～300 L 加入杀菌罐,通入蒸汽,在 0.08～0.10 MPa 下保温灭菌 60 min,然后在夹套和蛇管中通入冰水冷却,并以无菌压缩空气保压。待麦芽汁冷却至 10～12 ℃时,先从麦芽汁杀菌罐出口排出部分沉淀物,再用无菌压缩空气将麦芽汁压入汉生罐内。

(2)空罐灭菌 在麦芽汁杀菌的同时,用高压蒸汽对汉生罐进行空罐灭菌 1 h,再通无菌压缩空气保压,并在夹套内通冷却水冷却备用。

(3)汉生罐扩大培养 将卡氏罐内酵母培养液以无菌压缩空气压入汉生罐,通无菌空气

5～10 min。然后加入杀菌冷却后的麦芽汁，再通无菌空气 10 min，保持品温在 10～13 ℃，培养 36～48 h。在此期间，每隔数小时通风 10 min。酵母生长进入旺盛期后，一边搅拌，一边将 85％左右的酵母培养液移到已灭菌的一级酵母扩大培养罐，最后逐级扩大到一定数量，供大罐发酵使用。

(4)留种再扩培　在汉生罐留下的约 15％的酵母培养液中，加入灭菌冷却后的麦芽汁，准备下次扩大培养用。保存种酵母的室温一般控制在 2～3 ℃，罐内保持正压 0.02～0.03 MPa，以防空气进入造成污染。在下次再扩培时，汉生罐内的种酵母最好按上述培养过程先培养一次后再移植，使酵母恢复活性。汉生罐保存的种酵母，应每月换一次麦芽汁，并检查酵母是否正常，是否有污染、变异等不正常现象。在正常情况下，该种酵母可连续使用半年左右。

总之，生产现场扩大培养应注意：①每一步扩大后的残留液都应进行有无污染、变异的检查；②每扩大一次，温度都应有所降低，但降温幅度不宜太大；③每次扩大培养的倍数为 5～10 倍。

3. 啤酒酵母的质量检验

(1)形态检验　优良健壮的酵母细胞形状和大小均匀，细胞壁平滑而薄，细胞质透明均一。年幼少壮的细胞内部充满细胞质；老熟的细胞出现液泡，内贮细胞液，呈灰色，折光性强；衰老的细胞中液泡多，内容物多颗粒，折光性较强。

(2)发酵度检验　在正常情况下，外观发酵度一般为 75％～85％，真正发酵度为 60％～70％，外观发酵度一般比真正发酵度高 15％～20％。根据不同的发酵工艺，选用不同发酵度的啤酒酵母。

(3)凝聚性　酵母凝聚性与酵母的种类、发酵速度、发酵度等有关。酵母在变异和退化时，凝聚性也会随之发生较大变化。

(4)出芽率　出芽率可以确定麦芽汁追加时间。扩培追加麦芽时，出芽率一般在 20％～30％，麦芽汁追加 24 h 后出芽率增加至 90％左右。

(5)细胞数　酵母细胞数可以控制发酵速度和双乙酰的降低，有利于啤酒风味的提高。扩培高泡期时细胞数为$(5\sim10)\times10^7$ 个/mL，主发酵期时细胞数为$(1\sim1.5)\times10^7$ 个/mL，发酵结束时细胞数小于 1×10^7 个/mL。扩培时如果细胞数太少，可能是麦芽汁追加过早，酵母未达到最大增殖；或是追加太迟，酵母已沉淀。

(6)耐酒精度　一般生产用啤酒酵母耐酒精度在 10％左右。

(7)死灭温度　一般酵母死灭温度在 52 ℃左右，是判断酵母纯度和染菌的重要指标。通常死灭温度升高，常常是酵母变异和污染野生酵母的结果。

(8)死亡率　生产上使用的酵母死亡率应在 3％以下，新培养的酵母死亡率应在 1％以下。

(9)镜检时不应有杂菌污染　一般啤酒厂常见的污染微生物主要是野生酵母和某些属的细菌，为微好氧菌或兼性厌氧菌。野生酵母是指非正常生产所用的、引起不正常发酵或生产病害的异种酵母。野生酵母又分酵母属野生酵母和非酵母属野生酵母。酵母属的野生酵母是啤酒厂危害最大的微生物，不容易检出。常见的野生酵母有啤酒酵母浑浊变种、巴氏酵母、糖化酵母、异常汉逊酵母、假丝酵母、毕赤酵母、拟酵母等。

细菌也是啤酒发酵过程中常见的污染微生物，对啤酒生产危害很大。啤酒发酵中常见的污染细菌有大肠杆菌、巴氏乳酸菌、变形杆菌、醋酸杆菌、醋酸单胞菌、发酵单胞菌、四链球菌等，其中最常见的是肠杆菌、乳酸菌、醋酸菌。

二、传统啤酒发酵及管理

传统的下面啤酒发酵，分主发酵和后发酵两个阶段。主发酵一般在密闭或敞口的主发酵池（槽）中进行，后发酵在密闭的卧式发酵罐内进行。传统下面发酵的工艺特点是：主发酵温度比较低，发酵进程缓慢，发酵代谢副产物较少；主发酵结束时，大部分酵母沉降在发酵容器底部；后发酵和贮酒期较长，酒液澄清良好，二氧化碳饱和稳定，酒的泡沫细微，风味柔和，保存期较长。

传统啤酒生产工艺流程如图 2-5 所示。

冷麦芽汁充氧 → 酵母接种发酵 → 前发酵 → 后发酵 → 贮酒 → 过滤 → 鲜啤酒

图 2-5　传统啤酒生产工艺流程

（一）主发酵

主发酵也称前发酵。下面以 12%麦芽汁敞口发酵为例。

1. 一般工艺过程

①麦芽汁冷却后流入增殖槽，先通入无菌空气，使 DO 值在 8 mg/L 左右。当温度在 6 ℃左右时，接入酵母，约为麦芽汁总量的 0.5%，混合均匀。

②酵母增殖 20 h 左右，麦芽汁表面开始形成一层泡沫，这时将增殖槽中的麦芽汁泵入发酵槽内，转入厌氧发酵。

③发酵 48～72 h，温度升至发酵的最高温度，一般在 7～8 ℃，维持最高温度 2～3 d。之后控制发酵温度逐步回落，主发酵结束时，发酵液温度控制在 4.0～4.5 ℃。

④主发酵最后 24 h 进行加速冷却，使大部分酵母沉降槽底进行酵母分离，然后将发酵液送至贮酒罐进行后发酵。

2. 主发酵过程中的技术要求

主发酵阶段酵母代谢旺盛，大量可发酵性物质被快速转化，代谢产物主要也在此阶段形成。主发酵阶段一般分为酵母增殖期、起泡期、高泡期、落泡期和泡盖形成期。

（1）酵母增殖期　麦芽汁接种酵母 8～16 h 后，液面上逐渐形成白色、乳脂状的泡沫，主要是酵母代谢产生的 CO_2 形成的小气泡。酵母繁殖 20 h 后立即进入主发酵池，与增殖槽底部沉淀的杂质分离。

（2）起泡期　进入主发酵池 4～6 h 后，麦芽汁表面的泡沫逐渐增多，由四周渐渐向中间扩散，泡沫细腻洁白，厚而致密，如花菜状，发酵液中有 CO_2 小气泡上涌，并将一些析出物带至液面。此时发酵液温度每天上升 0.5～0.8 ℃、降糖 0.3～0.5 °P。起泡期维持 1～2 d，不需要人工降温。

（3）高泡期　发酵后 2～3 d，泡沫增高隆起，高达 25～30 cm，并因发酵液内酒花树脂和蛋白质-单宁复合物开始析出而逐渐变为棕黄色，进入发酵旺盛期，每天降糖 1.5 °P 左右，升温较快，此时需要进行人工降温，但是不能太剧烈，以免造成酵母过早沉淀，影响发酵。高泡期一般维持 2～3 d。

(4)落泡期　发酵 5 d 以后，发酵力逐渐减弱，CO_2 气泡减少，泡沫回缩，酒内析出物增加，泡沫变为棕褐色。此时应控制醪液温度，每天下降 0.5 ℃左右、降糖 0.5～0.8 °P。落泡期维持 2 d 左右。

(5)泡盖形成期　发酵 7～8 d 后，泡沫回缩，形成泡盖，应即时撇去泡盖，以防沉入发酵液内。此时应大幅度降温，使酵母沉淀。此阶段可发酵性糖大部分已分解，每天降糖 0.2～0.4 °P。

(二)后发酵

主发酵结束后，嫩啤酒要转入贮酒罐进行后发酵。

后发酵的主要目的：①继续降解残糖，完成发酵；②促进啤酒风味形成；③增加 CO_2 的溶解；④促进蛋白质沉淀，有利于啤酒的澄清，增加啤酒的稳定性。

后发酵的工艺要求和操作如下。

1. 下酒

将嫩啤酒输送到贮酒罐的操作称为下酒。下酒多采用下面下酒法，即发酵液由已灭菌的贮酒罐下部出口处送入。贮酒罐可一次装满，也可分 2～3 次装满。如是分装，应在 1～3 d 内装满。入罐后，液面上应留出 10～15 cm 间隙，有利于排除液面上的空气，尽量减少与氧的接触。如果嫩啤酒含糖过低，不足以进行后发酵，可添加发酵度为 10%左右处于主发酵期的起泡酒，促进发酵。

2. 罐压控制

下酒满罐后，正常情况下敞口发酵 2～3 d，以排除啤酒中的生青味物质，然后封罐，罐内 CO_2 气压逐步上升，压力达到 50～90 kPa 时，保压，让酒中的二氧化碳逐步饱和。

3. 温度控制

后发酵多控制先高后低的贮酒温度。前期控制在 3～5 ℃，而后逐步降温至－2～2 ℃，降温速度视啤酒的不同类型而定。有些新工艺的前期温度控制范围很大(3～13 ℃)，以保持一定的高温，尽快还原双乙酰，促进啤酒成熟。

4. 后发酵时间

淡色啤酒贮酒时间为 60～90 d，浓色啤酒贮酒时间为 15～30 d；原麦芽汁浓度高的啤酒较浓度低的啤酒贮酒期长；低温贮酒较高温贮酒的贮酒时间长。

5. 加入添加剂

为了改善啤酒的泡沫、风味和非生物稳定性，可在食品卫生标准允许的范围内，加入适量的添加剂——单宁、硅胶、鱼胶等啤酒澄清剂，吸附沉淀蛋白质，加速啤酒澄清，这些添加剂多在贮酒、滤酒过程或清酒罐内添加。

三、现代啤酒发酵技术

采用大罐发酵法、连续发酵法、高浓稀释酿造法等方法生产啤酒是啤酒工业的发展趋势。

（一）圆柱锥形发酵罐发酵法

我国啤酒行业是自20世纪70年代中期开始采用圆柱锥形发酵罐。目前，我国啤酒行业几乎全部采用圆柱锥形发酵罐发酵的方法。

1. 圆柱锥形发酵罐的特点

圆柱锥形发酵罐的特点：①罐体为圆柱体，底部设计为圆锥形，便于生产过程中随时排放沉积于罐底的酵母。②罐身设有冷却装置，便于控制发酵温度。发酵周期短，染菌机会少，生产容易控制，啤酒质量稳定；罐体外设有保温装置，罐体置于室外，可减少建筑投资，节省占地面积。③采用密闭发酵，便于CO_2洗涤和CO_2回收；既可做发酵罐，也可做贮酒罐。④罐内发酵液由于液体高度而产生CO_2梯度，并通过冷却方位的控制，可使发酵液进行自然对流，罐体越高对流越强，有利于酵母发酵能力的提高和发酵周期的缩短。⑤发酵罐可采用仪表或微机控制，操作、管理方便；可采用CIP自动清洗系统，清洗方便。⑥设备容量大，且易于调整，国内采用的罐容一般为100～600 m^3。

2. 圆柱锥形发酵罐的结构及工作原理

圆柱锥形发酵罐呈圆柱锥底形，径高比为1∶(1～4)，锥角一般为60°～90°，以利于酵母的沉降与分离。冷却常采用间接冷却，冷却面积因罐体材料差异而不同，锥底冷却面积不宜过大，防止贮酒期啤酒的结冰。绝热材料常用聚酰胺树脂、聚氨基甲酸乙酯、膨胀珍珠岩粉和矿渣棉等。外保护层一般采用0.7～1.5 mm厚的铝合金板、马口铁板或0.5～0.7 mm不锈钢板，由于CO_2的释放和泡沫的产生，罐有效容积一般为罐总量的80%左右。

工作原理：采用凝聚性酵母发酵。麦芽汁接种后，由于酵母自身的凝聚性，罐底部酵母发生凝聚，使细胞密度增大，导致发酵速度加快，发酵过程中产生的CO_2增多，同时由于发酵液的液柱高度产生的静压作用，也使CO_2含量随液层变化呈梯度变化，因此罐内发酵液的密度也呈现梯度变化。此外，由于罐体外设有冷却装置，可以人为控制发酵各阶段温度。在静压力差、密度差、温度差与二氧化碳的释放作用下，罐内发酵液发生了强烈的自然对流，增强了酵母与发酵液的接触，促进了酵母的代谢，使啤酒发酵速度大大加快，啤酒发酵周期显著缩短。另外，提高接种温度、啤酒主发酵温度、双乙酰还原温度和酵母接种量，也利于加快酵母的发酵速度，从而使发酵能够快速进行。

3. 圆柱锥形发酵罐一罐法发酵工艺

一罐法发酵是指主发酵、后发酵和贮酒成熟全部生产过程在一个罐内完成。

（1）酵母添加　该罐容量较大，麦芽汁一般需分几次陆续追加满罐。满罐时间一般为12～24 h，最好在20 h以内。酵母的添加可采用在前一半批次的麦芽汁中添加酵母，以后批次的麦芽汁中不再加酵母的方法，也有一次性添加酵母的。酵母接种量要比传统发酵法大些，接种温度一般控制在满罐时较拟定的主发酵温度低2～3 ℃。添加到发酵罐的酵母应很快与麦芽汁混合均匀，一般采用边加麦芽汁边加酵母的方法。

（2）通风供氧　冷麦芽汁溶解氧的控制可根据酵母添加量和酵母繁殖情况而定，一般要求混合冷麦芽汁溶解氧不低于8 mg/L即可。

（3）主发酵温度　各厂采用的主发酵温度是不一样的。多数厂采用6～7 ℃接种，前期温度为9～10 ℃，后升温至12～13 ℃的发酵工艺，主要是为了既不形成过多的代谢产物，又有利于加速双乙酰的还原。为了加速发酵，缩短酒龄，国际上有提高发酵温度的倾向。

(4)双乙酰还原　双乙酰还原是啤酒成熟和缩短酒龄的关键。酵母在接近完成主酵时，外观发酵度达 60%～65%，啤酒发酵已接近尾声，此时适当提高发酵温度，一般不会影响啤酒正常风味物质的含量，还有利于双乙酰的还原。双乙酰还原温度一般控制在 10～14 ℃，使连二酮浓度降至 0.08 mg/L 以下时，即开始降温。

(5)冷却降温　当双乙酰还原到要求指标时，酒液开始冷却降温。降至 5～6 ℃时，保持 24～48 h，减压回收酵母。最后再降温至－2～0 ℃，贮酒 7～14 d。如回收的酵母作为下一次发酵用的种子，则需进行处理。因为回收酵母吸附了较多的苦味物质、单宁、色素等，回收后应通入无菌空气，排除酵母泥中的 CO_2，再以无菌水洗涤数次。回收酵母在低温无菌水中，只能保存 2～3 d。也可在 2～4 ℃下低温缓慢发酵，以保存酵母。

(6)罐压控制　发酵开始时，采用无压发酵；CO_2 回收时，采用 0.01～0.02 MPa；至发酵后期，外观发酵度达 70%以上时，封罐，逐渐升压至 0.07～0.08 MPa，减少升温所造成的代谢副产物过多的现象，有利于双乙酰的还原，并使 CO_2 逐渐在啤酒中饱和。

4.影响啤酒成熟的因素

连二酮是双乙酰和 2,3-戊二酮的总称，两者化学性质相似，都是酵母在代谢过程中产生的，它们赋予啤酒不成熟、不谐调的口味和气味，故双乙酰还原是啤酒成熟和缩短酒龄的关键。

酵母强壮、数量多、代谢旺盛，双乙酰还原速度快；繁殖期的幼酵母，贮存时间过长或高温贮存的酵母，使用代数过多的酵母，衰退及发酵迟缓的酵母，凝集性强、沉淀快及分散不良的酵母，还原双乙酰的能力弱。此外，酿造用水的残余碱度高，将影响麦芽汁中 α-氨基氮含量，从而影响双乙酰含量。控制双乙酰形成的措施如下。

(1)选育优良酵母菌种

①选择双乙酰产生量低的菌种。即通过诱变、变异和基因工程的方法，选育 α-乙酰羟基丁酸合成酶活力低的菌种，以减少双乙酰前体物质的积累，从而达到降低双乙酰含量的目的。

②构建酵母工程菌株。将 α-乙酰乳酸脱羧酶基因导入啤酒酵母中并使其表达，α-乙酰乳酸脱羧酶可以直接将 α-乙酰乳酸转化为乙偶姻，而不经过双乙酰的步骤，从而降低双乙酰的含量。

(2)优化工艺条件

①提高麦芽汁中 α-氨基氮含量，降低双乙酰生成量。一般情况下，麦芽汁中 α-氨基氮含量最好控制在 180～200 mg /L。对 10 °P 麦芽汁来说，麦芽汁中 α-氨基氮含量则控制在 150～175 mg/L 为宜。

②提高麦芽汁充氧量。麦芽汁经煮沸后，麦芽汁中溶解氧量已很少，不能满足酵母正常繁殖的需要。冷却麦芽汁除了在管道中缓慢充氧外，满罐后最好再向罐中通风搅拌 10～15 min，通风量一般为麦芽汁：空气＝10：1（体积比），保证溶解氧在 7～10 mg/L 范围内。

③适当提高酵母接种量。保证发酵液中酵母细胞浓度，双乙酰还原期酵母细胞数不低于 1×10^6 个/mL。酵母细胞浓度对双乙酰的还原有很大影响，提高酵母的细胞浓度及悬浮数量，有利于双乙酰的还原。

④控制发酵温度。降低酵母接种温度，使之为 5～7 ℃，主发酵前期控制发酵温度为 9～10 ℃，当主发酵外观发酵度达到 65%时，则提高主发酵后期双乙酰的还原温度，使之为 12～15 ℃，并推迟升压时间，避免酵母过早沉降，使酒液中悬浮一定数量的酵母菌。当外观发酵度

达到70%以上，外观糖度降至3.5 °P时，则将罐压由0.1 MPa升至0.15 MPa；待双乙酰含量降至0.05～0.06 mg/L时，开始逐步降温至－2～0 ℃。这样既可缩短主发酵期，又可加快双乙酰还原，降低啤酒中双乙酰含量，加快成熟。

(3)利用CO_2洗涤　利用发酵过程中产生的CO_2或人工补充CO_2洗涤发酵液，促进凝聚酵母细胞重新悬浮和发酵液对流，有利于排除挥发性的双乙酰，从而降低啤酒中双乙酰的含量。

(4)防止杂菌污染　乳酸杆菌、四联球菌、发酵单胞菌等都可产生双乙酰，如果啤酒生产中污染了这些微生物，则由这些微生物产生的双乙酰，酵母是无法还原的，从而使生产时双乙酰含量无法控制。

(二)连续发酵法

与分批发酵相比，连续发酵具有发酵效率高、酵母繁殖量少、操作方便、设备利用率高、生产周期短、啤酒损失少等优点。啤酒连续发酵的形式有：多罐式连续发酵、APV塔式连续发酵和固定化酵母连续发酵等。

1. 多罐式连续发酵

多罐式连续发酵系统可分为四罐系统和三罐系统。其操作是将多个发酵罐串联起来，先将麦芽汁和酵母在第一发酵罐内均匀混合，进行酵母增殖。然后将第一罐的麦芽汁缓慢逐级流入下一级发酵罐内进行主发酵，主发酵结束后进入最后一个锥形罐分离酵母。目前这种连续发酵方式已很少采用。

2. APV塔式连续发酵

APV塔式发酵罐为一垂直的圆柱体结构。该法操作是将灭菌后的麦芽汁由泵分批经塔底送入塔内，稍加通风进行增氧，在塔内的麦芽汁边增加边发酵，直到麦芽汁充满发酵罐，发酵中止。温度由塔身冷却系统控制。塔底形成酵母沉积层，达到要求的酵母浓度梯度后，用泵继续泵入无菌麦芽汁，调节麦芽汁流量，使麦芽汁上升至塔顶时，恰好达到所要求的发酵度。

为了使塔式连续发酵罐内维持较高的酵母浓度，发酵采用高凝聚型酵母，在塔底部分形成一个浓集的塞柱。生产中，为了使酵母层(塞柱部分)保持多孔流动性，要经常在塔底通入CO_2来打碎部分酵母塞柱。

3. 固定化酵母连续发酵

固定化酵母连续发酵就是将酵母细胞固定在高分子载体上，放入生化反应器进行连续发酵，其原理与塔式连续发酵相似。固定化酵母连续发酵时具有酵母浓度高、活性强、酵母可长时间连续使用、设备利用率高、发酵条件(温度、pH、发酵时间、发酵终点等)易于控制、发酵速度快等优点。

酵母固定化的方法有吸附法、包埋法等。吸附法就是利用菌种和载体之间的静电引力使菌体吸附在载体的表面，常用的载体有玻璃、陶瓷等。包埋法就是将酵母细胞均匀地分散于载体中，常用的载体有琼脂、聚丙烯酰胺、海藻酸盐等，使用效果较好的是海藻酸钙凝胶。实际应用中常采用二柱法，其中一个柱进行主发酵，另一个柱进行啤酒的后熟处理——双乙酰还原。

(三)高浓度稀释酿造法

高浓稀释酿造法是目前国际上广泛采用的啤酒生产技术。一般有三种方法：麦芽汁稀释法、前稀释法、后稀释法(在啤酒主发酵、贮酒结束后再进行稀释)。

麦芽汁稀释法是先高浓度糖化,稀释后再进行发酵。前稀释法是糖化和主发酵均采用高浓度,后发酵时再进行稀释。后稀释法是在啤酒糖化、主发酵、贮酒均是高浓度,发酵结束后再进行稀释。

稀释越靠后,经济效益越高,但对稀释用水的要求更高。该法的最大优点是在不增加设备的基础上大幅度提高产量,提高设备利用率,降低生产成本,提高啤酒的风味和非生物稳定性。不足之处是糖化的原料利用率低、酒花利用率低。

啤酒高浓度稀释,除了需要制取高浓度的麦芽汁和控制好高浓度发酵外,还需要制备符合要求的稀释用水和精确的混合加水比。高浓度啤酒稀释用水处理系统是高浓度啤酒稀释中不可缺少的关键设备,其中最关键的是稀释用水的脱氧问题。要求稀释用水中含氧量应小于0.28 mg/L。稀释用水的脱氧方法有:热法真空脱氧、CO_2 置换法、冷却真空脱氧等。

第六节 啤酒后处理及包装

发酵好的啤酒从锥形罐经过滤后,分别装入瓶、罐或桶中,经过压盖、生物稳定处理、贴标、装箱成为成品啤酒或直接作为成品啤酒出售。

一、啤酒过滤

(一)啤酒过滤的目的和原理

发酵结束的成熟啤酒中仍有少量物质浮于酒中,必须经过澄清处理才能进行包装。过滤是啤酒澄清常用的一种方法,目的是除去酒中悬浮的固体微粒,包括酵母或细菌等微生物,提高啤酒的生物稳定性,改善啤酒外观,使啤酒澄清透明,富有光泽。

啤酒过滤的原理是过滤介质的拦截滞留、惯性冲击作用等使啤酒中的悬浮微粒等大颗粒固形物被分离出来。常用过滤介质有硅藻土、滤纸板、微孔薄膜和陶瓷芯等。

(二)常用过滤方法

1.硅藻土压滤法

硅藻土过滤常用的设备有板框式硅藻土压滤机、叶片式硅藻土过滤机等。操作时,一般先进行硅藻土预涂,再进行过滤。在过滤时不断添加硅藻土起到连续更换滤层的作用,以保证过滤的快速进行。硅藻土压滤法的优点:过滤中可以不断更新滤床,过滤速度快,产量大;表面积大,吸附能力强,能过滤小于0.1 μm的微粒;酒损较低。目前啤酒过滤使用最普遍的是硅藻土压滤法。

2.微孔薄膜过滤法

微孔薄膜是指用生物和化学稳定性很强的合成纤维或塑料制成的多孔膜。制造膜的材料有聚氨酯、聚丙烯、聚酰胺、聚乙烯、聚碳酸酯、醋酸纤维等,膜厚度为0.02~1 μm,多被固定在具有很大孔径的介质上使用。啤酒过滤时,一般先经离心机或硅藻土过滤机粗滤,再用膜滤除菌。

二、啤酒包装

包装是啤酒生产的最后一道工序，对啤酒质量和外观都有直接影响。一般把经过巴氏灭菌处理的啤酒称为熟啤酒，未经巴氏灭菌的啤酒称为鲜啤酒。经过微孔膜的无菌过滤等处理的啤酒则称为纯生啤酒。

（一）包装要求

啤酒包装应符合以下要求：①包装过程中应尽量避免与空气接触，防止因氧化作用而影响啤酒的风味稳定性和非生物稳定性；②包装中应尽可能减少酒中 CO_2 的损失，以保证啤酒口味和泡持性；③严格无菌操作，防止啤酒污染，确保啤酒符合卫生标准。

包装容器必须符合以下要求：①能承受一定的压力；②便于密封；③能耐一定的酸度，不能含有与啤酒发生反应的碱性物质；④为了避免光对啤酒质量的影响，选择绿色、棕色玻璃瓶，或塑料容器，也可采用金属容器。

（二）工艺流程及要求

瓶装啤酒包装一般工艺流程如图 2-6 所示。

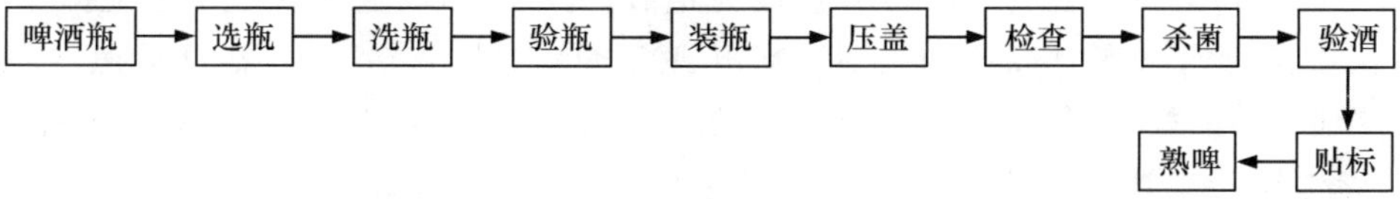

图 2-6 瓶装啤酒包装一般工艺流程

主要工艺要求如下：

1. 装瓶

装瓶要严格执行无菌操作，且啤酒中 CO_2 含量应控制在 0.5%左右，溶解氧含量应小于 0.29 mg/L。

2. 杀菌

为保证啤酒有较长的保存期，常采用巴氏杀菌的方法进行杀菌处理。常用杀菌设备为隧道式喷淋杀菌机和步移式巴氏杀菌机。习惯上把在 60 ℃下经过 1 min 处理所达到的杀菌效果称为 1 个巴氏杀菌单位，用 PU 表示。啤酒生产上一般控制在 15～20 PU。

我国现行的啤酒质量标准为《啤酒》(GB/T 4927—2008)、《啤酒分析方法》(GB/T 4928—2008)。

第三章　白酒生产

第一节　概　　述

一、中国白酒

（一）白酒的历史

中国白酒属于蒸馏酒，俗称“烧酒”。中国是世界上第一个发明蒸馏技术和蒸馏酒的国家。白酒与白兰地、威士忌、俄得克、兰姆酒、金酒并列为世界六大蒸馏酒。

四川彭州市、新都先后两次出土东汉“酿酒”画像砖，其中展示了酒作坊的实景，画像中的蒸馏设备与四川传统蒸酒设备“天锅小甑”极为相似，为白酒东汉起源说提供了证据。

8世纪中国唐朝出现“烧酒”的描述。唐开元年间（713—755年），《本草拾遗》中有“甑气水”“以气乘取”的记载，这和元代《饮膳正要》的“用好酒蒸熬取露”相呼应；《西南彝志》第十五卷中描述隋末唐初酿酒时有“酿成纯米酒，如露水下降”的记录，同时记载了唐太宗破高昌时“用器承取滴露”。这些史料为白酒唐代起源说提供了证据。

但是，成书于北宋时期（公元1086—1093年）的《北山酒经》大量记载了米酒和黄酒的酿造工艺技术，全书并未提到烧酒，可以推测在北宋之前白酒可能没有规模化生产，或者没有出现流通。河北省出土的金代铜烧酒锅，以及南宋《丹房须知》中的蒸馏器图案都表明中国当时已经出现蒸馏器，这暗示了白酒可能已经出现，此为白酒的金代起源说。李时珍在《本草纲目》中叙述“烧酒非古法也。自元始创其法，用浓酒和糟入甑，蒸令气上，用器承取滴露，凡酸坏之酒，皆可蒸烧”。同时还记载了元时米烧酒的生产原理与工艺，到目前为止仍被米香型和豉香型白酒生产所采用；元朝《轧赖机酒赋》记录了蒸馏酒的生产工艺；《饮膳正要》中记载了“阿剌吉酒”“用好酒蒸熬，取露成阿剌吉”，这是白酒的元朝起源说。

成书于明朝1504年宋诩的《宋氏养生部》第一卷记载“用腊酒糟或清酒糟，每五斗杂砻谷糠二斗半，内甑中，以锡锅密覆，炀者举火，聚其气，从口滴下，即烧酒也”。这一记录清晰地描述了固态法蒸馏酒生产工艺，标志着固态法白酒生产工艺的出现。1822年清朝杨万树的《六必酒经》对蒸馏酒有了较为全面的记载。

（二）白酒的作用

中医中一直将酒（米酒或黄酒）作为药来使用。《本草纲目》中记载“酒气味辛、甘、大热”，主治“消冷积寒气、燥湿痰、开郁结、止水泄……”“过饮不节、杀人顷刻”。《饮膳正要》记载“酒味甘辛、大热有毒、主行药势、杀百邪、通血脉、厚肠胃、消忧愁、少饮为佳、多饮伤神损寿……”。有科学研究报道少量与适度饮白酒会降低患老年性痴呆的风险。白酒中含量在毫克每升以上的功能因子主要有吡嗪类和萜烯类物质。吡嗪类化合物中四甲基吡嗪可对中枢神经产生影响进而改善学习障碍，还可以防止由无水乙醇引起的胃黏膜损伤以及肾中毒、由硫代乙酰胺引起的急性肝中毒，并能降低脑萎缩的伤害。萜烯类化合物具有抗菌、抗病毒、抗氧化、止痛、防癌抗癌等作用。

（三）白酒的文化

在中华民族悠久的历史长河中，博大精深的酒文化有着光辉的历史和灿烂的篇章。相比其他酒种，中国白酒除了具有独特的酿造工艺外，其沉淀和蕴含的中国传统文化是另一个重要特色。在中国 5 000 多年璀璨的文化中，酒扮演着不可或缺的角色，它不仅是一种食品，更是一种文化象征，一个文化符号。从《诗经》开始，文学就与酒交融相生，许多文人通过酒在中华文学殿堂留下著名篇章。李白斗酒诗百篇，这位唐代大诗人把酒和文学推至一个新的高度。此外，杜甫、陶渊明、苏轼等大文豪的诗作中与酒相关的篇章同样甚多。我国四大名著不论是作者还是名著中的内容也都和酒有千丝万缕的联系。酒不但在中国文学中高频出现，而且与中国绘画、音乐以及传统武术都有着密切联系。酒在中国传统节日、习俗和礼仪中同样不可或缺，俗语云“无酒不成席”，酒文化是中国传统文化的重要组成部分。文化是一个国家、一个民族的灵魂。文化自信，是更基础、更广泛、更深厚的自信。在 5 000 多年文明发展中孕育的中华优秀传统文化，在党和人民伟大斗争中孕育的革命文化和社会主义先进文化，积淀着中华民族最深层的精神追求，代表着中华民族独特的精神标识。没有高度的文化自信，没有文化的繁荣兴盛，就没有中华民族伟大复兴。党的十八大以来，以习近平同志为核心的党中央高度重视文化建设。在党的二十大报告中，习近平总书记又针对文化自信自强提出新要求、作出新部署，全面建设社会主义现代化国家，必须坚持中国特色社会主义文化发展道路，增强文化自信，围绕举旗帜、聚民心、育新人、兴文化、展形象建设社会主义文化强国，发展面向现代化、面向世界、面向未来的，民族的科学的大众的社会主义文化，激发全民族文化创新创造活力，增强实现中华民族伟大复兴的精神力量。学习白酒传统酿造技艺，延伸了解、欣赏、认同和传承中国酒文化，将中华优秀传统文化同培育和践行社会主义核心价值观统一起来，不断增强中华民族的归属感、认同感、尊严感、荣誉感同样是本章课程学习领悟的重点。

二、白酒的分类

（一）按生产工艺分类

1. 固态法白酒

固态法白酒是以粮谷为原料，以大曲、小曲、麸曲等为糖化发酵剂，采用固态发酵法或半固态发酵法工艺所得的基酒，经陈酿、勾调而成的，不直接或间接添加食用酒精及自身发酵产生的呈色呈香呈味物质，具有本品固有风格特征的白酒。固态法是我国大多数名优白酒的生产方式，其种类最丰富，产品风格各异。

2. 半固态法白酒

半固态法白酒是小曲白酒的传统生产方式之一，包括先培菌糖化后发酵和边糖化边发酵两种工艺，以米香型的桂林三花酒为代表。

3. 液态法白酒

液态法白酒是以粮谷为原料，采用液态法工艺所得的基酒，可添加谷物食用酿造酒精，不直接或间接添加非自身发酵产生的呈色呈香呈味物质，精制加工而成的白酒。全液态白酒风味欠佳，需与传统固态法白酒工艺有机结合才能形成白酒应有的品质。

(二) 按糖化发酵剂分类

1. 大曲白酒

大曲白酒是以大曲为糖化发酵剂所生产的白酒。大曲一般采用小麦、大麦和豌豆等为原料，粉碎拌水后压制成砖块状的曲坯，在曲房中培养，让自然界中的各种微生物在上面生长而制成。因其块形较大(每块曲约重 3.5 kg)，因而得名大曲。在大曲白酒生产中，大曲既是糖化剂又是发酵剂。同时，在制曲过程中，微生物的代谢产物和原料的分解产物，直接或间接地构成了酒的风味物质，使白酒具有各种不同的独特风味，因此，大曲还是生香剂。一般情况下，大曲白酒的风味物质含量高、香味好，但发酵周期长、原酒出酒率低、生产成本高。

2. 小曲白酒

小曲白酒是以小曲为糖化剂所生产的白酒。小曲包括药小曲、酒饼曲、无药白曲、浓缩甜酒药和散曲等，无论何种小曲，在制作过程中都接种曲或纯种根霉和酵母菌，因而小曲的糖化发酵力一般都强于大曲。小曲中的主要微生物有根霉、毛霉、拟内孢、乳酸菌和酵母等。其微生物种类不及大曲多，但仍属于“多微”糖化发酵酒曲。与大曲白酒发酵相比，小曲白酒的生产用曲量少、发酵周期短、出酒率高、酒质醇和，但香味物质相对较少，酒体不如大曲白酒丰满。

3. 麸曲白酒

麸曲白酒是 20 世纪 30 年代发展起来的，是以麸皮为载体培养的纯种曲霉菌[包括黑曲霉、黄曲霉(*As. flavus*)和白曲霉]为糖化剂，以固态或液态纯种培养的酵母为酒母而生产的白酒。麸曲白酒的操作工艺与大曲白酒大体相同，由于采用纯种培养的微生物作为糖化发酵剂，因而麸曲白酒的生产周期较短，出酒率较高，但酒质一般不如大曲白酒。目前，以黑曲霉为菌种制造的麸曲已被商品糖化酶所替代，而酒厂的自培酵母也被活性干酵母所取代，因而麸曲白酒的定义应延伸为以纯种培养的微生物为糖化发酵剂，采用固态法生产的白酒。

(三) 按香型分类

中国白酒生产历史悠久，产地辽阔。各地白酒在长期发展中形成了一批深受消费者喜爱的著名酒种。1949 年以后，为了鼓励和促进酿酒工业的发展，国家相关部门先后组织举办了五届全国评酒会(1952 年、1963 年、1979 年、1984 年、1989 年)。其中，1979 年在大连举办的第三届全国评酒会正式提出和确立了酱香、浓香、清香和米香四大香型，开创了白酒香型分类的先河。

1. 浓香型白酒

浓香型白酒是以粮谷为原料，采用浓香大曲为糖化发酵剂，经泥窖固态发酵、固态蒸馏、陈酿、勾调而成的白酒。浓香型白酒以泸州老窖特曲为代表，其风格特征是窖香浓郁、绵甜醇厚、香味谐调、尾净爽口。其主体香味成分是己酸乙酯，与适量的乙酸乙酯、乳酸乙酯和丁酸乙酯等一起构成复合香气。浓香型白酒的种类较多，如五粮液、洋河大曲酒、剑南春酒、古井贡酒、全兴大曲酒、双沟大曲酒、沱牌曲酒等。

2. 酱香型白酒

酱香型白酒是以粮谷为原料，采用高温大曲为糖化发酵剂，经传统固态发酵、固态蒸馏、陈酿、勾调而成的白酒。酱香型白酒以茅台酒为代表，具有类似于酱和酱油的香气，故称为酱香型白酒。采用高温制曲、高温堆积、高温多轮次发酵等工艺，其风格特征是酱香突出、幽雅细腻、酒体醇厚、后味悠长、空杯留香持久。酱香型白酒的香气成分比较复杂，以4-乙基愈疮木酚、丁香酸等酚类物质为主，以多种氨基酸、高沸点醛酮类物质为衬托，其他酸、酯、醇类物质为助香成分，组成了独特而优美的典型风格。例如，郎酒、武陵酒等均属于酱香型白酒。

3. 清香型白酒

清香型白酒是以粮谷为原料，采用中温大曲、小曲、麸曲及酵母等为糖化发酵剂，经缸、池等容器固态发酵、固态蒸馏、陈酿、勾调而成的白酒。按糖化发酵剂的不同，清香型白酒分为大曲清香、小曲清香和麸曲清香。大曲清香型白酒以汾酒为代表，清蒸二次清的酿造工艺造就了其清香纯正、醇甜柔和、自然谐调、后味爽净的酒体风格。其主体香味成分是由乙酸乙酯与乳酸乙酯等构成的复合香气。小曲清香型白酒以重庆江津酒和湖北劲酒为代表；麸曲清香型白酒以北京地区二锅头为代表。

4. 米香型白酒

米香型白酒是以大米为原料，采用小曲为糖化发酵剂，经半固态法发酵、蒸馏、陈酿和勾调而成的白酒。米香型白酒以桂林三花酒、全州湘山酒、广东长乐烧等为代表，酒体风格特点是米香纯正、清雅，入口绵甜，落口爽净，回味怡畅。米香型白酒的主体香味成分是β-苯乙醇、乳酸乙酯和乙酸乙酯。

5. 其他香型

上述4种白酒香型被誉为四大基本香型，在这4种香型的基础上又演化出白酒的其他香型（图3-1），包括：以西凤酒为代表的凤香型白酒、以口子窖和白云边酒等为代表的兼香型白酒、以衡水老白干为代表的老白干香型白酒、以董酒为代表的药香型白酒、以景芝酒和扳倒井酒为代表的芝麻香型白酒、以玉冰烧酒为代表的豉香型白酒、以四特酒为代表的特香型白酒和以酒鬼酒为代表的馥郁香型白酒，各种香型白酒香气成分独特，香型别具一格。

浓香型、酱香型结合衍生出兼香型（酱中带浓，浓中带酱）；浓香型、清香型结合衍生出凤香型；浓香型、清香型、酱香型结合衍生出特香型和馥郁香型；以酱香型为基础衍生出芝麻香型；以米香型为基础衍生出豉香型；以浓香型、酱香型、米香型结合衍生出药香型；以清香型为基础衍生出老白干香型。

（四）其他分类方法

按酒质可分为高档白酒、中档白酒和低档普通白酒，按酒精度可分为高度白酒（体积分数

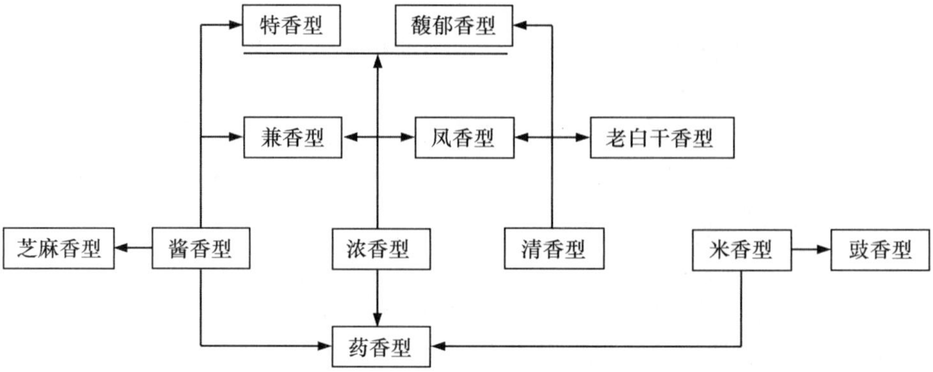

图 3-1 12 种白酒香型关系

≥50%)、降度白酒(体积分数为 40%～50%)和低度白酒(体积分数<40%);按发酵使用原料的不同可分为高粱白酒、玉米白酒、大米白酒等。

三、白酒的酿造

白酒生产特有的制曲技术、复式糖化工艺和甑桶蒸馏等技术在世界独具一格,是我国劳动人民对世界酿酒工业的特殊贡献。其酿造工艺主要包括如下几个方面。

(一)原料浸润与蒸煮

白酒的酿造主要以高粱为原料,特香型、米香型和豉香型白酒以大米为原料。除此之外,糯米、玉米、小麦等也可作为白酒酿造原料,如五粮液和剑南春以五种粮食为原料。不管以何种谷物为原料,其中的主要成分为淀粉。

1. 原料浸润中的物质变化

固态发酵法白酒原料在蒸煮之前要进行润水,俗称润料,在不同类型白酒生产中润料还有不同的叫法,如汾酒生产中高粱被粉碎后称为"红糁",润料被称为"润糁";茅台酒的生产中,高粱被称为"沙",润料被称为"润沙"。在这一操作中,淀粉颗粒吸收水分,稍有膨胀,为蒸煮糊化创造条件。润料程度由加水量与时间长短决定。不同类型的白酒的生产对润料的要求不尽相同。如汾酒以 90 ℃的热水进行高温润料,因为采用清蒸二次清的酿造工艺,润料时间较长,为 18～20 h;在浓香型大曲酒的生产中,以酸性酒醅拌和润料,因淀粉颗粒在酸性条件下更易吸水与糊化,同时工艺上又为多轮次发酵,故润料时间只需几小时。在以大米为原料的小曲酒生产中,浸米会造成钠、钾、镁、淀粉、蛋白质、维生素等物质的溶出与流失。

2. 原料蒸煮中的物质变化

原料蒸煮的目的主要是淀粉颗粒能进一步吸水、膨胀、破裂、糊化,以利于淀粉酶的作用;同时,在高温下,原辅料也被灭菌,并使一些对白酒品质有不良影响的物质挥发。

淀粉由成百上千个葡萄糖缩合而成,根据淀粉结构可分为直链淀粉和支链淀粉。前者为无分支的螺旋结构;后者为 24～30 个葡萄糖残基以 α-1,4-糖苷键首尾相连而成,而支链处被

α-1,6-糖苷键连接。淀粉的分子结构和淀粉颗粒大小会直接影响出酒率。含直链淀粉多的高粱,吸水性强,蒸粮时容易糊化,便于被水解利用,对提高出酒率有帮助。如果全部为直链淀粉,则粮糟太黏,对透水和透气不利。

淀粉在蒸煮中会发生一系列物理、化学变化。淀粉是亲水胶体,水分子渗入淀粉颗粒内部,会使淀粉颗粒体积和质量增加,这种现象被称为淀粉的膨胀。在淀粉膨胀过程中,淀粉颗粒像是一个渗透系统,其中支链淀粉发挥半渗透膜的功能。渗透压的大小及淀粉颗粒的膨胀程度随水分增加以及温度升高而增大。当温度在 40 ℃以下时,淀粉分子与水分子发生水化作用,吸收 20%～25%的水分;自 40 ℃起,淀粉颗粒的膨胀速度会显著增加。当温度达到 70 ℃左右时,淀粉颗粒已经膨胀至原体积的 50～100 倍,分子间的结合力降低进而引起淀粉颗粒解体,形成均一的黏稠体,此时的温度被称为糊化温度,这种淀粉颗粒无限膨胀的现象被称为淀粉的糊化。经糊化的淀粉颗粒结构由之前的规则层状结晶结构变为网状非结晶结构。支链淀粉的大分子组成立体网状结构,网眼中是直链淀粉及短小支链淀粉分子。不同酿造原料糊化温度范围不同,如高粱为 68～75 ℃,大米为 65～73 ℃,玉米为 65～75 ℃。对粉碎原料而言,其中糖类、含氮物以及电解质等成分会降低水对淀粉颗粒的渗透作用进而使淀粉膨胀速度变慢,因此粉碎的原料糊化需更高温度。经固态蒸煮糊化的淀粉若长时间放置,自然缓慢冷却而失水,则原来已经被 α 化的 α-淀粉又会回到之前的 β-淀粉状。这种现象被称为熟淀粉的“返生”或“老化”。

(二)淀粉糖化

将淀粉经酶的作用生成糖及其中间产物的过程,称为糖化。在白酒生产中,固态和半固态发酵法糖化和发酵是同时进行的;液态发酵法是先糖化后发酵。糖化过程中的物质变化以淀粉酶解为主。淀粉酶解成糖的反应式如下:

$$\underset{\text{淀粉}}{(C_6H_{10}O_5)_n} + \underset{\text{水}}{nH_2O} \xrightarrow{\text{淀粉酶}} \underset{\text{葡萄糖}}{nC_6H_{12}O_6}$$

理论上 100 kg 淀粉可生成 111.12 kg 葡萄糖。

淀粉酶包括 α-淀粉酶、糖化酶、异淀粉酶、β-淀粉酶、麦芽糖酶、转移葡萄糖苷酶等多种酶,糖化过程中同时发挥作用,因此产物除葡萄糖等单糖外,还有蔗糖、麦芽糖、低聚糖和糊精等成分。其中蔗糖和麦芽糖均是由两分子单糖结合而成的双糖,均为可发酵性糖。低聚糖的定义目前没有统一的说法,有人认为其分子组成为 2～6 个或者 2～10 个,甚至 2～20 个葡萄糖单位;也有人认为低聚糖是二、三、四糖的总称;还有人称其为寡糖,但一般意义的寡糖是非发酵性的三糖或四糖,低聚糖以二糖和三糖为主。糊精是介于淀粉和低聚糖之间的 α-淀粉酶水解产物,无特定的分子式,呈白色或黄色,无定形,能溶于水成胶状溶液。

对于固态发酵法白酒而言,在酒醅发酵前期和中期,淀粉含量下降较快;发酵后期,由于酒精含量和酸度较高、淀粉酶和酵母活力下降,因此淀粉含量基本稳定;在酒糟中仍然含有一定浓度的残余淀粉。白酒酒醅中的还原糖与淀粉以及酒精含量均成反比,其变化能够反映出糖化和发酵速度的平衡程度。在酒醅发酵开始的前几天,由于具有发酵功能的微生物数量较低,而糖化作用迅速,此时还原糖含量可以快速达到最大值;随着发酵的进行,发酵微生物,诸如酵母等数量上升并稳定,开始大量利用还原糖,其含量急剧下降;发酵末期,还原糖含量保持稳定。酒醅发酵过程中还原糖含量受酒曲糖化力与酸度的影响。发酵结束后，残糖量可反映发酵程度和酒醅质量。不同工艺固态发酵法白酒酒醅中残糖和残余淀粉存在显著差别。

(三)白酒的发酵

淀粉被糖化为可发酵性糖后，可被具有发酵功能的微生物进一步利用转化为酒精。酵母菌、细菌及根霉都能将葡萄糖发酵转化为酒精，但发酵机理不尽相同。酒精发酵主要由各种酵母菌完成，酵母菌在无氧条件下利用自身酒化酶将葡萄糖转化为酒精和二氧化碳。这一过程包括葡萄糖酵解和丙酮酸的无氧降解两大生化反应，通常这两个过程被总称为葡萄糖酵解。酒化酶是从葡萄糖到酒精一系列生化反应中的各种酶及辅酶的总称，主要包括己糖磷酸化酶、氧化还原酶、烯醇化酶、脱羧酶及磷酸酶等，这些酶为酵母菌胞内酶。100 kg 葡萄糖理论上能够产生 51.1 kg 酒精。在实际生产中，实际产率低于理论值。这是因为在发酵过程中，除了酒精发酵还伴随有很多副产物的生成；同时微生物自身生长同样需要消耗糖分；在发酵后期，化合物间存在化学反应以及酒精的自然挥发也都会影响出酒率。一般情况下，大曲固态发酵法白酒的出酒率为 35%～65%，小曲酒为 65%～80%，麸曲酒为 60%～75%，液态法白酒最高为 80%～90%。

酒醅中酒精含量随发酵时间的推移呈规律性变化，在发酵前期，因酒醅中尚存在氧，酵母菌能够通过有氧呼吸大量繁殖，此时酒精发酵微弱；发酵中期，酒醅中空气消耗殆尽，酵母菌开始进行无氧呼吸，酒精发酵作用增强，酒精含量快速上升；发酵后期，酵母菌衰老或消亡，酒精发酵停止，此后因为自然挥发，酒精含量会略有下降。通常混蒸续糙法大曲酒大糙酒醅酒精含量为 4%～8%(体积分数)；清蒸清糙法大曲酒大糙酒醅酒精含量为 10%～12%，二糙酒醅为 4%～6%。

细菌利用 ED(Entner-Doudoroff)途径将葡萄糖转化为酒精。在 ED 途径中，葡萄糖经过磷酸化和氧化生成 6-磷酸葡萄糖酸，6-磷酸葡萄糖酸转化为 2-酮-3-脱氧-6-磷酸葡萄糖酸(KDPG)，KDPG 进一步转化为丙酮酸，最终生成酒精。利用细菌发酵产酒精时，副产物较多，诸如丁醇、2,3-丁二醇等醇类，甲酸、乙酸、丁酸和乳酸等有机酸类，阿糖醇、甘油和木糖醇等多元醇，以及甲烷、二氧化碳和氢气等气体。细菌酒精发酵时实际收率低于酿酒酵母。

(四)白酒的蒸馏

“生香靠发酵，提香靠蒸馏”，蒸馏是白酒工艺中重要的工序，与白酒的品质密切相关。白酒的蒸馏采用甑桶进行蒸馏。这种蒸馏方式具有几个特点：一是固态物料蒸馏，固态物料是一种填料，与填料塔类似，含有 60%水分以及酒精和数量众多的微量成分的固态发酵酒醅通过人工装甑逐渐形成甑内填料层，在蒸汽不断加热下，甑内酒醅温度不断上升，下层酒醅的可挥发性组分浓度逐层不断下降，上层酒醅可挥发性组分浓度逐层上升，使酒醅中的酒精与微量成分经过汽化、冷凝、汽化而达到多组分浓缩和提取的目的；二是没有稳定的回流比，从酒醅中蒸发出的蒸汽在甑桶盖上会产生冷凝变为液态回流至酒醅中；三是进料、蒸馏和原料蒸煮同步进行；四是蒸馏时，酒醅料层的酒精浓度和各种微量成分的组成比例多变；五是甑桶排盖空间的压力降和水蒸气拖带蒸馏。

白酒在蒸馏过程中会发生复杂的物质变化。第一，有些低沸点物质在蒸馏时会挥发或损失。第二，由于传热和传质作用，酒醅中众多成分自身以及相互之间会发生化合反应和加成反应生成新的化合物，如乙醇等醇类在高温下与有机酸会发生酯化反应，与氧发生氧化反应生成乙醛；醛类物质与醇类发生缩醛反应生成缩醛类化合物；乙醛和乙酸与胱氨酸、半胱氨酸还能生成硫化氢。第三，一些热不稳定物质加热后分解或裂解成一种或几种物质，如在蒸馏过程中酒醅中含硫化合物如蛋氨酸会热分解产生甲硫醇与硫醚类化合物；原辅料中少量单宁可形成香草醛、丁香酸等芳香化合物的前体物质。第四，物质的水解反应。第五，美拉德反应。如在蒸馏过程中，糖与氨基酸会发生美拉德反应产生吡嗪类、呋喃类风味化合物。第六，酒醅中的蛋白质会发生变性。

白酒甑桶蒸馏主要有三个方面的作用。第一，分离浓缩作用。出缸的酒醅酒精含量在4%～8%(体积分数)，通过蒸馏可将其分离浓缩成含酒精55%～65%(体积分数)以及丰富风味成分的高度白酒。在混蒸混烧工艺中，蒸馏白酒的同时还对新投入粮食的淀粉有糊化作用。第二，存在于发酵酒醅中的某些微生物代谢副产物，在蒸馏过程中进一步发生化学反应，产生新的化合物，及蒸馏热变效应。第三，对发酵酒醅进行消毒杀菌，用于下轮次入窖醅料。在众多名优白酒生产中，蒸馏分级接酒还是后续勾调工作的基础。

（五）白酒的贮存与老熟机理

经发酵、蒸馏出来的新酒香气和口感辛辣、粗糙、暴冲，有强烈的新酒味及其他不好的风味，通过一段时间的放置，不良风味逐渐消失，口感变得绵柔、醇厚、香气突出、丰满谐调，风味得以改善，这个变化过程称为白酒老熟，习惯被称为贮存老熟。不同香型及品质白酒的贮存期不尽相同，如酱香型白酒贮存期要求3年以上，优质酒在5年以上；浓香型和清香型白酒贮存期在半年以上，优质酒在2年以上；普通品质白酒最短也应该贮存3个月。而贮存容器种类和大小、贮存温度、贮存时间对白酒的催陈老熟均有显著影响。

白酒的老熟过程中主要包括化学和物理两种变化。物理变化包括挥发、色变及酒中各种分子间的重排和缔合。在物理变化中，对酒质有不良影响的低沸点杂味物质会挥发，如硫化氢、硫醇、硫醚等硫化物以及丙烯醛、丁烯醛和游离氨等；乙醇分子与水分子通过氢键作用，形成大分子缔合群，自由乙醇分子被束缚，自由度下降，进而能够使白酒刺激性减弱，口感更加柔和。短时间内，由于氢键缔合作用，白酒刺激性降低，但是所谓的"老酒味"(陈味)并没有形成，必须经过一段时间的贮存才能达到白酒的陈化，因此，水-酒精分子缔合作用不是白酒老熟过程中的决定性因素。贮存过程中发生的化学老熟是陈酿过程中的决定性因素。化学变化包括氧化、还原、酯化、水解、聚合等反应。在化学变化中，首先是酒中风味成分的变化，如醇氧化成醛，醛氧化成酸，酸醇酯化生成酯，醇醛缩合为缩醛等。主要风味化合物转化关系如图3-2所示。

白酒中存在的酸类物质、高级醇、多元醇以及酯类物质经过一系列的氧化、还原、酯化和水解等化学反应相互转化，在体系中形成新的平衡，同时伴有成分消失或增减，构成白酒新的风味物质，形成不同香型的白酒，如清香型、浓香型、酱香型等。白酒的主要成分是乙醇，乙醇易被氧化成乙醛，乙醛被氧化生成乙酸。其他的伯醇氧化后生成含有相同碳原子数的醛和羧酸。醛类量大时，酒辛辣刺激性强，尤其是乙醛。在醇酸的酯化过程中，生成的酯主要是乙酸乙酯、乳酸乙酯、己酸乙酯、丁酸乙酯等。酯类能增加酒的香味，是控制陈酿过程的主要因素。酯化反应是可逆反应，达到平衡极慢。醇醛缩合生成缩醛，降低了醇类的含量，减轻了白酒中的辛辣味，并形成和增加了白酒中的柔和香味。

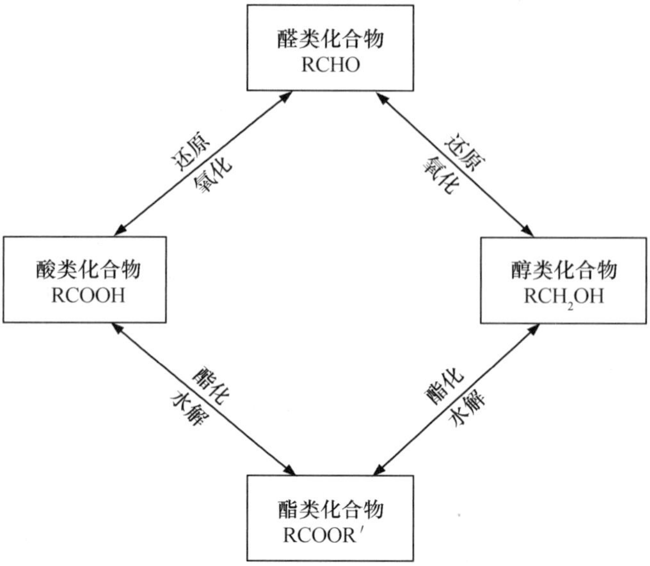

图 3-2 白酒贮存过程中的化学变化

围绕上述白酒老熟机理，目前大部分白酒催陈技术主要可分为 3 类：物理法、化学法、生物法。物理催陈法易产生非传统白酒中应有的成分，有的也容易导致回生现象；化学催陈法易给酒质带来杂质；生物催陈法技术还未成熟，仍需研究开发。为克服这些障碍，复合催陈技术效果更为显著，如磁处理-强力振荡-过滤，红外加热-催化-超滤等方法，呈香呈味微量物质含量提升。但复合催陈工艺流程长，投资较高。白酒企业应从白酒老熟机理出发，有针对性地改善白酒贮存的条件，从而加快白酒的老熟；必须指出的是优质白酒的老熟仍应以自然老熟为主。

第二节 生产原料

一、谷物原料

1. 高粱

高粱按黏度分为粳、糯两类，北方多产粳高粱，南方多产糯高粱。糯高粱几乎全为支链淀粉，结构较为疏松，适于根霉生长，以小曲制高粱酒时，淀粉出酒率较高。粳高粱含有一定量的直链淀粉，结构较为紧密，蛋白质含量高于糯高粱。通常将粳高粱称为饭高粱。现在已有多种杂交高粱种植。

高粱按色泽可分为白、青、黄、红、黑几种，颜色的深浅，反映其单宁及色素成分含量的高低。通常，高粱含淀粉 64%～65%、粗蛋白质 9.4%～10.5%、水分 13%～14%、五碳糖约 2.8%(高粱糠皮含五碳糖 7.6%)。

高粱内容物多为淀粉颗粒，外有一层由蛋白质及脂肪组成的胶粒层，易受热分解。高粱的半纤维含量约为2.8%。高粱壳中的单宁含量在2%以上，但籽粒仅含0.2%～0.3%。微量的单宁及花青素等色素成分，经蒸煮和发酵后，其衍生物为香兰酸等酚元化合物，能赋予白酒特殊的芳香；但若单宁含量过多，则会抑制酵母菌发酵，并在开大汽蒸馏（在蒸汽的量比较大的情况下进行蒸馏）时被带入酒中，使酒带苦涩味。高粱蒸煮后疏松适度，黏而不糊。

2. 大米

大米有粳米与糯米两种，粳米的纤维素、蛋白质及灰分含量较高；糯米的脂肪和淀粉含量较高。大米所含成分以淀粉为主，占68%～73%，含有少量的糖分及糊精，在米糠中粗蛋白质含量较高。米粒的糠皮中还含有一定量的脂肪，若脂肪含量较高，酒质将受到一定的影响。粳米淀粉结构疏松，利于糊化。如果蒸煮不当导致米粒太黏，在发酵时温度则会难以控制。大米在混蒸混烧的白酒蒸馏中，可将饭的香味带至酒中，使酒质爽净。五粮液、剑南春等名酒酿制的过程中原料里均配有一定量的粳米；桂林的三花酒、长乐烧、玉冰烧等小曲酒以粳米为原料。糯米质软，蒸煮后黏度大，需要与其他原料配合使用，这样酿制的白酒具有甘甜味。例如五粮液、剑南春等均使用一定量的糯米。

3. 玉米

玉米有黄玉米、白玉米、糯玉米和粳玉米之分。通常黄玉米淀粉含量高于白玉米。玉米的胚芽中含有大量的脂肪，若利用带胚芽的玉米酿造白酒，则酒醅发酵时生酸快，生酸幅度大，并且脂肪氧化而形成的异味成分会被带入酒中影响酒质。故用以酿造白酒的玉米必须脱去胚芽。玉米含有较多的植酸，可发酵为肌醇及磷酸，磷酸也能促进甘油（丙三醇）的生成。多元醇具有明显的甜味，故玉米酒较为醇甜。不同地区玉米成分含量不同，但主要成分含量适中。玉米的半纤维素含量高于高粱，常规分析时淀粉含量与高粱中淀粉含量相似，但是出酒率不如高粱。玉米淀粉颗粒的组织状态不规则，呈玻璃质状，质地坚硬，结构紧密，难以蒸煮，而粳玉米蒸煮后不黏不糊。

4. 小麦

小麦不仅可以用于制曲，还可用来酿酒。小麦中含有70%碳水化合物，其中包括淀粉、蔗糖、葡萄糖、果糖以及少量的糊精；此外，含有15%蛋白质、2%粗脂肪、1.5%粗灰分、12%水分。小麦富含面筋等营养成分，含有氨基酸20多种，维生素含量也很丰富，黏着力也较强，是各类微生物繁殖、产酶的优良天然物料。若小麦粉碎适度、加水适中，则制成的曲坯不易失水和松散，也不至于因黏着力过大而存水过多。五粮液、剑南春的原料中均有一定量的小麦。

5. 大麦

大麦不仅可以用于制曲，还可用来酿酒。大麦中含有80%碳水化合物，其中主要为淀粉，占比约为60%；此外，含有11%蛋白质、2%～3%粗脂肪、4%粗灰分和15%水分。大麦中的蛋白质主要以非水溶性无磷高分子简单蛋白质的形式存在。大麦黏结性能较差，皮壳较多。大麦若用以单独制曲，则品温速升骤降；若与豌豆共用，可使成曲具有良好的曲香味和清香味。

二、豆类曲料

1. 豌豆

豌豆的蛋白质含量高，不是酿酒的好原料，但其黏性大，一般与大麦混合使用，以弥补大麦的不足，有些酒厂用它来制曲。清香型汾酒厂制曲原料中有40%的豌豆。豌豆含有香兰素等酚类化合物，可为白酒增香。研究表明，豌豆中的2-甲基-3-乙基吡嗪、2-甲氧基-3-异丁基吡嗪最为重要，具有极强的坚果香及甜焦香气；并含有丰富的蛋白质和维生素，为白酒香味提供了丰富的物质。故制曲原料中加入豌豆可以增加酒体中的香味成分，使酒体幽雅丰满。但豌豆不能作为单一原料来酿酒，洋河酒厂实验发现，用豌豆酿制出的浓香型白酒，有明显的豌豆味，味冲，欠谐调，浓香不突出，酒质最差；但加8%的豌豆时，口感最好、窖香浓厚，具有轻微的熟豆香气，入口浓厚醇甜。

2. 大豆

大豆同样不适用于酿酒，但是在豉香型玉冰烧白酒的小曲制作工艺中，一般添加10%的黄豆作为原料之一进行制曲。

三、辅料

固态法发酵酿制白酒需要使用一定量的填充剂，即辅料和填充料。常用的辅料有麸皮、谷糠、高粱糠，常用的填充剂有稻壳、酒糟、高粱壳、玉米芯等。

辅料要求含杂质较少、新鲜、无霉变；具有一定的疏松度与吸水能力；或含有某些有效成分；要求果胶含量少、缩戊糖含量高。利用辅料可调整酒醅的淀粉浓度、冲淡或提高酸度、吸收酒精、保持浆水，使酒醅具有适当的疏松度和溶氧量，并增加界面作用，保证蒸馏和发酵的顺利进行，有利于酒醅的升温正常。

1. 麸皮

麸皮是小麦加工面粉过程的副产品，其成分因加工设备、小麦品种及产地而异。在麸曲白酒和液态法白酒的生产中，麸皮可作为制曲原料，给酿酒微生物提供所需的碳源、氮源、磷源等营养物质，同时麸皮比较疏松，有利于糖化菌、根霉菌的生长繁殖，有利于制得质量优良的快曲。

2. 稻壳

稻壳是稻谷加工的副产物，含有35.5%～43%纤维素、16%～22%多缩戊糖、24%～32%木质素，是理想的疏松剂和保水剂。根据外形不同可将其分为长瓣稻壳和短瓣稻壳。长瓣稻壳皮厚，壳质较硬；短瓣稻壳皮薄，壳质较软。稻壳作为填充料不能太细，一般使用脱粒后2～4瓣的较好。糠壳中含有具腐烂稻草味的4-乙烯基苯酚、4-乙烯基愈创木酚及少量的硫化氢和乙醛，故使用前必须先进行清蒸30 min，将腐烂稻草味蒸发掉。使用的稻壳一般要求新鲜、干燥、无霉味，呈金黄色。

3. 高粱壳

高粱壳是指高粱籽粒的外壳，其吸水性较差。故用高粱壳和稻壳作为辅料时，酒醅的入窖水分稍低于使用其他辅料的酒醅。高粱壳的单宁含量虽然较高，但对酒质没有明显的不良影响。

4. 其他辅料

玉米皮与高粱糠既可以制曲又可以作为酿酒的辅料。花生壳、谷类秸秆的粉碎物、干酒糟等在作为酿酒辅料时需进行清蒸排杂。使用甘薯蔓作为辅料时，成品酒的酒质较差；使用麦秸作为辅料时，会导致酒醅升温快、升酸高；使用花生皮作为辅料时，成品酒的甲醇含量较高；使用荞麦皮作为辅料时，它含有的紫芸苷对发酵有影响。

四、白酒生产用水

“水是酒之血”，因此白酒厂对生产用水非常重视，包括酿造用水和降度用水。白酒生产一般采用自来水、井水、河水、湖水或泉水。水质的好坏，不仅影响酒的风味，也会影响出酒率的高低。许多名酒厂多选用井水、泉水或河水酿酒。如泸州南城有“龙泉井”，300 多年前泸州老窖大曲酒第一家作坊即建于此；剑南春酒采用城西“诸葛井”水酿制；汾酒、古井贡酒、西凤酒等也均选用井水酿制；川南的郎酒采用“郎泉”水酿制；洋河大曲酒选用当地的“美人泉”水酿制；茅台酒选用赤水河上游河水酿制。

(一)酿造用水

白酒酿造用水是指制酒原料的润粮、浸泡、制曲拌料、微生物培养、量水等工艺过程用水。酿造用水应符合《生活饮用水卫生标准》(GB/T 5749—2022)，并在以下几个方面高于生活饮用水水质标准。

1. 酿造用水的基本要求

酿造用水的基本要求：pH 6.8～7.2；总硬度 2.50～4.28 mmol/L(7～12 °d)；硝酸态氮 0.2～0.5 mg/L；无细菌及大肠杆菌；游离余氯量在 0.1 mg/L 以下。

2. 水中离子对酒质的影响

(1)硬度　水的硬度是指溶解在水中的碱金属盐的总和，而其中钙盐和镁盐是硬度指标的基础。水的硬度一般分为 6 个等级：硬度在 0～1.427 mmol/L(0～4 °d)的水为最软水；硬度在 1.462～2.853 mmol/L(4.1～8.0 °d)的水为软水；硬度在 2.889～4.280 mmol/L(8.1～12 °d)的水为中等硬度水；硬度在 4.315～6.420 mmol/L(12.1～18 °d)的水为较硬水；硬度在 6.455～10.699 mmol/L(18.1～30 °d)的水为硬水；硬度在 10.699 mmol/L(30 °d)以上的水为很硬水。白酒酿造用水以中等硬水较为适宜。

(2)无机成分　水中的无机成分有几十种，它们在白酒的整个生产过程中起着不同的作用。

①有益作用：磷、钾等是微生物生长的养分及发酵的促进剂。在霉菌及酵母菌的灰分中，以磷和钾含量为最多，其次为镁，还有少量的钙和钠。当磷和钾不足时，则曲霉生长迟缓，曲温上升慢；酵母菌生长不良；醅(醪)发酵迟缓。这说明磷和钾是酿造用水中最重要的两种成分。钙、镁等是酶生成的刺激剂和酶溶出的缓冲剂。

②有害作用：亚硝酸盐、硫化物、氟化物、氰化物、砷、硒、汞、镉、铬、锰、铅等，即使含量极微，也会对有益菌的生长或酶的形成与作用，以及发酵和成品酒的质量产生不良的影响。

(二)白酒降度用水

水是酒的主要成分,水质的好坏直接影响酒的质量,不符合要求的降度用水,难以勾兑出优质的白酒。用于白酒降低酒精度的水,应符合生活饮用水标准。硬度大的水中含钙、镁矿物质多,为降度酒中白色浑浊沉淀的原因之一,需要进行软化处理。常用的方法有离子交换、电渗析、活性炭、砂滤、硅藻土过滤等。白酒降度用水的具体要求如下。

1. 外观

无色透明,无悬浮物及沉淀物。降度用水必须无色透明,如呈微黄色,则可能含有有机物或铁离子太多;如水体浑浊,则可能含有氢氧化铁、氢氧化铝和悬浮的杂质;静置 24 h 后有矿物沉淀的便是硬水,这些水应处理后再用。

2. 口味

把水加热到 20～30 ℃,用口尝应有清爽的感觉,如有咸味、苦味不宜使用;如有泥臭味、铁腥味、硫化氢味等也不能使用。取加热至 40～50 ℃的挥发气体用鼻嗅之,如有腐败味、氨味、沥青和煤气等臭味的,均为不好的水,优良的水应无任何气味。

3. pH

pH 为 7、呈中性的水最好,一般微酸性或微碱性的水也可使用。

4. 氯含量

靠近油田、盐碱地、火山、食盐场等地的水,常含有多量的氯,自来水中往往也含有活性氯,极易给酒带来不舒适的异味。按规定,1 L 水里的氯含量应在 30 mg 以下,超过此限量,必须用活性炭处理。

5. 硝酸盐含量

如果水中含有硝酸盐及亚硝酸盐,说明水源不清洁,附近有污染源。硝酸盐在水中的含量不得超过 3 mg/L,亚硝酸盐的含量应低于 0.5 mg/L。

6. 腐殖质含量

水中不应有腐殖质的分解物质。由于这些腐殖质能使高锰酸钾脱色,所以鉴定标准是以 10 mg 高锰酸钾溶解在 1 L 水里,若 20 min 内完全褪色,则此水不能用作稀释用水。

7. 重金属含量

重金属在水中的含量不得超过 0.1 mg/L;砷不得超过 0.1 mg/L;铜不得超过 2 mg/L;汞不得超过 0.05 mg/L;锰在水中的含量应低于 0.2 mg/L。

8. 总固形物含量

总固形物包括矿物质和有机物。每升水中总固形物含量应在 0.5 g 以下。

凡钙、镁的氯化物或硫酸盐都能使水味变恶劣,碳酸盐或其他金属盐类,不管含量多少,都会使水的味道变坏。比较好的水,其总固形物含量只有 100～200 mg/L。

9. 水的硬度

水的硬度越大说明水质越差。白酒降度用水要求总硬度在 4.5 °d 以下(软水)。硬度高或较高的水需经处理后才能使用。用硬度大的水降度,酒中的有机酸与水中的钙、镁盐缓慢反应,将逐渐生成沉淀,影响酒质。

第三节 制曲工艺

曲为酒之骨,曲为酒之魂。中国酒曲历史悠久,种类多样,功能独特,用曲酿酒是我国巧夺天工的伟大发明和宝贵的科学文化遗产。美国学者在《中国:发明与发现的国度》中评价:“中国用曲酿酒,这种一流技艺已经登峰造极,可以酿造出酒精度很高的饮料。”日本著名酿酒专家、微生物学家坂口谨一郎评价:“中国发明的酒曲,影响之大,堪比中国四大发明。”从有文字记载以来,中国酒多数以酒曲酿造,而且中国酒曲法酿造对于周边国家,如日本、越南和泰国等都有较大影响。制曲是白酒生产中一个独立的发酵过程,在生产技术方面,随着对微生物和酿酒理论认识的深入,酒曲的发展跃上一个新台阶。

《尚书·说命篇》中叙述“若作酒醴,尔惟曲蘖”,这可能是对酒曲最早的文字记载。关于曲蘖目前没有统一的认识。宋应星在《天工开物》中叙述“古来曲造酒,蘖造醴,后世厌醴味薄,遂至失传,则并蘖法亦亡”。该书中认为曲蘖是两种酒曲,蘖是一种发酵力弱的曲,只能制成薄味酒,并且蘖的制造方法已经失传。邓子新等编著的《中国酒曲制作技艺研究与应用》中认为曲蘖是发霉发芽的谷粒,后来发展为谷芽、酒曲和黄衣曲。曲蘖酿酒的历史,有学者认为已有6 000～7 000年,有的学者认为是4 000多年,目前有待考证。自夏朝至商朝500年间,人工曲蘖酿酒技术已成熟,此时商朝酿酒业也极为发达。自西周至春秋战国数百年间,制曲酿酒技术又有了很大的发展,这一历史时期的史料文献《礼记·月令仲冬》和《周礼·天官》都记载了曲蘖制造技艺,也表明当时人工曲蘖质量大幅度提高,开始向曲的方向发展。两汉时期,制曲技术取得突破性发展,曲和蘖已经是完全不同的概念了,曲就是指酒曲,蘖是指麦芽。汉代酒曲发展奠定了我国酒曲的基础,其品种和质量都是一次飞跃。根据该时期史料文献《汉书·食货志》和《上九酝酒法奏》等中记载可以发现汉代制曲酿酒生产已有较高水平。这时大麦和小麦已被用作制曲原料,同时出现了饼曲。南北朝时期《齐民要术》中共记载了12种制曲方法,有卧曲法、作曲法、造神曲法、泰州春酒曲法等;书中将酒曲分为神曲和笨曲两大类,基本类似于近代小曲和大曲。神曲不但尺寸小,而且用曲量也小,为原料的2%～3%,这些都与现代小曲类似;笨曲是在木框内被踩成一尺见方、厚两寸的曲块,用曲量为原料的1/7。宋朝是我国制曲史上的另一个里程碑,该时期的《北山酒经》是继《齐民要术》后的极具研究参考价值的酿酒专著。该书总结了南北朝以来的曲蘖酿酒经验,将曲分为罨曲、风曲和醁曲3类,共13种曲,其中以小麦为原料的5种,用大米的3种,米麦混合使用的4种,麦豆混合使用的1种,并且多是生料发酵。到明清时期我国酒曲分为大曲、小曲、麦曲和红曲的格局已定型成为传统工艺流传后世。

根据我国酒曲生产应用实际情况,酒曲可分为5大类,分别为大曲、小曲、麸曲、麦曲和红曲。其中用于白酒酿造的有大曲、小曲和麸曲。大曲以大麦、小麦和豌豆为原料,生料经粉碎加水压成砖块状的曲坯,经人工控制曲房环境温度和湿度,通过自然接种,开放式发酵制成。按发酵过程中顶温的不同分为高温大曲、中温大曲和低温大曲,分别用于生产酱香型、浓香型和清香型白酒。目前，我国名酒、优质白酒和地方名酒大都用传统法大曲酿造。小曲各地名称有所不同，如酒药、白药、白曲、酒饼或米曲等。小曲是用米粉、米糠为原料，添加中草药或辣蓼粉为辅料，有的加少量白土为填充料，接入一定量的优良小曲为母种，加入一定量水制成曲坯，在人工控制合适的品温、湿度条件下培养而成，因尺寸小，统称为小曲。用小曲酿造的白酒酒体具有米香型的独特风格，据研究该香型的主体香成分是乳酸乙酯、乙酸乙酯和β-苯乙醇。小曲酒的典型代表有桂林三花酒、广西湘山酒和广东长乐烧酒。麸曲是1949年以后推广的“烟台白酒操作法”中采用的糖化剂，其以纯种霉菌为菌种，以麸皮为原料经人工控制温度培养而成。与大曲相比，具有糖化力强的特点，用于酿造白酒具有生产周期短、出酒率高、节约粮食、适宜多种淀粉原料生产等优点。麸曲法酿造白酒是白酒工业一次重要的技术改革，从固态法白酒生产发展到液态法白酒生产，使白酒工业逐步向现代化方向发展，在酿造工业中起到示范作用。但是，该法的不足之处在于所酿白酒风味欠佳。

一、大曲制曲工艺

（一）大曲及其作用

大曲一般采用小麦、大麦和豌豆等为原料，经粉碎拌水后压制成砖块状的曲坯，人工控制一定的温度和湿度，让自然界中的各种微生物在上面生长而制成。因其块形较大，故而得名大曲。大曲中的微生物极为丰富，是多种微生物群的混合体系。在制曲和酿酒过程中，这些微生物生长和繁殖，形成了种类繁多的代谢产物，从而赋予各种大曲酒独特的风格与特色。我国大多名优白酒都是大曲酒。大曲在酿酒过程中起着以下几种作用。

1. 糖化发酵作用

大曲是大曲酒生产过程中的糖化发酵剂，其中含有多种微生物菌系和各种酿酒酶系。大曲中与酿酒有关的酶系主要有淀粉酶（α-淀粉酶、β-淀粉酶和葡萄糖淀粉酶）、蛋白酶、纤维素酶和酯化酶等。

2. 生香作用

在大曲制作过程中，微生物的代谢产物和原料的分解产物直接或间接地构成了酒的风味物质，使白酒具有各种不同的独特风味，因此，大曲还是白酒生产中的生香剂。不同的大曲制作工艺会导致大曲中微生物体系的差别，从而赋予白酒不尽相同的风格与特色。

3. 投粮作用

大曲中的残余淀粉含量较高，大多在50%以上，这些淀粉在大曲酒的酿造过程中将被糖化发酵成酒，因此，在计算大曲酒的淀粉出酒率时应把大曲中所含的淀粉列入其中。

大曲的制作具有生料制曲、自然网罗微生物、季节性强、堆积培养以及培养周期长等特点。按照制曲过程中最高品温可将大曲分为高温大曲、中温大曲和低温大曲三类。

（二）大曲所用原料的基本要求

根据大曲的作用和制作工艺特点，制曲原料应符合如下要求。

1. 适于功能性微生物生长和繁殖

大曲中功能性微生物包括霉菌、细菌以及酵母菌等。这些菌类的生长和繁殖依赖于碳源、氮源、水、无机盐和生长素等营养成分，并要求有适宜的环境条件，如温度、湿度、pH、氧和水分活度（water activity，用"aw"表示）等。因此，制曲原料应满足功能性微生物上述需求。

2. 有利于酿酒相关酶系的形成

大曲是糖化剂或糖化发酵剂。故除了要求成曲含有一定量的功能性微生物外，还需大量积累多种胞内酶和胞外酶，其中最主要的是淀粉酶。此类酶多为诱导酶，因此要求制曲原料中含有大量淀粉以促进淀粉酶类形成的无机离子。蛋白质也是产酶的必要成分，故制曲原料应含有相关蛋白质。

3. 有利于酒质

大曲具有投粮作用，大曲原料的成分及制曲过程中生成的许多成分，都间接或直接与酒质有关。另外，制曲原料不宜含有较多的脂肪，这也是与制酒原料的相同之处。

（三）大曲制曲的一般工艺

1. 制曲原料及配料

制大曲的原料主要有小麦、大麦和豌豆，也有使用少量其他豆类和高粱等。要求这些原料颗粒饱满、无霉烂、无虫蛀、无杂质、无异味、无农药污染。一般情况下，高温大曲多使用纯小麦或小麦、大麦、豌豆混合制曲；中温大曲多用大麦、豌豆制曲。采用小麦、大麦、豌豆为原料制曲时，通常的配比是 5∶4∶1、6∶3∶1 或 7∶2∶1；采用大麦、豌豆为原料制曲时，通常的配比是 6∶4 或 7∶3。

2. 原料粉碎

原料的粉碎度与大曲的质量关系比较大，过细则黏性大，曲坯内空隙小，通气性差，水分和热量不易散失，微生物生长缓慢，易造成窝水等现象；过粗则黏性小，曲坯内空隙大，水分和热量易散失，容易造成曲坯过早干燥和裂口，表面不挂衣，微生物生长不良。所以，要严格控制好制曲原料的粉碎度。在实际生产中，应根据制曲原料的种类与配比、曲室培养环境条件和产品的质量风格特点等选择适宜的原料粉碎度。

3. 曲坯制作

（1）拌料与加水比　拌料的目的就是使原料均匀地吃水，利于微生物的生长与代谢。加水过少，曲坯表面干燥，菌丝生长缓慢，不挂衣；加水过多，升温快，湿度大，易烧曲。从微生物的生长角度看，细菌易在水分大的环境中生长，霉菌在曲坯水分含量为 35%时生长最好，酵母菌的水分含量为 30%～35%时生长最佳。

一般情况下，拌料后，曲料水分含量在 38%左右，标准是"手捏成团不粘手"，而具体加水比则取决于制曲工艺、原料含水量、空气湿度和温度等因素。

（2）制曲坯　曲坯的制作方法分为人工踩曲和机械制曲两种，曲坯多为砖形。五粮液大曲一面鼓起，称为"包包曲"。曲坯太小，不易保温、保湿，费工费时；曲坯太大则微生物不易长透。曲坯的松紧要适度，曲坯过硬，曲块色泽不正，曲心有异味；曲坯过松，操作不方便，易散曲，不利于保温、保湿。

4. 曲室的培养

(1)曲坯入室

①曲房:曲房的结构、材料、高度、门的开向等,均应考虑保温、保湿及通风。曲坯入房前,应打扫干净曲室,并铺上一层稻壳之类的物料,防止曲坯发酵时与地面粘连。曲室地面最好是泥地,视气候情况,在地面上适量洒一些清水,天热时注意控温。

②曲坯放置:曲坯入房后,安放的形式有斗形、“人”字形和“一”字形三种。其中斗形和“人”字形较为费时,但可以使曲坯的温度和水分均匀。三种放置方式的曲间距、行间距是相同的,不能相互紧靠在一起。根据季节不同,曲间距有所不同,冬季间距小,夏季间距稍大。

(2)菌培管理　曲坯入室后的菌培管理决定着大曲质量的好坏,在入室的前几天尤为重要,若管理不当很难挽救。要掌握好翻曲时间,适时调节曲室温度、湿度和更换曲室空气,为微生物的生长繁殖与代谢提供良好的条件。菌培管理大致分为以下 4 个阶段。

①低温菌培期:一般为 3～5 d,在此期间品温控制在 30～40 ℃,相对湿度控制在 90%。目的是让霉菌、酵母菌等在菌培期大量生长繁殖,为大曲多功能发酵体系的形成打好基础。

②高温转化期:一般为 5～7 d,此期间根据不同大曲的特点控制曲坯的品温(45～65 ℃),相对湿度应大于 90%。在高温转化期,一方面菌体的生长逐渐停止,产孢菌群以孢子的形式休眠;另一方面曲坯中各种微生物所形成的丰富酶系因温度升高而开始活跃,利用原料中的养料形成酒体香味的前体物质。由于不同酶系的最适作用温度不同,因此在此阶段控制在不同的温度将会形成不同香味,为大曲酒的香型和风格特点打下基础。高温转化期的主要控制手段是开窗排潮。

③后火生香期:一般为 9～12 d,在此期间控制品温低于 45 ℃,相对湿度小于 80%。后火期的主要作用是促进曲心多余水分挥发和香味物质的形成。后火期的管理也是根据不同香型大曲的特点来确定的,但不管怎样,后火不可过小,否则曲心水分挥发不出,会导致软心,影响成曲质量。后火生香期的主要操作有保温、垒堆等。

④打拢:即将曲块转过来集中而不留空隙,保持常温。在此期间只需注意使曲堆尽量不要受外界气温干扰即可,经 15～30 d 存放后,曲块即可入库贮存。

5. 贮曲

曲块入库前,应将曲库清扫干净,铺上糠壳和草席,并保证曲库通风良好。曲块间保持一定距离,以利于通风、散热。

新曲不能立即使用,酿酒必须用陈曲。大曲经过贮存将淘汰大量生酸杂菌,但大曲在贮存过程中酿酒酶系的活性及酵母菌等有益菌群的数量也会有所下降,因此曲并不是越陈越好。一般贮存 3 个月后即可使用,也有的厂贮存 6 个月后才使用。

二、小曲制曲工艺

小曲是酿制小曲白酒的糖化发酵剂,具有糖化和发酵双重作用,也可用于生产黄酒。最初,小曲是利用野生微生物在米粉上自然培养,并通过添加少量中草药抑制杂菌生长而制成的。后来发展为接种少量种曲,经长期传代培养,不断纯化和驯化,使小曲具有较高的糖化发酵力。小曲中的微生物种类虽不及大曲多,但仍属“多微”糖化和“多微”发酵的曲种。由于有些中药有害以及野生中药资源有限，小曲生产逐渐向无药小曲和纯种化方向发展。

（一）小曲的类别

由于产地、原料、用途等的不同，小曲的种类和名称很多。

按制曲的主要原料分类：小曲可分为米粉曲（全部为米粉）、糠曲（全部为米糠或使用多量米糠与少量米粉）。

按是否添加中草药分类：小曲可分为药小曲与无药白曲。

按地域分类：小曲可分汕头糠曲、桂林酒曲丸、厦门白曲等。

按用途分类：小曲可分为甜酒曲与白酒曲。

按形状分类：小曲可分为酒曲丸、酒曲饼及散曲等。

（二）小曲中的主要微生物

纯种培养制成的小曲中主要微生物是根霉和酵母菌。自然培养制成的小曲微生物区系比较复杂，种类较多，主要有霉菌、酵母菌和细菌三大类群。

1. 霉菌

小曲中的霉菌一般包括根霉、毛霉、黄曲霉、黑曲霉等，其中主要是根霉。各菌种之间在生长特性、适应性、糖化力强弱以及代谢产物存在一定差异。用于生产小曲的根霉菌，要求其生长迅速，适应力和糖化力强，具有一定产酸能力；对根霉发酵生成酒精的能力，则要求不高。根霉具有一定的酒化酶活性，可使小曲酒整个发酵过程中从始至终能边糖化边发酵连锁进行，所以发酵作用较彻底，出酒率较高。但根霉蛋白酶活力低，对氮源要求比较严格，需要氨基酸等有机氮源，若缺乏有机氮，则会影响菌丝体的生长和淀粉酶系的形成。

2. 酵母菌

根霉虽具有一定的酒化酶活力，但酒精发酵作用不强，故小曲酒发酵除根霉外，还要借助于酵母菌来完成。在纯种培养的小曲中，加入纯种酵母菌，可使其发酵能力增强，产酒率提高。在自然培养的小曲中，除含有酵母属外，也含有假丝酵母属、汉逊酵母属、丝孢酵母属以及覆膜孢酵母属等。

3. 细菌

自然培养的小曲中，含有大量的细菌，主要是醋酸菌、丁酸菌及乳酸菌等。在工艺操作良好的情况下，这些细菌不会对成品酒的产量和质量带来危害，反而会增加酒的香味物质，但如果操作不当（如温度过高），则会造成有害影响，如酸度过高，会大大影响出酒率。

这些霉菌和酵母菌以及细菌的共同作用，使传统小曲酒具有特殊的风味。

（三）小曲的制曲工艺

小曲的种类很多，生产方法各异，下面以代表性的桂林酒曲丸和广东大酒饼为例介绍小曲的制曲工艺。

1. 桂林酒曲丸

（1）原料

①大米粉：以投料 1 次 20 kg 计，其中 15 kg 用于制坯，5 kg 细粉用作裹粉。

②草药：只使用一种香草药，用量为制坯米粉量的 13%；香草药是茎细小的桂林特种草药，应干燥磨成粉后用。

③曲母：即上批成曲中选取的优良小曲。其用量为坯粉量的 2%，为裹粉量的 4%。

④水：为坯粉量的 60%左右。

（2）工艺流程　桂林酒曲丸制作工艺流程如图 3-3 所示。

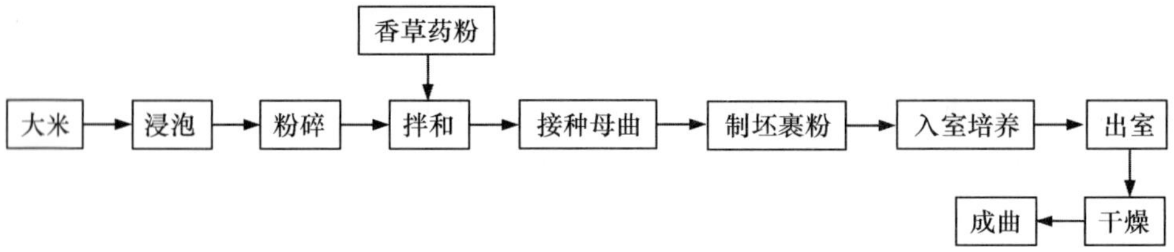

图 3-3　桂林酒曲丸制作工艺流程

（3）制曲操作

①浸米：大米加水浸泡（夏季为 2～3 h，冬季为 6 h 左右），浸透后沥干备用。

②粉碎：将上述沥干后的大米先用石臼捣碎，再用粉碎机制成米粉后，用 180 目筛筛出 5 kg 米粉作为裹粉用的细粉。

③制坯：将 15 kg 米粉、1.95 kg 香草药粉、300 g 曲母、约 9 L 水混合均匀后，制成饼团，并在制坯架上压平，用刀切成约 2 cm 见方的小块，最后用竹筛筛成球形的坯。

④裹粉：将 5 kg 裹粉用细米粉加入 0.2 kg 曲母混合均匀后，先撒一部分于簸箕中，并洒少量水于坯上，使其外表湿润；再将坯倒入簸箕，用振动筛筛成圆形后，再洒水、裹粉，直至细粉用完。总洒水量为 0.5 L。然后将坯分装于特制的小竹筛内摊平，入曲室培养，坯含水量为 46%左右。

⑤培曲：可分为以下 3 个阶段。

前期：室温为 28～31 ℃。在曲坯上面盖 1 只空簸箕。培养 20 h 左右，待霉菌菌丝生长旺盛后倒下、曲粒表面起白珠时，可将盖在上面的空簸箕掀开。这时品温为 33～34 ℃，最高不宜超过 37 ℃。

中期：曲坯入室培养 24 h 后，进入中期，酵母开始大量繁殖。该阶段历时约 24 h，其间室温应控制在 28～32 ℃，不得超过 35 ℃。

后期：需 48 h。该品温逐渐下降，而曲子渐趋成熟。

⑥干燥、贮曲：将上述成熟的曲子移至 40～50 ℃烘房，经 1 d 即可烘干，也可移至室外晒干，不得暴晒。经干燥的成曲，应置于阴凉干燥的库房内贮存。自曲坯入曲室至成曲入库，只历时 5 d 左右。

（4）成曲质量要求

①感官要求：带白色或淡黄色，无黑色，质地疏松，具有该曲特殊的芳香味。

②理化分析：水分为 12%～14%，总酸为 0.6 g/100 g 以下，发酵力为每 100 kg 大米可产酒精体积分数为 58%的白酒 60 kg 以上。

2. 广东大酒饼

块形小曲是制造豉香型玉冰烧白酒的糖化发酵剂，俗称大酒饼，它的形状比一般小曲大，为 20 cm×20 cm 的方形块，故也有称为“大曲”（注意与制造大曲酒的大曲有别）。但是，一方面因为它以小曲为曲母接种，主要含有根霉和酵母菌种，与小曲菌系相似；另一方面它又是制造大米酒的糖化发酵剂，故属于小曲范畴。大酒饼是凭实践经验，根据天气变化、原料质量等情况，严格控制温度、湿度、水分、时间及配料量，按照传统方法制作而成。

（1）原料

大豆：10 kg，要求新鲜，饱满，无虫蛀、霉烂和变质。

大米：50 kg，以糙米为佳。

曲种：0.5 kg，要求白色略带微黄色，指弹有空响，无黑心，菌丝多而粗壮整齐，闻之有甜香味，无酸败臭味或其他杂味，配料前需磨成粉状。

曲药配方：串珠叶或山橘叶 4.5 kg、桂皮 0.5 kg（共 5 kg），要求干燥、杂质少、无霉败及变质现象，在配料前需将曲药烘干和磨碎备用。

填充料：白癣土泥 20 kg。

水：40～42.5 kg。

（2）工艺流程　豉香型玉冰烧白酒的制曲工艺流程如图 3-4 所示。

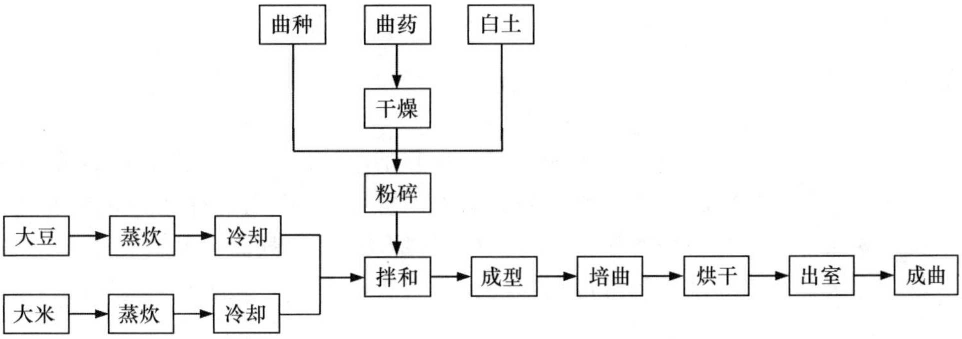

图 3-4　豉香型玉冰烧白酒的制曲工艺流程

（3）蒸粮　蒸炊大米主要应注意蒸汽量及水分，根据大米的质量情况，加入 80%～85%的水。操作上采用“二炒二蒸”法，即水开装粮，开大蒸汽蒸炊 5 min 后，用木锹将米饭翻转，使底面熟度均匀，加盖，再用少量蒸汽蒸 5 min。继而再用上述方法进行第二次炒和蒸。蒸料时间共约 15 min，熟度为 75%～80%即可。蒸粮需注意熟度和水分，若太熟或水分过多，曲醅稀软，影响成型、挂曲和曲菌繁殖，曲心易变黑；若过生或水少，则曲菌繁殖慢，甚至生长不正常，造成曲面龟裂，也影响曲的质量。蒸豆必须熟透，以手捏时糜烂为宜。目的是在制曲过程中，使豆中蛋白质能很好地分解供给曲菌生长所需的营养及改善风味。为达到工艺要求，蒸豆时间一般较长，为 16～20 h。

（4）制曲　大米蒸至熟度适中后，即用铁铲将饭铲出摊于干净地面上，用风扇吹冷，并用木锹翻拌以加快冷却速度。当饭温冷至 36 ℃以下时，即可加入大豆、曲种、曲药及填充料等，人工进行三拌三翻，以求拌料均匀一致。也可用拌料机拌料，拌料机构造类似水泥拌浆机。混合好原料，装入“井”字形木曲模（曲模内容积为 20 cm×20 cm×3 cm）中，用脚踩曲，要求四角齐正，厚薄一致，表面光滑，水分均匀，软硬适中。有印曲机的厂用印曲机制曲可提高速度和减轻劳动强度，每 5 min 可制曲 25～30 kg。

(5)培曲　曲室为土木建筑平房，长 5～6 m，宽 2.5～3 m，高 3.1m 左右，备有易开关的门窗及天窗。曲在入室前室温为 28～32 ℃，曲醅进房时品温为 29～30 ℃，放入曲房用麻绳挂于木架上。培养一周，每日至少检查 2～3 次，通过开阖门窗及时调节曲房干湿度和控制品温，使室温维持在 28～32 ℃，相对湿度稳定。挂曲后要挂顶席及边席，并注意揭席时间，不宜过早或过迟，避免曲黑心或生斑点。曲醅入房上架 7～8 h 后，品温上升至 40 ℃，应进行第一次揭席(顶席)，根据实践经验，曲身发白、产生白色的细微菌丝时，揭第二次席(边席)。曲房应保持清洁卫生，及时清除杀灭曲虫及杂菌等，保证曲菌繁殖正常。曲醅成熟后，转入焙房干燥 3 d，以便于贮藏，防止发霉变质。焙房温度为 40 ℃，干燥后的成品曲每块约重 0.55 kg。

(6)质量指标　块曲为方形，规格是 20 cm×20 cm×3 cm。

①感官鉴定：主要是以下几方面。

颜色：曲面、曲心颜色比较一致，无黑心，曲心菌丝多而粗壮，分布均匀。

泡度：曲应发得透、发得松、无裂皮、无离壳。

气味：曲应具有清香、味爽等正常曲味，无霉、酸等杂味。

②理化指标：曲中水分小于等于 10%，淀粉含量为 30%～35%，糖化力大于等于 25 U/g，发酵力大于等于 75%，pH 为 5.5～6。

三、麸曲制曲工艺

麸曲是固态发酵法酿造麸曲白酒的糖化剂。麸曲是以麸皮为主要原料，以谷糠、酒糟及豆饼为配料，经调水、蒸煮、冷却后，接入曲盘固体培养的糖化曲，采用机械式通风制曲池固体深层培养制成。麸曲由于只具备糖化能力，不具有发酵能力，生产麸曲白酒时还需要制备酒母。纯种酵母菌经逐级扩大培养制成的酵母培养液被称为酒母。为了简化工艺，目前，不少厂家直接使用活性干酵母来代替纯种酵母。

(一)麸曲的特点

麸曲具有用料简单、成本低、培养时间短、成品曲糖化力高、出酒率高、酿酒原料适应性广等优点，但同时有保藏期短、产品风味略差等缺点。制作麸曲时，应注意严格配料、控制蒸煮、掌握温度(室温、品温)、保潮放潮(调剂通风)以及防止杂菌。除此之外，对所用曲霉特性要清楚，并要控制整个工艺过程中淀粉酶的消长情况。因麸曲不宜长期贮存，故应现做现用，否则易造成淀粉酶活性下降和杂菌滋生。出曲水分越大，酶活力下降越大，杂菌感染越多，在贮存过程中酸度不断增加，并有烧曲的危险。

(二)制作麸曲的微生物

制造麸曲的微生物需具有较高的糖化力和一定的液化力，同时还应具有生成香味物质的能力。我国用于酿造白酒的麸曲菌种有几十种，主要有曲霉、根霉等。生产上使用的曲霉菌有黑曲霉、白曲霉和米曲霉等，前两种曲霉的糖化力强，持续性好且耐酸；米曲霉中蛋白酶较多，产香好，液化快，但不耐酸，糖化持续性差。根霉适宜多菌混合培养环境，具有边繁殖边糖化的作用，且根霉能糖化生淀粉，在生料培养基上生长旺盛。

(三)麸曲制作工艺流程

麸曲制作工艺流程如图 3-5 所示。

试管原菌 → 斜面试管菌种 → 三角瓶菌种 → 帘子菌种 → 机械通风制曲 → 麸曲

图 3-5 麸曲制作工艺流程

(四)制曲工艺要点

1. 配料

曲料中加稻壳量为麸曲量的 10%～15%，还可加入少量酒糟，控制堆积料水分含量在 50%左右。

2. 蒸料

常压蒸料时，要求边投料边进汽，加热要均匀，圆汽后再蒸料 40 min。

3. 接种

接种时料温不要超过 40 ℃，接种量为原料量的 0.25%～0.35%。

4. 培养管理

曲料接种后堆积 50 cm 高，使料温维持在 33～34 ℃；入池后 5～6 h，应保持室温在 32～33 ℃，品温接近 34 ℃时开通风，降至 30 ℃时停风，控制前期品温在 34 ℃左右；后期应提高室温，利用室内循环风将品温控制在 37～39 ℃，排除曲料中的水分，水分含量控制在 25%以下。

四、制曲自动化技术

(一)曲坯成型自动化技术

传统曲坯成型工艺是间歇式人工工艺，原料经过石磨粉碎，人工配料、搅拌、踩制曲坯，整个过程通过繁重的体力劳动完成。这种生产方式效率低、粉尘多、制曲环境差。针对这些不足，机械自动化技术被引入制曲生产。在我国，随着现代机械装备技术的发展和对制曲过程的了解和深入研究，在 20 世纪 70 年代前后，逐渐出现了机械化制曲。机械化制曲是将粉碎好的粮食与水按比例混合均匀，然后将物料装载在模盒中，使用机器对模盒中的曲料进行施压压制而成(图 3-6)。机械化制曲的应用实现了大曲原料的投料、放料及定时搅拌等操作的自动控制，解决了人工配料无法保持一致的难题。

目前制曲机主要可分为三个类型：机械式冲压、气动式冲压和液压式制曲机。这三种类型各自存在着优缺点。气动式冲压制曲机最大的问题是工作噪声非常大、工作效率相对较低。气动式冲压和液压式制曲机都存在喂料与压曲分步操作的缺点，但液压式制曲机也具有压制速度稳定可调，捶头下降速度不会由于负载变化而发生较大的运行速度差值，以及工作噪声低的优点。目前机械式冲压制曲机在大多数的白酒厂使用，通过采用齿轮和链条联合转动，偏心机构和连杆上下运动，多次压制成型工艺，无须专门配备喂料设备，实现了喂料压曲同步操作。其缺点是传动系统庞大且复杂，模块在压缩过程中的压缩速度难以根据需要灵活调整等。而就压制次数来说，目前压曲机主要可分为单次模压成型、多次模压成型两种。单次模压成型往往存在着曲块表面紧中心部分松、提浆不好的现象。多次模压成型的机具有曲坯表面及中心部分松紧度均匀、提浆好、生产率高、操作简单、使用和维护方便等优点。

图 3-6　机械化制曲成型设备

（二）曲房培曲自动化技术

培曲是微生物在曲坯上大量生长繁殖形成稳定群落体系的过程。传统培曲工艺中，需要根据曲坯发酵的情况及时翻动，以及通过开阖门窗调节曲房温湿度等，大曲品质依赖于制曲师傅的主观判断和经验，受环境因素影响显著。目前，虽然白酒企业大多基本实现了从原料粉碎到曲坯成型阶段的机械化自动控制，但后续培曲过程仍无法完全脱离传统人工操作工艺。20 世纪 90 年代出现的微机控制架式制曲技术显著提升了培曲过程机械自动化水平，但是成曲品质不及传统工艺制得的成曲，并且相关指标也不稳定，未能广泛推广。总之，现阶段尚无法完全实现培曲机械自动化，在继承传统培曲工艺的同时，还需结合生物新技术深入解析酒曲发酵机理，进一步研发和推动培曲机械化自动控制的实现。

第四节　主要香型白酒酿造工艺

中国白酒品类丰富，悠久的酿造历史孕育出多种香型白酒。目前已定型的有 12 种香型，随着科技的进步，还会有新香型诞生。其中，酱、浓、清、米香型是基本香型，也有人认为浓香、酱香、清香为主流香型，它们独立地存在于各种白酒香型之中。其他 8 种香型是在这 4 种基本香型的基础上，以 1 种、2 种或 2 种以上的香型，在工艺的糅合下，形成自身的独特工艺，衍生出来的香型。因此，本节着重介绍 4 种基本香型白酒酿造工艺，对其他香型白酒工艺进行简要介绍。

一、清香型白酒生产工艺

清香型大曲酒，以其清雅纯正而得名，又因该香型的代表产品为汾酒而被称为汾香型酒。汾酒产于山西省汾阳市杏花村，距今已有 1 400 多年的生产历史，唐代诗人杜牧在《清明》中写道："清明时节雨纷纷，路上行人欲断魂，借问酒家何处有，牧童遥指杏花村。"其成品具有"入口绵，落口甜，清香不冲鼻，饮后有余香"的固有风格。汾酒在 1915 年巴拿马万国博览会上荣获最高荣誉甲等金质大奖章，在全国历届白酒评酒会上都被评为国家级名酒，荣获金质奖。随后，武汉市特制黄鹤楼酒和河南宝丰大曲清香型白酒相继获得国家金质奖。

清香型大曲酒的生产工艺以汾酒为代表，采用清蒸二次清、地缸、固态发酵法。所谓清蒸，即酒醅的原料（高粱和辅料）都要进行清蒸处理，将蒸煮后的高粱拌曲（低温大曲）后放入埋在土中的陶缸（地缸），发酵 28 d，取出蒸馏。蒸馏后的酒醅不再配入新料，只加曲进行第二次发酵，仍发酵 28 d，取出蒸第二次酒，其醅蒸后为扔糟。两次蒸馏得酒，经贮存勾调成汾酒。汾酒生产每年从 8 月底或 9 月初立排投料，至次年 7 月最后一排挑糟，历经 10～11 个月的生产周期。其生产工艺流程如图 3-7 所示。

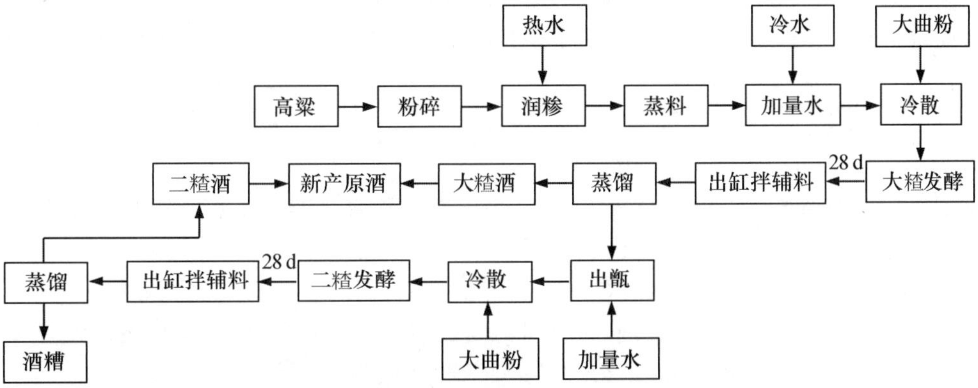

图 3-7 汾酒生产工艺流程

(一)原料处理

高粱和大曲都要精选、粉碎后方可使用。高粱一般要求每粒粉碎成 4 瓣、6 瓣、8 瓣大小（辊式粉碎机），能通过 1.2 mm 筛孔的细粉不超过 25%，整粒高粱不超过 0.3%，冬季稍细，夏季略粗。大曲的粉碎度随发酵次数不同而异，第一次发酵的大曲，大者如豌豆，小者如绿豆，能通过 1.2 mm 筛孔的细粉不超过 55%；第二次则较细，大者如绿豆，小者如小米，能通过 1.2 mm 筛孔的细粉为 70%～75%。粗细适宜有利于低温缓慢发酵，对酒质和出酒率都有好处。

(二)高温润糁

粉碎后的高粱原料称为红糁，在蒸料前需用热水润料，汾酒酿造中称之为高温润糁。它与酱香型大曲堆积工艺的性质、方法、目的完全不同。传统清香型大曲酒每班投粮 1 000～1 100 kg。高温润糁是将粉碎后的高粱加入原料质量 55%～62% 的热水，夏天水温为 75～

80 ℃，冬季为 80～90 ℃，拌匀后堆积润料 18～20 h。这时料堆品温上升，冬季可达 42～45 ℃，夏季可达 47～52 ℃，料堆上应加盖覆盖物。要求润透、不落浆、无干糁、无异味、无疙瘩、手搓成面；在堆积过程中，倒糁 2～3 次，要倒彻底，放掉"窝气"，擦烂疙瘩，做到外倒里，里倒外，上倒下，下倒上。润糁的目的是提前使原料吸水膨胀，便于糊化。

（三）装甑蒸料

蒸糁是清香型酒生产的一道重要工序，是整个工艺过程的基础。蒸糁质量的好坏，直接影响出酒率及后期工作。蒸糁要求熟而不黏、内无生心、有糁香味、无异杂味。蒸糁操作要求撒得薄，装得匀。注意清蒸后的辅料只能用于当天。其操作为：先将底锅水煮沸，然后将润料后的红糁均匀撒入，待圆汽后再加入 60 ℃的热水（占原料的 26%～30%）泼在上面，以促进糊化（称之为加焖头浆），蒸粮初温为 98～99 ℃，上面撒 7 mm 厚的谷糠或加盖芦席，加大蒸汽，温度逐渐上升，蒸汽压力一般为 0.01～0.02 MPa，蒸 80 min 即可出甑。蒸糁前后水分由 45.75%上升到 49.90%，酸度由 0.62 上升到 0.67。

（四）加水、冷散、下曲

将蒸熟的红糁一边挖出一边加新鲜冷水，经扬糟机打到晾堂上，开启鼓风机降温至要求温度后下曲，注意冬季多翻拌、少鼓风，夏季多鼓风、少翻拌。要求入缸材料做到温度、水分、大曲、材料均匀一致，无疙瘩。

（五）入缸发酵

发酵所用的缸容积为 255 L 大缸及 127.5 L 小陶瓷缸，1 000 kg 原料用大缸 8 只或小缸 16 只。入缸前，必须将发酵缸和石板盖先用清水洗刷干净，再用 0.4%花椒水洗一次（每天用 20 g 花椒、5 kg 开水浸泡后备用）。在红糁发酵缸底撒 0.2 kg 曲面。将配好料、降好温的大楂或二楂入缸材料，均匀投入发酵缸内。二楂材料入缸后，每缸喷洒酒尾约 1 kg。大楂入缸温度为 13～17 ℃，二楂入缸温度为 17～22 ℃，夏季大楂入缸温度应尽可能低。

封缸前，必须把石板盖和缸边四周的材料清扫干净；封缸时，用清蒸谷糠沿缸边撒匀，加上塑料薄膜，上盖石板。目前，大楂和二楂保温材料多为棉被。要根据"前缓、中挺、后缓落"的发酵原则，针对不同季节、不同发酵阶段灵活掌握保温层的厚薄程度。此外，夏季停产期间还会将地缸周围的泥土挖开，用冷水灌湿泥土，以利于地缸传热，生产上称之为"饮缸"。在整个保温过程中，要注意适当调整门窗的开闭。大楂、二楂的传统发酵周期为 28 d，目前汾酒厂为增加酒的香气和醇厚感，提出古法酿造，将发酵期延长至 56 d。在发酵管理上要注意"养大楂"和"挤二楂"。所谓"养大楂"，是要根据大楂酒醅为纯粮发酵的特点，由于淀粉浓度高，入缸酸度低，酒醅容易升温升酸的特点，采取一切措施做到低温入缸，定温顶火，控制酒醅升酸。若大楂养得越好，酸度不大，大楂流酒越多，二楂流酒也越多；若大楂养得不好，酸度较大，大楂虽然流酒较好，但二楂流酒较少；若大楂有酸败，不仅大楂流酒不好，二楂流酒也较少。

（六）出缸蒸馏

把当日出的大楂、二楂酒缸上盖的保温材料揭开，打扫干净，揭开石板盖、保温棉被等，将缸四周打扫干净，不得把封缸材料混入酒醅内，用铁锹把出缸的大楂、二楂挖入平车内，推到酿造场的指定位置。大糙酒醅用谷糠和稻壳翻拌后，再缓慢加入酒醅搅拌机搅拌均匀，要求无疙瘩，成锥形，上盖清蒸辅料，等待装甑。装甑前，检查底锅水量，然后在甑箅上撒一层谷糠，加热，待蒸汽逸出时，用簸箕盛酒醅，要求装得轻、撒得匀、撒得散。装甑完毕，迅速盖上甑盖，接上导气管，开始蒸酒。装甑蒸馏时间：装一甑大糙 40 min 左右，流酒 35 min 左右；装一甑二糙 35 min 左右，流酒 25 min 左右。每甑接酒头 1 kg，酒精度在 65%（体积分数）以上，交库另存。大糙酒交库酒精度为 67%（体积分数）以上，二糙酒交库酒精度为 65%（体积分数）以上。截 25%（体积分数）左右开始接酒尾 5 kg 回二糙发酵，开大蒸汽追尽余酒。大糙蒸酒完毕后，敞口排酸 10 min。

二、浓香型白酒生产工艺

浓香型白酒，因以泸州老窖为典型代表，故又名泸型酒。整个浓香型白酒的酒体特征体现为窖香浓郁，绵软甘洌，香味谐调，尾净余长。浓香型白酒酿造工艺独特之处的是“泥窖固态发酵，续糟（或）配料，混蒸混烧”。所谓泥窖，即用泥料制作而成的窖池，其作用除了作为蓄积酒醅进行发酵的容器外，还与浓香型白酒中各种呈香呈味物质生成密切相关。所谓续糟配料，就是在原出窖糟醅中，投入一定数量的新酿酒原料和一定数量的填充辅料，拌和均匀后进行蒸煮，每轮发酵结束均如此操作。这样，一个发酵池内的发酵糟醅，既添入一部分新料、排出一部分旧料，又使得一部分旧糟醅得以循环使用，形成浓香型白酒特有的“万年糟”。所谓混蒸混烧，是指在要进行蒸馏取酒的糟醅中按比例加入原、辅料，通过人工操作将物料装入甑桶，先缓火蒸馏取酒，后加大火力进一步糊化原料。在同一蒸馏甑桶内，采取先以取酒为主，后以蒸粮为主的工艺方法。

传统浓香型大曲白酒可分为 3 个流派（也有称为 2 个流派的，即长江流域的川派、江淮流域包括苏鲁皖豫等在内的江淮派——又称黄淮名酒带）：以泸州老窖、全兴大曲为代表的（单粮）原窖法工艺，其酒体以窖香浓郁著称；以五粮液、剑南春为代表的浓香五粮型（采取跑窖法工艺），以酒体丰满著称；以苏、鲁、皖、豫等地区的洋河、双沟、古井为代表的纯浓派（混烧老五甑工艺），酒体以绵软著称。由于其原料、酿酒工艺不同，其风格特点差异较大。由于泸州老窖为浓香型白酒典型代表，现对其生产工艺进行详细介绍，对另外两种浓香型白酒生产工艺进行简要介绍。

（一）泸州老窖生产工艺

浓香型白酒之所以又称为泸型酒，是因为泸州老窖具有浓香型白酒生产工艺的代表性。该酒以高温小麦曲为糖化发酵剂，以当地产的糯高粱为原料，以稻壳为辅料。其发酵使用原窖法工艺，该工艺又称为原窖分层堆糟法。所谓原窖分层堆糟，原窖就是指本窖的发酵糟醅经过加原、辅料后，再经蒸煮糊化、加量水、摊晾下曲后仍然放回到原来的窖池内密封发酵。分层堆糟是指窖内发酵完毕的糟醅在出窖时须按面糟、母糟两层分开出窖。面糟出窖时单独堆放，蒸酒后做扔糟处理。面糟下面的母糟在出窖时按由上而下的次序逐层从窖内取出，一层压一层地堆放在堆糟坝上，即上层母糟铺在下面，下层母糟覆盖在上面，配料蒸馏时，每甑母糟的取法像切豆腐块一样，一方一方地挖出母糟，然后拌料蒸酒蒸粮，待撒曲后仍投回原窖池进行发酵。由于拌入粮粉和糠壳，每窖最后多出来的母糟全部作为红糟，不再投粮，蒸馏后不加量水，下曲后覆盖在已入原窖的母糟上面，成为面糟。原窖法的工艺特点可总结为：面糟母糟分开堆放，母糟分层出窖、层压层堆放，配料时各层母糟混合使用，下曲后糟醅回原窖发酵，入窖后全窖母糟风格一致。原窖法工艺是在老窖生产的基础上发展起来的，它强调窖池的等级质量，强调保持本窖母糟风格，避免不同窖池，特别是新老窖池母糟的相互串换，所以俗称“千年老窖万年糟”。在每排生产中，同一窖池的母糟上下层混合拌料，蒸馏入窖，使全窖的母糟风格保持一致，全窖的酒质保持一致。其工艺流程如图 3-8 所示。

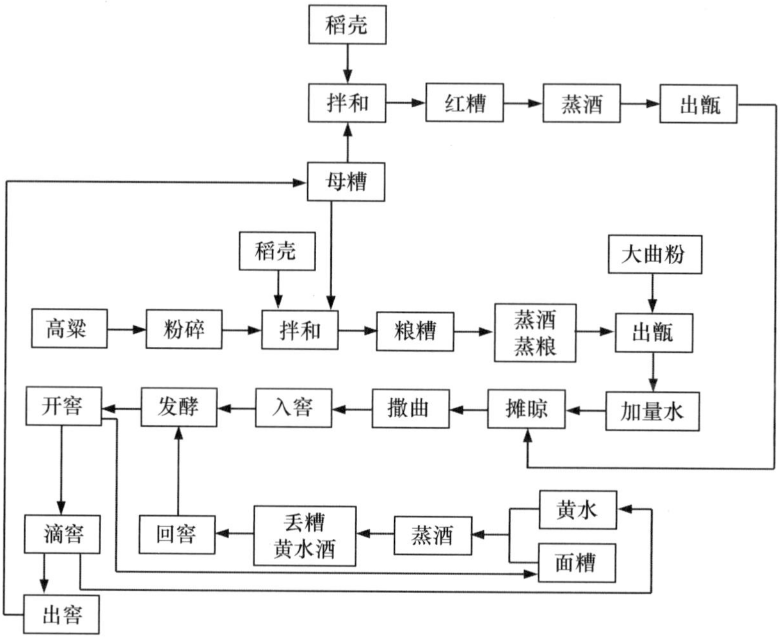

图 3-8 泸州老窖生产工艺流程

1. 原料、辅料

(1)原料、辅料质量要求　高粱要求成熟饱满、干净、淀粉含量高；麦曲要求白洁质硬、内部干燥、曲香浓；稻壳要求新鲜干燥，金黄色，无霉变、无异味。

(2)原料、辅料处理　酿酒原料须先粉碎，使淀粉颗粒暴露出来，扩大蒸煮糊化湿淀粉的受热面积和与微生物的接触面积，为糖化发酵创造条件。粉碎程度以通过 20 目筛孔的占 70% 左右为宜。粉碎度不够，蒸煮糊化不够，曲作用不彻底，会造成出酒率低；粉碎过细，蒸煮时易压气，酒醅发腻，会加大糠壳用量，影响成品酒的风味质量。泸州老窖采用续糟配料，糟醅经多次发酵，因此高粱也无须粉碎较细。生产上使用的糠壳，要对糠壳进行清蒸，去除其生糠味。大曲在使用生产前要经过粉碎。曲粉的粉碎程度以未通过 20 目筛孔的占 70%为宜。粉碎过细会造成糖化发酵速度过快，发酵没有后劲；过粗，接触面积小会造成糖化发酵速度慢，影响出酒率。

2. 开窖起糟

开窖起糟时要按照剥窖皮、起丢糟、起上层母糟、滴窖、起下层母糟的顺序进行。操作时要注意做好各步骤之间、各种糟醅之间的卫生清洁工作，避免交叉污染。滴窖时要注意滴窖时间，以 10 h 左右为宜，时间过长或过短，均会影响母糟含水量。起糟时要注意不触伤窖池，不使窖壁、窖底的老窖泥脱落。在滴窖期间，要对该窖的母糟、黄水进行技术鉴定，以确定本批次配料方案及采取的措施。

3. 配料与润粮

浓香型白酒的配料，采用的是续糟配料法，即在发酵好的糟醅中投入原料、辅料进行混合蒸煮，出甑后，摊晾下曲，入窖发酵。因是连续、循环使用，故工艺上称为续糟配料。续糟配料可以调节糟醅酸度，既利于淀粉的糊化和糖化，适合发酵所需，又可抑制杂菌生长，促进酸的正常循环。续糟配料还可以调节入窖粮糟的淀粉含量，使酵母菌在一定的酒精浓度和适宜的温度条件下生长繁殖。每甑投入的原料量，视甑桶的容积而定。比较科学的粮糟比例一般是 1∶(3.5～5)，以 1∶4.5 左右为宜。辅料的用量应根据原料量来定。正常的辅料糠壳用量为原料淀粉量的 18%～24%。量水的用量也是以原料量来确定。正常的量水用量为原料量的 80%～100%。这样可保证糟醅含水量在 53%～55%，才能使糟醅正常发酵。在蒸酒蒸粮前 50～60 min，要将一定数量的发酵糟醅和原料高粱粉按比例充分拌和，盖上熟糠，堆积润粮。润粮可使淀粉能够充分吸收糟醅中的水分，以利于淀粉糊化。在上甑前 10～15 min 进行第二次拌和，将稻壳拌匀，收堆，准备上甑。配料时，切忌将粮粉与稻壳同时混入，以免粮粉装入稻壳内，拌和不匀，不易糊化。拌和时要低翻快拌，以减少酒精挥发。

除拌和粮糟外，还要拌和红糟(下排是丢糟)。红糟不加原料，在上甑 10 min 前加糠壳拌匀。加入的糠壳量依据红糟的水分含量来决定。

4. 蒸酒蒸粮

(1)蒸面糟　先将底锅洗净，加够底锅水，并倒入黄水，然后按上甑操作要点上甑蒸酒，蒸得的酒为丢糟黄水酒。

(2)蒸粮糟　蒸丢糟黄水酒后的底锅要彻底洗净，然后加水，换上专门的蒸粮糟的蒸箅，上甑蒸酒。开始流酒时应截去酒头，然后量质摘酒。蒸酒时要求缓火蒸酒，断花摘酒。酒尾要用专门容器盛接。蒸酒断尾后，应该加大火力进行蒸粮，以达到淀粉糊化和降低酸度的目的。蒸粮时间从流酒到出甑为 60～70 min。对蒸粮的要求是熟而不黏、内无生心，也就是既要蒸熟、蒸透，又不起疙瘩。

(3)蒸红糟　由于每次要加入粮粉、曲粉和稻壳等新料，所以每窖都要增长 25%～30%的甑口，增长的甑口全部作为红糟。红糟不加粮，蒸馏后不加量水，作为封窖的面糟。

5. 入窖发酵

(1)加量水　粮糟出甑后，堆在甑边，立即打入 85 ℃以上的热水。出甑粮糟虽在蒸粮过程中吸收了一定的水分，但尚不能达到入窖最适宜的水分要求，因此必须进行加量水操作，增加其水分含量，以利于正常发酵。量水温度要求不低于 80 ℃，才能使水中杂菌钝化，同时促进淀粉粒细胞迅速吸收水分，使其进一步糊化。所以，量水温度越高越好。若量水温度过低，泼入粮糟后将大部分浮于糟的表面，吸收不到粉粒的内部，入窖后水分很快沉于窖底，造成上层糟醅干燥，下层糟醅水分过大的现象。

(2)摊晾、撒曲　摊晾也称扬冷，是使出甑的粮糟迅速、均匀地降温至入窖温度，并尽可能地促使其挥发酸和表面水分挥发。但是不能摊晾太久，以免感染更多杂菌。摊晾操作，传统上是在晾堂上进行，后逐步被晾糟机等机械设备代替，使摊晾时间有所缩短。对于晾糟机的操作，要求撒铺均匀，甩撒无疙瘩，厚薄均匀。晾凉后的粮糟即可撒曲。每 100 kg 粮粉下曲 18～22 kg，每甑红糟下曲 6～7.5 kg，随天气冷热有所增减。曲子用量过少，则发酵不完全；用量过多，则糖化发酵快，升温高而猛，给杂菌生长繁殖造成有利条件。下曲温度根据入窖温度、气温变化等灵活掌握，一般在冬季比地温高 3～6 ℃，在夏季与地温相同或比地温高 1 ℃。

（3）入窖　摊晾、撒曲完毕后即可入窖。在糟醅达到入窖温度时，将它运入窖内。老窖容积约为 10 m^3，以 6～8 m^3 为最好。入窖时，每窖装底糟 2～3 甑，其品温为 20～21 ℃；粮糟品温为 18～19 ℃；红糟的品温比粮糟高 5～8 ℃。每入一甑即扒平踩紧。全窖粮糟装完后，再扒平，踩窖。要求粮糟平地面，不铺出坝外，踩好。红糟应该完全装在粮糟的表面。装完红糟后，将糟面拍光，将窖池周围清扫干净，随后用窖皮泥封窖。封窖的目的在于杜绝空气和杂菌侵入，同时抑制窖内好气性细菌的生长代谢，也避免酵母菌在空气充足时大量消耗可发酵性糖，影响正常的酒精发酵。因此，严密封窖是十分必要的。

（4）发酵　窖池封闭进入发酵阶段后，要对窖池进行严格的发酵管理工作。在清窖的同时，还要进行看吹口、观察温度、看跌头等工作，并详细进行记录，以积累资料，逐步掌握发酵规律，从而指导生产。

（二）其他浓香型白酒生产工艺

1. 跑窖法工艺

跑窖法工艺又称跑窖分层蒸馏法工艺。使用该工艺类型生产的，以四川宜宾五粮液最为著名。跑窖就是在生产时先有一个空着的窖池，然后把另一个窖内已经发酵完成的糟醅取出，通过加原料和辅料、蒸馏取酒、糊化、加量水、摊晾冷却、下曲粉后装入预先准备好的空窖池中，而不再将发酵糟醅装回原窖。全部发酵糟蒸馏完毕后，这个窖池即成为一个空窖，而原来的空窖则盛满了入窖糟醅，再密封发酵。以此类推的方法称为跑窖法。跑窖不用分层堆糟，窖内的发酵糟醅可逐甑逐甑地取出进行蒸馏，而不像原窖法那样不同层的母糟混合蒸馏，故称为分层蒸馏。该工艺的特点是：一个窖的糟醅在下一轮发酵时装入另一个窖池（空窖），不取出发酵糟进行分层堆糟，而是逐甑取出分层蒸馏。跑窖法工艺中往往是窖上层的发酵糟醅通过蒸煮后，变成窖下层的粮糟或者红糟，有利于调整酸度，提高酒质。分层蒸馏有利于量质摘酒、分级并坛等提高酒质的措施的实施。跑窖法工艺无需堆糟，劳动强度小，酒精挥发损失小，但不利于培养糟醅，故不适合发酵周期较短的窖池。

2. 混烧老五甑法工艺

混烧是指原料与出窖的香醅在同一个甑桶内同时蒸馏和蒸煮糊化。五甑操作法是指在窖内有 4 甑发酵糟醅，即 2 甑大（大楂和二楂）、1 甑小（小楂）和 1 甑回糟，这 4 甑发酵糟醅出窖后再配成 5 甑进行蒸馏，蒸馏后 1 甑为扔糟，4 甑入窖发酵。具体做法为：回糟不加原料直接蒸酒而得扔糟，不再入窖发酵；1 甑小也不加原料直接蒸酒，但蒸酒后加入曲粉，重新入窖发酵而成为下排回糟；2 甑大加入粮粉重新配成 3 甑，这 3 甑中 1 甑加入占总粮粉量 20% 左右的新料，蒸酒蒸粮后加入曲粉入窖发酵而得下排的 1 甑小，另外 2 甑各加入 40% 左右新料，蒸酒蒸粮后加入曲粉入窖发酵而得下排的 2 甑大。按此方式循环操作的五甑操作法，即称为老五甑法。

对于刚投产的新窖而言，需要经过从立排到圆排的生产程序才能转入正常的五甑循环操作。先是立排，共做2甑，在新料中配入来自其他老窖池的酒醅或酒糟2～3倍，加入适量辅料，蒸煮糊化，加量水，摊晾后下曲入窖发酵；第二排时，将首排发酵完毕的2甑糟醅做成3甑，1甑中加入占总粮粉量20%左右的新料，蒸酒蒸粮后加入曲粉入窖发酵而得1甑小；另外2甑各加入40%左右新料，蒸酒蒸粮后加入曲粉入窖发酵得2甑大；第三排时，共做4甑，将第二排得到的1甑小不加新料，蒸馏后直接入窖发酵成为回糟，将第二排得到的2甑大按照第二排中的操作方法重新配成2甑大和1甑小；第四排(原排)时，将第三排得到的回糟蒸酒后作丢糟处理，将第三排得到的1甑小和2甑大，按第三排的方法配成1甑回糟、1甑小和2甑大。这样，自圆排始，以后的操作即转入正常的五甑循环操作。

老五甑工艺具有"养糟挤回"的特点。窖池体积小，糟醅与窖泥的接触面积大，有利于培养糟醅，提高酒质，此谓"养糟"；淀粉浓度从大、小到回糟逐渐变稀，残余淀粉被充分利用，出酒率高，又谓"挤回"。此外，老五甑工艺还有一个明显的特点，即不打黄水坑，不滴窖。

三、酱香型白酒生产工艺

酱香型白酒以其香气幽雅、细腻，酒体醇厚丰满为消费者所喜爱。茅台酒是该香型代表产品，故酱香型白酒也称茅型酒。茅台酒产于贵州省遵义市仁怀市西，赤水河畔的茅台镇，因地得名。在1949年后的历届全国评酒会上，均蝉联国家名酒称号。酱香型白酒生产历史悠久，源远流长，初期仅在贵州省遵义市仁怀市茅台镇周围生产。第四届全国评酒会被评为国家名酒的郎酒，其生产厂四川省古蔺县郎酒厂与茅台镇以赤水河相隔。随着各省同行间的广泛技术交流和相互学习，该香型酒在全国10余个省、自治区、直辖市都有生产。

酱香型白酒工艺中所用原料(高粱)称为"沙"，分两次投料，第1次投料占总量的50%，称为下沙。发酵1个月后出窖，第2次投入其余50%的粮，称为糙沙。所用酒曲为高温大曲，用曲量大，曲料比为1∶0.9，通过高温堆积进行二次制曲。采用条石筑的窖池多轮次发酵，发酵1个月后出窖蒸酒，以后每发酵1个月蒸酒1次，只加大曲不再投料，共发酵7轮次，历时8个月完成1个酿酒发酵周期。高温流酒，再按酱香、醇甜及窖底香3种典型体和不同轮次酒分别长期贮存，勾兑贮存成产品。在酿酒发酵上还讲究时令，要重阳节(农历九月初九)以后才能投料。这是因为此时正值秋高气爽时节，故酒醅下窖温度低，发酵平缓，酒的质量和产量都好。1年为1个生产大周期，其主要操作工艺流程如图3-9所示。

(一)下沙操作

取占投料总量50%的高粱。其中80%为整粒，20%经粉碎，加90 ℃以上的热水(发粮水)润粮4～5 h，加水量为粮食的42%～48%。继而加入去年最后1轮发酵出窖而未蒸酒的母糟5%～7%，拌匀，装甑蒸粮1 h至七成熟，带有三成硬心或白心即可出甑。在晾场上再加入原粮量10%～12%的90 ℃热水，拌匀后摊晾冷却至30～35 ℃。洒入酒尾及加兑投料量10%～12%的大曲粉，拌匀收拢成堆，温度约30 ℃，堆积4～5 d。待堆顶温度达45～50 ℃，堆中酒醅有香甜味和酒香味时，即可入窖发酵。下窖前先用酒尾喷洒窖壁四周及底部，并在窖底撒一些大曲粉。酒醅入窖的同时浇洒酒尾，其总用量约为3%，入窖温度为35 ℃左右，水分含量为42%～43%，酸度为0.9，淀粉浓度为32%～33%，酒精含量为1.6%～1.7%。用泥封窖发酵1个月。

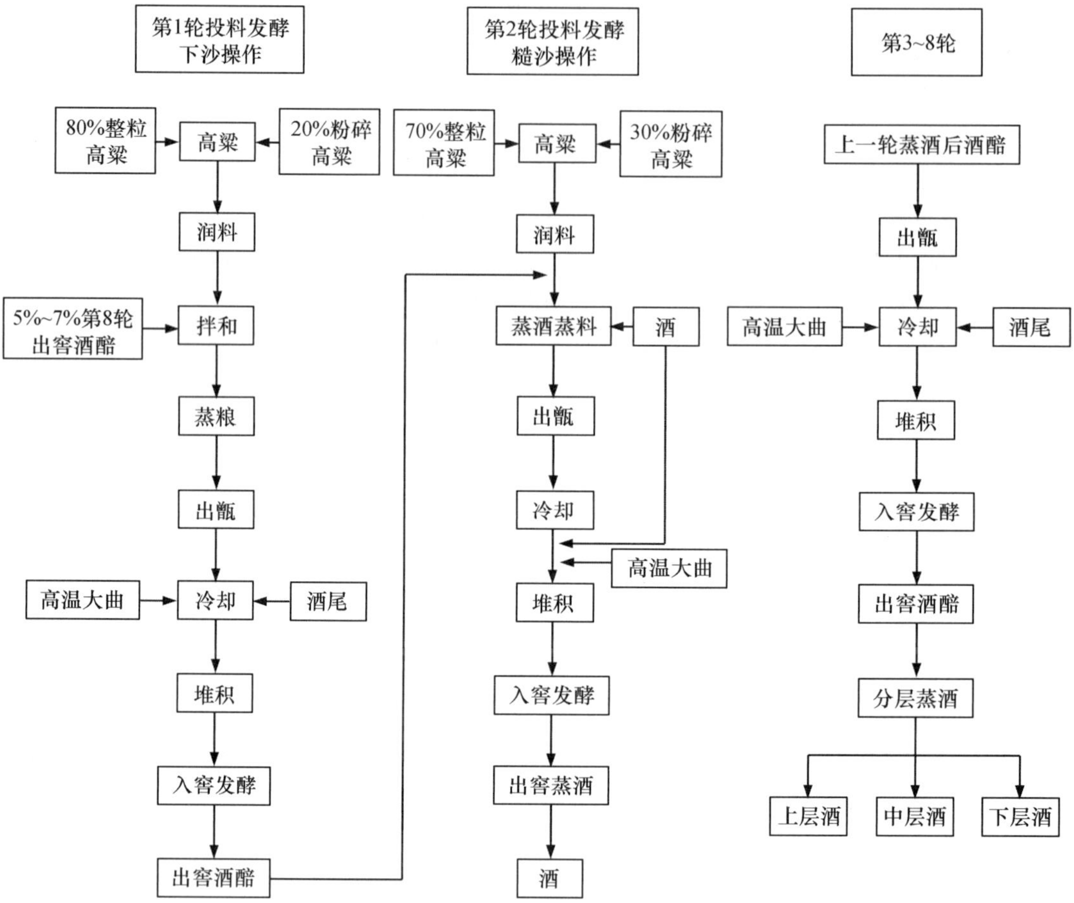

图 3-9 酱香型白酒生产工艺流程

(二)糙沙操作

取总投料量的其余50%高粱,其中70%为整粒,30%经粉碎,润料同上述下沙一样。然后加入等量的下沙出窖发酵酒醅,混合后装甑蒸酒蒸料。首次蒸得的生沙酒,不作原酒入库,全部泼回出甑冷却后的酒醅中,再加入大曲粉拌匀,收拢成堆,堆积、入窖操作同下沙,封窖发酵1个月。出窖蒸馏,量质摘酒即得第1次原酒,入库贮存,此为糙沙酒。此酒甜味好,但味冲,生涩味和酸味重。

(三)第3～8轮操作

将蒸完糙沙酒的出甑酒醅摊晾、加酒尾和大曲粉,拌匀堆积,再入窖发酵1个月,出窖蒸得的酒也称为回沙酒。以后每轮次的操作同上,分别蒸得第3次、第4次、第5次原酒,统称为大回酒。此酒香浓、味醇、酒体较丰满。第6次原酒称为小回酒,醇和、糊香好、味长。第7次原酒称为追糟酒,醇和、有糊香,但微苦,糟味较大。经8次发酵,接取7次原酒后,完成一个生产酿造周期,酒醅才能作为扔糟出售。

四、米香型白酒生产工艺

米香型白酒是我国特色白酒中的一种，有着悠久的历史和丰富的文化内涵，主要分布在我国南方的两广、两湖、云贵川、闽赣、苏皖台地区，代表酒是桂林三花酒。米香型白酒的主要特点是：用料单一，完全用大米为原料酿造；使用小曲为糖化发酵剂；采用独特的先培菌糖化后发酵的半固态发酵工艺，整粒米饭前期固态培菌糖化 18～24 h，加水转缸为后期半液态发酵，发酵周期为 7 d 左右，再经蒸馏而制成。米香型白酒生产工艺流程如图 3-10 所示。

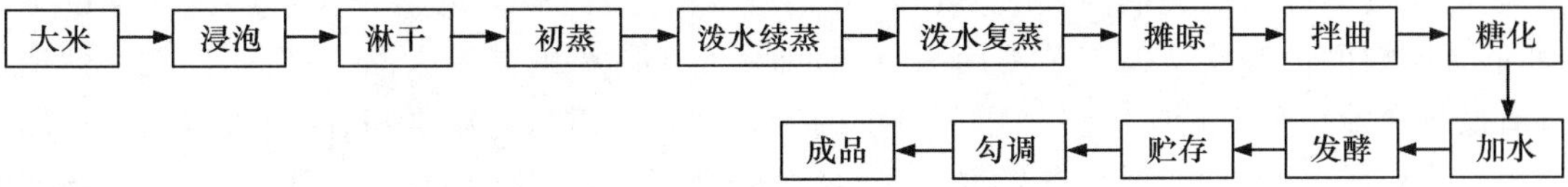

图 3-10　米香型白酒生产工艺流程

(一)蒸饭

将浇淋过的大米倒入甑内，扒平，盖上盖子蒸煮。待甑内上大汽后，蒸 15～20 min，开盖搅拌、扒平，盖上盖子续蒸。再待上大汽后蒸 20 min，揭开盖搅松，泼第一次水，盖好，继续蒸至上大汽，10 min 后再泼第二次水，搅松捣匀，再蒸至熟透为止。蒸煮熟后要求饭粒颗颗熟透，不生不烂，饭的含水量为 60%～61%。

(二)摊晾拌曲

将蒸熟的米饭摊晾至 34～38 ℃时加入原料量 0.8%～1%的小曲粉拌匀。

(三)下缸、培菌糖化

将拌入小曲粉的料及时放入饭缸内，每缸 15～20 kg 原料量，饭缸中央挖一空洞，以利于有足够的空气进行培菌糖化，饭的厚度为 12～15 cm。待品温降至 32～34 ℃时，将饭缸的簸箕盖密，待其进行培菌糖化。糖化进行时，温度逐步上升，经 20～22 h 品温为 37～39 ℃为好。根据气候情况做好保温和降温工作，使品温最高不超过 42 ℃。

(四)发酵

在前期饭缸中进行扩大培菌，糖化约 24 h 左右、糖化成熟度已达 80%～90%时进行兑水，兑水量为原料的 120%～125%，按实际情况加冷水或温水，加水后的醅料品温在 34 ℃左右为宜。兑水后的醅料糖分含量应在 9%～10%，总酸含量不超过 0.7，酒精含量在 2%～3%(体积分数)为正常。兑水拌匀后转入醅缸入房发酵。这时应视气温情况做好保温或降温工作，室温应保持在 20 ℃左右为宜。发酵时间为 6～7 d 时，成熟酒醅的残糖含量应无反应，酒精含量在 11%～12%(体积分数)，总酸含量不超过 1.5 g/100 g 为正常。

（五）蒸馏

将待蒸的酒醅倒入锅中，将盖子盖好，并将气筒接至冷却器上进行蒸馏。初流出的酒头为1～1.5 kg，另外接入酒缸，一直接到混合酒精度为57%（体积分数）为止，以下即为酒尾，待掺入下锅复蒸。

五、其他香型白酒生产工艺

兼香型白酒以白云边酒为代表，兼具浓香型和酱香型白酒的风格。在生产技术上以浓香型和酱香型白酒的某些典型工艺混用为特点，即用小麦制得的高温大曲为酒曲，高粱为酿造原料，从投料开始至第7轮次大多采用茅台酒的工艺，两次投料、高温堆积、高温发酵。之后用中温大曲，续粮低温发酵两轮次，各轮次酒分轮次、分型蒸馏，量质接酒，贮存和勾调。

凤香型白酒以西凤酒为代表，以大麦、豌豆为制曲原料，采用接近浓香型大曲的高温培养工艺，制得的中高温凤香型大曲兼有清香型与浓香型大曲两者的特点；采用续楂老六甄的独特发酵工艺，开水施量，偏高温入池；发酵时间短，仅为11～14 d；1年为1个大生产周期，每年9月立窖，次年7月挑窖，整个过程经立窖、破窖、顶窖、圆窖、插窖、挑窖6个操作；土窖池发酵，每年更换一次窖皮和窖底；独特的酒海贮存。

特香型白酒以四特酒为代表，其工艺特点是以整粒大米为原料，不经粉碎和浸泡；大曲为面粉、麸皮和新酒糟配合踩成曲坯，制曲温度为52～55 ℃，顶温可至58～60 ℃，属于中高温大曲，带酱香味；采用传统续糙混蒸四甑工艺，发酵池为用红赭条石砌的石窖，水泥勾缝底垫泥，发酵周期为1个月，然后经蒸酒、存放和勾调而成。

芝麻香型白酒以景芝酒为代表，高粱为酿造原料，干皮中温曲为糖化发酵剂，热浆泼料，中温低水分入池，砖池发酵，长期贮存。

老白干香型白酒以衡水老白干为代表，其生产目前有续糟醅料混蒸混烧老五甑工艺、清蒸清烧三排净工艺和机械化酿酒生产新模式。

豉香型白酒以玉冰烧酒为代表，采用边糖化边发酵的液态发酵工艺，其生产特点是没有先期的小曲培菌糖化工序，因此用曲量大，发酵周期较长。其独具特色的操作：一个是肉埕陈酿，即将初馏酒装埕，每埕放酒20 kg，经酒浸洗过的肥猪肉2 kg，浸泡陈酿3个月，使脂肪缓慢溶解，吸附杂质，并起酯化作用，提高老熟度，使酒味香醇可口，具有独特的豉味。此工序经改革已采用大容器通气陈酿，以缩短陈酿时间。另一个是在大酒饼生产中加入先经煮熟焖烂的20%～22%的黄豆。黄豆中含有丰富的蛋白质，经微生物作用可形成特殊的与豉香有密切关系的香味物质。

药香型白酒以董酒为代表，其工艺特点是采用大曲制香醅，小曲制高粱酒醅，蒸酒时，高粱小曲酒醅在下，大曲香醅在上进行串蒸。香醅的配料是由高粱糟、董酒糟、未蒸过的香醅三部分加大曲组成，发酵周期长达10个月，这是构成董酒风格的关键。同时，所用酒曲在制曲时添加中药材，窖泥材料是当地的白泥和石灰，并用当地产的洋桃藤浸泡汁拌抹窖壁。

馥郁香型白酒以酒鬼酒为代表，其工艺特点是使用高粱、大米、糯米、小麦和玉米5种粮食为原料；大小曲混合使用，多种酿酒工艺融合，包括小曲酒的培菌糖化工艺，清香型白酒的清蒸清烧工艺和浓香型白酒的续糟泥窖发酵工艺。

六、白酒酿造机械化

按目前行业内普遍的说法，白酒现分为 12 种香型，除豉香型、米香型白酒外，其余均属固态法白酒，采用大曲、混曲为糖化发酵剂，固态糖化发酵，固态甑桶蒸馏。目前，机械化水平较高的是豉香型和米香型白酒，在整个酿制流程中，大米输送、洗米(含浸米)、煮饭、摊冷、撒曲、入罐糖化发酵、保温降温、出罐、釜式蒸馏、酒糟排放、酒的输送等采用全机械化或部分机械化。这两个香型的酒，均为液态发酵，为机械化奠定了基础和条件。其余 10 种香型的固态法白酒，制曲、酿酒、蒸馏等方面的机械化依然处在一个较低水平，只是部分实现了机械化，整体机械化水平依然很低。但与传统操作、装备相比，已实现了不小的进步。

固态发酵法有酒醅黏度高，不能受挤压；固态甑桶蒸馏，上甑需要均匀；大部分酒醅发酵时与窖泥接触等特性，这些特性决定了白酒机械化系统十分复杂。根据香型不同，在机械化工艺设计时，其工艺流程略有不同，目前主要工艺包括清香型机械化白酒清糙法(清蒸二遍清)大糙工艺、机械化白酒清糙法二糙工艺、清香型机械化白酒续糙法工艺、小曲清香型机械化白酒清糙法工艺、浓香型机械化白酒工艺、芝麻香型机械化白酒工艺。

通常情况下，固态法白酒机械化系统由以下几个系统组成：原料处理系统、出窖系统(续糙法)、原料加压蒸煮系统(清糙法)、摊晾加曲系统、堆积与糖化系统、槽车恒温发酵系统、蒸馏系统、物料输送及拌料系统、物料定量给料系统、自动控制系统等。

(一)原料处理系统

原料处理系统主要是使原料与辅料的预处理、贮存、原料粉碎、稻壳清蒸等工序实现自动化作业，如图 3-11 所示。

图 3-11　原料处理系统

(二)出窖系统(续糌法)

因白酒发酵容器不一,出窖系统分为两类:一类是地下缸发酵模式的,采用人工出缸或出缸机出缸,手推移动式蜗杆输送机械装置,两人操作,在缸上自由移动,对准地缸口,开机操作,使发酵好的酒醅旋出并传送到小车上;另一类是地下窖池发酵的,通常是人工出缸,将酒醅出至料斗中,用行车运输,或直接用抓斗出窖。

(三)原料加压蒸煮系统(清糌法)

原料加压蒸煮系统(图 3-12)主要是清糌法白酒生产使用,包括清蒸二次清的传统小曲和清香型白酒。该系统通常用于处理整粒原料。

原料蒸煮可采用低压(0.11～0.15 MPa)蒸粮桶、蒸球或蒸煮锅蒸煮,工作压力一般在0.11～0.15 MPa,压力的选择主要是控制整粒原料蒸煮后的开口率。自动控制蒸汽进汽、排汽、排水、压力恒定,具有三级安全保护装置,采用机械翻转方式,解决物料进、出甑,实现机械化。

图 3-12 原料加压蒸煮系统

(四)摊晾加曲系统

摊晾加曲系统采用机械进行鼓风和抽风,根据生产工艺必要时制冷通风,注意醅料层厚度以及冷却速度对酒醅物化性能的影响;采用非接触式温度传感器自动控制调整风量;采用适合翻拌的机构,热气集中排放。

该系统通过合理调节加曲机、晾糌机、风机的变频器,改变输送带速度、风机鼓风量等,实现加曲机输送量与晾糌机上粮糟输送量的协调,满足冷却、加曲、加水(酵母、糖化酶等)均匀的工艺要求。

该系统通过调节加曲机转速,可以将大曲粉均匀撒在饭醅表面,经搅拌器搅拌使大曲粉和饭醅混合均匀,通过网带输送到发酵车。

(五)堆积与糖化系统

堆积与糖化系统实现自动进料和出料,分区控制,温度、湿度、含氧量自动调整,构建一个有利于酿造工艺要求的环境，并设有摊平起堆装置，出物料时翻拌冷却；一般分为固定床式、流动床式、圆盘式等。

（六）槽车恒温发酵系统

小曲与大曲清香型白酒生产时，使用不锈钢槽车作为发酵容器（图 3-13），采用立体货柜式全封闭发酵室。发酵室内安装中央空调，调节发酵室温度。一般情况下，发酵室室温控制在 22 ℃为宜。立体货柜式发酵可以节省发酵室占地面积，仅为原来的 1/5。

图 3-13 不锈钢槽发酵容器

（七）蒸馏系统

近年来，部分酒厂已逐步采用智能化酿酒装备、自动化控制系统和数字化监测管理平台，如上甑机器人（图 3-14）、旋转蒸锅、视觉摘酒、集散式控制系统、工艺管理和数据分析平台，实现生产过程在线监测、大数据分析、智能决策和自动化控制等功能，保证白酒产量、质量的稳定性和优质率。

图 3-14 上甑机器人

上甑机器人配备自动化酒甑作为当前机械化、自动化应用的蒸馏方式。上甑机器人分为抖动式和旋转式机器人。抖动式上甑机器人采用通用六自由度的工业机器人，在其机械臂末端加装料斗，通过料斗的抖动实现分区上甑铺料，每完成一个区域的铺料，料斗需移动至物料传输装置处接料，再移至下一个区域铺料。旋转式机器人是为酒醅上甑专门设计的，通过进料口和机械臂内嵌物料传送装置，将酒醅连续送至甑桶中，再根据醅层位置调整升降装置进而改变出料口高度。在铺料过程中，旋转机构实现出料口绕甑桶内部旋转，摆臂调整旋转机构的旋转半径，进而实现甑桶内部全区域覆盖。自动化酒甑有固定酒甑、活动酒甑、三联转动甑或旋转酒甑等不同类型的酒甑。目前能实现全自动化操作的是旋转酒甑。旋转酒甑在酒醅上甑结束后，通过特定的液压系统和装置，在不同阶段实现自动上盖、揭盖、移动、旋转、物料倾倒、复位等操作。

白酒自动化摘酒可按照检测原理不同分为三类：基于过程参数的自动化摘酒、基于分析仪器的自动化摘酒以及基于计算机视觉的自动化摘酒。基于过程参数的自动化摘酒通过检测出的酒压力、温度、流量和酒精浓度等参数，与预设值对比来判断白酒分段。自动化酿造生产线中，大多酒厂是以出酒的酒精浓度作为自动摘酒分段指标。基于分析仪器的自动化摘酒使用光谱仪、色谱仪、质谱仪等分析仪器分析酒液化学成分，将化学成分作为白酒分段的依据。基于计算机视觉的自动化摘酒通过采集酒花图像，用计算机模拟人工“看花摘酒”过程，自动对酒花图像进行分类，实现白酒分段的判别。

（八）物料输送及拌料系统

白酒酿造过程中物料输送量大、距离较远，其酒醅、粮糟等黏度大，在混合输送过程中必须保持其表面物理结构和状态，因此应根据不同物料、不同时段选择不同结构形式的混合和输送设备，如螺带式、齿条式、犁条式等混合搅拌机构和叉车、行车运送设备以及斗提、刮板、网带、螺旋等输送设备。

混合机，也称多功能搅拌料槽，容积为甑桶的 1.5 倍，为锥底圆柱形料槽，锥底有出料口。其底部电机带动中间搅拌叶片，完成拌料。原料直接倒入料槽，加水润料搅拌好后，倒出备用。料槽重新就位，出缸（凿、池）酒醅按糙次倒入槽内（按配料比倒入 1 甑的酒醅），按配料量加入润好的高粱，开机搅拌，搅拌好后吊起，卸于甑桶旁准备装甑。

（九）物料定量给料系统

在白酒酿造过程中不同物料要按一定的比例进行配料，如加曲、稻壳、粮粉、功能菌液、打浆水等，可采用网带、滚筒、螺旋以及计量等形式通过变频、调速实现定量加料，也可采用自动称重系统提高配料精度，实现精细化生产。

物料定量给料系统（图 3-15）通常采用自动控制和现场手动控制相结合的方式，备有采集水表、蒸汽表、电表接口，有完备的配方生产流程历史记录、实时记录、操作记录、报警记录、记录信息修改情况（设定值的变动记录）、操作人员、操作时间等。

图 3-15 物料定量给料系统

物料定量给料系统使用传感器技术，如称重传感器在配料工艺(酒醅、粉碎后原料、稻壳、麸皮、曲粉等)上做到精细化生产；温度传感器可以在酒醅摊晾冷却、酒汽冷却时酒温控制、堆积培养箱温度控制调整上实现自动化；湿度传感器可以在酒醅堆积培养设备上实现湿度控制调整自动化；流量计可以在液体配料工艺上做到精细化生产，在打量水时实现精确定量，工艺技术得到有效控制；压力传感器，在蒸粮、蒸酒时通过压力传感器控制调整蒸汽的开关，实现生产自动化。

第五节　白酒勾调与酒体设计

一、勾调的作用及其基本原理

勾调，即勾兑与调味技术是当前名优白酒生产工艺中非常重要的一环，它对稳定酒质、提高优质酒的比率起着极为显著的作用。勾兑与调味由尝评、组合、调味三部分组成，是一个不可分割的有机整体。尝评是组合和调味的先决条件，是判断酒质的主要依据；组合是一个组装过程，是调味的基础；调味则是掌握风格、调整酒质的最后关键步骤。当酸、酯、醛、醇等类物质在酒中的含量适合、比例恰当时，就会产生独特的愉快而优美的香味，形成固有的风格；但当它们含量不适、比例失调时，则会产生杂味。运用勾兑与调味技术，可以调整各成分之间的比例和含量，从而尽可能地使杂味变成香味，使怪味变成好味，变劣为优，这就是勾兑与调味的主要任务和目的。现以浓香型大曲酒的勾调为例，介绍如下。

(一)组合

组合就是酒与酒之间的相互掺兑。通过组合能统一酒质、统一标准，每批出厂的酒可做到酒质基本一致，以保证酒质量的稳定。同时，组合还可以达到提高酒质的目的。例如对于浓香型白酒而言，实践证明，相同等级的各坛酒样，其酒味仍有一定的差异，有各自的优点和缺陷。如有的醇和性好而香味较短；有的醇、香均佳而回味却不长；有的醇、香、回味皆备，唯独甜味清淡；有的酒质虽然全面，但略带杂味而不清爽等。组合实际上就是一个取长补短的生产工艺，它相当于现代化工厂的组装车间，把各车间、各部门生产的零件、部件组合成一个完整的产品，它对成品质量的优劣起着非常重要的作用。酒的组合就是一个组装的过程，它把不同车间、班组和甑别等生产出来的各种各样的酒，配制成符合本厂产品质量标准的成品酒。这是一项非常重要而巧妙的组装技术。通过组合，酒全面可达到各级酒的质量标准，并能将一部分比较差、不够全面的酒或略带有杂味的酒变为好酒，从而提高相同等级酒的质量和产量。

(二)调味

验收后的合格酒，经过组合后就可成为比较全面的基础酒。基础酒虽然比合格酒质量全面，而且有一定的提高，已接近产品质量标准，但是尚未完全符合产品质量标准，在某一点上还有不足，这就要通过调味加以解决。调味，是用极少量的调味酒，弥补基础酒在香气和口味上的不足，使其优雅丰满，完全符合质量标准。有人认为组合是“画龙”，而调味则是“点睛”。也有人认为，大曲酒的勾兑技术是“四分组合(勾兑)，六分调味”，这都说明了调味工作的重要意义和作用。经过调味后，基础酒可全面达到质量标准，使产品质量保持稳定或有所提高。调味的作用主要体现在以下3个方面。

1. 添加微量成分（或称添加作用）

在基础酒中添加微量芳香物质，引起酒质变化，使之达到平衡，形成固有的风格，以提高基础酒的质量。添加微量芳香物质又可分两种情况。一是基础酒中没有的物质，而调味酒中含量较高，这些物质的放香阈值又都很低，如己酸乙酯的阈值为0.076 mg/kg，4-乙基愈创木酚的阈值为0.01 mg/kg，甚至在越是稀薄的情况下，香味越好，多了还会发涩和发苦。这些物质在调味酒中的含量较高，香味反而不好；但当它们在基础酒中稀释后，反而会放出愉快的香味，从而改进基础酒的风格，提高基础酒的质量。二是基础酒中某种芳香物质的含量较少，没有达到放香阈值，香味未能显示出来，而调味酒中这种芳香物质的含量又较高。若在基础酒中添加这种调味酒，则可增加这种芳香物质的含量，从而使之达到或超过它的放香阈值，显示出它的香味，提高基础酒的质量。

2. 化学反应（或称加成反应、缩合反应等）

调味酒可与基础酒中的微量成分物质起化学反应，从而产生酒中的呈香呈味物质，引起酒质的变化。例如调味酒中的乙醛与基础酒中的乙醇进行缩合，可产生乙缩醛这种酒中的呈香呈味物质。

3. 分子重排

调味作用与分子重排有关。有人认为酒质可能与酒中分子间的排列有一定的关系，名优酒主要是由水和酒精及2%左右的酸、酯、酮、醇、芳香族化合物等微量成分组成，这些极性各不相同的成分之间通过复杂的分子间相互作用而呈现规律性排列。在基础酒中添加微量调味酒后，会引起微量成分量比关系变化或增加新的分子成分，致使酒中各分子间重新排列。

普遍认为调味酒的这3种作用多数时候是同时进行的。因为调味酒中所含的芳香物质比较多，绝大部分都多于基础酒，所以调味酒中所含有的芳香物质一部分在起化学反应，另一部分则打乱了分子排列而重排，添加作用在通常情况下普遍存在，被人们所公认。

二、勾调用酒

（一）合格酒

每个班组生产的原酒不是一致的，差距很大。经验收符合组合基础酒标准的原度酒称为合格酒。各厂对合格酒的标准要求不一致。从当前组合技术的现状来看，验收合格酒的质量标准应该是以香气正、味净为基础。在这个基础上，还应具备浓、香、爽、甜、风格等特点。另外，有的原度酒味不净，略带杂味，但某一方面的特点突出也可以作为合格酒验收。

（二）基础酒

基础酒是由各种合格酒组合而成的。各种合格酒只有经过合理的组合后，才能达到基础酒的质量标准。基础酒通过调味后，就应达到总体设计的要求，因而基础酒的好坏是决定能否达到出厂产品质量标准的重要一环。

(三)调味酒

在整个调味过程中,调味酒是很重要的。调味酒与合格酒、基础酒等有明显的差异,而且有着特殊的用途。单独尝评调味酒,香味怪而不协调,没有经验的人,往往会把它误认为是坏酒。应该根据基础酒的质量标准和成品酒的质量标准,来设计针对性强的调味酒。然后按设计要求生产调味酒或采用特殊工艺制作调味酒。对调味酒的要求是感官上香味独特,别具一格,在微量香味成分含量上有特殊的量比关系。

三、勾兑调味方法

(一)原酒质量鉴评定级

检验每批(每桶或坛)蒸馏酒的酒质,测定其理化指标、感官特征和缺陷,确定其质量等级。

(二)选择和制作调味酒

在正常生产的蒸馏酒中挑选调味酒,或运用专门技术制作某项感官特征特别突出的酒,用于调味。

(三)基础酒小样组合

按质量要求和批量大小,从各贮酒容器中抽取样品进行组合,以确定最佳组合方案,共分为以下 3 个步骤。

1. 选酒

根据各原酒的感官特征和理化检验结果,先挑若干具有优异感官特征的酒,编为一组,称为带酒,再在该等级酒中挑选能够互相补偿彼此缺陷的普通酒,编为一组,称为大宗酒,然后在下一等级的酒中挑选若干有一定优点的次等酒,作为搭酒。选酒时应考虑组合时可能达到的理化指标,并尽可能照顾到不同贮存期的酒,不同发酵期的酒,新窖酒和老窖酒,热季酒和冬季酒,各种糟醅酒的合理搭配。

2. 取样

取出选定的酒样,并记录各样品代表的容器的实际酒量。

3. 小样试组合

这是勾兑的核心环节,其流程如图 3-16 所示。

(四)批量组合

根据最后确定的组合方案,将各酒样所代表的各批(坛、桶)酒按大宗酒、搭酒、带酒的组合次序,将酒打入大型勾兑容器,每打入一组,都要充分搅拌均匀。抽取酒样与小样相比较,如有较大差异,应查明原因,进行必要调整。

(五)小样调味

通过小样的试调,确定最佳调味方案,分三步进行:第一步仔细鉴定组合酒(基础酒),找准

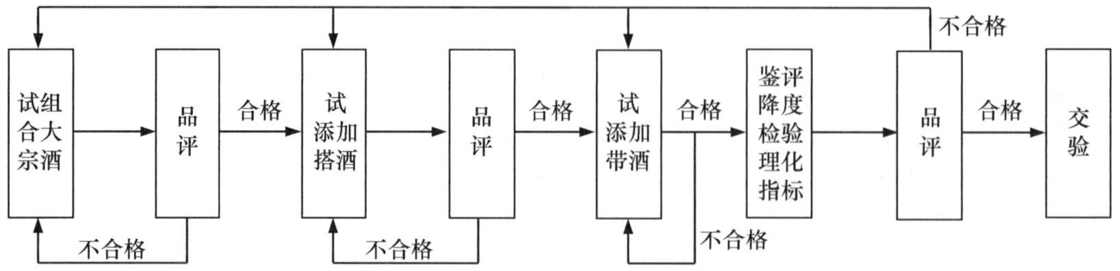

图 3-16 小样试组合流程

其弱点和缺陷;第二步选取能起补偿和强化作用的调味酒;第三步试添加调味酒,反复试调、品评,直到满意为止。

(六)批量调味

根据小样调味确定的调味方案,计算出各调味酒的总需求量。将其加入勾兑容器中,充分搅拌均匀,取样品尝评,应与小样调味结果一致,否则再重调。

(七)成品鉴定

每批成品酒均应由专门的质量检验部门,按出厂标准进行全面理化分析和品评检验,合格后方可出厂。

四、酒体设计

我国白酒经过几十年的发展,勾调技术不断提高,特别是色谱分析技术的应用,在白酒香味物质的剖析方面取得了重要成绩,为白酒生产提供了科学依据。但由于传统白酒的生产影响因素较多,从原料、制曲、发酵、蒸馏等和操作人员熟练程度的差异一系列主客观因素,无一不对酒质产生或大或小的影响,要解决上述问题,还需技术进步和技术创新,用科学研究和实践验证将白酒生产全过程置于有效控制之中,这就产生了新时期酿酒业的新学科——酒体设计学,也称酒体风味设计学。酒体风味设计学,即研究酒体风味特征形成规律,实现品牌质量目标的价值体系,设计出构成完美酒体和典型风格特征的整套技术方案和管理准则的科学。酒体设计就是依据形成酒体风味特征的技术要素和要实现的品牌质量目标,设计出可有效控制产品风味质量的整套技术标准和管理准则。酒体设计学的原则是“特色优先、质量第一、结构合理”。

(一)酒体设计的程序

1. 酒体设计前的调查

酒体设计前的调查包括市场调查、技术调查、形成设计构想方案。

(1)市场调查　市场调查就是为了了解国内外市场对酒的品种、规格、数量、质量的需求,包括市场容量、生产厂家、规模产量如何;消费者的购买力如何,何种产品最好销,该产品的风格特征怎样等；这些酒属于什么香型，内在质量应达到什么程度，感官指标应达到什么程度，是用什么样的生产工艺在什么样的环境条件下生产出来的，为什么会受到人们的喜爱等。这从现代管理学来讲就叫作市场分析，分得越细，对酒体设计就越有利。

(2)技术调查　技术调查是为了调查有关产品的生产技术现状与发展趋势，预测未来酿酒行业可能出现的新情况、新趋势，为制订新的酒体产品设计方案准备第一手资料。

(3)形成设计构想方案　通过对本厂产品进行感官和理化分析，找出质量上存在差距的原因。根据本厂的实际生产能力、技术条件、工艺特点、产品质量等情况，参照国内外优质名酒的特色和消费者饮用习惯的变化情况进行新产品的构思，确定产品初步方案。

2. 品牌设计方案的确定

将专业人员和市场部人员的多种预案进行对比筛选。

(1)用户　要通过各种渠道掌握用户(消费区域及消费者)的需求，了解消费者对原有产品有哪些看法，广泛征求消费者对改进产品质量的建议。同一个样酒，高寒地区的消费者会提出该酒太醇和或是香气不足，而东南沿海一带的消费者又会认为该酒酒精度太高，刺激性过大等。根据这些信息，勾调人员会产生新的酒体设计的创意。根据广大消费者的饮用习惯，对什么地区，设计什么样的酒体和风格特色。

(2)本企业员工　要鼓励本企业职工勇于提出新的酒体设计方案，尤其对销售人员和技术人员要认真听取他们的意见。

(3)科研人员　科研人员知识丰富，了解的信息和收集的资料、数据科学准确，要充分发挥其专业知识作用。

3. 品牌方案的内容

①产品的风味特色。

②达到产品质量的香味物质和理化、卫生、安全性指标。

③产品的结构形式。

④形成酒体风味质量的关键技术和生产工艺模式。

4. 品牌设计方案的决策

①评估酒体风味质量目标的价值(价值=功能/成本)。提高产品价值的5种途径：一是功能一定，成本降低；二是成本一定，提高功能；三是增加一定的成本，使功能大大提高；四是既降低成本，又提高功能；五是功能稍有下降，成本大幅度地下降。

②确定酒体风味质量要达到的价值目标。

③确定生产模式和各项技术要素的指标。

5. 标样的试制和鉴定

按照新开发品牌设计方案中酒体风味质量的理化和感官技术指标进行定性，确定微量香味成分的含量和相互比例关系的参数，制订合格酒的验收标准和基础酒的质量标准，最终形成品牌的试制样品和风味质量的各项指标，并作出鉴定结论。鉴定工作必须严格进行，只有在得出鉴定结论后才能进行批量生产。根据多年的研究和实践，新品牌产品的开发只有进行酒体风味质量保证体系设计，才能确保开发的产品具有鲜明个性特征和完美酒体风味质量特色。同时也才能够克服中国纯粮固态发酵传统白酒批次之间由于系统性原因造成的质量波动，保证和提高名优白酒质量，大幅度地提高名优白酒的合格率，从而有效地进行工艺改革和新产品开发，达到增强企业核心竞争力的目的。

（二）酒体设计与勾兑调味的区别

酒体设计是根据产品风味特征形成规律和市场适应度的质量要求，结合工艺技术水平设计出具有典型风味特征的酒类产品的生产全过程的技术标准。在品牌开发之前，酒体设计师就要系统地在市场和生产技术方面进行细致调查，按消费习惯和市场适应度等要素进行分类，将待开发的产品的风味特征和质量标准以及要达到的风味质量水平所需要的原料配方，糖化发酵剂的制作模式，生产工艺技术标准，基酒的分类，成品酒的风格特征、质量指标和目标进行确定。将检测方法以及管理法规进行综合平衡，然后制订出一个形成完美酒体、典型风味特征，切实可行的实施开发方案，并实施。每个环节都是不可分割的有机整体，这就是酒体设计与勾兑调味的本质区别。

五、白酒勾调与“新国标”

2022 年 6 月 1 日由国家市场监督管理总局发布的国家推荐性标准《白酒工业术语》（GB/T 15109—2021）和《饮料酒术语和分类》（GB/T 17204—2021）（以下简称为“新国标”），是继 1994 年第一次发布、2008 年第一次修订后，白酒新国标史上的第二次重大修订。相较于老国标，新国标重点进行了两大调整。第一，重新明确了白酒的定义，即白酒是以粮谷为主要原料，以大曲、小曲、麸曲、酶制剂及酵母等为糖化发酵剂，经蒸煮、糖化、发酵、蒸馏、陈酿、勾调而成的蒸馏酒。其中，最大的变化主要有两个方面：一方面规定了白酒“不直接或间接添加非自身发酵产生的呈色呈香呈味物质”，即不得添加食品添加剂；另一方面也规定了白酒不得使用非粮谷食用酒精，如薯类食用酒精、糖蜜食用酒精等。而使用了非粮谷食用酒精和（或）食品添加剂的，则定义为配制酒。同时，新国标修改了固态法白酒、液态法白酒、浓香型白酒、清香型白酒、酱香型白酒等的定义，增加了兼香型白酒、董香型白酒、馥郁香型白酒以及调香白酒等的定义。新增的调香白酒的定义为：“以固态法白酒、液态法白酒、固液法白酒或食用酒精为酒基，添加食品添加剂调配而成，具有白酒风格的配制酒。”也就是说，新国标将调香白酒从白酒分类中剔除，明确其属于配制酒。

第四章　葡萄酒生产

葡萄作为一个物种，在地球上具有超过 6 700 万年的历史，大约在公元前 6 000 年，高加索地区的居民就已经开始酿造葡萄酒。史料记载，中国的葡萄酒历史可追溯至公元前 7 000 年的河谷地区。在悠久的历史长河中，葡萄酒不仅扮演着饮品的角色，其跨越数千年的历史可以说是人类文明的重要组成部分，引领着社会风潮的同时，又随着社会的变化而不断创新。

二维码 4-1　中国葡萄酒发展历史

第一节　葡萄酒及其保健作用

一、葡萄酒的种类

国际葡萄与葡萄酒组织(OIV)规定，葡萄酒只能是破碎或未破碎的新鲜葡萄果实或葡萄汁经完全或部分酒精发酵后获得的饮料，其酒精度不能低于 8.5%(体积分数)。但是，根据气候、土壤条件、葡萄品种和一些葡萄产区特殊的质量因素或传统，在一些特定的地区，葡萄酒的最低总酒精度可降低到 7.0%(体积分数)。葡萄酒的种类繁多，产品风格各异，有各种不同的分类方法。我国国家标准《葡萄酒》(GB/T 15037—2006)参照采用了《国际葡萄与葡萄酒组织法规》(2003 年版)中的分类定义部分。

(一)按酒中二氧化碳含量(以压力表示)和加工工艺来分类

1. 平静葡萄酒

在 20 ℃时，二氧化碳压力小于 0.05 MPa 的葡萄酒为平静葡萄酒。按酒中的含糖量和总酸又可将平静葡萄酒分为以下几种。

①干葡萄酒：含糖(以葡萄糖计)量小于或等于 4.0 g/L 或当总糖与总酸(以酒石酸计)的差值小于或等于 2.0 g/L 时，含糖量最高为 9.0 g/L 的葡萄酒。

②半干葡萄酒：含糖量大于干葡萄酒，最高为 12.0 g/L 或当总糖与总酸的差值小于或等于 2.0 g/L 时，含糖量最高为 18.0 g/L 的葡萄酒。

③半甜葡萄酒：含糖量大于半干葡萄酒，最高为 45.0 g/L 的葡萄酒。

④甜葡萄酒：含糖量大于 45.0 g/L 的葡萄酒。

2. 起泡葡萄酒

在 20 ℃时，二氧化碳压力(全部自然发酵产生)等于或大于 0.05 MPa 的葡萄酒，称为起泡葡萄酒。当二氧化碳全部或部分由人工填充时，称为加气起泡葡萄酒(或葡萄汽酒)。起泡葡萄酒又可分为以下几种。

二氧化碳压力在 0.05～0.34 MPa 的起泡葡萄酒，称为低泡葡萄酒。

二氧化碳压力等于或大于 0.35 MPa (瓶容量小于 250 mL，二氧化碳压力等于或大于 0.3 MPa)的起泡葡萄酒，称为高泡葡萄酒。高泡葡萄酒按其含糖量分为以下几种。

①天然高泡葡萄酒：含糖量小于或等于 12.0 g/L(允许差为 3.0 g/L)的高泡葡萄酒。

②绝干高泡葡萄酒：含糖量为 12.1～17.0 g/L(允许差为 3.0 g/L)的高泡葡萄酒。

③干高泡葡萄酒：含糖量为 17.1～32.0 g/L(允许差为 3.0 g/L)的高泡葡萄酒。

④半干高泡葡萄酒：含糖量为 32.1～50.0 g/L 的高泡葡萄酒。

⑤甜高泡葡萄酒：含糖量大于 50.0 g/L 的高泡葡萄酒。

3. 特种葡萄酒

特种葡萄酒是用鲜葡萄或葡萄汁在采摘或酿造工艺中使用特定方法酿制而成的葡萄酒。其特性不仅来源于葡萄本身，而且还来源于所采用的生产工艺。特种葡萄酒包括以下几种。

①利口葡萄酒：也称加强甜葡萄酒、浓甜葡萄酒，是在由葡萄生成总酒精度为 12.0%(体积分数)以上的葡萄酒中，加入葡萄白兰地、食用酒精或葡萄酒精以及葡萄汁、浓缩葡萄汁、含焦糖葡萄汁、白砂糖等，使其最终产品酒精度为 15.0%～22.0%(体积分数)的葡萄酒。

②葡萄汽酒：酒中所含二氧化碳部分或全部由人工添加，具有同起泡葡萄酒类似物理特性的葡萄酒。

③冰葡萄酒：将葡萄推迟采收，即当气温低于－7 ℃时，使葡萄在树枝上保持一定时间，结冰后再采收，在结冰状态下压榨、发酵，酿制而成的葡萄酒(在生产过程中不允许外加糖源)。

④贵腐葡萄酒：在葡萄的成熟后期，葡萄果实感染了灰绿葡萄孢，使果实的成分发生了明显的变化，用这种葡萄酿制而成的葡萄酒。

⑤产膜葡萄酒：葡萄汁经过全部酒精发酵，在酒的自由表面产生一层典型的酵母膜后，加入葡萄白兰地、葡萄酒精或食用酒精，所含酒精度等于或大于 15.0%(体积分数)的葡萄酒。

⑥加香葡萄酒：以葡萄酒为酒基，经浸泡芳香植物或加入芳香植物的浸出液(或馏出液)而制成的葡萄酒。

⑦低醇葡萄酒：由鲜葡萄或葡萄汁经全部或部分发酵，采用特种工艺加工而成的、酒精度为 1.0%～7.0%(体积分数)的葡萄酒。

⑧无醇葡萄酒：由鲜葡萄或葡萄汁经全部或部分发酵，采用特种工艺加工而成的、酒精度为 0.5%～1.0%(体积分数)的葡萄酒。

⑨山葡萄酒：采用鲜山葡萄(包括毛葡萄、刺葡萄、秋葡萄等野生葡萄)或山葡萄汁经过全部或部分发酵酿制而成的葡萄酒。

(二)按酒的色泽分类

①白葡萄酒：颜色接近无色、浅黄、浅黄而略带绿、金黄，凡颜色过深者均不合要求(氧化)，

这类酒要求果香突出，在风味上要有典型性。

②红葡萄酒：颜色为紫红、深红、鲜红、宝石红或红中稍有棕色，其颜色应来自葡萄，不允许人工着色，这类酒要求酒香突出。

③桃红葡萄酒：颜色为浅红、桃红或玫瑰红，在风味上应果香与酒香兼备。

（三）按产地、年份、品种分类（国外对名牌葡萄酒的命名法则）

法国、西班牙、德国等产酒国家对于高级葡萄酒等名酒一般在标贴上注明产地、酒商的名称、酿造年份、葡萄的主要品种等。例如，法国的干红勃艮第酒（Red Burgundies）规定必须用黑皮诺（Pinot Noir）为原料，而波尔多红酒（Bordeaux）必须用赤霞珠（Cabernet Sauvignon）为原料，但法国别处用黑皮诺酿的酒就不得称勃艮第酒，同样谐丽酒（Sherry Oloroso）必须生产在西班牙赫雷斯·德拉弗龙特拉（Jerezdela Frontera）地区，而只有葡萄牙杜洛河谷（Douro Valley）流域的酒，才能称为波特酒（Port Wine）。同样，香槟酒是世界名酒，因起源于法国香槟省而闻名，法国酒中规定只有在香槟省的，用专门筛选的葡萄品种并采用瓶中二次发酵的固定工艺生产的含 CO_2 的酒，才能称为香槟酒。美国法律规定，凡以葡萄名称作为酒名者，该种葡萄必须占原料葡萄总数的50%（体积分数）以上。我国国家标准《葡萄酒》（GB/T 15037—2006）也对年份葡萄酒、品种葡萄酒和产地葡萄酒做出了相关规定。如所标注的葡萄品种酿制的酒所占比例不能低于瓶内酒含量的75%（体积分数）。

二、葡萄酒的营养成分及保健作用

葡萄酒除含酒精外，还含有很多营养物质，如氨基酸、矿质元素（包括微量元素）和维生素等。此外还含有决定葡萄酒风味的很多其他含量较少的物质，如有机酸、芳香物质、多酚、高级醇、色素等。这些营养物质使葡萄酒不仅成为营养丰富的饮料，而且适量饮用更能防治各种疾病，增强人体健康。

在合理的饮用范围内，葡萄酒可对神经中枢起作用，调节人体肌肉的紧张度，给人以舒适、欣快的感觉，从而解除“应激”（应激是心理学和生理学名词，是指任何可以扰乱机体功能的紧张因素和干扰因素）。焦虑而受神经症折磨的人饮用适量的葡萄酒可平息焦虑的心情。红葡萄酒中的单宁可以增加肠道肌肉系统中平滑肌纤维的收缩性，调整结肠的功能，从而对结肠炎有一定的疗效。葡萄酒中含有的山梨酸有助于胆汁和胰腺的分泌，可以帮助消化，防治便秘；含有的肌醇有降低血脂和软化血管的功效。又由于葡萄酒中含有铁，再加上所含的维生素 B_{12} 能促进红细胞的成熟，因此有人认为喝葡萄酒能补血。葡萄酒还能提高血液中脂蛋白的浓度，从而有利于血液中胆固醇转移至肝内转化为胆酸，防止胆固醇沉积于血管内膜，因而对防治动脉硬化有效。此外，葡萄酒还有助消化、利尿、抗溃疡、减轻水肿、抗菌、抗过敏、治疗眼科疾病、促进毛发生长等作用。

葡萄酒中的白藜芦醇具有抗氧化、抗菌、抗癌、抗诱变等重要作用，还能起到软化血管，促进血液循环，治疗心脑血管病症的功效。此外，葡萄酒中的另一类主要多酚类物质——原花青素，具有极强的抗氧化性，也是近年来不断研究开发的一种极强的体内活性功能因子。

第二节 酿酒葡萄及其破碎、除梗与压榨

一、酿酒葡萄品种

葡萄属于葡萄科(Vitaceae)葡萄属(*Vitis*),一般按地理分布和生态特点,可分为东亚种群、欧亚种群和北美种群3个群,目前全世界有8 000多种葡萄,被酿酒采用的却只有100多种,大多属于欧亚种群的维丁斯·戚尼菲拉(*Vitis Vinifera*)种、北美种群的维丁斯·拉甫尔斯卡(*Vitis Labrus*)种以及上述两者之间的混合种。

(一)酿造红葡萄酒的优良品种

1. 赤霞珠

赤霞珠又名苏维翁、解百纳,属欧亚种,原产法国,是目前全世界最著名的酿造红葡萄酒的品种。该品种于1892年由西欧引入我国烟台,目前山东、河北、河南、陕西、北京等地区有栽培。它所酿之酒呈宝石红色,醇和谐调,酒体丰满,具有典型性。该品种耐旱抗寒,是酿制干红葡萄酒的传统名贵品种之一。

2. 梅洛

梅洛(Merlot)又名梅鹿辄、美乐,原产法国。我国在20世纪80年代开始大量引入该品种,栽培约15 000 hm^2,主要分布在甘肃、河北、山东、新疆、四川、云南等14个地区。它所酿之酒具有黑色水果风味(黑莓、黑李子、黑樱桃等),酒体丰满,酸度介于中等到偏低之间,酒精含量高,单宁柔和、含量适中,口感丰富柔顺,酒体平衡、醇厚,呈宝石红色,澄清透明。梅洛是我国酿造红葡萄酒的良种之一。

3. 蛇龙珠

蛇龙珠(Cabernet Gernischet)属欧亚种,原产法国。我国于1892年引入该品种,目前烟台、青岛、河北昌黎等地栽培较多。它所酿之酒呈宝石红色,酒质细腻爽口。该品种适应性强,结果期较晚,产量高。蛇龙珠与赤霞珠、品丽珠共称酿造红葡萄酒的“三珠”,是酿制高级红葡萄酒的品种。

4. 黑皮诺

黑皮诺又名黑彼诺、黑美酿,属欧亚种,原产法国。我国早年从日本引入该品种,1980年后又从法国引入,山东、河北、陕西和辽宁等地有栽培。它所酿之酒呈宝石红色,果香浓郁,柔和爽口。该品种栽培性状好、适应性强,是法国古老的栽培品种,除酿造高级红葡萄酒外,还可酿造优质白葡萄酒和香槟酒。

5. 佳利酿

佳利酿(Carignane)又名佳丽酿、法国红、康百耐、加利娘,原产于西班牙,于1892年引入我国,目前山东、黄河故道、北京等地栽培较多。它所酿之酒呈深宝石红色,味道纯正,酒体丰

满。该品种适应性强、耐盐碱、丰产，是酿制红葡萄酒的良种之一，也可酿制白葡萄酒。

6. 汉堡麝香

汉堡麝香(Muscat Hamburg)又名玫瑰香、麝香，属欧亚种，原产英国，我国于 1892 年引入山东烟台，目前我国各地均有栽培。它所酿之酒呈红棕色，柔和爽口，麝香气浓。该品种适应性强，除作甜红葡萄酒原料外，还可酿制干白葡萄酒。

二维码 4-2 酿造红葡萄酒的优良品种

此外，还有品丽珠、西拉、马尔贝克、内比奥罗、桑娇维塞、歌海娜、皮诺塔吉等，以及我国选育的品种烟 73(66-3-8)等优良品种，栽培于全国各地。

(二)酿造白葡萄酒的优良品种

1. 龙眼

龙眼又名秋子、紫葡萄等，属欧亚种，原产于中国，在我国具有悠久的历史，是我国古老的栽培品种，现华北、西北、东北均有种植。它所酿之酒为淡黄色，酒香纯正，具有果香，酒体细致，柔和爽口。该品种适应性强，耐贮运，是我国酿造高级白葡萄酒的主要原料之一。

2. 霞多丽

霞多丽又名雪当利、莎当尼、莎当妮，原产于法国，中早熟酿酒葡萄品种，是当前全球最受欢迎的白葡萄品种，有 20 多个国家引种栽培，具有多变的风格和广泛的适应性。在我国北方，主要分布在山东、河北、山西、新疆及内蒙古等地。它所酿之酒为淡金色，可以呈现从带有柑橘类水果到充满热带水果的多种风格。

3. 雷司令

雷司令(Riesling) 又名意斯林、里斯林、雷斯林，原产于德国。我国山东半岛栽种该品种的面积较大。它所酿之酒为浅禾秆黄色，香气浓郁，酒质纯净。该品种适应性强，较易栽培，但抗病性较差，主要用于酿制干白、甜白葡萄酒及香槟酒。

4. 贵人香

贵人香(Italian Riesling)又名意斯林、意大利里斯林，原产于法国南部，于 1892 年从西欧引入我国山东烟台，目前山东半岛及黄河故道地区栽培较多。它所酿之酒为浅黄色，果香浓郁，味醇爽口，回味绵长。该品种适应性强，易管理，是酿造优质白葡萄酒的主要品种之一，是世界古老的酿酒品种。

5. 李将军

李将军(Pinot Gris)又名灰品乐、灰比诺，属欧亚种，原产于法国，于 1892 年从西欧引入我国，目前在烟台地区有栽培。它所酿之酒为浅黄色，清香爽口，回味绵延，具有典型性。该品种为黑皮诺的变种，故其有与黑皮诺相似的品质，适宜酿造白葡萄酒和香槟酒。

二维码 4-3 酿造白葡萄酒的优良品种

此外，还有巴娜蒂、长相思、白雅、红玫瑰、泉白、琼瑶浆、白诗南、赛美蓉、白福儿等，在我国均有种植。

(三)山葡萄

山葡萄是我国特产,盛产于黑龙江、辽宁、吉林等地。

1. 公酿一号

公酿一号又名28号葡萄,原产于中国,属山欧杂种,由汉堡麝香与山葡萄杂交育成。它所酿之酒呈深宝石红,色艳、酸甜适口,具有山葡萄酒的典型性。该品种具有山葡萄的特性,抗寒性、抗逆性强,是山葡萄酒的新育良种。

2. 双庆

双庆又名长白十一号,1963年从野生山葡萄植株中选育而成。它所酿之酒呈宝石红色,醇和爽口,具有浓郁山葡萄果香。

3. 左山一

左山一原产于中国,1973年从野生山葡萄中选育而成。它所酿之酒呈深宝石红,果香浓郁,口味纯正,典型性强。

(四)调(染)色葡萄酒的优良葡萄品种

1. 紫北塞

紫北塞(Alicante Bouschet)属欧亚种,原产于法国,在我国烟台有种植。该品种是世界古老的酿酒品种,适应性与抗病性弱,所酿之酒经陈酿后色素易沉淀。

2. 烟74(66-3-10)

烟74(66-3-10)属欧亚种,原产于中国,由张裕葡萄酿酒公司用紫北塞与汉堡麝香杂交而成。它所酿之酒呈紫黑色,色素极浓。该品种为目前优良调色品种,不但颜色深而鲜艳,且长期陈酿不易沉淀。

此外,还有晚红蜜(Canepabu)、红汁露、巴柯(Bacco)、黑塞必尔(Seibel Noir)等优良品种。

二维码4-4 葡萄的破碎、除梗

二、葡萄的破碎、除梗及压榨

葡萄只有被破碎,果汁与果皮上的酵母接触后,才能发酵。这一工艺过程和操作由于酒的类型不同而有所不同。红葡萄酒酿造只要除梗后将果实压破,使之成为葡萄浆(皮醪)即可,而白葡萄酒酿造还需进行皮汁的分离。

(一)破碎

此操作要求做到每颗葡萄粒都要破裂,但尽量避免撕碎果皮或压破葡萄籽,并要防止碾碎果梗。在酿造白葡萄酒时,应避免果汁与皮渣过长时间接触。

破碎以后进行发酵有以下优点:①果皮与设备上的酵母比较容易进入果汁,加快发酵起始速度;②果皮内外都与果汁接触,便于色素物质及芳香物质的溶解;③便于物料的输送;④便于SO_2的均匀使用;⑤便于氧的溶入。

但破碎以后进行发酵也会产生以下缺点:①霉变的葡萄会引起过度氧化;②破碎过度会提高悬浮物和酒渣的含量,也会提高苦涩物质的溶解量。

目前的趋势是,在生产优质葡萄酒时,只将原料进行轻微的破碎。如果需加强浸渍作用,最好是延长浸渍时间,而不是提高破碎强度。

(二)除梗

除梗是将葡萄果粒或果浆与果梗分离,并将果梗除去的操作。除梗对于酿造葡萄酒有以下好处:①减少发酵醪液体积,从而减少发酵容器的用量;②便于输送;③改良葡萄酒的味感,由于防止了果梗中青梗味和苦涩物质的溶出,葡萄酒更为柔和;④防止由果梗固定色素所造成的色素损失。

但除梗与不除梗相比也有一些不利因素:①由于升温快和溶氧少,除梗葡萄醪比未除梗葡萄醪发酵困难些;②皮汁分离或糟酒分离时压榨较困难。

因此可根据情况进行除梗或部分除梗。遇到下述情况可不除梗:①以幼年葡萄株的果实制取葡萄汁;②以霉变率达 30%以上的葡萄果实制取葡萄汁。

现代生产中一般把破碎、除梗两种功能组合在一台设备上。国外有先除梗后破碎和先破碎后除梗两种形式,而目前国内的设备都是先破碎后除梗。

(三)压榨和渣汁的分离

在破碎过程中自流出来的葡萄汁叫作自流汁。与此相区别,加压之后流出来的葡萄汁叫压榨汁。为了增加出汁率,压榨时一般采用 2～3 次压榨。葡萄浆果的不同部位所含成分有差别,自流汁和压榨汁来源于果实的不同部分,所以所含成分也有些不同。压榨达到一定程度后,继续榨取的汁,成分会有较大的变化。当发现压榨汁的口味明显变劣时,此为压榨终点。

用自流汁酿造的葡萄酒,酒体柔和、口味圆润、爽口。一次压榨汁酿造的葡萄酒也爽口,但酒体已较厚实,一般可以将这两种汁分开发酵用于不同用途,有时也合并发酵,但二次压榨汁酿造的酒一般酒体粗糙,酿造白葡萄酒是不适合的,可用于生产白兰地。

第三节　葡萄汁的改良及 SO_2 的添加

一、葡萄汁的要求及改良

优良的葡萄品种,如在栽培季里一切条件合适,常常可以得到满意的葡萄汁。但由于气候条件、栽培管理等因素,压榨出的葡萄汁成分不一,遇到这种情况,就要对葡萄汁的成分进行调整,然后再发酵。葡萄酒的改良常指糖度、酸度的调整。

(一)糖分的调整

从理论上讲,每 1.7 g 糖可生成 1% (即 1 mL)酒精,按此计算,一般干酒的酒精在 11%左右,甜酒在 15%左右,若葡萄汁中含糖量低于应生成的酒精含量时,必须提高糖度。可通过添

二维码 4-5 葡萄原料改良——糖

加浓缩葡萄汁或蔗糖提高葡萄汁的糖度。

1. 添加白砂糖

(1)常用纯度为 98%～99.5%的结晶白砂糖 调整糖分要以发酵后的酒精含量作为主要依据。例如，利用潜在酒精含量为 9.5%的 5 000 L 葡萄汁发酵成酒精含量为 12%的干白葡萄酒，则

需增加酒精含量：12%－9.5% ＝ 2.5%。

需添加糖量：2.5×17[①]×5 000＝212 500 g ＝ 212.5 kg。

(2)加糖操作的要点 ①准确计量葡萄汁的体积；②先用冷汁溶解，将糖用葡萄汁溶解制成糖浆；③加糖后要充分搅拌，使其完全溶解并记录溶解后的体积；④最好在酒精发酵刚开始时一次性加入所需的糖。

世界上很多葡萄酒生产国家，不允许加糖发酵，或限制加糖量。葡萄含糖低时，只添加浓缩葡萄汁。

2. 添加浓缩葡萄汁

添加浓缩葡萄汁时，首先需对浓缩汁的含糖量进行分析，然后用交叉法求出浓缩汁的添加量。因葡萄汁含糖太高，易造成发酵困难，一般不在主发酵前期添加，而采用在主发酵后期添加。添加时要注意浓缩汁的酸度，若酸度太高，需在浓缩汁中加入适量碳酸钙中和，降酸后使用。

(二)酸度的调整

为了抑制细菌的繁殖，保证酵母菌数量的绝对优势和发酵的正常进行，以及酿造后的葡萄酒的品质，要求葡萄汁有适宜的酸度。在发酵前葡萄汁酸度一般调整到 6 g/L，pH 为 3.3～3.5。

二维码 4-6 葡萄原料改良——酸及其他

1. 提高酸度的方法

可添加未成熟的葡萄压榨汁、酒石酸和柠檬酸，以酒石酸为好，且要在酒精发酵开始时进行。在通常年份，增酸幅度不得高于 1.51 g/L(酒石酸)；在特殊年份，增酸幅度可增加到 3 g/L(酒石酸)。加酸时，先取一小部分葡萄汁与酸混合，再缓慢均匀地加入葡萄汁中，并搅拌均匀。操作中不可使用铁质容器，可加入柠檬酸防止铁破败病。由于葡萄酒中柠檬酸的总量不得超过 1 g/L，所以添加的柠檬酸量一般不超过 0.5 g/L。

2. 降低酸度的方法

一般情况下，不需要降低酸度，因为酸度稍高对发酵有好处。在贮存过程中，酸度会自然降低 30%～40%，主要以酒石酸盐析出。但酸度过高，必须降酸。降酸方法有物理法(冷冻促进酒石酸盐沉淀)、生物法[利用苹果酸-乳酸发酵和采用裂殖酵母将苹果酸(Malic Acid，Hydroxysuccinic Acid，2-Hydroxybutanedioic Acid，MA)分解成酒精和二氧化碳]和化学法(添加碳酸钙、碳酸氢钾和酒石酸钾)。

① 每 17 g 糖可转化为 1°酒精。

葡萄汁中常采用添加 $CaCO_3$ 等降酸剂。化学降酸的作用主要是除去酒石酸氢盐，但会影响葡萄酒的质量和葡萄酒对病害的抗性。此外，由于化学降酸会提高 pH，提高的 pH 有利于苹果酸-乳酸发酵，导致最终的葡萄酒含酸量过低，所以必须慎重使用化学降酸。在多数情况下，化学降酸仅仅是提高发酵汁 pH 的手段，以有利于苹果酸-乳酸发酵的顺利进行，这就必须根据所需要的 pH 和葡萄汁中酒石酸的含量计算使用的碳酸钙量。一般在葡萄汁中添加 0.5 g/L 碳酸钙，可使 pH 提高 0.15，这一添加量足够达到启动苹果酸-乳酸发酵的目的。

如果葡萄汁的含酸量很高，并且不希望进行苹果酸-乳酸发酵，可用碳酸氢钾进行降酸，其用量最好不要超过 1 g/L。与碳酸钙比较，碳酸氢钾不增加 Ca^{2+} 的含量，而后者是葡萄酒不稳定的因素之一。如果要使用碳酸钙，其用量不要超过 1.5 g/L。

通过化学降酸生产的葡萄酒中酒石酸的含量不能低于 1 g/L，化学降酸和化学增酸不能用于同一原料。

二、SO_2 的作用、存在形式及添加

SO_2 处理就是在发酵基质或葡萄酒中加入适量的 SO_2，以使发酵能顺利进行或有利于葡萄酒的贮存。

（一）SO_2 的作用

1. 杀菌和抑菌作用（选择作用）

SO_2 是一种杀菌剂，它能控制各种发酵微生物的活动（繁殖、呼吸、发酵）。不同种类的发酵微生物，其抵抗 SO_2 的能力也不一样。细菌最为敏感，其次是尖端酵母，而葡萄酒酵母抵抗 SO_2 的能力则较强。所以，可根据 SO_2 的加入量来选择不同的发酵微生物。适量时，SO_2 可推迟发酵触发，但以后则加速酵母菌的繁殖和发酵作用。

2. 澄清作用

由于 SO_2 的抑菌作用，发酵起始时间延长，从而有利于发酵基质中悬浮物的沉淀，使葡萄汁很快获得澄清，这对酿造白葡萄酒、桃红葡萄酒及葡萄汁有很大的好处。

3. 溶解作用

在使用浓度较高的情况下，SO_2 可促进浸渍作用，提高色素和酚类物质的溶解量。但在正常使用浓度下，SO_2 的这一作用并不显著。

4. 抗氧化作用

SO_2 能防止破损葡萄原料和霉变葡萄原料的氧化，特别是阻碍和破坏葡萄中的多酚氧化酶，包括健康葡萄中的酪氨酸酶和霉烂葡萄中的虫漆酶，减少单宁、色素的氧化，阻止氧化浑浊、颜色退化，并能防止葡萄汁过早褐变。因此，应在葡萄采收以后到酒精发酵开始以前，正确使用 SO_2 防止原料的氧化。

发酵结束后，葡萄酒不再受 SO_2 的保护而易被氧化。如果对葡萄发酵基质进行 SO_2 处理，它所形成的亚硫酸盐比基质中的其他物质更易先与基质中的氧发生反应而被氧化为硫酸和硫酸盐，从而抑制或推迟葡萄酒各构成成分的氧化作用。因此，SO_2 可以防止：①白葡萄酒

的氧化、变色；②氧化破败病；③由乙醛引起的氧化味（走味）；④葡萄酒病害的发生和发展。

5. 增酸作用

增酸是杀菌与溶解两个作用的结果。一方面，在基质中 SO_2 转化为亚硫酸再氧化成硫酸，与苹果酸及酒石酸的钾、钙等盐类作用，使酸游离，增加不挥发酸的含量，并且可杀死植物细胞，促进细胞中酸性可溶物质，特别是有机酸盐的溶解。另一方面，SO_2 可抑制以有机酸为发酵基质的细菌的活动，特别是乳酸菌的活动，从而抑制苹果酸-乳酸发酵。

6. 其他作用

适量 SO_2 可以缓和霉味、泥土味、醋味及氧化味等，从而改善葡萄酒的味感质量。但 SO_2 本身有刺激感，其与花色苷的缩合物，可能具有不良的风味特性。此外，在酒精发酵前或发酵期间使用，能使葡萄酒中的甘油和醛类物质增加，使酯类物质减少。

总之，由于 SO_2 的特殊作用和效应，它在葡萄酒生产和贮藏中具有不可取代的地位。善于使用 SO_2 能够使葡萄酒的酿造和贮藏顺利进行，提高葡萄酒的质量，这是酿造近代葡萄酒的重要技术诀窍。

（二）发酵基质和葡萄酒中 SO_2 的存在形式

在纯水中，50 mg/L 的 SO_2 可杀死酵母菌。但在葡萄发酵基质中，SO_2 的浓度必须达到 1.2～1.5 g/L 才能得到同样的效果。这是因为在葡萄发酵基质中，有很大一部分 SO_2 与其他物质结合形成结合态 SO_2。

在葡萄发酵基质和葡萄酒中，加入的 SO_2 可以以游离 SO_2 和结合态 SO_2 两种形式存在，其存在形式很大程度上取决于溶液的 pH。

SO_2 总量为游离 SO_2 和结合态 SO_2 含量之和。

1. 游离 SO_2

由于在葡萄酒的 pH 范围内，亚硫酸的第 2 个氢不会解离（解离常数 pKa 值为 6.91），溶于发酵基质中的 SO_2 有以下平衡：

$$H_2O + SO_2 = H_2SO_3 \rightleftharpoons H^+ + HSO_3^-$$

在以上平衡中，只有 H_2SO_3（溶解态 SO_2）和分子态 SO_2 才具有挥发性和气味，且具有杀菌作用。亚硫酸的杀菌力主要是由分子态 SO_2 引起的。随着温度和酒精度的升高，分子态 SO_2 浓度也会升高，其杀菌作用也越强。此外，在游离 SO_2 中，分子态的 SO_2 的比例取决于溶液的 H^+ 浓度，即取决于 pH。而以 HSO_3^- 形态存在的 SO_2 没有气味，且没有杀菌作用。

2. 结合态 SO_2

SO_2 可以与葡萄酒（汁）中的醛、糖、花色素等化合物结合成稳定性不同的结合态 SO_2（结合亚硫酸）。结合态 SO_2 在很大程度上失去防腐性。当酒中游离 SO_2 减少时，不稳定结合态 SO_2 能自动分解，产生新的游离 SO_2，因此可把它看作游离 SO_2 的储备库。

结合态 SO_2 的增长速度开始较快，之后就很快慢下来，例如葡萄汁在亚硫酸处理后 5 min，几乎一半 SO_2 变为结合态；之后经两昼夜，结合态 SO_2 为 60%～70%，经过 10 d，结合态 SO_2 约为 90%。SO_2 完全结合是不可能的。

三、SO_2 的添加

(一)添加时间及用量

1. 发酵前添加

SO_2 的应用焦点在于各个工艺环节中 SO_2 的用量,其影响因素很多,如葡萄的成熟度、质量状况,葡萄酒的类型、酿造工序、设备状况、内在质量(氧化程度、微生物感染程度、破败程度、pH 等)。用量不够起不到应有的作用,过量则会使葡萄酒带有辛辣味和令人厌恶的后味。

一般来说,SO_2 的用量标准是在保证酒体质量的前提下添加最低量的 SO_2,而且应在尽可能低的总 SO_2 质量浓度前提下得到所要求的游离 SO_2 质量浓度。葡萄酒原料常用的 SO_2 质量浓度如表 4-1 所示。

表 4-1 葡萄酒原料常用的 SO_2 质量浓度 mg/L

原料状况	红葡萄酒*	白葡萄酒**
无破损、霉变、成熟度中,含酸量高	30～50	40～60
无破损、霉变、成熟度中,含酸量低	50～80	60～80
破损、霉变	80～100	80～100

注:* 按生产出的葡萄酒的量计算;** 按葡萄汁的量计算。

如果生产出的葡萄酒将用于蒸馏白兰地,则不对原料进行 SO_2 处理。此外,如果葡萄酒要进行苹果酸-乳酸发酵,对原料的 SO_2 处理就不能高于 60 mg/L。

葡萄酒原料的 SO_2 处理应在发酵触发以前进行。但对于酿造红葡萄酒的原料,应在葡萄破碎、除梗后泵入发酵罐时立即进行,并且一边装罐一边加入 SO_2,装罐完毕后进行一次倒罐,以使所加的 SO_2 与发酵基质混合均匀。切忌在破碎前或破碎除梗过程中对葡萄原料进行 SO_2 处理,因为:①SO_2 不能与原料混合均匀;②会由于挥发和被原料固体部分吸附而损耗部分 SO_2,达不到保护发酵基质的目的;③在破碎、除梗时,SO_2 气体会腐蚀金属设备。

对于酿造白葡萄酒的原料,SO_2 处理应在取汁以后立即进行,以保护葡萄汁在发酵以前不被氧化。严格避免在破碎-除梗后、葡萄汁与皮渣分离以前进行 SO_2 处理,因为:①部分 SO_2 会被皮渣固定,从而降低其保护葡萄汁的效果;②SO_2 的溶解作用可加重皮渣浸渍现象,影响葡萄酒的质量。

2. 发酵结束时添加

在酒精发酵或苹果酸-乳酸发酵结束时,应尽早进行 SO_2 处理(表 4-2)。这分为以下两种情况。

表 4-2 发酵结束时 SO_2 处理的用量 mg/L

类型	干红葡萄酒	干白葡萄酒	含糖葡萄酒
用量	40～50	60～80	150～200

①如果葡萄酒不需要进行苹果酸-乳酸发酵，在酒精发酵结束时，就应立即利用分离的机会，进行 SO_2 处理。但是，如果分离时葡萄酒的温度过高（>18 ℃），则应将葡萄酒分离至温度较低的储酒罐，待葡萄酒降温后，再进行 SO_2 处理。

②如果葡萄酒需要进行苹果酸-乳酸发酵，则应在苹果酸-乳酸发酵结束后立即利用分离的机会进行 SO_2 处理。

在以上两种情况下，处理后 10～15 d，必须进行一次分离换罐，以除去含有酵母和细菌的酒泥。当然，需要在酒泥上陈酿的葡萄酒除外。

此外，在需要进行 SO_2 处理时，应一次性加够所需要的量，防止少量、多次加入。

3. 在葡萄酒陈酿和贮藏时的添加

在葡萄酒陈酿和贮藏过程中，必须防止氧化作用和微生物的活动，以保护葡萄酒，防止其变质。因此，必须使葡萄酒中的游离 SO_2 含量保持在一定水平上（表 4-3）。

表 4-3 在不同情况下，葡萄酒中游离 SO_2 需保持的质量浓度 mg/L

SO_2 浓度类型	葡萄酒类型	游离 SO_2 质量浓度
贮藏质量浓度	红葡萄酒	20～30
	干白葡萄酒	30～40
	甜白葡萄酒	40～80
消费质量浓度（装瓶浓度）	红葡萄酒	10～30
	干白葡萄酒	20～30
	甜白葡萄酒	30～50
原酒运输质量浓度（桶装或集装箱）	红葡萄酒	25～35
	干白葡萄酒	35～45
	甜白葡萄酒	80～100*

注：* 这类葡萄酒不宜进行原酒运输，最好在生产时装瓶。

在贮藏过程中，葡萄酒中游离 SO_2 含量不断减少，需定期测定进行调整，SO_2 加入时需考虑到结合态 SO_2 的问题。一般可粗略认为，在加入的 SO_2 中，2/3 将以游离状态存在，1/3 将以结合状态存在。

例如：设葡萄酒中需保持游离 SO_2 含量为 40 mg/L，葡萄酒中现有游离 SO_2 含量为 16 mg/L，需加入的游离 SO_2 含量为 $40-16=24$ mg/L，则加入 SO_2 的总量 $=3/2\times 24=36$ mg/L。

4. 降低 SO_2 的含量

虽然 SO_2 在葡萄酒中具有多种功能，但随着研究的深入，SO_2 的副作用越来越引起人们的关注，特别是 SO_2 对人体健康的影响。世界卫生组织（WHO）一直要求降低食品中 SO_2 的浓度，国际葡萄与葡萄酒组织（2006）也对葡萄酒中 SO_2 含量进行了限制（表 4-4）；我国也规定，干葡萄酒和其他类型葡萄酒中总 SO_2 的最高限量分别为 250 mg/L 和 300 mg/L。因此，在葡萄酒酿造过程中，应尽量减少 SO_2 的用量，特别是对于那些游离 SO_2 需求量高的葡萄酒。

表 4-4 对零售葡萄酒中 SO_2 含量高限的规定 mg/L

葡萄酒类型	总 SO_2 的高限
还原糖≤4 g/L 的红葡萄酒	150
还原糖≤4 g/L 的白葡萄酒和桃红葡萄酒	200
还原糖>4 g/L 的葡萄酒	300
一些特殊的甜白葡萄酒	400

在实践中，我们可以通过正确使用 SO_2、降低结合态 SO_2 的比例、降低对游离 SO_2 的需求和使用 SO_2 的替代品（山梨酸、维生素 C、溶菌酶、二碳酸二甲酯等）等方式，降低葡萄酒中 SO_2 的含量。为此，可以通过提高葡萄原料的卫生状况、保证发酵的纯正、防止氧化、及时澄清等措施来达到降低葡萄酒中 SO_2 的含量。

（二）添加方式

1. 气体

燃烧硫黄绳、硫黄纸、硫黄块，产生 SO_2 气体，一般仅用于发酵桶的消毒，使用时需在专门燃烧的器具内进行，现在已很少使用。

2. 液体

一般常用市售亚硫酸试剂，如液体 SO_2、亚硫酸等，使用浓度为 5%～6%。

3. 固体

常用偏重亚硫酸钾（$K_2S_2O_5$），加入酒中与酒石酸反应产生 SO_2。固体偏重亚硫酸钾中 SO_2 的含量约为 57.6%，常以 50%计算。使用时将固体溶于水，配成 10%溶液（SO_2 含量约为 5%）。

第四节 酒精发酵及管理

一、酵母菌的培养及添加

（一）与葡萄酒酿造相关的酵母

与葡萄酒酿造相关的酵母分属于裂殖酵母属（*Schizosaccharomyces*）、克勒克酵母属（*Kloeckera*）、类酵母属（*Saccharomycodes*）、有孢汉逊酵母属（*Hanseniaspora*）、德巴利酵母属、梅奇酵母属（*Metschnikowia*）、德尔布有孢圆酵母属（*Torulaspora*）、接合酵母属（*Zygosaccharomyces*）、酿酒酵母属（*Saccharomyces*）、酒香酵母属（*Brettanomyces*）、毕赤酵母属（*Pichia*）、德克酵母属（*Dekkera*）以及假丝酵母属（*Candida*）等，其中以酿酒酵母属最为重

要，通常使用该属的酿酒酵母（*S. cerevisiae*）和贝酵母（*S. baynanus*）等种的菌株。

（二）葡萄酒酵母的培养与添加

酵母菌扩大培养工艺流程各厂不完全一样，下面为实例之一（图 4-1）。

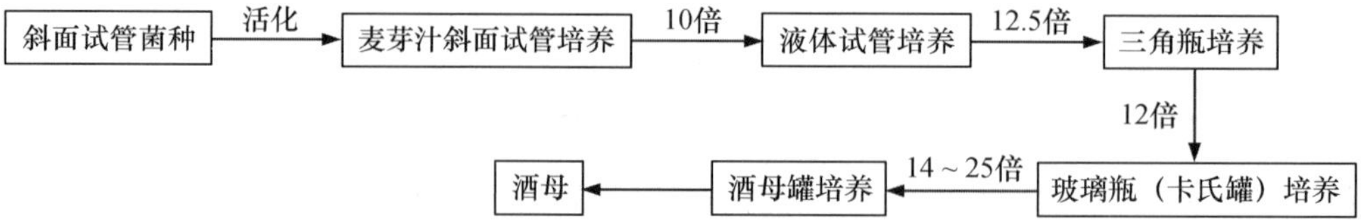

图 4-1 酵母菌扩大培养工艺流程

1. 斜面试管菌种活化

由于长时间保藏于低温下，细胞已处于衰老状态，需转接于麦芽汁斜面培养基上，25 ℃培养 4～5 d。

2. 液体试管培养

取灭过菌的新鲜澄清葡萄汁，分装入经干热灭菌的试管中，每管约 10 mL，用 0.1 MPa 的蒸汽灭菌 20 min，放冷备用。在无菌条件下接入斜面试管活化培养的酵母，25 ℃培养 1～2 d，在发酵旺盛时接入三角瓶。

3. 三角瓶培养

向 500 mL 三角瓶注入新鲜澄清的葡萄汁 250 mL，用 0.1 MPa 蒸汽灭菌 20 min，冷却后接入两支液体培养试管，25 ℃培养 24～30 h，发酵旺盛时接入玻璃瓶。

4. 玻璃瓶（或卡氏罐）培养

向洗净的 10 L 细口玻璃瓶（或卡氏罐）中加入新鲜澄清的葡萄汁 6 L，常压蒸煮 1 h 以上，冷却后加入亚硫酸，使其 SO_2 含量达 80 mg/L，经 4～8 h 后接入两个发酵旺盛的三角瓶培养酵母，摇匀，换上发酵栓或棉栓，20～25 ℃培养 2～3 d，其间需摇瓶数次，至发酵旺盛时接入酒母培养罐。

5. 酒母罐培养

一些小厂可用两只 200～300 L 带盖的木桶（或不锈钢罐）培养酒母。木桶洗净并经硫黄烟熏杀菌，4 h 后向一桶中注入新鲜成熟的葡萄汁至 80%的容量，加入亚硫酸，使其 SO_2 含量达 100～150 mg/L，搅匀，静置过夜。吸取上层清液至另一桶中，随即添加 1～2 个玻璃瓶培养酵母，25 ℃培养，每天搅动 1～2 次，经 2～3 d 至发酵旺盛即可使用。每次取培养量的 2/3，留下 1/3，然后再放入处理好的澄清葡萄汁继续培养。

6. 酒母使用

培养好的酒母一般应在葡萄醪中加入 SO_2，4～8 h 后再加入，以减少游离 SO_2 对酵母的影响。酒母用量一般为 1%～10%，具体视情况而定。

(三)葡萄酒活性干酵母的应用

1. 复水活化后直接使用

在 35～42 ℃的温水(或含糖 5%的水溶液、未加 SO_2 的稀葡萄汁)中加入 10%的活性干酵母,小心混匀,静置使之复水活化,每隔 10 min 轻轻搅拌一次,20～30 min 后,酵母已经复水活化,可直接添加到加入 SO_2 的葡萄汁中进行发酵。

二维码 4-7 活性干酵母的活化

2. 活化后扩大培养制成酒母使用

将复水活化的酵母投入澄清的含 80～100 mg/L SO_2 的葡萄汁中培养,扩大比为 5～10 倍。培养至酵母的对数生长期后,再次扩大培养。为了防止污染,活化后酵母的扩大培养不超过 3 级。培养条件与一般的酒母相同。

二、酒精发酵的管理与控制

(一)影响酵母菌生长和酒精发酵的因素

1. 温度

液态酵母活动的最适温度为 20～30 ℃。当温度达到 20 ℃时,酵母菌的繁殖速度加快,在 30 ℃时达到最大值;而当温度继续升高到 35 ℃时,其繁殖速度迅速下降,酵母菌呈疲劳状态,酒精发酵有停止的风险。只要在 40～45 ℃下保持 1～5 h 或在 60～65 ℃下保持 10～15 min 就可杀死酵母。

(1)发酵速度与温度 在 20～30 ℃的温度范围内,每升高 1 ℃,发酵速度就可提高 10%。因此发酵速度(即糖的转化)随着温度的提高而加快。但是,发酵速度越快,停止发酵越早,因为在这种情况下,酵母菌的疲劳现象出现较早。

(2)发酵温度与产酒精效率 在一定范围内,温度越高,酵母菌的发酵速度越快,产酒精效率越低,而生成的酒精度就越低。因此,如果要获得高酒精度的葡萄酒,必须将发酵温度控制在足够低的水平上。

(3)发酵临界温度 当发酵温度达到一定值时,酵母菌不再繁殖,并且死亡,这一温度就称为发酵临界温度。如果超过临界温度,发酵速度就大大下降,并引起发酵停止。在一般情况下,发酵危险温区为 32～35 ℃。在控制和调节发酵温度时,应尽量避免温度进入发酵危险温区,而不能在温度进入发酵危险温区以后才开始降温,因为这时,酵母菌的活动能力和繁殖能力已经降低。

红葡萄酒的发酵最佳温度为 26～30 ℃,而白葡萄酒和桃红葡萄酒的发酵最佳温度为 18～20 ℃。

2. 通风

酵母菌繁殖需要氧,在完全的无氧条件下,酵母菌只能繁殖几代,然后就停止。这时,只要给予少量的空气，它们又能出芽繁殖。如果缺氧时间过长，多数酵母菌细胞就会死亡。

在酒精发酵以前，对葡萄的处理（破碎、除梗、泵送以及对白葡萄汁的澄清等）保证了部分氧的溶解。在发酵过程中，氧越多，发酵就越快、越彻底。因此，生产中常用倒罐来保证酵母菌对氧的需要。

3. 酸度

酵母菌在中性或微酸性条件下，发酵能力最强。如在 pH 为 4.0 的条件下，其发酵能力比在 pH 为 3.0 时更强，在 pH 很低的条件下，酵母菌活动生成挥发酸或停止活动。因此，酸度高并不利于酵母菌的活动，但却能抑制其他微生物（如细菌）的繁殖。

4. 酵母代谢产物的影响与酵母菌皮的利用

在发酵过程中，酵母菌本身可以分泌一些抑制自身活性的物质。这些抑制发酵的物质是酒精发酵的中间产物，主要是脂肪酸。所以除去这些脂肪酸可以促进酒精发酵，防止发酵中止。例如，用活性炭可以吸附这些脂肪酸。

酵母菌皮同样具有这种吸附特性。发酵前加入 0.2～1 g/L 的酵母菌皮，可大大加速发酵，而且可使发酵更为彻底。虽然与对照相比，加入酵母菌皮并不增加酵母群体总量，但可提高发酵结束时的酵母存活数量。因此，酵母菌皮的作用与存活因子的作用完全一致，而且其效果最佳的条件也与存活因子的最佳使用条件一致。酵母菌皮除可防止发酵中止外，还可使发酵停止的葡萄酒重新发酵。

（二）发酵的控制

1. 温度的控制

（1）温度过高（>30 ℃） 为了避免发酵温度过高带来的各种后果，一旦温度高于 30 ℃时，可用喷淋冷却、利用板式换热器或双管换热器冷却、用冰进行冷却等各种方式进行降温。还可通过推迟发酵来间接降温，如高浓度 SO_2 处理（0.30 g/L）、加入酒精以及对葡萄汁进行离心处理等。但这些方式较难掌握，使用不当会带来严重后果。

（2）温度过低 在一些地区或较冷的年份，葡萄原料的品温只有 10～12 ℃。在这种条件下，酵母菌的活动受到抑制。因此，必须进行升温处理才能使酒精发酵触发。可用各种方式进行升温，如：①在上述设备中通入热水；②将少部分发酵基质加热（应低于 80 ℃）后再倒入发酵罐内，使罐内发酵基质达到 17～18 ℃，以利于酵母菌的活动；③将发酵环境的温度提高；④为了加速发酵的触发，一方面可减少 SO_2 的用量，另一方面可大量加入活力旺盛的酵母菌。

2. 倒罐

倒罐就是将发酵罐底部的葡萄汁泵送至发酵罐上部。倒罐的作用：①发酵基质能混合均匀；②压帽，防止皮渣干燥，促进液相和固相之间的物质交换；③发酵基质能通风，提供氧，以利于酵母菌的活动，并可避免 SO_2 还原为 H_2S。

一般情况下，在发酵过程中进行 3～4 次倒罐就行。第一次为封闭式倒罐，在 SO_2 处理后马上进行，倒罐量可为 1/5，以便发酵基质充分混合。第二次为开放式倒罐，在添加酵母时进行，倒罐量可为 1/20。在发酵顺利触发以后，再进行一次开放式倒罐，倒罐量可为 1/5，以使酵母菌均匀地分布在整个发酵罐内。根据发酵的进展情况，如果发酵进行缓慢，可进行一次开放式倒罐，以加速发酵。

二维码 4-8　酒精发酵温度控制

二维码 4-9　倒罐的控制

3. 酒精发酵过程中泡沫的预防

在酒精发酵过程中，由于 CO_2 的释放，可能会形成泡沫，引起溢罐。为了防止溢罐，在入罐时，就只能利用罐容量的一半，这会造成设备的浪费。因此，特别是在美国的一些葡萄酒产区，一般用能提高表面张力的添加剂，以减少泡沫的形成并破坏其稳定性。使用较为普遍的抗沫剂有两种：一种是二甲基聚硅氧烷，另一种是油酸二甘油酯和油酸单甘油酯的混合物，都完全无毒。它们的用量都应低于 10 mg/L，而且不得残留在葡萄酒中，特别是在过滤后的葡萄酒中。由于它们的利用，在酿造红葡萄酒时，装罐可达 75%～80%，而对于白葡萄酒，可装罐 85%～90%。但是 OIV(2006)只允许使用二油酸甘油酯和单油酸甘油酯的混合物。

4. 酒精发酵的中止

发酵过程中，若 24～48 h 发酵汁的密度不再下降，表示有发酵中止的危险，会严重影响葡萄酒的质量，必须采取适当的措施：①环境、设备应保持良好的卫生状况，并及时对原料进行 SO_2 处理，防止致病性微生物的活动；②入罐时适量加入 NH_4HSO_3，不仅可产生 SO_2，还可为酵母菌提供可同化氮；③生产白葡萄酒时，葡萄汁的澄清处理不能过度，若澄清过度，加入适量的纤维素，有利于葡萄汁的发酵；④防止野生酵母的活动，须及时添加酵母，如白葡萄酒应在澄清后立即添加，红葡萄酒在 SO_2 处理 12 h 后添加；⑤若原料缺氮，氮素的补充在发酵开始（比重在 1.06～1.05）时最为有效，可结合开放式倒罐和加糖（如果需要）添加；⑥发酵过程中，每天 1.5～2 倍（原料的量）的开放式倒罐有利于酵母菌的活动。

第五节　苹果酸-乳酸发酵的控制

一、引发苹果酸-乳酸发酵的乳酸细菌

引发苹果酸-乳酸发酵的乳酸菌（malolactic bacteria，MLB）分属于明串珠菌属（*Leuconostoc*）、乳杆菌属（*Lactobacillus*）、片球菌属（*Pediococcus*）和酒球菌属（*Oenococcus*）。它们都能把存在于葡萄酒中的天然 *L*-苹果酸转变成 *L*-乳酸。按照乳酸菌对糖代谢途径和产物种类的不同，可将它们分为同型乳酸发酵细菌和异型乳酸发酵细菌。由于葡萄酒中的 MLB 多数为异型乳酸发酵细菌，所以，经苹果酸-乳酸发酵后，葡萄酒中的挥发酸含量都有不同程度的上升。按照乳酸菌对葡萄酒酿造的作用，又可将它们分为两类：一类是可以正常引发苹果酸-乳酸发酵；另一类则可以使葡萄酒败坏，如片球菌属。到目前为止，在葡萄酒中发现的引发苹果酸-乳酸发酵的乳酸菌包括以上 4 个属，40 余种。

二维码 4-10 乳酸菌及苹果酸-乳酸发酵

在葡萄酒酿造中常见的引发苹果酸-乳酸发酵的乳酸菌是酒类酒球菌(*Oenococcus oeni*)、灰色明串珠菌(*Leuc. gracile*)、肠膜明串珠菌(*Leuc. mesenteroides*)、植物乳杆菌(*Lact. plantarum*)、希氏乳杆菌(*Lact. hilgardii*)、短乳杆菌(*Lact. brevis*)。用于苹果酸-乳酸发酵商业发酵剂的细菌只有酒类酒球菌和植物乳杆菌，其中酒类酒球菌发酵剂最为常用。

二、苹果酸-乳酸发酵的机理及作用

(一)苹果酸-乳酸发酵的机理

苹果酸-乳酸发酵是在葡萄酒酒精发酵结束后，在 MLB 的作用下，将 *L*-苹果酸分解成 *L*-乳酸和 CO_2 的过程，而且唯独这一类微生物才具有将 *L*-苹果酸转变为 *L*-乳酸的能力。这种转变是 *L*-苹果酸在苹果酸脱羧酶(即苹果酸-乳酸酶)的催化下，直接转变成 *L*-乳酸和 CO_2 的过程，该脱羧酶为诱导酶，只有当苹果酸和可发酵糖存在时，细菌才能在胞内合成该酶，同时需 NAD^+[烟酰胺腺嘌呤二核苷酸(nicotinamide adenine dinucleotide，NAD)]作为辅酶和 Mn^{2+} 作为激活剂，而 *L*-乳酸和葡萄酒中其他有机酸是它的竞争性抑制剂。相关研究结果还证明，有机酸对细菌的抑制作用比对苹果酸-乳酸酶更为强烈。因此有机酸不仅通过决定基质的 pH，还通过对苹果酸-乳酸酶的特异性抑制来影响苹果酸-乳酸发酵。这种转变与细菌分解葡萄糖产生乳酸的情况不同，*L*-苹果酸分解只生成 *L*-乳酸。这一途径可表示如下：

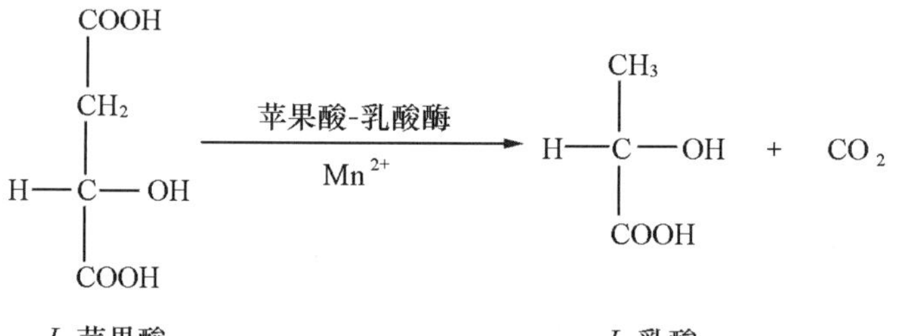

L-苹果酸　　　　*L*-乳酸

(二)苹果酸-乳酸发酵对葡萄酒质量的影响

1. 降酸作用

在较寒冷地区，葡萄酒的总酸尤其是苹果酸的含量可能很高，苹果酸-乳酸发酵就成为理想的降酸方法。*L*-苹果酸转变为酸味柔和的 *L*-乳酸，二元酸向一元酸的转化使葡萄酒总酸下降，酸涩感降低。降酸幅度取决于葡萄酒中苹果酸含量及其与酒石酸的比例。通常，苹果酸-乳酸发酵可使总酸下降 1～3 g/L。

2. 增加细菌学稳定性

苹果酸和酒石酸是葡萄酒中两大固定酸。与酒石酸相比，苹果酸为生理代谢活跃物质，易被微生物分解利用。而葡萄酒进行苹果酸-乳酸发酵可使苹果酸分解，不仅能适度降酸，而且苹果酸-乳酸发酵完成后，经抑菌、除菌处理，能使葡萄酒细菌学稳定性增加，从而可以避免在贮存过程和装瓶后可能发生的细菌发酵。

3. 风味修饰

苹果酸-乳酸发酵的另一个重要作用是通过颜色、口感、香气等变化来影响葡萄酒风味。

(1)颜色　苹果酸-乳酸发酵后，葡萄酒的色度有所下降，这是因为乳酸菌利用了与 SO_2 结合的物质，如丙酮酸、α-酮戊二酸等，释放出 SO_2，游离的 SO_2 会与花色苷结合而降低酒的色度。

(2)味道　苹果酸-乳酸发酵除能降低葡萄酒的酸度，增加 pH 外，还能降低葡萄酒的生涩味。在大罐中进行苹果酸-乳酸发酵时，总酚量有所降低；在木桶中进行苹果酸-乳酸发酵时能引起鞣花单宁的相互作用，而降低总酚量；另外，苹果酸-乳酸发酵能加大单宁聚合程度和增加单宁胶体层。这些变化会使酒的口感变得柔和。

(3)香气　在苹果酸-乳酸发酵中葡萄酒的果香味没有被破坏，反而会增加，这是因为发酵过程中植物性草本风味(生青味)减少，使水果风味更好地展现出来。酒类酒球菌具有 β-葡萄糖苷酶和 β-半乳糖苷酶的活性，它们在苹果酸-乳酸发酵过程中可以分解香味前体物质，释放出具有果香味的萜烯化合物。乳酸菌还会产生强烈的像奶油、坚果、橡木等香味物质，这些香气能很好地与葡萄酒中的水果风味相融合，增加葡萄酒的香气复杂性。

4. 乳酸细菌可能引发的病害

在不含糖的干红和一些干白葡萄酒中，苹果酸是最易被乳酸细菌降解的物质，尤其是在 pH 较高(3.5～3.8)、温度较高(>16 ℃)、SO_2 浓度过低时或苹果酸-乳酸发酵完成后不及时采取终止措施的情况下，几乎所有的乳酸菌都可变为病原菌，引起葡萄酒病害，伴随着苹果酸-乳酸发酵而发生酒石酸发酵病(或称泛浑病)、甘油发酵病(或称苦败病)、乳酸性酸败病、油脂病、甘露糖醇病、微量糖和戊糖的乳酸发酵引起发黏等病害。因此必须严格控制苹果酸-乳酸发酵。

三、苹果酸-乳酸发酵的管理与控制

(一)苹果酸-乳酸发酵的必要性

苹果酸-乳酸发酵的必要性，要视当地葡萄酒的类型、含酸量以及葡萄的品种等来定。

1. 葡萄酒的类型

(1)红葡萄酒　进行苹果酸-乳酸发酵可加速酒的成熟，提高感官品质和稳定性，应进行苹果酸-乳酸发酵。

(2)白葡萄酒　苹果酸-乳酸发酵难免会损害其香味的洁净优雅，大多数产品则以不进行为好。

(3)桃红葡萄酒　要看其偏向，一般认为偏向于红葡萄酒的类型，如橘红、砖红葡萄酒是进行苹果酸-乳酸发酵对酒的风味有利，而偏向于白葡萄酒的类型，如淡红葡萄酒是不经过这一发酵为有利。

(4)起泡酒　一般要完成这一发酵，才益于进行二次酒精发酵。

总之，如果希望获得醇美、丰满、适于贮藏的葡萄酒，应该完成苹果酸-乳酸发酵，而如果想获得香浓、口味爽、尽早上市的葡萄酒，则应防止这一发酵进行。

2. 葡萄酒的含酸量

在某些地区或某些年份，因葡萄未能正常成熟而导致葡萄酒太酸，可利用苹果酸-乳酸发酵降低酸度而提高酒质，即使对于如法国波尔多地区的高酸度白葡萄酒质量的提高也是非常有益的；但若使用含酸量低的葡萄酿酒，则苹果酸-乳酸发酵会使葡萄酒口味乏力且无清爽感，葡萄酒酸度太低，无论什么酒都要慎重对待是否进行这一发酵。

3. 葡萄的品种

有些品种的葡萄在用于酿造葡萄酒时，如果进行苹果酸-乳酸发酵，就会使其典型的果香味消失，因而不能进行这一发酵；但也有一些品种的葡萄，其天然果香太浓，会使葡萄酒不谐调，而苹果酸-乳酸发酵可以使其得到改善，使葡萄酒的香气更加完满。

（二）自然诱发苹果酸-乳酸发酵及控制

根据条件的差异，苹果酸-乳酸发酵的自然发生开始时间并不一致，它有时是在酒精发酵结束时，人们延长酒在发酵罐内的滞留时间发生的，有时是在第一次倒桶之后发生的，也有时发生得很晚，甚至在第二年春季或夏初发生。因此，应尽量提供良好的条件，促使苹果酸-乳酸发酵尽早进行，以缩短从酒精发酵结束到苹果酸-乳酸发酵触发这一危险期所持续的时间。自然诱发苹果酸-乳酸发酵需要采取以下措施。

1. 温度的控制

要保证苹果酸-乳酸发酵的触发和进行，必须使葡萄酒的温度稳定在18～20 ℃。因此，在红葡萄酒浸渍结束转罐时，应尽量避免温度的突然下降，在气候较冷的地区或年份，还必须对葡萄酒进行升温处理。但必须注意，如果温度高于22 ℃，生成的挥发酸含量则较高，会影响葡萄酒的质量。

2. pH 的调整

酒精发酵结束后，苹果酸-乳酸发酵能否启动与葡萄酒的 pH 关系密切。通常需要进行苹果酸-乳酸发酵的葡萄酒的 pH 在3.1～3.4范围内，而乳酸菌的最适生长 pH 都在4.8以上，而且 pH 越低，对菌体的生存与生长的影响就越大。若 pH 在2.9以下，则不能进行苹果酸-乳酸发酵。葡萄酒的 pH 低于3.2时，乳酸菌很难繁殖，只有当乳酸菌的群体数量足够大（$>10^6$ CFU/mL）时，苹果酸-乳酸发酵才能进行。在这种条件下，可采取一些措施降酸，提高 pH，触发苹果酸-乳酸发酵：①CO_2 浸渍可分解部分苹果酸；②酸酵母最多可分解30%的苹果酸；③分离时，可用 $KHCO_3$ 提高葡萄酒的 pH。葡萄酒的 pH 高于3.3时，绝大部分都会发生苹果酸-乳酸发酵。

3. 通风

酒精发酵结束后，对葡萄酒适量通风有利于苹果酸-乳酸发酵的进行。但应尽量保证容器处于填满状态，以避免醋酸菌的活动。

4. 酒精和 SO_2

酒精是乳酸菌在葡萄酒中生长的主要抑制因子，一般认为，当葡萄酒中的酒精含量超过

8%～10%(体积分数)时,便成为影响乳酸菌生存和生长的主要因素;酒精含量超过10%时,便成为苹果酸-乳酸发酵的抑制因子,是人工接种的主要障碍。虽然有些乳酸菌在非常高的酒精含量(>20%)下可以存活,但当酒精含量达到14%时,这种抑制作用变得越来越明显。

乳酸菌对游离 SO_2 极为敏感,结合态 SO_2 也会影响它们的活动。一般来说,总 SO_2 在100 mg/L以上,或结合态 SO_2 在50 mg/L以上,或游离 SO_2 在10 mg/L以上时,就可抑制葡萄醪中乳酸菌繁殖。在大多数温带地区,如果对原料或葡萄醪的 SO_2 处理超过70 mg/L,葡萄酒的苹果酸-乳酸发酵就较难顺利进行。向酒精发酵后的葡萄酒中添加30～50 mg/L SO_2,就能阻止苹果酸-乳酸发酵,因此酒精发酵结束时,不能对葡萄酒进行 SO_2 处理。

5. 其他

带皮发酵的葡萄酒比单独葡萄汁发酵的葡萄酒更易触发苹果酸-乳酸发酵。将酒渣保留于酒液中或延长酒液与酒脚接触时间,由于酵母自溶而利于乳酸菌生长并促进苹果酸-乳酸发酵。澄清操作越彻底就越难引发苹果酸-乳酸发酵。红葡萄中的多酚类化合物能抑制苹果酸-乳酸发酵;酒中的氨基酸,尤其是精氨酸却对苹果酸-乳酸发酵具有促进作用。还可利用正在进行苹果酸-乳酸发酵的葡萄酒接种的方法,来引发苹果酸-乳酸发酵。

(三)人工诱发苹果酸-乳酸发酵及控制

添加人工培养的乳酸菌种到果醪和葡萄酒中,人为地引发苹果酸-乳酸发酵,可以克服自然乳酸菌存在状况差别大、不稳定、诱发及质量难控制等问题。有利于提高苹果酸-乳酸发酵的成功率,便于控制苹果酸-乳酸发酵的速度、时间和质量。为了满足这一需求,现在市场上有很多工业化生产的活性干乳酸菌,可根据需要,在不同的条件下进行苹果酸-乳酸发酵。

1. 酒精发酵前接种

据研究报道,在装罐时加入植物乳杆菌,苹果酸的分解在酒精发酵前就开始,而且不发酵基质中的糖,不产生挥发酸,也不影响酵母菌的活性。在酵母的繁殖过程中,细菌逐渐消失。该方法有效性的最主要限制因素是游离 SO_2。如果游离 SO_2 高于10 mg/L,该菌系的活性急剧下降,不能保证苹果酸-乳酸发酵的顺利结束。但如果 SO_2 处理与接种之间有一定的间隔时间,则该菌系可忍受50 mg/L的总 SO_2 质量浓度。据报道,无须活化即可直接接种于葡萄汁或正在进行酒精发酵的葡萄酒中的活性乳酸菌 Viniflora LP,接种后可立即触发苹果酸的分解,并在3～7 d结束,且过程中不影响酒精发酵和不产生挥发酸。该产品是由纯培养植物乳杆菌经冷冻获得的活性干乳酸菌。

2. 酒精发酵后接种

在酒精发酵结束后,为了触发葡萄酒的苹果酸-乳酸发酵,需添加人工诱发剂。目前,国内外市场上已有工业化生产的活性干乳酸菌,但是用活性干乳酸菌有效地控制苹果酸-乳酸发酵,必须满足以下条件:①葡萄酒的总 SO_2 通常不能超过80 mg/L;②活性干乳酸菌在接种前应在稀释1倍并含有5 g/L酵母菌自溶物、pH为4.5的含糖为80 g/L的葡萄汁中活化24～72 h,使活化乳酸菌群体数量达到 10^7 个/mL;③发酵温度必须控制在18～20 ℃的范围内,pH在3.2以上。

3. 苹果酸-乳酸发酵的新技术

(1)苹果酸-乳酸酶的研究和应用　苹果酸-乳酸发酵的实质是乳酸菌中的众多酶类参与生化作用的结果。根据这一机理，目前已研制出苹果酸-乳酸酶。这为控制苹果酸-乳酸发酵开辟了新的途径。研究人员正在努力提高这类酶对葡萄酒高 SO_2 浓度、高酒精度、低 pH 等条件的适应能力，并力求用游离酶或固定酶接种葡萄酒的方式促进苹果酸-乳酸发酵。

(2)固定化乳酸菌进行苹果酸-乳酸发酵的应用　由于乳酸菌的生长受葡萄酒的 pH、SO_2 浓度、酒精浓度的抑制，加之发现了静止乳酸菌细胞也可迅速降解苹果酸，并非在生长中的乳酸菌才能发生苹果酸的降解，所以近年来日本等国进行了固定化乳酸细胞进行苹果酸-乳酸发酵的研究。由于反应器存在易污染杂菌、固定化剂和固定化细胞会脱落于葡萄酒中以及连续发酵细胞的活性会逐渐下降等缺点，尚需进一步完善，才能应用于工业化生产。

(四)乳酸菌代谢的控制

在苹果酸-乳酸发酵过程中，只形成一种乳酸，即 *L*-乳酸；而当乳酸菌分解其他任何葡萄酒构成成分时，都会同时形成 *L*-乳酸和 *D*-乳酸两种乳酸。在酒精发酵过程中，一些酵母菌也可形成少量的乳酸，特别是 *D*-乳酸的含量一般为 200 mg/L，所以葡萄酒中 *D*-乳酸的含量就可作为控制乳酸菌代谢的重要指标。当 *D*-乳酸的含量过高时，表明乳酸菌开始分解苹果酸以外的葡萄酒构成成分。利用酶分析法分析测定葡萄酒中 *D*-乳酸的含量可以在过量挥发酸出现以前，迅速准确地鉴别出乳酸菌的代谢途径，以及时采取措施，防止乳酸菌病害。此外，在苹果酸-乳酸发酵过程中，通过 pH、挥发酸、苹果酸、乳酸等有机酸的分析检测，可以监控发酵的进程以及是否正常。

(五)苹果酸-乳酸发酵结束的控制

苹果酸-乳酸发酵的结束，并不会导致活乳酸菌群体数量的下降。在适宜条件下，它们可以以平衡状态较长期地存在于葡萄酒中。在此期间，乳酸菌的活动可作用于残糖、柠檬酸、酒石酸、甘油等葡萄酒成分，引起多种病害和挥发酸含量的升高。因此，在所有苹果酸消失后，应立即分离出葡萄酒，并同时加入 SO_2(50～80 mg/L)以杀死乳酸菌。用于抑制苹果酸-乳酸发酵的其他方法，也可用于终止该发酵。

(六)苹果酸-乳酸发酵的抑制

对于那些不适合进行苹果酸-乳酸发酵的葡萄酒，应在酒精发酵结束后防止微生物的活动，方法包括：①分离并添加足够的 SO_2(50～80 mg/L)，添满、密封。10～14 d 后再次分离。②降低储酒温度(15 ℃左右)。③添加化学抑制剂。美国允许在葡萄酒中添加富马酸(0.5 g/L)来抑制细菌的生长。④添加细菌素。乳酸链球菌素(nisin)、植物乳杆菌素(plantaricin)、片球菌素(pediocin)可以抑制葡萄酒乳酸菌的生长，但尚未用于葡萄酒实际生产中。⑤添加溶菌酶。溶菌酶对乳酸菌具有很好的溶菌效果，而且随着葡萄酒的 pH 的增加，酶活增强。但由此带来的白葡萄酒浊度增加和红葡萄酒色泽不稳定等一系列问题还待解决。

第六节　葡萄酒的后处理、包装及质量标准

一、葡萄酒的贮存(陈酿)

新鲜葡萄汁(浆)经发酵而制得的葡萄酒称为原酒。原酒不具备商品酒的质量水平,还需要经过一定时间的陈酿和适当的工艺处理,使酒质逐渐完善,最后达到商品葡萄酒应有的品质。

(一)贮存的目的

1. 促进酒液的澄清和提高酒的稳定性

在发酵结束后,酒中尚存在一些不稳定的物质,如过剩的酒石酸盐、单宁、蛋白质和一些胶体物质,还带有少量的酵母及其他微生物,影响葡萄酒的澄清,并危害葡萄酒的稳定性。在贮存过程中,由于葡萄原酒中的物理、化学及生物学的特性均发生变化,蛋白质、单宁、酒石酸、酵母等沉淀析出,结合添桶、换桶、下胶、过滤等工艺操作可实现葡萄酒的澄清。

2. 促进酒的成熟

新葡萄酒由于各种变化尚未达到平衡、谐调,酒体显得单调、生硬、粗糙、淡薄,经过一段时间的贮存,使幼龄酒中的各种风味物质(特别是单宁)之间达到和谐、平衡,酒体变得和谐、柔顺、细腻、醇厚,并表现出各种酒的典型风格,这就是葡萄酒的成熟。

(二)贮存条件

贮酒一般需在低温下进行,老式葡萄酒厂贮存过程是在传统的地下酒窖中进行,随着近代冷却技术的发展,葡萄酒厂的贮存已向半地上、地上和露天贮存方式发展。

贮存容器通常有三种形式,即橡木桶、水泥池和金属罐,当今除高档红葡萄酒及某些特种酒外,不锈钢罐及露天大罐正在取代其他两种容器(优质白葡萄酒用不锈钢罐最佳)。

二维码 4-11　橡木桶陈酿

贮存温度通常在 15 ℃左右,因酒而异。一般干白葡萄酒的酒窖温度为 8～11 ℃,干红葡萄酒的酒窖温度为 12～15 ℃,新干白葡萄酒及酒龄在 2 年以上的老干红葡萄酒的酒窖温度为 10～15 ℃,浓甜葡萄酒的酒窖温度为 16～18 ℃。贮存湿度,以相对湿度 85%为宜。贮存环境应空气清新,不积存 CO_2,故须经常通风,通风操作宜在清晨进行。

葡萄酒的贮存期应合理,一般白葡萄酒为 1～3 年,干白葡萄酒则更短,为 6～10 个月;红葡萄酒由于酒精含量较高,同时单宁和色素物质含量也较多,色泽较深,适合较长时间的贮存,一般为 2～4 年;其他生产工艺不同的特色酒,更适宜长期贮存,一般为 5～10 年。

(三)贮存中的管理

1. 隔绝空气、防止氧化

(1)罐内充惰性气体　在酒进入贮罐前,先在罐内充 CO_2 或 N_2,将罐中空气赶走;进酒结束后,用 CO_2 或 N_2 封罐,使罐压保持 10～20 kPa。

CO_2 能较久地留于酒中,含量为 0.2～0.3 g/L 就足以防止酒氧化,对酒具有独特的保护作用。N_2 因不溶于水,不影响酒的口味,而起到良好的隔氧作用。若在葡萄酒进行巴氏灭菌和灌瓶时充 N_2,则更为合适;也可将 15%的 CO_2 与 85%的 N_2 混合用于葡萄酒的隔氧。

(2)补加 SO_2　发酵结束后葡萄酒进行贮存时,原来添加的 SO_2 大多已呈结合状态,而只有游离 SO_2 才能起到应有的各种作用。故应适量补加 SO_2,以达到防止氧化、防腐和保持葡萄酒香味的目的。

2. 换桶

换桶是将酒从一个容器换入另一个容器,同时采取各种措施以保证酒液以最佳方式与其沉淀分离的操作。换桶绝非简单的转移,而是一种沉析过程,分离出来的沉渣称为酒泥(或酒脚)。换桶的目的是:①调整酒内溶解氧含量,逸出饱和的 CO_2。②分离酒脚,使桶(池)中澄清的酒和底部酵母、酒石等沉淀物质分离。③调整 SO_2 的含量。SO_2 的补加量,视酒龄、成分、氧化程度、病害状况等因素而定,但一般不超过 100 mg/L。

换桶的次数,因酒的质量和酒龄及品种等因素而异。酒质粗糙、浸出物含量高、澄清状况差的酒,倒桶次数可多些。贮存前期倒桶次数多些,随着贮存期的延长而次数逐渐减少。一般干红葡萄酒在发酵结束后 8～10 d,进行第 1 次倒桶,去除大部分酒脚。再经 1～2 个月,即当年的 11—12 月,进行第 2 次开放式倒桶,使酒接触空气,以利于成熟。再过约 3 个月,即翌年春天,进行第 3 次密闭式的倒桶,以免氧化过度。干白葡萄酒的倒桶,必须采用密闭的方式,以防止氧化、保持酒的原有果香。

3. 添桶

为了防止葡萄酒氧化和被外界的细菌污染,必须随时保持贮酒桶内的葡萄酒装满。而由于气温、蒸发、CO_2 逃逸等原因,桶中会出现酒液不满或溢出的现象,故须添加同质同量的酒液或排出少量酒液,这一操作称为添桶,也称满桶。

添桶的时间及次数取决于空隙形成的速度,而后者又取决于温度、容器的材料和大小以及密封性等因素,故应以实际情况和效果而定。一般情况下,橡木桶贮存的葡萄酒每周添两次,金属罐贮存则每周添一次。酒精体积分数在 16%以上的甜葡萄酒,可抵御杂菌在酒液表面生长,不必添酒,而且能使酒中某些成分氧化,以形成特有的风味。用大型不锈钢罐贮酒,可在空隙部分充入惰性气体,保压贮存。

添酒时要用同龄、同种、同质量的原酒,若无同质量的酒添酒,只能用老酒添注新酒。添酒后调整 SO_2,然后再用高度白兰地或食用酒精轻轻添在液面上层,以防止液面的杂菌繁殖。

4. 瓶贮

瓶贮是指酒装瓶后至出厂前的一段过程。它能使葡萄酒在瓶内进行继续陈化,达到最佳的风味。使葡萄酒香味谐调、怡人的某些成分,只能在无氧条件下形成,而瓶贮则是较理想的方式。对葡萄酒而言，桶贮和瓶贮是两个不能相互替代或缺少的阶段。

装瓶时的软木塞必须紧密，不得有渗漏现象。瓶颈空间应较小，使酒中残存的氧气很快消耗殆尽。酒瓶应卧放，使木塞浸入酒中，以免木塞干燥而酒液挥发或进入空气。

瓶贮期因酒种和酒质而异，但至少半年。一些名贵葡萄酒的瓶贮期至少 1～2 年。若在装瓶前采取的净化和防氧化措施较充分，则瓶贮期可相应缩短。总之，瓶贮时间的选择应使每一种葡萄酒供应消费者时，正好达到最高品质或最佳状态。

5. 快速老熟和陈酿

采用传统老熟方法，特别是需 4 年瓶贮的酒，葡萄酒厂家常常在经济上不能承受。厂家会选择不进行老熟或短时间老熟，采用某些特殊的可控制的技术，以较短的时间和低廉的成本来获得传统老熟方法可得到的结果。可以考虑采用的快速老熟和陈酿的新技术主要有：①将橡木片浸泡在不锈钢贮罐中，使有效成分浸出；②采用有控制地限量氧化的方法来加速陈酿；③在厌氧条件下，通过加热来提供瓶贮香气；④采用科学的、合理的后修饰（勾兑）技术等。例如将第一种具果香的酒与第二种具木桶老熟特征的酒和第三种具瓶贮风格的酒合理勾兑，其质量有可能好于将这三种酒单独采用传统的成本昂贵的陈酿方法处理后的酒中的任何一种。

二、葡萄酒的澄清与稳定性处理

（一）下胶澄清

下胶澄清就是在葡萄酒内添加一种有机或无机的不溶性成分，使它在酒液中产生胶体的沉淀物，将悬浮在葡萄酒中的大部分浮游物，包括有害微生物在内一起固定在胶体沉淀上，下沉到容器底部，使酒液澄清透明。下胶的材料主要有以下几种。

1. 明胶

明胶可吸附葡萄酒中的丹宁、色素，因而能减少葡萄酒的粗糙感。不仅可用于葡萄酒的下胶，还可用于葡萄酒的脱色。下胶时，先将明胶用软化水浸泡 24 h，使其吸水膨胀变软，再在 45～50 ℃下补水加热搅拌，直到完全化开，趁热加少量葡萄酒冲稀，再加入酒中，搅拌，静止澄清。明胶用量因酒而异，实际生产前应做实验室小试确定，以防过量。下胶过量常出现在白葡萄酒中，而红葡萄酒则含有足够量的丹宁将胶液絮凝、沉淀。为了避免下胶过量，可使用硅藻土-明胶结合下胶的方法，这种方法在德国使用较为广泛。

2. 鱼胶

鱼胶是用某些鱼的鱼鳔制成的，在冷水中可膨胀，并且变得不透明，可溶于热水，但有 3% 左右的杂质。它在使用时，只能用冷水进行膨胀，而不能加热。鱼胶是白葡萄酒的高级澄清剂。在处理白葡萄酒时，鱼胶与明胶比较有以下优点：①用量少，澄清效果好，且葡萄酒具光泽；②它的沉淀作用所需丹宁量少；③不会造成下胶过量。但由于鱼胶价格昂贵，一般用于高级葡萄酒及特殊加工酒的澄清。

但由于鱼胶的絮块比重小，在使用后形成的酒脚体积大，下沉速度慢并可结于容器内壁，其絮块还会堵塞过滤机。因此，下胶后必须进行两次分离。鱼胶的用量为 20～50 mg/L。最好的使用方法为：先制备含有 100 g 酒石酸和 20 g SO_2 的 100 L 水溶液，将 1 000 g 鱼胶倒入该溶液中，并进行搅拌。几天后，将颗粒用钢刷搅烂，并过筛，然后加入待处理的葡萄酒中。

3. 蛋白

蛋白是用鲜鸡蛋清经干燥获得的，呈白色细末状，在水中溶解不完全，但溶于碱液，具有除单宁和色素的性能。它的澄清作用快，适于优质红葡萄酒的下胶，不能用于白葡萄酒。

使用时，先将蛋白调成浆状，再用加有少量碳酸钠的水进行稀释，然后注入葡萄酒中。用量为60～100 mg/L。除蛋白外，也可使用鲜蛋清，其效果与蛋白相同。在使用时，先将蛋清调匀，并逐渐加水。加水量为每10个蛋清加1 L水，最好在每个蛋清中加入1 g NaCl。用量为每1 000 L葡萄酒20个蛋清。

国内有些厂家经反复试验和生产性探索，获得蛋清与小比例的皂土配合下胶的新技术，使葡萄酒的澄清与稳定性有较大提高。这种技术一方面可增加下胶的强度和速度，另一方面不会引起红葡萄酒明显的颜色损失，而且可避免下胶过量的危险，并使红葡萄酒快速达到稳定的状态。

4. 酪蛋白

酪蛋白是牛奶的提取物，不溶于水而溶于碱液，在酸性溶液中能去除酒中不稳定的色素物质而产生沉淀。1 L鲜牛奶中含有30 g左右的酪蛋白。因此，鲜牛奶可使葡萄酒澄清、脱色、脱味。但欧盟禁止用牛奶对葡萄酒下胶。

使用酪蛋白时，先将1 kg酪蛋白在含有50 g碳酸钠的10 L水溶液中用水浴加热溶解，再用水稀释至2%～3%，并立即使用。如果仅仅用于葡萄酒的澄清，酪蛋白的用量为150～300 mg/L。如果使用浓度较高(500～1 000 mg/L)还可使变黄或氧化白葡萄酒或用红色品种酿造的白葡萄酒脱色，除去异味并增加清爽感，沉淀部分铁。此外，由于酪蛋白的沉淀是酸度的作用，所以不会下胶过量。因此，酪蛋白是白葡萄酒最好的下胶材料之一，尤其适用于处理铁浑浊的白葡萄酒。

5. 皂土

皂土(又称膨润土)是一种胶质粒子，可固定水而明显增加自身体积，在电解质溶液中可吸附蛋白质和色素而产生胶体的凝聚作用，可用于葡萄酒的稳定和澄清处理，一般用于澄清蛋白质浑浊或下胶过量的葡萄酒效果很好，对于因金属离子引起的浑浊(特别是铜的沉淀)也有很好的作用。但对于因带有负电荷的胶粒而浑浊的葡萄酒，其作用效果就差，这种情况下，以皂土与明胶一起用的方法为好。

皂土的用量：一般为400～1 000 mg/L。在使用时，应先用少量热水(50 ℃)使皂土膨胀。在这一过程中，应逐渐将皂土加入水中并搅拌，使之呈奶状，然后再加入葡萄酒中。

另外还可添加硅藻土、聚乙烯吡咯烷酮、亚铁氰化钾、果胶酶、橡木锯屑等。

(二)离心澄清

当处理浑浊的葡萄酒时，离心机可使杂质或微生物细胞在几分钟内沉降。有些设备能在操作的同时，把沉渣分离。在实践中离心机多用于对新葡萄酒的澄清，因新酒含大量杂质，若用过滤很快会堵塞孔眼。此外，在发酵后短时间内进行新酒的澄清是为了除去酵母细胞，经过这样的处理之后，酒在贮存中败坏的可能性就较小。离心机有多种类型，大致可分鼓式、自动出渣式和全封闭式。

(三)稳定性处理

澄清葡萄酒有时也会浑浊，产生沉淀。例如，如果葡萄酒中金属物质或仅仅是酒石酸氢钾含量过高，虽然经过下胶等澄清处理，但仍然会产生沉淀，影响葡萄酒的销售。澄清葡萄酒的变浑主要有三方面的原因：氧化性浑浊、微生物性浑浊和化学性浑浊。由化学沉淀引起的浑浊通常称为“破败”。稳定性处理的方法有以下几种。

1. 热处理

葡萄酒的热处理效应不仅可以起到杀菌作用，还可改善葡萄酒的品质，加速葡萄酒的成熟，增加葡萄酒的稳定性(包括蛋白质絮凝沉淀、去除铜离子、形成保护性胶体、防止结晶沉淀、杀菌和破坏氧化酶)。

根据热处理的目的不同，热处理的温度和时间也不相同。表 4-5 列出了各种热处理的温度和时间组合。

表 4-5　热处理效应和温度-时间组合

处理	目的	温度-时间*
巴氏杀菌	杀菌	55 ℃、60 ℃、65 ℃下几分钟
瞬间巴氏杀菌	杀菌、酶稳定	90 ℃、100 ℃下几秒钟
热装瓶	杀菌	45～48 ℃装瓶，瓶内自然冷却
热稳定	除去白葡萄酒的蛋白质，除去过多的铜离子	75 ℃下 15 min；60 ℃下 30 min
空调贮载	某些种类葡萄酒的催熟，瓶内催熟	30～45 ℃下几天；通风或不通风 19～22 ℃下几周，根据酒种而定

注：* 温度为葡萄酒的温度。

热处理能够加快酒的老熟，但会使酒的果香和新鲜感变弱，热处理后的酒已不适应现代葡萄酒的质量要求。因此，高档葡萄酒一般是不宜使用热处理的，只采用冷处理，以除去冷浑浊物，并注意减少酒与氧的接触。

2. 冷处理

低温是葡萄酒稳定和改良质量的重要因素，已成为葡萄酒生产极其重要的工艺条件。低温除能促进酒石酸盐沉淀、铁和磷化物沉淀、胶体沉淀(果胶类、蛋白质和单宁色素等)和活细胞沉淀以外，还对葡萄酒具有加速陈酿、改善感官质量的作用。

冷处理的方法有自然冷冻和人工冷冻两种。自然冷冻是利用冬季的低温冷冻葡萄酒，适于当年发酵的新酒。人工冷冻有直接冷冻和间接冷冻两种形式。直接冷冻就是在冷冻罐内安装冷却蛇管和搅拌设备，对酒直接降温。间接冷冻则是把酒罐置于冷库内。直接冷冻效率高，为大多数葡萄酒厂采用。

冷处理的温度以高于其冰点 0.5～1 ℃为宜。葡萄酒的冰点与酒精度和浸出物含量等有关，可根据经验数据查找出相对应的冰点。通常酒精体积分数在 13%以下的酒，其冰点温度值约为酒精度值的 1/2。如酒精度为 12%，则假定其冰点为－6 ℃，则冷处理温度应为－5 ℃。冷处理时间通常在－7～－4 ℃下冷处理 5～6 d 为宜。

结合冷处理和晶核效应的方法，可以达到处理时间短，还不需将葡萄酒的温度降至 0 ℃以下，节省能源的效果。此方法要求迅速强烈降温，使酒很快（5～6 h）达到需求温度（0 ℃），然后添加晶种，搅拌，加速结晶析出，有利于酒的澄清和酒石分离。此处所加入的酒石晶种可重新使用，一般红葡萄酒可使用2～3次，白葡萄酒可使用5～8次。

3. 偏酒石酸处理

偏酒石酸是目前稳定酒石比较有效的添加剂，由酒石酸脱水而得，对酒石酸氢钾和酒石酸钙都有良好的稳定效果。其作用原理是偏酒石酸由于吸附作用而布满在酒石酸盐的晶体表面，从而包被酒石酸盐晶体，阻止那些微小的盐晶体相互结合变成更大的晶体沉淀。

在葡萄酒中，偏酒石酸缓慢水解，重新形成酒石酸，从而逐渐失去其保护作用。偏酒石酸的有效期限主要决定于葡萄酒的贮藏温度：温度越低，其作用期限越长。如在0 ℃下，其作用可持续几年，而在25 ℃下，其作用只能持续1～2个月。如果葡萄酒在夏天前处理装瓶，则在冬天时，就可能不再受偏酒石酸的保护，所以偏酒石酸处理只能用于那些很快将被消费的葡萄酒。在使用前，先用冷水溶解偏酒石酸（200 g/L），然后立即加入葡萄酒，其用量不得大于100 mg/L。加入的时间应在下胶以后，过滤以前。

4. 阿拉伯树胶处理

阿拉伯树胶可形成保护性胶体，本身很稳定，可阻止非稳定胶体的凝结。因此，阿拉伯树胶可防止澄清葡萄酒的胶体性浑浊和沉淀。但它也可通过同样的作用稳定胶体性浑浊，所以阿拉伯树胶只能用于澄清葡萄酒。

阿拉伯树胶的使用量根据不同情况而有所差异。为了防止白葡萄酒中的铜破败，其用量为100～150 mg/L；为了防止铁破败或用于红葡萄酒的色素稳定，则可用200～250 mg/L。阿拉伯树胶一般在装瓶过滤前使用。阿拉伯树胶绝对不能用于贮藏时间长的葡萄酒。因为它会阻止陈葡萄酒沉淀的自然形成，使葡萄酒呈乳状，颜色浑暗。

5. 活性炭处理

活性炭只许用于白葡萄酒的脱色，如色素的溶解、氧化等原因而引起颜色过深的葡萄酒。其用量一般为100～500 mg/L，最大用量不得超过1 000 mg/L。此外，活性炭处理不得既用于葡萄汁，又用于葡萄酒。

6. 离子交换树脂处理

葡萄酒在酿造过程中，有时金属离子如Fe^{3+}、Cu^{2+}、Ca^{2+}、Mg^{2+}、Pb^{2+}、K^{+}等含量较高，会导致酒的浑浊和沉淀，如酒石酸氢钾沉淀析出。若葡萄酒经过离子交换树脂处理，可以去掉过多的金属离子和酒石酸盐类，并能吸附细菌，抵抗微生物活动，提高酒的稳定性。当然，如果处理不当，会影响葡萄酒的质量。因此，该方法只适于处理一般品质的葡萄酒。

（四）过滤

除下胶等处理工艺外，过滤是获得清澈透明的葡萄酒必不可少的技术手段之一。葡萄酒工业中常用的过滤机有棉饼过滤机、硅藻土过滤机、膜过滤（也称纸板或除菌过滤）机等。

葡萄酒的过滤有粗滤和精滤之分，通常须在不同阶段进行3次过滤。第1次过滤在下胶澄清或调配后，采用硅藻土过滤机进行粗滤，以排除悬浮在葡萄酒中的细小颗粒和澄清剂颗粒。第2次过滤在葡萄酒经冷处理后，在低温下趁冷利用棉饼过滤机或硅藻土过滤机过滤，以分离悬浮状的微结晶体和胶体。第3次过滤采用纸板过滤或超滤膜精滤，以进一步提高透明度，防止发生生物性浑浊，通常在葡萄酒装瓶前进行。为了达到理想的过滤效果，得到清澈透明的葡萄酒，一般需要多次过滤。一般的小厂只用棉饼过滤机过滤1次就装瓶，这要求必须下胶完全。

三、葡萄酒的包装和杀菌

葡萄酒常见的是瓶装酒（玻璃瓶装、塑料瓶装、水晶瓶装），国外还有采用复合膜袋装干、半干葡萄酒的。瓶塞有软木塞（一般用于高级葡萄酒和高级起泡葡萄酒）、蘑菇塞（一般用于白兰地等酒的封口，用塑料或软木制成）和塑料塞（一般用于起泡葡萄酒的封口）3类。

灌装要求在标准容积的瓶内注入准确体积的酒体，留下一定的顶空以备加塞和防备膨胀。根据灌装时的酒液温度又可分为常温装瓶、热装瓶和冷装瓶。冷装瓶是近年来的新灌装方法，对保持酒的新鲜果香非常有利。再辅以隔氧灌装这一新技术，即空瓶灌装时，先充入CO_2或N_2，赶走瓶中的空气，然后装入葡萄酒；尽量地减小液面与木塞间的空隙，这就可有效地控制灌装时瓶中溶解氧的含量，防止酒的氧化。

一般酒精度低于16%的葡萄酒，在装瓶后均应进行杀菌。可采用巴氏杀菌法，使瓶中心温度达到65～68 ℃，保持30 min即可。

四、葡萄酒的质量标准

目前，我国葡萄酒相关的国家标准中除《葡萄酒》（GB/T 15037—2006）外，还包括我国特有的山葡萄品种的《山葡萄酒》（GB/T 27586—2011）和特种葡萄酒的《冰葡萄酒》（GB/T 25504—2010）。此外，国家市场监督管理总局根据《地理标志产品保护规定》及《地理标志产品　标准通用要求》（GB/T 17924—2008）制定了《地理标志产品　贺兰山东麓葡萄酒》（GB/T 19504—2008）、《地理标志产品　昌黎葡萄酒》（GB/T 19049—2008）、《地理标志产品　通化山葡萄酒》（GB/T 20820—2007）、《地理标志产品　烟台葡萄酒》（GB/T 18966—2008）、《地理标志产品　沙城葡萄酒》（GB/T 19265—2008）等地理标志产品的国家标准。通过国家标准的制定，对酿酒葡萄种植、葡萄酒生产到贮存、运输各过程进行规范化管理。

第七节　典型葡萄酒生产工艺

一、红葡萄酒生产工艺

酿制红葡萄酒一般采用红皮白肉或皮、肉皆红的葡萄品种。我国酿造红葡萄酒主要以干红葡萄原酒为原料，然后按标准生产成半干、半甜、甜型葡萄酒。红葡萄酒生产工艺流程见图4-2。

红葡萄酒生产工艺有以下特点：①有的酿酒工艺中，酒精发酵和色素、香味成分的浸提同时进行，有的则分别进行。②为有效进行浸提作用，发酵温度高于白葡萄酒的发酵温度；在发

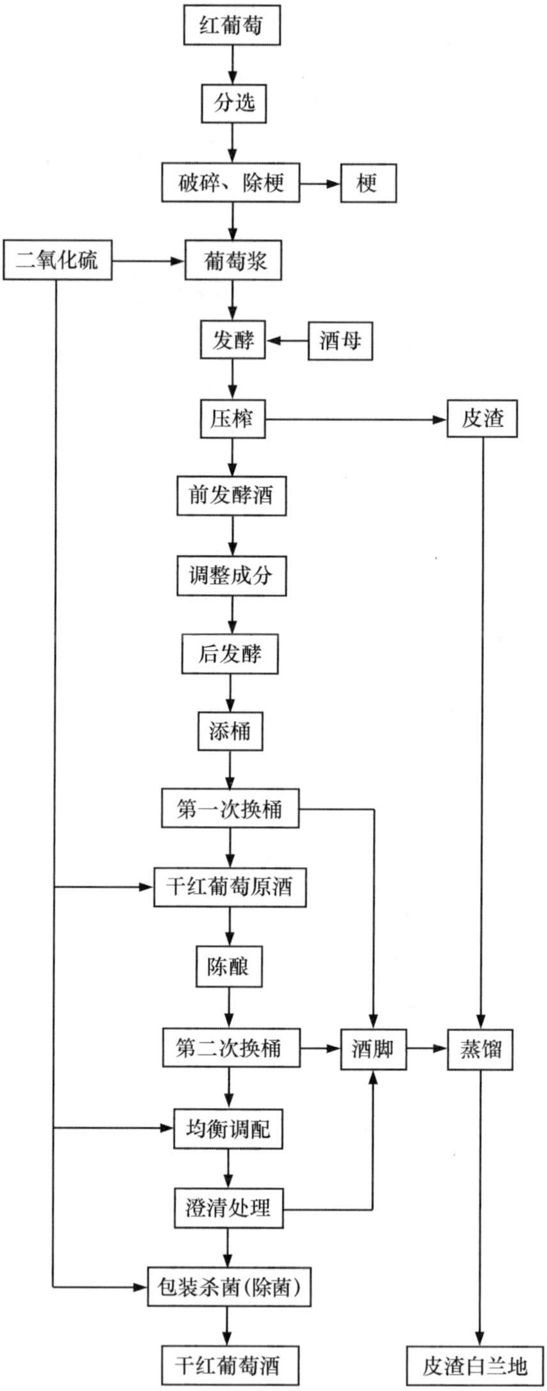

图 4-2 红葡萄酒生产工艺流程

酵过程中要靠外界机械动力循环果汁。③由于发酵醪中有较多的单宁等酚类化合物,具有一定的抗氧化能力,故对酒的隔氧抗氧化措施要求不严格。甜红葡萄酒甚至要有轻度氧化,以获得浓馥的酒香和谐调、醇厚的酒体。④名贵的高档红葡萄酒一般要诱导苹果酸-乳酸发酵。

⑤发酵方法上，可分为果汁和皮渣共同发酵（如传统法、旋转罐法、二氧化碳浸渍法和连续发酵法）及纯汁发酵（如热浸提法）。⑥发酵方式分为开放式发酵和密闭式发酵两类，我国传统的红葡萄酒大多采用开放式发酵。近年来，红葡萄酒的生产新方法大都是密闭式发酵。

二维码 4-12　红葡萄酒的酿造(一)　　二维码 4-13　红葡萄酒的酿造(二)　　二维码 4-14　红葡萄酒的酿造(三)

(一)传统的发酵工艺

1. 浸渍与前发酵

在传统的红葡萄酒酿造过程中，浸渍和发酵同时进行，主要目的是进行酒精发酵、浸提色素物质和芳香物质。浸渍与前发酵进行的效果是决定葡萄酒质量的关键。前发酵的管理主要包括以下几点。

(1)填充系数控制　葡萄破碎后送入敞口发酵池，填充系数控制在80%，以防止发酵产热使温度升高和产生大量CO_2不能及时排出所导致的体积增加。

(2)温度管理　红葡萄酒发酵的最适温度范围为25～30 ℃。发酵温度过低，红葡萄皮中的单宁、色素不能充分溶解到酒里，影响成品酒的颜色和口味；发酵温度过高，会影响酵母菌活动，导致发酵中止，引起细菌性病害和挥发酸含量升高，葡萄的果香也会受到损失，影响成品酒香气。在这一温度范围内，28～30 ℃有利于酿造单宁含量高，需较长时间陈酿的葡萄酒；而25～27 ℃则适于酿造果香味浓，单宁含量相对较低的新鲜葡萄酒。

(3)压盖　发酵期间，要将浮在葡萄汁表面的很厚的葡萄皮(称为“皮盖”或“酒盖”)压入葡萄酒醪中，可以充分浸渍皮渣上的色素和香气物质，并防止“酒盖”与空气直接接触而感染有害杂菌，破坏葡萄酒的质量。压盖方式有两种：一种是人工压盖，即用木棍搅拌将皮渣压入汁中或用泵将汁进行循环喷淋到“酒盖”上；另一种是在发酵池四周制成卡口，装上压板，恰好使“酒盖”浸于葡萄汁中。

(4)循环葡萄汁　发酵过程中，进行葡萄汁的循环，可以起以下作用：①增加葡萄酒的色素物质含量；②降低葡萄汁的温度；③开放式循环可使葡萄汁和空气接触，增加酵母的活力；④葡萄浆与空气接触可促使酚类物质的氧化，使之与蛋白质结合成沉淀，加速酒的澄清。

(5)指标监测　每天测定品温和糖度变化状况，并观察发酵面状貌，通常可判断发酵是否正常。若品温过高，须及时冷却降温；若入池后24 h仍无发酵迹象，应分析原因，并采取相应措施。

(6)及时固液分离　一般当酒液残糖量降至0.5%左右，发酵液面只有少量CO_2气泡，“酒盖”已经下沉，液面较平静，发酵温度接近室温，并且有明显酒香时，就表明前发酵结束，应及时进行固液分离，否则将导致酵母自溶。一般前发酵时间为4～6 d。

2. 酒醪固液分离

分离时间应根据葡萄质量及成品酒要求而定。如果生产要求色泽很深或单宁含量高的优质葡萄酒，应推迟除渣，发酵季节温度较低，自流酒的分离应在密度降至 1.000 g/mL 或低于 1.000 g/mL 时进行。使用质量较差的葡萄生产的普通葡萄酒，则应提前除渣，发酵季节的温度又较高，则应在密度为 1.010～1.015 g/mL 时分离出自流酒，以避免高温的不良影响。而且，浸渍时间过长，葡萄酒的柔和性则降低。

出池时先将自流原酒放出，自流酒液通过金属网筛流入承接桶，由泵输入后发酵罐，称为下酒。生产红葡萄酒采用这种方法，可使新酒接触空气，增强酵母的活力，并使酒中溶解的 CO_2 得以逸出。在发酵容器中不再有 CO_2 后进行除渣。从发酵容器中取出的皮渣经压榨后获得压榨酒，与自流酒比较，其中的干物质、单宁以及挥发酸含量都要高些。对压榨酒的处理，可以有各种可能性：①直接与自流酒混合，这样有利于苹果酸-乳酸发酵的触发；②在通过下胶、过滤等净化处理后与自流酒混合；③单独贮藏并作其他用途，如蒸馏；④如果压榨酒中果胶含量较高，最好在葡萄酒温度较高时进行果胶酶处理，以便于净化。

前发酵结束后的醪液中各组分比例为：皮渣占 11.5%～15.5%，自流酒液占 52.9%～64.1%，压榨酒液占 10.3%～25.8%，酒脚占 8.9%～14.5%。压榨设备常用的有卧式双压板压榨机、筐式螺旋压榨机、气囊压榨机、连续压榨机等。压榨所得的压榨原酒与自流原酒成分差异较大，若酿制高档名贵葡萄酒应分别贮存。

3. 后发酵

(1)后发酵的目的　①继续发酵至残糖降为 0.2 g/L 以下。②澄清作用：在低温缓慢的后发酵中，前发酵原酒中残留的部分酵母及其他果肉纤维等悬浮物逐渐沉降，形成酒泥，使酒逐步澄清。③排放溶解的 CO_2。④氧化还原及酯化作用。⑤苹果酸-乳酸发酵的降酸作用。

(2)后发酵管理　原酒进入后发酵容器后，补加 30～50 mg/L SO_2，控制温度在 18～25 ℃(不高于 25 ℃)进行后发酵。后发酵的原酒应避免与空气接触，即要进行隔氧发酵(隔氧措施一般在容器上安装水封)，并要加强卫生管理。正常后发酵时间为 3～5 d，但也可持续 1 个月左右。

(二)旋转罐法发酵工艺

旋转发酵罐是利用罐的旋转，能有效地浸提葡萄皮中含有的单宁和花色素。由于在罐内密闭发酵，发酵时产生的 CO_2 使罐保持一定的压力，能起到防止氧化的作用，同时能减少酒精及芳香物质的挥发。罐内装有冷却管，可以控制发酵温度，不仅能提高质量，还能缩短发酵时间。

目前世界上使用的旋转罐有两种形式：一种是罗马尼亚的 Seitz 型旋转罐(图 4-3)，一种为法国生产的 Vaslin 型旋转罐(图 4-4)。两种罐型传动方式稍有不同，发酵方法也有差异。目前，我国已有这两种型号旋转发酵罐。

1. Seitz 型旋转罐发酵工艺

葡萄破碎后，输入罐中。在罐内进行密闭、控温、隔氧并保持一定压力的条件下，浸提葡萄皮上的色素物质和芳香物质，当诱起发酵、色素物质含量不再增加时，即可进行分离皮渣，将果汁输入另一发酵罐中进行纯汁发酵。前期以浸提为主，后期以发酵为主。旋转罐的转动方式为正反交替进行，每次旋转 5 min，转速为 5 r/min，间隔时间为 25 min。浸提时间因葡萄品种及温度等条件而异。

2. Vaslin 型旋转罐发酵工艺

葡萄浆在罐内进行色素及香气成分的浸提，同时进行酒精发酵，发酵温度为 18～25 ℃，待残糖为 5 g/L 左右时，压榨取酒，进入后发酵罐发酵。发酵过程中，旋转罐每天旋转若干次，转速为 2～3 r/min，转动方向、时间、间隔可自行调节。

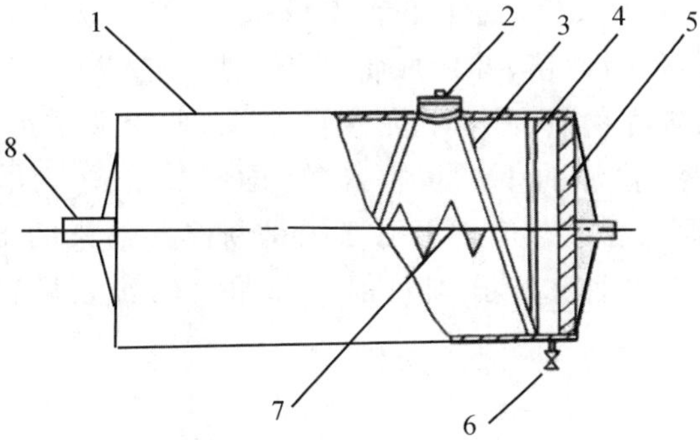

图 4-3 Seitz 型旋转罐

1. 罐体；2. 进料排渣口、入孔；3. 螺旋板；4. 过滤网；5. 封头；6. 出汁阀门；7. 冷却蛇管；8. 罐体短轴

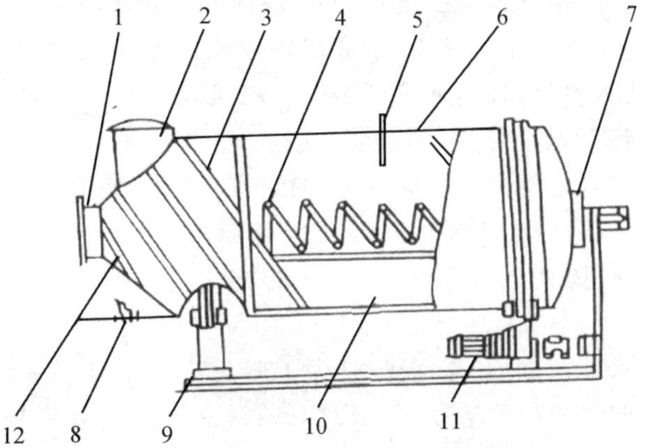

图 4-4 Vaslin 型旋转罐

1. 出料口；2. 进料口；3. 螺旋板；4. 冷却管；5. 温度计；6. 罐体；7. 链轮；8. 出汁阀门；9. 滚轮装置；10. 过滤网；11. 电机；12. 出料双螺旋

(三)CO_2 浸渍法生产红葡萄酒工艺

CO_2 浸渍法(carbonic maceration)简称 CM 法，就是把整粒葡萄放到一个充满 CO_2 气体的密闭罐中浸渍。葡萄经受 CO_2 的浸提后进行破碎、压榨，再按一般方法进行酒精发酵。CO_2 浸渍法不仅用于红葡萄酒的酿造，还用于桃红葡萄酒和一些原料酸度较高的白葡萄酒的酿造。

二维码 4-15 CO_2 浸渍酿造法

在发酵容器中，葡萄浆果以三种形式存在：基部的破碎浆果释放出的果汁；浸在果汁中的整粒葡萄浆果；存在于 CO_2

气体中的整粒葡萄浆果。因此，在 CO_2 浸渍过程中存在着三种转化方式：由酵母菌引起的果汁的酒精发酵；果汁对浸泡于其中的整粒浆果的浸渍；存在于 CO_2 气体中的整粒浆果的无氧代谢，即由酶引起的细胞内发酵。

1. CO_2 浸渍过程中的生物化学变化

CO_2 浸渍过程的实质是在 CO_2 气体中或无氧条件下，即使没有酵母菌的作用，葡萄浆果本身也可将少部分糖转化为酒精，并形成特殊的香气。浸提时浆果内部会发生一系列生物化学变化：酒精和特殊芳香物质的生产，苹果酸减少，琥珀酸增加，氮类物质分解，总酯含量明显增加，双乙酰、乙醛、甘油的生成量提高等；同时还有酚类化合物如色素、单宁的浸提，因而酒体变得柔和，香气悦人。但它要求必须是新鲜无污染的葡萄，酒不能很好地经受陈酿，否则会失去特有的水果香味。我国目前葡萄原料的含酸量较高，采用该法对改善酒质具有重要现实意义。

2. CO_2 浸渍法的管理

(1)整粒葡萄的装罐　在葡萄的采收和运输过程中，应尽量降低浆果的破损率，以最大限度地保证果穗和果粒的完整性。此外，在装罐时，应尽量避免从高处往下倒。在利用 CO_2 浸渍酿造法时，一般不对原料进行除梗。

由于橡木桶的橡木具有通气性，故在进行 CO_2 浸渍时最好使用金属容器或能够密封的水泥池。浸渍容器的盖子应具备便于过多 CO_2 逸出的设施。此外，浸渍容器的容量不能过大，以便能很快地装满。在装满原料以后，从浸渍罐的下部通入 CO_2 的量，应为浸渍罐体积的 3～4 倍，然后将通入的 CO_2 流量调小，以抵消被浆果吸收的 CO_2 量。

在装罐以前，也可先加入占浸渍罐容量 10%的正在发酵的葡萄汁，以对原料进行酵母菌接种，并且通过酵母菌的活动，保证不断地在罐内产生 CO_2 气体。有的酒厂，装罐时也装入部分破碎原料，效果良好。但要使葡萄酒具有明显的 CO_2 浸渍特点，破碎原料的比例应低于 15%。

(2)SO_2 处理　从某种意义讲，CO_2 浸渍是为了避免在发酵前对原料进行 SO_2 处理。但很多试验结果表明，为了抑制细菌的活动，装罐时对原料进行 SO_2 处理具有良好的效果。SO_2 的使用浓度一般为 30～80 mg/L，有时也可达 100 mg/L，处理时，应一边装罐一边加入亚硫酸。

(3)温度控制　在 CO_2 浸渍过程中，温度上升的速度比正常酒精发酵时要慢得多，而且最终所能达到的最高温度也要低一些，这是 CO_2 浸渍酿造最大的优点。CO_2 浸渍的最佳温度为 30～35 ℃，如果使用的浸渍容器容量很大，特别是金属容器，CO_2 浸渍的温度就可能会过低，达不到细胞内发酵的目的。如果在装罐结束后，浸渍罐基部葡萄汁的温度低于 20～22 ℃，就必须迅速地进行升温。延长浸渍时间，也可获得与升温同样的效果。

(4)浸渍时间　浸渍时间主要决定于浸渍温度。如果浸渍温度为 20 ℃，浸渍时间较长，需 15 d 左右；如果温度为 30 ℃，则时间较短，需 8 d 左右。如果酿造红葡萄酒，则 CO_2 浸渍时间一般不能少于 8 d，有时甚至可达 18～21 d。

(5)加酸处理　在葡萄酸度较低的地区，在开始进行 CO_2 浸渍时，应对原料进行加酸处理。因为在 CO_2 浸渍过程中，由于苹果酸的分解，总酸下降，pH 上升，加酸处理不仅可保持一定的总酸量，而且可降低 pH，提高葡萄酒对细菌病害的抗性。加酸处理可用酒石酸，用量为

500～1 500 mg/L。

(6)发酵管理　在 CO_2 浸渍过程中，除每天应测定浸渍温度和罐基部的发酵汁的密度外，还应测定总酸、苹果酸含量的变化以及观察颜色、香气和口味的变化，以便及时进行控制，并决定出罐时间。

(7)自流汁和压榨汁　一般当浸渍罐基部的葡萄汁的密度降到 1.000～1.010 g/mL 或 1.020 g/mL 时进行出罐。在出罐时，一部分为葡萄汁，另一部分为整粒葡萄。与传统酿造方法不同的是，在 CO_2 浸渍酿造中，由整粒葡萄经压榨获得的压榨汁的质量优于自流汁。因此，在 CO_2 浸渍过程中，应尽量提高整粒葡萄的比例。

在 CO_2 浸渍结束以后，将自流汁与压榨汁混合后进行酒精发酵和苹果酸-乳酸发酵。

(四)热浸提法工艺

热浸提法生产红葡萄酒是通过加热浆果，充分提取果皮和果肉的色素物质和香味物质，然后进行皮渣分离，进行纯汁酒精发酵。该法分全部果浆加热、果浆分离出 40%～60%冷汁后的果浆加热及整粒葡萄加热 3 种。

1. 热浸提法的生物化学变化

热浸提法具有以下优点：①能更完全地提取果皮中的色素和其他物质。②热浸提能破坏氧化酶。这可防止酶促褐变以及葡萄酒的浑浊和沉淀产生；避免葡萄酒的颜色变浅，并带瓦红色，具氧化味。③热浸提为更好地控制酒精发酵的温度提供了可能。由于纯汁发酵，不可能形成皮渣的帽，这更有利于发酵热能的释放，同时使降温过程更为简单。④热浸提的果汁酒精发酵速度明显加快。⑤野生酵母被杀死，减少 SO_2 的用量。⑥因不带皮渣，可节约发酵容器的容积。⑦这种工艺生成的红葡萄酒质量均一，且较稳定。

但热浸提法也有以下缺点：①热浸渍不能提高葡萄酒的质量，而且如果热浸渍的时间过短或过长，还会降低质量。②热浸渍酿造法酿成的新酒澄清较为困难。③使用设备较多，耗能较大，也过多地和空气接触，会对产品造成一定的影响。

2. 热浸提法的工艺条件

加热工艺条件分两种：低温长时间加热，即 40～60 ℃，0.5～24 h；高温短时间加热，即 60～80 ℃，5～30 min。例如意大利 Padovan 热浸提设备的工艺为将全部果浆在 50～52 ℃下浸提 1 h，SO_2 用量为 80～100 mg/L，再取自流汁及压榨汁进行前发酵。

(五)连续发酵法

红葡萄酒的连续发酵是指连续供给原料，连续取出产品的一种发酵方法。连续发酵罐的构造有各种形式，但大同小异。在应用的时候，有几个值得注意的技术：①选育适合于连续发酵的优良酵母，凝集性要强。发酵醪必须控制一定的细胞数[$(150～200)\times 10^6$ 个/mL)]。②在连续发酵罐中既要浸提色素又要排渣，同时发酵。为解决这一难题可考虑采用热浸提-连续发酵法，即果浆在 70～75 ℃下加热浸提 3～5 min，压榨后进行连续发酵。③连续发酵灭菌较困难，可考虑选用杀伤性酵母，以防野生酵母的污染。

(六)闪蒸工艺

闪蒸工艺就是在最短的时间内，将经除梗、沥干的葡萄原料的温度提高到 70～90 ℃，然后在低压下瞬间降低到适合发酵的温度(低于 30 ℃)。该方法将原料的加热和在低压条件下的瞬间蒸发结合在一起,正是由于进入分离室内的葡萄醪的压强突降,原料细胞内水分的瞬间蒸发,才导致特别是果皮细胞的破裂,使固体中的物质,更容易被浸提出来。进入分离室的料液的液相沸腾要足够剧烈,以使葡萄醪中的果皮组织解体。闪蒸的同时,使原料的温度降低。这就是闪蒸工艺与热浸提的根本区别。

由于闪蒸工艺破坏了葡萄固体部分的细胞结构,能较多地提取其中的色素、多酚和芳香物质,所以在原料质量优良的条件下,能提高红葡萄酒的质量。例如,用闪蒸工艺酿造的葡萄酒,无论是总酚含量,还是色度都显著高于传统浸渍酿造的葡萄酒。此外,与热浸提工艺一样,由于是用纯汁发酵,可以节约发酵容积。但是,该浸提并不是选择性的,即在浸渍出“优质成分”的同时,也会浸渍出“劣质成分”。因此,如果葡萄的成熟度不好、除梗不够或原料卫生状况较差、原料分选不良,闪蒸工艺也会加重葡萄酒的缺陷,降低葡萄酒的质量。

(七)Beaujolais 酿造法

Beaujolais 是根据法国产地命名的葡萄酒,位于勃艮第地区。葡萄品种为佳美(Gamay)。大部分 Beaujolais 葡萄酒为新鲜葡萄酒,因而在酿造的次年消费,其感官特征为柔和、清爽,果香浓郁。Beaujolais 酿造法可以简单地定义为整粒红葡萄浆果(红皮白汁)浸渍 3~7 d。它综合了传统酿造法和 CO_2 浸渍酿造法的特点,因而有人称之为半 CO_2 浸渍酿造法。

二、白葡萄酒生产工艺

白葡萄酒是用白葡萄汁经过酒精发酵后获得的酒精饮料,在发酵过程中不存在葡萄汁对葡萄固体部分的浸渍现象,其传统生产工艺流程如图 4-5 所示。为此,通常白葡萄酒在葡萄破碎后,为防止多酚物质溶解于酒中,会立即与皮分离,但皮中的芳香物质和有效成分得不到保留;而对于葡萄来说,芳香物质主要存在于葡萄果皮中,设法有效而完善地保留这些芳香物质,是酿造优质白葡萄酒主要努力的方向之一。此外,白葡萄酒的质量,主要由源于葡萄品种的一类香气和源于酒精发酵的二类香气、陈酿香气以及酚类物质的含量所决定。所以,在葡萄品种一定的条件下,葡萄汁的取汁速度及其质量、影响二类香气形成的因素和葡萄汁以及葡萄酒的氧化现象,即成为影响白葡萄酒质量的重要工艺条件。

二维码 4-16 白葡萄酒的酿造(一)　　二维码 4-17 白葡萄酒的酿造(二)

(一)果汁的分离

白葡萄酒与红葡萄酒前加工工艺不同。白葡萄经破碎(压榨)或果汁分离,果汁单独进行发酵,而红葡萄酒压榨在发酵后。果汁分离是白葡萄酒的重要工艺。针对不同的葡萄品种,可

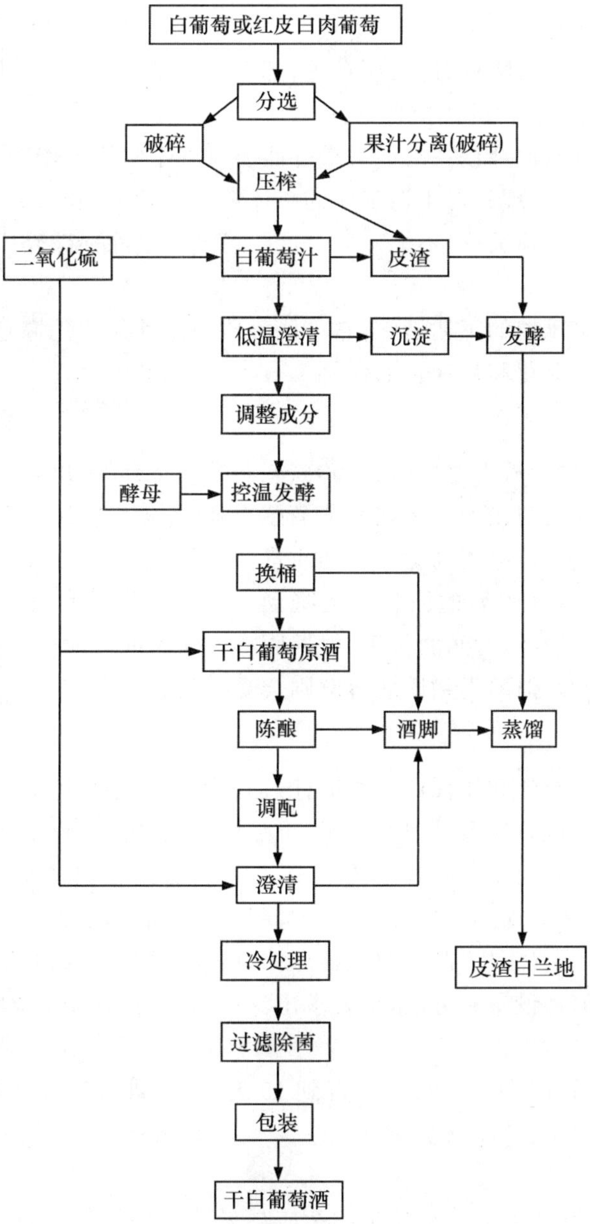

图 4-5　白葡萄酒传统生产工艺流程

以科学地采用先低温浸皮再缓和压榨的工艺，即在葡萄破碎后进行短暂的低温浸皮后再压榨分离发酵。

1. 原料

果汁分离前，原料的选择也要注意，原料的成熟度好，其葡萄酒的香气则复杂、浓郁，而且更为优雅，感官质量当然更好；提高原料成熟度，还能防止酸度过高的问题，这符合近年来消费者对酸度较低的干白葡萄酒的追求趋势。

2. 破碎

原料通过螺旋输送、破碎除梗、连续压榨等,都会增加悬浮物比例而降低白葡萄酒质量,这一方式只能获得50%甚至更少的优质葡萄汁。为了保证取汁的质量,所有带有输送或分离螺旋的设备都必须低速运转,取汁设备的能力最好能明显高于实际工作能力,以保证设备能在低速运转下完成正常的工艺处理。对于该工序的总体要求是除梗完全、破碎适中,尤其对需要低温浸皮工艺的葡萄,破碎必须适度,不能破碎过度。可通过对除梗破碎机的选择或调节来实现所要求的破碎程度。

此外,也可采用直接压榨的工艺措施,它可使优质葡萄汁的比例高达83%~90%,同时也能最大限度地限制浸渍、氧化和悬浮物的比例。

3. 冷浸工艺

为了将存在于果皮中的芳香物质(包括游离态和结合态)浸提出来,就必须在控制条件下,对葡萄果皮进行浸渍,同时防止产生影响葡萄酒感官质量的其他不良反应。除梗并轻微破碎后的葡萄原料的冷浸工艺,可以提高葡萄酒的质量,特别是使一些白葡萄酒更具有品种独特的风格。其方法是尽快地将破碎后的原料温度降到10 ℃以下,以防止氧化酶的活动,然后在5 ℃左右浸渍10~20 h。浸渍时间的长短,根据原料不同而进行选择。在这种条件下,果皮中的芳香物质会进入葡萄酒,但酚类物质的溶解则会受到限制。

4. 和缓压榨

浸渍结束后,分离自流汁和压榨汁。在取汁过程中要防止产生过多的悬浮物。悬浮物的量决定于葡萄品种、原料成熟度及其卫生状况,也受设备机械挤压程度、氧化程度、出汁率及操作是否适当等因素的影响,而悬浮物含量的多少,主要由设备本身的性能决定。因此,如何选择一套能满足酿酒师工艺要求的压榨设备,制取高档酒所需要的葡萄汁尤为重要。常用的压榨机有:果汁分离机、卧式气压机、卧式双压板压榨机、连续压榨机和真空气囊压榨机。葡萄的破碎和榨汁,不论采用何种设备和方法,均要求出汁率高,果汁香味损失小,能最大限度地防止氧化。

果汁分离后,应及时进行SO_2处理,升温到15 ℃左右,进行澄清。

(二)果汁澄清

果汁澄清的目的是在发酵前将果汁中的杂质尽量减少到最低含量,以避免葡萄汁中的杂质因参与发酵而产生不良的成分,给酒带来异味、杂味。尤其是酿制优质干型、半干型的白葡萄酒,从质量上越来越趋向于新鲜、保持天然水果的芳香和滋味。

为了获得洁净、澄清的葡萄汁,可采用SO_2低温静置澄清法、果胶酶生化处理法、皂土物理澄清法、机械离心法、低温过滤法等。

(三)白葡萄酒的发酵(低温发酵)

低温发酵是白葡萄酒发酵管理的一项重要工作,温度高有以下危害:①易于氧化,减少原葡萄品种的果香。②低沸点芳香物质易于挥发,降低酒的香气。③酵母活力减弱,易感染醋酸菌、乳酸菌等杂菌,造成细菌性病害。酵母的选择除对酿造风味好这一重要条件外,还应能适应低温发酵平稳、有后劲，发酵彻底、不留较多残糖，抗 SO_2 能力强，以便能抑制野生酵母和其他微生物的生长，发酵结束后，酵母凝聚，能较快地沉入容器底部，使酒易澄清。

白葡萄酒发酵温度一般以 16～22 ℃为宜，主发酵期为 15 d 左右。白葡萄酒发酵目前常采用密闭夹套冷却的钢罐，也有采用密闭式冷却后汁回到发酵罐发酵的。主发酵后残糖降低至 5 g/L 以下，即可转入后发酵。后发酵温度一般控制在 15 ℃以下。在缓慢的后发酵中，葡萄酒香和味更为完善，残糖继续下降至 2 g/L 以下。后发酵约持续 1 个月。发酵期间的操作、各项管理内容、酒液成分指标及异常发酵现象的处置措施等，均同红葡萄酒发酵工艺。

（四）白葡萄酒防氧化措施

白葡萄酒中含有多种酚类化合物，如色素、单宁、芳香物质等，这些物质具有较强的嗜氧性，与空气接触时，它们很容易被氧化，生成棕色聚合物，使白葡萄酒的颜色变深，酒的新鲜感减少，甚至造成酒的氧化味，从而引起白葡萄酒外观和风味的不良变化。发酵过程中主要注意：①在前发酵阶段，要严格控制品温；②在后发酵期间，控制在较低的温度，并尽量避免酒液接触空气，如补加 SO_2 总量至 100 mg/L、注意水封、每周用品种同质量的酒液添罐 1 次等；③用含皂土 0.02%～0.03%的澄清酒液（或葡萄汁），以减少氧化物质和降低氧化酶的活性；④在发酵前后，罐内充入氮气或 CO_2 等惰性气体；⑤凡与酒液（或果汁）接触的铁、铜等金属工具及设备，需涂以食用级防腐蚀涂料。

除上述措施外，在其他工序应注意：①选择葡萄的最佳成熟期进行采摘，以免产生过熟霉变现象；②葡萄先经 10 ℃以下的低温处理后，再进行快速榨汁，果汁在 5～10 ℃的低温下加入 SO_2，并进行低温澄清或离心澄清；③成品酒在装瓶前，添加 SO_2、维生素 C 等抗氧化剂。

（五）半干、半甜或甜型白葡萄酒酿造的特殊工艺

由于国际标准禁止在葡萄酒中添加糖，所以有时为了生产半干、半甜或甜型葡萄酒，则可首先酿造优质的干白葡萄酒，然后在销售前将之与用 SO_2 稳定的葡萄汁或浓缩葡萄汁混合。由于参与混合的原料都具有微生物稳定性，很容易使混合后的产品获得良好的稳定性。

还有一种方法是分别酿造干白葡萄酒和部分发酵葡萄汁。部分发酵葡萄汁是当其酒精度达到 2%～2.5%（体积分数），含糖量为 150～200 g/L 时，先用 100 mg/L SO_2 处理，再在低温下进行除菌过滤，或者将 SO_2 处理后的葡萄汁在密闭罐中充入 15 g/L CO_2 进行低温贮存（5～8 ℃），以抑制细菌的活动。然后在装瓶前将干白葡萄酒和部分发酵葡萄汁进行混合，在无菌条件下装瓶。

为了保证所酿造的葡萄酒的生物稳定性，必须进行巴氏杀菌、除菌过滤或进行热装瓶。

（六）超提工艺

所谓超提，就是先将完整的葡萄原料冷冻，然后用解冻后的原料酿造葡萄酒。在葡萄冷冻/解冻的过程中，其细胞和组织被破坏，从而提取出果皮中的芳香物质。与传统工艺相比，超提工艺所酿造的白葡萄酒的香气和口感都要浓郁得多，其酸度降低，但酚类物质含量提高，从而使葡萄酒的颜色变深。显然，对果皮细胞的破坏会使果皮中的酚类物质更容易进入葡萄汁中。因此，对解冻以后的葡萄原料的压榨应迅速，压力不能太大，然后要进行足够量 SO_2 处理

和适宜的澄清处理。

(七)缺氮发酵法

甜型葡萄酒最大的问题是贮存过程中的生物稳定性,特别是酵母菌的再发酵。如果将葡萄汁和葡萄酒中可供酵母菌利用的氮源(包括铵态氮和肽)完全消耗掉,则酵母菌就不能活动或活动很困难,这就是缺氮发酵法的原理。其具体操作为:在酒精发酵开始 24 h 后,当酵母菌正旺盛活动、消耗汁中的氮源最多时,进行过滤或离心处理,使酵母菌与葡萄汁分开,最好用离心机进行处理,避免过滤面堵塞。这样获得的葡萄汁,其一半左右的糖已被发酵,含氮量要少得多,使葡萄酒几乎不可能再发酵。

三、桃红葡萄酒生产工艺

桃红葡萄酒为含有少量红色素,略带红色色调的葡萄酒,其生产工艺介于果渣浸提与无浸提之间,最常用的原料品种有:玫瑰香(Muscat Hamburg)、歌海娜(Grenache)、神索(Cinsault)、西拉(Syrah)、马尔贝克(Malbee)、梅洛(Merlot)、佳里酿(Carignan)、品丽珠(Cabernet Franc)等。

二维码 4-18 桃红葡萄酒的酿造

1. 直接压榨发酵

如果原料的色素含量高,则可采用白葡萄酒的酿造方法酿造桃红葡萄酒,但用这种方法酿成的桃红葡萄酒,往往颜色过浅。因此,使用这种方法必须满足以下两方面的条件:①使用色素含量高的葡萄品种;②能在破碎以后立即进行均匀的 SO_2 处理,以防止氧化。在原料成熟良好的情况下,使用这种方法酿成的桃红葡萄酒,如佳丽酿葡萄酿造的酒,色泽最深。

2. 带皮浸提发酵

以佳丽酿葡萄为原料,在葡萄浆中添加 100 mg/L SO_2,静置 4 h,再取汁发酵;以玫瑰香葡萄为原料,添加 50 mg/L SO_2,静置 10 h 后,再取汁发酵。SO_2 添加量多,葡萄浆的 pH 低,有利于葡萄皮中色素等成分浸出。

3. 冷浸法取汁发酵

适用于该法的葡萄为皮红肉白的品种。在葡萄浆中添加 50 mg/L SO_2 后,在 5 ℃条件下浸提 24 h,再取汁于 20 ℃下发酵。

4. 红葡萄和白葡萄果浆混合浸提发酵

红葡萄与白葡萄的比例通过实验室小试而定,以葡萄品种而异,通常,红葡萄与白葡萄的用量为 1∶3。葡萄混合破碎后,添加 SO_2,静置一段时间后,再取汁发酵。

5. 采用 CO_2 浸提法取汁发酵

浸渍温度为 15 ℃,时间为 48 h。

6. 原酒调配法生产桃红葡萄酒

以佳丽酿葡萄为原料，先采用带皮发酵法制取红原酒，以纯汁发酵法制取白原酒，再将干白原酒与干红原酒按 1∶1 的比例调和；若以玫瑰香葡萄为原料，则将干白原酒与干红原酒按 1∶3 的比例调和。

第五章　黄酒生产

第一节　概　　述

黄酒(Huangjiu)是指以稻米、黍米、玉米、小麦、水等为主要原料,经加曲和(或)部分酶制剂、酵母等糖化发酵剂酿制而成的发酵酒,因优质成品黄酒的颜色为橙黄色至深褐色,故称为黄酒。黄酒营养丰富,色泽鲜明,香气浓郁,口味独特,广受消费者喜爱。它是以大米、黍米、玉米和小麦等谷物为主要原料,经过蒸煮、糖化、发酵、压榨而成的非蒸馏酒,具有酒精度高[酒精度可达22%(体积分数)]、边糖化边发酵、高浓度发酵醪等特点。传统黄酒生产一般选择在冬季进行,在低温、长时间的发酵条件下,一方面有利于抑制杂菌生长,保证发酵醪不会腐败变质;另一方面有利于多种高级醇、有机酸、酯类、醛类等香味物质的形成。

黄酒是世界上最古老的饮料酒之一,是中华民族的国粹和珍贵遗产,在世界三大发酵古酒(黄酒、啤酒和葡萄酒)中,黄酒是唯一起源于中国的酿造酒。黄酒作为一种低度酒饮料,不但营养价值很高,而且能够促进消化、提高机体免疫力、促进血液循环、提高记忆力、预防心脑血管疾病、抗衰老等,具有"酒仙""珍浆"之美称,是养生保健的佳品。黄酒香气浓郁,甘甜味美,风味醇厚,除饮用外,还可以作为调味料在菜肴中使用,不但可以去腥,其丰富的氨基酸还能增进菜肴的风味。另外,黄酒还是最好的药引,被历代医学家所使用。

黄酒是中华民族特产,具有深厚的民族文化内涵,极具文化特色。无论是从药用价值、烹调价值、营养价值,还是从振奋民族精神、继承民族珍贵遗产来讲,黄酒都具有较好的发展前景。随着我国综合国力的增强和国际地位的提高,世界各国对中国文化的兴趣迅速升温。黄酒既可作为商品,又可作为文化媒介,随着"一带一路"建设和改革开放的深入,黄酒产业发展迎来了新的机遇和挑战。同时,我国已进入小康社会,人民生活水平显著提高,黄酒消费量稳步提升,黄酒市场逐年扩大。

目前,我国经济处于高质量发展阶段,依靠科技创新能够促进我国黄酒产业高质量发展。目前黄酒产业存在龙头企业现代酿造与中小企业传统酿造交融与并存的现状,为推动黄酒产业高质量发展,实现科技创新成果与产业直接对接,黄酒产业必须做到"在继承中发展,在发展中创新"。新时期国家从高速发展转向高质量发展,黄酒行业也将迎来高质量发展的黄金时期。

一、黄酒的种类

我国黄酒因产地多、分布广,故名称各异,有以产地命名的,如产自浙江绍兴的绍兴黄酒,产自山东的兰陵美酒和即墨老酒；有以其颜色来命名的，如红色的状元红、浅绿色的竹叶青、黑色的黑酒、红黄色的红曲酒等；也有以酿造方法来命名的，如加饭酒、老熬酒等。

(一)按产品风格和含糖量分类

据《黄酒》(GB/T 13662—2018)规定，黄酒可按产品风格和含糖量来进行分类。

1. 按产品风格分类

按产品风格分类，黄酒可分为传统型、清爽型和特型黄酒。

传统型黄酒(traditional type Huangjiu)：以稻米、黍米、玉米、小麦、水等为主要原料，经蒸煮、加酒曲、糖化、发酵、压榨、过滤、煎酒(除菌)、贮存、勾调而成的黄酒。

清爽型黄酒(light type Huangjiu)：以稻米、黍米、玉米、小麦、水等为主要原料，经蒸煮、加入酒曲和(或)部分酶制剂、以酵母为糖化发酵剂糖化、发酵、压榨、过滤、煎酒(除菌)、贮存、勾调而成的口味清爽的黄酒。

特型黄酒(special type Huangjiu)：由于原辅料和(或)工艺有所改变，具有特殊风味且不改变黄酒风格的黄酒。

2. 按含糖量分类

按含糖量分类，黄酒可分为干黄酒、半干黄酒、半甜黄酒和甜黄酒。

干黄酒：总糖(以葡萄糖计)含量≤15.0 g/L。

半干黄酒：总糖(以葡萄糖计)含量为15.1～40.0 g/L。

半甜黄酒：总糖(以葡萄糖计)含量为40.1～100 g/L。

甜黄酒：总糖(以葡萄糖计)含量>100 g/L。

(二)其他分类方法

1. 按生产原料分类

按生产原料分类，黄酒可分为稻米黄酒和非稻米黄酒。

稻米黄酒：糯米黄酒、粳米黄酒、籼米黄酒、黑米黄酒等。

非稻米黄酒：黍米黄酒、玉米黄酒、青稞黄酒、荞麦黄酒等。

2. 按产地分类

按产地分类，黄酒可分为绍兴老酒(浙江省绍兴市)、福建老酒(福建省)、即墨老酒(山东省青岛市即墨区)、兰陵美酒(山东省临沂市兰陵县兰陵镇)等。

3. 按糖化发酵剂分类

按糖化发酵剂分类，黄酒可分为麦曲黄酒、麸曲黄酒、小曲黄酒、米曲(乌衣红曲、黄衣红曲)黄酒等。

4. 按生产工艺分类

按生产工艺分类，黄酒可分为传统工艺黄酒和机械化新工艺黄酒。

传统工艺黄酒又叫老工艺黄酒，其特点是使用传统小曲、麦曲或米曲以及淋饭酒母为糖化发酵剂，在低温条件下，进行长时间的自然多菌种混合发酵，得到风味独特的产品。根据具体加工工艺不同，传统工艺黄酒可分为淋饭酒、摊饭酒和喂饭酒。

①淋饭酒:得名于原料(米饭)蒸熟后采用冷水淋冷使其急速冷却的加工方法。米饭冷却后拌入酒药并搭窝培菌,再加入水和麦曲进行糖化发酵。用淋饭法生产的黄酒,大部分为甜黄酒。由于淋饭后原料冷却速度快,饭粒不结团,便于酒药均匀拌入,饭粒之间空隙较大,有助于好氧微生物在饭粒表面生长繁殖。绍兴"香雪酒"、苏州粳米酒、湖北孝感米酒均是采用此方法酿制的。

②摊饭酒:在黄酒酿制过程中,将蒸熟的热饭摊散在晾场或竹篦上,传统工艺中主要靠自然温差使米饭冷却,现在基本上采用鼓风机吹冷至落缸温度要求,然后将米饭、水、曲及酒母混合后进行糖化发酵。摊饭酒口味浓厚,风味纯正,相比于淋饭酒加工更节约水,也不存在淋饭过程中有机成分的流失。但摊饭法酿制黄酒占地面积大,不适合大规模生产。绍兴黄酒中有很多都是用摊饭法进行酿制的,如绍兴元红酒、加饭酒、善酿酒、仿绍酒、老熬酒、红曲酒等。

③喂饭酒:将酿酒原料分为几批,待第一批原料发酵成为发酵旺盛的酒醪时,再继续分批加入新米饭,使发酵继续进行。喂饭酒的酿制特点是可由少量的酵母通过逐步培养形成大量的酵母醪液。分批喂饭可为酵母提供新鲜的营养物质,促进其生长繁殖,保持持续旺盛的发酵状态,同时,可使原料中的淀粉分批进行糖化发酵,有利于控制发酵温度,增加酒精度,提高出酒率,减少酒中苦味物质的产生。

机械化新工艺黄酒,简称新工艺黄酒。新工艺黄酒基本采用机械化生产,以纯种发酵取代自然发酵,以大型酿造设备操作取代传统小型手工操作,具有生产工艺简化、劳动强度低、糖化发酵过程可控、原料利用率高等优点。

二、黄酒的营养成分与保健作用

黄酒中营养物质十分丰富,素有"液体蛋糕"之美称。黄酒中营养成分主要包括蛋白质、碳水化合物、矿物质、维生素、酚类物质和其他活性成分物质。冬天温饮黄酒,可活血祛寒、通经活络,有效抵御寒冷刺激,预防感冒,适量饮用黄酒有助于血液循环,促进新陈代谢,并可补血养颜;除此之外,利用黄酒还可以做出美味且具有医疗作用的食品,例如黄酒和桂圆(或荔枝)、红枣、核桃、人参同煮,不仅味美,而且具有壮阳助力,益补气血之功效,对体质虚弱、元气损耗等有明显疗效,这种功能优势更是其他酒类饮品无法比拟的。

(一)蛋白质

黄酒中的蛋白质含量很高,多以肽和氨基酸的形式存在。绍兴加饭酒中的蛋白质含量为16 g/L左右,是啤酒的4倍,红葡萄酒的16倍。黄酒含有21种氨基酸,8种人体必需氨基酸,种类齐全。表5-1是4种黄酒中游离氨基酸含量的测定结果。

表5-1 4种黄酒中游离氨基酸含量的测定结果

项目	杭州普通酒	杭州加饭酒(坛)	绍兴加饭酒	杭州加饭酒(瓶)
17种氨基酸总量/(mg/L)	1 821	3 727	2 765	2 556
8种必需氨基酸量/(mg/L)	772	1 625	1 135	897
游离氨基酸占总量/%	42.30	43.60	41.05	35.09

引自:《中国黄酒中营养成分与功能成分的研究进展》(2009)。

(二)碳水化合物

黄酒中的碳水化合物主要包括发酵产生的葡萄糖、果糖、麦芽糖、异麦芽糖、乳糖等,可以直接被吸收到血液而运送到全身,产生能量,其余部分以糖原的形式贮存到肝脏和肌肉中,这些成分经贮存,最终使黄酒成为营养价值极高的低酒精度饮品。表 5-2 是各种黄酒的热值比较。

表 5-2　各种黄酒的热值比较

酒名	酒精含量/%	浸出物含量/%	每升酒的热值/(kJ/L)
绍兴元红酒	16.0	3.5	4.24
绍兴加饭酒	17.5	5.0	5.02
绍兴香雪酒	20.0	2.4	8.40
绍兴善酿酒	16.0	1.5	4.89

引自:《黄酒营养价值的研究》(2000)。

(三)矿物质

矿物质是构成机体组织和维护正常生理功能所必需的物质,按含量的多少分为常量元素和微量元素。黄酒中已检测出的无机元素有 18 种,包括钙、镁、钾、磷等常量元素和铁、铜、锌、硒等微量元素,这些常量元素和微量元素均有防止血压升高和血栓形成的作用,能够预防心血管疾病。因此,适量饮用黄酒,对心脏具有一定的保护作用。表 5-3 是几种黄酒中无机元素含量的测定结果。

表 5-3　黄酒中无机元素含量的测定结果

无机元素含量	古越龙山	会稽山	塔牌	石库门	和酒	金色年华	沙洲优黄	惠泉	丹阳封缸酒
Ag	0.52	0.25	1.08	1.51	0.39	1.30	0.29	0.08	1.54
Al	1 921.08	1 831.36	1 311.02	1 856.17	1 667.16	1 915.13	847.03	736.38	942.05
As	24.03	16.10	14.13	21.52	26.94	23.49	15.36	13.88	29.84
Ba	111.45	73.96	64.66	69.70	83.79	84.90	92.74	77.86	98.71
Ca	32 359.84	17 339.04	12 105.49	8 224.31	10 778.77	8 284.13	13 488.26	11 436.41	12 572.46
Cd	9.82	9.54	7.14	3.49	6.37	4.53	5.45	5.95	6.57
Cr	45.28	30.95	29.09	25.99	30.12	24.66	33.80	24.80	28.70
Cu	238.45	212.90	124.50	97.71	91.08	93.10	97.02	76.51	114.00
Fe	2 342.12	2 237.94	1 741.07	2 070.13	1 353.75	1 698.84	7 28.86	1 034.97	1 815.34
Ga	21.20	9.78	9.01	9.44	10.97	11.49	12.24	10.63	12.44
In	0.21	0.03	2.31	1.84	0.23	0.60	0.04	0.01	0.59

续表 5-3

无机元素含量	古越龙山	会稽山	塔牌	石库门	和酒	金色年华	沙洲优黄	惠泉	丹阳封缸酒
Li	23.71	30.24	48.32	48.11	47.05	50.47	24.49	22.48	39.55
Mn	5 022.41	6 916.13	5 721.53	1 801.00	2 261.09	1 824.68	1 486.78	1 622.45	3124.75
Ni	56.21	63.71	28.69	29.45	36.19	29.02	52.77	14.95	34.98
Pb	7.80	4.07	2.29	3.36	3.71	4.32	5.18	2.06	3.93
Rb	938.40	1 053.71	743.74	539.38	666.45	491.81	320.18	302.42	464.88
Se	4.33	5.03	5.76	4.56	5.03	4.09	3.07	2.90	5.88
Sr	272.50	132.41	181.98	143.31	173.81	141.60	286.65	179.47	179.15
V	30.33	13.75	14.46	39.22	28.06	37.18	35.60	27.32	14.17
Zn	3 661.90	3 114.10	2 899.51	2 246.37	2 704.02	2 057.60	2 152.72	2 150.76	3 124.84

引自:《ICP-MS测定几种不同地域黄酒中的无机元素》(2022)。

由表5-3可以看出黄酒中锌含量较高,为2 057.60～3 661.90 mg/100 g。锌对生长发育、智力发育、免疫功能、物质代谢和生殖功能等均有重要的作用。锌是体内200多种酶的组成成分或激活剂,对人体三大营养物质代谢及免疫调节过程起着重要作用;能够保护RNA多聚酶、DNA多聚酶及逆转录酶活性;促进黄体化激素、促性腺激素、促卵泡激素的代谢,对胎儿生长发育、性器官和性功能的发育均具有重要的调节作用;可提高细胞膜抵抗氧自由基的能力,增强细胞膜稳定性。缺锌可引起RNA、DNA及蛋白质的合成障碍,导致生长停止、脱发、性功能减退、皮肤粗糙等疾病。

黄酒中硒主要来源于原料以及酿酒用水。研究发现,小麦含硒14～59 mg/L,小米含硒25～89 mg/L,玉米含硒8～174 mg/L、薯干含硒12～34 mg/L。山东即墨老酒生产用水含硒0.000 5 mg/L。硒是谷胱甘肽过氧化物酶的重要组成成分,具有清除体内活性氧自由基的作用,因而具有提高机体免疫力、抗衰老、抗癌、保护心血管和心肌细胞等作用。此外,硒还具有调节甲状腺激素代谢、促进生长、保护视觉的作用。

(四)维生素

黄酒中维生素来自酿酒原料和酵母自溶物,其含量十分丰富。根据对绍兴黄酒的检验分析得知,维生素C含量为10.59 mg/100 mL,维生素 B_2 含量为0.141 8 mg/100 mL,维生素 B_{12} 含量为6.456 mg/100 mL,维生素PP含量为1.7 mg/100 mL,同时含有少量维生素D、维生素K、维生素E等。维生素 B_1 参与葡萄糖利用和能量代谢,维护消化系统、神经系统等的正常运行;维生素 B_2 能促进蛋白质的代谢,保护视力、黏膜和皮肤的健康,还能刺激乳汁分泌,参与机体能量代谢、叶酸和维生素 B_6 的代谢;维生素 B_6 除了在蛋白质的代谢方面起重要作用,对维持正常情绪、认知功能和免疫系统功能等十分重要;维生素 B_{12} 参与体内一碳单位的代谢,维持神经系统的正常功能;维生素PP不仅能保持皮肤健康,还能维护消化系统和神经系统的正常运行;维生素C具有抗氧化作用,能够增强机体免疫力,促进胶原蛋白合成和防治坏血病。

(五)酚类物质

黄酒中含有较高的酚类物质,主要来自酿酒原料。酚类化合物具有多种功能活性,包括抗氧化、降血脂、降血糖、防止心血管疾病、抗衰老和抗癌等,对人体健康起到有益作用。在黄酒中,总多酚浓度范围为86.24～115.70 mg/L,儿茶素与丁香酸为含量较高的两种酚类化合物,儿茶素含量为21.73～53.86 mg/L,丁香酸含量为2.11～11.38 mg/L。对古越龙山三年陈黄酒中的9种多酚类物质含量进行检测,结果如表5-4所示。

表5-4　古越龙山三年陈黄酒中的9种多酚类物质含量　mg/L

种类	含量	种类	含量
原儿茶酸	1.52	丁香酸	6.87
(+)-儿茶素	24.60	P-香豆酸	2.94
绿原酸	4.66	芦丁	3.73
咖啡酸	1.24	阿魏酸	2.29
(−)-表儿茶素	1.97		

引自:《黄酒的营养成分与功能因子分析研究》(2021)。

(六)其他活性成分

黄酒中含有较丰富的功能性低聚糖,低聚糖又称为寡糖。由于低聚糖在人体内不能被消化酶分解,因此摄入后不会产生热量;功能性低聚糖被肠道中有益微生物(如双歧杆菌)利用后,能够促进有益微生物增殖,改善肠道微生态环境,具有降低血清胆固醇及血脂水平,提高机体免疫力,改善营养素吸收,预防结肠癌,抗龋齿等作用。谢广发等(2017)采用高效液相色谱法检测得到古越龙山加饭酒中潘糖、异麦芽糖、异麦芽三糖3种低聚糖的含量为7 g/L左右。

生物活性短肽是黄酒在发酵过程中产生的数个氨基酸结合而成的低肽,具有比氨基酸更好的吸收性能,而且许多肽具有原蛋白质或其组成氨基酸所没有的生理功能,如促进钙吸收、降血压、降胆固醇、镇静、神经调节、免疫调节、抗氧化、清除自由基、抗癌等功能。浙江古越龙山绍兴酒股份有限公司与江南大学合作,对加饭酒中的肽类物质进行了研究,发现古越龙山加饭酒中肽含量为12.87～17.55 g/L。采用高效凝胶过滤色谱法测得黄酒中的肽类主要是相对分子质量为1 000以下的小肽,并对酒中的肽类组分进行了提取纯化与体外活性试验,初步鉴定出5种具有降血压活性的多肽,其氨基酸序列分别为Gln-Ser-Gly-Pro、Va*L*-Glu-Asp-Gly-Gly-Val、Pro-Ser-Thr、Asn-Thr、Leu-Tyr,1种具有降胆固醇活性的多肽,其氨基酸序列为Cys-Gly-Gly-Ser。

γ-氨基丁酸是一种重要的抑制性神经递质,相关研究资料表明,γ-氨基丁酸具有改善脑功能、增强长期记忆、减缓紧张、降血压等多种生理功能。日本研究者以富含γ-氨基丁酸的食品进行了医学试验,发现其对帕金森综合征、老年痴呆有显著的疗效。谢广发等(2017)用高效液相色谱法对黄酒中的γ-氨基丁酸进行了测定,发现古越龙山酒中γ-氨基丁酸含量高达167～360 mg/L,由此可见黄酒可作为富含γ-氨基丁酸的保健饮品。

第二节 生产原料

酿造黄酒的主要原料为稻米、黍米、玉米、小麦、水等，所用原料的种类和优劣直接影响黄酒的品质。南方酿造黄酒多以大米为主要原料，包括糯米、粳米、籼米。北方以前主要用黍米、小米酿造黄酒，目前也开始使用糯米、粳米、玉米或小麦酿造黄酒。

一、大米

（一）黄酒酿造用米的种类

大米是黄酒酿造过程中最重要的原料之一，食感越好的大米，其酿造而成的黄酒品质越佳。用于黄酒酿造的大米有 3 种，分别为糯米、粳米、籼米，其中粳糯最佳，籼糯、粳米次之，籼米最次。

1. 糯米

糯米有粳糯和籼糯两种。粳糯米粒较短，呈椭圆形，所含淀粉几乎全部为支链淀粉，有利于蒸煮、糖化及发酵，粳糯蛋白质、脂肪含量相对粳米、籼米较低，糟粕少，所酿的酒酒气香浓、杂味少，因此粳糯是酿制优质黄酒的首选原料米。籼糯米粒较长，呈椭圆形或细长形，所含淀粉大部分为支链淀粉，直链淀粉含量仅为 0.2%～4.6%。

糯米支链淀粉含量高，蒸煮后易糊化，发酵后酒中残留有较多的糊精和低聚糖，使成品黄酒口感醇厚，这就是糯米黄酒“肉子厚”的原因所在。

2. 粳米

粳米粒形较宽，呈椭圆形，硬度大，直链淀粉含量为 15%～23%，由于直链淀粉中淀粉分子排列紧密整齐，浸米吸水和蒸饭糊化较为困难，在蒸煮时需要喷淋热水，只有米粒充分吸水，糊化彻底，才能保证发酵正常进行。使用粳米酿造黄酒的优点在于粳米蒸饭时饭粒松散，彻底糖化后发酵正常，具有较高的出酒率，酒质稳定，单位产量比糯米高，具有较好的经济效益。

3. 籼米

籼米米粒为长椭圆形或细长形，直链淀粉含量一般为 23%～28%，有的高达 35%。籼米质地疏松，透明度较低，精白时容易碎裂。杂交晚籼淀粉含量为 24%～25%，如军优 2 号、籼优 6 号等，可用于酿造黄酒。晚籼米蒸饭后米饭蓬松，冷却后不宜老化回生，质地柔软。而早、中籼米蒸煮时吸水较多，冷却后变硬，回生快，易老化，酿酒性能差。

酿造黄酒的大米应尽量选择淀粉含量高，尤其是支链淀粉，蛋白质、脂肪含量低，新鲜饱满、工艺性能好的大米，以达到产酒率高、香气多、杂味少、酒质稳定的目的。

（二）大米的精白

黄酒酿造用米，除对大米中淀粉含量、淀粉种类有要求外，大米的精白度也是酿酒用米的重要指标之一。大米的精白度用精米率来衡量，精米率按照公式(5-1)计算。

$$精米率(\%)=白米(kg)/糙米(kg)\times 100\% \tag{5-1}$$

精米率越低，精白度越高。随着大米精白度的提高，大米淀粉的比例增加，蛋白质、脂肪、维生素、矿物质、纤维素等含量相对减少，有利于提高黄酒的品质。精白可除去大米表面的矿物质和维生素，可避免发酵过程中酵母营养过剩，导致温度急剧升高和杂菌生长。同时精白可除去大米表面的种皮和纤维素，可促进米粒吸水，更易蒸煮膨化，利于糖化发酵。

二、酿造用水

俗说名泉出好酒，黄酒成分中 80%以上都是水分，在酿造过程中，水充当物料和酶的溶剂，水中所溶解的矿物质及维生素是微生物生长所必需的养分和刺激剂，同时水还是调节黄酒发酵体系的重要缓冲剂，因此水质的优劣直接影响黄酒的质量和产量。

酿造黄酒需水量很大，生产 1 t 黄酒需要 10～20 t 水。黄酒生产需水工艺环节包括浸米、制曲、酿造、洗涤、锅炉、冷却等，其中浸米、制曲、酿造用水直接关系到酒的质量，该 3 个工艺用水直接参与糖化、发酵和其他相关酶促反应，并成为成品黄酒的重要组成部分，因此首先应要符合《生活饮用水卫生标准》(GB 5749—2022)；其次依据黄酒酿造特殊要求，应达到表 5-5 中要求。

表 5-5　黄酒酿造用水的水质要求

项目	理想标准	最高极限
pH	6.8～7.2	6.5～7.8
总硬度/°d	2～7	<12
铁/(mg/L)	<0.3	<0.5
锰/(mg/L)	<0.1	0.1
硝酸态氮/(mg/L)	<0.2	<0.5
硅酸盐/(mg/L)	<50	50
大肠菌群/(个/L)	0	<3
细菌总数/(个/mL)	0	<100
氯化物/(mg/L)	20～60	80
游离余氯量/(mg/L)	<0.1	<0.3

引自：《黄酒酿造学》(2019)。

酿造用水应保持适合硬度，适合的 Ca^{2+}、Mg^{2+} 含量能提高酶的稳定性，加快生化反应速度，促进蛋白质变性沉淀，Ca^{2+}、Mg^{2+} 含量过高时会促使酿造原料中有机物质及有害物质溶出增多，影响黄酒风味；酿造用水中铁含量应小于 0.5 mg/L，水中含铁量高会影响黄酒的色、香、味及加速氧化浑浊，当水中含铁量超过 1 g/L 时，黄酒有铁腥味，颜色及口感等品质大大下降；发酵用水中锰微量时有利于酵母的生长繁殖，过量时会导致黄酒带有涩味，口味粗糙，而且影响酒体的稳定性。酿造用水中生酸性菌群和大肠杆菌不得检出，另外要防止病菌及病毒的入侵。

当酿造用水不符合黄酒酿造标准时，应采取适当方法将水体进行处理，使其符合黄酒酿造标准。水体处理的方法一般有沉淀、过滤、离子交换、电渗析、臭氧灭菌、紫外线灭菌等。

三、其他原料

（一）黍米

黍米颖果呈圆形或椭圆形，平滑而有光泽，长约3 mm，呈乳白、淡黄或褐色，我国华北、西北地区多有栽培。黍米淀粉含量为70.6%～73.3%，可用于酿造黄酒。白色黍米和黄色黍米属于粳性品种，米粒质构较硬，蒸煮、糖化困难，工艺要求较高，处理不当容易出现未蒸透的夹生黍米粒，严重影响黄酒品质。褐色黍米属于糯性品种，米粒质构松软，容易吸水膨胀，蒸煮易糊化，出酒率相对于粳性品种较高，比较适合用于酿造黄酒，如山东大粒黑脐龙眼黍米，是酿造山东即墨老酒的最佳原料米。

（二）粟米

粟米又称小米，主要产自我国华北、东北地区。我国北方一些地区曾用粟米酿造黄酒。粟米单产量很低，目前市场供不应求，已经很少用作黄酒酿造原料用米。

（三）玉米

玉米是近几年才开始被用作黄酒酿造用米的。玉米淀粉含量为56.4%～75.5%，稍低于大米，其中直链淀粉含量为10%～15%，支链淀粉含量为85%～90%。黄色玉米淀粉含量普遍高于白色玉米。玉米淀粉集中于胚中，淀粉颗粒呈不规则状态，结构紧密坚固，呈玻璃态，蒸煮糊化困难。用于黄酒酿造的玉米原料，需达到合适的粉碎粒度，以去脂后30～35粒/g为佳。尤其要注重玉米浸泡水温及浸泡时间、蒸煮温度和蒸煮时间等，以确保玉米淀粉彻底糊化，防止淀粉老化回生。

玉米脂肪含量为3.1%～8.1%，主要集中于胚芽中，玉米胚芽干物质中脂肪含量高达30%～40%。玉米中的脂肪不利于糖化、发酵工艺的正常进行，而且影响黄酒的风味，因此用于酿造黄酒的玉米须经过脱胚，制成玉米渣后才可使用。

玉米蛋白质含量为7.5%～13.1%，大多为醇溶性蛋白质，不含有β-球蛋白，有利于黄酒品质的稳定。

（四）小麦

在黄酒酿造工艺中，小麦主要用于制作麦曲。小麦中淀粉含量为57.1%～63.2%，同时含有丰富的蛋白质和适量的无机盐、维生素，并具较好的黏弹性和疏松性，适宜制曲的微生物生长繁殖。在制作麦曲时，可配入10%～20%的大麦，以改善麦曲通透性，促进好氧微生物生长繁殖，提高麦曲酶活力。小麦在制曲过程中能产生各种香气成分，对黄酒具有赋香作用。

小麦中蛋白质含量为11.3%～12.5%，多为麦胶蛋白（醇溶蛋白）和谷蛋白，此外还含有一定量的球蛋白和清蛋白。麦胶蛋白中氨基酸含量最多的为谷氨酸，它是黄酒鲜味的主要来源。另外，小麦中的蛋白质、多酚类物质、戊聚糖等会影响黄酒的非生物稳定性。小麦的品质会直接影响发酵菌种的生长繁殖及黄酒的品质，因此制曲小麦应达到以下要求：①麦粒完整、颗粒均匀饱满、无霉烂、无蛀虫、无农药污染、不含秕粒、不含尘土和其他杂质；②水分适宜、皮层薄，呈淡黄色或淡红色，两端不带褐色；③使用当年产的不带有特殊气味的小麦。

第三节　糖化发酵剂

糖化剂是指可以将黄酒酿造原料中的淀粉及其他相关成分转化为可发酵性糖类物质的微生物制剂，如黄酒生产中使用的纯种麦曲、纯根霉曲、纯种红曲及淀粉酶制剂。

发酵剂是指可以将黄酒发酵醪液中的葡萄糖等可发酵性糖类物质转化为以酒精为主要成分的各种代谢产物的微生物制剂，如人工培养的纯种酒母。

糖化发酵剂是指兼具糖化剂和发酵剂双重功能的复合微生物制剂，如天然块曲、天然酒药等。不同糖化发酵剂因其所含有的微生物种类不同，在培养过程中产生不同的代谢产物，赋予黄酒不同的风味。其质量直接影响黄酒的质量和产量，由于其地位之重要，被誉为“酒之骨”。

一、红曲

红曲（red yeast rice），从广义上讲，是指以红曲菌为菌种发酵的产物，包括固体与液体发酵产物。从狭义上讲，红曲是以红曲菌为发酵菌种或主要发酵菌种，以大米（主要是早籼）为原料的固体发酵产物，即红曲米。通常人们所说的红曲即指红曲米。在我国，红曲的使用最早可追溯至宋朝，宋朝胡仔撰写的《苕溪渔隐丛话》中有“江南人家造红酒，色味两绝”的记载。红曲生产主要分布于福建、浙江等省，以福建古田县的红曲最为出名。红曲根据用途可分为酿造用红曲、色素红曲（色曲）和功能性（药用）红曲。福建红曲有库曲、轻曲和色曲之分（表5-6），库曲主要用于酿酒，色曲用于天然色素生产，轻曲应用介于两者之间。本节主要介绍酿造红曲。

表5-6　福建红曲生产原料及配比　kg

类型	配料			成品
	大米	土曲糟	醋	
库曲	20	0.5	0.750	10
轻曲	30	0.75	1.075	10
色曲	40	1.00	1.500	10

引自：《黄酒酿造学》（2019）。

红曲菌属（*Monascus Van Tieghem*）在真菌界属于子囊菌纲（Ascomycetes）、不整囊菌目（Plectascales）、曲菌科（Eurotiascus）。我国作为酿造用红曲菌株有AS3.555、AS3.920、AS3.972、AS3.976、AS3.986、AS3.987、AS3.2637等，它们糖化能力强，一般来说，淀粉、糊精、纤维二糖、甘露醇、果糖、葡萄糖等都是良好的碳源。

黄酒酿造红曲是以大米为原料，在特定温度和湿度条件下培养而成的一种紫红色米曲，是我国黄酒酿造中特有的糖化发酵剂。糖化发酵剂中的微生物主要有红曲霉菌和酵母菌等。红曲黄酒主要产于福建和浙江南部地区，以福建的糯米红曲和粳米红曲黄酒为代表，福建老酒是红曲黄酒中的优品。

(一)红曲曲种制备

红曲曲种有斜面菌种、三角瓶菌种和生产曲种。

1. 斜面菌种

斜面菌种用麦芽汁或米曲汁为培养基,用醋酸调 pH 至 4.5～5.0,高温高压灭菌后冷却至室温,接种红曲菌,32 ℃下恒温培养 7～10 d,于 0～4 ℃冰箱保存备用。

2. 三角瓶菌种

将籼米浸泡后蒸煮、糖化,高温高压灭菌后冷却至室温,接种红曲菌,32～35 ℃条件下恒温培养 7～10 d,成熟的红曲曲种色泽鲜红,有红曲特有的香味,无杂菌污染。菌种成熟后于 40 ℃下烘干使水分降至 8%～10%,于干燥阴凉处保存备用。

3. 生产曲种

称取适量三角瓶菌种,用 2 倍重量的 3%醋酸浸泡 4～6 h 后磨成浆液备用。将优质籼米置于符合酿造标准的水中浸泡 4～6 h,沥干后蒸煮成米饭,摊饭冷却至 35～38 ℃后,接种 1%三角瓶菌种,于曲房中扩大培养,控制曲房温度为 30 ℃左右,品温为 33～34 ℃,中途需翻曲、通风和浸水(pH 为 5.0),培养 8 d 左右,于 40 ℃下干燥备用。

目前红曲纯种培养和机械制曲有了一定的进展,但大部分厂家还是采用传统工艺方法生产红曲。

(二)传统福建红曲生产工艺

1. 工艺流程

传统福建红曲生产工艺流程如图 5-1 所示。

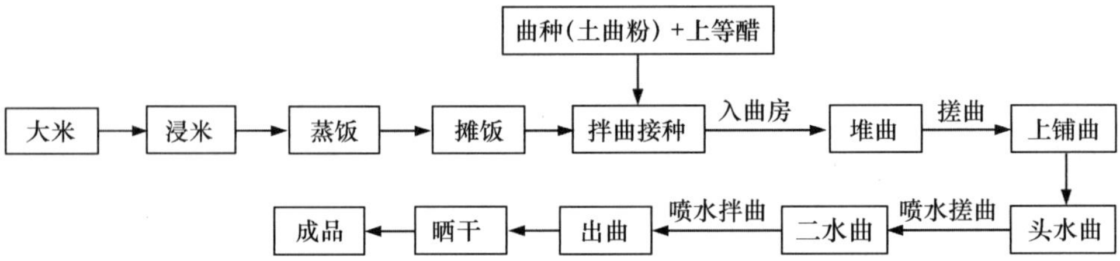

图 5-1 传统福建红曲生产工艺流程

引自:《食品发酵与酿造工艺学》(2011)。

2. 主要原料

(1)大米 红曲用米首先要求使用上等精白大米,根据红曲种类不同,对大米品种的要求也有差异。色曲应选用上等粳米或籼米;库曲、轻曲最好选用产于高山红土地的籼米。

(2)曲种 可添加三角瓶菌种或福建建瓯土曲,也可采用建瓯、政和等酒厂的土曲与糯米酿酒产生的酒糟,俗称糯米土曲糟或建糟。

(3)上等醋 色曲生产周期长,对醋的品质要求较高,色曲用醋须是三年以上的老陈醋,库曲、轻曲使用一年半的优良米醋即可。

3.操作方法

(1)浸米　根据制曲品种选用不同的优质大米，淘洗除去糠秕，用水浸泡 2～3 h，以浸渍后的米粒用手指一捏就碎为宜，然后捞起沥干。

(2)蒸饭　生米上甑后用猛火蒸 40～60 min，直至饭粒熟至用湿手摸饭不黏手时起锅，将米饭摊晾于竹席上。

(3)拌曲接种　待竹席上的米饭冷却至 40 ℃左右即可拌曲接种，土曲粉和上等醋用量分别为大米质量的 2.5%和 3.75%，该方法生产的红曲中，库曲成品率最高，可达 50%，色曲成品率最低，仅 25%。

(4)上铺曲　红曲的曲料在曲室内保温培养 3～4 d 后，可以看到菌丝逐渐透入饭粒的中心，呈现出红色斑点，这个阶段的曲料已经是福建红曲的半成品，俗称上铺曲。

(5)头水曲　将上铺曲装入麻袋或竹筐内，在水中漂洗 10 min，使米粒大量吸水，沥水后再堆放半天时间，待品温升高时将曲料摊散铺平，每隔 4～6 h 翻拌一次，漂洗后的上铺曲中菌丝发育旺盛并产生红色色素。

(6)二水曲　在头水曲后，曲料表面再次出现干燥情况时可以间断喷水数次，其间每隔 6～8 h 翻曲，继续培养 3～8 d 后，曲粒里外透红，并具有特殊的红曲香味，俗称二水曲。

(7)成品　适时将曲料移至室外，晒干后即为成品福建红曲。库曲的生产周期为 8～10 d，轻曲为 10～13 d，色曲为 13～16 d，实际生产中考虑到温度等条件，生产周期可以适当延长或缩短。福建红曲的糖化力和液化力较强而发酵力较弱，因此使用红曲酿酒时最好添加酵母菌培养液以增强发酵活性。成品红曲酶活力及色度范围如表 5-7 所示。

表 5-7　红曲酶活力及色度范围

红曲种类	糖化力①/g	液化力②/g	光密度③	水分/%
库曲	0.35～0.76	17.1～31.6	0.12～0.15	8.6～9.7
轻曲	0.66～1.84	75.0～150.0	0.15～0.17	10.7～12.0
色曲	2.10～2.73	155.0～185.0	0.20～0.23	10.5～11.2

引自：《黄酒酿造技术》(2010)。

注：①糖化力：每克绝干红曲于 60 ℃条件下作用 1 h 所产生的葡萄糖的质量(g)。②液化力：每克绝干红曲于 60 ℃条件下作用 1 h 能液化时淀粉的质量(g)。③光密度：红曲∶水＝1∶5 000，用分光光度计于 520 nm 波长下进行测定。

二、乌衣红曲

乌衣红曲(Wuyi red koji)，是以籼米作为主要原料，在一定温度和湿度条件下接种黑曲霉和红曲霉、酵母菌等培养而成的米曲，是一种特殊的黄酒酿造用糖化发酵剂，因曲粒表面长满乌衣绒而得名。乌衣红曲主要产自浙江的温州、金华、衢州、丽水及福建北部的一些地区。

(一)工艺流程

乌衣红曲生产工艺流程如图 5-2 所示。

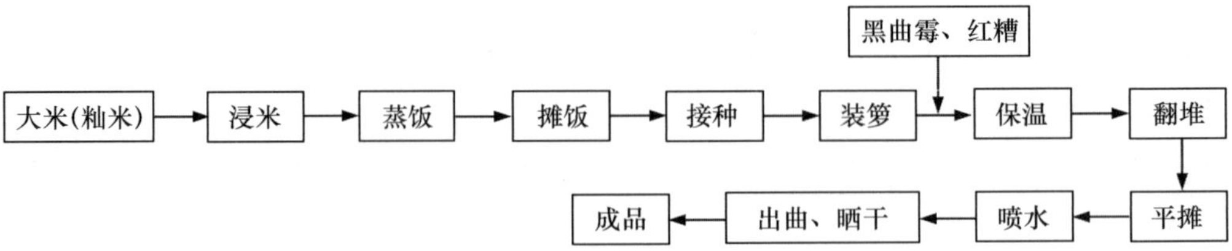

图 5-2 乌衣红曲生产工艺流程

引自:《黄酒酿造学》(2019)。

(二)操作要点

1. 大米

乌衣红曲的制备,一般以籼米作为原料。

2. 浸米

将籼米放入陶缸中,气温在 15 ℃以下时,浸米 2.5 h;气温在 15~20 ℃时,浸米 2 h;气温在 20 ℃以上时,浸米 1~1.5 h。

3. 蒸饭

浸渍后的籼米用清水漂洗干净,沥干后放到竹箩内,然后将饭料在甑内进行常压蒸煮,蒸煮至圆汽 5 min 后即可取下,要求米饭既无白心又不开裂。

4. 摊饭

将米饭蒸好后,取出摊在竹簟上并置于通风处,使用耙子将饭团打散,摊饭时间要尽量缩短,摊晾至 34~36 ℃时开始接种。

5. 接种

一般情况下,每 50 kg 冷却米饭接入黑曲霉 3.75 g,略加拌匀后再加入红糟 0.625 kg,充分拌匀后可以在竹箩内进行培养,接种过程中品温可能下降 1~2 ℃。

黑曲霉:可以进行纯种培养。

红糟:将 0.5 kg 红曲种浸于 1.75 kg 冷开水中 20 h,以曲粒能够浮起为准。再将 1 kg 糯米蒸得的米饭冷却至 35 ℃左右时加入。下缸品温一般掌握在 28~30 ℃,发酵旺盛时品温不可以超过 33 ℃,投料后 24 h 开耙,培养繁殖 5~7 d 后即可以使用。

6. 装箩

将接种后的米饭装入竹箩中并用手轻轻抚平,然后盖上干净的麻袋,移入曲室内进行保温培养。

7. 保温

一般来说,如果曲室温度在 22 ℃以上,大约需要经过 24 h 之后竹箩中心的品温可以达到 43 ℃,但气温较低时这个时间会相对延长。此时可以看到,少量米粒出现红色斑点,1/3 米粒已经有白色菌丝(如果黑曲霉生长,其米粒呈黄色),其他饭粒仍为原状。这是因为,不同类群的微生物生长繁殖时所需要的适宜生长温度不同,箩心温度较高,适宜红曲霉繁殖;箩心外缘在 40 ℃以下，黑曲霉繁殖旺盛；接近箩边处温度较低，霉菌生长受到限制，饭粒仍为原状。

8. 翻堆

竹箩中品温上升至 40 ℃以上时，可以将曲料倒在曲室的砖地或水泥地面上，加以翻拌并重新堆积，使品温下降。随后，当品温上升至 38 ℃时，翻拌堆积一次；品温又升至 36 ℃时，再翻拌堆积一次；品温上升至 34 ℃左右时，再次翻拌堆积；品温又上升至 34 ℃时，最后一次翻拌堆积。

气温在 22 ℃以上时，每次翻拌堆积的时间大约为 1.5 h；气温在 10 ℃左右时，可能需要延长至 5～7 h 才翻拌堆积一次。

9. 平摊

经过数次翻拌堆积之后，已经有 70%～80%的饭粒出现白色菌丝。这时，可以将曲料翻拌摊平。平摊使用的工具为齿木耙，耙齿经过的曲层，凹处厚约 3.5 cm，凸处厚约 15 cm，呈波浪形。

10. 喷水

平摊之后，曲料的品温上升到一定程度时便可以喷水，但是在不同的气温条件下喷水的操作略有不同。气温在 22 ℃以上时，整个制曲过程需要将天窗全部打开，一般应该控制室温在 28 ℃左右。上一个步骤的平摊时间一般掌握在下午 5 时许，这样可以在晚上不进行喷水操作。第二天早晨(经过大约 15 h)品温上升至 32 ℃时进行第一次喷水，每 50 kg 籼米蒸成的米饭喷水 4.5 kg，经过 2 h 将其翻拌一次；再经过 2 h 品温又上升至 32 ℃，再次喷水 7 kg，至当日晚上止，中间翻拌 2 次，每次间隔 3 h 左右，晚上可以不再翻拌。喷水第二天早晨 8 时许，喷水 5 kg 并翻拌一次；经过 3 h 左右品温上升至 34 ℃左右时喷水约 6.25 kg。此次用水量需要根据饭粒上霉菌的繁殖情况来确定，如果用水量多可能导致曲料腐烂并污染杂菌，用水量少又容易产生硬粒而影响曲的质量。直至晚上休息前，中间翻拌 2 次，而晚上仍然可以不再翻拌。喷水第三天即制曲第五天时，不再翻拌，品温可以达到 35～36 ℃，此时为霉菌繁殖最旺盛的时间，至下午 5 时后品温开始下降。

气温在 10 ℃左右时室温只能保持在 23 ℃左右。曲料自从耙开摊平后，经过 11 h，品温可以逐渐上升至 28 ℃，此时每 50 kg 籼米蒸成的米饭需要喷水 3.5 kg 并进行翻拌；经过 5 h 培养品温又会上升至 28 ℃左右，此时用水 4.25 kg 再行喷水、翻拌一次；约 4 h 后品温再次升至 28 ℃时喷水 5 kg 并再次进行翻拌；继续培养 3 h 后再翻拌一次并培养过夜。喷水第二天，同样喷水 3 次，前两次喷水 4.5 kg，间隔时间基本与前一天相同，第三次喷水翻拌需要根据饭粒上霉菌的繁殖情况而定；注意品温上升至 28～30 ℃时进行喷水和翻拌操作。喷水第三天即制曲第五天时，不再翻拌，与天热时的情况基本相同。

11. 出曲

在一般情况下，从蒸饭开始算起，曲料经过 6～7 d 培养即可出曲。实际的制曲过程受自然气温的影响较大，出曲时间会由于气温条件而有所不同。曲料移出曲室后摊于竹簟之上，应经阳光晒干，否则贮存期间曲料容易回温并受到杂菌污染而变质。

三、麦曲

麦曲也叫大曲，是指在适度破碎的优质小麦上培养繁殖糖化菌而制成的黄酒糖化剂。麦曲分为块曲和散曲。块曲具有特定的形状，主要有踏曲、挂曲、草包曲等。散曲是指呈松散状态的酒曲，主要有纯种生麦曲、爆麦曲、熟麦曲等。

传统法生产的麦曲中主要微生物有黄曲霉（或米曲霉）、米根霉（*Rhizopus*）、毛霉，含有少量的黑曲霉、灰绿曲霉（*As. glaucus*）、青霉、酵母菌等。此外，麦曲中含有丰富的淀粉酶和蛋白酶，能使米饭中的淀粉和蛋白质溶出。在制曲过程中，菌种生长繁殖会产生一些复杂代谢产物，这些代谢产物相互作用产生的色、香、味等物质，能赋予黄酒独特的风味。纯种麦曲采用纯粹的黄曲霉或米曲霉培养制成，呈散曲，包括生麦曲、爆麦曲、熟麦曲等。与传统自然培育的麦曲相比，纯种麦曲优点在于酶活力单位高、液化能力强、用曲量少，适合机械化生产，缺点是纯种麦曲中酶类及微生物代谢产物不够丰富多样，黄酒风味略差。

（一）踏曲

将轧碎的原料加入适量的水，拌匀后填入特定的模具中，用脚踩踏使曲结构紧密，脱出模具后曲块不易碎裂，便于运输和堆曲，该方法生产的料曲称为踏曲。

1. 工艺流程

踏曲生产工艺流程如图 5-3 所示。

图 5-3 踏曲生产工艺流程

2. 操作方法

（1）清理　清理的目的在于除去小麦中的泥、石块、秕粒等杂质，使麦粒清洁均匀。洗麦机是粮食加工过程中精选小麦的主要设备之一。该设备是利用水洗方法来清除混入小麦中的和麦粒表面的污物，对小麦去杂具有良好的性能。小麦经水洗后进行甩干，甩干后备用。

（2）轧麦　小麦经过清理后通过轧麦机轧碎，轧麦机将小麦轧碎成 3～5 片为佳，呈梅花状，麦皮组织破裂，麦粒中淀粉外露，水分容易进入淀粉粒，糊化淀粉更彻底；麦粒总表面的增加有利于小麦吸水和糖化菌生长繁殖。轧麦时应保证麦粒适当的轧碎程度，轧麦太细容易导致拌水不均匀，淀粉颗粒成团，不利于糖化菌的生长。轧麦时小麦水分含量不宜超过 13%，应保持小麦颗粒大小均匀。

（3）加水拌曲　将轧碎的小麦置于拌曲机中，加入 20%～22%的酿造用水，迅速搅拌，确保小麦吸水均匀，否则可能会出现烂曲或白块。加水量可根据原料吸水量、气温和曲房温湿条件适量增减。

（4）成型　成型又叫踏曲或压曲，目的在于将曲料压制成砖形的曲块，以便搬运、堆叠、培菌及贮存。踏曲前先在模具中撒上少量麦屑，以防止曲块与模具粘连，然后将拌匀水的曲料倒入准备好的模具中，摊平后盖上草席，用脚踩踏成块后去掉模具，用刀切成大小适合的方块，静置 30 min 后即可搬动堆曲。曲胚不能过大和过紧，以不散为佳，否则不利于糖化菌生长。目前，一些黄酒生产厂家借鉴白酒生产使用块曲成型机制作块曲，与人工踏曲相比，其优点在于劳动强度低、制曲效率高、曲料污染少等。

(5)堆曲　堆曲前需要对曲房进行打扫，保持曲房清洁卫生，地面铺 10 cm 左右的谷壳，谷壳上铺竹簟，曲块侧立呈“丁”字形堆叠为两层，再在曲块上加盖一层稻草保温。

(6)保温培养　堆曲完成后，关闭门窗，经 3～5 d 后，品温上升至 50 ℃左右，曲胚表面菌丝大量繁殖，水分蒸发多，应着重做好降温排湿工作，去掉部分保温覆盖物和适当开启门窗，使品温缓慢回降。培菌过程中最高品温可控制在 50～55 ℃，该温度条件可以抑制青霉等低温有害微生物的生长，避免产生烂曲和黑曲现象，所得麦曲糖化力较高、曲香好。曲胚进入曲房 20 d 左右，曲块因水分散失逐渐变得坚硬，可将其按“井”字形堆叠，通风干燥后入库备用。优质成品麦曲具有麦曲特有的香味，白色菌丝均匀分布，无霉味或生腥味，含水量为 14%～16%，30 ℃条件下每克麦曲每小时能产生 700～1 000 mg 葡萄糖。

(二)挂曲

挂曲实际上是一种踏曲，与踏曲的区别在于曲胚做好之后用稻草悬挂在室内培菌。挂曲轧麦要求与踏曲相同，曲料加水量约为原料重的 40%，拌匀后以手抓曲料捏紧成团、松手即散、踏曲时不黏为宜。将曲料踩踏成曲胚，用稻草绳结扎，悬挂于竹竿上，层与层之间保持 35 cm 的距离，曲胚之间相距 4 cm。挂曲生产一般在大暑时进行，此时天气干燥，气温较高，有利于微生物生长繁殖。曲胚入房 20 h 左右，因微生物繁殖开始升温，3～4 d 后品温达到 45～50 ℃的高峰，此时应适当开启窗户进行通风散热。培菌 20 d 左右曲胚即可成熟，优质挂曲曲块中心呈白色或黄绿色，干燥结实，无黑曲和烂曲，具有挂曲特有的香味。无锡老廒酒就是使用挂曲酿制黄酒的代表。

(三)纯种麦曲

纯种麦曲是指以黄曲霉或米曲霉为菌种制备种曲，将麦粒适当粉碎后灭菌，通过人工接种种曲，在人工控制条件下通风培养使菌种大量繁殖而制成的糖化剂。目前黄酒生产使用的菌种主要是黄曲霉 AS3.800 和黄曲霉苏 16 号。这两种菌种淀粉酶活力强而蛋白酶活力较弱，抗菌能力强，在小麦上生长迅速，所制麦曲能产生黄酒固有的风味特色，且不产生黄曲霉毒素。纯种培养的麦曲糖化力和液化力相比于自然培养的麦曲较高，而且较为稳定，比较适合用于机械化酿制黄酒，但纯种麦曲菌种单一，所酿制的黄酒口感较淡薄，香气稍逊于自然培养的麦曲。为提高黄酒品质，一些机械化酿造黄酒的企业采用纯种培养的麦曲与自然培养的麦曲混合使用。

纯种麦曲通常采用深层通风制曲，该工艺制曲具有占地面积小、设备相对简单、操作方便、劳动强度低等优点。下面以纯种熟麦曲为例介绍纯种麦曲的生产工艺。

1. 工艺流程

纯种熟麦曲生产工艺流程如图 5-4 所示。

2. 操作方法

(1)试管斜面培养　以 12～13 °Bx 米曲汁或麦芽汁琼脂为培养基，在无菌条件下接种，于

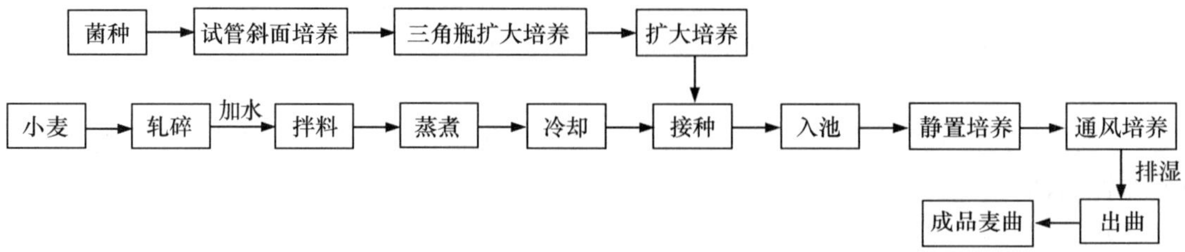

图 5-4 纯种熟麦曲生产工艺流程

28～30 ℃下恒温培养 3～4 d,斜面菌丝呈现深绿色或黄绿色即可。

(2)三角瓶扩大培养　将粗麸皮与酿造用水以 1∶0.8～1∶1.0 的比例搅拌均匀,装入 500 mL 三角瓶中,每瓶装入 15 g 左右,瓶口加盖棉塞和报纸,高压蒸汽灭菌,压力为 0.1 MPa,时间为 40～60 min,灭菌后趁热将三角瓶内的麸皮摇散,防止其结块。待麦麸温度降至 35 ℃左右时,在无菌条件下接种试管菌种 2～3 环,充分摇匀,于 30 ℃下恒温培养 2 d 即可。

(3)扩大培养　称取适量麸皮,按其质量的 80%～90%加水拌匀,加水量视麸皮粗细和季节而定,于蒸笼上常压蒸汽灭菌。待圆汽后加盖蒸 45 min,摊晾至 35～38 ℃,接种 0.2%～0.3%的三角瓶种子,充分拌匀,堆积保温保湿。待品温开始上升时装入曲盒中,控制室温在 28～30 ℃,相对湿度在 95%～100%,经过 10～16 h 培养,菌丝生长繁殖使麸皮黏结成块。控制最高品温在 35 ℃,相对湿度在 85%～90%,再经 26 h 左右培养,麸曲表面长满大量孢子,于 38 ℃下烘干,使其水分含量低于 13%,贮存备用。

(4)轧麦　小麦的前期清理、轧麦工艺要求与操作方法与踏曲生产相同。

(5)加水、拌料　将已经轧好的小麦按其重 40%的比例加入酿造用水,搅拌均匀,堆积润料 1 h,使小麦充分吸水。如果采用蒸球蒸煮,则不需要堆积润料。生麦曲经过加水拌料后,含水量要求在 35%左右,爆麦曲由于炒麦后水分减少,应添加足量的水分,其余操作基本与熟麦曲相同。

(6)蒸煮　将准备好的曲料上甑常压蒸料,边上料边进汽。上料时确保曲料疏松堆放在甑内,以增加透气性。待圆汽后蒸 45～60 min。也可采用蒸球进行曲料的蒸煮。蒸球蒸煮的优势在于密封、高压蒸煮,蒸煮时间短。蒸熟的曲料用扬渣机打碎,同时可用鼓风机将曲料快速冷却,便于后续操作。

(7)冷却、接种　将蒸煮好的曲料摊晾或鼓风冷却至 36～38 ℃接种,种曲用量为原料重的 0.3%～0.5%,为使菌种与原料混合均匀,可先将种曲与部分原料混合,再将混合后的曲料与剩余部分混合。接种后使品温控制在 30～32 ℃。

(8)入池　纯种麦曲通常采用深层通风制曲技术。将接种完毕的曲料装入通风曲箱或通风池中,厚度为 25～30 cm,可根据气温进行调节。曲料装箱入池要迅速,同时保证曲料疏松、厚薄一致。装箱入池完成后控制品温在 30～32 ℃。

(9)静置培养　曲料装箱后 0～8 h 为静置培养期,此阶段为润料和孢子吸水萌芽阶段,该阶段菌体生长繁殖不旺盛,产生的二氧化碳和热量少,原料中的空气能够满足菌体繁殖需要,因此不需要对曲层进行通风散热和排二氧化碳。该阶段控制室温在 30～32 ℃,相对湿度在 90%～95%。

(10)通风培养　曲料静置培养 8 h 后，品温上升至 34～35 ℃时，进行间歇通风培养。通风后当品温降至 34 ℃时停止通风，如此反复进行。间歇通风培养 8～16 h。16 h 后菌体生长繁殖开始进入旺盛时期，菌丝体大量形成，呼吸作用强烈，品温上升快，并出现曲料收缩结块、通风阻力增加、开裂等不良现象，此时须连续通风并适当增大通风量，控制品温在 38 ℃左右，不得超过 40 ℃，否则会导致烧曲现象出现。品温过高时可通入适量温度、湿度较低的新鲜空气。如曲料出现开裂，应及时将裂缝压灭，防止通风短路。此阶段一般持续到 32 h 左右，称为连续通风培养。

(11)排湿、出曲　曲料装箱入池后 32～36 h 为产酶排湿后期，此时曲霉菌的生命活动过程逐渐停滞，开始生成分生孢子柄及分生孢子，是酶大量积聚的阶段。如果继续通风培养，菌体形成大量孢子，会导致麦曲酶活力下降，同时孢子会给黄酒带来苦味，影响黄酒的品质，因此须降低湿度，保持品温在 37～39 ℃，使麦曲水分尽快排除。

成品麦曲水分含量要求低于 25%，菌丝健壮稠密，无明显黄绿色，具有麦曲特有的香味，无酸味和其他霉烂味，糖化力在 1 000 单位以上。成品麦曲应及时使用，不宜长期存放。

四、酒药

酒药又称小曲、白药、酒饼等，是我国特有的酿酒菌种保存载体，作为糖化发酵剂可用于白酒和黄酒的酿制。酒药中主要微生物有根霉、毛霉、酵母菌及少量的细菌和犁头霉等，其中以根霉和酵母菌最为重要。酒药具有糖化发酵力强、保存使用方便、制造方法简单、使用量少等优点。酒药主要用于淋饭酒和以淋饭法酿制的甜黄酒，如绍兴香雪酒、福建沉缸酒、九江封缸酒等。酒药有白药(蓼曲)、药曲和纯种根霉曲 3 种。

(一)白药(蓼曲)

白药是以新鲜的早籼米和野生辣蓼草粉为原料，加水拌匀，接种上年优质酒药，经自然培养而制成的糖化发酵剂。

1. 工艺流程

白药生产工艺流程如图 5-5 所示。

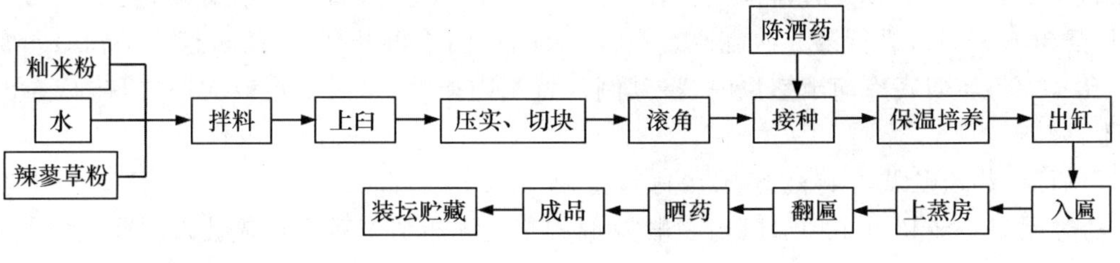

图 5-5　白药生产工艺流程

2. 原料选择与处理

(1)籼米粉　将当年收获的籼米碾制成糙米，磨细至 50 目为佳，磨后及时摊晾冷却，以防发热变质。

(2)辣蓼草粉　辣蓼草俗称水蓼、虞蓼、泽蓼、川叶，一年生草本植物，含有丰富的酵母及根霉生长素。酒药中添加辣蓼草能使药粒疏松多孔，可促进酵母和根霉的生长繁殖。采割当年7、8月间尚未开花的野生辣蓼草，去除黄叶和杂物，当日洗净晒干，趁热除去茎秆，叶子待次日晒干后粉碎备用。

(3)陈酒药　挑选生产中发酵正常、糖化发酵能力强、产酸低、黄酒质量好的酒药，粉碎过筛，用作接种时的母粉。

(4)水　拌料时添加的水应符合酿造用水标准。

3. 操作方法

白药制备一般在农历处暑前后为宜，此时段气温在28～30 ℃，适合药曲中菌种生长繁殖，同时籼米和辣蓼草充足，临近黄酒酿造季节。

(1)原料比例　籼米粉：辣蓼草粉：水＝20：(0.4～0.6)：(10.5～11)。

(2)上臼、压实、切块　将酒药原料按比例倒入石臼内，充分拌匀后用石槌捣拌数十下，以增加其黏性。取出后在谷筛上搓碎，移至打药木框内。木框长70～90 cm，宽50～60 cm，高10 cm。原料入框后用竹刀刮平成厚度约5 cm的粉层，盖上塑料薄膜或薄席，用脚踏实，去掉薄膜，再用木槌打紧，去掉木框，用刀切成2.5 cm左右大小的方块。

(3)滚角　将切好的方块原料置于悬空的竹匾中，来回推动竹匾，将其滚成圆形。

(4)接种　滚角结束后将其放入浅木盆中，边摇动木盆边筛入原料重3%的陈酒药粉，待粉均匀分布于表面时即可入缸培养，碎屑投入下一批配料中使用。

(5)保温培养　将新鲜的稻壳放入洗净晒干的缸中，稻壳离缸口距离为30～50 cm，于稻壳上铺一层稻草芯，将接种好的药坯均匀放置其上。药坯之间相距0.5 cm为佳，药坯不能与缸内壁相碰。应根据实际气温调节谷壳的使用量和药坯摆放的密集程度。药粒摆放完后在其上面盖上一层稻草，并加盖麻袋，开始保温培养。经过14～16 h，品温上升至36 ℃左右，这时应揭掉麻袋。再经过7 h左右，缸内沿出现水汽，并散发出特有的香气，此时应揭掉草盖，通过缸盖来调节缸内温度在36～37 ℃，待药坯表面布满白色菌丝，用手摸不黏手时，将缸盖全部揭开使品温降至室温，经过9 h左右，药坯水分基本蒸发干，药粒坚硬结实，即可出缸入匾。

(6)入匾、上蒸房　将缸中的药坯移至竹匾中，药坯不宜堆叠太厚，防止品温过高。将竹匾移入密封保温的蒸房内，置于铁架上保温培养。竹匾间距约30 cm，保持品温在32～34 ℃，不得超过35 ℃，经过4～5 h后，将药坯倒入另外一个空匾内，进行第一次翻匾，再经过2～3 h，品温升至36～37 ℃，进行第二次翻匾。经3～4 h，品温不再升高，可逐渐打开门窗，2～3 h再翻匾一次，待药坯彻底冷却至室温时，将其倒入竹簟内摊薄，每天早晚翻动一次，摊晾3 d后即可晒药。

(7)晒药、装坛贮藏　将药坯摊在竹簟上晒至水分含量在14%～15%，不宜在阳光下暴晒，晒药时品温不能超过40 ℃，晒药一般需4～5 d。晒药结束后要趁热装入洗净的密封坛中，置于阴凉处备用。

4. 酒药的质量要求

优质酒药表面呈现白色，有酒药固有的香味，口咬质地松脆，糖化发酵能力强。另外，可采用小型的酿酒实验来判别酒药质量的好坏。

(二)药曲

药曲又称黑药,是在酒药原料中添加中药所制成的小曲。中药的加入能为酿酒菌类提供一定营养物质,同时对杂菌起到一定的抑制作用,能保证酿酒过程正常进行并形成特殊香味。药曲的生产使用遍布江南各省,使用的原料、辅料各不相同,有的使用米粉或谷粉,有的添加粗糠或白土。中草药配方 20～30 味,有的多达 70 多味,如四川邛崃小曲。

1. 配料

米粉 100 kg,细糠 30 kg,中药粉 4.6 kg,水 58%～60%(以米粉与药粉的混合料计总量),种母约 2 kg。

2. 工艺流程

药曲生产工艺流程如图 5-6 所示。

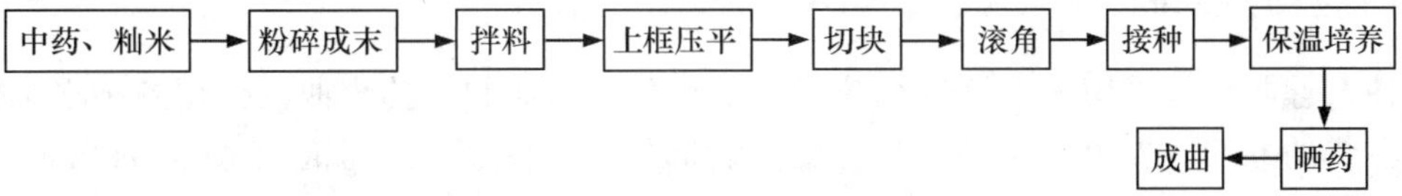

图 5-6 药曲生产工艺流程

3. 操作要点

(1)原料要求 米粉用干燥不霉变的新稻米(籼米)磨成细粉,最好需要多少磨多少,以免变质。细糠应用新鲜稻谷壳加工而成。中药须经曝晒、干燥后粉碎成细粉。拌料的水可用自来水或清洁的饮用水,经加热煮沸,按水量的 1%加入新鲜辣蓼草,煮沸后去渣备用。另外,还要挑选质量好、出酒率高的优良药曲作为种母。

(2)制药曲的草窝 用新鲜、干燥、清洁的稻草,除去稻皮(下部),平摊于干燥的地面(或楼板)上,厚约 4 cm(天冷时为 6～7 cm)。曲房应选择清洁、干燥,既能保温又可通风散热的场所为宜。

(3)制作 先将米粉、细糠、中药粉交错分层列在篾簟上,然后两人用木铲反复翻拌均匀,分 10 批进行制作,每次约 65 kg。在木桶中先倒少量沸水,加以搅拌,然后将余下沸水全部倒进去,此时用木棍迅速搅拌均匀,一般需要连续搅拌 20 min 左右,其标准是不见干粉,用手捏药曲料能结块,吸水均匀。拌好后立即开始压坯。压坯就是把拌好的料放在一个正方形的木框内(如井形),进行压坯并用脚踏实,以防切坯时破碎。切坯大小要均匀,每块药粒成正方形,边长以 7.5 cm 为宜,然后将切好的药坯放到竹筛上进行滚角,再倒入竹匾内,撒入种母粉,并旋转竹匾,使每块药坯外层布满种母粉。将药坯送到保温室,并排列在稻草窝上,要求坯与坯之间有间距,以便通气、散热,再以新鲜稻草覆盖药坯,进行保温培养。稻草的厚薄程度,天热宜薄,天冷宜厚,并应边排边盖,以防止药坯表面风干,不利于菌类生长。

(4)保温培养管理 药坯摆好以后,应将窗户关上,堵好气孔,保温室门关好,12 h 后,检查菌类生长繁殖情况。此时药坯上应有菌丝出现并带有药香,经 18～20 h(天冷时约 24 h),菌丝繁殖旺盛。从药坯发热升温到菌丝开始倒伏并呈现白色菌膜的时段,称为生皮阶段,经历时间为 20～24 h,繁殖品温一般在 28～32 ℃。此时可以进行开风。开风就是将盖好的稻草除去，打开窗户或气孔，以利于排去药坯中的湿气。开风后经 1～2 h，进行翻曲，即将每块药坯翻面一次，此时药坯表面菌丝薄膜已不太黏手。再经 8～10 h，菌丝已从药坯表面大量地向药坯内部生长，品温一般在 32～34 ℃，可进行第二次翻曲，使之繁殖均匀并挥发去一部分水分。此时为繁殖旺盛时期，并应注意不使品温上升过高，直至药坯的表面呈粉白色为止，这时表面菌丝已生长到药坯的 2/3 部位，则应将药坯全部搬出箆箪，放在另外的箆箪上打堆。天热时打堆高度约为 10 cm，天冷时约为 3 cm，四周用稻草围起来以保温。堆内品温维持在 33～35 ℃，经 8～20 h 后进行翻堆。翻堆时将四周的药坯翻到中心，中心的翻到四周，底部的翻到上面，翻堆后品温上升到 35 ℃时，便可进行第二次翻堆。当根霉菌丝长到药坯中心时，水分已大部分挥发，已转为粉白色，这说明繁殖已停止，品温也有上升，这段时间称为过渡阶段。当品温与室温相接近即可进行晒药或烘药。一般要求成品药曲的水分在 12% 以下。晒干后的药曲即可贮存于密封的容器（或酒坛）中备用。

（三）纯种根霉曲

纯种根霉曲是指采用人工培育纯粹根霉菌和酵母菌而制成的小曲。使用纯种根霉曲酿制黄酒具有节约粮食、杂菌污染少、酒质稳定、口味清爽的优点，同时可使黄酒出酒率提高 5%～10%。

1. 工艺流程

纯种根霉曲生产工艺流程如图 5-7 所示。

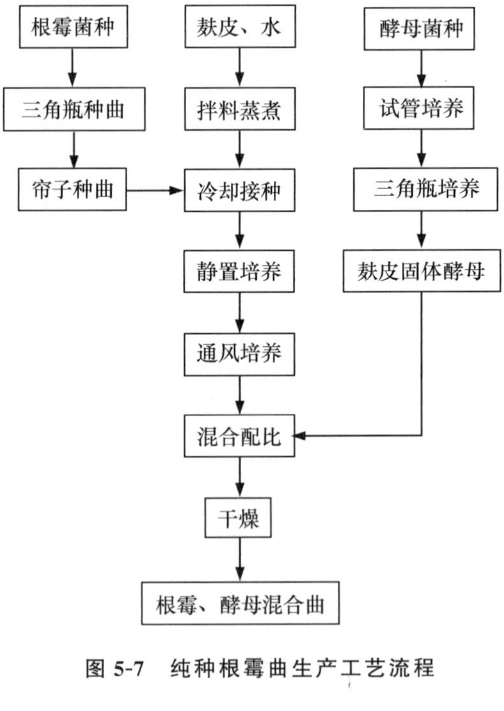

图 5-7 纯种根霉曲生产工艺流程

2. 操作要点

(1)菌种 常用的根霉菌种有 Q303、AS3.866、AS3.851、AS3.852 等。菌种斜面培养采用米曲汁琼脂培养基，30 ℃下培养 3～4 d 即可得到斜面试管菌种。

(2)三角瓶菌种培养 原料使用麸皮或早籼米粉，麸皮加水量为 80%～90%，籼米粉加水量为 30%左右，充分拌匀，装入三角瓶中，原料层厚度控制在 1.5 cm 左右，0.1 MPa 蒸汽灭菌 30 min，待物料冷却至 35 ℃左右时于无菌条件下接种斜面试管菌种，28～30 ℃下恒温培养，24 h 时摇瓶一次，使原料中空气均匀，可促进菌种繁殖。再经 1～2 d 出现孢子，菌丝布满培养基表面并结成饼状，即可进行扣瓶，继续培养接种，待其成熟后取出装入经过灭菌后的牛皮纸袋中，于 37～40 ℃下烘干至水分含量低于 10%，保存备用。

(3)帘子种曲培养 麸皮加其重 80%～90%的水，拌匀堆积 30 min，促进根霉孢子萌发。常压蒸煮灭菌，摊晾至 34 ℃左右时，接种 0.3%～0.5%的三角瓶菌种，拌匀，堆积后用湿纱布保温保湿，经过 4～6 h，品温开始上升时即可进行装帘，控制料层厚度在 1.5～2.0 cm，室内温度在 28～30 ℃，相对湿度在 95%～100%，经 10～16 h 培养，菌丝把麸皮连接成块，控制最高品温在 35 ℃，相对湿度在 85%～90%。再经 24～28 h，麸皮表面布满大量菌丝，并有浅灰色孢子，无杂色和异味，可出曲并干燥至水分含量低于 10%，保存备用。

(4)静置、通风培养 采用粗麸皮为原料，加水量为其重的 60%～70%，视生产季节和麸皮粗细进行适当调节。将原料常压灭菌 2 h，摊晾至 35～37 ℃，接入 0.3%～0.5%的帘子种曲，充分拌匀后堆积数小时，装入通风曲箱内。装箱时要求曲料疏松均匀，装箱完毕后品温在 30～32 ℃，料层厚度为 30 cm 左右。静置培养 4～6 h，以促进孢子萌发，控制室温在 30～31 ℃，相对湿度在 90%～95%。随着菌丝体的生长繁殖，品温升高至 33～34 ℃时，开始间断性通风，保证根霉菌获得新鲜空气。当品温低于 30 ℃时，停止通风。接种后 12～14 h，根霉菌生长进入旺盛期，呼吸强度增大，产热量增加，品温上升迅速，曲料逐渐结块坚实，散热比较困难，此时应连续通风，最高品温控制在 35～36 ℃。整个连续通风培养过程时间为 24～26 h，培养结束后可通入干燥的冷空气，使水分下降至 10%左右，保存备用。

(5)麸皮固体酵母培养 传统酒药是根霉、酵母及其他微生物的混合糖化发酵剂，酿酒过程中能同时进行糖化和发酵。为使纯种根霉小曲具有与传统酒药相同的功能，需添加酵母培养物，以保证黄酒品质。以米曲汁或麦芽汁作为黄酒酿造用酵母菌的固体斜面试管、液体试管和液体三角瓶的培养基，于 28～30 ℃下逐级扩大培养，保温培养 24 h。然后以麸皮为固体酵母曲的培养基，加入 95%～100%的水蒸煮灭菌，接入 2%的三角瓶酵母成熟培养液和 0.1%～0.2%的根霉曲，使根霉将淀粉糖化，供给酵母必要的糖分。接种后充分拌匀曲料，装帘培养，料层疏松均匀，厚度为 1.5～2 cm，在品温 30 ℃下培养 8～10 h，此时将帘上结块的曲料进行划割，俗称划帘，以便曲料中气体交换和散热。划帘后继续培养，待品温上升至 7 ℃左右时进行第二次划帘，再培养 24 h 后品温开始下降，数小时后可进行低温干燥。

(6)混合配比 将培养成的根霉曲和酵母曲按一定比例混合成纯种根霉曲，混合时一般以酵母细胞数 4×10^{9} CFU/g 计算，酵母曲的添加量为 6%为佳。

五、酒母

酒母是由少量酵母逐级扩大培养而得到的酵母醪液，在黄酒酿造过程中能提供发酵所需的大量酵母。传统绍兴黄酒发酵时发酵醪液中酵母细胞数多达 $(6\sim8)\times10^{9}$ 个/mL。

黄酒酒母按培养方法分为淋饭酒母和纯种酒母两种。

(一)淋饭酒母

淋饭酒母又称"酒娘",是通过酒药制作淋饭酒醅,属于自然培养的酵母菌,因蒸熟的糯米采用冷水淋冷的操作而得名。淋饭酒母于酿酒前一段时间制作,酒药中的根霉、毛霉在酿制初期生成乳酸等一些酸类物质,能使酒母在短时间内形成 pH 小于 4 的酸性环境,从而发挥驯育酵母及筛选、淘汰杂菌的作用。同时酵母菌以外的微生物生成的糖、有机酸、酒精等成分,能赋予黄酒浓醇的口味。但淋饭酒母培养周期长,操作工序复杂,劳动强度大,不易实现机械化。

1. 工艺流程

淋饭酒母生产工艺流程如图 5-8 所示。

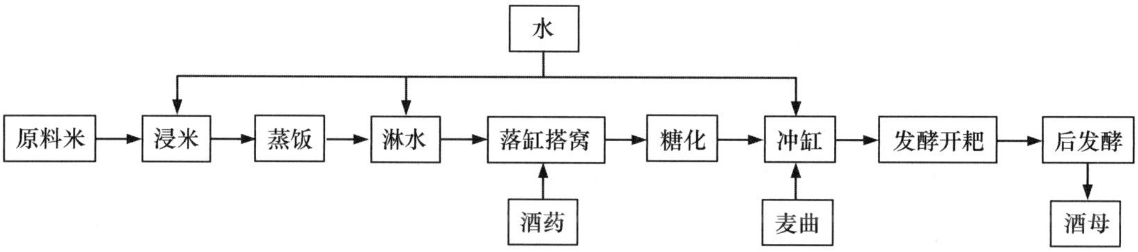

图 5-8 淋饭酒母生产工艺流程

引自:《食品发酵与酿造工艺学》(2011)。

2. 操作要点

(1)配料 淋饭酒母以优质大米为原料,一般以糯米为佳。每缸用米量以 100 kg 或 125 kg 为基准,可视气候选择投米量。麦曲用量为原料米重的 15%～18%,酒药用量为原料米重的 0.15%～0.2%,水质应符合酿酒标准,控制用水总重量为原料米的 300%左右。

(2)浸米、蒸饭、淋水 在浸米容器内装入清水,将米倾入,调整水量,以水面超过米面 5～6 cm 为宜。浸米时间据气温不同控制在 42～48 h,然后捞出冲洗,沥干浆水,常压蒸煮,要求饭粒松软,熟而不糊,手指搓捻无白心,趁热以冷水淋饭,使饭温降至 31 ℃左右。

(3)落缸搭窝 将淋冷的米饭沥干水分,倾入经过消毒的缸内,米饭落缸温度控制在 27～30 ℃,气温低时可增至 32 ℃。将酒药粉末撒入米饭并充分拌匀,然后将米饭中央搭成"V"形或"U"形的凹圆窝,再在米饭表面上撒上少量酒药粉,该操作称为搭窝。搭窝有利于好气性糖化菌生长繁殖和热量释放,同时便于观察和检查糖液发酵状况。

(4)糖化、冲缸 搭窝完成后米饭温度需控制在 27～30 ℃,应及时做好保温工作。酒药中的糖化菌、酵母菌迅速在米饭上生长繁殖,根霉菌等糖化菌分泌的淀粉酶先把米饭中的淀粉分解成葡萄糖,使缸内逐渐积聚水解糖液,此时酵母菌得到营养物质开始繁殖。经过 36～48 h 后,饭粒软化,糖液满至酿窝高度的 4/5,糖液浓度约为 35 °Bx,还原糖含量为 15%～25%,酒精含量大于 3%,pH 为 3.5 左右,醪液中酵母细胞浓度约为 7×10^8 CFU/mL。此时酿窝已成熟,可按比例加入麦曲和水进行冲缸,充分搅拌均匀,使酒醅由半固体状态变为液体,渗透压下降,促进酵母菌繁殖。冲缸后品温下降 10 ℃左右,需及时做好保温工作。

(5)发酵开耙 冲缸后 24 h,酵母菌大量繁殖,细胞浓度可达 $(7\sim10)\times10^9$ CFU/mL,品温迅速上升，并开始产生酒精，再经 8～15 h，米饭和部分曲料漂浮在液面上，形成泡盖，此时需用木耙搅拌，使醪液温度降低，排除二氧化碳，同时提供新鲜空气，促进酵母繁殖，俗称开耙。第一次开耙后每隔 3～5 h 进行第二次、第三次、第四次开耙，使醪液温度保持在 26～30 ℃。

(6)后发酵　经第一次开耙，酒精生成量大幅度增加。冲缸 48 h 后，酒精含量达 10%以上，糖化发酵作用仍在进行。为降低品温，减少酒醪与空气接触面，提高酒母质量，在落缸后第七天左右，将酒醪装入酒坛，进行后发酵，俗称灌坛养醅。后发酵一般持续 15～20 d，待酒醪中酒精含量大于 15%时即可使用。

(二)纯种酒母

纯种酵母是指通过人工纯种培养的方法将黄酒酵母逐级扩大培养而成的酵母。

纯种培养酒母操作简便，培养周期短，劳动强度低，占地少，酿造过程易控制，可机械化操作，但由于微生物种类单一，成熟后的酒母香气略差，影响成品黄酒的浓醇感。为改善纯种酒母酿酒的风味，可采用多种风味好、发酵能力强、抗污染能力强的优良黄酒酵母混合使用。

纯种酒母按制备方法不同又可分为速酿酒母和高温糖化酒母。

1. 速酿酒母

速酿酒母是指将米饭、麦曲、酵母培养液同时投入酒母罐，以双边发酵形式制作的酒母。其生产工艺流程如图 5-9 所示。

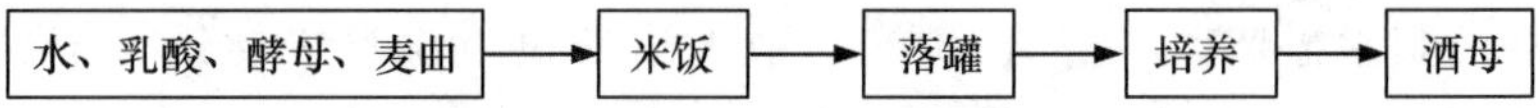

图 5-9　速酿酒母生产工艺流程

引自：《黄酒酿造学》(2019)。

2. 高温糖化酒母

高温糖化酒母是指在 60 ℃下，往蒸煮熟的米饭中加入麦曲和水，保温 3～4 h，然后把糖化液于 80～90 ℃下灭菌 30 min，冷却至 28 ℃左右接种酒母，经 10～12 h 发酵制成的发酵醪。

第四节　黄酒生产工艺

黄酒酿造工艺分为传统工艺和新工艺两种。传统工艺中主要有摊饭法、淋饭法和喂饭法三种，在此基础上研制出了大罐发酵法。黄酒酿造工艺包括原料漂洗、浸渍、煮糜、摊晾散冷、落缸(罐)、糖化及发酵、压滤、澄清、杀菌、包装、贮存等。

一、原料漂洗与浸渍

(一)原料漂洗

选择精白度符合酿造用米标准的大米，要求颗粒均匀饱满，气味良好，淀粉含量在 69%以上，以当年收获的大米为佳。大米漂洗可采用自动洗米机或回转圆筒式洗米机，洗米洗到淋出的水无白浊为度。目前国内有的将洗米和浸米同时进行，有的取消洗米而直接浸米。

（二）浸渍

浸米的时间由生产工艺、水温、米的性质所决定。除了传统的酿造法以浆水作配料时需长时间浸米外，目前浸米时间都比较短，一般只要求达到米粒吸足水分，颗粒保持完整，手指捏米能碎即可，吸水量为25%～30%。目前新工艺黄酒生产不需要浆水配料，常用乳酸调节发酵醪的pH，浸米时间可大为缩短，常在24～48 h内完成。淋饭法生产黄酒，浸米仅需几小时或十几小时。

在我国北方，因酿酒原料和气候条件不同，浸米方法与南方不一样。浸渍黍米时，需先加入60%左右的沸水泡软米粒外皮，并急速搅拌散冷，称为烫米，使水分易于渗透，然后浸渍20 h。

不同的黄酒酿造工艺，其浸米时间和水温各不相同。酿造传统摊饭酒时浸米时间一般为16～20 d，浸米水的酸度达0.8 g/L以上。浙江淋饭酒、喂饭酒和大罐发酵酒的浸米时间都在2～3 d。浸米时间还可根据水温、米质软硬、米的精白程度及米粒大小来调节，一般需1～3 d。

南方传统操作大多采用常温浸米，大罐发酵法生产黄酒则要求控制室温和水温为20 ℃左右，不能超过30 ℃，以防止米变质。大罐发酵要求米浆水酸度大于0.3 g/100 mL（以琥珀酸计），米浆略稠，水面布满白色薄膜，浸米时间不少于48 h。

浸渍产生的酸浆水需留取一部分，澄清后取上清液供下次浸米使用。绍兴黄酒浸米过程中习惯使用浆水，其浆水和清水的比例通常为3∶4，所以有“三浆四水”之说。

二、煮糜

煮糜的目的是使大米等酿造原料中的淀粉吸水受热糊化或使淀粉结晶构造破坏而α化，以利于糖化酶作用；对原料进行灭菌，通过加热灭杀大米所带有的各种微生物，保证发酵的正常进行；去除原料的怪味、杂味，使黄酒的风味纯净。

黄酒酿造采用整粒米饭发酵，并且是典型的边糖化边发酵，醪液浓度高，呈半固态，流动性差。为了使发酵和糖化两者平衡，发酵彻底，便于压榨滤酒，在操作时特别要注意保持饭粒的完整，所以蒸煮时，要求米饭蒸透蒸熟，熟而不糊，透而不烂，外硬内软，疏松均匀。为了检测米饭的糊化程度，可以用刀片切开饭粒，观察饭心，并可进行碘反应实验。

蒸煮大米可采用蒸汽常压固态蒸煮法（或称蒸饭法）。蒸饭设备有间歇式甑桶和连续式蒸饭机两种类型，前者适用于小型黄酒生产厂，后者在中、大型黄酒厂应用，特别是采用新工艺机械化制造黄酒的工厂。无论是传统工艺还是新工艺酿制黄酒，对蒸煮后的米饭的质量要求是：饭粒外硬内软，内无白心，疏松不糊，透而不烂，无团块和生米。蒸饭不彻底时米粒中淀粉糊化不完全，容易导致发酵不良。

（一）传统蒸饭法

传统工艺酿制黄酒一直沿用蒸桶（或称甑桶）进行间歇式蒸饭，每次蒸米量约40 kg，该方法劳动强度大，生产效率低，大米原料输送困难。

(二)新工艺机械化蒸饭法

从1966年开始逐渐扩大使用新工艺机械化生产黄酒，蒸饭机械有间歇式(卧式)甑桶蒸饭机和连续式(立式)蒸饭机，目前该蒸饭方法已被普遍应用于黄酒生产。对于糯米和精白度高的软质粳米，常压蒸煮15～20 min即可满足酿造要求，对于糊化温度要求较高的硬质粳米和籼米，蒸饭中途需追加热水，以促使饭粒充分吸水膨胀，同时须适当延长蒸饭时间。使用蒸桶蒸硬质粳米和籼米时，常采用“双淋”“双蒸”的操作方法，以解决蒸饭过程中出现的米粒吸水不足、糊化不完全和白心米粒多等问题。

(三)黄酒酿造蒸煮新工艺

蒸饭法生产工序复杂，能源消耗大，蒸煮后的米饭容易出现夹生和过熟现象，且不易保存。为克服上述缺点，国内外学者开发了焙炒法、膨化法和液化法用于黄酒生产，并取得了很好的效果。

1. 焙炒法

焙炒法的原理是利用高温气流(230～280 ℃)对大米进行短时(40～60 s)焙炒，使大米内部的水分瞬间蒸发，破坏淀粉之间的氢键，使大米淀粉糊化。1988年，日本宝酒造株式会社率先将大米焙炒技术引入清酒生产，并开发出新型的焙炒清酒。

焙炒法使用回转式流动焙炒装置，大米等谷物原料(可加少量水或不加水)从该装置的上部进入后下落，在转动翼中与向上吹的热风连续均匀接触，谷物迅速被加热，经短时间高温焙炒处理后排出。

焙炒法的特点有：①焙炒处理的谷物原料膨化适度，淀粉α化不差于蒸饭法；②焙炒谷物可长期保存；③原料处理工序的排水量减少；④该法使用280 ℃的热风处理，可使米粒表面的蛋白质变性和脂肪酸挥散，可用精白度较低的大米酿造高质量的清酒，使酿造清酒的原料费用大幅降低；⑤焙炒米用于制曲，不仅在制曲前期可减少杂菌污染，还能缩短制曲时间及提高酒曲酶活力等。

2. 膨化法

膨化法是将大米等谷物加入膨化机中，经短时高温高压处理后急速放出，物料所处环境在短时间内从高温高压降至常温常压，谷物中过热的水分瞬间蒸发产生巨大的膨胀力，致使谷物内部结构破坏而达到膨化的目的。

日本采用气流式瞬间连续膨化装置，大米和玉米等物料的膨化压力为0.25～0.6 MPa，温度为190～230 ℃，时间为3～7 s。

与蒸饭法相比，膨化法的优点有：①淀粉α化较彻底，经膨化处理后的物料不易回生，可以提高出酒率；②省去浸渍、蒸煮、冷却的操作，简化生产工序，无浸渍水排放，有利于环境卫生；③降低能耗；④适用于蒸煮糊化困难的原料等。

3. 液化法

液化法是先将粉碎的大米等谷物与水和α-淀粉酶等一起加入液化装置，在不断搅拌下，升温至80～90 ℃，保持一定的时间进行液化，液化结束后冷却至发酵所要求的温度，用泵输送到发酵缸或发酵罐。其显著的特点是先糖化后发酵。

液化法的优点有：①能适合籼米、粳米、糯米、黑米、黍米、玉米等多种谷物原料的蒸煮；②采用干法粉碎，可省去浸渍操作，无浸渍废水，减少对环境的污染；③液化液的黏度较低，流动性好，便于输送和控制发酵温度，有利于机械化生产，可以降低劳动强度；④淀粉的糖化和发酵较完全，能提高出酒率等。但该法在能耗上要稍高于蒸饭法。

三、摊晾散冷

蒸煮后的米饭必须将品温迅速降至适合于发酵微生物生长繁殖的温度。传统工艺中米饭的冷却方法有淋饭冷却法和摊饭冷却法两种，机械化生产中的卧式和立式蒸饭机则采用鼓风、扬冷等方法冷却。

（一）淋饭冷却法

淋饭冷却法是用清洁的酿造用水从米饭上面淋下，使米饭降温。生产淋饭酒和喂饭酒都采用淋饭冷却法。采用该方法降低米饭温度方便快捷，不论天气冷暖都可以灵活掌握，调节品温至所需要求。该方法还可以适量增加米饭中的水分，使米饭表面光滑，饭粒之间能分离和通气，有利于拌入酒药和搭窝。

淋饭流出的温水可重复淋回米饭中，经过温水复淋，可使饭粒温度上下均匀，缩小里外温差。米饭淋冷后的品温视拌入酒曲或酒药的最适温度而定，一般为 30 ℃左右。嘉兴黄酒淋冷品温控制在 26～32 ℃，福建沉缸酒的饭温控制在 32～34 ℃。米饭淋冷后要沥去多余的水分，以防水分过多而影响根霉的生长繁殖。

（二）摊饭冷却法

传统摊饭冷却法是将蒸熟的米饭摊在竹席上，用木耙翻拌，使米饭自然冷却。摊饭冷却法与淋饭冷却法相比可避免米饭表面的浆质被淋水洗掉，这是摊饭酒酿造的特色之一。但该方法占地面积大，冷却时间长，如卫生条件差和操作不当易污染有害微生物，同时粳米、籼米在冷却过程中易出现淀粉回生和老化现象。

目前摊饭冷却通常采用机械鼓风使米饭迅速冷却。卧式和立式蒸饭机都采用鼓风冷却，冷风从不锈钢输送带向上吹。同时也有采用风冷和水冷结合型的，即先用冷风冷却再适当用冷水淋冷，且大都已实现蒸饭和冷却的连续化。

四、落缸（罐）

缸（罐）和落缸（罐）所用的工具事先都要清洗和灭菌。

1. 摊饭法的落缸

将 24～26 ℃的米饭放入盛有清水的缸中，然后加入麦曲和淋饭酒母，最后加入浆水，混匀。

2. 淋饭法和喂饭法的落缸

将沥去水的 27～30 ℃的米饭放入大缸，然后加入酒药，用手拌匀，搭成倒喇叭形的凹圆窝，然后再往上面撒上些酒药。

3. 大罐法的落罐

将 25 ℃左右的米饭连续倒入拌料器，同时不断加入麦曲、水和纯种培养的速酿酒母或高温糖化酒母，拌匀后落入发酵罐。

五、糖化及发酵

黄酒发酵是在霉菌、酵母菌及细菌等多种微生物的共同参与下进行的复杂生物化学过程。发酵可分为前发酵（主发酵）和后发酵两个阶段。前发酵阶段包括糖化和发酵阶段，后发酵阶段主要指黄酒的成熟阶段。黄酒生产中发酵方式很多，下面介绍常见的几种发酵方式。

（一）摊饭式发酵

1. 工艺流程

摊饭酒酿造工艺流程如图 5-10 所示。

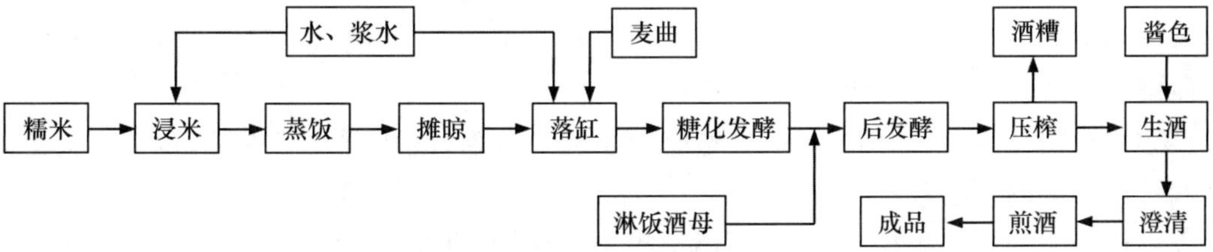

图 5-10 摊饭酒酿造工艺流程

引自：《食品发酵与酿造工艺学》(2011)。

2. 发酵特点

摊饭酒酿造通常在 11 月下旬至翌年 2 月初进行，强调使用“冬浆冬水”，后发酵时间长；摊饭酒浸米时间长，采用浸米所得的酸浆水为配料进行发酵；用自然培养的生麦曲作为糖化剂，淋饭酒母作为发酵剂。绍兴元红酒是传统摊饭酒中的典型代表。

3. 操作要点

（1）落缸　蒸熟后的米饭摊晾至 60～65 ℃，投入盛有清水的发酵缸内，打碎饭团，依次投入麦曲、酒母和浆水，搅拌均匀，使缸内上下层物料温度均匀，控制品温在 27～29 ℃，同时做好保温工作。

（2）糖化发酵　物料落缸后便开始糖化和发酵，前期主要是酵母细胞增殖，品温上升缓慢。投入酒母后，淋饭酒母中的酵母菌从高酒精含量的环境转入低酒精含量的环境，生长繁殖能力增大，经过 10 h 后，酒母浓度可达 5×10^9 个/mL。此时进入主发酵阶段，品温上升较快。当饭面下 15～20 cm 处的温度达到 35～37 ℃时，应当开头耙。开头耙时的温度高低直接影响成品黄酒的风味。高温开耙（品温超过 37 ℃），酵母易早衰，发酵能力不会持久，酒醅残糖含量高，酒口味较甜，俗称热作酒；低温开耙（品温低于 30 ℃），发酵完全，酿成的黄酒甜味少而辣口，俗称冷作酒。开头耙后，品温一般可下降 4～8 ℃。开头耙后 3～4 h，品温升至 33～35 ℃

时，开二耙，以后每隔 4～5 h 分别开第三耙、第四耙（前后温差 1～2 ℃）。第四耙后，每天捣耙 2～3 次，直至品温接近室温。主发酵一般持续 3～5 d 结束，此时酒醪中酒精度一般为 13%～14%，为防止酒精挥发过多，应及时进行装坛，进行后发酵。

后发酵使一部分残留的淀粉和糖分继续糖化发酵，转化为酒精，并使酒成熟增香。一般后发酵持续 2 个月左右。从主发酵缸转入后发酵酒坛，醪液由于翻动而接触了新鲜空气，使原来活力减弱的酵母又重新活跃起来，增强了后发酵能力。因为后发酵时醪液处于静止状态，热量散发困难，所以，要用透气性好的酒坛作为容器，促使热量散发，并能使酒醅保持微量的溶解氧，使酵母仍能保持活力。后发酵的品温随自然温度而变化。所以，前期气温较低的酒醅应堆在温暖的地方，以加快后发酵的速度；在后期气温转暖时的酒醅，则应堆在阴凉的地方，防止温度过高，一般以控制室温在 20 ℃以下为宜，否则易引起酒醪的升酸。

（二）喂饭式发酵

喂饭式发酵是将酿造原料分批投料发酵，第一次发酵时，投入全部的酒母和部分用曲，在酒母培养成熟阶段，再陆续分批投入新鲜原料，起到扩大培养、连续发酵作用的酿酒方法，类似于近代酿造学上的递加法。嘉兴黄酒是喂饭式发酵酿酒的典型代表。

1. 发酵特点

①喂饭次数有 2 次或 3 次，以 3 次最佳。

②多次投料使主发酵时间延长，喂饭时酒醅翻动剧烈，既适合陶罐发酵，也适合大罐发酵生产和浓醪发酵的自动开耙。

③麦曲和酒药同时添加，其中酒药用量较少，酒药中的酵母可在淋饭酒醅和多次喂饭中得到扩大培养，酵母不宜衰老，能始终保持旺盛的发酵力。

④喂饭式发酵过程中酒醅不会形成过高的糖分而抑制酵母活力，可生成较高浓度的酒精，同时出酒率较其他方法高。

2. 操作要点

粳米喂饭式发酵的要点是“双淋双蒸，小搭大喂”。一般在搭窝 48～72 h 后，酿液高度已达 2/3 的醅深，糖度达 20%以上，酵母数在 1×10^8 个/mL 左右，酒精含量在 4%以下，即可翻转酒醅并加入清水。加水量控制每 100 kg 原料总醪量为 310%～330%。

翻缸 24 h 后，可分 3 次喂饭，3 次喂饭所占比例应前小后大，原料比例分配为 18%、28%、54%；喂饭间隔时间以 24 h 为宜。

加曲量按每次喂饭原料量的 8%～12%在喂饭时加入。最后一次喂饭 36～48 h 以后，酒精含量达 15%以上时，可以灌醅或转入后发酵罐，在 15 ℃以下发酵。

（三）抑制式发酵和大接种量发酵

半甜型黄酒（如善酿酒、惠泉酒等）、甜型黄酒（如香雪酒、封缸酒等）要求保留较高的糖分和其他成分。抑制式发酵的原理是以酒代替水进行配料的方法酿制，利用酒醅中酒精浓度超过 5%（体积分数）以上时酵母菌活性受到抑制，发酵速度减缓，而在相同条件下淀粉糖化酶受到的抑制作用相对较少，淀粉能转化成糖分，而糖分不会完全被酵母转化成酒精。

惠泉糯米黄酒利用新工艺大罐发酵生产，在发酵配料时加入原料米重 120%的陈年糯米酒、4%的远年糟烧酒、18%的麦曲,以及经48 h发酵的江苏老酒醅1/2罐,相当于酒母接种量为100%。该酿造方法即为典型的大接种量发酵法,主发酵4 d,后发酵36 d左右。

(四)大罐发酵

传统黄酒生产使用大缸、酒坛作为发酵容器,容积不到1 m^3,醅液深度为1 m左右。从20世纪60年代起开始采用的大罐发酵,克服了陶缸发酵容积小、占地面积大、质量波动大、劳动强度大等缺点。大罐发酵所用糖化剂有块曲、爆麦曲、纯种麦曲,发酵剂采用纯种酒母,并添加适量的酶制剂。

1. 前发酵

前发酵又称主发酵,是大罐发酵的关键工序。前发酵从原料落缸后36～40 h便要缓慢降温,经4～6 d酒精度可达14%(体积分数)以上,总酸度控制在0.4 g/100 mL以下,醪液中心温度应低于15 ℃以下。大罐发酵与传统大缸发酵的区别在于大罐发酵采用自动开耙来替代人工开耙,辅以通入无菌压缩空气来调节发酵醪液温度。表5-8是落缸时间与开耙温度的参考值。

表5-8 落缸时间与开耙温度的参考值

落罐时间/h	温度/℃	耙次	落罐时间/h	温度/℃	耙次
8～12	29～31	头耙	20～24	30～31	四耙
12～14	31～33	二耙	24～36	28～30	据发酵情况适时辅助开耙
16～20	32	三耙			

引自:《食品发酵设备与工艺》(2011)。

2. 后发酵

前发酵结束后,发酵醪液进入后发酵罐进行后发酵,控制品温在10～15 ℃,后发酵大约需要25 d。前15 d每天至少进行一次开耙,通入一定量的新鲜空气,保持酵母的活力,使酒体逐渐丰满谐调;后10 d静置,以利于压滤。后发酵结束后酒醪中酒精度需达16%(体积分数)以上,总酸度控制在0.45 g/100 mL以下,糖分根据酒种不同而分别进行控制。

六、压滤、澄清、杀菌、包装与贮存

发酵结束后,黄酒酒醪中混有固态糟粕,要得到澄清并符合国家标准的黄酒,必须要经过压滤、澄清、杀菌、包装和贮存等加工工序。

(一)压滤

压滤操作包括压榨和过滤两个阶段。压滤以前,应该检测后发酵酒醅是否成熟,以便及时处理,避免发生"失榨"现象。

将发酵醪中的酒(液体成分)和糟粕(固体成分)进行分离的操作称为压榨。传统压榨方法长期采用杠杆式木榨,其生产效率低,劳动强度大。20世纪50年代开始设计水压机、螺旋压榨机、板框压滤机等压榨设备，但压榨效果都不是很理想。目前，黄酒压榨都采用板框式气膜压滤机，能满足黄酒压榨酒液澄清、糟粕干燥、短时压榨等要求。由于黄酒发酵醪液浓稠，固、液密度差小，因此分离需要将压榨和过滤结合进行。

压榨后的黄酒颜色呈淡黄色（米曲类黄酒除外），按传统习惯需添加着色剂。所用着色剂通常为糖色（或称酱色），是由麦芽糖或红糖制成的一类黑色浓稠物，规格一般为 30 °Bé，使用时先用热水或热酒稀释，用量随黄酒的品种不同而异。普通干黄酒添加量为 3～4 kg/t，甜黄酒和半甜黄酒可少加或不加。

（二）澄清

新榨出的酒液称为生酒，其中含有少量的细微固形物，品尝时感觉酒味粗劣且辛辣，需静置澄清 2～4 d，使生酒中少量的细微固形物沉淀到酒池底部，部分物质继续酶解。澄清需在短时低温条件下完成，若温度超过 20 ℃，易发生酸败（俗称“失煎”）现象。

为减少成品黄酒中的酒脚，澄清后的黄酒还需再一次过滤。过滤方法有一次性棉饼过滤、硅藻土过滤、活性炭过滤等。同时过滤还能延长成品黄酒的保质期。除此之外，在醪液中添加适量陈年石灰浆水，可中和黄酒中的酸，能加速酒液澄清并改善口味。

（三）杀菌

杀菌又称煎酒，因过去将黄酒放在锡壶里煎热而得名。煎酒的目的在于杀死黄酒中的微生物和破坏酒中残存的酶，防止成品酒发生酸败，使酒中的成分能够长期稳定下来，同时还能促进黄酒老熟和蛋白质凝结，使酒液清亮透明。

杀菌一般采用 86～90 ℃的直火或蒸汽加热，可采用列管式热交换器或薄板式热交换器进行。杀菌的温度和时间与黄酒的 pH 和酒精度有关，酒液 pH 低，酒精度高，煎酒温度高，则杀菌时间可缩短；反之，杀菌时间则延长。杀菌过程中酒精挥发损失为 0.3%～0.6%，挥发出来的酒精蒸汽经冷凝收集得到的液体称为酒汗。酒汗香气浓郁，可用作酒的勾兑或甜型黄酒的配料。

（四）包装

灭菌后的黄酒，应趁热罐装，入坛贮存。因酒坛具有良好的透气性，对黄酒的老熟极其有利。黄酒罐装前，要做好酒坛的清洗灭菌，检查是否渗漏。黄酒罐装后，应立即扎紧封口，以便在酒液上方形成一个酒气保护层，使酒气冷凝液回到酒液里，造成一个缺氧、近似真空的保护空间。

传统的绍兴黄酒，常在封口后套上泥头，用来隔绝空气中的微生物，使其在贮存期间不能从外界侵入酒坛内，并便于酒坛的堆积贮存，减少占地面积。目前部分泥头已用石膏代替，使黄酒包装显得卫生美观。

（五）贮存

经过灭菌的黄酒要趁热灌入陶坛或大罐中进行贮存。黄酒在贮存过程中的主要变化是从口味辛辣、香淡味粗变得香气浓郁、醇厚适口，其实质就是黄酒的老熟过程，通常称为陈酿。

1. 黄酒贮存期间的变化

黄酒在贮存期间与白酒一样，发生着氧化、酯化、缩合等化学变化和水与酒精之间缔合作用的物理变化。不同于白酒之处在于黄酒中还存在酒色和氧化还原电位的变化。

(1)酒色的变化 酒色随着贮存期的延长而变深。因为贮存期间黄酒中的糖分会与氨基酸结合，生成类黑精。酒色深浅程度与酒中糖分含量的高低、氨基酸含量的高低和贮存时间的长短成正相关，同时，贮存温度较高时，酒色变深的速度加快。

(2)氧化还原电位的变化 随着贮存时间的延长，酒液中的乙醇等还原性物质被氧化，导致氧化还原电位升高，一般氧化还原电位增加 2.0～6.0。

(3)香气的变化 黄酒贮存过程中，有机酸与醇类发生酯化反应，酒中的酯类物质不断增加，赋予黄酒浓郁的香气。

(4)味的变化 黄酒贮存过程中，伴随着乙醇氧化、醇与有机酸酯化、乙醇与乙醛缩合、乙醇与水分子缔合等一系列化学和物理变化，黄酒口味从辛辣变得醇厚、柔和。并不是所有的黄酒都适合长期贮存，有些种类的黄酒贮存时间过长口味反而会变淡。

2. 黄酒贮存的方法

(1)坛贮 以陶坛贮酒是酿制黄酒的特色之一，绍兴黄酒基本采用容量为 23 kg 左右的陶坛作为贮酒容器。陶坛由黏土烧结而成，封口材料采用荷叶、箬壳和黏土，具有一定的透气性，能为坛内提供适量的氧气，有利于黄酒的氧化，促进成熟。但坛贮酒成本高，搬运、堆幢劳动强度大，且耗损多。另外，封坛所用的泥头还会影响生产车间和仓库环境卫生。

黄酒装坛前需先用蒸汽将陶坛灭菌，将杀菌后的热酒装入坛中，坛口立即覆盖经煮沸杀菌的荷叶、箬壳等，包扎好后用泥头或石膏封口，入库贮存，通常以 3～5 个坛堆放在一起，避免阳光直射。控制库温在 5～20 ℃，温度过低会减慢陈酿速度，过高会使酒精挥发造成损耗。每年热天需翻堆 1～2 次。

(2)大罐贮存 20 世纪 70 年代，我国开始采用大罐贮酒技术来贮酒。黄酒贮存采用 30 m^3 的碳钢罐，内壁涂有无毒防腐材料。贮酒前贮罐、管道、输送设备需严格灭菌，可将灭菌后的黄酒冷却至 63～65 ℃后进罐。进罐完成后立即封罐降温，使温度迅速降至 30 ℃左右，于自然温度下贮存。降温过程中可向罐内补充无菌空气，以平衡气压。

3. 黄酒贮存期间的管理

(1)酒龄和标注酒龄 据《黄酒》(GB/T 13662—2018)中的定义，酒龄是指发酵后的成品原酒在酒坛、酒罐等容器中贮存的年限；标注酒龄是指销售标签上标注的酒龄，以勾兑酒的酒龄加权平均计算，且其中所标注酒龄的基酒不低于 50%。新酿成的绍兴黄酒在酒坛上有用墨喷的酿制年份，在泥头内还有一张“酿单”，上面印有产品说明和酿制年份，据这些信息可推算出该酒的酒龄。

(2)密闭贮存 黄酒在坛内或大罐内须密闭贮存，要严防微生物污染，减少酒精和其他香气物质的挥发。

(3)掌握适期贮存 我国普通黄酒贮存期一般为一年左右，甜型和半甜型黄酒的酒龄不宜过长。日本清酒一般贮存半年至一年。名优酒则要求陈酿 3～5 年。黄酒贮存期过长会出现过熟现象，尤其是含糖量高的酒，酒龄过长会出现焦糊味、口味变淡等不良后果。

七、质量标准

目前，我国黄酒的国家标准中除《黄酒》(GB/T 13662—2018)外，国家市场监督管理总局根据《地理标志产品保护规定》及《地理标志产品　标准通用要求》(GB/T 17924—2008)制定了《地理标志产品 绍兴酒(绍兴黄酒)》(GB/T 17946—2008)等地理标志产品的国家标准。国家标准的制定在规范黄酒行业发展以及保护消费者利益方面发挥了重要的作用，较大地促进了黄酒行业的发展。

第六章　味精生产

第一节　概　　述

一、味精及其生产方法

(一)味精简介

味精又称谷氨酸钠，为 α-氨基戊二酸（*L*-谷氨酸）的钠盐，是无色至白色的柱状结晶粉末，具有强烈的肉类鲜味，是食品行业和家庭烹调的常用调味品。其分子式为 $C_5H_8NO_4Na \cdot H_2O$。其粒子相对密度为 1.635，易溶于水，不溶于乙醚、丙酮等有机溶剂，难溶于纯酒精。因谷氨酸钠分子结构中含有不对称碳原子，因此具有旋光性，分为 *L* 型、*D* 型及 *DL* 型三种光学异构体，其中只有 *L*-谷氨酸钠具有鲜味。动植物体内存在的谷氨酸，用蛋白质水解法和发酵法生产的谷氨酸钠都是 *L* 型。而用化学合成法生产的谷氨酸是等分子的 *L* 型和 *D* 型混合而成，即 *DL*-谷氨酸。在盐酸作用下，谷氨酸钠生成谷氨酸或谷氨酸盐酸盐（Glu · HCl）；在强碱作用下，可生成谷氨酸二钠盐，加酸后仍可生成谷氨酸钠；在水溶液中长时间加热，可部分脱水生成焦谷氨酸钠（P-Glu · Na）。

(二)味精生产方法

1. 水解法

1910 年，日本味之素公司采用酸水解面筋，后改用豆粕，将其中的蛋白质水解成多种氨基酸，然后提取出谷氨酸，再制成味精。该法是制造味精最古老的方法，其优点是水解操作易于掌握，但原料来源少、价格高、收率低，生产 1 t 纯度为 99%的味精需耗用湿面筋（以含蛋白质 20.4%计）12 t 或耗用豆粕（以含蛋白质 14.5%计）20 t，且对设备腐蚀性强，劳动繁重，目前已停用。

1936 年，美国从甜菜废液中提取出谷氨酸，每 200 kg 废糖蜜可提取 5～6 kg 谷氨酸，收率很低，工艺也比较复杂，而且受地区性限制。因此，这种方法没能得到大规模生产应用。

2. 发酵法

1946 年和 1948 年，美国、日本等国家的科学家先后选育出了能发酵葡萄糖生成 α-酮戊二酸的菌株。通过该菌株发酵得到 α-酮戊二酸，再用酶法或化学法将之转变为 *L*-谷氨酸。所以，这种方法又称为二步发酵法。该法由于操作工序烦琐，生产成本高，所以未能进行工业化应用。

1956年，日本协和发酵公司分离选育出一株能利用葡萄糖在发酵液中直接积累 *L*-谷氨酸的细菌，随后进行了工业化研究，并于次年正式进行商业生产。目前，国内外味精生产厂家大都采用这种一步发酵法。该法原料来源丰富，含糖原料如淀粉水解糖和糖蜜、碳氢化合物、乙醇以及乙酸等都可用作发酵的原料；收率高、成本低，每100 kg葡萄糖发酵可转化的谷氨酸达55 kg左右；机械化、自动化程度高，劳动强度低，生产效率较高。但用该方法生产谷氨酸的发酵工厂投资较大，生产过程的操作和管理要求很严格，否则会因污染杂菌和噬菌体而造成很大损失，最重要的是需要理想的生产菌种。

3. 合成法

合成法是用碳化物、丙烯腈、丙烯醛、糠醛等为原料，在高压下合成 *DL*-谷氨酸。1962年，日本味之素公司用该法生产谷氨酸，因其产量小、原料成本上升以及具有毒副产物而使安全性受到怀疑，于1973年停止生产。

二、国内外味精生产概况

（一）世界味精生产概况

随着发酵法的成功投产和不断革新完善，全世界的味精工业生产发展很快。1957年世界味精年产量仅有3.05万t，至1965年达到10万t，1987年剧增到55.8万t，2006年味精产量约为220万t。世界味精生产主要集中在亚洲，其年产量占世界总产量的90%以上。

世界上主要味精生产企业有味之素公司（日本）、希杰集团（韩国）、大象集团（韩国）、味丹企业股份有限公司（中国台湾）等。2006年，日本味之素公司的味精生产量约占世界味精总产量的30%，约为58万t；味丹企业股份有限公司是东南亚地区最大的味精生产企业之一，2005—2006年其味精及谷氨酸的总产量已超过30万t。

国外味精生产一般以糖蜜为原料，采用高糖、大接种量、添加青霉素（或表面活性剂）、低糖或高糖流加发酵工艺，产酸率高，转化率高，生产规模大，自动化程度高，能自动控制温度、压力、搅拌速度、空气流量、pH、溶解氧等。提取工艺多采用除菌体、真空浓缩等电点法和连续等电点法，收率高，母液可用于制肥料，废水须经生化处理，化学需氧量在50 mg/kg以下。

（二）我国味精生产概况

我国味精生产始于1923年，最早是由上海天厨味精厂采用酸水解面筋法生产味精，原料主要从澳洲进口，生产成本高，产量很小。1932年，沈阳味精厂采用豆粕水解法生产味精。到1949年全国味精产量不足500 t。

1949年后，味精的生产技术及产量不断提高。1963年通过5 000 L大型试验后，由上海味精厂率先投产。由此，我国开始了工业化发酵生产谷氨酸。

我国于1964年选育出高产谷氨酸生产菌——北京棒状杆菌AS1.299，于1992年成为世界味精生产的第一大国，产量达34万t。2022年，我国味精产量增长至263万t，占世界总产量的70%以上。尽管我国是世界味精生产第一大国，但并不是世界味精生产强国。我国的生产技术水平和世界先进水平相比，还有相当大的差距，突出表现在：生产分散，规模小；发酵技术水平低；生产过程的自动化程度低，劳动生产率低；下游工程技术落后，废水对环境污染严重等。表 6-1 所列为我国味精生产的主要技术经济指标与国外先进水平的差距。

表 6-1　国内外味精生产的主要技术经济指标之比较（以淀粉糖为原料）

项目	世界先进水平	国内	项目	世界先进水平	国内
产酸率/%	10～13	8～10	淀粉单耗/(t/t)	2.24	2.2～3.0
转化率/%	50～55	48～53	电耗/(kW·h/t)	1 800～2 000	2 000～3 000
提取率/%	去菌体浓缩等电点：88～90。带菌体浓缩等电点：85～88	低温等电点：78～80。等电点离子交换：88～92	单位发酵罐产量/[t/(m^3·年)]	16～20	6～15
精制收率/%	94～96	88～94	实物劳动生产率/[t/(人·年)]	20～50	5～15

当前，我国味精行业要想提高生产技术水平和经济效益，增强国内外市场竞争力，应努力做到：合理利用原材料，选育和采用新菌种、新工艺、新技术、新装备，节能降耗，逐步实现自动控制，提高劳动生产率，搞好废水治理，大力推行清洁化、集约化生产，提高环境和社会效益。

三、味精的生理作用及安全性

近来，由于某些媒体和错误科学报道的误导，导致消费者对味精及含有味精成分的食品的安全性产生了怀疑。并有谣言说：谷氨酸钠的热分解物焦谷氨酸钠有神经毒性。致使消费者在烹饪或食用含有味精的方便食品时，对味精更是敬而远之。为了给广大消费者一个对味精的正确评判，证明味精和含有味精成分的食品是食用安全的，我们有以下的科学依据。

（一）味精的成分

味精的主要成分为谷氨酸钠。《谷氨酸钠（味精）》(GB/T 8967—2007)中说明了，味精即谷氨酸钠。而中华人民共和国农业农村部行业标准《绿色食品　味精》(NY/T 1053—2018)中说明了，味精分为三大类：味精，其谷氨酸钠含量大于或等于 99%；加盐味精，其谷氨酸钠含量大于或等于 80%并添加食用盐（以 NaCl 计，含量<20%）；增鲜味精，其谷氨酸钠含量大于或等于 97%，并添加 5′-鸟苷酸二钠（含量≥1.08%）、呈味核苷酸二钠（含量≥1.5%）和 5′-肌苷酸二钠（含量≥2.5%）。

从狭义上说，味精等同于谷氨酸钠；然而，从广义上讲，味精可以分为三大类，其主要成分为谷氨酸钠。我们从味精的生产工艺流程可知，味精基本上都是淀粉、砂糖、醋酸、糖蜜等天然物质经酸醇转换提纯得到的。因此，味精并不是化学合成产品。

（二）中国餐馆症

中国餐馆症引发了人们对味精安全的质疑。有些外国消费者在中国餐馆喝了云吞汤后，有一部分人群出现了短暂的脸部麻木、心悸、哮喘、腹痛等症状，由此推测上述症状的出现与食物中的味精有关，并怀疑是消费者对味精产生的不良反应。

然而，Walker对中国餐馆症和味精的关系做了控制性双盲交叉实验，研究并未发现中国餐馆症和味精的摄入有任何关系，甚至是对中国食物敏感的实验者，味精的摄入也没有对他们有任何影响。Woods也指出了，人体摄入谷氨酸钠的不良反应可能取决于食用的数量，如果有食用后产生不良症状的可能，其发生可能会推迟约12 h。即使可以建立这样一个实验，在实验时间和数据控制上也不能保证其严密性和完整性。所以，味精的食用和某些不良反应的发生是无法建立关联的。

（三）世界组织对谷氨酸钠的安全性态度

在1959年，美国食品药品监督管理局（Food and Drug Administration，FDA）就认为谷氨酸钠是“可以认可是安全的”GRAS（Generally Recognized as Safe，美国FDA评价食品添加剂的安全性指标）。1991年，欧洲委员会（European Communities）和美国药总局（Scientific Affairs of American Medical Association）分别声明，谷氨酸钠是安全的。正常摄入谷氨酸钠是可以保证其安全性的。

第二节　谷氨酸的生物合成

一、常用的谷氨酸生产菌

（一）我国谷氨酸生产菌

经过30多年的努力，我国味精工业谷氨酸生产菌的选育取得了显著成绩，选育及常用的谷氨酸生产菌株见表6-2。

表6-2　我国选育和常用的谷氨酸生产菌株　%

菌株	分类	来源	发酵初糖	产酸率	糖酸转化率
AS1.299	北京棒杆菌	野生株	10～13	5	40～45
7338		由AS1.299经*N*-甲基-*N′*-硝基-*N*-亚硝基胍(NTG)诱变而来		5.5～5.8	
D110		由AS1.299经硫酸二乙酯(DES)诱变而来	15～16	8.53	49.11
WTH-1		由AS1.299经UV、DES和LiCl诱变而来	17	10	60
S-941	棒杆菌属	野生株		8.0	45
AS1.542	钝齿棒杆菌	野生株	10～12	5	40～45
TS-27		由AS1.542经UV诱变而来的温度敏感型突变株		7.85	48.8

续表6-2

菌株	分类	来源	发酵初糖	产酸率	糖酸转化率
HU7251	钝齿棒杆菌	野生株		5.54	43
B_9		由 HU7251 经 UV 诱变而来	12.6～13	5.9	40～45
T6-13	天津短杆菌	野生株	12～13	6.0	49
FM8207		由 T6-13 经 ^{60}Co 诱变而来	15.56	7.01	45.05
FM84-415		由 T6-13 经 ^{60}Co 和 NTG 复合诱变而来	17.94	8.23	47.36
CMTC6282		由 T6-13 经 NTG 诱变而来	15.6	8.2	55.55
9-71		由 T6-13 经抗噬菌体诱变而来			46～50
ZX-507		由 T6-13 的原生质体经 UV 和 LiCl 复合诱变而来		7.35	55.42
G1-1		由 T6-13 经激光和 LiCl 复合诱变而来		6.58	49.56
TG-866		由 T6-13 的突变株 TG-3 经 UV 和 DES 复合诱变而来		7.81	52.34
TG866-174		由 T6-13 经 UV 诱变而来		9.64	60
FTN9108		由 T6-13 经亚硝基胍(NTG)诱变的突变株原生质体融合而来		8.74	51.8
BM91-1		由 T6-13 经 UV 诱变而来		4.66	
ZG88		由 AS1.299 和 T6-13 原生质体融合而来	12.5		44.9
F-263		由 B_9 和 TG866 原生质体融合而来		8.4	52
B_4	谷氨酸棒杆菌	由谷氨酸棒杆菌 B_1 经 NTG 和 *N*-亚硝基-*N*-甲基-氨基甲酸乙酯(NMU)诱变而来		8	59.8
B_{44}		由谷氨酸棒杆菌 B_4 经转化得到		9.96	68.8

1. 北京棒杆菌 AS1.299

形态特征：细胞是短杆状或棒状，两端钝圆，不分支，有时微呈弯曲状；细胞呈单个、成对或“V”字形排列；大小为 (0.7～0.9) μm × (1.0～2.5) μm；革兰氏染色呈阳性反应；无运动能力；细胞内有明显的横隔，在次极端有异染粒，不形成芽孢。

生理特征：好气兼厌气性；在 20 ℃生长缓慢，30～32 ℃生长旺盛，41 ℃生长微弱；生长最适 pH 为 6～7.5。

培养特征：菌落呈淡黄色，表面湿润光滑，不产生水溶性色素。

2. 钝齿棒杆菌 AS1.542

形态特征：细胞两端钝圆，不分支，呈短杆状或棒状；细胞呈单个、成对或“V”字形排列，大小为 (0.7～0.9) μm × (1.0～3.4) μm；革兰氏染色呈阳性反应。

生理特征：好气兼厌气性；在 20～37 ℃范围内生长良好，最适生长温度为 30 ℃，39 ℃下生长微弱；在 pH 为 6～9 范围内生长良好；生物素为必需生长因子。

培养特征：在肉汤琼脂斜面上培养，菌落呈草黄色，表面湿润、无光泽，边缘较薄且呈钝齿状，不产生水溶性色素；在肉汤琼脂平板上培养 48 h，菌落呈草黄色，直径为 3～4 mm，表面湿润、无光泽，边缘呈钝齿状，产生水溶性色素；在柱形肉汤琼脂中穿刺培养，沿穿刺线均能生长，但不扩展。

3. 钝齿棒杆菌 HU7251

形态特征：细胞两端钝圆，不分支，细胞呈短杆状或棒状，有的还略微弯曲不挺直；细胞呈单个、成对或“V”字形排列，大小为 (0.7～0.9) μm × (1.0～3.4) μm；革兰氏染色呈阳性反应；不形成芽孢；无运动能力。

生理特征：好气兼厌气性；在 20～37 ℃范围内都能生长，最适生长温度为 30 ℃；在 pH 6～9 范围内生长良好；生物素为必需生长因子；受钝齿棒杆菌 AS1.542 噬菌体的感染，但不受北京棒杆菌 AS1.299 噬菌体的感染。

培养特征：在肉汁琼脂斜面上划线培养，菌落呈草黄色，表面湿润、无光泽，边缘较薄，呈钝齿状，不产生水溶性色素；在肉汁琼脂平板上培养 48 h，菌落呈草黄色，直径为 3～5 mm，表面湿润、无光泽，边缘较薄，呈钝齿状，不产生水溶性色素。

(二)国外谷氨酸生产菌

1. 棒杆菌属

在棒杆菌属中，我国只筛选出了两个种的野生株，即北京棒杆菌和钝齿棒杆菌，而国外筛选出的该属高产菌株还有另外 12 个种，即谷氨酸棒杆菌 (*C. glutamicum*)、嗜石油棒杆菌 (*C. petrophilum*)、裂烃棒杆菌 (*C. hydrocarboclastus*)、解烷棒杆菌 (*C. alkanolyticum*)、醋谷棒杆菌 (*C. acetoglutamicum*)、嗜醋棒杆菌 (*C. acetophilum*)、嗜醋酸棒杆菌 (*C. acetoacidophilum*)、力士棒杆菌 (*C. herculis*)、多形棒杆菌 (*C. polymorph*)、糖蜜棒杆菌 (*C. melassecola*)、百合棒杆菌 (*C. lilium*) 和帚石南棒杆菌 (*C. callunae*)。

2. 短杆菌属

在短杆菌属中，我国仅筛选出了一个种，即天津短杆菌，而国外筛选出的该属高产菌株还有另外 7 个种，分别是乳糖发酵短杆菌 (*B. lactofermentum*)、叉开短杆菌 (*B. divaricatum*)、黄色短杆菌 (*B. flavum*)、生硫短杆菌 (*B. thiogenitalis*)、谷氨酸短杆菌 (*B. glutamicum*)、嗜氨短杆菌 (*B. ammoniaphilum*) 和蔗糖短杆菌。

3. 小杆菌属

在小杆菌属中，国外筛选出了嗜氨小杆菌 (*M. ammoniaphilum*)、水杨苷小杆菌 (*M. salicnovorum*)、产碱小杆菌 (*M. alkaliscens*) 和胶黏小杆菌 (*M. glutinosus*) 4 个种的高产菌株。

4. 节杆菌属

在节杆菌属中，国外筛选出了石蜡节杆菌 (*A. paraffineus*)、氨基酸节杆菌 (*A. aminofaciema*) 和裂烃谷氨酸节杆菌 (*A. hydrocarboglutamicus*) 3 个种的高产菌株。

综上所述，我国谷氨酸生产菌菌种资源还相当贫乏。在以上 4 个属的谷氨酸生产菌中，我国筛选出的野生菌株只有棒杆菌属和短杆菌属两个属，还没有筛选出小杆菌属和节杆菌属的高产菌株。

在工业生产中，为防治噬菌体污染轮换使用菌种时，可供选择的菌株偏少；进行遗传育种时，可供利用的基因也相当少。因此，仍有必要开展大规模的谷氨酸生产菌的筛选工作。我国幅员辽阔，不同生态区域环境条件多样化，其生物也相当多样化，应该能够筛选出更多、更优良的谷氨酸生产菌株。

二、谷氨酸的生物合成途径

目前，谷氨酸生产菌中谷氨酸的生物合成途径已经被研究得十分清楚，如图 6-1 所示。

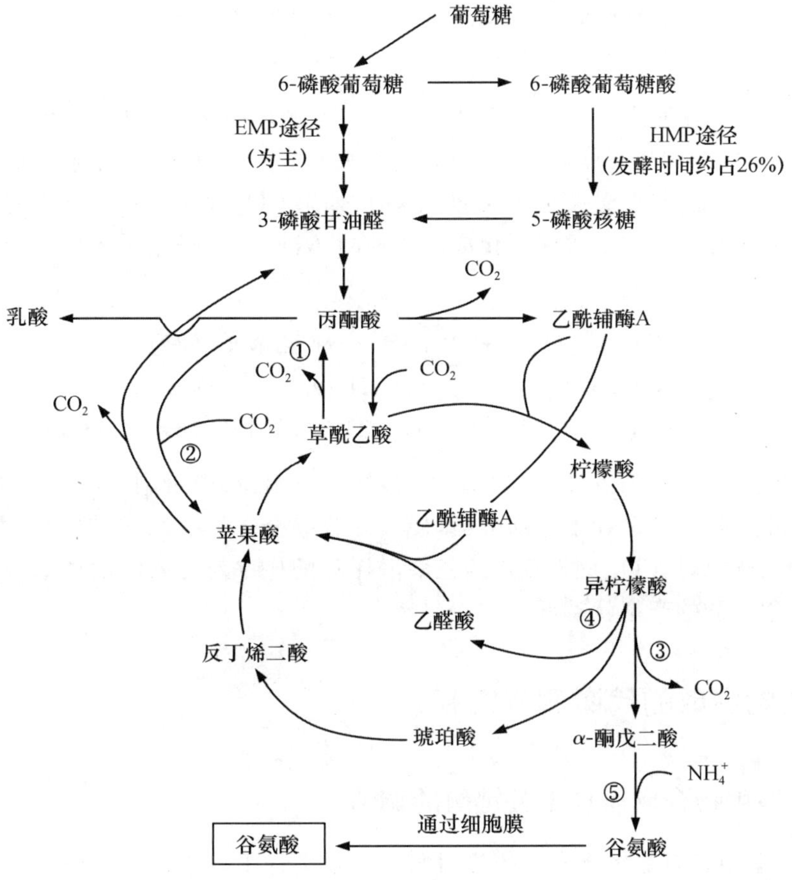

①丙酮酸羧化酶；②苹果酸酶；③异柠檬酸脱氢酶；④异柠檬酸裂合酶；⑤*L*-谷氨酸脱氢酶

图 6-1　由葡萄糖生物合成谷氨酸的代谢途径

在谷氨酸生产菌中，α-酮戊二酸脱氢酶丧失或活性非常低，而异柠檬酸脱氢酶和 *L*-谷氨酸脱氢酶的活性却非常强。当有大量 NH_4^+ 存在时，形成氧化还原共轭的氨基化反应，合成大量的谷氨酸，反应式如下所示。

若三羧酸（TCA）循环中的四碳二羧酸、草酰乙酸和苹果酸是 100％通过 CO_2 固定反应供

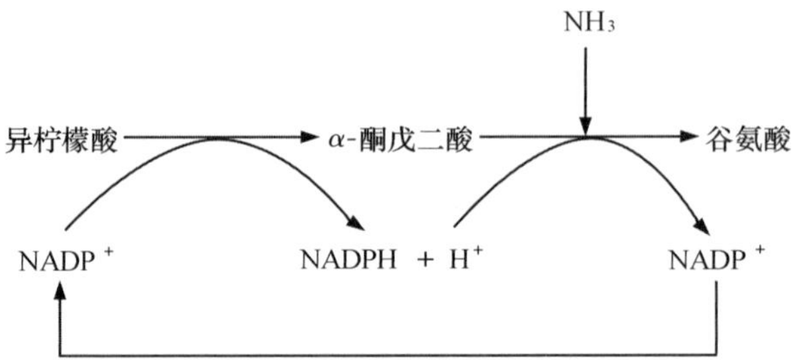

给，并忽略其他副反应，则由葡萄糖生物合成谷氨酸的理想方程式为：

$$C_6H_{12}O_6 + NH_3 + 1.5O_2 \longrightarrow C_5H_9O_4N + CO_2 + 3H_2O$$

葡萄糖(180.16)　　　　谷氨酸(147.13)

理论糖酸转换率＝(147.13÷180.16)×100％＝81.7％

由于α-酮戊二酸脱氢酶丧失或活性非常低，TCA循环中断。那么，没有TCA循环为菌体细胞物质合成提供的碳架和能源，菌体如何生长呢？研究发现，在菌体生长期，是通过乙醛酸循环来提供碳架和能源，促进菌体生长的。这时，如果CO_2固定反应完全不起作用，丙酮酸在丙酮酸脱氢酶的作用下，脱氢脱羧氧化成乙酰辅酶A，通过乙醛酸循环供给四碳二羧酸，进一步合成谷氨酸。反应式如下：

$$3\,C_6H_{12}O_6 \longrightarrow 6\text{ 丙酮酸} \longrightarrow 6\text{ 乙酸} + 6CO_2$$

$$6\text{ 乙酸} + 2NH_3 + 3O_2 \longrightarrow 2C_5H_9O_4N + 2CO_2 + 6H_2O$$

葡萄糖对谷氨酸的理论收率＝[(2×147.13)÷(3×180.16)]×100％＝54.4％

在实际谷氨酸发酵时，因条件控制的不同，包括形成菌体、微量副产物和生物合成等消费的能量不同等，不同程度地消耗了一部分糖，使实际收率介于54.4％和81.7％之间。也就是说，当以葡萄糖为碳源时，CO_2固定反应与乙醛酸循环的比率对谷氨酸的产率有影响，乙醛酸循环活性越高，谷氨酸的产率就越低。

三、谷氨酸生物合成的代谢调节机制

(一)谷氨酸生物合成途径中关键酶的调节

对黄色短杆菌中谷氨酸生物合成的代谢调节机制进行了较为透彻的研究，合成谷氨酸的几种关键酶的调节方式有如下几种。

①优先合成：谷氨酸比天冬氨酸优先合成，谷氨酸合成过量后，会抑制和阻遏自身的合成途径，使代谢流转向合成天冬氨酸。

②谷氨酸脱氢酶的调节：谷氨酸对谷氨酸脱氢酶存在着反馈抑制和反馈阻遏。

③柠檬酸合成酶的调节：柠檬酸合成酶受能荷调节、谷氨酸的反馈阻遏和顺乌头酸的反馈抑制。

④异柠檬酸脱氢酶的调节：细胞内α-酮戊二酸的量与异柠檬酸的量需维持平衡。当α-酮

戊二酸过量时，对异柠檬酸脱氢酶发生反馈抑制作用，停止合成 α-酮戊二酸。

⑤α-酮戊二酸脱氢酶在谷氨酸生产菌中先天性地丧失或削弱。

⑥磷酸烯醇丙酮酸羧化酶受天冬氨酸的反馈抑制，受谷氨酸和天冬氨酸的反馈阻遏。

在菌体代谢时，谷氨酸比天冬氨酸优先合成，谷氨酸合成过量时，会抑制谷氨酸脱氢酶的活力和阻遏柠檬酸合成酶的合成，使代谢转向天冬氨酸的合成。天冬氨酸合成过量后，反馈抑制磷酸烯醇丙酮酸羧化酶的活力，停止草酰乙酸的合成，所以在正常情况下，谷氨酸并不积累。

（二）谷氨酸合成的糖代谢调节

1. 能荷控制

糖代谢的调节主要受能荷的控制，也就是受细胞内能量水平的控制。糖代谢最重要的生理功能是以腺苷三磷酸（adenosine triphosphate，ATP）的形式供给能量。在葡萄糖氧化过程中，中间产物积累或减少会引起能荷的变化，造成代谢产物 ATP 的过剩或减少，这些中间产物和腺嘌呤核苷酸［ATP、腺苷二磷酸（adenosine diphosphate，ADP）、腺苷一磷酸（adenosine monophosphate，AMP）］通过抑制或激活糖代谢各个阶段关键酶的活性来调节能量的生成。

2. 生物素对糖代谢的调节

生物素对糖代谢的调节主要是通过影响糖解速度，而不是 EMP 途径（糖酵解途径）与 HMP 途径（磷酸戊糖途径）的比率。生物素对乙醛酸循环也有影响。

四、谷氨酸生产菌的代谢控制育种

（一）切断或减弱支路代谢

1. 选育减弱 α-酮戊二酸进一步氧化的突变株

α-酮戊二酸是合成谷氨酸的前体物质，减弱 α-酮戊二酸脱氢酶的活性，可使代谢流向谷氨酸，从而增加谷氨酸的合成。1995 年，有研究通过定点突变乳酸发酵短杆菌 ATCC 13869 的 α-酮戊二酸脱氢酶编码基因，从而钝化了该酶的活性，选育出一株谷氨酸高产菌。

2. 选育减弱乙醛酸循环的突变株

在谷氨酸生物合成途径中，四碳二羧酸、草酰乙酸和苹果酸可由 CO_2 固定反应或乙醛酸循环所提供。减弱乙醛酸循环，CO_2 固定反应所占的比例就会增大，就能提高谷氨酸的产率。

3. 选育减弱 HMP 途径后段酶活性的突变株

在谷氨酸生物合成途径中，从葡萄糖到丙酮酸的反应是由 EMP 途径和 HMP 途径所组成的。但是，通过 HMP 途径也可生成核糖、核苷酸、芳香族氨基酸、辅酶 Q 等物质，这些物质的生成消耗了葡萄糖，使谷氨酸的产率降低，如果削弱或切断这些物质的合成，就会使谷氨酸的产率增加。

4. 选育不分解利用谷氨酸的突变株

谷氨酸发酵的目的是积累谷氨酸。如果菌种一边合成谷氨酸，一边分解利用谷氨酸，就达不到积累谷氨酸的目的，所以必须使菌种不能分解、利用谷氨酸，切断 α-酮戊二酸继续向下氧化的反应，即选育以谷氨酸为唯一碳源，菌体不生长或生长微弱的突变株。

(二)解除自身的反馈抑制

1. 选育耐高渗透压菌株

要使菌种能高产谷氨酸，菌种就必须具备在高糖、高谷氨酸的培养基中仍能正常生长和代谢的能力，即在高渗透压的培养基中菌体的生长和谷氨酸的合成不受影响或影响很小。

2. 选育解除谷氨酸对谷氨酸脱氢酶反馈调节的突变株

当谷氨酸合成达到一定量时，谷氨酸就会反馈抑制和阻遏谷氨酸脱氢酶，使谷氨酸的合成停止，代谢转向天冬氨酸的合成。解除谷氨酸对谷氨酸脱氢酶的反馈调节，菌体就会不断地合成谷氨酸。可以选育酮基丙二酸抗性突变株、谷氨酸结构类似物抗性突变株，如谷氨酸氧肟酸盐抗性突变株；选育谷氨酰胺抗性突变株。

(三)增加前体物的合成

1. 选育强化三羧酸循环中从柠檬酸到 α-酮戊二酸代谢的突变株

如选育柠檬酸合成酶活力强的突变株，选育抗氟乙酸、氟化钠、氮丝氨酸、氟柠檬酸等突变株。

2. 选育强化 CO_2 固定反应的突变株

在谷氨酸的生物合成途径中，如果四碳二羧酸全部由 CO_2 固定反应提供，谷氨酸对糖的理论转化率是 81.7%；如果四碳二羧酸全部由乙醛酸循环提供，理论转化率是 54.4%，所以强化 CO_2 固定反应可以提高菌种的产酸率。例如，选育以琥珀酸为唯一碳源的培养基上生长快的菌株，选育丙酮酸羧化酶和磷酸烯醇丙酮酸羧化酶活力强的突变株，或克隆该酶的基因，增加其拷贝数。

(四)选育强化能量代谢的突变株

谷氨酸高产菌的两个显著的特点是，α-酮戊二酸继续向下氧化的能力缺陷和乙醛酸循环弱，使谷氨酸菌能量代谢受阻，三羧酸循环前一段的代谢（柠檬酸合成到生成 α-酮戊二酸）减慢。强化能量代谢可补救以上两个特点造成的不足，使三羧酸循环前一段的代谢加强，谷氨酸合成的速度加强。即可选育：①抗呼吸链抑制剂的突变株，如抗丙二酸、氧化丙二酸、氰化钾等突变株；②抗 ADP 磷酸化抑制剂突变株，如抗 2,4-二硝基苯酚、羟胺、砷、胍等突变株；③抗抑制能量代谢抗生素的突变株，如抗缬氨霉素、寡霉素等突变株。

(五)提高细胞膜的渗透性

正常的谷氨酸生产菌的细胞膜不允许谷氨酸从胞内渗透到胞外。在谷氨酸发酵过程中，可通过控制发酵条件，一般是通过控制生物素亚适量或添加吐温-60 或青霉素的手段，来调节细胞膜的渗透性，使细胞膜允许谷氨酸从胞内渗透到胞外。如果遗传性改造细胞膜或细胞壁的结构与功能，使谷氨酸容易从胞内渗透到胞外，就可以避免因发酵条件控制不当造成产酸不稳定的缺陷，这对高产、稳产谷氨酸是有利的。

(六)其他遗传标记

研究发现，选育异亮氨酸缺陷型、蛋氨酸缺陷型、苯丙氨酸缺陷型、棕榈酰谷氨酸敏感型等突变株，都可不同程度地提高谷氨酸的产量。

第三节　味精生产工艺

一、原料预处理

绝大多数谷氨酸生产菌都缺乏淀粉水解酶系，不能直接利用淀粉、糊精。因此，用淀粉质原料进行谷氨酸生产时，必须先将淀粉水解为葡萄糖，然后再进行谷氨酸发酵。

(一)淀粉糖化

1. 酸解法

酸解法为常用的传统水解法。该法以无机酸为催化剂，在高温高压下使淀粉水解为葡萄糖。其优点是工艺简单、水解时间短、设备周转快、生产效率高。其缺点是需要耐腐蚀、耐高温和耐压设备；副反应会生成许多副产物，降低糖液纯度和淀粉转化率；对淀粉原料纯度要求较高。

(1)原理　淀粉在酸作用及高温高压条件下水解为葡萄糖，其中间产物为糊精、低聚糖和麦芽糖。淀粉转化为葡萄糖的过程为主反应。生成葡萄糖的同时会发生以下两种有害的副反应。

①缩合反应：形成谷氨酸生产菌不能利用的异麦芽糖、龙胆二糖及纤维二糖等缩合二糖，反应式如下。

$$\underset{\text{葡萄糖}}{2C_6H_{12}O_6} \rightleftharpoons \underset{\text{缩合二糖}}{C_{12}H_{24}O_{11}} + \underset{\text{水}}{H_2O}$$

淀粉和乳酸浓度越高，水解温度越高，水解时间越长，缩合二糖的生成越多，进一步聚合的程度越高。所以酸解淀粉时，淀粉乳酸浓度调配在 10～12 °Bé 为宜。

②分解反应：即葡萄糖在酸、热作用下脱水生成不稳定的 5-羟甲基糠醛，进一步分解成乙酰丙酸和甲酸等物质，这些物质及水解液中的其他有机物质发生聚合反应，生成色素等影响糖液质量的有害成分，反应式如下。

$$C_6H_{12}O_6 \xrightarrow[\text{酸,热}]{-3H_2O} \text{5-羟甲基糖醛} \longrightarrow \text{乙酰丙酸} + \text{甲酸} \xrightarrow{+\text{氨基酸}} \text{有色物质}$$

(2)工艺流程　淀粉酸解法工艺流程如图 6-2 所示。

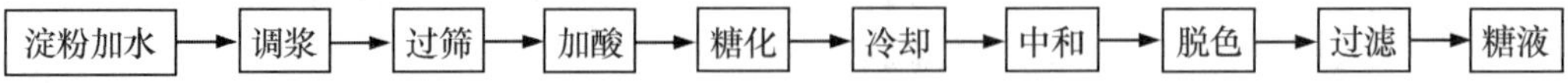

图 6-2　淀粉酸解法工艺流程

(3)操作要点

①调浆:将原料淀粉加水调成 10～12 °Bé 的均匀淀粉乳(含淀粉 18%～20%);加盐酸至淀粉乳 pH 为 1.5 左右(按干淀粉的 0.5%～0.8%加入纯盐酸)。

②糖化:在水解锅内加入一定量的底水(用盐酸调 pH 至 1.5,水量以浸没锅底盘管为度,一般 3 000 L 水解锅加底水 300～400 L),将底水加热至 100～105 ℃,即 0.02～0.03 MPa(表压),随后在不断搅拌下将调浆桶内的均匀淀粉乳泵至水解锅,进料总量为水解锅总容积的 70%～80%。水解蒸汽压为 0.28 MPa,时间约为 15 min。终止前取样,以无水酒精检测,无白色沉淀出现即为水解终点,可立即放罐。

③中和、脱色、过滤:淀粉原料中常含有少量蛋白质、脂肪、纤维素和无机盐等杂质。故水解液中除含有 16%～18%葡萄糖外,还含有蛋白质、氨基酸、色素及其他杂质。这些杂质的存在,会影响氨基酸发酵及提取分离等后续工艺,必须除去。除去蛋白质、氨基酸等两性化合物,一般是将水解液 pH 调至其等电点(4.6～4.8),使蛋白质和氨基酸凝聚析出,再过滤除去。色素用活性炭吸附法除去。

调 pH 采用的中和剂有纯碱(Na_2CO_3)或烧碱(NaOH)溶液。由糖化锅放出的糖化液(100～150 ℃)须冷却到 60 ℃,然后边搅拌边加入碱液,至 pH 为 4.0～5.0。中和结束后,控温于 60～70 ℃下,按干淀粉用量的 0.6%～0.8%加入活性炭脱色,并搅拌 30 min,静置 1～2 h,使杂质充分凝聚沉淀。待液温降至 45～50 ℃时用泵打入过滤器过滤,滤液送至贮糖罐贮存。

2. *酶酸法和酸酶法*

该工艺集中了酸法及酶法的优点。根据原料性质可采用酶酸法或酸酶法。

(1)酶酸法　将淀粉乳先用 α-淀粉酶液化,过滤除杂后加酸水解成葡萄糖。该工艺适于大米(碎米)或粗淀粉原料,可省略原料加工精制淀粉的过程,避免淀粉流失,提高原料利用率 10%左右。其工艺流程(以大米为原料)如图 6-3 所示。

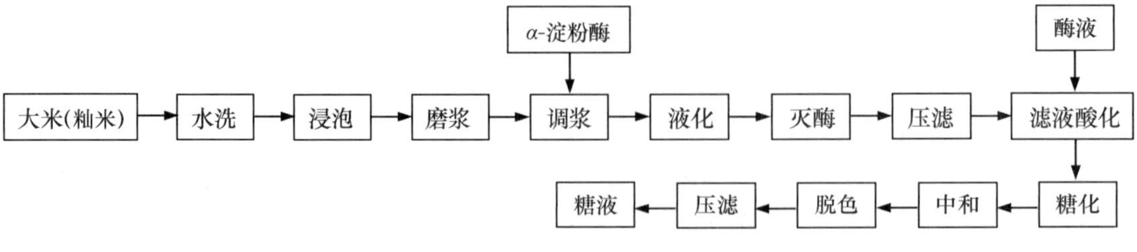

图 6-3　酶酸法工艺流程

(2)酸酶法　将淀粉先用酸水解成糊精或低聚糖，然后用糖化酶将其水解为葡萄糖。有些谷类淀粉，如玉米、小麦等，颗粒坚实，用 α-淀粉酶液化，短时间内液化不彻底，可采用酸解法将淀粉水解至葡萄糖值(简称 DE 值)为 10～15，然后使水解液降温、中和，再加入糖化酶进行糖化。该工艺优点是酸用量少，液化速度快；采用较高的淀粉乳浓度从而提高生产效率，产品颜色浅，糖液质量高。

3. 双酶法

双酶法糖化分两步：第一步为液化过程，用 α-淀粉酶将淀粉水解为糊精和低聚糖，提高淀粉的可溶性；第二步为糖化过程，利用糖化酶使糊精和低聚糖进一步水解为葡萄糖。

与酸解法相比，双酶法的优点是酶专一性强，水解副产物极少，水解液纯度高，DE 值可达 98%以上；酶解条件温和，不需要耐高温、耐高压和耐酸设备；可采用高淀粉乳浓度（含淀粉 34%～40%，为酸解法的 2 倍），水解糖液中的还原糖可达到 30%以上。此法适于大米等粗淀粉原料的直接糖化，制得的糖液色泽较浅，质量高。其缺点是酶反应时间长，生产周期长；加入酶制剂易引起过滤困难，滤液也不够清晰，需要配备制备酶制剂的设备。

从水解糖液质量及提高原料利用率和降低粮耗方面考虑，以上方法中，双酶法最好，酸解法最差，酶酸法或酸酶法居中。虽然当前生产上主要应用酸解法，但随着酶制剂生产与应用技术的提高，酶法取代酸法制糖已成为淀粉制糖的发展趋势。不同糖化工艺所得糖液成分见表 6-3。

表 6-3　不同糖化工艺所得糖液成分

成分	酸解法	酸酶法	双酶法
葡萄糖值(DE)/%*	91	95	98
葡萄糖含量(干重)/%	86	93	97
灰分/%	1.6	0.4	0.1
蛋白质/%	0.08	0.08	0.1
羟甲基糠醛/%	0.3	0.008	0.003
色度	10.0	0.3	0.2
葡萄糖收率		较酸法高 5%	较酸法高 10%

注：* DE=还原糖(%)÷干物质(%)×100%。

(二)糖蜜预处理

糖蜜是制糖工业的副产物，主要有甘蔗糖蜜和甜菜糖蜜。用糖蜜发酵生产谷氨酸，可降低成本，节约能耗和酸碱，简化操作，便于实行高糖发酵工艺，提高产酸率和转化率。

国外谷氨酸发酵多以糖蜜为原料，而我国目前很少应用。有研究报道，利用糖蜜发酵产酸率最高已达 10%以上，糖酸转化率达 60%以上。因此，这一工艺的研究与推广，对我国味精工业发展有重要意义。

糖蜜是一种黏稠、黑褐色、呈半流动状物质，含糖量为 48%～58%，氧化钙含量为 0.2%～0.8%，总灰分含量为 4%～8%，但含过量的生物素会严重阻碍发酵液中谷氨酸的积累，故必须除去。糖蜜的预处理包括澄清、脱钙及脱生物素3个过程。

1. 澄清

糖蜜含有大量灰分和胶体，不但影响菌体营养与谷氨酸纯度，而且胶体的存在会使发酵过程中产生大量泡沫，影响谷氨酸结晶的提炼，故要进行澄清。常用的澄清法有以下两种。

(1)硫酸处理　糖蜜与水按1∶1混合，加硫酸调pH至约2.0，加热至100 ℃保持20 min，使胶体水解，并促使蔗糖转化为单糖，然后用15%石灰乳中和，生成大量石膏，静置，即得澄清糖液。

(2)石灰处理　糖蜜按1∶1加水，加15%新鲜石灰乳，调pH至约7.5，加热至100 ℃煮30 min，使胶体水解，然后用硫酸中和，静置澄清数小时，即得澄清透明的糖液。

2. 脱钙

糖蜜含有较多钙盐，影响谷氨酸结晶的提取及谷氨酸纯度，需用沉淀法除去。钙质沉淀剂通常有Na_2CO_3、Na_2SiO_3、Na_3PO_4及草酸等。目前常用Na_2CO_3(纯碱)作钙盐沉淀剂。

纯碱脱钙法：向原液中加4%纯碱，然后再稀释至30%左右，加热到80 ℃以上，搅拌30 min后过滤，可将其中的钙盐含量降至0.02%～0.06%。

3. 脱生物素

(1)活性炭吸附法　其原理是将生物素吸附于活性炭上除去，即加入糖蜜质量30%～40%的活性炭，以去除过量的生物素。但是，由于活性炭消耗量大，可于糖蜜中先加入次氯酸钠或通入氯气，然后再加入活性炭，这样可减少活性炭用量10%～20%。

(2)水解-活性炭吸附法　先用盐酸水解甘蔗糖蜜，再用活性炭处理也能达到良好的去除生物素的效果。

(3)树脂吸附法　用非离子化树脂可脱除过量生物素，即将糖蜜加水稀释至含糖量为11%～12%，用盐酸调pH至2.5，加热至120 ℃，保持20 min，再用NaOH调pH至4.0，通过脱色树脂交换柱，色素及生物素即被吸附除去。将流出液调pH至7.0即可用于发酵。实践表明，用该法处理的糖蜜，其糖酸转化率为51.8%，而未处理的对照组仅为10.3%。

(4)γ射线法　γ射线可破坏生物素，如用2.0Mrad剂量照射生物素溶液，生物素含量可降低86%。

二、菌种的扩大培养

(一)菌种的扩大培养

谷氨酸生产菌的扩大培养普遍采用二级种子培养流程，即斜面菌种→一级种子培养→二级种子培养→发酵罐。

1. 斜面菌种的培养

由于谷氨酸发酵所用的菌种不同，因而斜面培养基的配方也有所不同。常用谷氨酸生产菌的斜面培养基配方见表6-4。谷氨酸斜面菌种的培养一般是在32 ℃下培养18～24 h即可。生产中使用的斜面菌种不宜多次转接，一般只转接三次(三代)，以免菌种发生自然变异。

表 6-4　常用谷氨酸生产菌的斜面培养基配方

培养基成分	AS1.299	AS1.542	HU7251 或 B_9	672
蛋白胨/%	1	1	1	1
牛肉膏/%	1	0.5	1	1
氯化钠/%	0.5	0.5	0.5	0.5
葡萄糖/%	—	0.1	0.1	—
琼脂/%	2	2	2.7	2
pH	7.0～7.2	7.0	7.0～7.2	7.0

2. 一级种子的培养

一级种子的培养通常使用三角瓶进行液体振荡培养，常用谷氨酸生产菌的一级种子培养基配方见表 6-5。将配好的培养基分装于 1 000 mL 三角瓶中，每瓶装 200～250 mL 液体培养基，瓶口用 6 层纱布加一层绒布包扎，在 0.1 MPa 蒸汽压力下灭菌 30 min。每只斜面菌种接种 3 只一级种子三角瓶，接种后，32 ℃往复式摇瓶机振荡培养 12 h。将培养好的一级种子取样做平板检查，确认无杂菌及噬菌体感染后，贮存于 4 ℃冰箱中备用。

表 6-5　常用谷氨酸生产菌的一级种子培养基配方

培养基成分	AS1.299	AS1.542	HU7251 或 B_9	672
葡萄糖/%	2.0～2.5	2.5	2.5	2.0
玉米浆/%	2.5～3.3	0.9	1.5	0.5
尿素/%	0.1	0.5	0.5	0.5
K_2HPO_4/%	1.0	0.1	0.1	0.3
硫酸镁/%	0.04	0.04	0.04	—
Fe^{2+}/(mg/kg)	2.0	2.0	2.0	—
Mn^{2+}/(mg/kg)	2.0	2.0	2.0	—
pH	6.5	6.8	6.8	7.0～7.2

3. 二级种子的培养

二级种子的培养通常使用种子罐培养，种子罐的大小是根据发酵罐的容积配套确定的。二级种子的数量是发酵培养液体积的 1%。其培养基配方见表 6-6。二级种子的培养温度为 32 ℃，培养时间为 7～10 h。培养成熟后，需进行检验，检验项目有细胞形态、培养液的 pH 及有无污染杂菌或噬菌体等。

(二)种子的质量要求

①镜检菌体健壮，排列整齐，大小均匀，呈单个或“八”字形排列，革兰氏染色呈阳性。

②二级种子的活菌浓度要求达到 10^8～10^9 CFU/mL。

③要求二级种子活力旺盛，对数期种子的呼吸强度大于 1 000 $\mu L\ O_2$/(mL·h)。

④平板检查时,菌落呈淡黄色,中间隆起,表面湿润、有光泽,边缘整齐,呈半透明状。

⑤小摇瓶发酵试验,产酸稳定并在高峰。

表 6-6 常用谷氨酸生产菌的二级种子培养基配方

培养基成分	AS1.299	AS1.542	HU7251 或 B_9	672
水解糖/%	2.5	2.5	2.5	2.0
玉米浆/%	2.5~3.0	1.0	1.5	0.5
磷酸氢二钾/%	0.1	0.1	0.1	0.3
硫酸镁/%	0.04	0.04	0.04	—
尿素/%	0.4	0.5	0.4	0.5
Fe^{2+}/(mg/kg)	2	2	2	—
Mn^{2+}/(mg/kg)	2	2	2	—
pH	6.5~7.2	6.6	6.6~6.8	7.0~7.2

三、谷氨酸发酵

(一)谷氨酸发酵工艺流程

谷氨酸发酵工艺流程见图 6-4。

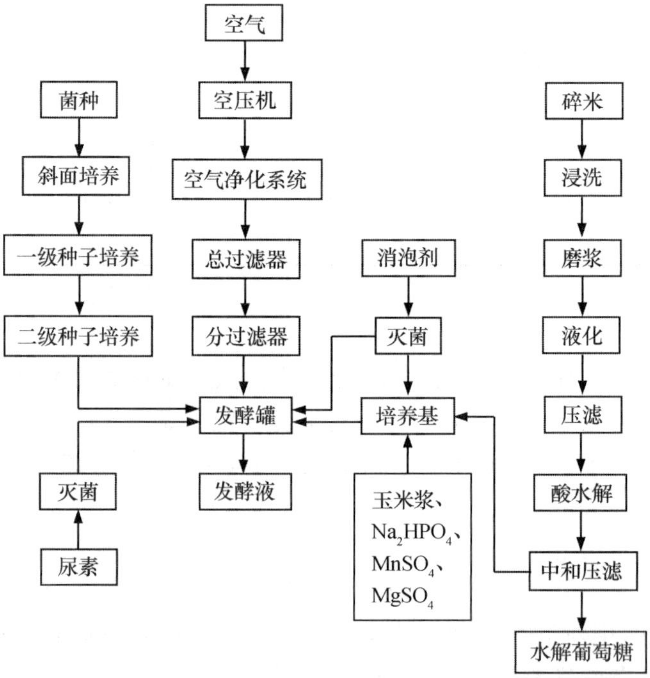

图 6-4 谷氨酸发酵工艺流程

(二)谷氨酸发酵工艺条件的控制

1.谷氨酸生产菌细胞膜渗透性的调节

1)限量供给生物素

利用生物素缺陷型谷氨酸生产菌,在发酵培养基中限量添加生物素,一般控制生物素初浓度在2～5 μg/L。接种后,培养基中的生物素浓度迅速降至0,原因是生物素很快被细胞吸收。被细胞吸收的生物素既不被溶解也不被消化,而是与相应的酶结合,起辅酶的作用。发酵初期,由于菌体量少,细胞内的生物素含量高,细胞生长速度快,油酸合成充足,生成的子细胞的细胞膜完整,菌体形态正常,不向培养基中泄漏谷氨酸,这样的细胞称为谷氨酸非积累型细胞或长菌型细胞,这一时期称为长菌阶段。

随着细胞的生长繁殖,细胞内生物素含量逐渐降低,由丰富转向贫乏,油酸合成量不足,新生成的子细胞的细胞膜不完整,渗透性增加,细胞形态发生显著变化,细胞开始伸长、膨大,由长菌型细胞向产酸型细胞(或称为谷氨酸累积型细胞)转化。然而,由于细胞繁殖并非完全同步,培养基中的细胞形态多样,有长菌型细胞、正在转化过程中的细胞和已转化完成的产酸型细胞。这一时期称作长菌型细胞向产酸型细胞转化的阶段。

经过以上两个阶段的生长,细胞内的生物素含量越来越低,当低于菌体生长所需要的浓度时,菌体停止生长,此时细胞中的生物素含量称为生物素亚适量。不同的菌种其生物素亚适量不同,一般为0.5 μg/g干菌体。这时,细胞全部转化为产酸型细胞,菌体形态变化为伸长、膨大、不规则,细胞向培养基中泄漏谷氨酸,进入产酸阶段。由长菌型细胞向产酸型细胞的转化是经过若干代增殖完成的,这称为适度增殖。

2)限量供给油酸

利用富含生物素的原料,如糖蜜、玉米粉或大米粉等水解糖原料,发酵生产谷氨酸时,可以采用油酸缺陷型菌种,限量供给油酸。

油酸缺陷型菌株会切断油酸的后期合成,使该菌株丧失自身合成油酸的能力。在培养基中限量供给油酸,当菌体内油酸含量不足时,长菌型细胞也会通过适度增殖,转化为产酸型细胞,其情形同限量供给生物素调节细胞膜渗透性相同。

应当注意,以上两种调节细胞膜渗透性的方法不适于以烃类原料发酵生产谷氨酸的情况,因为菌体可利用烃类从不同的途径合成油酸。

3)限量供给甘油

解烷棒杆菌No.314经*N*-甲基-*N*′-硝基-*N*-亚硝基胍(NTG)诱变育得一株甘油缺陷型*GL*-21,该菌株缺乏α-磷酸甘油脱氢酶,不能合成α-磷酸甘油,从而不能合成磷脂。在培养基中限量供给甘油,也可实现调节细胞膜的渗透性,使菌体向胞外漏出谷氨酸。应用这种方法,不论生物素、油酸或硫胺素是否过量,也不论是何种碳源,都能得到大量谷氨酸。正烷烃、石蜡等烃类原料的谷氨酸发酵,必须采用这种方法来调节细胞膜的渗透性。

4)添加表面活性剂

为了控制油酸的合成,减少磷脂的形成,从而调节细胞膜的渗透性,还可采用在发酵过程中添加某些表面活性剂如吐温-60或高级饱和脂肪酸(C16～C18)及其亲水聚醇脂类,同样能清除渗透障碍,积累谷氨酸。例如,以甜菜糖蜜为原料,采用高生物素、高吐温发酵工艺,一般在发酵对数生长期的早期(4～6 h)添加0.2%吐温-60之后,OD值与菌体重大约净增一倍。

5)添加青霉素

谷氨酸生产菌都是G^+菌,细胞对青霉素较敏感。青霉素可以抑制细菌细胞壁肽聚糖的后期合成,导致细胞形成不完全的细胞壁。不完全的细胞壁失去保护细胞膜的作用,细胞膜在内外渗透压差的作用下受到机械损伤,通透性增强,使谷氨酸排出胞外。该法调节细胞膜的渗透性,适合于所有原料的谷氨酸发酵,但添加时间和浓度必须严格控制好,一般是在对数生长期的早期添加。加入青霉素后,使新增殖的细胞没有充足的细胞壁合成,菌体形态急剧变化,多呈现伸胀、膨润的菌型,完成从谷氨酸非累积型细胞向累积型细胞的转变。添加青霉素的时间和浓度还因菌种、接种量、培养基的组成及发酵条件而异。发酵过程中还要根据菌体形态、产酸、OD值以及耗糖等变化情况,确定是否补加以及补加的时间与浓度。除青霉素外,头孢霉素C等其他的β-内酰胺抗生素也能起到与青霉素同样的作用。

6)物理控制法

利用谷氨酸生产菌的温度敏感型突变株进行发酵时,只需控制温度,就能调节细胞膜的渗透性,高产谷氨酸。典型的温度敏感型突变株是由乳糖发酵短杆菌2256诱变选育出的,分别为TS-88、TS-23和TS-51。这些菌株在基本培养基上于30 ℃培养时,生长良好;在37 ℃培养时,不能生长或仅微弱生长。在富含生物素的发酵培养基中培养到适当阶段,把温度从30 ℃转换到37 ℃后,可在培养基中积累大量谷氨酸,而它们的亲株在同样条件下却根本不产谷氨酸。

利用温度敏感型突变株进行谷氨酸发酵时,温度转换是影响产酸的关键,必须在温度转换之后进行适度的剩余生长。每个菌株都有其温度转换的最适时间,并且因接种量、培养基的组成和发酵条件而异。为了在富有生物素的培养基中高产谷氨酸,在温度转换之后,必须进行适度的剩余生长,完成从谷氨酸非积累型细胞向谷氨酸积累型细胞的转变。

2. 发酵培养基的组成

谷氨酸发酵培养基的组成包括碳源、氮源、无机盐和生长因子等,配制时,要根据菌种特性、原料来源及价格、发酵过程控制以及产物提取等多方面因素综合考虑而定。

1)碳源

谷氨酸发酵采用的碳源有葡萄糖、甘蔗或甜菜糖蜜、淀粉水解糖、烃类、醋酸和乙醇等,目前,国外主要选用糖蜜,国内则以淀粉水解糖最为普遍。

国外采用低糖(糖蜜)流加发酵工艺,产酸12%以上。国内一些厂家采用一次低中糖,糖浓度为12.5%～13.0%,产酸6.5%～7.0%;有些厂家采用一次高中糖,糖浓度为14%～16%,产酸7.0%～8.5%;有些厂采用中糖,中后期补糖,如初糖浓度为12%～13%,补糖浓度为2%～4%,产酸可达8.0%～8.5%;少数厂采用一次高糖,糖浓度为18%～20%,产酸9%。

2)氮源

谷氨酸生产菌利用无机氮比有机氮迅速,所以,生产中常用无机氮、尿素、液氨或氨水作氮源。尿素先在谷氨酸生产菌的脲酶作用下水解为NH_3和CO_2后,再参与发酵。

由于在发酵过程中一部分NH_3要用于菌体生长(占总耗氮的3%～8%),一部分用于合成谷氨酸(占30%～80%),一部分用于调节pH,还有一部分随排气逸出,所以,谷氨酸发酵时所需的碳氮比(C/N)要比一般的发酵生产低。一般的发酵生产中C/N为100∶(0.2～2.0);而谷氨酸发酵中C/N高达100∶(20～30),当C/N在100∶11以上时才开始积累谷氨酸。如此高的用氮量并非是一次配入培养基中的，绝大部分是在发酵过程中根据不同发酵阶段的需要流加的。在长菌阶段，如 NH_4^+ 过量会抑制菌体生长。在产酸阶段，如 NH_4^+ 不足，α-酮戊二酸不能被还原氨基化，而造成 α-酮戊二酸积累，减少谷氨酸的合成；如 NH_4^+ 过量，合成的谷氨酸会进一步生成谷氨酰胺。

使用的氮源不同，操作控制方法也不同。使用尿素作氮源配制培养基时，加入的尿素量（初尿量）和流加次数，应视菌种脲酶活力、耐尿量的不同而定。脲酶活力高的菌种，初尿量要少，以免尿素被迅速水解后生成大量的 NH_3，而使 pH 急剧升高，对菌体生长不利。耐尿能力低的菌种，流加尿素应当少量多次，并要根据控制 pH 的要求，及时流加，不能脱尿。

使用液氨（含氨量 99%～99.8%）或氨水（含氨量 20%～25%）作氮源，一般是在发酵过程中根据 pH 变化流加进而调节 pH，同时作为氮源。液氨或氨水价格比尿素便宜，已越来越多地替代尿素用于生产。但液氨或氨水的作用快，应采用连续流加的方法，最好能够自动控制，连续流加。

3)无机盐

谷氨酸生产菌对无机盐营养无特殊要求，一些主要元素如磷、钾、镁等应注意及时补给。微生物对磷的需要量一般为 0.005～0.010 mol/L，谷氨酸发酵生产上常使用 $K_2HPO_4 \cdot 3H_2O$、KH_2PO_4、$Na_2HPO_4 \cdot 12H_2O$、$NaH_2PO_4 \cdot 2H_2O$ 等磷酸盐。若磷含量不足，菌体生长缓慢；若磷过量，会抑制 6-磷酸葡萄糖脱氢酶的活性，使 HMP 途径受阻，代谢途径将向生成缬氨酸转化，积累缬氨酸。

革兰氏阳性菌对 Mg^{2+} 的最低需要量是 25 mg/kg，生产中常用 $MgSO_4 \cdot 7H_2O$ 补充镁。钾也是谷氨酸生产菌重要的矿物质营养，产酸时的需要量多于长菌时的需要量，菌体生长时的需要量大，为 0.01%，产酸时的需要量为 0.02%～0.10%（以 K_2SO_4 计）。生产中常用 $K_2HPO_4 \cdot 3H_2O$ 或 KCl 补充钾。

微量元素中，谷氨酸生产菌对锰和铁的需要量较大。若使用井水，因其含金属离子较高，培养基中可不加锰和铁。生产中常用 $MnSO_4 \cdot 4H_2O$ 补充锰。若使用碳钢发酵罐，可不加铁。

4)生长因子

谷氨酸生产菌一般是生物素营养缺陷型。生产中常用玉米浆、甘蔗糖蜜和麸皮水解液等作为生物素源，可单独使用，或三者同时添加，或使用其中二者。由于这些原料的品种、产地、加工方法等不同，其生物素含量有差别，每批原料都应先做摇瓶或小罐试验，根据产酸确定用量，然后再根据发酵时生产情况适当调整用量。若三者单独使用，玉米浆用量一般为 0.4%～0.8%，甘蔗糖蜜用量为 0.2%～0.4%，麸皮水解液用量为 5%～8%（以干麸皮计为 1%～1.2%）。为了更方便准确地控制生物素浓度，有的厂也添加部分纯生物素。

3. 发酵环境条件

1)温度

谷氨酸生产菌长菌阶段和产酸阶段所需的最适温度不同，一般生长的最适温度为 30～34 ℃，产酸的最适温度为 34～38 ℃。另外，不同菌种，其最适温度不同。生产中可根据菌种特点，采用二级或三级管理温度，即发酵前期长菌阶段控制在 30～34 ℃，中、后期控制在 34～38 ℃。

2)pH

谷氨酸生产菌最适生长 pH 一般为 6.0～8.0。发酵前期长菌阶段，幼龄细胞对氮的利用率高，pH 变化大。若 pH 偏低，菌体生长旺盛，营养消耗快，菌体转入正常代谢，只长菌不产酸；若 pH 偏高，则对菌体生长不利，但 pH 稍高些（7.5～8.0）对抑制杂菌生长有利。所以，发酵前期可控制 pH 在 7.5 左右。产酸阶段，由于谷氨酸脱氢酶的最适作用 pH 为 7.0～7.2、氨基转移酶的最适作用 pH 为 7.2～7.4，故发酵中、后期应分别控制 pH 在 7.2 和 7.0 以促进产酸。将近放罐时，为了后期谷氨酸提取容易，应控制 pH 在 6.5～6.8 为好。若 pH 偏低，在酸性条件下（pH 为 5～6）易形成谷氨酰胺和 *N*-乙酰谷氨酰胺。发酵过程中，常通过流加尿素或氨来控制 pH。

3)溶解氧

谷氨酸生产菌是兼性好氧菌，在谷氨酸发酵过程中，不论是长菌阶段还是产酸阶段都需供给氧。在培养液中，谷氨酸生产菌所能利用的氧只能是溶解于培养液中的溶解氧。一般来说，谷氨酸生产菌在长菌阶段对溶解氧的要求比产酸阶段要低，在长菌阶段要求的体积溶氧系数 k_d 为（1.92～2.88）$\times 10^{-6}$ mol/(mL · min · atm)（氧分压，pO_2）；在产酸阶段要求 k_d 在（7.2～8.6）$\times 10^{-6}$ mol/(mL · min · atm)（pO_2）以上，高糖发酵的 k_d 达 1.44 $\times 10^{-5}$ mol/(mL · min · atm)（pO_2）。利用糖蜜作原料进行谷氨酸发酵时，k_d 值则要求更高，能耗更大。另根据报道，谷氨酸发酵供氧的最适条件是溶解氧速率（亚硫酸盐氧化速率）为(10～15)$\times 10^{-7}$ mol/（mL · min)。

在菌体生长期，若供氧不足，会限制菌体呼吸，导致菌体生长不好；若供氧过量，溶解氧分压过高，会造成高氧水平，阻碍菌体生长，尤其是在生物素限量的情况下，菌体的呼吸强度和浓度会显著降低。在谷氨酸形成期，要求供给足够的氧，满足呼吸需要，若供氧不足，会生成大量的乳酸和琥珀酸，谷氨酸生产量很低；但若供氧过量，则会影响 α-酮戊二酸的还原氨基化作用，而积累 α-酮戊二酸，谷氨酸产量也很低。

溶解氧大小是由通风与搅拌两方面决定的。溶解氧与搅拌器的形式、直径、搅拌速度以及搅拌器在发酵罐内的相对位置等有关。一般搅拌器直径大、转速快，溶解氧系数大。同时，溶解氧系数 k_d 与通气速度有关，在一定条件下，增大风量，可提高通气速度，提高溶解氧系数。搅拌比通风对溶解氧的影响更大，即增大搅拌速度比增加通风量对溶解氧系数的提高更为显著。发酵罐内液柱深度大，可增加气液接触时间，提高溶解氧系数，一般大发酵罐比小发酵罐的氧利用率高；发酵液稀薄，黏度小，氧的传递阻力小，溶解氧系数大。

4)种龄和种量

种龄是指菌种培养的时间。种龄的长短关系到菌种活力的强弱。若发酵种子处于对数生长期，则种子活力强，可缩短发酵适应期。若种龄过长，则菌种活力减低。所以一般一级种子种龄为 9～12 h，二级种子种龄为 7～8 h。

目前，国内一次低中糖发酵，接种量为 1%～2%。种量过少时，菌体增长缓慢，会导致发酵周期延长，容易染菌，并且不利于提取；种量增加时，适应期缩短，发酵周期短，设备利用率高。应推广提倡加大接种量到 10%左右为好，尤其是采用高生物素添加青霉素流加糖发酵工艺时，更要加大接种量，以达到高产酸、高转化率、高设备利用率及控制发酵周期(30～32 h)。

5)泡沫

引起泡沫生成的 3 个主要原因：一是搅拌作用；二是发酵代谢过程中产生气体；三是发酵液中含有蛋白质等起泡性物质。

过多的、持久性的泡沫会给发酵带来很多不利的因素。泡沫太多，必然大大降低发酵罐的装料系数，使设备利用率下降。泡沫升至罐顶，可能从轴封处渗出造成染菌；或者从排气管大量逃液，造成浪费和环境污染。泡沫过多，还会影响通风和搅拌的正常进行，严重导致发酵缺氧、代谢异常以及菌体自溶。因此，控制发酵过程中的泡沫是取得稳产高产的因素之一。

目前，发酵工业消除泡沫大多采用机械消泡器消泡和化学消泡剂消泡相结合的方法。机械消泡器常用耙式、离心式、刮板式以及碟片式等消泡器。化学消泡剂常用的有植物油（豆油、花生油）、矿物油以及合成消泡剂等，其消泡效果好、作用快，尤其是合成消泡剂效率高、用量少。近年来，味精工业普遍采用的是用合成消泡剂 BAPE 或 PPE 等代替食用油消泡剂。BAPE、PPE 属于非离子型表面活性剂，消泡能力强、用量少、毒性低、使用方便。使用时可采用一次加入法，用量为 0.03%～0.04%，也可采用在基础料中加入少量消泡剂，以控制发酵前期的泡沫，然后根据需要增加。

(三)发酵异常现象及处理

1. 初始 pH 高

产生原因：可能与初始尿素温度过高，初始尿素加入过早、过量等有关。

采取措施：停止搅拌，小通风，至 pH 下降后再适量通风。

2. 菌种生长缓慢

产生原因：培养基营养贫乏，培养基灭菌温度过高，色素深，初始 OD 值过高，菌体衰老，接种量太少，接种时菌被灭杀，噬菌体感染。

采取措施：停止搅拌、小通风、补充营养（适当补充玉米浆、磷、镁）。

3. pH 过高

产生原因：初始尿素过量，噬菌体感染，磷量少或漏加，培养基贫乏，种子培养初期遭受高温。

采取措施：停止搅拌，小通风或补营养（适当补充玉米浆、磷、镁）。

4. 糖耗太快，不产酸或产酸少

产生原因：培养基营养过于丰富，OD 值增长太快或染菌。

采取措施：若确定未染菌，可根据 OD 值、尿素消耗情况，加大风量。

5. 后期糖耗快、产酸慢

产生原因：菌种老化，活力不高，流加尿素不及时。

采取措施：加尿素，加大风量。

6. 泡沫太多

产生原因：水解不适，糖液不清，可能污染杂菌。

采取措施：合理控制水解。

7. pH 过低

产生原因：耗糖快，无谷氨酸累积，OD 值增长太快，通风不足，可能染菌。

采取措施：检查进气阀门、压气阀门，加大通风。

8. 残糖含量高

产生原因：菌体老化自溶，糖液水解过度，灭菌温度太高、时间过长，培养基被破坏，磷量不足，加油太多，金属离子（Cu^{2+}）影响，通风过大，后期 pH 过高，轻度噬菌体感染，培养基贫乏，后期酮酸高（正常为 2～3 mg/L）。

9. 发酵液色泽变红

产生原因：培养基贫乏，生物素不足，后期酮酸高（正常为 2～3 mg/L），生成酮酸铁，使发酵液变红。

采取措施：在发酵过程中合理控制生物素含量。

10. 设备故障

产生原因：搅拌转数变慢（皮带松、电压低），搅拌叶脱落，搅拌轴断裂，通气管不居中，进气走偏，导致耗糖快、pH 低、不产酸。

采取措施：在发酵过程中随时关注发酵设备是否正常运行。

11. 泡沫窜顶

产生原因：轴封漏气、通气量过大。

采取措施：在发酵过程中合理控制通气量大小。

（四）噬菌体污染的防治

1. 谷氨酸生产菌噬菌体的种类、来源及特征

1）谷氨酸生产菌噬菌体的种类及来源

谷氨酸生产菌的噬菌体一般为蝌蚪状。在我国，已发现 AS1.299 及其系列菌共有 4 种噬菌体，编号为 Z_A、Z_B、Z_S 和 Z_P；AS1.542 及其系列菌共有 2 种噬菌体，编号为 B_{271}、B_{275}；T6-13 及其系列菌的噬菌体共有 12 个血清型。

谷氨酸生产菌噬菌体的来源可能有以下 3 种：①菌种的温和噬菌体自发或诱发突变成为烈性噬菌体；②同一种菌株噬菌体的交叉感染；③不同种菌株噬菌体的交叉感染。

2）谷氨酸生产菌噬菌体的主要特征

（1）AS1.299 菌株的噬菌体形态特征　将 AS1.299 菌株的菌体与其噬菌体用双层平板法培养 24 h 即可发现噬菌斑，4 种噬菌体的噬菌斑特征是：Z_A 的噬菌斑呈圆形、透明，直径约 8 mm；Z_B 的噬菌斑呈圆形、透明，直径约为 5 mm；Z_S 的噬菌斑呈圆形、透明，直径约为 1 mm；Z_P 的噬菌斑呈圆形、透明，直径约为 2 mm。

通过电镜观察发现，这 4 种噬菌体形状很相似，头部均为六角形多面体，尾部无收缩性尾鞘，只是大小差异较大。Z_A、Z_B、Z_S 和 Z_P 均能感染 AS1.299 和 7338 菌株，但不能感染 AS1.542。

（2）AS1.542 及其系列菌株噬菌体　AS1.542 及其系列菌株噬菌体按血清型不同可分为 B_{271} 和 B_{275} 两种。B_{271} 的噬菌斑直径在 0.5 mm 左右；B_{275} 的噬菌斑直径在 0.1 mm 以下。通过电镜观察发现，它们的形状很相似，都具有一个可弯曲的非收缩性尾部，没有发现其他附属结构，B_{275} 的头部明显比 B_{271} 大。B_{271} 和 B_{275} 均可感染 AS1.542、B_9 和 HU7251 等钝齿棒状杆菌以及 T6-13，但不能感染 AS1.299 和 7388。

2. 噬菌体污染造成的异常发酵

噬菌体污染造成的异常发酵包括：①发酵液光密度在初期不上升或回降；②pH 逐渐上

升，可达 8.0 以上，且不再下降或稍有下降，氨的利用停止；③耗糖缓慢或停止，升温缓慢或停止升温；④产生大量泡沫，有时发酵液呈现黏胶状，可拔丝；⑤谷氨酸产量甚少、增长极为缓慢或停止；⑥镜检时发现菌体数量显著减少，缺乏“八”字形排列，革兰氏染色呈红色碎片，出现拉丝、拉网，找不到完整菌体；⑦提取时，发酵液发红、发灰、泡沫多、黏度大、难中和，谷氨酸呈糊状或泥状，分离困难，收率低。

3. 谷氨酸生产菌噬菌体的主要特性

(1)寄主专一性　具有高度的寄主专一性。

(2)不耐热性　一般谷氨酸生产菌的噬菌体在 70 ℃下 5～10 min 后会全部死亡。

(3)对 pH 的稳定性　谷氨酸生产菌的噬菌体在 pH 为 7.0～9.0 时稳定；在 pH 为 6.0 以下和 10 以上时不稳定，易失活；在 pH 小于 4.0 时，完全失活。

(4)嗜氧性　在低溶解氧下，谷氨酸生产菌的噬菌体的活性被抑制。

(5)干燥条件下的稳定性　在非常干燥的状态下，谷氨酸生产菌的噬菌体可存活 5 个月以上。

(6)不耐药性　谷氨酸生产菌的噬菌体对一些药物很敏感，0.5％甲醛、0.5％苯酚、1.5％漂白粉、1％石灰、1％过氧化氢、0.5％高锰酸钾、1％新洁尔灭等都可使它失活。

(7)在紫外线照射下易失活　在液层 5 mm 内，距 15 W 紫外灯 15 cm，照射 2 min 后，谷氨酸生产菌的噬菌体会完全失活。

对噬菌体的监测可以采用双层平板法、单层平板法、载玻片快速法、液体培养检测法、平板交叉划线法、增殖检测法、快速检测法和小剂量刺激检测法等。

4. 噬菌体污染的防治和污染后的抢救

1)噬菌体污染的防治

(1)消灭环境中的噬菌体　净化生产环境，去除噬菌体赖以生存和增殖的条件，对防止噬菌体感染是十分有效的措施。具体做法为：①定期对地面和空气进行采样检查，定期用 1％新洁尔灭溶液或漂白粉喷洒地面、发酵罐罐身及墙壁等；②严禁活菌体排放，取样液和洗罐水等应先加热灭菌后排放，防止逃液；③从感染噬菌体的发酵罐中排出的气体，必须通过贮有药剂的容器后再排放；④加强对无菌室的灭菌，严格无菌操作；⑤种子不得带有噬菌体，且种子本身也不能是溶源性细菌；⑥感染了噬菌体的种子罐或发酵罐，放罐前必须将培养液或发酵液加热至 80 ℃，杀死噬菌体，发酵罐在下次空消前，必须先用甲醛熏蒸；⑦加强对分过滤器和总过滤器的检查和管理。

(2)药物防治　通常使用的药物有螯合剂（如柠檬酸、植酸和草酸盐等）、表面活性剂（如吐温-60、聚乙二醇单油酸盐等）和抗生素（如金霉素、氯霉素和四环素等）等。也可用近年来出现的 *N*-脂酰氨基酸类新型抗噬菌体药物，如 *N*-棕榈酰-*L*-谷氨酸、*N*-硬脂酰-*L*-谷氨酸等。上述这些药物的作用原理，都是阻止噬菌体在细菌菌体上的吸附或者对噬菌体有选择性的抑制作用。螯合剂用量为培养液的 0.1％～0.5％，表面活性剂用量为 0.01％～0.02％，抗生素用量为 1～2 μg/mL，*N*-脂酰氨基酸类用量为 20 μg/mL。

(3)轮换菌种　利用噬菌体对寄主细胞专一性强的特点，当发现生产菌株被某噬菌体感染后，就停用正在使用的菌株而更换对该噬菌体不敏感的另一菌株，并配合其他消灭噬菌体的措施，经过一段时间后，该噬菌体就会消亡。

(4)选育抗噬菌体的菌株　使用抗噬菌体菌株进行生产虽然是一项比较有效的措施，但仍不能忽略基本的预防噬菌体的一些方法，以防再度感染新噬菌体而丧失抗性。

抗性菌株的选育方法：一般是将在 37 ℃下培养 8 h 的敏感菌株的菌体培养液，与 1 mL 噬菌体原液混合（按感染复数 100 混合），振荡培养 24 h，得到抗噬菌体的细胞悬浊液。接着，取 0.1 mL 上述悬浊液加入新鲜肉汤培养液内，在 37 ℃下培养 6 h，然后再加入 1 mL 噬菌体原液，继续培养 20～24 h，再次得到抗噬菌体的细胞悬浊液。如此反复操作 6～7 次，从最后的菌悬液中蘸取少量菌液在平板上划线，培养，挑选菌落。用双层琼脂平板法检测所选出的菌落是否对噬菌体具有抗性，淘汰无抗性菌。最后，将抗性菌按常规方法进行摇瓶试验，测定产酸能力，选取既具有抗性，又高产谷氨酸的菌株。

2)谷氨酸发酵污染噬菌体后的抢救

谷氨酸发酵前期感染噬菌体，会引起异常现象，不耗糖，不产酸，可采取以下措施加以挽救。

(1)并罐法　利用噬菌体只能在处于生长繁殖的细胞中增殖的特点，当发现发酵罐初期污染噬菌体时，可采用并罐法，即将其他罐批发酵 16～18 h 的发酵液以等体积混合后分别发酵，利用其活力旺盛的种子，不进行加热灭菌，也不需另行补种，便可正常发酵。但要确定，并入罐的发酵液不能染杂菌，否则两罐都将染菌。

(2)轮换菌种或使用抗性菌株　发现噬菌体后，停止搅拌，小通风，降低 pH，立即培养要轮换的菌种或抗性种子，培养好后接入发酵罐，并补加 1/3 正常量的玉米浆（不调 pH）、磷盐及镁盐。如 pH 仍偏高，先不搅拌，适当通风，至 pH 正常，△OD 值增长后，再开始搅拌，正常发酵。

(3)放罐重消法　发现噬菌体后，放罐，调 pH（可用盐酸，不能用磷酸），补加 1/2 正常用量的玉米浆和 1/3 正常量的水解糖，适当降低温度（连消或实消不大于 105 ℃）重新灭菌，不补加尿素，接入 2%种子，继续发酵。

(4)罐内灭噬菌体法　发现噬菌体后，停止搅拌，小通风，降低 pH，间接加热到 70～80 ℃（大罐 70 ℃，小罐 80 ℃），并自顶盖计量器管道（或接种、加油管路）内通入蒸汽，自排气口排出。因噬菌体不耐热，加热可杀死发酵液内的噬菌体，通入蒸汽可杀死发酵罐空间及管道内的噬菌体。冷却后如 pH 过高，停止搅拌，小通风，降低 pH，接入 2 倍量以上的原菌种，至 pH 正常后开始搅拌。

(5)其他　如无菌平板发现噬菌体，但在罐中菌体生长，pH、耗糖、产酸均正常，可照常规进行发酵；如菌体生长略缓慢，pH 不是太高，耗糖、产酸略缓慢，可适量补加玉米浆或补入少量的同期发酵液，照常规进行发酵。

当噬菌体污染情况严重，上述方法无法解决时，应调换菌种或停产全面消毒，待空间和环境中噬菌体密度下降后，再恢复生产。

四、谷氨酸的提取

谷氨酸的物理性质：①具有两性电解质性质，溶于水呈离子状态，解离方式取决于溶液 pH。在不同 pH 的溶液中，谷氨酸可解离为 GA^{+}、$GA^{\pm}$、GA^{-} 和 GA^{++} 4 种不同的离子态。谷氨酸的等电点是 3.22，故当溶液 pH 为 3.2 时，溶液中大部分是 $GA^{\pm}$ 两性离子。②溶解度与温度有关。温度低，其溶解度小；反之，溶解度则大，故将发酵液降温、静置，即会有谷氨酸结晶析出。③谷氨酸的溶解度随 pH 而变化。当溶液 pH 为 3.2 时溶解度最小；当溶液的 pH 偏离谷氨酸的等电点越大其溶解度也越大。④溶液中有糖和其他氨基酸存在时，谷氨酸的溶解度会增加，这对提取十分不利，应予注意。

谷氨酸的化学性质：①成盐反应；②脱羧反应；③茚三酮反应；④与甲醛反应生成焦谷氨酸和谷氨酸盐等。

在生产中，可根据谷氨酸的理化性质，采用不同方法对其进行分离。

(一)一次低温等电点法提取谷氨酸

该法的原理是在低温和等电点下，谷氨酸的溶解度降低，结晶提取谷氨酸收率高。一次低温等电点法提取谷氨酸的工艺流程如图 6-5 所示。

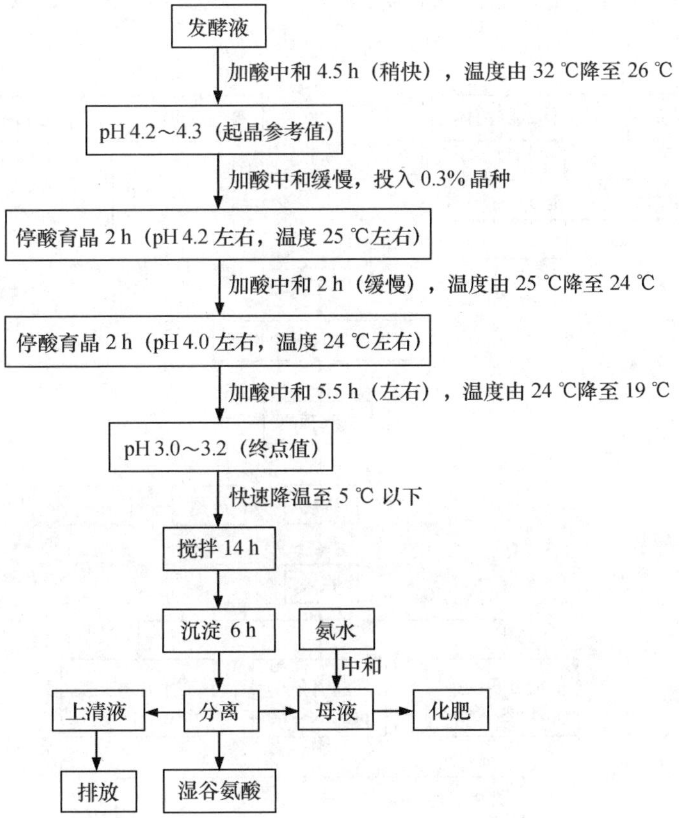

图 6-5　一次低温等电点法提取谷氨酸的工艺流程

(二)离子交换法提取谷氨酸

谷氨酸是一种酸性氨基酸，等电点为 3.22，当 pH 大于 3.22 时，羧基离解，而带负电荷，能被阳离子交换树脂交换吸附；当 pH 小于 3.22 时，谷氨酸是阳离子状态，能被阴离子交换树脂吸附。目前各味精厂均采用 732# 强酸性阳离子交换树脂提取谷氨酸。

732# 强酸性阳离子交换树脂是由本体苯乙烯高分子聚合物和交联剂二乙烯苯组成的共聚物。它的交换基团是磺酸基（$-SO_3^--H^+$）。一般简化成 $R-SO_3H$，式中 R 表示苯乙烯-二乙烯苯树脂母体，$-SO_3H$ 是磺酸基，是一种酸性强、易解离的活性基团，其中的 H^+ 是可以游离的，它可以和其他阳离子发生等当量交换。732# 强酸性阳离子交换树脂对谷氨酸发酵液中不同阳离子的亲和力大小依次为：$Ca^{2+}>Mg^{2+}>K^+>NH_4^+>Na^+>$碱性氨基酸>中性氨基酸>谷氨酸>天冬氨酸。因此，当发酵液（或等电点母液）自柱上部流入柱内时，树脂会先选择金属离子进行交换，进而与铵离子进行交换，再与有机物质等交换。非电解质则透过树脂随交换后的液体排出。上面的树脂先被金属离子、铵离子等所饱和，随着交换的继续进行，开始在上层被交换的谷氨酸又被新流入的上清液中的铵离子及其他离子置换出来，而往下移动，最后在交换柱中大致形成若干区。自上而下为 R-金属离子层、$R-NH_4^+$ 铵型离子层及谷氨酸层等。若上柱量控制不当，使上柱量过多，将会导致谷氨酸的流失，道理就在此。

按操作方式不同，离子交换法提取谷氨酸可分为单柱和双柱两种。以单柱法为例，其工艺流程如图 6-6 所示。

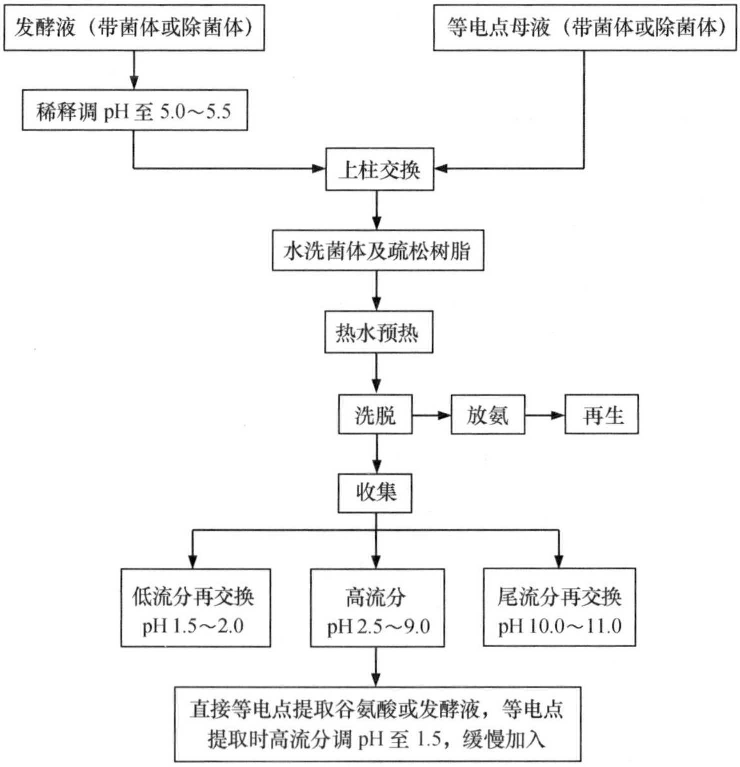

图 6-6 单柱离子交换法提取谷氨酸的工艺流程

(三)等电点-离子交换法提取谷氨酸

等电点-离子交换法提取谷氨酸为目前国内许多工厂所采用。该法是在发酵液经等电点提取谷氨酸以后，将母液通过离子交换柱（单柱或双柱）进行吸附，洗脱回收，使洗脱所得的高流分与发酵液合并，进行等电点提取。这样既可避免等电点收率低，又可减少树脂用量，还可以获得较高的提取收率，回收率可达 90%左右。其工艺流程如图 6-7 所示。

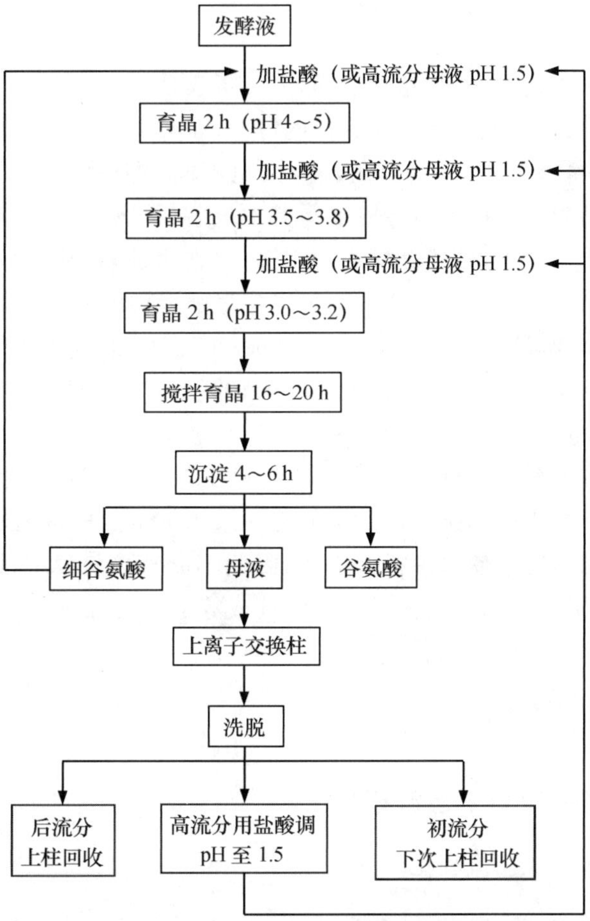

图 6-7　等电点-离子交换法提取谷氨酸的工艺流程

(四)浓缩等电点法提取谷氨酸

该法是将谷氨酸发酵液在低于 45 ℃的温度下减压蒸发，使谷氨酸含量由原来的 7%～8%提高到 12%～14%，采用一步低温直接等电点法提取，平均收率为 84%左右，谷氨酸含量(干、纯)为 95%左右。

该法具有工艺稳定，操作方便，收率高，生产周期短，节约酸、碱，减少环境污染等优点。但浓缩时要求真空度高，内温控制在 45 ℃以下，不使菌体蛋白质凝固。

(五)锌盐法提取谷氨酸

谷氨酸能与锌 (Zn^{2+})、钙 (Ca^{2+})、铜 (Cu^{2+})、钴 (Co^{2+})等金属离子作用，生成难溶于水的谷氨酸重金属盐，如锌盐在 pH 为 6.3、铜盐在 pH 为 3.0、钴盐在 pH 为 8.0 时的溶解度都很低。利用谷氨酸某些金属盐溶解度低的特性,可用沉淀法来分离发酵液中的谷氨酸。比较有实用意义的是锌盐法和钙盐法。而锌盐法提取谷氨酸已被国内部分中小型味精厂所采用。

(六)电渗析法提取谷氨酸

电渗析是一种膜分离技术,但与超滤不同,电渗析膜是具有一定孔隙度及带有解离基团的薄膜,又称为离子交换膜。谷氨酸是一种两性电解质,在等电点时,它以兼性离子状态存在,呈电中性。在直流电场中,谷氨酸既不向阳极移动,也不向阴极移动,而其他电解质的正、负离子,则分别向阴阳两极移动,因此可将谷氨酸与其他电解质分开。如果将等电点法的母液 pH 调至谷氨酸的等电点 3.2 以上,则谷氨酸成为阴离子,在直流电场中,谷氨酸阴离子与其他阴离子一起向阳极移动,集中在阳极区内,从而可以把发酵液中的阳离子分离掉。蛋白质和残糖是非电解质,它们留在发酵液中不会发生迁移,因此可采用二次电渗析法处理,即先在 pH 为 3.2 的条件下进行电渗析除去各种盐类,然后再在 pH 大于 3.2 的条件下进行电渗析,除去蛋白质、残糖和色素等非电解质,所得到的处理液杂质比较少,接着将此处理液上离子交换柱进行浓缩和纯化。收集高流分洗脱液,并将其 pH 调至 1.5,加到谷氨酸发酵液中进行等电点操作,收集谷氨酸晶体,母液用电渗析法进一步处理。采用等电点电渗析法,提取收率在 85%左右。由于发酵液中的菌体容易使电渗析器堵塞,因此不能直接将发酵液进行电渗析处理。作为电渗析处理的对象,最好是除去菌体后的发酵液或等电点的母液。

五、由谷氨酸制取味精

(一)由谷氨酸制味精的工艺流程

由谷氨酸制取味精的工艺流程见图 6-8。

(二)谷氨酸的中和、除铁、除锌与脱色

1. 中和

谷氨酸在水溶液中以两性离子的形式存在。在谷氨酸的中和操作中,先把谷氨酸加入水中得到饱和溶液(pH 约为 3.2),此时谷氨酸大部分以 $GA^{\pm}$ 的形式存在,对外不显电性。随着碱的不断加入,溶液 pH 不断升高,$GA^{\pm}$ 不断减少,GA^{-} 不断增加。当绝大部分谷氨酸都变成 GA^{-} 的形式时,即达到生成谷氨酸一钠的等电点(pH 为 6.96)。当谷氨酸中和液的 pH 超过 7 时,随 pH 升高,溶液中 GA^{2-} 离子逐渐增多,生成的谷氨酸二钠增多。谷氨酸二钠无鲜味,故在生产中要控制 pH 在 7 左右,防止谷氨酸二钠生成。

2. 除铁、除锌

味精中含铁、锌过量时不符合食品安全标准。含铁离子高时,味精呈红色或黄色,影响产品色泽。味精含铁量高是由于原料中含铁及设备腐蚀游离出大量铁离子。采用锌盐法提取谷氨酸时会带入大量锌离子(谷氨酸含锌 1 500~3 000 mg/L)。中和液中的铁以 Fe^{2+} 为主,Fe^{2+} 在碱性溶液中会变为 Fe^{3+},锌以 Zn^{2+} 形式存在。目前国内除铁、除锌主要采用硫化钠法

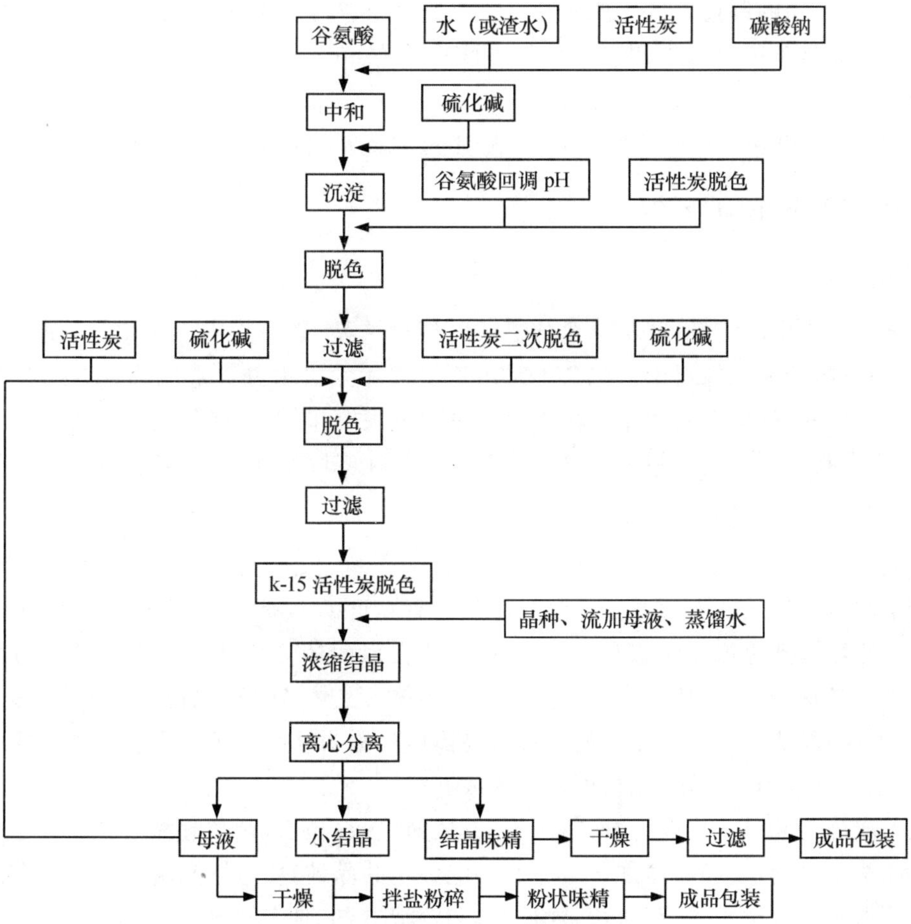

图 6-8 由谷氨酸制取味精的工艺流程

和树脂法。

(1)硫化钠法除铁、锌　其反应原理如下所示。

$$Fe^{2+} + Na_2S \longrightarrow FeS\downarrow(黑色) + 2Na^+$$
$$Zn^{2+} + Na_2S \longrightarrow ZnS\downarrow(白色) + 2Na^+$$

在中性或碱性溶液中，硫化亚铁是一种难溶性盐，锌离子在中性（pH 为 6～7）条件下生成难溶性锌盐。在 18 ℃下硫化亚铁和硫化锌的溶解度分别为 3.7×10^{-19} mol/L 和 2.8×10^{-13} mol/L。硫化钠加入量要达到游离铁离子量的 10 倍以上才能将铁除尽。

(2)离子交换法树脂除铁　用离子交换树脂除铁的优点是除铁完全，不产生对人有害的 H_2S 气体，成品色泽好。

(3)脱色　谷氨酸中和液具有深浅不同的黄褐色色素。如果不进行脱色处理，色素带入味精会影响产品色泽。色素的产生有多种原因：淀粉水解时间过长和温度过高，葡萄糖聚合为焦糖；铁制设备接触酸、碱发生腐蚀产生铁离子，除产生红棕色外，并与水解糖内单宁结合，生成紫黑色单宁铁；葡萄糖与氨基酸结合形成黑色素；除铁工艺中硫化钠加入量过多等。

目前，国内采用的脱色方法主要有活性炭吸附法和离子交换树脂法。用于谷氨酸中和液脱色的活性炭要具备脱色力强、灰分少、含铁量低（<300 mg/kg）、不吸附或吸附谷氨酸少等性质。粉末活性炭的脱色工艺条件为：温度为 50～60 ℃，pH 不小于 6，活性炭用量应根据活性炭脱色能力和中和液的颜色深浅而定，一般用量为谷氨酸量的 3%；脱色时间约为 30 min。

(三)中和液的浓缩与结晶

1. 浓缩

谷氨酸钠在水中的溶解度很大，要从溶液中析出结晶，必须除去大量水分，使溶液达到过饱和状态，谷氨酸结晶才能析出。工业上采用蒸发浓缩除去水分。常压蒸发温度高、蒸发慢、加热时间长，且谷氨酸钠会脱水生成焦谷氨酸钠而失去鲜味，故不能采用。减压蒸发可降低液体沸点，使蒸发在较低温度下进行（如真空度为 94 kPa 时，水的沸点约为 40 ℃），蒸发速度快，谷氨酸钠破坏少，浓缩时间短。

2. 结晶

结晶是制备纯物质的有效方法。结晶过程具有高度的选择性，只有同类分子或离子才能形成结晶。溶液达到过饱和状态时，过量的溶质才会以固体形式结晶出来。晶体的产生是先形成极细小的晶核，然后晶核再进一步长大成为晶体。晶体的形成包括 3 个阶段：形成过饱和溶液；晶核形成；晶体成长。其中晶核形成与晶体成长称为结晶过程。晶核形成需要一定的过饱和浓度，如有外界因素刺激，晶核可提早形成。

晶核形成称为起晶。工业上有 3 种起晶方法：自然起晶法、刺激起晶法和晶种起晶法。其中晶种起晶法最常用，起晶时需加一定量和一定大小的晶种，使过饱和液中的溶质在晶种表面上生长。刺激起晶法也常采用，该法是将过饱和溶液冷却，使其产生一定量晶核，进而形成结晶，粉状味精就是采用该法生产的。自然起晶法不需加入晶种和冷却，而是让过饱和溶液自行结晶。

影响结晶速度的主要因素有溶液过饱和系数、结晶温度、稠度（结晶罐内晶体与母液的比例）、料液与晶种质量等。

(四)味精的分离与干燥

1. 分离

味精分离一般采用三足式离心机分离。在离心过程中，在母液离开晶体后用少许 50 ℃热水喷淋晶体，可增加晶体表面光洁度。如果晶粒与母液分离不彻底，母液含量高，干燥过程中易产生小晶核黏附在晶体上，出现并晶、晶体发毛及色黄等，严重影响产品质量。

2. 干燥

应根据产品性质和质量要求，选择适宜的干燥设备和工艺。味精含一分子结晶水，加热至 120 ℃时会失去结晶水，故干燥温度应严格控制(小于 80 ℃较好)。

干燥方式：目前大部分工厂采用箱式烘房进行干燥，此外，还有真空箱式干燥、气流干燥、传递带式干燥、振动床式干燥及远红外干燥等多种方式。

第四节　味精质量标准和主要技术经济指标

一、味精质量标准

我国食用味精产品按其中 *L*-谷氨酸一钠含量不同，分别有 99%、95%、90%和 80% 4 种规格。我国味精标准执行国家标准《谷氨酸钠（味精）》(GB/T 8967—2007)，其中，谷氨酸钠含量测定方法于 2024 年 3 月 1 日被《食品安全国家标准　味精中谷氨酸钠的测定》(GB 5009.43—2023)所代替。另外，《食品安全国家标准　味精》(GB 2720—2015)，也对味精产品的感官和理化指标进行了明确要求。

二、味精生产中常见的质量问题

1. 味精色黄

①脱色不彻底，造成成品味精色黄：在由谷氨酸制味精的过程中，中和液需经过粉末活性炭和 K-15 活性炭的脱色除杂处理。如果脱色除杂不彻底，脱色液仍含有色素，用这种脱色液浓缩结晶制得的味精晶体，往往带有黄色。这是引起味精色黄的主要原因。

②味精晶体在进行离心分离操作时，应用少量水淋洗晶体，以洗去黏附在晶体表面上的母液。如果省去了淋洗晶体这一操作步骤，晶体表面上的母液未被洗去，而母液或多或少会带有一些色素和杂质，因此，晶体一经干燥，就会带色。

③晶体干燥处理时间太长或温度太高，造成部分晶体破坏而引起色变。

2. 味精色灰

味精中混有活性炭细粉，或者含有硫化钠时，呈灰色。

3. 味精色红

味精含有硫化亚铁时，呈红色。

4. 晶体无光泽

①晶体在 75 ℃以上经长时间干燥处理，晶体光泽会减退。

②晶体表面上黏附的母液未经除去就进行干燥处理，得到的干燥晶体往往无光泽。

③晶体在干燥处理过程中，因进料量太多等原因而引起晶体相互磨损，结果造成晶体光泽减退。

5. 晶体粗细不一

①晶种质量差，本身粗细不一，以致由晶种长成的晶体也粗细不一，不匀称。

②在结晶过程中，需要数次加入蒸馏水，以溶解掉小晶核，与此同时，有部分晶体也被溶解，结果造成晶体粗细不一，不匀称。

③在晶体离心分离时，如果淋水温度超过 50 ℃，或淋水量过大，就会损伤晶体，造成晶体粗细不一，不匀称。

6. 晶体发脆

①中和除铁液的 pH 低于 6.2,如果不加以调整就进行浓缩结晶,得到的味精晶体往往发脆。

②母液经多次回收处理,其中杂质含量高,用这种母液再结晶,得到的晶体就会发脆。

③浓缩结晶时,如果中和除铁液浓缩过头,超过 31.50 °Bé,(母液浓缩时,可略高于此浓度),不但易出现小晶核,而且长成的晶体脆性大。

7. 味精溶解后透明度差

①在对谷氨酸溶液进行中和操作时,泡沫的产生会给中和操作带来困难,因此常用添加消泡剂的办法来解决。如果消泡剂的添加量较大,就会影响味精溶解后的透明度。

②如果味精含硫量高,将其溶解在酸性溶液中时,由于硫的析出,溶液透明度会变差。这种现象,在测定味精成品比旋光度时就会发生。

第七章　食醋生产

第一节　概　　述

食醋是人们日常的饮食中重要的酸性调味品，具有悠久的历史。我国食醋的生产历史可追溯至周朝，在《周礼》中有关于醋的文字记载："醯（读作 xī，本义是醋）人掌共五齐、七菹，凡醯物。以共祭祀之齐菹，凡醯酱之物。"中国食醋品种繁多，其中不乏知名品牌，如中国最著名的醋是山西陈醋、镇江香醋、四川麸醋和福建红曲醋，分别以高粱、糯米、麦麸和红曲米为主要原料或发酵剂。这些醋因其独特的风味、悠久的生产历史、较大的产量和独特的发酵工艺而被誉为中国四大名醋。

食醋的生产过程可以简单地归纳为利用微生物将单糖转化为酒精，再将酒精二次转化为醋酸。实际上，传统食醋的生产过程极其烦琐，主要采用以经验为主的开放式自然发酵工艺。食醋一般可划分为三大类：酿造醋、合成醋和再制醋。其中，酿造醋的产量最大，且与我们的日常生活关系最为密切。酿造醋是以粮食等为原料，经过微生物制曲、糖化、酒精发酵、醋酸发酵等阶段酿制而成的。除了主要成分醋酸外，酿造醋还含有各种有机酸、酯类、酚类、氨基酸类、糖类、维生素和醇类等营养成分及风味物质，以及多种重要的功能因子，如黄酮类化合物、多酚、四甲基吡嗪（也称川芎嗪）等。它具有独特的色、香、味、体，不仅是良好的调味品，而且也是对健康有益的食品。合成醋则是以化学方法合成的冰醋酸为主要原料，加入氨基酸、有机酸、香料、调味料、着色料等，加以稀释调味配制而成，缺乏发酵调味品的风味，质量往往不佳。再制醋是在酿造醋的基础上，通过添加各种辅料如糖类、酸味剂、调味剂、食盐、香辛料、食用色素等进一步加工制成，由于添加的辅料未参与醋酸发酵过程，故称为再制醋，例如海鲜醋、五香醋、蒜醋、姜汁醋和固体醋等。

一、食醋的分类

（一）世界食醋的分类

食醋的英文词汇是"vinegar"，来源于古法语的"vinaigre"，由两个拉丁词语组成。"vin"是葡萄酒的意思；"aigre"是酸的意思，合起来就是酸的酒，即为醋。世界上食醋的生产历史可以追溯到公元前 2000 年左右。几个世纪以来，含有糖分的原料均可以酿醋，包括糖蜜、枣、高粱、葡萄、椰子、蜂蜜、糖浆、啤酒、土豆、甜菜、麦芽和乳清等，其酿造原理是不变的，即天然糖先发酵成酒精，再二次发酵成醋。

美国 FDA 合规政策指南根据食醋酿造原料和制造方法对醋进行了分类。根据美国 FDA

的规定，在美国市场上销售的“醋”，酸度不能低于4%。醋的酸度是指产品中醋酸的百分比。典型的白醋的酸度至少有4%，不超过7%。苹果醋和葡萄酒醋的酸度通常略高，为5%～6%。

世界各国生产的醋的种类繁多，因为醋可以由任何含糖的原料制成，这些原料包括苹果酒、白葡萄酒、红葡萄酒、大米、麦芽、甘蔗、香蕉、菠萝、覆盆子等。所以每个国家或地区都可以使用本国或地区独特的原料来制作符合本国或地区群众口味的食醋。世界各国（地区）的食醋类别见表7-1。

表7-1　世界各国（地区）的食醋类别

食醋	主要生产国家（地区）	食醋	主要生产国家（地区）
谷物醋	中国	红茶菌醋	日本
苹果醋	世界范围	麦芽醋	英国
香醋	意大利	马铃薯醋	日本
啤酒醋	德国	红葡萄酒醋	世界范围
甘蔗醋	菲律宾	米醋	美国、中国
香槟醋	法国、美国	雪利醋	西班牙
椰子醋	东南亚	烈酒醋或蒸馏酒醋	德国
白醋	美国	龙蒿醋	美国
水果醋	世界范围	白葡萄酒醋	土耳其、意大利

大部分食醋是以原料命名的。例如，苹果醋，是由苹果汁二次发酵制成的；水果醋，是由桃子和浆果等其他水果制成的；葡萄酒醋或葡萄醋，是由葡萄汁二次发酵制成的；麦芽醋，是由大麦麦芽或其他谷物的淀粉转化为麦芽糖二次发酵制成的；糖醋，是由糖浆或糖蜜溶液双重发酵制成的；米醋或米酒醋，是由大米中的糖或大米浓缩物经过两次发酵而制成的，无须蒸馏；烈酒醋或蒸馏酒醋，是由稀释的蒸馏酒精进行醋酸发酵制成的。

（二）中国食醋的分类

中国有句谚语表达了日常生活中必不可少的七种物质，即柴、米、油、盐、酱、醋和茶。这表明醋在人们的日常生活中占有重要的地位。关于醋的起源，中国有许多传说。例如，著名的镇江香醋是由杜康之子黑塔发明的。杜康被认为是中国米酒的发明者。有一天，黑塔准备好米酒后，将其放在一边。21 d后，当他想起来的时候，酒已经变成了酸的液体。他一尝就意识到，这种酸米酒可以作为一种酸甜调和的调味品。渐渐地，这种酸米酒被用于烹饪，并被命名为醋。历史文献显示，醋起源于3 000多年前的中国。据报道，《周礼》一书中首次提到了醋。在春秋时期，出现了专门制作醋的作坊，当时醋非常昂贵，只有富有的贵族才能买得起。直到东汉时期，醋才首次在普通百姓中流行起来。在南北朝时期，贾思勰所著的《齐民要术》详细记录了23种不同的酿造醋的方法。除了作为调味品，醋在中国还被视为一种草药。李时珍的《本草纲目》描述了醋的药用功能，包括散瘀、治疗黄疸和黄汗病、改善食欲以及滋补肝脏。此外，《中医大辞典》指出，醋对急慢性肝炎也有疗效。

如今，在中国市场上，有20多种自制醋，其中大部分是用大米、高粱、玉米、大麦和小麦等淀粉类材料酿造而成的，因此，传统的中国醋也被称为谷物醋。此外，自20世纪90年代初开始出现了一些果醋和果醋饮料。

1. 按标准分类

食醋的学术定义：《食品安全国家标准　食醋》(GB 2719—2018)中规定，食醋是单独或混合使用各种含有淀粉、糖的物料、食用酒精，经微生物发酵配制而成的液体酸性调味品。结合《食醋的分类》(SB/T 10174—1993)，可把食醋类别细分如下。

(1)甜醋　单独或混合使用糯米、大米等粮食、酒类或食用酒精，经微生物发酵后再添加食用糖等辅料制成的食醋。

(2)酿造醋　将各种含有淀粉、糖或酒精的原料单独或混合使用，经发酵工艺酿造而成的食醋。酿造醋可进一步细分为以下几种。

粮谷醋：以各种谷类或薯类为主要原料制成的酿造醋。

陈醋：以高粱为主要原料，大曲为发酵剂，采用固态醋酸发酵，经陈酿而成的粮谷醋。

香醋：以高粱为主要原料，小曲为发酵剂，采用固态分层醋酸发酵，经陈酿而成的粮谷醋。

麸醋：以麸为主要原料，采用固态发酵工艺酿制而成的粮谷醋。

米醋：以大米(糯米、粳米、籼米)为主要原料，采用固态或液态发酵工艺酿制而成的粮谷醋。

熏醋：以大米(糯米、粳米、籼米)为主要原料，将固态发酵成熟的全部或部分醋醅，经间接加热熏烤成为熏醅，再经浸淋而成的粮谷醋。

谷薯醋：以谷类(大米除外)或薯类为原料，采用固态或液态发酵工艺酿制而成的粮谷醋。

(3)酒精醋　以酒精为主要原料制成的酿造醋。

(4)糖醋　以各种糖类为主要原料制成的酿造醋。

(5)酒醋　以各种酒类为主要原料制成的酿造醋。

(6)果醋　以各种水果为主要原料制成的酿造醋。

(7)再制醋　在冰醋酸或醋酸的稀释液里添加糖类、酸味剂、调味剂、食盐、香辛料、食用色素、酿造醋等制成的食醋。

2. 按发酵工艺分类

根据国家标准《酿造食醋》(GB/T 18187—2000)，食醋按发酵工艺可分为以下两类：

(1)固态发酵食醋　以粮食及其副产品为原料，采用固态醋醅发酵酿制而成的食醋。

(2)液态发酵食醋　以粮食、糖类、果类或酒精为原料，采用液态醋醪发酵酿制而成的食醋。

3. 按风格分类

根据不同地域的饮食习惯和生产工艺形成了多种风格的食醋，包括：

(1)陈香型醋　具有浓郁的酯香味，如山西老陈醋、镇江香醋等。

(2)熏香醋　有特殊的熏香味，如凉州熏醋。

(3)甜醋　在食醋中添加蔗糖、代糖等甜味剂制成，如海天添丁甜醋等。

(4)功能醋　通过添加中草药及香辛料等，具有保健功能，如保健醋、饺子醋等。

4. 按地理位置分类

在生活中食醋也常以地理位置命名，如山西老陈醋、镇江香醋、四川保宁醋、福建永春老醋、天津独流老醋、浙江玫瑰米醋、北京龙门米醋、上海米醋等。

二、食醋生产过程中的生物化学变化

（一）糖化作用

1. 淀粉糖化机理

淀粉质原料经润水、蒸煮糊化，为酶作用于底物创造了有利条件，由于酵母菌缺少淀粉水解酶系，因此，需要借助曲的作用才能使淀粉转化为能被酵母菌发酵的糖。曲中起糖化作用的酶主要有以下两种。

（1）内切酶　例如 α-淀粉酶（淀粉-1，4-糊精酶），又称液化酶。液化酶能将淀粉分子的 α-1，4 键在任意位置上切断，迅速形成糊精及少量的麦芽糖和葡萄糖，使淀粉糊的黏度很快下降，流动性上升，但该酶对 α-1，6 键不起作用。

（2）外切酶　包括淀粉-1，4-葡萄糖苷酶（又称糖化酶）、淀粉-1，6-糊精酶和淀粉-1，6-葡萄糖苷酶。淀粉-1，6-糊精酶专一性地作用于支链淀粉的分支点，即专一性切断 α-1，6 键，将整个侧支劈掉；而淀粉-1，6-葡萄糖苷酶仅对支链淀粉中带有一条多糖直链的分支点的 α-1，6 键起作用，形成一条单独的多糖直链和去掉直链的残余部分；糖化酶则是从淀粉链的非还原性末端顺次逐个切开 α-1，4 键，水解成葡萄糖分子。

由于以上这些酶的共同作用，淀粉被水解成葡萄糖。

用曲对淀粉质原料进行糖化时，淀粉浓度对糖化效果有很大影响，淀粉浓度越高，糖化效果越差，这是因为淀粉的酶解存在如下平衡：

$$\underset{\text{酶}}{E} + \underset{\text{底物}}{S} \rightleftharpoons \underset{\text{结合物}}{ES} \rightleftharpoons \underset{\text{酶}}{E} + \underset{\text{产物}}{P}$$

当底物（S）浓度低时，底物糖化完全；当底物（S）浓度高时，因为底物（S）不能完全与酶（E）结合，所以就会出现底物过剩。只有当产物（P）移去或被消耗，平衡才向右移动，也就是余下的底物与酶结合再生成产物。因此，进行固态发酵时，一般采取边糖化边发酵的方法，而进行液态发酵时，则可将糖化和发酵分开，目的都是为了提高糖化效果和发酵效果。

2. 糖化曲用量

酿醋一般用曲作糖化剂，用曲量并非越多越好。曲使用过量会使醋产生苦涩味，并造成酵母增殖过多而增加耗糖量，导致原料利用率下降。糖化速度过快，糖积累过多时，容易招致生酸细菌生长繁殖，从而影响酒精发酵。另外，用曲量增大，生产成本会随之上升。但用曲量过少时，糖化速度变慢，糖的产生速度跟不上酵母菌对糖的需求，酿醋周期会被延长。所以，糖化曲用量应适当。

①采用先糖化、后发酵工艺时，糖化曲用量按照公式（7-1）计算。

$$m_1 = m_2 \div [0.9 \times (A \div 1\ 000)] \tag{7-1}$$

式中，m_1—糖化曲用量，g；m_2—投料淀粉总量(以纯淀粉计)，g；A—曲糖化力(1 g 曲在 60 ℃下对淀粉作用 1 h 产生的葡萄糖的毫克数)；0.9—将葡萄糖折算为淀粉的系数；1 000—将毫克换算为克的换算系数。

②采用边糖化边发酵工艺时，糖化曲用量按照公式(7-2)计算。

$$m_1 = K \times m_2 \div [0.9 \times (A \div 1\,000)] \tag{7-2}$$

式中，K—淀粉糖化程度，其数值由各厂具体情况而定，%；其他符号表示的含义同公式(7-1)。

一般来说，采用固态发酵法酿醋，每 100 kg 醅料用麸曲量为 5～7 kg。若使用大曲酿醋，由于大曲糖化力低，则用量就要加大。若使用酶制剂替代曲作糖化剂，则 α-淀粉酶用量为 4～6 U/g 淀粉，糖化酶用量为 100～300 U/g 淀粉。

(二)酒精发酵

发酵是酵母菌在厌氧条件下经过菌体内一系列酶的作用，把可发酵性糖转化成酒精和二氧化碳，然后通过细胞膜把产物排出菌体外的过程。把参与酒精发酵的酶称为酒化酶系，它包括糖酵解(EMP)途径的各种酶以及丙酮酸脱羧酶、乙醇脱氢酶。由葡萄糖发酵生成酒精的反应如下：

$$C_6H_{12}O_6 + 2NAD + 2H_3PO_4 + 2ADP \xrightarrow{\text{EMP 途径的酶}} 2CH_3COCOOH + 2NADH_2 + 2ATP$$

$$CH_3COCOOH \xrightarrow[Mg^{2+}]{\text{丙酮酸脱羧酶}} CH_3CHO + CO_2$$

$$CH_3CHO \xrightarrow[NADH_2 \;\curvearrowright\; NAD]{\text{乙醇脱氢酶}} CH_3CH_2OH$$

总反应式：

$$C_6H_{12}O_6 + 2ADP + 2H_3PO_4 \xrightarrow{\text{酒化酶系}} 2CH_3CH_2OH + 2ATP + 2CO_2$$

在酒精发酵中约有 94.8%的葡萄糖被转化为酒精和二氧化碳，酵母菌的增殖和副产物的生成消耗 5.2%葡萄糖。发酵后除生成酒精和二氧化碳外，每 100 g 葡萄糖还可生成醛类物质 0.01 g，甘油 2.5～3.6 g，高级醇 0.4 g，有机酸 0.5～0.9 g，酯类微量。

采用边糖化边发酵的酿醋工艺，发酵结束后会有较多的糊精和糖类残存，成为醋固形物的组分，它们使醋的甜味足、体态好，因此从这个意义上讲，糊精和糖适量的残存是需要的。

(三)醋酸发酵

醋酸发酵是继酒精发酵之后，酒精在醋酸菌氧化酶的作用下生成醋酸的过程，具体反应如下：

$$CH_3CH_2OH + NAD \xrightarrow{\text{乙醇脱氢酶}} CH_3CHO + NADH_2$$

$$CH_3CHO + NAD + H_2O \xrightarrow{\text{乙醛脱氢酶}} CH_3COOH + NADH_2$$

过程中产生的 $NADH_2$ 通过细胞呼吸链以 O_2 为受氢体生成 H_2O 和 NAD，并放出热量

493.7 kJ/mol 酒精。

总反应式为：

$$CH_3CH_2OH+O_2\xrightarrow{\text{氧化酶系}}CH_3COOH+H_2O$$

根据上述反应式可知：醋酸与乙醇的质量比为 1.304∶1。但由于发酵过程中醋酸的挥发、再氧化以及形成酯等原因，实际得到的醋酸与酒精的质量比仅为 1∶1。

有些醋酸菌之所以能将醋酸分解为二氧化碳和水，是因为它们有极强的乙酸辅酶 A 合成酶活力，该酶能催化醋酸生成乙酸辅酶 A，然后后者进入三羧酸（TCA）循环，经呼吸链氧化，进一步生成二氧化碳和水。其反应如下：

$$CH_3COOH+CoASH\xrightarrow{\text{乙酰辅酶 A 合成酶}}CH_3CO\text{-}ScoA+H_2O$$

$$CH_3CO\text{-}ScoA+2O_2\xrightarrow{\text{TCA 循环}}2CO_2+H_2O+CoASH$$

某些特殊的木醋杆菌，在利用糖生成醋酸的同时，还会生成乳酸：

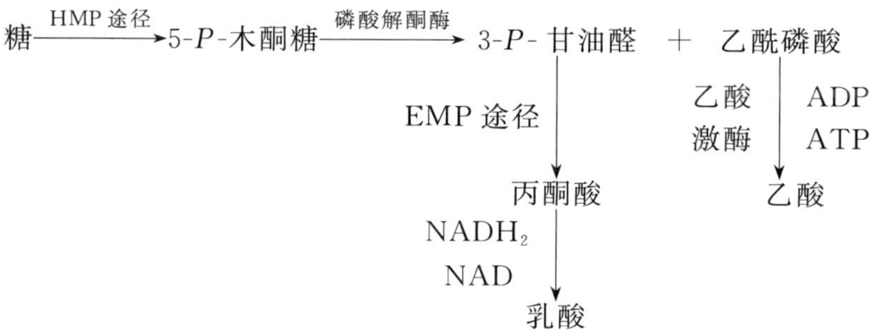

用醋酸菌进行醋酸发酵，除醋酸外，也会有少量其他有机酸和酯类物质生成。

三、食醋色、香、味、体的形成

酿醋过程中发生着复杂的生化作用和化学反应，即使是在用曲霉菌、酵母菌、醋酸菌纯菌种的酿醋过程中也是如此，而在用野生菌发酵的传统酿造工艺中则更为复杂。这些复杂的反应与形成食醋的主体成分以及色、香、味、体等有密切关系。

（一）食醋的色泽

食醋中的色素来源于几个方面：①原料本身的色素带入醋中；②原料预处理时发生化学反应而产生的有色物质进入醋中；③发酵过程中由化学反应、酶反应而生成的色素；④微生物的有色代谢产物；⑤熏醅时产生的色素以及进行配制时人工添加的色素。其中酿醋过程中发生的美拉德反应是形成食醋色素的主要途径。熏醅时产生的主要是焦糖色素，是多种糖经脱水、缩合后的混合物，能溶于水，呈黑褐色或红褐色。

（二）食醋的香气

食醋的香气成分主要来源于食醋酿造过程中产生的酯类、醇类、醛类、酚类等物质。有的食醋还添加香辛料，如芝麻、茴香、桂皮、陈皮等。酯类物质以乙酸乙酯为主，其他还有乙酸异戊酯、乳酸乙酯、琥珀酸乙酯、乙酸异丁酯、乙酸甲酯、异戊酸乙酯等。酯类物质一部分是由微生物代谢产生的，另一部分是由有机酸和醇经酯化反应生成的，但酯化反应速度缓慢，所以速酿醋香气较差，需要再经陈酿来提高酯类含量。食醋中的醇类物质除乙醇外，还含有甲醇、丙醇、异丁醇、戊醇等。醛类物质有乙醛、糠醛、乙缩醛、香草醛、甘油醛、异丁醛、异戊醛等。酚类物质有 4-乙基愈创木酚等。而双乙酰、3-羟基丁酮的过量存在会使食醋香气变差。

(三)食醋的味

1. 酸味

食醋是一种酸性调味品，其主体酸味是醋酸。醋酸是挥发性酸，酸味强，尖酸突出，有刺激性气味。此外，食醋还含有一定量的不挥发性有机酸，如琥珀酸、苹果酸、柠檬酸、葡萄糖酸、乳酸等，它们的存在可使食醋的酸味变得柔和，表 7-2 列出了食醋中 9 种有机酸的含量。

表 7-2　食醋中 9 种有机酸的含量　　mg/100 mL

有机酸	米醋	酒糟醋	酒精醋	苹果醋	葡萄醋
醋酸	4 200	4 260	4 160	5 050	5 280
延胡索酸	3.91	3.99	3.21	0.43	3.97
α-酮戊二酸	0.47	0.84	0.05	0.45	0.05
乳酸	20.3	20.1	19.2	3.6	5.5
琥珀酸	14.1	20.1	9.5	17.9	8.1
葡萄糖酸	1.90	4.25	—	—	—
苹果酸	0.52	0.64	0.61	6.53	20.3
柠檬酸	2.09	3.10	1.89	2.64	20.3
酒石酸	—	—	—	—	27.7

2. 甜味

食醋中的甜味来自残存在醋液中由淀粉水解产生的但未被微生物利用完的糖。另外，发酵过程中形成的甘油、二酮等也有甜味。用边糖化边发酵工艺酿造的醋，其甜味较足。对于甜味不足的醋，可以添加适量蔗糖来提高其甜度。

3. 鲜味

食醋中因存在氨基酸、核苷酸的钠盐而呈鲜味。其中氨基酸是由蛋白质水解产生的，酵母菌、细菌的菌体自溶后产生出各种核苷酸，如 5′-鸟苷酸、5′-肌苷酸，它们也是强烈助鲜剂。

4. 咸味

酿醋过程中添加食盐可以使食醋具有适当的咸味，从而使醋的酸味得到缓冲，口感更好。

(四)食醋的体态

食醋的体态是由固形物含量决定的。固形物包括：有机酸、酯类、糖分、氨基酸、蛋白质、糊精、色素、盐类等。用淀粉质原料酿制的醋因固形物含量高，所以体态好。

第二节 生产原料

通常富含可发酵性糖的无毒性原料，如水果、谷物等均可用于醋的酿造。但是，原料中必须含有足够的发酵性糖，才可确保酿造出的食醋中含有符合标准要求的醋酸，例如，1 g 葡萄糖可产生 0.67 g 醋酸，如果最终产品中醋酸含量要求为 1%（质量分数），原料中葡萄糖的含量则至少为 2%（质量分数），可通过添加糖或者浓缩果汁的方式提升原料中葡萄糖的含量。

食醋的酿造需要制醋原料和发酵剂。制醋原料按照工艺要求一般可以分为主料、辅料、填充料和添加剂四大类。制醋原料选择时应考虑：①淀粉含量高，蛋白质含量适中，脂肪含量少，满足食醋酿造微生物新陈代谢的需要；②资源丰富，价格低廉，运输方便，易于贮存；③酿造原料应无毒，对微生物生长繁殖无影响。

一、主料

主料是制醋的主要原料，是指通过微生物发酵能被转化成醋酸的原料，大致分为含淀粉、含糖和含酒精 3 类：①含淀粉类原料，如谷物（高粱、玉米、大米、小麦、小米和麸皮等）、薯类（甘薯、马铃薯和木薯等）等原料，需要经过糖化处理将淀粉降解为可发酵的单糖；②含糖原料，如水果、蔬菜、糖蜜和蜂蜜等，不需要糖化处理，可直接进行酒精发酵；③含酒精原料，如食用酒精、酒糟、葡萄糖、啤酒、果酒等，可直接进行醋酸发酵，工艺简单。

由于我国目前多以含淀粉的粮食作为制醋的基本原料，酿醋主料一般是指粮食。江南地区习惯上以大米为酿醋主料，长江以北则采用高粱、甘薯、小米、玉米为主料，东北地区以酒精、白酒为主料酿醋的较多。目前，我国酿醋用的主要原料有：①薯类，如甘薯、马铃薯、木薯等；②粮谷类，如高粱、玉米、大米、小米、青稞、大麦、小麦等；③粮食加工下脚料，如碎米、麸皮、细谷糠、高粱糠等；④野生植物，如橡子、菊芋等；⑤果蔬类，如李子、红枣、葡萄、番茄、梨、苹果、菠萝、荔枝等；⑥酒类，如白酒、酒精等；⑦其他，如酒糟、糖蜜等。常用制醋原料中各成分含量见表 7-3。

表 7-3 常用制醋原料中各成分含量 %

原料	淀粉	蛋白质	脂肪	纤维素	灰分	单宁	水分
糯米	69～73	5～8	2.4～3.2	0.6～1	0.8～1	—	13～15
大米	72～75	7～10	0.1～1.3	1.5～1.8	0.4～1.2	—	12～14
高粱	62～68	8～15	3～5	1～3	1.5～3	0.2～4.2	10～14
玉米	62～70	8～16	3～5.9	1.5～3.5	1.2～2.6	—	11～19
大麦	58～65	12～18	1.8～3.7	1.8～9	1.5～5	0.1	10～12
甘薯干	65～75	6	0.5	1.4	2.4	—	12
马铃薯干	68.5	3.8	—	2.3	3.0	—	12.8
木薯干	67～72	3～9.5	0.9～1.3	—	2.0	—	14.0

不同主料的特点如下。

1. 高粱

高粱的淀粉含量高，淀粉是以颗粒形式集中在高粱籽粒的胚乳细胞内，另外，高粱的维生素含量也较丰富，且蒸熟后疏松、不发黏，是酿醋的良好原料，但单宁含量高。我国北方多以高粱为酿醋原料，高粱中单宁含量最高可达4%。以高粱为原料酿醋时，因单宁有抑菌作用，常与其他原料混合使用，以冲淡单宁浓度，此外，也可采用含有单宁酶的黑曲霉制曲作糖化剂来分解单宁。

2. 大米

我国长江以南习惯用大米为制醋主料。大米含淀粉70%～75%，这些淀粉也是以颗粒形式集中在胚乳细胞内的。糯米含支链淀粉多，黏度大，糖化速度缓慢，用于制醋会因残留糊精和低聚糖较多，使成醋的口味浓甜，风味佳，所以常被用作酿造名牌香醋的原料。碎米是稻谷加工中的副产品，可占产米量的6%左右，其化学组成与整粒米相似，生产上为了降低成本，多利用碎米酿醋。

3. 甘薯

甘薯的淀粉含量高，可溶性糖含量为2%～4%，而粗纤维、蛋白质、脂肪含量较低。甘薯的淀粉颗粒大，颗粒排列松散，易糊化，故糖化率和酒精生成率均较高。甘薯是高产作物，价格低廉，是一种常用的制醋原料。甘薯中果胶含量较高，蒸煮时易生成甲醇，另外，薯干有薯干杂味，这是由于其含有瓜干酮等物质，但通过发酵基本可以除去。

4. 玉米

胚乳占玉米籽粒的84%左右，是玉米淀粉的主要集中部位。玉米籽粒还含有少量葡萄糖、蔗糖、糊精。以玉米为酿醋原料时，应将脂肪含量高的胚芽除去。一般黄色玉米淀粉含量比白色玉米高，酿醋多用黄色玉米。玉米含较多植酸，在发酵时植酸会被分解为肌醇和磷酸，磷酸可促进甘油生成，而肌醇和甘油都是醇甜物质，对形成醋的风味有利。

5. 水果

水果营养丰富，含有大量人体所需的糖分、维生素和矿物质。利用水果制醋，可以节约大量粮食资源，而且产品风味宜人，不仅可以作为食醋食用，还可调节成果醋饮料。

二、辅料

酿醋需要大量的辅助原料，一般使用麸皮、稻壳、谷糠或豆粕作辅料。它们不仅含有一定量的碳水化合物，而且还含有丰富的蛋白质和矿物质，为微生物提供生长繁殖所需的营养物质，并增加成醋的糖分和氨基酸含量，形成食醋的色、香、味成分。在固态发酵工艺中，辅料还具有疏松原料、增加氧气含量、贮存水分等作用。

三、填充料

固态发酵法制醋及速酿法制醋都需要填充料，由于醋酸发酵阶段的关键功能微生物醋酸菌是专性好氧菌，因此，填充料的主要作用是疏松醋醅，积存和流通空气，以利于醋酸菌的好氧发酵。固态发酵法制醋一般使用粗谷糠、小米壳、高粱壳等。速酿法制醋常以木刨花、玉米芯、木炭、瓷料等作为固定化载体。对填充料的要求是：有适当的硬度和惰性，疏松，无异味，表面积大。

四、添加剂

酿造过程中所需的主要添加剂包括以下几种。

(1)食盐　醋醅发酵成熟后，需及时加入食盐以抑制醋酸菌的氧化作用，防止醋酸菌将醋酸氧化分解为二氧化碳和水，同时，食盐还起到调和食醋风味的作用。

(2)蔗糖、香辛料　蔗糖、香辛料能增加成醋的甜味，并赋予食醋特殊的风味。

(3)炒米色　炒米色能增加成醋色泽及香气。

由于添加剂能不同程度地提高食醋中固形物的含量，它们不仅能改进食醋的色泽和风味，而且能改善食醋的体态。

第三节　食醋酿造用的糖化剂和发酵剂

一、糖化剂

(一)糖化剂的类型

使用淀粉质原料酿制食醋，必须经过糖化、酒精发酵和醋酸发酵 3 个生化阶段。淀粉质原料需要先经过淀粉糖化作用，将糊化的淀粉降解为小分子单糖、低聚糖、糊精，反应式如下：

$$(C_6H_{10}O_5)_n + nH_2O \longrightarrow n(C_6H_{12}O_6)$$

淀粉糖化过程包括淀粉液化和糖化两个步骤：先在液化酶的作用下，使糊化的淀粉强度降低，并水解成糊精和低聚糖；再在糖化酶的作用下，将淀粉转化成可发酵性糖，所用的催化剂称为糖化剂。我国食醋传统生产工艺经历了 3 000 多年的不断发展和演变，主要使用曲为糖化剂。曲是用大麦、小麦、大米、黑麦、燕麦、豆类等粮食为原料，添加稻壳、麦麸、米糠，由微生物自发富集生长，或接种专用微生物，经过一定时间培养后，形成的富含多种微生物和酶的制剂，主要有大曲、小曲、麸曲、红曲、液体曲等。

1. 大曲

大曲，又称块曲，因曲块体形大而得名，由大麦、豌豆为原料经 10 多道工序制成。大曲包含丰富的微生物，以根霉、毛霉、曲霉和酵母菌为主，并有大量其他野生菌混杂其中，霉菌产生的淀粉酶可对原料中的淀粉水解。大曲的制备工艺繁杂、淀粉利用率低、生产周期长，但优点是便于保管和运输，酿成的食醋风味好。例如，山西老陈醋的生产主要使用大曲作为糖化发酵剂，大曲的用量大，是高粱用量的 62.5%，大曲中丰富的微生物和酶系给山西老陈醋带来了丰富的代谢产物，是其独特风味形成的主要来源。

2. 小曲

小曲也称药曲、酒药，以碎米、统糠为制曲原料，有的还添加中草药，利用野生菌或接入曲母制曲。在曲中繁殖的微生物主要是根霉和酵母菌，依靠根霉所产生的淀粉酶进行糖化作用。小曲便于运输和保管，酿醋时用量少，但这类曲对原料的选择性强，适用于糯米、大米、高粱等作酿醋原料的场合，而对薯类及野生植物原料的适应性较差。例如，镇江香醋使用小曲为糖化发酵剂，即用小曲(酒药)液态低温糖化、液态酒精发酵及固态醋酸发酵的工艺，是小曲酿造食醋的典型。

3. 麸曲

麸曲是以麸皮为主要制曲原料，通过接入纯培养的曲霉菌(黑曲霉)菌种，采用固体培养法制得的曲。麸曲是国内醋厂普遍使用的糖化剂，其优点是：制作成本低、制曲周期短、糖化力强、对酿醋原料适应性强、出醋率高。

4. 红曲

红曲是我国特色曲之一。将红曲霉培养在米饭上能分泌出红色素和黄色素，并产生有较强活力的糖化酶。红曲被广泛应用于食品增色和红曲醋的酿造。

5. 麦曲

麦曲是指将破碎的小麦粒踩成方砖形状，然后入房培养繁殖糖化菌而制成的糖化剂。麦曲作为黄酒生产的糖化剂，为黄酒提供各种酶类，主要是淀粉酶和蛋白酶，促使原料所含的淀粉、蛋白质等高分子物质的水解；同时在制曲过程中形成各种代谢物，以及由于这些代谢产物相互作用产生的色泽、香味等，赋予黄酒酒体独特的风味。

6. 液体曲

一般以纯培养的曲霉菌为菌种，经发酵罐深层培养，得到的一种液态的含淀粉酶和糖化酶的糖化剂，即为液体曲。可替代固体曲用于酿醋。液体曲的生产机械化程度高，可节约劳动力，但设备投资和动力消耗较大。

除了传统的曲外，酶制剂在食醋酿造过程中的使用也越来越普遍，例如淀粉糖化酶，可将淀粉水解为葡萄糖。淀粉酶制剂的制作方法是，培养产生淀粉酶能力很强的微生物，从其培养液中提取淀粉酶并制成酶制剂。常见的有：用于淀粉液化的枯草芽孢杆菌 α-淀粉酶，用于将液化产物进一步糖化的拟内孢霉或根霉葡萄糖淀粉酶制剂。

(二)糖化剂的微生物及作用

霉菌是大曲等糖化剂中的主要功能微生物，它能够分泌淀粉酶、葡萄糖氧化酶、蛋白酶、脂肪酶、植酸酶、单宁酶、纤维素酶等，能够将大分子物质如蛋白质、淀粉等水解为多肽、氨基酸、葡萄糖和糊精等小分子物质，有利于下一步酵母菌的酒精发酵以及之后的醋酸发酵。曲是霉菌的主要来源，根据曲的种类，霉菌的种类也不相同。从酶系特征来看，黑曲霉的淀粉糖化酶活力强，而其淀粉液化酶和蛋白酶的活力较弱，有较强的单宁酶活力。黄曲霉的液化酶和蛋白酶活力强，糖化酶活力却较弱，且无单宁酶活力。所以，黑曲霉更适合于酿醋工业中的制曲，制成的曲糖化后劲足，虽然液化酶和蛋白酶活力较弱，但已能满足制醋对原料糖化的要求。

1. 黑曲霉

黑曲霉菌的分生孢子穗呈炭黑色、褐黑色或紫褐色，因而菌丛呈黑色，但也有无色的突变株。黑曲霉最适生长温度为 37 ℃。除分泌糖化酶、液化酶、蛋白酶、单宁酶外，黑曲霉还有果胶酶、纤维素酶、脂肪酶、氧化酶、转化酶的活性。常用于酿造食醋的菌株有以下几种。

(1)甘薯曲霉 AS3.324　该菌因适用于甘薯原料的糖化而得名，生长适应性好，易培养，有强单宁酶活力，适合于甘薯及野生植物酿醋。

(2)邬氏曲霉 AS3.758　该菌是日本选育的菌种，糖化能力、生酸能力强，耐酸性也强，能同化硝酸盐；对制曲原料适应性强，且有较强的单宁酶活力。

(3)东酒一号　该菌是 AS3.758 的变异株，培养时要求较高的湿度和较低的温度；制曲前期生长缓慢、产热少，但中、后期生长较快；成曲较疏松，糖化力、液化力较强，上海地区应用此菌制酒、醋较多。

(4)黑曲霉 AS3.4309(UV-11)　该菌糖化酶活力强，酶系纯；最适培养温度为 32 ℃；菌丝纤细，分生孢子柄短；在制曲时，前期菌丝生长缓慢，当出现分生孢子时，菌丝迅速蔓延。

2. 米曲霉

米曲霉菌落生长较快，分生孢子穗呈黄绿色，发育过程中菌丛先由白色转为黄色，最后变成黄绿色，衰老的菌落则呈黄褐色。其最适生长温度为 37 ℃。米曲霉的菌株除有丰富的蛋白酶、淀粉酶外，还有纤维素酶、转化酶、菊糖酶、脂肪酶、氧化酶等。米曲霉常用菌株有：沪酿 3.042、沪酿 3.0420(AS3.951)、AS3.863 等。

(三)糖化剂的制备

1. 大曲的制备方法

大麦、豌豆等制曲原料经过粉碎、配料、压制成型后，堆放至曲房中培养，环境中的微生物自发富集、繁殖，最后经风干而制成的一种粗制糖化发酵剂，即为大曲。大曲中微生物种类复杂，重要的功能微生物有上百种，其分泌的酶系种类丰富。制曲时，霉菌分泌的胞外酶活力越高，则大曲的糖化力就越高。大曲中含有多种酵母菌，具有酒精发酵和产酯能力。制造大曲的时间一般以春末夏初到中秋节前后最合适。生产上要求使用贮存半年以上的陈曲，以减少有害杂菌数量。若使用新曲，由于杂菌多，不仅出醋率低，而且酿成的醋香气差。大曲分为中温曲和高温曲两种。前者以大麦和豌豆为原料，制曲品温不超过 50 ℃，后者以小麦为原料，制曲时最高品温达到 60 ℃以上。

1)高温曲的生产

(1)工艺流程　高温曲生产工艺流程如图 7-1 所示。

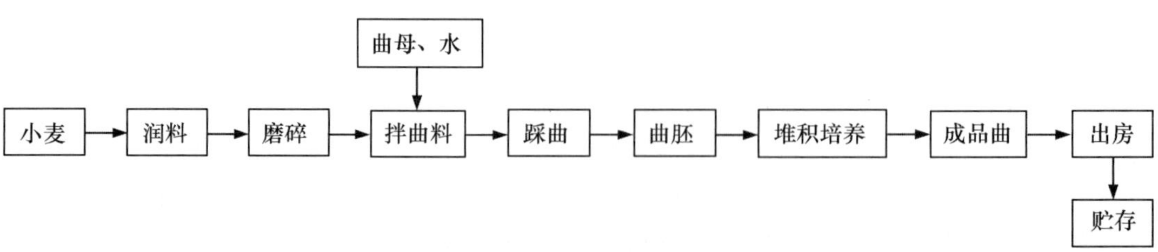

图 7-1　高温曲生产工艺流程

(2)操作要点

①小麦磨碎。高温曲采用纯小麦制曲，对原料要求颗粒整齐，无霉变，无异味和农药污染，并保持干燥状态。原料要进行除杂操作。在粉碎前应加入5%～10%的水拌匀，润料3～4 h后，再用钢磨粉碎，使麦皮压成薄片，麦心磨成细粉，得到粗麦粉。麦皮在曲料中起疏松作用。原料粉碎度要求：未通过20目筛的粗粒及麦皮占50%～60%，通过20目筛的细粉占40%～50%。

②拌曲料(和曲料)。将粗麦粉运送到压曲房(踩曲室)，通过定量供粉器和定量供水器，将曲料(及曲母)和水按一定比例连续送入搅拌机，搅拌均匀后转至压曲设备进行成型。

原料加水量和制曲工艺有很大关系，因为不同微生物对水分的要求是不相同的。加水量过多时，曲胚容易被压制过紧，不利于有益微生物向曲胚内部生长，而曲胚表面则容易长毛霉、黑曲霉等。如果曲胚升温较快，容易引起酸败细菌的大量繁殖，会抑制分泌重要酶系霉菌的生长，使原料受损失，降低成品曲质量。当加水量过少时，曲胚不易黏合，或成块后易散落，进而增加碎曲数量。此外，曲胚含水量低会导致原料过快干燥，在缺水的情况下有益微生物没有充分繁殖的机会，酶系分泌不足，也会降低成品曲的质量。

拌曲时，加水量一般为粗麦粉质量的37%～40%。高温曲的传统操作是在拌曲时要接入一定量的曲母，至今仍在使用。曲母使用量夏季为麦粉的4%～5%，冬季为5%～8%。

③踩曲(曲胚成型)。用踩曲机将曲料压成方砖形状。踩曲时以能形成松而不散的曲胚为最好，这样黄色曲块多，曲香浓郁。

④曲的堆积培养。曲的堆积培养可分为堆曲、盖草及洒水、翻曲、拆曲四步，分述如下：

a.堆曲。压制好的曲胚应放置2～3 h，待表面略干，并由于面筋黏结而使曲胚变硬后，即移入曲室培养。曲块移入曲室前，应先在靠墙的地面上铺一层稻草，厚约15 cm，以起保温作用，然后将曲胚三横三竖相间排列，胚之间距离约2 cm，并用草隔开，以促进霉衣生长。排满一层后，在曲胚上再铺一层稻草，厚约7 cm，但横竖排列应与下层错开，以便空气流通。一直排到四至五层为止，再排第二行，最后留一或两行空位置，作为以后翻曲时转移曲胚位置的场所。

b.盖草及洒水。曲胚堆好后，即用乱草盖上，进行保温。为了保温，应常对盖草层洒水，洒水量夏季较冬季多些，但应以洒水不流入曲堆为准。

c.翻曲。曲堆经盖草及洒水后，立即关闭门窗，微生物即开始在表面繁殖，品温逐渐上升，夏季经5～6 d，冬季经7～9 d，曲胚堆内温度可达63 ℃左右。室内温度接近或达到饱和点，至此曲胚表面霉衣已长出。此后即可进行第一次翻曲。再过一周左右，翻第二次，这样可使曲块干得快些。翻曲的目的是调节温湿度，使每块曲胚均匀成熟。翻曲时应尽量把曲胚间的湿草取出，地面与曲胚间应垫以干草。为了使空气易于流通，促进曲块的成熟与干燥，曲胚间的行距可增大，并竖直堆积。

d.拆曲。翻曲后，一般品温会下降7～12 ℃。在翻曲后6～7 d，温度又会渐渐回升到最高点，以后又逐渐降低，同时曲块逐渐干燥。在翻曲后15 d左右，可略开门窗，进行换气。到40 d(冬季要50 d)以后，曲温降到接近室温时，曲块也大部分已经干燥，即可拆曲出房。出房时，如发现下层有含水量高而过重的曲块(水分超过15%)，应另行放置于通风良好的地方或曲仓，以促使它干燥。

⑤成品曲的贮存。制成的高温曲分黄、白、黑三种颜色。习惯上是以具菊花心、红心的金

黄色曲为最好，这种曲酱香气味好。白曲的糖化力强，但根据生产需要，仍要求以金黄曲多为好。曲块拆出后，应贮存 3～4 个月，然后再使用，此时称为陈曲。在传统生产上非常强调使用陈曲，其特点是制曲时潜入的大量产酸细菌，在生长比较干燥的条件下会大部分死掉或失去繁殖能力，所以陈曲相对讲是比较纯的，用来酿酒时酸度会比较低。另外大曲经贮存后，其酶活力会降低，酵母数也减少，所以在用适当贮存的陈曲酿酒时，发酵温度上升会比较缓慢，酿制出的酒香味较好。

2）中温曲的生产

①原料粉碎。将 60%大麦与 40%豌豆按重量配好后，混合，粉碎。要求通过 20 目筛的细粉，冬季占 20%，夏季占 30%，通不过的粗粉，冬季占 80%，夏季占 70%。

②踩曲（压曲）。使用大曲压曲机，将拌和水的曲料，装入曲模后压制成曲胚，曲胚含水量为 36%～38%，每块重 3.2～3.5 kg。要求踩制好的曲胚外形平整、四角饱满无缺、厚薄一致。

③入房排列。曲胚入房前应调节曲室温度在 15～20 ℃，夏季越低越好。曲房地面铺上稻皮，将曲胚搬置其上，排列成行（侧放），曲胚间隔 2～3 cm，冬近夏远，行距为 3～4 cm。每层曲上放置苇秆或竹竿，上面再放一层曲胚，共放 3 层，使之成“品”字形。

④长霉（上霉）。入室的曲胚稍风干后，即在曲胚上面及四周盖席子或麻袋进行保温，夏季蒸发快，可在上面洒些凉水，然后将曲室门窗封闭。温度逐渐上升，一般经 1 d 左右，开始“生衣”，即曲胚表面有白色霉菌菌丝斑点出现。夏季约经 36 h，冬季约经 72 h，即可升温至 38～39 ℃。

⑤晾霉。曲胚品温升高至 38～39 ℃时，必须打开曲室的门窗，以排除潮气和降低室温。并把曲胚上层覆盖的保温材料揭去，将上下层曲胚翻倒一次，拉开曲胚间排列的间距，以降低曲胚的水分和温度，控制曲胚表面微生物的生长，勿使菌丛过厚，令其表面干燥，使曲块固定成型，这在制曲操作上称为晾霉。晾霉应及时，如果太迟，菌丛长得太厚，曲皮起皱，会使曲胚内部水分不易挥发；如果过早，菌丛长得少，会影响曲胚中微生物进一步繁殖，曲不发松。晾霉开始温度为 28～32 ℃，不允许有较大的对流风，防止曲皮干裂。晾霉期为 2～3 d，每天翻曲一次，第一次翻曲，由 3 层增到 4 层，第二次增到 5 层。

⑥起潮火。在晾霉 2～3 d 后，曲胚表面不黏时，即封闭门窗而进入潮火阶段。入房后第 5 天至第 6 天起曲胚开始升温，品温上升到 36～38 ℃后，进行翻曲，抽去苇秆，曲胚由 5 层增到 6 层，曲胚排列成“人”字形，每隔 1～2 d 翻曲一次，此阶段每日放潮两次，昼夜窗户两封两启，品温两起两落，曲胚品温由 38 ℃渐升到 45～46 ℃，这需要 4～5 d，此后即进入大火阶段，这时曲胚已增高至 7 层。

⑦大火（高温）阶段。这阶段微生物的生长仍然旺盛，菌丝由曲胚表面向里生长，水分及热量由里向外散发，通过开闭门窗来调节曲胚品温，使之保持在 44～46 ℃高温（大火）条件下 7～8 d，不能超过 48 ℃，不能低于 30 ℃。在大火阶段每天翻曲一次。大火阶段结束时，基本上有 50%～70%的曲块已成熟。

⑧后火阶段。这阶段曲胚日渐干燥，品温逐渐下降，由 44～46 ℃逐渐下降到 32～33 ℃，直至曲块不热为止，进入后火阶段（3～5 d），曲心水分会继续蒸发干燥。

⑨养曲阶段。后火阶段过后，还有 10%～20%的曲胚的曲心部位尚有余水，宜用微温来蒸发，这时曲胚本身已不能发热，采用保持室温在 32 ℃、品温在 28～30 ℃把曲心仅有的残余

水分蒸发干净。

⑩出房叠放成堆，曲间距离 1 cm。

2.小曲的制备方法

小曲以米粉或米糠为主要原料，添加或不添加中草药，接入纯种酵母、根霉或接入曲母培养而成。小曲的品种有：药小曲（包括单一药小曲、多药小曲、纯种药小曲），无药白曲、无药糠曲、酒曲饼等。小曲中的主要微生物是根霉和酵母菌，根霉不仅糖化酶丰富，而且有一定的酒化酶活力，这是其他霉菌没有的。

药小曲又名酒药或酒曲丸。它的特点是用生米粉作培养基，添加中草药及种曲，有的还添加白土泥作填充料。至于添加中草药的品种和数量各地有所不同，有的只用一种药，称为单一药小曲，如桂林酒曲丸；有的用药 10 多种，称为多药小曲，如广东五华长乐烧的药小曲；有的还接种纯粹根霉和酵母，用药多种，混合培养而成，称为纯种药小曲，如广东汕头市澄海区酒厂的药小曲。单一药小曲桂林酒曲丸是用生米粉，只添加一种香药草粉，接种曲母培养而成的。下面以单一药小曲为例介绍小曲的生产方法。

(1)原料配比

①大米粉总用量为 20 kg，其中酒药坯用米粉 15 kg，裹粉用细米粉 5 kg。

②香药草粉用量为 13%（按酒药坯的米粉重量计）。香药草是桂林特产的草药，茎细小，稍有色，香味好，干燥后磨粉即成香药草粉。

③曲母是指上次制药小曲时保留下来的一小部分酒药种，用量为酒药坯的 2%，为裹粉的 4%（按米粉的重量计）。

④加水量为 60%（按大米粉总用量计）左右。

(2)生产工艺

①浸米。大米加水浸泡，夏天为 2～3 h，冬天为 6 h 左右，浸后滤干备用。

②粉碎。浸米滤干后，先用石臼捣碎，再用粉碎机粉碎为米粉，取出其中 25%，用 180 目细筛筛出约 5 kg 细米粉作裹粉用。

③制坯。每批用米粉 15 kg，添加香药草粉 13%，曲母 2%，水 60%左右，混合均匀，制成饼团，然后在制饼架上压平，用刀切成约 2 cm 大小的粒状，以竹筛筛圆成酒药坯。

④裹粉。在约 5 kg 细米粉中加入 0.2 kg 曲母粉，混合均匀，作为裹粉。然后先撒小部分裹粉于簸箕中，并洒第一次水于酒药坯后，倒入簸箕中，用振动筛筛圆成型后再裹一层粉。再洒水，再裹，直到用完裹粉为止。洒水量共约 0.5 kg。裹粉完毕即为圆形的酒药坯，将之分装于小竹筛内扒平，即可入曲房培养。入曲房前酒药含水量为 46%。

⑤培曲。根据小曲中微生物的生长过程，大致可分为以下 3 个阶段进行管理。

前期：酒药坯入曲房后，室温宜保持在 28～31 ℃。培养 20 h 左右，霉菌繁殖旺盛，观察到霉菌丝倒下，酒药坯表面起白泡时，可将盖在药小曲上面的空簸箕掀开。这时的品温一般为 33～34 ℃，最高不得超过 37 ℃。

中期：24 h 后，酵母开始大量繁殖，室温应控制在 28～30 ℃，品温不得超过 35 ℃，保持 24 h。

后期：为 48 h，品温逐步下降，曲子成熟，即可出曲。

⑥出曲：曲子成熟即出房，并于烘房烘干或晒干，贮藏备用。药小曲由入房培养至成品烘干共需 5 d。

3. 麸曲制备

麸曲是以纯培养的优良曲霉菌为制曲菌种，用适合曲霉菌生长的麸皮作为制曲主要原料，因此制曲周期短，仅 2～3 d，制曲成本低。麸曲的糖化力强，用作酿醋糖化剂时出醋率高，麸曲能适用于各种酿醋原料，是食醋工业使用最多的糖化剂，但麸曲不宜长期保存，酿成的醋风味比采用传统工艺制备的曲差。

（1）工艺流程　麸曲生产工艺流程如图 7-2 所示。

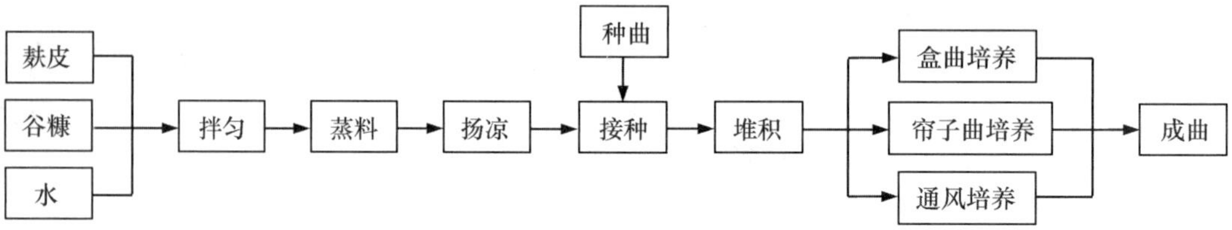

图 7-2　麸曲生产工艺流程

（2）操作要点

①盒曲制作。将麸皮 88 kg、谷糠 10 kg（也可用些酒糟、醋渣、酱渣等）、豆饼 2 kg，按麸皮质量的 70%～80%加水拌匀，使熟料水分含量在 50%～60%。过筛，润料 30～60 min 后，常压蒸料 40～50 min，98.07 kPa 加压蒸料 30 min，迅速冷却至 37～39 ℃，按曲料重量的 0.3%～0.5%接入种曲。

接种后，曲料先堆积 4～6 h，堆积初期品温为 28～30 ℃，当品温上升 1～2 ℃时，应翻拌一次，供给新鲜空气和排除二氧化碳；当曲料品温升至 35 ℃时，分装曲盒，料层厚度为 1.5～2.0 cm，然后入室培养。

培养可分为 3 个阶段：第一阶段为 15～16 h，室温为 30 ℃，干湿球差 1 ℃，品温控制在 36 ℃左右。入室初期，曲盒呈柱形排列，经 5～7 h，上部曲料品温达 35～36 ℃，倒盒一次，曲盒呈"品"字形排列。又经 6～7 h，曲料初步连成饼状，酸度稍有上升，即可扣盘。第二阶段时间为 12～14 h，该阶段要求室温为 26～27 ℃，干湿球差 0.5 ℃，品温控制在 38～39 ℃。该阶段曲霉菌菌丝生长旺盛，品温升高很快，酶活也直线上升，可采用冷水喷雾、倒盒、开天窗等措施来降温。第三阶段的室温为 25～26 ℃，干湿球差为 1～2 ℃，要求品温不超过 40 ℃，该阶段每隔 5～6 h 可倒盒一次，直至出曲。总培养时间为 36～48 h。

②帘子曲的制作。接种后的曲料置于苇帘或竹帘上，料层厚度为 2～3 cm，曲料要求装的蓬松。入室时，室温为 26～28 ℃。入室后门窗关闭，保温培养。培养约经 4 h，当品温升至 37 ℃以上时，开窗通风降温；当品温降至 37 ℃以下时，仍需关窗保温保湿。培养时要调换曲帘上下位置，调节品温一致，每小时检查一次品温，直至出曲。

③厚房机械通风制曲。由于通风制曲时品温比较稳定，生长条件好，氧气供给充足，不易污染杂菌，所以曲子糖化力高，质量好于盒曲和帘子曲。

通风制曲时，拌水量为原料重量的 58%～64%，接种量为曲料重量的 0.3%～0.5%，接种温度为 38～40 ℃，入池品温为 30 ℃左右。

曲料入池时，料层厚度为 25～30 cm。入池后先静止培养，经 5～8 h，品温升至 34～35 ℃，开始间歇通风，风温为 28～30 ℃，湿度要求较大。通风 3～4 次以后，曲霉菌生长旺盛，品温上升很快，要连续通风，风温为 25 ℃左右，湿度可稍低，使品温控制在 38 ℃左右，不得超过 40 ℃。至后期，曲霉菌生长缓慢，水分不断减少，为了有利于糖化酶的产生，品温应控制不超过 30 ℃，可间歇通入干风。总培养时间为 28～34 h。培养时间的确定应通过测定曲子糖化力达到最高峰为原则。

4. 红曲制备

将籼米用水在室温下浸渍，使米呈酸性，然后用酸米来制红曲。接种用的微生物为曲糟和优良曲母，培养过程中进行分阶段多次吃水。改良的方法是用纯种红曲霉取代曲母，用添加乳酸或醋酸的方法替代浸泡产酸。

(1)工艺流程　红曲生产工艺流程如图 7-3 所示。

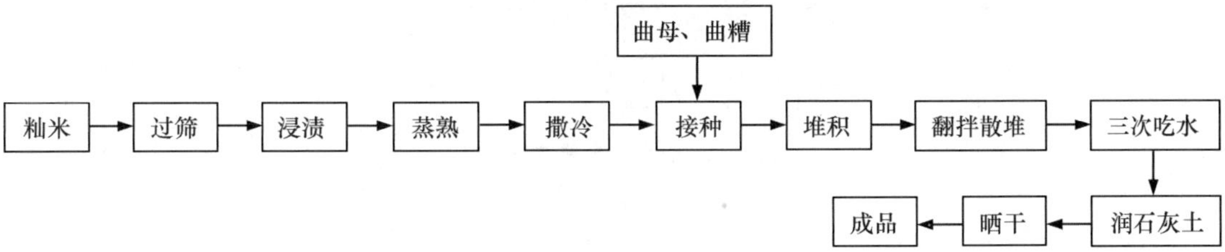

图 7-3　红曲生产工艺流程

(2)操作要点

①将精选过的籼米浸渍 4～6 h，用清水淋洗干净，蒸熟，取出撒冷。

②曲糟的制法如下：取糯米煮成泡饭状，加入红曲霉菌种，放入缸中静置培养，每天搅拌 1 次，7 d 后成为红黑色浓稠液即为曲糟。曲糟中有红曲霉和酵母菌共生。

③将红曲曲母研细后拌入曲糟内，再加入适量醋酸溶液，混合均匀后接入已撒冷至 38～40 ℃的米饭上，拌和。大约 60 kg 米饭用曲母 16 g、曲糟 1.5 kg、冰醋酸 60 g。

④接种后品温在 30～32 ℃，然后将物料堆积在曲室中，上盖干净麻袋保温，24 h 后，饭粒表面有红白色斑点出现，此时品温上升至 36～38 ℃。为使物料内外温度一致并排除废气，此时应翻拌散堆，由厚堆摊成几个薄堆，再继续培养。

⑤又经 24 h，品温上升至 48 ℃，由于水分大量被蒸发，此时开始润水，即将曲料装在箩内然后浸于清水中 2～3 min，提起沥干，接着置于曲室的曲坪上摊开，厚约 3 cm，培养 2～3 d，再以同样操作方法浸水 1 min，这种操作称为“吃水”。继续培养到曲粒全部变成红色，表示曲已成熟。

⑥将成熟的曲在稀石灰水中浸片刻后，取出沥干，再在曲坪上敞开静置培养 2 d 后出曲。

⑦将曲在 75 ℃以下烘干或晒干，在干燥环境下保存。

5. 液体曲制备

液体曲的生产过程采用液态发酵方式，将曲霉菌在发酵罐中进行深层液体通风培养，得到含有丰富酶系的培养液，这种培养液称为液体曲。培养罐采用菌丝体接种，经深层液体通风培养后，测定培养液的糖化力，待糖化力数值恒定后即可用于淀粉糖化过程。其生产过程是在机械化和无菌状态下完成的。

液体曲生产包括：无菌干燥空气的制备，培养液的调制、杀菌、冷却，曲霉孢子悬浮液的制备，曲霉菌的深层通风培养，成熟液体曲的输送、保存、使用，控制调节仪表。

(1)工艺流程　液体曲生产工艺流程如图 7-4 所示。

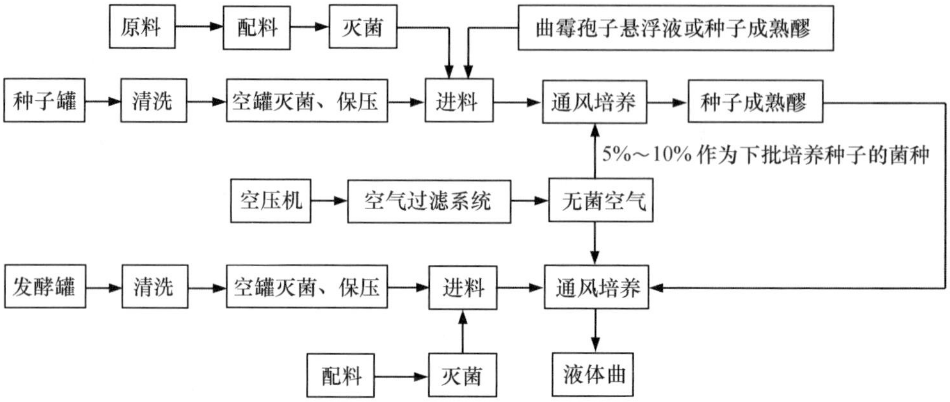

图 7-4　液体曲生产工艺流程

(2)操作方法

①将 1.2%豆饼粉、2%米糠、0.16%硫酸铵和 5.2%甘薯粉配成干物质浓度为 8.5%的培养液。

②将配制好的培养液加热至 135 ℃，再进入后熟器，在后熟器内维持 40～50 min，完成灭菌和煮料，然后将熟料通过冷却管喷淋冷却至 31～32 ℃，再进入已灭过菌的发酵罐。

③把种子成熟醪接入发酵罐后进行通风培养，制得液体曲。接种量为 5%～10%，培养温度为 30～32 ℃，培养时间为 36 h 左右。

④与固体曲相比，液体曲既可节约制曲原料，又可减少 75%制曲劳动力，但因为液体曲与麸曲一样也是使用纯培养的单一曲霉菌作为菌种，酶系种类不够丰富，因此使用液体曲酿成的醋，在风味上往往稍差。

(3)液体曲生产过程管理要求

①液体曲生产过程要求加强技术管理，严格按无菌条件操作，具体包括菌种管理和发酵过程管理。

②菌种管理要求使用贫瘠营养培养基来保藏菌种，定期分离纯化，测定菌种的糖化力，建立完善的菌株档案，避免菌种发生退化、变异及污染，保证菌种性能稳定。

③发酵过程管理要求严格加强无菌操作规范，完善配方及操作规程，要求每道工序都建立相应技术检测制度。

④种子系统要求对培养液及使用前的发酵 24 h 成熟种醪进行无菌检测，对 pH、酸度、还原糖进行检测。

⑤液体曲要对糖化力、pH、还原糖进行检查，对微生物进行镜检。此外，液体曲还会出现染菌的情况。若发生染菌的现象，可根据 pH 初步判断是否可用：若 pH 小于 4.6，可按原用曲量使用；若 pH 大于 4.7，应按降低酶活折算使用；若染菌后有硫酸或漂白粉气味则不可使用，应按废弃菌液方式处理。

二、发酵剂

（一）酒母

使糖液或糖化醪进行酒精发酵的原动力是酵母菌。含有大量强活力酵母菌的酵母培养液，在酿酒、酿醋工业中被称为酒母。除酒化酶系外，酵母菌还含有麦芽糖酶、蔗糖酶、转化酶、乳糖分解酶及脂肪酶等。因此，在自然界中，酵母菌的种类很多，有的酵母菌能发酵糖生成酒精，有的则不能；有的酵母菌生成酒精能力强，有的则弱；有的酵母菌能产生大量酯类等风味物质，有的就没有这种能力；有的酵母菌在不良环境中仍能进行发酵，有的则适应能力差。

用传统工艺酿醋，在醋生成之前酒精发酵是依靠曲中以及空气中落入物料中的酵母菌繁殖后进行的。由于依靠自然界的酵母菌，菌种会有不同，功能也各异，酿造的食醋风味好、口味醇厚，但质量就不易保持稳定，且原料出醋率低，有的每 100 kg 粮食仅出醋 0.3 kg。新的酿醋方法，由于采用优良酵母菌种，先通过纯培养方法制成酒母，再将其接入糖化醪或醅中进行酒精发酵，因此生产效率大为提高，产品质量稳定，出醋率上升。制备酒母时应选择产酒率高、发酵迅速、抗杂菌能力强、对环境适应性好、性能稳定的优良菌株。如北方地区酿醋常用 1300 酵母，上海香醋酿制使用黄酒酵母工农 501。适用于高粱原料及速酿醋生产的菌种有南阳混合酵母（1308 酵母）；适用于高粱、大米、甘薯等多种原料酿制普通食醋的有 K 字酵母；适用于淀粉质原料酿醋的有 AS2.109、AS2.399；适用于糖蜜原料的有 AS2.1189、AS2.1190。另外，为了增加食醋香气，有的厂还添加产酯能力强的产酯酵母进行混合发酵，使用的菌株有：AS2.300、AS2.338、中国食品发酵研究所的 1295 和 1312 等产酯酵母。

1. 工艺流程

酒母生产工艺流程如图 7-5 所示。

斜面试管菌 → 小三角瓶培养 → 大三角瓶培养 → 卡氏罐培养 → 酒母罐培养 → 酒母

图 7-5　酒母生产工艺流程

2. 操作要点

（1）试管菌种培养　取 5～6 °Bé 米曲汁或麦芽汁，调 pH 至 4.5 左右，加 2%琼脂制作固体培养基斜面，按无菌操作接入酵母菌，置 26～28 ℃培养 48 h。

（2）小三角瓶培养　取容量为 250 mL 的三角瓶，装入 150 mL 培养基，培养基可用 6～7 °Bé 米曲汁、麦芽汁、饴糖液（需添加 0.5%～0.6%的豆饼粉），也可用大生产中的糖化醪（pH 4.5），按无菌操作接入酵母菌 1～2 接种环，摇匀，置 28～30 ℃恒温箱培养 48 h。

（3）大三角瓶培养　大三角瓶容量为 1 000 mL，装入 500 mL 上述培养基，按无菌操作接入小三角瓶酵母 25 mL，摇匀，28～30 ℃培养 18～20 h 即可。

（4）卡氏罐培养　向卡氏罐（为锡制或不锈钢制，一般容量为 15 L）中装入培养基 5 L，培养基可用 8～9 °Bé 饴糖稀释液或大生产中的糖化液，调 pH 至 4.5 左右。培养基装入卡氏罐后，常压灭菌 1 h，迅速冷却至 25～30 ℃，在无菌条件下接入大三角瓶酵母 500 mL，摇匀，28～

30 ℃培养 10 h 左右，中间应摇罐一次。

(5)酒母罐培养　若无种子罐也可用大缸加盖代替，容量为 500 L。碎米粉、薯干粉、高粱粉等均可作为培养基的原料。现以玉米粉为例，介绍生产方法。

①适用于固态发酵工艺。玉米粉中加入麸皮 20%(以玉米粉重量计)、水 80%(以玉米粉重量计)，拌匀，蒸熟，再加 3 倍水用蒸汽冲沸，冷却至 70 ℃左右，加入麸曲 20%(以玉米粉重量计)，60～65 ℃糖化 3～5 h。

②适用于液体发酵工艺。玉米粉中加入麸皮 20%(以玉米粉重量计)，按玉米粉重量的 6 倍加水，升温至 90 ℃糊化 15 min，加 *α*-淀粉酶 0.35%，液化 10～15 min，降温至 63 ℃，按玉米粉重量的 20%加麸曲，55～60 ℃下糖化 3～4 h。酒母罐内装入培养基 450 L，品温维持在 28 ℃，接种量为 10%，培养 8～9 h 即可使用，培养期间需经常搅拌，通入空气。

(二)醋母

醋酸菌是醋酸发酵阶段的主要细菌，能够将酒精氧化为醋酸。由于醋酸菌是一种极端挑剔的微生物，它们很难在现有的培养基上生长，因此，传统的分类研究方法无法用于醋酸菌的分类。目前醋酸菌的分类研究主要基于多相分类(ployphasic taxonomy)的方法。醋酸菌是食醋的工业生产中重要的生产菌株，醋酸杆菌(*Acetobacter*)属和葡萄醋杆菌(*Gluconacetobacter*)属的醋酸菌具有较高的醋酸耐受性，其主要功能是氧化糖和酒精，生成大量的有机酸，如醋酸、柠檬酸、富马酸、乳酸、苹果酸、丙酮酸、琥珀酸等。醋酸菌属于细菌域、变形菌门、*α*-变形菌纲、红螺菌目、醋杆菌科。醋酸菌主要分类见表 7-4。

1. 醋酸菌的特性

醋酸菌具有氧化酒精生成醋酸的能力。醋酸是在酿制过程中由醋酸菌将酒精发酵转化而成的。按照醋酸菌的生理生化特性，可将醋酸杆菌分为醋酸杆菌属和葡萄糖氧化杆菌属两大类。前者在 39 ℃可以生长，增殖最适温度在 30 ℃以上，主要作用是将酒精氧化为醋酸，在缺少酒精的醋醅中，会继续把醋酸氧化成二氧化碳和水，也能微弱氧化葡萄糖为葡萄糖酸；后者能在低温下生长，增殖最适温度在 30 ℃以下，主要作用是将葡萄糖氧化为葡萄糖酸，也能微弱氧化酒精为醋酸，但不能继续把醋酸氧化为二氧化碳和水。酿醋用醋酸菌株，大多属于醋酸杆菌属，仅在传统手工酿造方法酿的醋的醋酸中发现葡萄糖氧化杆菌属的菌株。

醋酸菌的主要功能是氧化糖和酒精，生成大量的有机酸，如醋酸、柠檬酸、富马酸、乳酸、苹果酸、丙酮酸、琥珀酸等。一些醋酸菌可以将醇类氧化为糖类，如可将甘露糖醇氧化为果糖，山梨糖醇氧化为山梨糖，赤藓糖醇氧化为赤藓酮糖。*Gluconobacter* 是一类重要的工业用菌，主要用途是用 *D*-山梨糖醇生产 *L*-山梨糖，用 *D*-葡萄糖生产 *D*-葡糖酸和 5-酮-*D*-葡萄糖酸盐和 2-酮-*D*-葡萄糖酸盐，用丙三醇生产二羟基丙酮。醋酸菌是一类重要的生产菌株，主要应用于食醋的工业生产中，可用乙醇生产高浓度的醋酸。另外醋酸菌还可以用来生产纤维素。研究发现，属于 *Acetobacter* 属的醋酸菌明显要多于 *Gluconobacter* 属。

(1)菌体细胞形态　醋酸菌是两端浑圆的杆状菌，单个、成对或呈链排列，有鞭毛，无芽孢，属革兰氏阴性菌。在高温或高盐浓度或营养不足等不良培养条件下，菌体会伸长，变成线形或棒形，管状膨大等。

(2)对氧的要求　醋酸菌为好氧菌，必须供给充足的氧气才能进行正常发酵。在实施液体静置培养时，会在液面形成菌膜，但葡萄糖氧化杆菌不形成菌膜。在含有较高浓度酒精和醋酸的环境中，醋酸杆菌对缺氧非常敏感，中断供氧会造成菌体死亡。

表 7-4　主要醋酸菌分类

属	种
醋酸杆菌属(*Acetobacter*)	醋化醋杆菌(*Acetobacter aceti*)
	Acetobacter cerevisiae
	Acetobacter cibinongensis
	Acetobacter estunensis
	Acetobacter indonesiensis
	罗旺醋杆菌(*Acetobacter lovaniensis*)
	Acetobacter malorum
	Acetobacter nitrogenifigens
	Acetobacter oeni
	东方醋酸杆菌(*Acetobacter orientalis*)
	Acetobacter orleanensis
	巴氏醋酸杆菌(*Acetobacter pasteurianus*)
	过氧化醋杆菌(*Acetobacter peroxydans*)
	Acetobacter pomorum
	Acetobacter syzygii
	热带醋酸杆菌(*Acetobacter tropicalis*)
酸单胞菌属(*Acidomonas*)	甲醇酸单胞菌(*Acidomonas methanolica*)
Ameyamaea	*Ameyamaea chiangmaiensis*
Asaia	*Asaia bogorensis*
	Asaia krungthrpensis
	Asaia lannensis
	Asaia siamensis
	Asaia spathodeae
Kozakia	*Kozakia baliensis*
Tanticharoenia	*Tanticharoenia sakaeratensis*
Swaminathania	*Swaminathania salitolerans*
Saccharibacter	*Saccharibacter floricola*

属	种
葡糖酸醋杆菌(*Gluconacetobacter*)	偶氮硫辛酸葡糖醋杆菌(*Gluconacetobacter azotocaptans*)
	固氮葡萄糖酸杆菌(*Gluconacetobacter diazotrophicus*)
	Gluconacetobacter entanii
	欧罗巴葡糖酸醋杆菌(*Gluconacetobacter europaeus*)
	汉逊氏葡糖酸醋杆菌(*Gluconacetobacter hansenii*)
	中间葡糖酸醋杆菌(*Gluconacetobacter intermedius*)
	Gluconacetobacter johannae
	液化葡糖酸醋杆菌(*Gluconacetobacter liquefaciens*)
	Gluconacetobacter nataicola
	Gluconacetobacter oboediens
	雷提库斯葡糖醋杆菌(*Gluconacetobacter rhaeticus*)
	Gluconacetobacter sacchari
	Gluconacetobacter saccharivorans
	(*Gluconacetobacter swingsii*)
	木葡萄酸醋杆菌(*Gluconacetobacter xylinus*)
葡糖杆菌属(*Gluconobacter*)	*Gluconobacter albidus*
	蜡状葡糖杆菌(*Gluconobacter cerinus*)
	弗托氏葡糖杆菌(*Gluconobacter frateurii*)
	日本葡萄糖杆菌(*Gluconobacter japonicus*)
	Gluconobacter kondonii
	氧化葡萄糖酸杆菌(*Gluconobacter oxydans*)
	玫瑰葡糖杆菌(*Gluconobacter roseus*)
	球形葡糖杆菌(*Gluconobacter sphaericus*)
	泰国葡萄糖酸杆菌(*Gluconobacter thailandicus*)
	Gluconobacter wancherniae
Granulibacter	*Granulibacter bethesdensis*
Neoasaia	*Neoasaia chiangmaiensis*

(3)对环境的要求　醋酸菌生长繁殖的适宜温度为28～33 ℃，醋酸菌不耐热，在60 ℃下经10 min即死亡。醋酸菌生长的最适pH为3.5～6.5，一般的醋酸菌在醋酸含量达1.5%～2.5%的环境中，生长繁殖就会停止，但有些菌株能耐受醋酸含量达7%～9%。醋酸菌对酒精的耐受力颇高，酒精浓度可达到5%～12%，但对食盐的耐受力很差，当食盐浓度超过1.0%～1.5%时就停止活动。在生产中当醋酸发酵完毕就要添加食盐，其目的除调节食醋滋味外，也是防止醋酸菌继续作用，将醋酸氧化为二氧化碳和水的有效措施。

(4)对营养的要求　醋酸菌的最适碳源是葡萄糖、果糖等六碳糖，其次是蔗糖和麦芽糖等。醋酸菌不能直接利用淀粉等多糖类。酒精也是很适宜的碳源，有些醋酸菌还能以甘油、甘露醇等多元醇为碳源。作为醋酸菌的氮源包括蛋白质水解产物、尿素、硫酸铵等。醋酸菌必需的矿物质有磷、钾、镁3种元素。由于酿制食醋的原料一般是粮食，即使是使用代用原料，其淀粉、蛋白质、矿物质的含量也很丰富，营养成分已能满足醋酸菌的需要，除少数酿醋工艺外，一般不再需要另外添加氮源、矿物质等营养物质。

(5)酶系特征　醋酸菌有相当强的乙醇脱氢酶、乙醛脱氢酶等氧化酶系活力，因此除能氧化酒精生成醋酸外，还能氧化其他醇类和糖类，生成相应的酸、酮等物质，例如丁酸、葡萄糖酸、葡萄糖酮酸、木糖酸、阿拉伯糖酸、丙酮酸、琥珀酸、乳酸等有机酸，以及氧化甘油生成二酮、氧化甘露醇生成果糖等。醋酸菌也有生成酯类的能力，接入产生芳香酯多的菌种发酵，可以使食醋的香味倍增。上述物质的存在对形成食醋的风味有重要作用。

(6)醋酸菌的分类鉴定　醋酸菌的分类主要采用16S rRNA基因序列分析，由于某些属的醋酸菌其16S rRNA相似性较高，很难在种水平或属水平上进行区分。研究发现，16S-23S rRNA基因内在转录间隔区(internal transcribed spacer，ITS)序列更合适于醋酸菌的分类研究，采用16S-23S rRNA ITS区序列的多相分类技术不仅可作为醋酸菌筛选鉴定的最佳方法，而且将有利于醋酸菌在种水平或属水平上的区分。近年来，技术的快速发展也出现了一些快速检测醋酸菌的技术，如基质辅助激光解吸电离飞行时间质谱(matrix-assisted laser desorption ionization time-of-flight mass spectrometry，MALDI-TOF MS)、实时定量PCR、$(GTG)_5$-rep-PCR等，有利于进一步在工业中的应用。

醋酸菌具有乙醇脱氢酶和乙醛脱氢酶，在醋酸影响下，*Acetobacter*属的乙醇脱氢酶活性要比*Gluconobacter*属的更稳定，这也是*Acetobacter*属能够生产大量醋酸的原因。有研究认为醋酸菌的醋酸耐受性与菌膜多糖的形成有关，醋酸耐受机制与细胞膜脂的成分有关。

2. 常用的醋酸菌

(1)AS1.41醋酸菌　它属于恶臭醋酸杆菌，是我国酿醋常用菌株之一。该菌细胞呈杆状，常呈链状排列，单个细胞大小为(0.3～0.4)μm×(1～2) μm，无运动性，无芽孢。在不良条件下，细胞会伸长，变成线形或棒形，管状膨大。平板培养时菌落隆起，表面平滑，菌落呈灰白色；液体培养时则形成菌膜。该菌生长适宜温度为28～30 ℃，生成醋酸的最适温度为28～33 ℃，最适pH为3.5～6.0，耐受酒精浓度8%；最高产醋酸7%～9%，产葡萄糖酸能力弱；能氧化分解醋酸为二氧化碳和水。

(2)沪酿1.01醋酸菌　它是从丹东速酿醋中分离得到的，是我国食醋工厂常用菌种之一。该菌细胞呈杆形，常呈链状排列，菌体无运动性，不形成芽孢。在含酒精的培养液中，常在表面生长，形成淡青灰色薄层菌膜。在不良条件下，细胞会伸长，变成线形或棒形，有的呈膨大状、分支状。该菌由酒精产醋酸的转化率平均达到93%～95%。

(3)恶臭醋酸杆菌(*A. rancens*)　它是我国醋厂使用的菌种之一。该菌在液面处形成菌膜,并沿容器壁上升,菌膜下液体不浑浊。一般能产酸6%～8%,有的菌株副产2%葡萄糖酸,能把醋酸进一步氧化为二氧化碳和水。

(4)攀膜醋酸杆菌(*A. ascendens*)　它是葡萄酒、葡萄醋酿造中的有害菌,在醋醅中常能被分离出来。该菌最适生长温度为31 ℃,最高生长温度为44 ℃,在液面处形成易破碎的菌膜,菌膜沿容器壁上升得很高,菌膜下液体很浑浊。

(5)胶膜醋酸杆菌(*A. xylinus*)　它是一种特殊的醋酸菌,若在酿酒醪液中繁殖,会引起酒酸败、变黏。该菌生成醋酸的能力弱,又会氧化分解醋酸,因此是酿醋的有害菌。在液面上,胶膜醋酸杆菌会形成一层皮革状类似纤维素样的厚膜。

(6)奥尔兰醋酸杆菌(*A. orleanense*)　它是法国奥尔兰地区用葡萄酒生产醋的主要菌种。该菌最适生长温度为30 ℃,能产生少量的酯,产醋酸的能力弱,能由葡萄糖产5.3%葡萄糖酸,耐酸能力较强。

(7)许氏醋酸杆菌(*A. schutzenbachii*)　它是国外有名的速酿醋菌种,也是目前制醋工业较重要的菌种之一。该菌在液体中培养的最适生长温度为25～27.5 ℃,在固体中培养的最适生长温度为28～30 ℃,最高生长温度为37 ℃。该菌产酸高达11.5%,对醋酸没有进一步的氧化作用。

3. 醋酸菌制备

传统方法制醋,是依靠野生醋酸菌自然进入醋醅进行醋酸发酵的,因此生产周期长、出醋率低。现在多使用人工选育的优良醋酸菌,通过扩大培养得到醋酸菌种子(醋母),再将其接入醋醪或醋醅中进行醋酸发酵,使生产效率大大提高。

(1)菌种的选择　醋酸菌能氧化酒精为醋酸,但不同的醋酸菌氧化能力不同,产生风味物质的多少也有很大差别,所以选择菌种很重要。AS1.41醋酸菌和沪酿1.01醋酸菌是常用的酿醋优良菌株。

(2)醋酸菌的培养及保藏

①试管斜面培养基。以下两种培养基中任选一种,不必调节pH,制成试管斜面备用。

a. 酒精含量为6%的酒液100 mL,葡萄糖0.3 g,酵母膏1 g,琼脂2.5 g,碳酸钙1.5 g,水100 mL。

b. 酒精2 mL,葡萄糖1 g,酵母膏1 g,琼脂2.5 g,碳酸钙1.5 g,水100 mL。

②培养方法。斜面接种醋酸菌后,置于30～32 ℃培养箱中培养48 h。

③保藏。醋酸菌易被自己所产生的酸杀死,特别是能产酯的菌种在室温下十几天就死亡,因此斜面菌种宜保藏在4 ℃冰箱中,此外,在培养基中加入碳酸钙可以中和醋酸菌产生的酸,有利于保藏时间延长。

(3)醋酸菌固态法扩大培养　先将纯种醋酸菌经三角瓶扩大培养后,得到的种子液接到醋醅上,利用自然通风和醋汁回浇的方法进行固态扩大培养。用固态法培养的醋酸菌,因为不是在严格的无菌条件下培养,所以纯度不高,但已能适用于除液体深层发酵制醋外的各种食醋的酿造。

①大三角瓶纯种扩大培养。在1 000 mL三角瓶中装入含酵母膏1%和葡萄糖0.3%的培养液100 mL,加棉塞,在98 kPa蒸汽压下灭菌30 min。冷却后,在无菌室内往培养液中加入4%酒精,然后接入醋酸菌斜面种子,摇匀后于30 ℃下静置培养5～7 d。当培养基液面上出现

菌膜,有醋酸味,即培养成熟。如用振荡培养,三角瓶的装液量可增加到 150 mL,培养时间可缩短到 24 h。

②固态育种。取生产上配制的新鲜醋醅,置于设有假底、下面开洞加塞的大缸中,接入经三角瓶培养成熟的纯醋酸菌种子液,接种量为原料的 2%～3%,拌和均匀。培养 1～2 d 后,由于醋酸菌繁殖,品温升高,此时采用回浇法降温,即将缸底醋汁放出回浇在醋醅上,控制品温不高于 38 ℃,继续培养。经过 4～5 d 培养,当醋汁酸度达到 4 g/100 mL 时,说明醋酸菌已大量繁殖,即可将该醋醅作为醋酸菌种子应用于生产中。

(4)醋酸菌种子液态培养　在种子罐中经液态培养的醋酸菌种子液,一般用于液体深层发酵法制醋。种子罐用不锈钢罐或陶瓷耐酸罐。

①一级种子培养。按葡萄糖 1%、酵母膏 1%、碳酸钙 1.5%、酒精 2%的比例配制种子液培养基。在 1 000 mL 三角瓶中装入培养液 150 mL,于 98 kPa 蒸汽压下灭菌 30 min。冷却后,在无菌条件下加入 2%酒精,接入醋酸菌斜面种子,在 32～34 ℃下振荡培养 24 h。

②二级种子培养。培养方法与一级种子的培养方法相同,但装液量改为 250 mL,接入一级种子的量为 10%(体积分数),在 32～34 ℃下振荡培养 16 h。

③三级种子培养。将 8.5 °Bé 水解糖液泵入 50 L 种子罐中,装液量为 35 L。100 ℃灭菌 10 min,待降温至 32 ℃左右时,接入 10%(体积分数)酵母培养液,于 30 ℃下静置培养 30 h,当酒精含量达到 4%～6%时即可。然后接入醋酸菌二级种子液 10%。培养条件为:通风比为 1∶0.3,搅拌速度为 360 r/min,罐压为 30 kPa,培养温度为 32～34 ℃,时间为 12～16 h。培养终点为培养液的醋酸含量达到 2 g/100 mL,否则可适当延长或缩短培养时间。

④四级种子培养。将 8.5 °Bé 水解糖液泵入 500 L 种子罐中,装液量为 350 L。培养基的制备与三级种子的相同。接入醋酸菌三级种子液 10%(体积分数),培养时,通风比为 1∶0.25,其余条件与三级种子的培养相同。四级种子用于液体深层发酵法制醋。

4. 醋酸菌固定化细胞法

固定化细胞法在传统和现代发酵工业中已经逐渐被开发和利用,研究人员已经开发出多种醋酸菌的固定化细胞材料,如用水合氧化钛或钛纤维素螯合物固定醋酸菌细胞,用瓷料块作为固定化载体让醋酸菌附着在瓷块上,用卡拉胶等具有良好渗透性的凝胶包埋醋酸菌等。将醋酸菌固定化细胞应用于生物反应器中,可实现连续的醋酸发酵。

(三)其他微生物

乳酸菌、芽孢杆菌等微生物对食醋的风味也有着一定的影响。乳酸菌是一类重要的益生菌,它所产生的乳酸是食醋中含量最多的不挥发酸。食醋中的乳酸菌主要属于乳杆菌属。芽孢杆菌属(*Bacillus*)是一类好氧菌,在醋酸发酵过程中可以产生一些有机酸,改善食醋中由醋酸造成的刺激的酸味,使口感变得柔和。另外,芽孢杆菌可以将蛋白质水解成氨基酸,它们对食醋的风味和颜色起着重要的作用。一些功能微生物的添加可以提高食醋的风味,研究人员研究了添加乳酸菌对浙江玫瑰醋风味的影响,发现在酒精发酵阶段采用植物乳杆菌和酿酒酵母混合发酵可以极大提高乳酸的含量,改善玫瑰醋的风味。

目前,国内外科研人员采用免培养的分子生物学和分子生态学技术在传统食醋酿造功能微生物的研究方面开展了大量工作,发现了大量新的功能微生物。根据目前已报道的文献,不同品种食醋不同发酵阶段的主要微生物种类如表 7-5 所示。

表 7-5 不同品种食醋发酵过程中的主要微生物

食醋品种	不同发酵阶段的主要微生物		
	糖化	酒精发酵	醋酸发酵
果醋		酒香酵母属（*Brettanomyces* sp.） 假丝酵母（*Candida* sp.） 德克酵母属（*Dekkera* sp.） 葡萄有孢汉逊酵母菌（*Hanseniaspora uvarum*） 克勒克酵母（*Kloeckera* sp.） 柠檬形克氏酵母（*Kloeckera apiculata*） 美极梅奇酵母菌（*Metschnikowia pulcherrima*） 毕赤酵母（*Pichia* sp.） *Saccharomyces bayanus* 酿酒酵母（*Saccharomyces cerevisiae*） 葡萄汁酵母（*Saccharomyces uvarum*）	*Acetobactero boediens* 巴氏醋酸杆菌（*Acetobacter pasteurianus*） *Acetobacter pomorum* 欧罗巴葡糖酸醋杆菌（*Gluconacetobacter europaeus*） 汉逊氏葡糖酸醋杆菌（*Gluconacetobacter hansenii*） 木葡萄酸醋杆菌（*Gluconacetobacter xylinus*） 乳杆菌属（*Lactobacillus* sp.） 明串珠菌属（*Leuconostoc* sp.） 酒球菌属（*Oenococcus* sp.） 片球菌属（*Pediococcus* sp.）
韩国食醋	*Aspergullus* sp.	*Saccharomyces* sp. 类酵母属（*Saccharomycodes* sp.）	醋酸杆菌属（*Acetobacter* sp.）
麦芽醋		酿酒酵母（*Saccharomyces cerevisiae*）	醋酸杆菌属（*Acetobacter* sp.）
日本米醋	*Aspergillus oryzae*	酿酒酵母（*Saccharomyces cerevisiae*）	巴氏醋酸杆菌（*Acetobacter pasteurianus*） 耐酸乳杆菌（*Lactobacillus acetotolerans*） 发酵乳杆菌（*Lactobacillus fermentum*） 乳酸乳杆菌（*Lactobacillus lactis*） 乳酸片球菌（*Pediococcus acidilactici*）
山西老陈醋	*Aspergillus* sp. *Absidia* sp. *Mucor* sp. *Monascus* sp. *Rhizopus*sp.	*Candida berkhout* *Hansenula anomala* *Breffanomyces* sp. *Dekkera* sp. *Kluveromyces* sp. *Oosporium* sp. *Pichia* sp. 酿酒酵母（*Saccharomyces cerevisiae*）	醋化醋杆菌（*Acetobacter aceti*） 巴氏醋酸杆菌（*Acetobacter pasteurianus*） *Gluconacetobacter intermedius* 木葡萄酸醋杆菌（*Gluconacetobacter xylinus*） 耐酸乳杆菌（*Lactobacillus acetotolerans*） 发酵乳杆菌（*Lactobacillus fermentum*） 植物乳杆菌（*Lactobacillus plantarum*） 乳酸片球菌（*Pediococcus acidilactici*）
意大利传统香脂醋		凝结假丝酵母（*Candida lactis-condensi*） *Candida stellata*、*Hanseniaspora osmophila* 法尔皮有孢汉逊酵母（*Hanseniaspora valbyensis*） 酿酒酵母（*Saccharomyces cerevisiae*） 路德类酵母（*Saccharomycodes ludwigii*）	醋化醋杆菌（*Acetobacter aceti*） 欧罗巴葡糖酸醋杆菌（*Gluconacetobacter europaeus*） *Gluconacetobacter oboediens* sp. *nov*. *Gluconacetobacter pomorum* sp. *nov*.

续表 7-5

食醋品种	不同发酵阶段的主要微生物		
	糖化	酒精发酵	醋酸发酵
意大利传统香脂醋		拜耳接合酵母(*Zygosaccharomyces bailii*) *Zygosaccharomyces bisporus* *Zygosaccharomyces lentus* 蜂蜜接合酵母(*Zygosaccharomyces mellis*) *Zygosaccharomyces pseudorouxii* 鲁氏酵母(*Zygosaccharomyces rouxii*)	
浙江玫瑰醋	曲霉属(*Aspergillus* sp.) 黄曲霉(*Aspergillus flavus*) 镰刀菌属(*Fusarium* sp.) 毛霉菌(*Mucor* sp.) 红曲霉(*Monascus* sp.) 青霉属(*Penicillium* sp.) *Penicillium islandicum Sopp* *Penicillium raistrickii G. Sm.* 根霉属(*Rhizopus* sp.)	双倒卵形红冬孢酵母(*Rhodosporidium diobovatum*) 黏红酵母(*Rhodotorula glutinis*) 马克斯克鲁维酵母菌(*Kluyveromyces marxianus*) 布拉氏酵母菌(*Saccharomyces boulardii*)	巴氏醋酸杆菌(*Acetobacter pasteurianus*) 氧化葡萄糖酸杆菌(*Gluconobaeter oxydans*) 嗜乳酸杆菌(*Lactobacillus acidophilus*) 干酪乳杆菌(*Lactobacillus casei*) 罗伊氏乳杆菌(*Lactobacillus reuteri*) 德氏乳杆菌保加利亚种(*Lactobacillus delbrueckii* subsp. *bulgaricus*) 肠膜明串珠菌肠膜亚种(*Leuconostoc mesenteroides* subsp. *mesenteroides*)
镇江香醋	曲霉属(*Aspergillus* sp.)	皱落念珠菌(*Candida rugosa*) *Saccharomyces bayanus* *Saccharomyces cariocanus* 酿酒酵母(*Saccharomyces cerevisiae*) *Saccharomyces paradoxus*	巴氏醋酸杆菌(*Acetobacter pasteurianus*) *Acetobacter pomorum* 鲁氏芽孢杆菌(*Bacillus ruris*) 肠杆菌属(*Enterobacter* sp.) 黄杆菌属(*Flavobacterium* sp.) *Gluconacetobacter intermedius* 耐酸乳杆菌(*Lactobacillus acetotolerans*) 干酪乳杆菌(*Lactobacillus casei*) 卷曲乳杆菌(*Lactobacillus crispatus*) *Lactobacillus gallinarum* 面包乳杆菌(*Lactobacillus panis*) *Lactobacillus pontis* 中华根瘤菌(*Sinorhizobium* sp.) *Staphylococcus gallinarum* 克氏葡萄球菌(*Staphylococcus kloosii*) 类芽孢杆菌(*Paenibacillus* sp.) 青紫葛假单胞菌(*Pseudomonas cissicola*) 膝形假单胞菌(*Pseudomonas geniculata*)

传统食醋酿造过程中微生物群落结构复杂，大部分未知微生物有着重要的代谢功能。虽然目前已经有大量基于分子生物学的技术应用到食醋酿造机制的研究中，但是，食醋酿造过程中微生物群落结构的变化、优势菌的鉴定及其功能研究仍是一大难题。随着分子生物学、宏基因组学、系统生物学等研究方法的交叉应用，食醋的传统酿造机制终将被揭示。基于基因分析的微生物多样性和功能研究是目前传统发酵食品研究领域的主要趋势。

第四节　食醋生产工艺

食醋的生产过程主要包括淀粉糖化、酒精发酵和醋酸发酵过程，不同地区的食醋生产还包括独特的工序，如熏醅、煎醋、陈酿等。我国劳动人民在 3 000 多年的食醋生产历史中，发明了多种食醋生产方法，其中固态醋酸发酵工艺一直流传至今，仍被大多数醋厂采用。山西老陈醋、镇江香醋、四川保宁醋、福建红曲醋、天津独流老醋等均采用固态醋酸发酵工艺，这是我国独有的食醋传统酿造工艺。固态醋酸发酵工艺一般使用缸（瓮）、不锈钢槽或水泥发酵池（发酵池内镶砌耐酸瓷砖）进行醋酸发酵。

传统固态醋酸发酵工艺特点：①边糖化边发酵，即淀粉糖化、酒精发酵和醋酸发酵同时在醋醅中进行。淀粉原料经蒸煮糊化后，拌入麸皮、稻壳，加入曲，调节发酵料水分约为 50%，整个发酵过程由微生物自发富集。②通过人工翻醅的方式，实现醋酸中氧气和温度的控制。翻醅也称倒醅，是最为原始的方法，工人使用木（铁）锹每日翻动醋醅，也可用双手来翻动醋醅，目的是增加醋醅中氧气含量和降温。这种方式劳动强度大，食醋产量低，对工人的经验要求高。

现代固态醋酸发酵工艺对发酵过程进行了改良，其特点是：①将淀粉糖化、酒精发酵和醋酸发酵阶段分开进行，特别是为了缩短糖化时间，在液态条件下加入曲和淀粉糖化酶，添加商业化的酿酒酵母加快酒精发酵。②酒精发酵结束后，再往酒醪中拌入麸皮、砻糠等辅料，进行固态醋酸发酵。③在醋酸发酵过程，一般不额外添加醋酸菌，仍采用自然发酵的方式，也有一些厂家为了加快醋酸发酵，将上一批次醋酸发酵结束时的醋醅作为“种子”，加到新开始发酵的醋醅中，一些生产山西老陈醋的厂家把这个过程称为“接火”。④随着现代酿造工艺装备的进步，采用机械翻醅方式来替代人工翻醅，提升了工作效率，大大提高了食醋产量。⑤浇淋法是食醋固态醋酸发酵供氧和降温的另一种方式。这种方式需要专用的食醋浇淋发酵装置，易于实现自动化操作，醋酸发酵速度快，生产周期短，产量高，目前被较多生产厂家采用。

一、我国传统食醋固态醋酸发酵工艺

（一）山西老陈醋

山西老陈醋是我国著名传统食醋之一，是我国北方传统食醋中最为著名和最具代表性的食醋产品，已有 3 000 多年的历史，其酿制技艺被评为国家非物质文化遗产，具有色、香、醇、浓、酸五大特征。《地理标志产品　山西老陈醋》（GB/T 19777—2013）中规定，山西老陈醋的主要生产原料是高粱和麸皮，辅料是谷壳、稻壳等，加入糖化发酵剂大曲后，先后经历酒精发酵、固态醋酸发酵、熏醅、陈酿等工艺。传统的山西老陈醋酿造工艺还需要在缸或池中经历夏伏晒、冬捞冰以及 12 个月以上的陈酿。山西老陈醋的生产工艺特点可以归纳为蒸、酵、熏、淋、

陈 5 个字，其独特的生产工艺赋予了老陈醋酸、甜、香、绵等口感。

1. 工艺流程

山西老陈醋生产工艺流程见图 7-6。

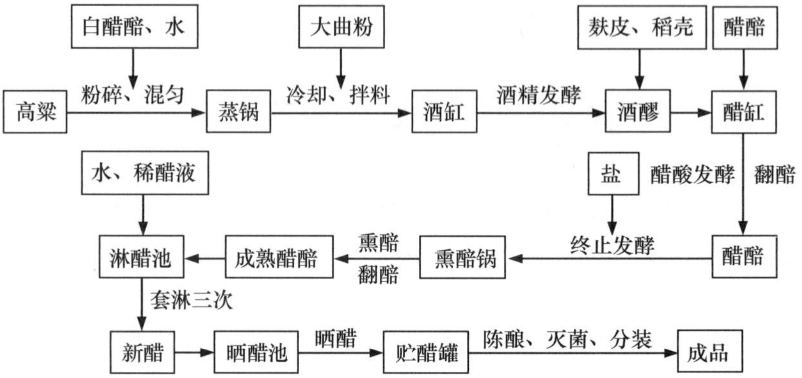

图 7-6 山西老陈醋生产工艺流程

2. 酿造工艺

山西老陈醋的酿造工艺主要包括以下内容。

蒸：将酿醋原料高粱、豌豆、大麦麸皮、谷糠和大曲粉碎后，加入辅料谷糠并洒水，放入蒸锅蒸煮。

酵：将蒸熟的原料放入陶瓷大缸中，按照一定比例和温度发酵。先进行敞口酒精发酵 3 d，然后用石板、布袋密封，厌氧发酵 18 d。

醋酸发酵：将出缸后的酒醪拌入麸皮、谷糠、稻壳等辅料形成的醋醅，再次入缸进行醋酸发酵。醋酸发酵过程中需每天翻缸。

熏：将成熟醋醅装入熏缸，采用火炕熏、瓷盆盖、木锹翻的方式，经过 6 d 的倒缸，使山西老陈醋的酯香、熏香、陈香有机结合，可大大增加山西老陈醋的醇厚香气。

淋：用煮沸的水将醋醅中的醋酸及有益成分过滤出来。将第三次浸泡醋醅后的水混合加入新醋醅的第一次或第二次淋醋过程，即为套淋，可以最大程度地保留醋醅中的营养成分。

3. 操作要点

(1)原料处理　将高粱粉碎为 6～8 瓣后，加入温水，煮料 1.5～2 h 后，每 100 kg 高粱加入 62.5 kg 大曲粉混匀。

(2)酒精发酵　将上述原料放入酒缸(高约 1.5 m)，进行稀醪酒精发酵，前 4 d 敞口发酵，后 8 d 封口发酵，共 12 d。发酵车间利用空调保持温度为 18 ℃，入缸初始温度为 20～25 ℃，第 4 天最高温度可达 30 ℃。发酵终止酒精度约为 8.9°(体积分数)，酸度约为 1 g/100 mL。

(3)醋酸发酵　将酒醪中加入麸皮，混匀制成醋醅，每 100 kg 高粱原料加 50 kg 麸皮初始酒精度约为 4%(体积分数)；将醋醅分装至醋缸(高约 0.5 m)，同时按 10%的比例接入上一批第 2 天的醋醅(接火)，缸口上盖草垫，室温发酵，每天翻醅一次(倒缸)。发酵至第 2 天醅温约为 40 ℃，第 4 天温度最高，约为 45 ℃，第 6 天酒精基本耗尽，第 8 天温度降至 35 ℃，酸度约为 5.6 g/100 mL。第 9 天，按高粱质量的 5%加入食盐终止发酵(灭火)，防止醋酸过氧化(如醋酸发酵效果较好，温度自然降低，则不用加盐）。发酵结束时酸度约为 6 g/100 mL。

(4)熏醅　醋酸发酵结束将醋醅置于熏醅缸，温度为 85～90 ℃，每天翻醅，共 5 d。

(5)淋醋　采用套淋工艺，每批醋醅套淋三次。将上一批淡醋液（第二次套淋液）混合后，加热至沸腾，按 0.5 kg 高粱 4.5 kg 水的比例浸泡醋醅 6～8 h，自然控干，所得醋液进行后续晒醋工艺，剩余醋醅进行第二次淋醋，第二次淋醋所得淡醋液用于下一批淋醋，以此类推。

(6)晒醋　将新醋液置于大棚醋池中日晒 3 个月。晒醋过程可使醋液体积减少 20%～30%，变得色浓而体重。一般每 0.5 kg 高粱得到 4 kg 新醋液，晒后剩下 2 kg 左右，酸度可达 4.5 g/100 mL。流传的传统做法中每 1 kg 高粱得到 4 kg 新醋，晒后剩下 0.6 kg 左右，酸度达 9 g/100 mL。

(7)陈醋　打入贮醋罐进行陈酿。

(8)灭菌　97 ℃湿热灭菌 25 min。

(二)清徐陈醋

清徐陈醋的主要产区集中在山西省太原市的清徐县，目前市场上比较有名的品牌有紫林、美锦、东湖、水塔等，不同品牌的食醋生产企业除了保留了传统的生产工艺之外，也在不断地研发和改进制醋工艺。

1. 工艺流程

紫林陈醋生产工艺流程是基于传统的固态发酵工艺，改用纯种制备的麸曲加速原料淀粉的糖化，其生产工艺流程见图 7-7。

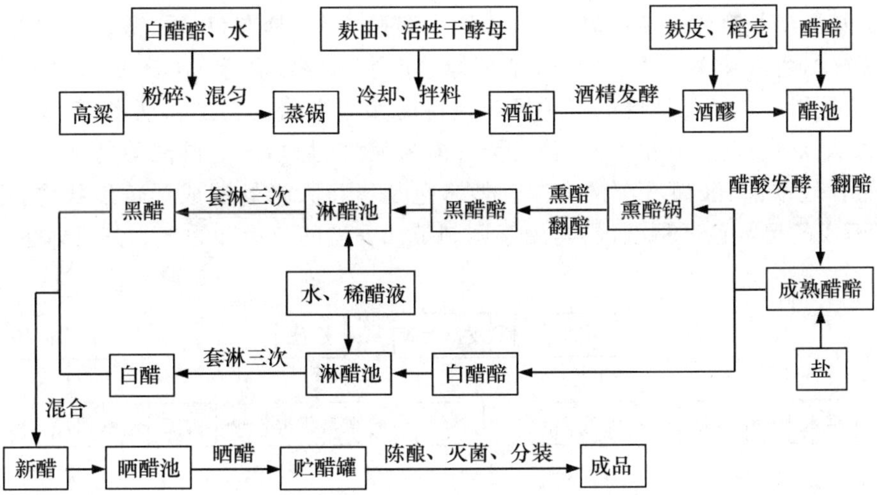

图 7-7　紫林清徐陈醋生产工艺流程

2. 操作要点

(1)原料处理　将高粱粉碎为粉末状（约 80 目），加入麸皮并与上一批白醋醪拌料，高粱、麸皮、醋醅质量比为 1∶1∶3，加入温水蒸料 1.5～2 h 后，通风降温，加入麸曲和活性干酵母混匀。麸曲以麸皮为原料，曲池底部通风制曲，接种黑曲霉 AS3.4309。

(2)酒精发酵　将上述原料置于地缸(深约 2 m),室温下密闭进行固态酒精发酵,入缸温度约 30 ℃,最高可达 35 ℃,全过程共 7 d。

(3)醋酸发酵　将酒醪置于醋池(高约 1.2 m),同时按 10%的比例接入上一批发酵第 2 天的醋醅,上方盖上草席室温发酵,每天翻醅一次,共 13 d。发酵第 2 天醅温约 40 ℃,第 5 天温度最高可达 50 ℃,第 9 天酒精基本耗尽,第 11 天温度降至 35 ℃。第 13 天,按主料质量的 5%加入食盐终止发酵,防止醋酸过氧化(如醋酸发酵效果较好,温度自然降低,则不用加盐)。发酵结束酸度约为 4.5 g/100 mL。

(4)熏醅　取一半的成熟醋醅置于熏醅缸,温度为 85～90 ℃,每天翻醅,共 5 d,得黑醋醅(淋出黑醋),另一半为白醋醅(淋出白醋)。

(5)淋醋　采用套淋工艺,每批醋醅套淋三次。将上一批淡醋液(第二次套淋液)混合后,加热至沸腾,按 0.5 kg 高粱 4.5 kg 水的比例浸泡醋醅 6～8 h,自然控干,所得醋液进行后续晒醋工艺,剩余醋醅进行第二次淋醋,第二次淋醋所得淡醋液用于下一批淋醋,以此类推。将淋出的黑醋和白醋按 1∶1 比例混合,酸度约为 5 g/100 mL。白醋醅用于前期拌料,洗后的黑醋醅可作为动物饲料(如牛)。

(6)晒醋　将新醋液置于大棚醋池中日晒 3 个月。晒醋过程可使醋液体积减少 20%～30%,变得色浓而体重。

(7)陈醋　打入贮醋罐进行陈酿。

(8)灭菌　97 ℃灭菌 25 min 后灌装。

(三)镇江香醋

镇江香醋是江苏镇江的传统名产,属于四大名醋之一,具有色、香、酸、醇、浓的特点,酸而不涩,香而微甜,色浓味鲜。国家标准《地理标志产品　镇江香醋》(GB/T 18623—2011)中规定,镇江香醋是指产自镇江地区的一种风味独特的酿造米醋。它是以糯米、麸皮、大糠为主要原料,采用传统复式糖化、酒精发酵、固态分层醋酸发酵、加炒米色淋醋等特殊工艺制作,再经陈酿而成的香气浓郁、酸而不涩的食醋。炒米色是指将大米炒制成黑色焦状物,适时溶于热水,再煮制而成的黑褐色微稠状液体,用于调制镇江香醋的色泽和香气。其具体生产工艺流程见图 7-8。

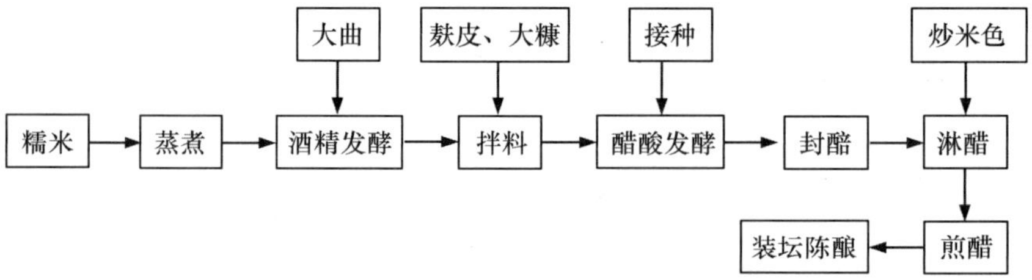

图 7-8　镇江香醋生产工艺流程

(四)四川麸醋

四川麸醋以麦麸为主要原料,采用药曲为糖化发酵剂,糖化、酒精发酵、醋酸发酵同池进行发酵生产,并加以 9 次翻醅的独特工艺酿制而成。其成品色泽黑褐、味道幽香、酸味柔和、体态澄清,无浑浊,久储而不腐。四川麸醋的主要产地为四川阆中,也称四川保宁醋,是我国麸醋的代表。其生产工艺流程见图 7-9。

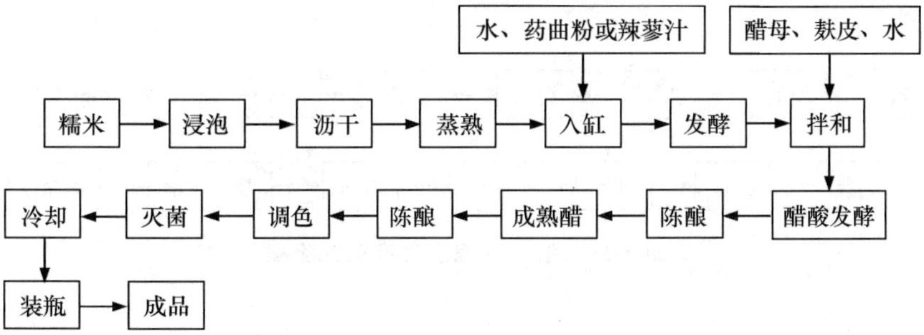

图 7-9　四川麸醋生产工艺流程

(五)福建永春红曲醋

福建永春红曲醋,又称永春老醋或乌醋,是福建省泉州市永春县特产,也是中国国家地理标志产品,被称为中国四大名醋之一。永春红曲醋以优质糯米、红曲和芝麻为主要原料,采用传统液态发酵工艺,加以独特生产配方陈酿多年而成。其色泽棕黑、浓酸不涩、醇香浓郁。其生产工艺流程见图 7-10。

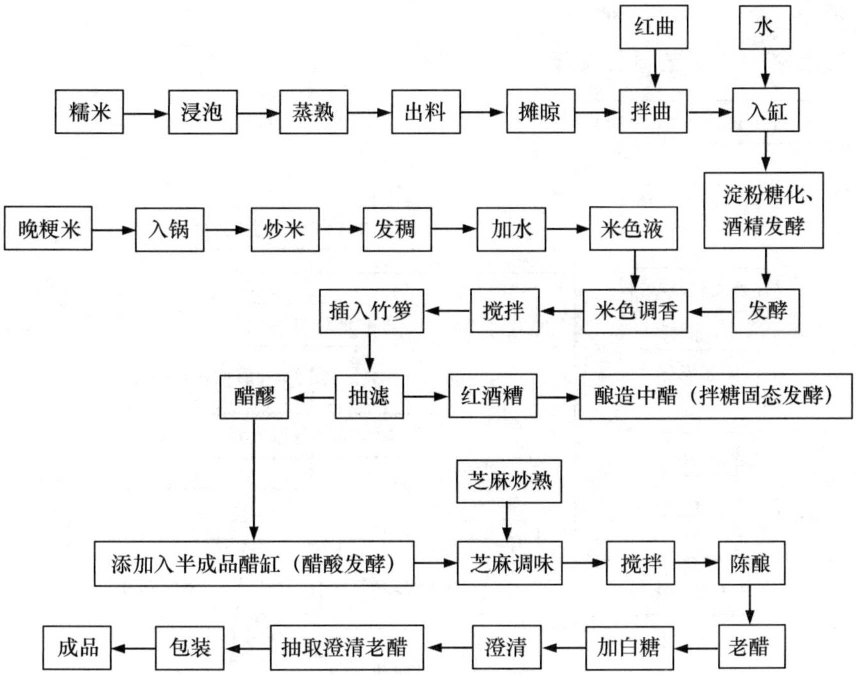

图 7-10　福建永春红曲醋生产工艺流程

(六)浙江玫瑰醋

浙江玫瑰醋,又名玫瑰浙醋、玫瑰醋、玫瑰米醋、大红浙醋、浙江红醋,是以大米为原料,在浙江省地理环境下,利用自然界的微生物或添加曲霉、酵母菌等微生物,经表面静置液态发酵法酿造而成的，不添加任何色素、酸味剂、甜味剂，具有玫瑰红色的酿造食醋。

浙江玫瑰醋产于浙江省杭州市，是一种色香味俱全的地方传统名醋。该醋具有玫瑰花香气浓郁、酸味醇厚、回味微甜的特点，是江南地区传统名醋之一。其生产工艺流程见图 7-11。

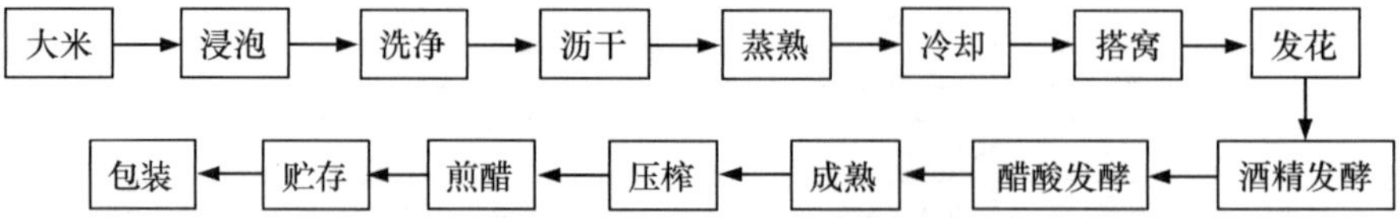

图 7-11 浙江玫瑰醋生产工艺流程

(七)天津独流老醋

天津独流老醋，产于天津市静海区独流镇，历史悠久，已有 300 多年的酿造历史，明嘉靖年间编撰的《河间府志》中就有关于其酿造的记载。独流老醋选用优质元米(又称糯米、江米)、红粱、豌豆、小麦等原料，采用传统的复式糖化和酒精发酵，醋酸发酵采用独特的固态分层发酵工艺，经固体发酵两次成熟，并经天然翻晒三年而成，故称“三代老醋”。独流老醋色泽酱红、香味纯、酸度适中且微甜，较为绵醇。《地理标志产品　独流(老)醋》(GB/T 19461—2008)中规定独流老醋的醋醅需要经三年以上陈酿，香气浓郁、酸而回甜。

1. 工艺流程

天津独流老醋生产工艺流程见图 7-12。

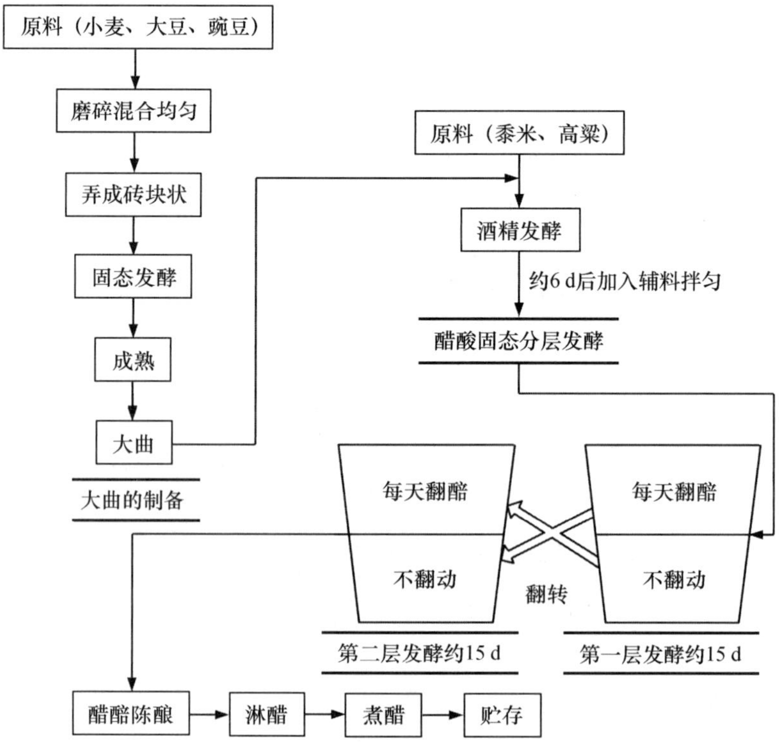

图 7-12 天津独流老醋生产工艺流程

2. 操作要点

(1)原料处理　黍米、高粱经蒸熟后加入水和粉碎后的曲块，料水比为 4∶1。

(2)酒精发酵　在缸中经过 6 d 酒精发酵。

(3)醋酸固态分层发酵　酒精发酵完成后，加入麸皮、稻壳、高粱壳等辅料搅拌均匀。前 15 d 只翻动缸上半层的醋醅，下半层醋醅不翻动，15 d 之后将上、下半层的醋醅翻转，即原下半层醋醅移至上半层，进行后 15 d 的醋酸发酵。

(4)陈酿　醋醅经过一年以上的陈酿期，其中一年陈酿的醋醅为独流醋，三年以上的为独流老醋。

醋醅陈酿结束后，醋醅经过淋醋和煮醋等工序后，即可贮存、包装上市。

二、其他食醋固态发酵工艺

(一)工艺流程

其他食醋固态发酵工艺(区别于前面所有工艺的另一种工艺)如图 7-13 所示。

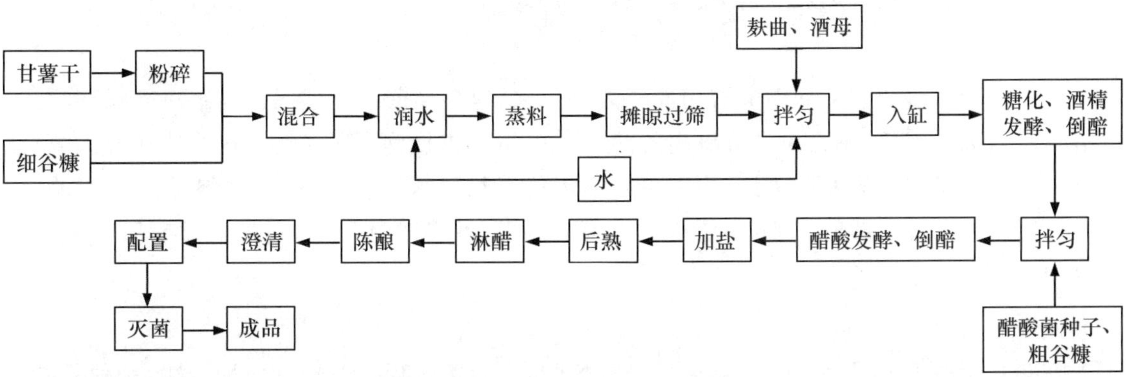

图 7-13　其他食醋固态发酵工艺流程

(二)操作要点

1. 原料配比

甘薯干 100 kg，细谷糠 175 kg，蒸料前加水 275 kg，蒸料后加水 125 kg，麸曲 50 kg，酒母 40 kg，粗谷糠 50 kg，醋酸菌种子 40 kg，食盐 7.5～15 kg。

2. 原料处理

甘薯干粉碎成粉，与细谷糠混合均匀，往料中加第 1 次水，随加随翻，使原料均匀吸收水分(润水)，润水完毕后进行蒸料，加压蒸料为 150 kPa 蒸汽压，时间 40 min。熟料取出后，过筛消除团粒，冷却。

3. 添加麸曲及酒母

熟料要求夏季降温至 30～33 ℃，冬季降温至 40 ℃以下后，往料中加第 2 次水。翻拌均匀后摊平，将细碎的麸曲铺于面层，再将搅匀的酒母均匀撒上，然后拌匀，装入缸内，一般每缸装16 kg，醋醅含水量以60%～62%为宜，醅温在24～28 ℃。

4. 淀粉糖化及酒精发酵

醋醅入缸后，缸口盖上草盖。室温保持在28 ℃左右。当醅温上升至38 ℃时，进行倒醅。倒醅方法是每10～20个缸留出1个空缸，将已升温的醅移入空缸内，再将下一缸醅移入新空出的缸内，依次把所有醅倒一遍后，继续发酵。经过5～8 h，醅温又上升到38～39 ℃，再倒醅1次。此后，正常醅的醅温在38～40 ℃，每天倒醅1次，2 d后醅温逐渐降低。第5天，醅温降至33～35 ℃时，表明糖化及酒精发酵已完成，此时，醅的酒精含量可达到8%左右。

5. 醋酸发酵

酒精发酵结束后，每缸拌入粗谷糠10 kg、醋酸菌种子8 kg，加入粗谷糠及醋酸菌种子2～3 d后醅温升高，控制醅温在39～41 ℃，不得超过42 ℃。通过倒醅来控制醅温并使空气流通，一般每天倒醅1次，经12 d左右，醅温开始下降，当醋酸含量达到7%以上，醅温下降至38 ℃以下时，醋酸发酵结束，此时，应及时加入食盐。

6. 加盐

一般每缸醋醅夏季加盐3 kg，冬季加盐1.5 kg，拌匀，再放置2 d。

7. 淋醋

淋醋是用水将成熟醋醅中的有用成分溶解出来，得到醋液。淋醋采用淋缸三套循环法：甲组淋缸放入成熟醋醅，用乙组淋缸淋出的醋倒入甲组缸内浸泡20～24 h，淋下的称为头醋；乙组缸内的醋渣是淋过头醋的头渣，用丙组缸淋下的三醋放入乙组缸内浸泡，淋下的是二醋；丙组淋缸的醋渣是淋二醋的二渣，用清水放入丙组缸内，淋出的就是三醋，淋出三醋后的醋渣残酸仅为1%。

8. 陈酿

陈酿是醋酸发酵后为改善食醋风味进行的贮存、后熟过程。陈酿有两种方法：一种是醋醅陈酿，即将加盐成熟固态醋醅压实，上盖食盐一层，并用泥土和盐卤调成泥浆密封缸面，放置20～30 d；另一种是醋液陈酿，即将成品食醋封存在坛内，贮存30～60 d。通过陈酿可增加食醋的香味。

9. 灭菌及配制

成品头醋进入澄清池沉淀，得澄清醋液，调整其浓度、成分，使其符合标准。除现销产品及高档醋外，一般要加入0.1%苯甲酸钠防腐剂。生醋加热至80 ℃以上进行灭菌，灭菌后包装即得成品。

用这种酿醋工艺，一般每100 kg甘薯粉能产含5%醋酸的食醋700 kg。

三、新法生料酒曲制醋工艺

生料制醋工艺近40年来在我国很多地方被采用。生料制醋工艺相对于其他工艺，具有节能省时的特点。生料前稀态后固态发酵工艺最大的特点是糖化、酒精发酵、醋酸发酵同时进行,该工艺可免去对主料的蒸煮,节省能源,减少对环境的污染,但麸皮的用量较大,占主料的40%～50%。

生料酒曲制醋工艺就是利用微生物所产生的酶将生淀粉转化成葡萄糖,提供微生物生长繁殖所需要的能量,同时在酒化酶的作用下,将葡萄糖转化成酒精,再经醋酸固态发酵酿制成醋。生料酒曲制醋工艺具有操作简便,便于工业化生产的特点。

(一)工艺流程

生料酒曲制醋工艺流程如图 7-14 所示。

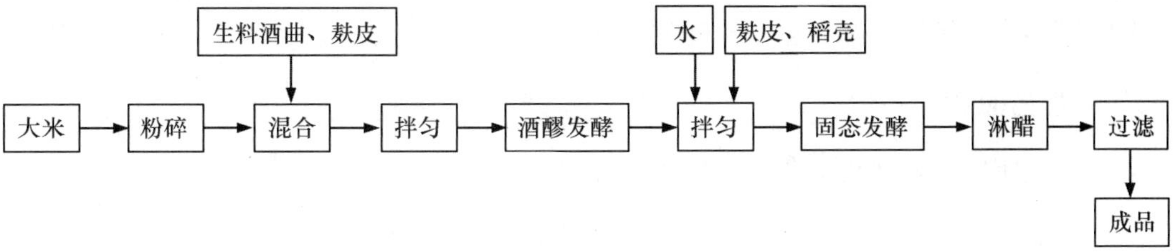

图 7-14　生料酒曲制醋工艺流程

(二)操作要点

1. 酒精发酵阶段

生料酒曲制醋工艺的关键步骤就是酒精发酵阶段,在投料之前,一定要将发酵罐清洗干净,以保证发酵罐卫生清洁。

先往发酵罐中加水(水温控制在 20～25 ℃,冬天水凉,最好将水适当加温),搅拌,酒曲与大米粉、麸皮混合均匀后,方可倒入发酵罐中,决不能将酒曲或大米粉直接倒入发酵罐中,以免酒曲或大米粉黏结成团,影响使用效果。充分搅拌均匀后,盖上发酵罐盖密封,经常检查发酵罐内的发酵情况。发酵温度不得高于 32 ℃,最佳发酵温度为 25～30 ℃。酒精发酵室的温度应控制在 25～30 ℃。投料后,每 3 d 搅拌 2 次或每天搅拌 1 次。搅拌次数过多,虽可缩短发酵周期,但不易出高酒;搅拌次数过少,则会延长发酵周期、出酒不高。这主要是由于酒曲中含有酵母菌,而酵母菌有氧繁殖,无氧产酒。因此,需要让酵母菌不断经过一个搅拌吸氧后繁殖、再长时静置无氧产酒的循环往复的过程。

2. 醋酸发酵阶段

酒精发酵完毕加水入发酵池,拌入麸皮、稻壳进行固态醋酸发酵。醋酸发酵采用通池发酵,每天人工或机械翻拌,上面盖上塑料布,可防止酒精挥发。醋酸发酵醋醅温度一般控制在38～40 ℃,若温度过高、升温过快,可适当用支竿的高低调节醋醅温度。适当掌握醋酸发酵温度,可以提高食醋中其他风味物质的含量,以及减少沉淀物的产生。

在醋酸发酵阶段后期,醋酸发酵接近尾声时,控制醋醅温度在 33～36 ℃。醋酸发酵时间为 30 d 左右,根据各地的不同气候条件以及所使用设备的不同,时间可能会缩短或延长。

四、酶法液化通风回流制醋工艺

一般固态发酵法酿醋，自醋醅入缸后需要及时多次倒醅，以达到散热和通气的目的，采用人工倒醅方法劳动强度大、效率低。酶法液化通风回流新工艺，是利用自然通风和醋汁回流代替倒醅。该法的特点是：①用 α-淀粉酶制剂将原料淀粉液化后，再加麸曲糖化，提高了原料利用率；②采用液态酒精发酵，固态醋酸发酵的发酵工艺；③醋酸发酵池近底处设假底，假底下的池壁上开设通风洞，让空气自然进入，利用固态醋醅的疏松度，使醋酸菌得到足够的氧，全部醋酸都能均匀发酵；④利用假底下面积存的温度较低的醋汁，定时回流喷淋在醋醅上，以降低醅温，调节发酵温度，保证发酵在适当温度下进行。

(一)工艺流程

酶法液化通风回流制醋工艺流程如图 7-15 所示。

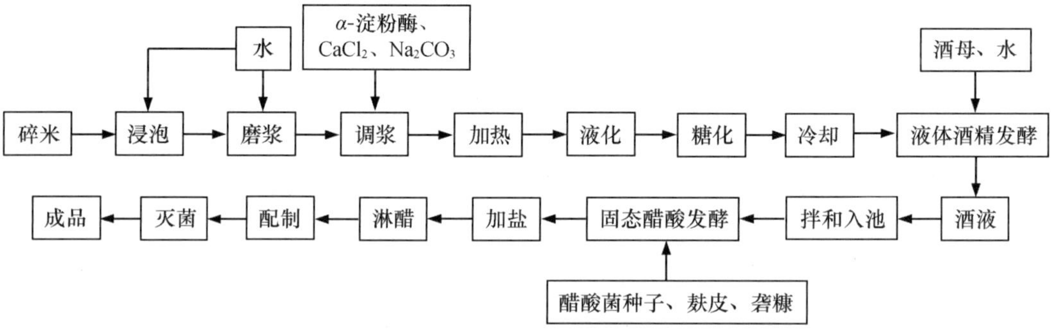

图 7-15 酶法液化通风回流制醋工艺流程

(二)主要设备

1. 液化及糖化桶

液化及糖化桶是用钢板制成的圆柱形桶，内有搅拌器、冷却管、蒸汽管。调浆、液化、糖化三道工序都可以在桶内进行。

2. 醋酸发酵池

醋酸发酵池高 2.45 m，直径为 4 m，容积为 30 m^3，是内壁砌有耐酸瓷砖的圆柱形水泥池。在距底 5～20 cm 处置有假底，把池分为上下两层，假底上面装醋醅，假底下面存留醋汁。在假底下面的池壁上设有直径为 10 cm 的通风洞 12 个。回流醋汁用泵打入池上部开有小孔的喷淋管，利用液压喷出醋汁使喷管旋转，把回流液均匀淋浇在醋醅上。

(三)操作要点

1. 原料配比

一个发酵池的原料用量为：碎米 1 200 kg，麸皮 1 400 kg，砻糠 1 650 kg，水 3 250 kg，食盐

100 kg,酒母 500 kg,醋酸菌种子 200 kg,麸曲 60 kg,α-淀粉酶 3.9 kg,氯化钙 2.4 kg,碳酸钠 1.2 kg。

2. 水磨和调浆

碎米用水浸泡使米粒充分膨胀,将米与水按 1∶1.5 的比例送入磨粉机,磨成 70 目以上细度粉浆,送入调浆桶,用碳酸钠调节 pH 至 6.2～6.4,再加入氯化钙和 α-淀粉酶,充分搅拌。

3. 液化与糖化

将上述浆料加热升温至 85～92 ℃,保持 10～15 min,用碘液检测显棕黄色表示已达到液化终点,然后升温至 100 ℃,保持 10 min,达到灭菌和使酶失活的目的。将液化醪冷却至 63 ℃,加入麸曲,糖化 3 h,糖化完毕后冷却至 27 ℃,将糖化醪泵入酒精发酵罐。

4. 酒精发酵

将糖化醪(3 000 kg)送入发酵罐后,再加水 3 250 kg,调节 pH 至 4.2～4.4,接入酒母 500 kg。控制醪液温度在 33 ℃左右,发酵周期为 64 h 左右,酒醪的酒精含量达到 8.5%左右。

5. 醋酸发酵

(1)进池　将酒醪、麸皮、砻糠和醋酸菌种子用制醅机充分混合,装入醋酸发酵池内。

(2)松醅　面层醋醅的醋酸菌繁殖快,升温也快,24 h 可升到 40 ℃,而中层醋醅温度较低,所以要进行 1 次松醅,将上面和中间的醋醅尽可能疏松均匀,使温度一致。

(3)回流　松醅后醅温升至 40 ℃以上即可进行醋汁回流,使醅温降低。醋酸发酵温度,前期可控制在 42～44 ℃,后期控制在 36～38 ℃,如果温度升高过快,除醋汁回流降温外,还可将通风洞全部或部分塞住,从而加以控制。一般当醋酸发酵 20～25 d 时,醋醅方能成熟。

6. 加盐

醋酸发酵结束,为避免醋酸被氧化分解成 CO_2 和 H_2O,应及时加入食盐以抑制醋酸菌的氧化作用。方法是将食盐置于醋醅面层,用醋汁回流溶解食盐使其渗入醋醅中。

7. 淋醋

淋醋仍在醋酸发酵池内进行。把二醋浇淋在成熟醋醅面层,从池底收集头醋,当流出的醋汁醋酸含量降到 5 g/100 mL 时停止。以上淋出的头醋可配制成品。头醋收集完毕,再在醋醅面层浇入三醋,下面收集到的是二醋。最后在醅面加水,下面收集三醋。二醋和三醋供下批淋醋循环使用。

8. 灭菌及配制

方法与一般固态发酵制醋相同。

(四)酶法液化通风回流制醋的优点

酶法液化通风回流制醋的优点:①比一般固态发酵制醋出醋率提高 16%;②比采用蒸料的旧工艺能耗明显下降;③除出渣还用人工外,实现了管道化、机械化生产,降低了劳动强度,节约了劳动力。

五、应用 DF 生物反应器快速酿醋工艺

固定化细胞方法生产食醋，是目前液态法生产食醋的一项最佳工艺。其原理是将活性醋酸细胞固定化在高密度纤维载体上，并不断增殖。形成的高浓度生物酶催化剂，大大加速生物反应速度，大幅度提高 DF 生物反应器生产醋酸的能力。

（一）工艺流程

应用 DF 生物反应器快速酿醋工艺流程如图 7-16 所示。

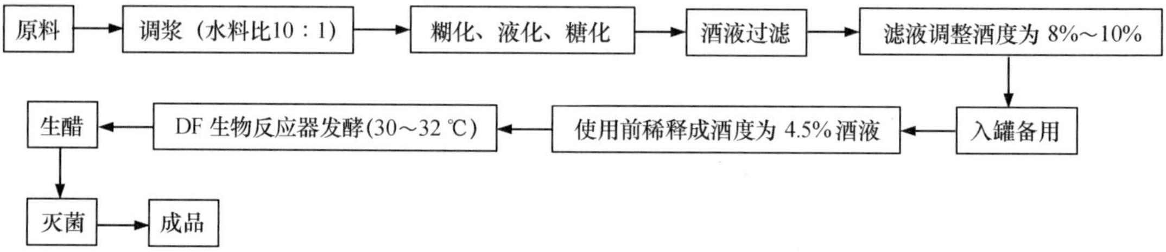

图 7-16 应用 DF 生物反应器快速酿醋工艺流程

（二）工艺要点

1. α-淀粉酶的添加

原料液化、糖化过程中 α-淀粉酶分两次添加。第一次在调浆后升温前加 0.1%，第二次在升温糊化后加入 0.2%，并在 88～91 ℃下维持 30 min。醪液温度降至 58～63 ℃时加入 0.5%糖化酶及 10%新鲜麸皮，麸皮使用前要湿润，调整含水量为 60%。

2. 酒精发酵

将糖化液温度降至 35～40 ℃时加入 0.1%耐高温酵母。8 h 前敞口发酵，并搅拌 1～2 次后密封酒精发酵，应用 DF 智能温控仪严格控温。不超过 40 ℃发酵 60～72 h 后取上清液，其余部分转入过滤槽过滤。上清液、滤液合并后用酒精调整酒精度至 8%～10%入贮罐备用。

3. 菌床的制备

DF 生物反应器是将菌床空间设定在二次通风的假底之上。菌床载体选用玉米芯，因为玉米芯易于排列、质地舒松、表面积大，特别适宜醋酸菌的栖息与生长。

玉米芯用尼龙绳扎成一捆，用自来水反复冲洗备用。将成捆玉米芯放入大池，用水浸泡，用蒸汽加热到 100 ℃。维持 2 h，直到灭菌水为自来水色泽时即可降温。降温后将载体放入池中，用优质酿造的醋浸泡 2 d。

4. 载体装机

扎捆之间的空隙用零散玉米芯填充，以扩大接触面积，上下通气畅通。

5. 菌床醋酸菌的固定化及菌种扩大

排列完菌床之后，将固态醋酸菌及培养成熟的优良液态醋酸菌 LB2001、AS141 共洒于表

面，再将酒液加入设备下层，开始回浇，启动电子监控，设置高温（H）为 33 ℃，低温（L）为 30 ℃时自动浇淋发酵。待酸度达到 3.5%，即可转入育种和生产。育种生产的培养基由发酵酒液和优质种醋组成。要求含酒精 3%、总酸 2%，控制高温（H）为 30 ℃，低温（L）为 30 ℃，待流出的醋汁总酸达 3.5%时，再加入酒液，总量为成熟醋的 50%～100%，直至 DF 反应器贮醋室满为止。以后就可以转入正常生产。

（三）DF 反应器的生产运行管理

1. 温度管理

温度管理包括室温、菌床温度、原料（酒化液）温度 3 个方面，要求温度一定要保持平稳，严格控制。生产车间室温一般要求不低于 15 ℃，最适温度为 28 ℃；固定化菌床发酵温度为 30～33 ℃，最高不得超过 38 ℃；原料配比温度，即成熟后补加酒化液后的发酵液不得超过 33 ℃。

2. 通气的管理

DF 反应器的生产运行中，通气管理至关重要。日常要保持室内空气流通，增加空气中的氧含量。设备中的通气孔和二次进风孔要常开。在正常情况下要检查 DF 反应器顶部有无温暖热气不断排出，如果无热气排出或排气不畅，就说明菌床部分空气流通受阻，就要及时分析原因并处理，如果是杂菌污染所致就要及时采取换菌床措施。

3. 原料管理

原料管理是指对生产中所用的酒化液、循环用种醋配兑用水及酒精、白酒等进行管理。对酒化液的质量要求：酒精度为 4.5%～5.0%，澄清，不含单宁、果胶等有害物质；使用前要经过板框过滤并灭菌；真正做到有营养、有酒精度、无杂菌污染的良好基质。循环种醋要求为设备中保存的原汁醋，不经任何加工配兑。其作用一是调整发酵液酸度；二是利用原汁醋中所含的大量醋酸菌增加菌床醋酸菌数量。

4. 分割量管理法

分割量是指 DF 反应器中醋汁成熟后取出的产品的量。原则上分割量越大、发酵周期越长，产酸量越低；分割量越少、发酵周期越短，产酸量越高。生产中可根据对产品的要求和产量来决定分割量。一般分割量在 1/2～2/5 时，发酵周期为 20～24 h。

5. 菌床中醋酸菌的补充

醋酸菌具有 2 种特殊的酶系，即乙醇脱氢酶和乙酸脱氢酶。在底物乙醇存在的条件下，可诱导细胞产生这 2 种酶，将乙醇氧化成乙酸，这是醋酸菌的一个特殊功能。DF 反应器中保证绝对优良的醋酸菌优势是确保高转酸率的决定因素。所以在生产中要不断地补充新鲜健壮的菌种。

6. 成熟期的管理

菌床固定好大量的醋酸菌之后，它就是一个能量很大的生物反应系统，它的寿命和产酸能力决定于固定化醋酸菌的生理活性和生存数量。因此必须为这个生命群体创造良好的生存环境和畅通的途径。正确掌握成醋时机，是菌床管理中的重要一环。成熟期可根据转化率来判断，一般而言，1 g 酒精转化为 0.98 g 醋酸时就可出醋。

六、液体深层发酵法制醋工艺

液体深层发酵法制醋是利用发酵罐通过液体深层发酵生产食醋的方法，通常是将淀粉质原料经液化、糖化后先制成酒醪或酒液，然后在发酵罐里完成醋酸发酵。液体深层发酵法制醋具有机械化程度高，操作卫生条件好，原料利用率较高（65%～70%），生产周期缩短（7 d），产品质量稳定等优点，缺点是醋的风味较差。该法自 20 世纪 70 年代起在我国应用于生产，目前用该法生产食醋的工厂已达 80 余家，国外则更为普遍。

（一）工艺流程

液体深层发酵法制醋工艺流程如图 7-17 所示。

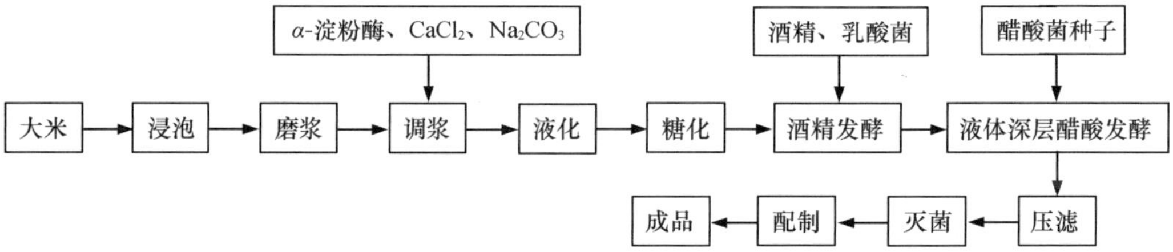

图 7-17 液体深层发酵法制醋工艺流程

（二）主要设备

发酵罐是深层液态醋酸发酵工业化生产中所必需的关键设备。目前在深层液态发酵设备中主要有两种类型：一种是自吸式醋化器，主要包括 Frings 式醋酸发酵罐和 Cavitator 式醋酸发酵罐；另一种则是气升式醋化罐，主要是塔式醋化器。

自吸式醋酸发酵罐主要依靠发酵罐底部安装的大功率搅拌器，通过高速旋转搅拌作用，将空气从搅拌器内侧吸入罐外，并均匀分散于发酵液中。这一过程可实现海量空气均匀分散于发酵醪液中，并利用冷却蛇管调节品温。自吸式醋酸发酵罐的特点在于发酵时间较短，不使用空压机，功耗较低。

自吸式醋酸发酵罐根据操作特性可分为机械搅拌式自吸式发酵罐，利用喷射抽吸作用的自吸式反应器，利用循环泵作用的喷射自吸式反应器三类。自吸式醋酸发酵罐主要由自吸搅拌装置和导轮两部分构成，其中自吸搅拌装置又被称为转子，而导轮则简称为定子。机械搅拌主要依赖于叶轮的空穴作用，这种具有空腔的叶轮在定子中高速旋转，会在开孔处产生一定的压差。当局部压降克服液压头时，气体便通过进气管到达转子开孔处，并在定子内混合。混合后的气体在高速喷射出后，完成供氧和搅拌的功率，从而满足微生物发酵过程对氧气的需求。

（三）操作方法

1. 原料液化和糖化

①大米浸泡后磨浆，粉浆浓度为 18～20 °Bé。接着，将粉浆置入液化、糖化桶中，并升温至

30 ℃。

②加入质量为原料 0.2%的 $CaCl_2$ 和 0.1%～0.2%的 Na_2CO_3，调整粉浆 pH 为 6.2～6.4，此时，开始升温至 50 ℃，并按 60～80 U/g 原料加入 α-淀粉酶制剂。

③搅匀后继续升温至 85～90 ℃，在该温度下维持 15 min 之后，再升温至 100 ℃并维持 20 min。

④将醪液迅速冷却至 63～65 ℃，加入原料量 10%的麸曲或按 1 g 淀粉加入 100 U 糖化酶制剂，糖化 1.0～1.5 h。

2. 酒精发酵

①将糖化醪泵入酒精发酵罐中，加水使糖化醪浓度为 8.5 °Bé，并使醪液降温至 32 ℃。

②向罐中接入醪液量 10%的酒母，并添加酒母量 2%的乳酸菌液及 20%的生香酵母，进行共同酒精发酵，发酵时间为 3～5 d。适量乳酸菌与酵母菌共同发酵，对酵母产酒精影响不大。当乳酸含量在 0.9%以下时，还会有一定的促进作用。有的场合，如在酒精发酵后期，需再接入乳酸菌共同发酵。多菌种共同发酵可使酒醪中的不挥发性酸、香味成分增加，是改善深层发酵醋风味的有效措施。酒精发酵结束时，酒精含量为 6%～7%。

3. 醋酸发酵

①将空罐用清水洗净，用蒸汽在 150 kPa 下灭菌 30 min，管道同样用蒸汽灭菌。

②将酒醪泵入发酵罐中，当醪液淹没自吸式醋酸发酵罐转子时，再启动进行自吸通风搅拌，装液量为 70%罐容积。

③接入醋酸菌种子液 10%(体积分数)。

④发酵条件：料液酸度为 2%，温度为 33～35 ℃，发酵通风比为 1∶(0.08～0.1)，发酵时间为 40～60 h。

⑤当酒精被耗完，醋酸量不再增加时，发酵结束。

⑥升温至 80 ℃，维持 10 min，灭菌。

有的工厂采用分割发酵法，即醋酸发酵结束时，取出罐中 1/3 醋液作为半成品待进行后处理，留下 2/3 醋液在罐中，再往罐中补足酒醪进行连续发酵，每桶 24 h 左右可以取半成品醋液 1 次，再补加酒醪，这样可以连续发酵 10 d，然后再更换 1 次醋酸菌种子，这样就可节约醋酸菌种子液的用量。

4. 醋酸发酵液后处理

为了改善液体深层发酵醋的风味，可用熏醅增香、增色，方法是：用固态发酵醋酿制成熏醅，再用深层发酵的醋液浸泡熏醅，淋出的醋液香味和色泽可以增加。另外，增加陈酿时间也是提高深层发酵醋质量的方法之一，即将醋液贮存于不锈钢罐或陶瓷罐中 2～3 个月，长时间的贮存可使醋中酯类物质增多。醋液再经澄清或压滤，加入炒米色和 0.1%苯甲酸钠防腐剂，符合质量标准后即为成品。

另外，为克服深层发酵醋风味较差的缺点，在主料中可适当添加小麦粉、豆饼粉等含蛋白质丰富的原料或在进行醋酸发酵前添加蛋白质水解醪，以增加风味成分的前体物。

第五节　食醋质量指标

食醋质量指标应严格遵循国家制定的相关标准。目前，现行的食醋国家标准主要包括：《食品安全国家标准　食醋》(GB 2719—2018)、《食品安全国家标准　食醋中游离矿酸的测定》(GB 5009.233—2016)、《食品安全国家标准　食醋生产卫生规范》(GB 8954—2016)以及《酿造食醋》(GB 18187—2000)。另外，食品补充检验方法《冰乙酸假冒食醋的鉴别方法　气相色谱-稳定同位素比值质谱法》(BJS 202302)适用于以低压羰基化法生产的冰乙酸作为主要原料稀释后假冒食醋的鉴别。

这些标准详细规定了各种食醋的质量标准及冰乙酸的检测方法。

一、食醋质量标准

《食品安全国家标准　食醋》(GB 2719—2018)对食醋的感官要求、理化指标、污染物限量、真菌毒素限量、微生物限量以及食品添加剂的使用进行了明确规定。其中，食品添加剂的使用需符合《食品安全国家标准　食品添加剂使用标准》(GB 2760—2024)的规定，且明确指出冰乙酸(包括低压羰基化法生产的冰乙酸)不得用于食醋生产。具体参数如表 7-6 至表 7-8 所示。

表 7-6　感官要求

项目	要求	检验方法
色泽	具有产品应有的色泽	取 2 mL 试样置于 25 mL 具塞比色管中，加水至刻度，振摇，观察色泽。取 30 mL 试样置于 50 mL 烧杯中观察状态。用玻璃棒搅拌烧杯中试样，品尝滋味，闻其气味
滋味、气味	具有产品应有的滋味和气味，尝味不涩，无异味	
状态	不浑浊，可有少量沉淀，无正常视力可见外来异物	

引自：《食品安全国家标准　食醋》(GB 2719—2018)。

表 7-7　理化指标

项目	指标	检验方法
总酸(以乙酸计)/(g/100 mL)		GB/T 5009.41
食醋	≥3.5	
甜醋	≥2.5	

引自：《食品安全国家标准　食醋》(GB 2719—2018)。

表 7-8　微生物限量　　CFU/mL

项目	采样方案[a]及限量				检验方法
	n	c	m	M	
菌落总数	5	2	10^3	10^4	GB 4789.2
大肠菌群	5	2	10	10^2	GB 4789.3 平板计数法

引自：《食品安全国家标准　食醋》(GB 2719—2018)。

注：n 为同一批次产品应采集的样品件数；c 为最大可允许超出 m 值的样品数；m 为致病菌指标可接受水平的限量值；M 为致病菌指标的最高安全限量值。

a 样品的分析及处理按 GB 4789.1 执行。

二、酿造食醋质量标准

(一)固态法酿造食醋质量标准

《酿造食醋》(GB 18187—2000)适用于以粮食及其副产品为原料,经固态发酵方法生产的酿造食醋。具体参数如表 7-9、表 7-10 所示。

表 7-9　固态发酵食醋的感官指标

项目	要求
色泽	琥珀色或红棕色
香气	具有固态发酵食醋特有的香气
滋味	酸味柔和,回味绵长,无异味
体态	澄清

引自:《酿造食醋》(GB 18187—2000)。

表 7-10　固态发酵食醋的理化指标

g/100 mL

项目	指标
总酸(以乙酸计)	≥3.50
不挥发酸(以乳酸计)	≥0.50
还原糖(以葡萄糖计)	≥1.00

引自:《酿造食醋》(GB 18187—2000)。

(二)液态法酿造食醋质量标准

《酿造食醋》(GB 18187—2000)适用于以粮食、糖类、果类或酒精为原料,采用液态醋醪发酵酿制而成的食醋。具体参数如表 7-11、表 7-12 所示。

表 7-11　液体发酵食醋的感官指标

项目	要求
色泽	具有该品种特有的色泽
香气	具有该品种特有的香气
滋味	酸味柔和,无异味
体态	澄清

引自:《酿造食醋》(GB 18187—2000)。

表 7-12　液态发酵食醋的理化指标

g/100 mL

项目	指标
总酸(以醋酸计)	≥3.50
无盐固形物	
以酒精为原料	无要求
其他醋	≥0.5

引自:《酿造食醋》(GB 18187—2000)。

三、食醋中冰乙酸的检测

为了打击以冰乙酸为主要原料稀释后假冒食醋的行为,国家市场监督管理总局于 2023 年 6 月 13 日发布了《冰乙酸假冒食醋的鉴别方法　气相色谱-稳定同位素比值质谱法》(BJS 202302)。该方法通过气相色谱-稳定同位素比值质谱法测定乙酸中甲基和羧基的氢稳定同位素比值,以此鉴别以冰乙酸假冒的食醋。其原理为:试样经氢氧化钠溶液碱化处理,加热干燥除去水分,残渣加硫酸溶液酸化,将乙酸盐转化为乙酸后,用丙酮稀释,采用气相色谱-稳定同位素比值质谱法测定乙酸中甲基和和羧基的氢稳定同位素比值,经标准溶液校正后,计算得到试样中乙酸甲基氢稳定同位素比值,以此用于以冰乙酸假冒食醋的鉴别。乙酸氢和氘的稳定同位素测定离子流见图 7-18 和图 7-19。

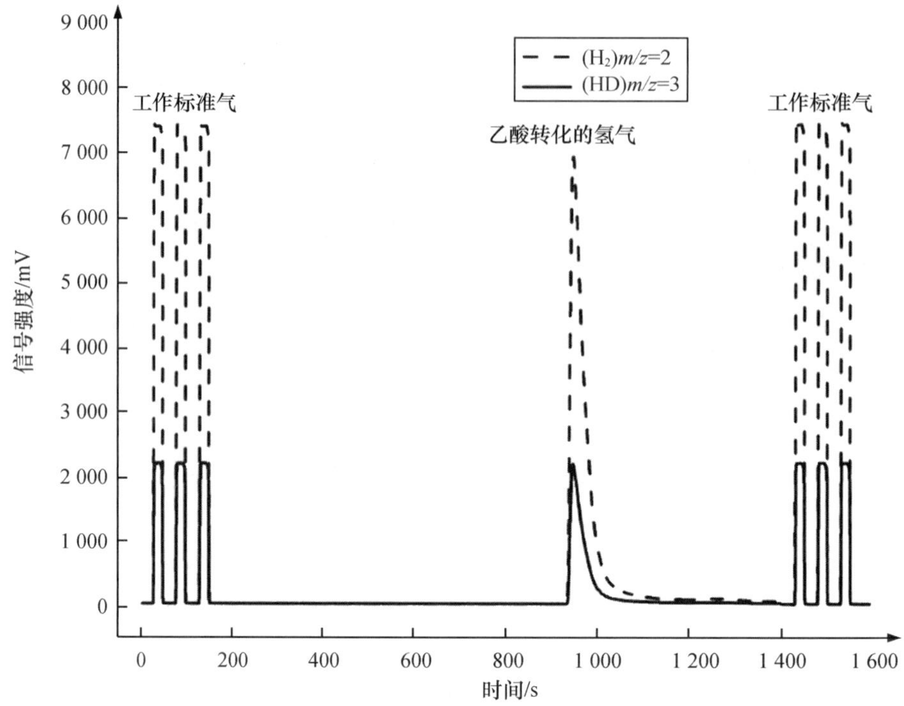

图 7-18 标准工作溶液中乙酸氢和氘的稳定同位素测定离子流

引自:《冰乙酸假冒食醋的鉴别方法 气相色谱-稳定同位素比值质谱法》(BJS 202302)。

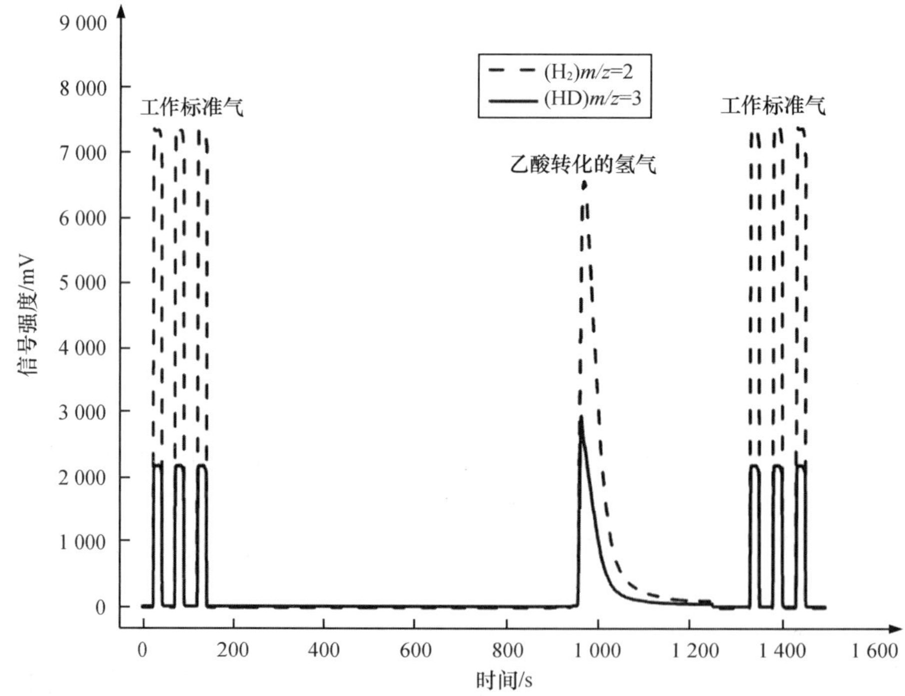

图 7-19 样品溶液中乙酸氢和氘的稳定同位素测定离子流

引自:《冰乙酸假冒食醋的鉴别方法 气相色谱-稳定同位素比值质谱法》(BJS 202302)。

第八章　酱油生产

第一节　概　述

一、酱油及其种类

酱油及酱类酿造调味品的生产和制作起源于我国，已有 2 000 多年的历史。酱油在我国历史上被称为"清酱""酱清""豆酱清""豉汁""豉清""酱汁"等。我国周朝时期的《周礼》就有了酱制品的记载。东汉时期崔寔所著的《四民月令》中的"清酱"即与现在的酱油类似。而"酱油"一词最早出现在宋朝至明朝万历年间。酱及酱油的创造，是我国古人对人类的一大贡献，体现了中华民族的高超智慧和人文精神。

《食品安全国家标准　酱油》(GB 2717—2018)把酱油定义为以大豆和(或)脱脂大豆(豆粕或豆饼)、小麦和(或)麸皮为原料，经微生物发酵制成的具有特殊色、香、味的液体调味品。按照加工方法，酱油大致可分为三大类：酿造酱油、再制(或配制)酱油及酱油状调味汁。其中的酿造酱油是现在主要的市售酱油品类。酿造酱油是指以大豆和(或)脱脂大豆(豆粕或豆饼)、小麦和(或)麸皮为原料，经微生物发酵制成的具有特殊色、香、味的液体调味品。再制(或配制)酱油是指以酿造酱油为主体，添加其他调味品或辅助原料(如酸水解植物蛋白调味液、食品添加剂等)进行加工再制的液体调味品。酱油状调味汁是指以主要原料的水解液再经发酵后熟制成的调味汁液。

其中的酿造酱油根据不同标准，又可分为以下几类。

(一)按照发酵时添加的盐水浓度分类

按照发酵时添加的盐水浓度，酿造酱油可分为高盐发酵酱油、低盐发酵酱油和无盐发酵酱油。

按照发酵工艺，其中的高盐发酵酱油可进一步分为高盐固态发酵酱油、高盐液态发酵酱油及高盐固稀发酵酱油；而低盐发酵酱油可进一步分为低盐固态发酵酱油与低盐固稀发酵酱油。其中，最为常见的两类是高盐稀态发酵酱油和低盐固态发酵酱油。

高盐稀态发酵酱油：以大豆和(或)脱脂大豆、小麦和(或)小麦粉为原料，经蒸煮、曲霉菌制曲后，与高盐度、多水量的盐水混合成稀醪，再经发酵制成的酱油。

低盐固态发酵酱油：以脱脂大豆及麦麸为原料，经蒸煮、曲霉菌制曲后，与低盐度、小水量的盐水混合成固态酱醅，再经发酵制成的酱油。

(二)按照发酵控温条件分类

按照发酵控温条件,酿造酱油可分为天然晒露法与保温速酿法酱油。天然晒露法酱是经过日晒夜露的自然发酵酿制而成的酱油,风味优良,但成熟时间要半年以上;保温速酿法酱是通过人工控温提高发酵温度,缩短发酵周期酿制而成的酱油,风味欠佳。

(三)按照颜色深浅分类

按照颜色深浅,酿造酱油可分为浓色酱油及淡色酱油。浓色酱油颜色呈深棕红色或棕褐色,为我国酱油之大宗;而淡色酱油又叫白酱油,颜色为淡黄褐色,我国用量很少,一部分出口或加工特殊食品用。

(四)其他

此外,目前市面还有以下几种酱油。

果汁酱油:以西瓜汁、大豆、小麦等为原料酿制而成,色泽红褐,体态澄清,香气浓郁,鲜味突出,咸甜适口,适用于拌凉菜、调馅等不加热或加热时间较短的菜肴。

低盐酱油:既保持酱油的优良成分和风味,食盐含量又比一般酱油低一半,适合于高血压、肾脏功能疾病等患者食用。

酱油制品:将各种食材或营养物质加入酱油中,制成各种酱油制品,如虾子酱油、蘑菇酱油、辣酱油、五香酱油、蚕蛹营养酱油等。

生抽、老抽:生抽是以大豆、小麦、盐水为原料,经天然晒制酿造而得的色泽较淡的酱油;老抽中添加了焦糖色素,颜色比生抽深,酱香浓郁,适于制作深色菜肴。

二、酱油生产工艺流程

酱油生产工艺主要包括原料预处理、制曲、发酵、浸提及杀菌等,工艺流程见图 8-1。

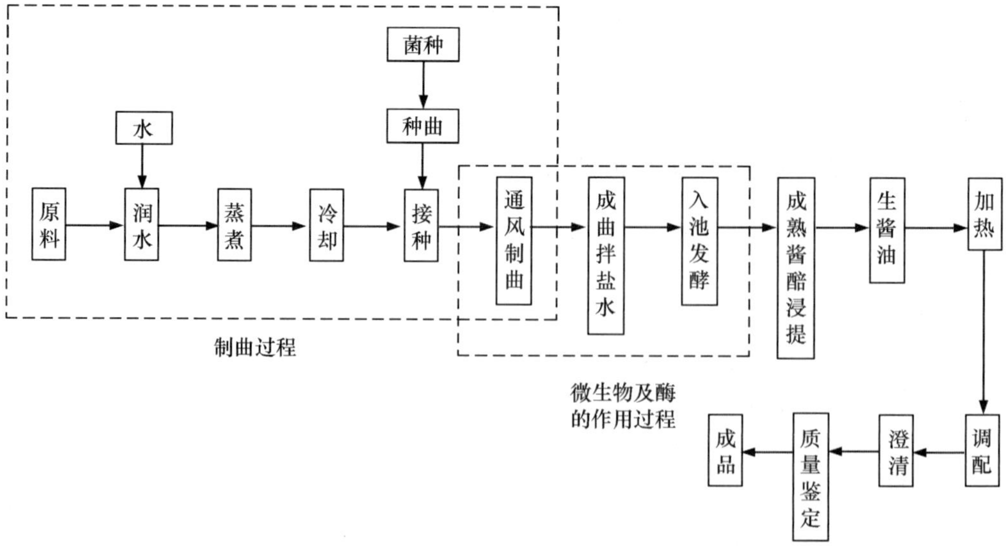

图 8-1 酱油生产工艺流程

第二节 酱油生产原料

酱油生产原料包括淀粉质原料、蛋白质原料、食盐、水及其他辅助原料。大豆和小麦分别作为蛋白质和淀粉质原料，历来都是酱油生产的主要原料。目前我国大部分酿造厂普遍采用大豆脱脂后的豆粕或豆饼作为主要蛋白质原料，同时，以麸皮、小麦或面粉等食用粮为淀粉质原料，添加食盐和水进行酱油生产。

一、淀粉原料

淀粉经微生物酶解作用分解为糖，对酱油的滋味和色泽改善具有重要作用。传统上，酱油酿造用淀粉质原料以面粉和小麦为主，为节约粮食，现改为小麦、麸皮及其他淀粉质原料。

(一)小麦

小麦是世界上分布最广、种植面积最大的主要粮食作物之一。小麦分为红皮和白皮籽粒，又可分为硬质、软质及中间质籽粒。酿造酱油的小麦应选用红皮和软质小麦。小麦可先经高温焙炒，以提高香气和色泽，再粉碎到一定粒度后，用于酱油制曲。

小麦中的糖类主要含有约70%的淀粉，此外，还包括2%～3%的糊精及2%～4%的蔗糖、葡萄糖和果糖。小麦中的蛋白质含量为10%～14%，其中麦胶蛋白和谷蛋白含量丰富，而麸胶蛋白中的主要氨基酸为谷氨酸，它是形成酱油鲜味的主要物质之一。

(二)麸皮

麸皮即麦麸或麦皮，是小麦制作面粉的副产品。麸皮具有资源丰富、价格低廉、使用方便等特点，是我国酱油厂的主要淀粉质原料。麸皮质地疏松、体轻、表面积大。麸皮主要成分为：淀粉11.4%，戊聚糖17.6%，蛋白质16.7%，粗脂肪4.7%，粗纤维10.5%，灰分6.6%，水分12%。麸皮还含有多种微生物及钙、铁等无机盐。因此，麸皮是曲霉生长和产酶的良好培养基。使用麸皮既有利于制曲，又有利于淋油，能提高酱油的原料利用率和出品率。

麸皮中还含有较高含量的多缩戊糖，能与氨基酸相结合，形成酱油色素，可增加酱油色泽。但麸皮中淀粉含量较低，使糊精和糖分减少，会影响酒精发酵，造成酱油香气和口味淡薄。因此应适当补充淀粉含量较多的原料以改善此弊端。

(三)其他淀粉质原料

其他含有淀粉而无毒无异味的原料，均可作为酱油生产的淀粉质原料，如甘薯(干)、玉米、大麦、高粱、小米及米糠等。

二、蛋白质原料

酱油中75%的氮元素来自蛋白质原料。蛋白质经微生物蛋白酶作用，水解为多肽、氨基酸，成为酱油的营养成分及鲜味物质。此外，部分氨基酸还参与酱油香气和色素的生成。因此，蛋白质原料对酱油色、香、味、体的形成至关重要。传统上，酱油酿造的蛋白质原料以大豆为主。由于大豆中脂肪对酱油酿造作用不大，为合理利用粮食资源，目前大都采用脱脂提油后的饼或粕为主要蛋白质原料。

(一)大豆

大豆是黄豆、青豆及黑豆的统称。大豆原产自中国，已有5 000年种植历史，各地均有栽培，东北大豆品质最优，平均千粒重约为165 g，最大千粒重在200 g以上。大豆内含蛋白质、碳水化合物及脂肪等，是酱油、豆豉及豆腐乳等产品常用的主要原料。大豆含粗蛋白质35%～40%，粗脂肪12%～20%，碳水化合物21%～31%，纤维素4.3%～5.2%，灰分4.4%～5.4%。大豆蛋白质成分主要为大豆球蛋白(约84%)。大豆蛋白质中的氨基酸种类丰富，含有8种人体必需氨基酸，且谷氨酸含量最高，可产生浓厚的酱油鲜味。酱油酿造用大豆要求：颗粒饱满、干燥、杂质少、蛋白质含量高、皮薄、新鲜。

(二)豆粕

豆粕是大豆经溶剂浸提取油后的产物。大豆先经适当热处理(一般<100 ℃)，调节水分含量至8%～9%，轧扁，使用有机溶剂(如轻汽油)浸泡或喷淋，萃取其中的油脂，再去除豆粕中溶剂(或烘干)，最后的渣粕即为豆粕，一般呈片状、颗粒或小块状。豆粕含粗蛋白质47%～51%，脂肪1%，碳水化合物25%，粗纤维5%，灰分5.2%。由于脂肪被去除，豆粕中蛋白质含量高，约为大豆全氮量的1.2倍。豆粕价格低廉，脂肪和水分含量较低，易于粉碎，易吸水和酶解，能为曲霉生长提供较大表面积，是酿造酱油等的理想材料。

(三)豆饼

豆饼是大豆经压榨法提取油脂后的产物。根据加热程度不同，可分为冷榨豆饼、热榨豆饼及半冷榨豆饼。冷榨豆饼未经高温处理，此压榨法出油率低，蛋白质基本未变性，适宜制作腐乳等豆制品。热榨豆饼经过高温处理(即炒熟)而成，质地较软，易于破碎，适于酱油酿造。半冷榨豆饼的处理温度介于冷榨、热榨之间，也可用于酱油酿造。

(四)其他蛋白质原料

花生饼、菜籽饼及其他各种油料作物的饼粕、玉米浆干、豆渣等均可用于酱油酿造。含动物性蛋白质较高的鱼粉或蚕蛹等也可用于制作酱油。

三、其他原料

(一)食盐

食盐是生产酱油的重要原料之一，可赋予酱油3种作用：使酱油具有适当的咸味；与氨基酸共同给予鲜味；还具有杀菌防腐作用，在发酵过程中一定程度上减少杂菌污染，在成品中具有防止腐败的作用。

食盐有海盐、湖盐、井盐及岩盐等，主要成分为氯化钠，其含量越高，食盐品质越好。

(二)水

水是酿造酱油的基本原料。就产品而言,酱油成分中水占70%左右。一般生产1 t酱油需要用水6~7 t,包括蒸料用水、制曲用水、发酵用水、淋油用水、设备容器清洗用水及锅炉用水等。凡是符合卫生标准、能供饮用的水,如自来水、深井水及洁净的江河湖水等,均可使用。一般用自来水比较理想。但如果水中含有大量铁、镁、钙等物质,不仅不符合卫生要求,还会影响酱油的香气和风味。

第三节 制 曲

一、种曲制备

(一)种曲及主要菌种

酱油用曲包括种曲和成曲。种曲即酱油酿造制曲时所用的种子或发酵剂,是生产所需要的菌种经培养而得到的含有大量孢子的曲种。种曲的优劣直接影响酱油制曲的质量、酱醅杂菌含量、发酵速度、蛋白质和淀粉水解程度,因此要求孢子多、发芽快、发芽率高、纯度高。种曲中含有数量达$(2\sim5)\times10^{8}$个/g以上的孢子,主要菌种有米曲霉、黑曲霉、酱油曲霉等。

1. 米曲霉

米曲霉是酱油酿造制曲的主要曲霉菌。其菌落生长快,初期为白色,渐变为黄色,孢子成熟后变为黄绿色。它与黄曲霉十分相似,但不产生黄曲霉毒素及其他真菌毒素。米曲霉有较强的蛋白质水解和糖化能力,能利用单糖、双糖、有机酸、醇类、淀粉等多种碳源。

米曲霉具有复杂的酶系统,主要为:蛋白酶,分解原料中蛋白质;谷氨酰胺酶,使大豆蛋白质水解产生的谷氨酰胺分解成谷氨酸;淀粉酶,水解原料中淀粉,生成糊精和葡萄糖;此外,还能分泌果胶酶、纤维素酶及酯酶等。其中,最为重要的是蛋白酶、谷氨酰胺酶及淀粉酶,其决定了原料的利用率、酱醪酱醅发酵成熟的时间及产品风味与色泽。发酵阶段添加的18%食盐水对其蛋白酶类影响较小,而对其他酶系影响较大。

常用的米曲霉有沪酿3.042、UE-336、961、961-2、$10B_1$、UE-328、Xi-3、Cr-1等菌株。其中的沪酿3.042是目前国内酱油生产厂家普遍使用的优良菌株,其分生孢子大,数量多,生长繁殖快,对抗杂菌能力强,易制曲(制曲时间为24 h),蛋白酶活力比原出发菌株提高30%以上。

2. 黑曲霉

黑曲霉用于淀粉的液化和糖化,具有多种酶系统,如淀粉酶、糖化酶、酸性蛋白酶、纤维素酶等。常用的黑曲霉有AS3.350、AS3.4309、F-27、中科3.324等。其中,黑曲霉AS3.350在察氏培养基上生长10~14 d后,菌落直径达2.5~3 cm,菌丝初为白色,常常出现鲜黄色区域,厚绒状,渐变为黑色。黑曲霉AS3.350能高产酸性蛋白酶,能使酱油氨基酸含量提高30%以上,与米曲霉沪酿3.042混合制曲后,能增加酱油鲜味,谷氨酸含量提高20%以上。

3. 酱油曲霉

酱油曲霉分生孢子表面有突起，多聚半乳糖羧酸活性成分高。它最早由日本在20世纪30年代从酱油中分离出，并应用于酱油生产。目前，日本制曲使用混合曲霉，其中米曲霉占79%，酱油曲霉占21%。我国多用米曲霉制曲，部分厂家使用混合曲种。

(二)种曲制作

1. 原料要求

制作种曲的目的是获得优良种子，因此原料选择必须满足曲霉菌旺盛生长和繁殖的需要。曲霉菌繁殖时需要大量碳源，而豆粕中淀粉含量较少，因此原料配比上需要设置豆粕占少量，麸皮占多量，必要时加入适当的饴糖，以满足曲霉菌的需要。

为了使曲霉菌生长旺盛的同时大量着生孢子，需要使曲料松散，保持空气流通。颗粒度过细的麸皮不利于通风，因此需要适量加入粗糠等疏松料，以改变曲料的物理性质。我国制作种曲使用的材料一般为麸皮和面粉，日本一般使用粉碎的裸麦、小麦或麸皮。

制作种曲不能采用发霉或气味不正的原料。发霉的原料含有杂菌，虽然在蒸料时能够把杂菌杀死，但是杂菌在原料中所生成的有害物质仍然存在，对曲霉菌的繁殖有抑制作用。

2. 种曲室及其他设施要求

种曲室即培养种曲的场所，需要保证卫生，又能提供符合种曲生长繁殖需要的环境。对种曲室的要求：密闭、保温保湿性能好；大小一般为5 m×(4～4.5)m×3 m，上为圆弧形房顶，以防止冷凝水滴入种曲；水泥地，四周水泥墙，开有门、窗、天窗各一，并有保温保湿装置及排水设施。

其他设备有蒸料锅(桶)、接种混合桶(盆)、扬料机、筛子、竹编或曲盘、木铲、草帘或纱布等。

3. 种曲制作流程

种曲制作流程见图8-2。

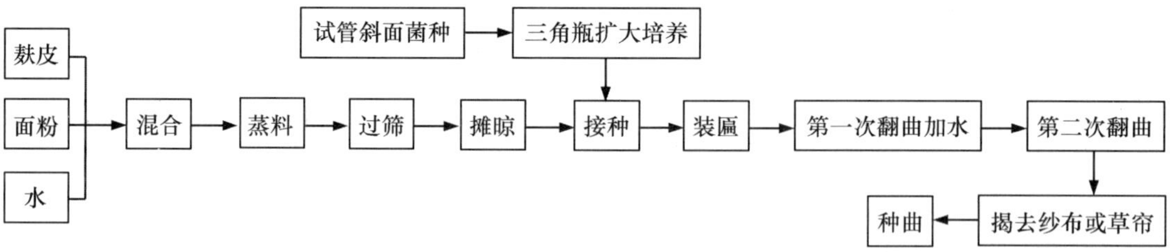

图8-2 种曲制作流程

4. 操作要点

(1)灭菌工作 种曲制作必须尽量保证菌种的纯度，防止杂菌污染。种曲室及一切工具在使用前需经洗刷后消毒灭菌。灭菌前将种曲室门窗及地沟等洞孔密封，采用硫黄或甲醛熏蒸。其中，甲醛对细菌和酵母菌的灭杀力较强，但难以彻底灭杀霉菌。而硫黄的使用更为普遍，如将甲醛与硫黄混合使用，则效果更佳。

(2)曲种配比　制作种曲可采用不同配比的原料,如以下 3 种配比:麸皮 80%,面粉 20%,水 70%左右;麸皮 85%,豆饼粉 15%,水 90%左右;麸皮 85%,豆粕 10%,饴糖 5%,水 120%左右。其中,水分是占原料总量的百分比。

(3)原料处理方法　先将豆粕加水浸泡 30 min 以上,控制水温在 85 ℃以上。加入麸皮,拌匀,经蒸料锅蒸熟,以实现灭菌及蛋白质适度变性的目的。出锅过筛,摊晾至品温为 35~40 ℃时接种。

如采用常压蒸料,一般保持蒸汽从原料面层均匀喷出后,加盖蒸 1 h,再关汽焖 1 h;如采用加压蒸料,一般采用 0.1 MPa 保持 30 min,蒸料出锅后呈黄褐色,柔软无浮水。出锅后过筛,同时迅速冷却。要求熟料松软,含水量为 52%~55%。

(4)接种　待曲料品温冷却至 40 ℃左右时即可接种。按照季节不同,夏季接种温度为 38 ℃,冬天为 42 ℃左右。接种量为 0.5%左右。接种时,将三角瓶种曲散布于曲料中,并注意将曲种与曲料迅速拌匀。如用回转式加压锅蒸料,经真空冷却,可在锅内接种及回转拌匀,以减少与空气中杂菌的接触。

(5)培养和翻曲　接种完成后,采用竹匾或曲盘(盒)进行种曲培养。米曲霉沪酿 3.042 在种曲培养过程中呈现孢子发芽期、菌丝生长期、菌丝蔓延期、孢子着生期及孢子成熟期 5 个阶段。

以曲盘制种曲为例,将曲料堆积于曲盘中央,每盘装料(以干料计)0.5 kg。装盘后品温应为 30~31 ℃,保持室温在 29~31 ℃(冬季在 32~34 ℃)。将曲盘以柱形堆叠放,高度为 8 个盘,最上层倒盖一个空盘,以保温保湿。约 6 h 后,上层品温达 35~36 ℃,此时倒盘一次,使上下品温均匀,此阶段为米曲霉沪酿 3.042 的孢子发芽期。

继续保温培养约 6 h,上层品温达 36 ℃左右。孢子发芽并生长为菌丝,曲料表面呈微白色,并开始结块,此阶段为菌丝生长期。此时需搓曲(即第一次翻曲),将曲料搓碎、摊平,使曲料松散,每盘覆盖一张灭菌后的湿草帘,以保湿降温,再经一次倒盘后,将曲盘以"品"字形堆放。

搓曲后继续保温培养 6~7 h,品温再次升至 36 ℃左右,曲料全部长满白色菌丝,且结块,此时进行第二次翻曲。或根据情况进行划曲,即用竹筷将曲料划成 2 cm 的小块,使底层曲料翻起,利于通风降温,保障菌丝孢子的均匀生长。翻曲或划曲后覆盖湿草帘,并倒盘,仍以"品"字形堆放。调整室温为 25~28 ℃。此阶段菌丝生长旺盛,大量蔓延,使曲料结块,称为菌丝蔓延期。

第二次翻曲后,应控制曲室温度与湿度,降低室温使品温保持在 34~36 ℃,相对湿度为 100%,每隔 6~7 h 倒盘一次。此阶段菌丝开始长出孢子,称为孢子着生期。

自第二次翻曲后的盖草帘开始计时,约 48 h 后,揭去草帘,此时品温上升趋于平缓,应停止加湿并开天窗进行排湿,保持品温在 35~36 ℃,其间倒盘一次,培养至种曲成熟。此阶段孢子大量生长并老熟,称为孢子成熟期。自装盘入室至种曲成熟,整个培养时间共计 72 h。

(三)种曲制作的注意事项

1. 保持洁净

种曲室要保持清洁卫生,必要时需彻底消毒灭菌。设备及用具使用后要清洗干净。

2. 过程记录

做好种曲质量检查并做好记录。

3. 种曲保藏

培养好的种曲须于低温干燥处保藏。

4. 其他措施

采取以下措施可使种曲的孢子量进一步提高：用冰醋酸调节曲料 pH 为偏酸性，以适宜曲霉生长，同时可抑制细菌繁殖；添加原料量 1%的草木灰，可提供微量元素，有利于孢子着生，草木灰需先用冰醋酸中和，以免引起曲料 pH 上升。

（四）种曲质量标准

1. 感官要求

外观：菌丝整齐健壮、孢子生长旺盛，米曲霉呈新鲜黄绿色，黑曲霉呈新鲜黑褐色，无夹心，无杂菌，无异色。

香气：具有种曲特有的曲香，无酸味、氨味等不良气味。

手感：手捏种曲，松软而光滑，孢子飞扬。

2. 理化指标

孢子数：血球计数板测定米曲霉种曲干基孢子数达 6×10^{9} 个/g 以上。

孢子发芽率：用悬滴培养法测定发芽率，要求达到 90%以上。

细菌数：米曲霉种曲中细菌总数不超过 10^{7} 个/g。

水分含量：自用种曲含水量在 15%以下，销售用种曲含水量在 10%以下。

种曲质量关系到生产用曲（成曲）的品质，必须严格控制。如果种曲不满足质量标准，必须停止使用该批种曲；对所有工具及设施进行彻底清洗、消毒灭菌；同时对斜面菌种及三角瓶扩大曲种进行检查，按照培养工序，重新制作种曲。

二、厚层机械通风制曲

将预处理后的酱油酿造原料，接入种曲，通过控制温度、水分及通风，使优良曲霉菌等有益微生物充分繁殖和产酶，最终得到的扩大化培养的曲料即为成曲。成曲制作称为制曲，是酱油酿造工艺的关键环节。制曲完成后，将会拌入盐水制成酱醅或酱醪，进入后续的发酵工序。而制曲过程中通过曲霉菌大量繁殖而产生的大量酶类，是发酵阶段原料分解、转化、合成的前提。

根据制曲方式不同，酱油成曲分为固体曲和液体曲。其中，固体曲制曲方法主要有厚层通风制曲、曲盘制曲等。

厚层通风制曲是将接入种曲后的曲料置于曲池内，利用风机供给空气、调节温度和水分含量，促使米曲霉在较厚（25～30 cm）的曲料中生长繁殖和积累代谢产物，完成制曲过程。除通用的简易曲池外，尚有链箱式机械通风制曲机及旋转圆盘式自动制曲机可用于厚层通风制曲。固体厚层通风制曲与传统的固体制曲工艺相比，具有节约制曲面积、方便管理、劳动强度较低、便于机械化和自动化控制、成曲质量高等优点。

(一)制曲设备与设施

1. 曲室

曲室有地上曲室和楼上曲室两种,其中,地上曲室应用较广,但是楼上曲室具有空间优势,可将曲室正下方设置为发酵场所,所制成曲可利用重力输送至楼下。曲室有砖木结构、砖结构和钢筋水泥结构等构造,墙壁厚度应满足保温要求,四壁和顶部涂水泥,使其表面光洁。室内设下水道,房顶为弧形,以防滴水。

2. 曲池

曲池设于曲室内,一般呈长方形,可用钢筋混凝土、砖砌、钢板、水泥板制成。一般长 8～10 m,宽 1.5～2.5 m,高约 0.5 m。曲池底部设有倾斜角度 8°～10°的通风道,倾斜处称为导风板,其作用是改变气流的方向,使水平方向来的气流转为垂直方向进入曲料。倾斜的导风板能减少风压损失,并使气流分布均匀。

3. 保温保湿装置

曲室内应有保温设施,沿墙安装保温蒸汽管或蒸汽散热片;应有天窗及风扇,以利于降温;应具有风机,以供给氧气和控制温度及水分,为曲霉生长提供合适的条件,风机可与空调箱相连接。空调箱的作用是把通入曲池风道的空气调节到一定温度和湿度,同时起到净化空气的作用。空调箱可用水泥砖砌或钢板做成,正面装有入孔、进风阀、回风阀及出风口等,箱体内装有蒸汽加热喷嘴、进水管、溢水管、进水过滤器、挡水板等,喷嘴连接水泵,出风口与风机相连,通入曲池风道。

4. 风机

风机的选配应按曲池的大小和装曲料的多少来确定,一般分为低压、中压及高压 3 种。低压的总压头小于 1 kPa,中压为 1～3 kPa,高压为 3～10 kPa。厚层通风制曲选用的风机是中压的,一般要求总压头在 1 kPa 以上即可。风量以每小时曲池内盛总原料(kg)的 4～5 倍空气量(m^3)计算。如:曲池内盛入的总原料为 1 000 kg,则需要的风量为 4 000～5 000 m^3/h。在实际应用时,风道应尽可能减少弯头,以免影响风机原设计的风量和风压。

5. 翻曲机

通风制曲过程中一般需进行两次翻曲,使结块的曲料疏松,消除曲料制曲过程中形成的裂缝,保持通气均匀。翻曲主要使用的有垂直绞龙式翻曲机和滚耙式翻曲机。相对于人工翻曲,翻曲机的使用可大大降低劳动强度。

(二)制曲工艺流程

厚层通风制曲工艺流程如图 8-3 所示。

豆粕、麸皮 → 蒸煮熟料 → 冷却 → 接种种曲 → 第1次翻曲 → 第2次翻曲 → 成曲

图 8-3 厚层通风制曲工艺流程

(三)操作要点

1. 原料预处理

原料预处理的目的是使蛋白质达到易于酶解的程度,是酱油生产的重要工序之一。

原料配比:制曲原料主要为蛋白质和淀粉质原料及水。制作完成的成曲将用于下阶段的发酵,作为酱油的主要部分,因此成曲原料配比中蛋白质占比较高。

各地制曲的原料配比各有不同,相应的润水用量也有差异。通风制曲水分挥发较多,因此熟料水分含量应尽量高一些。如原料配比为豆粕 100 kg,麸皮 10 kg,加水量为豆粕重量的 80%～85%,使水分达到曲料重量的 50%左右为宜。水分含量高有利于米曲霉生长,但过高易于污染细菌。

蒸煮熟料:原料蒸煮熟料工艺与种曲部分一致。原料经蒸熟出锅后应迅速冷却至 40 ℃左右,并打碎结块的原料。

2. 接种种曲

将种曲与适量预先干蒸过的新鲜麸皮在搅拌机中充分拌匀,以保证接种均匀,接入 40 ℃左右的熟料中,再使用风送设备或输送带运入曲池中。种曲用量为成曲投料量的 0.3%～0.5%。

3. 培养与翻曲

入池曲料应保持料层松、匀、平,防止压料过实,利于通风、温度及水分含量的一致。装料厚度一般为 30 cm。接入种曲后,由于孢子发芽或菌丝繁殖,出现曲料温度过高或上下层品温不一致的现象,应及时通过风机启停和翻曲对品温进行调节。以米曲霉沪酿 3.042 的厚层通风制曲为例,其厚层通风制曲各阶段操作要点(图 8-4)如下。

调整入池温度为 32 ℃左右,促进米曲霉孢子发芽。培养 6～8 h,曲料开始升温至 35～37 ℃,应及时开启风机通风降温。此后通过风机,采用循环风或循环风混合外界空气的方式,维持曲料温度在 35 ℃左右。

曲料入池 12 h 后,品温上升较快,由于菌丝密集繁殖,曲料结块,通风阻力加大,出现底层品温偏低,表层品温稍高,温差逐渐加大的现象,且表层品温有超过 35 ℃的趋势,此时应进行第一次翻曲,使曲料疏松,减少通风阻力,保持品温在 35 ℃以下。

翻曲后继续培养 4～6 h 后,菌丝繁殖旺盛,曲料再次结块,应进行第二次翻曲,并持续通风,维持品温在 30～32 ℃。如曲料收缩,再次出现裂纹或裂缝,使风从裂缝大量泄漏,可采用压曲或铲曲的方法消除裂缝。

培养至 20 h 左右,米曲霉开始产生孢子,且蛋白酶活力大幅上升。米曲霉产酶时,品温应尽量低于 30 ℃,能增加酶活力。

至 24～28 h 时,孢子逐渐成熟,外观由淡黄色转至嫩黄绿色,酶活力已达最高峰,即可出曲,否则酶活力有下降趋势。

制曲完成后要防止因成曲的堆积而升温,造成酶活力损失。翻曲时间、翻曲程度、风机的风压和风量是厚层通风制曲的操作要点,翻曲要做到透彻,池底曲料全部翻动,通风、温度及水分要控制得当,使米曲霉的生长始终占据绝对优势,抑制杂菌生长,保证成曲质量。

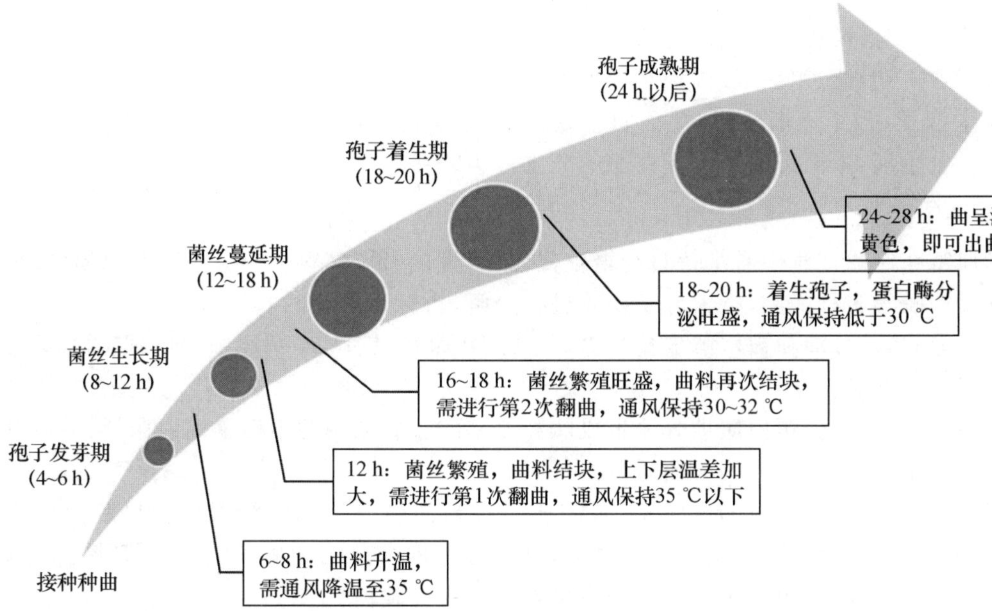

图 8-4　米曲霉沪酿 3.042 的厚层通风制曲各阶段操作要点

(四)制曲过程中的生物化学变化

制曲是生产酱油的关键环节，制曲过程是接入的纯种种曲大量繁殖并分泌出大量酶的过程，其间主要的生物化学变化包括微生物变化、化学变化及物理变化。

1.微生物变化

厚层通风制曲是以米曲霉(大多为沪酿 3.042)的培养和代谢产物(主要为酶)的积累为主要目的。24 h 制曲过程中，米曲霉的生长变化周期一般分为 4 个阶段：孢子发芽期、菌丝生长期、菌丝蔓延期及孢子着生期。影响米曲霉生长的因素，主要包括营养、温度、水分、空气、pH 及培养时间等。其中，对米曲霉繁殖和代谢产物累积影响最大的三个因素分别为温度、水分及空气。因此，制曲的成功与否也决定于温度、水分和空气的调节是否恰当。

孢子发芽期：曲料投入种曲后，米曲霉孢子吸水膨胀，体积增大 2～6 倍，并在 4～6 h 开始发芽，此时期为孢子发芽期。这一时期的主要影响因素是水分和温度。霉菌最适发芽温度为 30 ℃左右，生产时一般控制在 30～32 ℃。曲霉迅速繁殖，形成生长优势，对杂菌起到抑制作用。在温度低于 25 ℃且水分含量大的情况下，小球菌可能大量繁殖；温度高于 38 ℃时，不利于孢子发芽，却适宜枯草芽孢杆菌的生长。

菌丝生长期：接种后 8～12 h，菌丝生长迅速，曲料开始发白、结块，此时期为菌丝生长期。其间曲料品温逐渐上升，出现上层品温高、下层品温低的现象，需进行间歇或连续通风，一方面调节品温，另一方面供给足够的氧气，以利于米曲霉生长。一般维持品温在 35 ℃左右，如果品温仍有上升趋势，应进行第一次翻曲，使曲料疏松，品温均匀一致。

菌丝蔓延期：此过程一般出现在接种后 12～18 h，即翻曲后菌丝繁殖更加旺盛，品温上升也极为迅速。此时应控制曲室温度，并对曲池采取连续通风措施，一般维持品温在 33～35 ℃。

当曲料面层出现裂缝，品温相应上升，应进行第二次翻曲，消除裂缝，以防漏风。上下层品温如相差仍然悬殊时，需进行第三次翻曲或铲曲。

孢子着生期：此过程一般出现在接种 20 h 以后，即第二次翻曲后，品温逐渐下降，曲霉菌开始着生孢子，孢子逐渐成熟，使曲料呈现淡黄色直至嫩黄绿色。但仍需连续通风以维持品温。孢子着生期，米曲霉的中性蛋白酶的分泌最为旺盛。

2. 化学变化

米曲霉在制曲过程中需维持自身繁殖代谢，可直接摄取曲料中小分子营养物质，或分泌蛋白酶和淀粉酶等多种酶类，将大分子物质进行分解，再转运至胞内。

淀粉分解：部分淀粉被水解成葡萄糖，经 EMP 途径及 TCA 循环被分解成 CO_2 和 H_2O，同时放出大量的热。

蛋白质分解：部分蛋白质被分解生成肽和氨基酸。如果制曲中污染腐败菌，将使氨基酸进一步氧化而生成游离氨，影响成曲质量。

其他物质转化：曲料中的纤维素、果胶质等经米曲霉分泌的纤维素酶和果胶酶作用而水解，破坏曲料中植物细胞壁，细胞内溶物被释放，可促进米曲霉的生长繁殖。豆饼中的蔗糖部分被水解成果糖，麸皮中的多缩戊糖有少量被水解成五碳糖。

pH 变化：制曲过程中，曲室为可开窗敞口操作，自由流通的空气中会携带各种杂菌，如细菌、酵母、根霉、毛霉等。如果产酸菌大量繁殖，则导致成曲 pH 下降；如果污染腐败细菌，又可因为氨基酸氧化脱氨而使成曲 pH 上升。而正常制曲过程中，温度和水分控制得当，米曲霉为绝对优势菌种，因此成曲 pH 应当接近中性(6.8～7.2)。

3. 物理变化

曲料水分含量：制曲过程中，因米曲霉生长代谢而产生呼吸热和分解热，需要通风降温。通风使曲料中水分大量蒸发。一般来说，每吨制曲原料，24 h 制曲过程中蒸发的水分将接近 0.5 t，出曲时成曲中水分下降至 30%。

曲料形态：米曲霉分泌淀粉酶，使粗淀粉减少，产生的热量使水分蒸发，同时伴随菌丝的大量繁殖，导致曲料坚实、料层收缩，以致发生裂缝，引起漏风及料温不均匀。

曲料色泽：曲霉繁殖前，曲料为红褐色，随着制曲进程变化，曲料色泽也呈现不同变化。菌丝大量繁殖，形成霜状白色；霉菌生长到一定阶段，孢子丛生时，呈现黄绿色；而如果有较严重杂菌污染时，可能局部或全部呈灰色、黑白青色等各种杂色。

(五)制曲过程中常见的杂菌污染及其防治

1. 制曲过程中的常见微生物

霉菌、酵母菌及细菌是制曲过程中的常见杂菌，其中以细菌最多。一般正常成曲中含细菌数约为 10^9 个/g，而污染严重的达 10^{10} 个/g。成曲内酵母菌数量为 10^5～10^6 个/g。

(1)霉菌

①毛霉：菌丝无色，如毛发状，成熟后呈灰色，大量繁殖后妨碍米曲霉正常生长繁殖，影响酱油风味。

②根霉：菌丝无色，如蜘蛛网状，糖化力强，其危害性小于毛霉。

③青霉：菌丝呈灰绿色，可在较低温度下繁殖，产生霉烂气味，影响酱油风味。

(2)酵母菌　成曲中分离鉴定的酵母菌分为5个属,其对酱油的影响各有不同。

①有益酵母菌:鲁氏酵母是酱油酿造中的主要酵母菌,能在酱油发酵阶段进行酒精发酵,生成酒精、甘油、琥珀酸及糠醇,促进酱油特殊风味的形成。

②有害酵母菌:毕赤酵母,不生成酒精,能产生醭,消耗酱油中的糖分等;醭酵母,在酱油液面形成醭,分解酱油中的成分,影响酱油风味,是酱油中存在较为普遍的有害菌;圆酵母,能生成丁酸及其他有机酸,使酱油变质。

(3)细菌

①枯草芽孢杆菌:是制曲中典型的有害污染菌,能形成芽孢,会消耗原料中蛋白质和淀粉,并生成氨,有异臭,数量过大时还会引起成曲发黏,影响米曲霉繁殖及酶的形成,导致制曲失败。

②小球菌:制曲污染的主要细菌,好氧,在制曲的初期繁殖,生酸力弱。一方面,小球菌繁殖后会产生少量酸,使曲料 pH 下降,起到抑制枯草芽孢杆菌的作用,此时是有益的;另一方面,当其繁殖过多时,则妨碍曲霉生长,且不耐盐,发酵阶段拌入盐水后,死亡菌体会造成酱油浑浊沉淀,此时又属于有害菌。

③粪肠球菌:兼性厌氧,制曲前期繁殖旺盛,产酸力比小球菌强,产生少量的酸,能起到抑制枯草芽孢杆菌繁殖的作用,但产酸过多时又会影响曲霉的生长。

2. 杂菌污染的防治方法

①保证曲霉菌斜面菌种和种曲的纯度及活力。

②要求种曲健壮旺盛,发芽率高,繁殖能力强,以其生长优势来抑制杂菌的侵入。

③蒸料时达到料熟,水分适当,质地疏松,灭菌彻底,冷却迅速,以降低杂菌污染机会。

④制曲过程中,均匀接种,控制好温度、水分及通风,为米曲霉生长创造最佳生长条件。

⑤保持曲室、曲池及工具设备的清洁卫生。

⑥制种曲和厚层通风曲过程中,添加0.3%的冰醋酸,大幅度减少成曲中的细菌数。

(六)成曲质量标准

成曲质量可通过感官特性和理化指标进行评定。

1. 感官特性

①视觉评定:菌丝丰满,质地均匀,密生嫩黄绿色孢子,无灰黑色或褐色等杂色,无夹心。

②触觉评定:曲料疏松柔软,具有弹性。

③嗅觉评定:具有曲特有的香气,无酸味、霉臭及其他异味。

2. 理化指标

①水分含量:要求一日曲水分含量为32%～35%,二日曲为26%～30%。

②蛋白酶活力:中性蛋白酶活力在1 000 U/g(干基)以上。

③细菌总数:要求小于 5×10^9 CFU/mL。

三、液体曲

液体曲是采用液体培养基,通过深层培养技术对米曲霉进行培养,获得含有酱油酿造所需酶类的培养液。液体曲不同于传统的厚层通风制曲等固态法制曲，是将现代微生物培养技术应用于酱油酿造的新型制曲技术。霉菌经过液态深层发酵，获得所需酶类并将其应用于酱油酿造，已被试验所证实。

（一）液体曲的应用进展

液体制曲的研究开始于20世纪50年代，1972年宜昌市三峡粉丝厂报道了深层发酵法生产蛋白酶、水解粉丝废水制造酱油的新工艺；1974年以来，上海市酿造科学研究所经研究并诱变获得了沪酿UE328、沪酿UE317等米曲霉新菌株，蛋白酶活力大大提高。通过液态深层发酵罐培养沪酿UE328，生产的液体曲中性蛋白酶效价最高达3 255 U/mL，最低为1 566 U/mL，平均为2 077 U/mL；通过发酵罐培养宇佐美曲霉AS3.4310(537)，生产酸性蛋白酶，其酶活达4 570 U/mL。按每克总原料用中性蛋白酶1 000 U、酸性蛋白酶500 U计算，则每100 kg总原料添加两种液体曲62.5 kg，最终发酵制得的酱油色泽较淡（生酱油色率仅为0.6%，普通酱油色率为2%～3%），全氮利用率平均为85.49%，氨基酸态氮生成率平均为45.85%，杂菌数仅为1 900～5 900 CFU/mL。应用液体曲，再辅助添加酸性蛋白酶和酵母菌进行短期后发酵，可酿造优质一级酱油，且原料的全氮利用率达80%。

（二）液体曲的优势与不足

传统酱油固态制曲过程中存在多方面问题，如制曲环境多为开放式，易受杂菌污染，生产周期长，工序烦冗，劳动强度大等。而液体曲可实现制曲过程的管道化、自动化生产，卫生状况好，曲种质量稳定，制曲时间短。米曲霉固体培养基产孢需5 d左右，孢子量较少，而液体培养基培养48 h后菌丝即可繁殖旺盛，且可快速获得大量的菌体。

液体曲的不足之处是酿造的酱油风味欠佳，原因可能是液体曲与固体曲酶系组成比例不同。如米曲霉沪酿3.042固体曲和沪酿UE328（沪酿3.042诱变株）液体曲的酶系组成基本一致，包括中性蛋白酶、碱性蛋白酶、酸性蛋白酶、液化酶、糖化酶、纤维素酶及果胶酶等，但液体曲的中性蛋白酶及碱性蛋白酶活力高于固体曲，而碳水化合物水解酶类活力则低得多。

（三）液体曲的制作工艺流程

液体曲的制作工艺流程如图8-5所示。

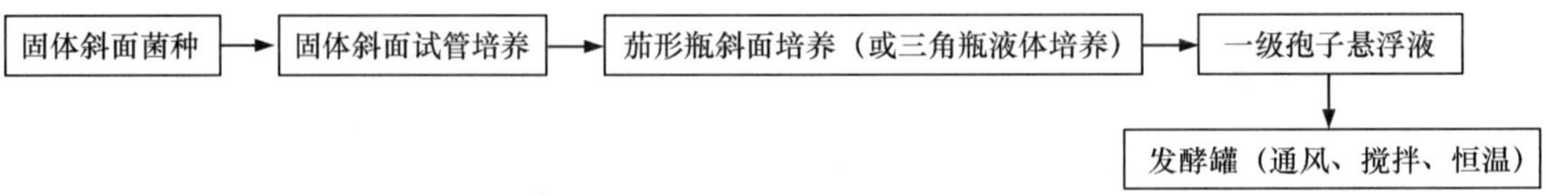

图8-5 液体曲的制作工艺流程

（四）主要技术要点

酱油液体曲的制作即米曲霉液态深层培养的制酶过程，其操作与普通微生物液态深层发酵的要求基本一致，主要包括原料、温度、pH、溶氧、转速、收获时间等。此外，酱油液体曲的独特之处在于米曲霉的种属或菌株的特异性需求，且米曲霉或其他曲霉属于丝状真菌，液体深层培养时需要注意菌丝球的形成状态及其影响因素，菌球形态及大小的控制对发酵产量具有重要的影响。

深层发酵中，丝状真菌菌体通常存在3种形态：团块状、絮状和球状。团块状的菌体形态在发酵过程中接种量难于控制，不利于菌体内部的传氧、传质，产物产量明显偏低，一般不选用；絮状菌体会增加发酵液黏度，形成假塑型流体，降低物质、氧气在发酵液中的传递效率，同时还极易缠绕搅拌桨，使发酵产物产量、发酵罐性能降低。球状形态可以克服以上不足，改善发酵液的流变特性，有效提高传质、传氧性能，降低能耗。但若菌球过大，也不利于内部传质、传氧，影响产物积累。影响菌球形成及其特性的因素一般有pH、接种孢子、培养基成分、搅拌速度等，通过对这些因素的调控可以获得产物积累的最佳形态。例如，普遍认为低孢子浓度利于较小菌球的形成。

种龄对发酵的影响很大，发酵接种的菌种一般具有最佳的种龄。接种量的大小对于发酵的影响也非常大。采用较大的接种量往往可以缩短菌丝繁殖时间，使产物的形成时间提前，但接种量过多，会使菌丝生长过快、培养液的黏度增加，造成溶氧量不足等，从而影响产物的合成。

四、其他酱油酿造新技术

（一）多菌种制曲

多菌种制曲是指在制曲时不局限于米曲霉单一菌种，还配合其他纯培养的有益微生物，如黑曲霉、红曲霉、酱油曲霉、绿色木霉、耐盐酵母菌及乳酸菌等。多菌种发酵工艺可充分利用两种或多种微生物发酵特性，将其水解酶系优化组合，从而提高产品质量，改善产品风味，提高原料利用率，而不增加现有设备。

蛋白酶、α-淀粉酶及糖化酶是对酱油质量及蛋白质利用率影响较大的酶类。米曲霉酶系较全，有蛋白酶、α-淀粉酶、糖化酶、谷氨酰胺酶、果胶酶、半纤维素酶、纤维素酶等胞外酶，以及氧化还原酶等胞内酶。米曲霉的中性蛋白酶和碱性蛋白酶活力强，而酸性蛋白酶活力相对较弱。黑曲霉的酸性蛋白酶、纤维素酶、谷氨酰胺酶活力强，尤其是酸性蛋白酶的活力远远高于米曲霉，两种曲霉混合制曲具有酶系互补的作用，可改善酱油风味，提高原料转化率。上海酿造科学研究所使用以含米曲霉沪酿3.042的成曲为主，添加20%左右的AS3.350黑曲霉，使酱油的谷氨酸含量提高30%～40%。此外，添加绿色木霉可提高纤维素酶活力，添加耐盐乳酸菌及耐盐酵母菌可提高有机酸和醇类物质生成量。

（二）减曲生产技术

在酱油制曲过程中，因微生物生长和呼吸作用，20%的粮食能转化为CO_2，同时释放能量，从而导致部分粮食不能有效转化为产品而损失，还需要大量鼓风通氧，消耗大量电能。通过诱变育种增强米曲霉的蛋白酶活性，可达到减少制曲过程中的制曲量，提升原料利用率，提高酱油产量，减少能源和粮食消耗，及节约制曲设备的目的。在酱油曲中性蛋白酶活力(1 000 U/g)已达到蛋白质降解要求的基础上，上海酿造科学研究所对沪酿3.042进一步进行诱变育种，获得突变株 UE336 及 WU328，其中性蛋白酶活性提高 40%以上。实际生产中，使用 UE336 进行酱油制曲，采用减曲 30%工艺，原料全氮利用率可达到 80.33%。

除菌种诱变育种外，还有研究报道通过添加激活剂的方式激活和提高米曲霉蛋白酶的产生，从而达到减曲目的。

（三）酶制剂应用新技术

酶制剂即经过分离提取和加工后具有催化活性的生物制品，分为单酶制剂和复合酶制剂。食品工业用酶制剂是由动物或植物的可食或非可食部分直接提取，或由传统或通过基因修饰的微生物（包括但不限于细菌、放线菌、真菌菌种）发酵、提取制得，用于食品加工，具有特殊催化功能的生物制品。

酱油酿造中起主要作用的是各种酶类，通过向发酵过程中补充酶制剂，或者直接使用酶制剂代替制曲工序，可使酱油生产周期缩短，提高原料蛋白质利用率，简化生产操作。

1979 年，无锡轻工学院从米曲霉培养液中萃取并制成酱油酶制剂，使原料蛋白质利用率相对老法提高 7.11%，但因酶系单纯，导致产品口味淡薄，风味欠佳。20 世纪 90 年代，湖南微生物研究所利用 1398 蛋白酶和 7658 淀粉酶酿造酱油，与曲法酱油比较，全氮利用率和氨基酸生成率均较低。国内学者提出了将小麦和豆粕分别酶解后，再添加酵母菌及乳酸菌进行后成熟发酵的"酶工程酱油制造"新工艺，并推荐使用上海中科公司酿造酱油专用复合酶制剂，可补充酱油中微生物酶系，蛋白质利用率为 80%左右，比原工艺提高 7%～8%，氨基酸生成率提高 2%～8%，可溶性无盐固形物提高 2%～5%。

虽然酶制剂应用于酱油生产已有较长时间的探索，但目前依然难以完全替代传统酿酒酿造方法，主要原因包括成本较高及风味欠佳两个方面。

1. 成本较高

一是酶制剂酿造虽然节约了制曲时的养分损失，却需要高价购进酶制剂；二是酶制剂需要从液体或固体培养的微生物中提取获得，总体来说反而比酱油制曲多了萃取、纯化及浓缩等工序；三是酱油制曲所用的原料既是曲霉的培养基质，也是酶的反应底物，最终转化成为酱油产品，而酶制剂的生产同样要用豆饼粉、麸皮及玉米浆等作为菌体培养基，但经过酶提取后成为糟粕。两相比较，酶制剂酿造的生产成本高得多。

2. 风味欠佳

现已使用的酱油专用酶制剂由 α-淀粉酶、纤维素酶、果胶酶、植酸酶和复合蛋白酶组成，相比酱油曲、豉曲中酶系，酯酶、酒化酶、溶纤酶及 β-葡萄糖苷酶等多种能催化营养与风味物质合成的酶系较少。同时酱油曲中菌体自溶后生成的核苷、核苷酸等风味物质也较少。

目前已知与蛋白酶分解有关的肽酶就有 98 种，蛋白酶有 267 种，产生风味的酶也非常复杂，有多少酶参与了酱油的发酵过程还不清楚。

此外，虽然酶制剂的使用提高了原料蛋白质的利用率，但酿造酱油过程中保留适量的中间产物肽类有一定必要性。肽的呈味性虽然不及氨基酸，但能增强厚味和风味持续性，在调和风味上起到十分重要的作用。为了提高产品的风味，蛋白质不能完全水解为氨基酸。

第四节 发 酵

酱油发酵是利用米曲霉、酵母菌及细菌所产生的各种酶,对原料中的蛋白质、淀粉及其他大分子物质进行分解,并产生醇类、酸类和醛类等风味成分的过程。发酵过程中,原料所含物质发生一系列复杂生物化学变化,最终形成酱油特有的色、香、味、体。

一、发酵过程中的微生物变化

在制曲和发酵过程中,从空气中落入的酵母菌和细菌也进行繁殖和发酵,与曲霉等微生物共同作用,最终生产出酱油产品。其中,曲霉与原料利用率、发酵速率、成品色泽及味道鲜美具有直接关系;酵母菌和乳酸菌对酱油风味有直接影响。

(一)曲霉

曲霉在前期制曲阶段大量繁殖并产生各种酶,特别是蛋白酶和淀粉酶,以供发酵阶段蛋白质和淀粉的分解所需。曲霉入池后,由于温度、pH 及环境的影响,很快发生自溶,生成核酸自溶物、氨基酸及糖分。

(二)酵母菌

酵母菌最适培养温度为 28～30 ℃,最适 pH 为 4.5～5.6。酵母菌在酱油酿造中对酱油香气影响最大,直接或间接参与酒精发酵、酸类发酵及酯化反应等。酱醪(醅)中分离的酵母有 7 个属 23 个种,其中与香气有关的酵母有:鲁氏酵母、易变球拟酵母、埃契氏球拟酵母。

鲁氏酵母对酱油质量影响较大,占酵母总数的 45%,是常见的嗜盐酵母菌,能在 18%的食盐基质中生长,出现在主发酵期,是发酵型酵母,能发酵葡萄糖生成乙醇和甘油等。乙醇可与酸类形成酯,是酱油香气的重要组分。

随着发酵温度的升高,鲁氏酵母等发酵型酵母发生自溶,易变球拟酵母与埃契氏球拟酵母成为后发酵期主要酵母菌,其主要作用是在发酵后期形成香气成分——4-乙基愈创木酚。

(三)细菌

酱醪(醅)中细菌种属较多,可分为有益和有害细菌。细菌中对酱油风味影响较大的主要是乳酸菌。发酵 1 个月的酱醪,乳酸菌数量可达 10^8 CFU/g。其中嗜盐足球菌和四联球菌分别在发酵前期和后期居多,是形成良好酱油风味的主要乳酸菌,可耐 18%～24%的食盐。

乳酸菌产生乳酸,一方面,降低酱醪 pH 至 5.0 左右时,可促进鲁氏酵母的繁殖;另一方面,乳酸和乙醇生成香气较浓的乳酸乙酯。此外,乳酸菌还能去除酱醪(醅)中因氨基酸分解而产生的臭味,从而改善酱油风味。

二、发酵过程中的生物化学变化及色、香、味、体的形成

(一)蛋白质水解

按照最适作用 pH 的不同，米曲霉所分泌蛋白酶可分为：酸性蛋白酶（最适 pH 为 3.0）、中性蛋白酶（最适 pH 为 7.0）及碱性蛋白酶（最适 pH 为 8.0），其中以碱性和中性蛋白酶为主，过低的 pH 会影响蛋白质水解。

按照作用底物不同，米曲霉蛋白酶系可分为蛋白酶、肽酶及谷氨酰胺酶。原料大豆及麸皮中含有的蛋白质，被蛋白酶水解为脲、胨、多肽，并逐渐分解为氨基酸。蛋白质原料中游离的谷氨酰胺经谷氨酰胺酶分解而生成谷氨酸。谷氨酰胺酶最适反应温度为 37 ℃，最适 pH 为 7.4。

部分氨基酸为呈味物质，其中谷氨酸和天冬氨酸的钠盐具有鲜味，甘氨酸、丙氨酸和色氨酸具有甜味，酪氨酸具有苦味。如果制曲过程中污染了腐败菌，氨基酸将会被进一步氧化为游离氨，从而降低酱油质量。

(二)淀粉水解

制曲后原料中还留存部分淀粉尚未彻底糖化，因此在发酵阶段将被淀粉酶继续水解生成葡萄糖、麦芽糖和糊精，以及果糖和五碳糖等。所生成的糖类对酱油的色、香、味、体具有重要作用。酱油色泽主要是由糖分和氨基酸经美拉德反应生成的。糖化作用完全，则酱油甜味好，体态浓厚，无盐固形物含量高。此外，糖类还是酒精发酵的底物。

(三)酒精发酵

酒精发酵主要是由酵母菌作用完成的。酵母菌繁殖与发酵受温度影响较大。30 ℃左右最适宜酵母菌繁殖和发酵，10 ℃时酵母菌仅繁殖不发酵，40 ℃以上时酵母菌自行消解。采用高温速酿制成的酱油香气不足，就是因为发酵温度高、时间短及酒精发酵微弱。此外，食盐对酵母菌具有抑制作用，含量为 15%以上的食盐，会对酵母菌繁殖与酒精发酵速度产生影响。而在固态低盐发酵后熟阶段接入鲁氏酵母和蒙奇球拟酵母，则产生酒精、异戊醇、异丁醇及有机酸类，从而显著改善酱油香气。

发酵阶段所生成的酒精主要以 4 种方式转化、散失或留存：部分被氧化为有机酸类；部分挥发散失；部分与氨基酸及有机酸等合成为酯类；微量酒精残留于酱醅中。

(四)酸类发酵

酱油中含有多种有机酸，其中以乳酸、醋酸、琥珀酸及葡萄糖醛酸等最为重要。产酸细菌在制曲阶段随空气进入，在发酵阶段将糖类转化为酸类。其中，乳酸由乳酸菌葡萄糖生成；乳酸菌也可利用五碳糖（阿拉伯糖、木糖）生成乳酸和醋酸；醋酸也可通过醋酸菌的氧化酶系由酒精转化而成；琥珀酸可经 TCA 循环产生，也可由谷氨酸氧化而生成。

适量的有机酸可增加酱油风味，但如果酸含量过多，将会使酱油呈酸味而影响其质量。酸度过高会影响蛋白酶和淀粉酶活力，还会导致酱油质量降低。

(五)酱油色、香、味、体的形成

1. 酱油色素

颜色过浅或浑浊的酱油为劣质酱油。酱油色素并不是单一组分的,其形成受多因素影响。非酶褐变(美拉德反应)及酶促褐变是酱油色素生成的基本途径。

美拉德反应即羰氨反应,是氨基酸或蛋白质与糖在加热时,产生的复杂化学反应,最终产物为黑褐色的类黑素。美拉德反应与基质的种类和结构、温度及水分有密切关系。一般来说,五碳糖比六碳糖反应强。麸皮中含有较多的多缩戊糖,因此适量使用麸皮可提高酱油色泽。

酶促褐变主要发生在发酵后期,与美拉德反应相比,其产生的色素量较少,反应机制为多酚化合物(酪氨酸)和 O_2 结合,在多酚氧化酶催化下生成棕色和黑色色素。

2. 酱油香气

酱油应具有酱香和酯香。酱油香气成分是由原料中的蛋白质、碳水化合物、脂肪等成分经米曲霉酶系及耐盐酵母菌、耐盐乳酸菌等微生物的发酵作用、化学反应及加热过程等生成的。酱油香气由 200 多种化学物质组成,其中主要成分有 20 多种,包括醇、醛、酯、酚、有机酸、缩醛等。

醇类物质主要有甲醇、乙醇、丙醇、丁醇、异戊醇、苯甲醇等。醇类物质主要由酵母菌产生,而其中的甲醇则来源于原料中果胶质的分解。

有机酸类物质主要有乳酸、醋酸、琥珀酸、葡萄糖酸等。

酯类物质主要构成了酱油香气主体,主要包括挥发性酯和不挥发性酯。挥发性酯有乙酸乙酯、己酸乙酯、异戊酸乙酯、辛酸乙酯等。不挥发性酯有乳酸乙酯、琥珀酸乙酯、丙二酸乙酯、草酸乙酯、马来酸乙酯、香草酸乙酯、苯甲酸乙酯、油酸乙酯、亚油酸乙酯、软脂酸乙酯等。酱油中高沸点酯的含量较高,低沸点酯的含量较低。酱油酯类形成途径有:发酵阶段由酵母酯化酶催化生成;由有机酸与醇的酯化反应生成。

酚类物质主要有 4-乙基愈创木酚、4-乙基苯酚、4-丙烯酸愈创木酚,是酱香的重要组分,以小麦中的苷元、木质素等为前体,经曲霉菌和球拟酵母的发酵作用产生。其含量极微(仅 1~3 mg/kg),但香味作用十分显著。

3. 酱油滋味

发酵酱油应具有鲜美的滋味,鲜、咸、甜、酸适中,诸味调和,醇厚绵长。

鲜味产生于原料蛋白质分解形成的氨基酸和肽类。鲜味物质主要有谷氨酸钠、天冬氨酸钠、肌苷酸钠、鸟苷酸钠,其相对比例为 100∶30∶4 000∶16 000。一般酱油中鲜味物质主要是谷氨酸钠和天冬氨酸钠等,而核苷酸类物质则被曲霉菌的磷酸单酯酶降解。

咸味主要由食盐提供。我国酱油氯化钠含量一般为 16%~21%。由于酱油中存在的肽、氨基酸、有机酸及糖类缓和了食盐的鲜味,使酱油咸味变得柔和。

甜味来自糖类,酱油含糖量一般为 3~4 g/100 mL,甜味物质主要有葡萄糖、果糖和麦芽糖,甘氨酸、丙氨酸和丝氨酸等甜味氨基酸,以及甘油等。

酸味主要由乳酸、醋酸、琥珀酸、柠檬酸等有机酸导致,其中以乳酸含量最多,约占酱油的 1.6%。酱油总酸含量在 1.5 g/100 mL 左右,超过 2 g/100 mL 会使口感不良。因此制曲和发酵阶段,都要防止生酸细菌过度繁殖。

4. 酱油体态

酱油体态即酱油浓稠度，由各种可溶性固形物构成。酱油固形物即酱油中水分蒸发后残留下的不挥发性固体物质，主要包括可溶性蛋白质、氨基酸、维生素、矿物质、糊精、糖类、色素、食盐等，多以波美度或折光度表示。不包含食盐的固形物称为无盐固形物，其含量是评价酱油质量的指标之一，优质酱油无盐固形物含量达 20 g/100 mL 以上。

三、发酵工艺

根据酱醅(醪)状态不同，发酵分为酱醪发酵与酱醅发酵，前者为向成曲中拌入大量盐水，使其呈浓稠的半流动状态，也称为稀醪或稀态发酵；后者为向成曲中拌入少量盐水，呈不流动的状态，也称为固态发酵。

我国传统酱油以日晒夜露的发酵方式为主。随着科学技术的发展和我国经济水平的提高，酱油酿造工艺也发生了许多改变，整体而言，近几十年我国酱油发酵工艺经历了天然晒露发酵、无盐固态发酵，及低盐固态发酵、高盐稀态发酵和固稀发酵多种工艺并举的不同阶段。

(一)天然晒露发酵

天然晒露发酵在采用天然制曲后，以高浓度盐水浸泡，经 6～12 个月的日晒夜露完成酱油发酵。酱油色泽红褐、酱香浓郁、滋味鲜美、体态厚实、不易腐败。至 1949 年，许多名特酱园仍然采用该传统酿制方法，如北京六必居酱园、湖南湘潭龙牌酱油、山东济宁玉堂酱园以及福建连江县琯头酱油等。但是，天然晒露发酵长期暴露于空气中，一方面需要使有益微生物充分繁殖和作用，另一方面需要控制有害微生物生长，因此加盐量大、周期长，且具有设备简陋、卫生条件不易控制、受季节性影响大、劳动强度大等不足。

(二)无盐固态发酵

1949 年后，国家经济不断发展，人民生活水平不断提高，酱油等调味品消费需求增大，传统酿造法效率较低，逐渐不能满足需求。1956 年起，国家推广多项酱油酿造新技术，包括用脱脂大豆代替大豆、用麦麸代替小麦粉以节约粮食；用纯菌种培养代替天然制曲等提高原料利用率；用无盐固态发酵(即固态无盐发酵)缩短酱油发酵周期；用浸出法代替压榨法以降低劳动强度等。

固态无盐发酵于 1958 年在全国推广，以豆饼和麸皮(60∶40)为原料，制醅不采用盐水，为抑制乳酸菌产酸，将发酵温度提高至 50～60 ℃，发酵周期缩短至 56～72 h。固态无盐发酵法发酵速度快、设备利用率及劳动生产率高。但该方法生产酱油由于只完成蛋白质和淀粉的降解，产品香气和滋味远不如传统晒露发酵法，且酱油的焦煳味、酸味等异味突出，产品风味不佳。

(三)低盐固态发酵

1. 发酵工艺

为改善固态无盐发酵酱油的风味不足，国内对其工艺进行改进，提出了低盐固态发酵法，主要工艺包括：盐水(11～13 °Bé)拌曲、发酵温度为 40～50 ℃、发酵周期延长至 25～35 d 的工艺。该方法生产的酱油风味相比固态无盐发酵法得到很大提高。自1959年之后,我国酱油厂陆续改用了低盐固态发酵工艺,使它成为了我国应用最为广泛的酱油发酵工艺。

低盐固态发酵法中为了便于酱油的浸出,原料配比中会加入较高含量的麸皮。该方法原料为脱脂大豆和麸皮(6∶4),采用浸出淋油方法,设备简单,易于操作,因而其生产工艺及设备简单,投资少,易于大规模生产。

盐的浓度和发酵温度是其关键工艺。由于采用了低盐发酵,对其酶活性的抑制不明显;采用较高的发酵温度,因此发酵周期较短,酱油颜色深。且其管理方便,蛋白质利用率高,产品品质稳定,能抑制杂菌,味道鲜美,香气适中。

但是,较高发酵温度虽然有利于蛋白质和淀粉的水解,能在短时间内完成发酵,并能抑制有害微生物的生长繁殖,但同时也抑制了一些有益微生物及其酶系的活力,如生香酵母、乳酸菌、酯化酶系等,不利于呈味呈香物质的生成。因此,低盐固态发酵酱油以中低档产品为主,产品风味不及晒露发酵法和高盐稀态发酵法。

2.操作要点

自我国推行低盐固态发酵工艺以来,因地区、设备、原料等条件不同,低盐固态发酵酱油的发酵方式和浸出工艺也各具特点。

(1)食盐水的配制与用量　拌曲盐水浓度为11～13 °Bé,盐水浓度可用波美相对密度计直接测定,波美度的标准温度为20 ℃。测定时,若盐水温度高于或低于20 ℃,应换算成标准温度时的盐水波美度数。

一般要求拌盐水量控制在制曲原料总质量的65%左右,此时酱醅含水量为50%～53%。一定幅度内,酱醅含水量大,有利于蛋白酶的水解作用,全氮溶出量多;但水分过大,醅粒质软(也有分解充分的原因),在移池操作中醅粒结构易被破坏,造成淋油困难。盐水过少,虽然淋油方便,但不利于酶解作用,全氮溶出较少,还可能使酱醅焦化而生色过度,产品苦涩,风味低劣。

酱醅中食盐含量在7%左右为宜。盐度过高,会抑制酶的作用,影响发酵速度;盐度过低,可能会导致杂菌大量繁殖,酱醅pH迅速下降,抑制中性、碱性蛋白酶的作用,甚至引起酱醅的酸败,影响发酵的正常进行。

(2)拌曲盐水温度　夏季45～50 ℃,冬季50～55 ℃,使酱醅品温控制在42～46 ℃。盐水温度不可过高,否则会使成曲中的酶钝化以致失活。但若成曲品质较差,拌曲盐水温度应适当提高,以防止酸败。

(3)制酱醅　将制备好的盐水加热至50～60 ℃,与破碎成约2 mm的成曲和盐水充分拌匀后入池。池底15～20 cm的成曲拌盐水量稍少。拌完后,将剩余盐水浇于酱醅表面。

(4)前期保温阶段(前期水解阶段)　该时期为淀粉及蛋白质水解阶段,控制酱醅品温在40～45 ℃,若低于40 ℃,应及时采用保温措施。酱醅发酵温度采用蛋白酶和肽酶的最适作用温度。持续时间为15 d左右。

(5)倒池　前期水解结束后,要通过倒池或移池进行倒醅。其作用是可使酱醅品温降低,各部分温度、盐分、水分及酶的分布更为均匀,还可以排除酱醅内部有害气体、有害挥发性物质,增加氧含量,防止厌氧菌生长,加速氧化,促进有益微生物繁殖和色素物质生成。一般如发酵周期为20 d左右,只需在9～10 d倒池1次;如发酵周期为25～30 d,可进行2次倒池。适当次数的倒池可提高酱油质量和全氮利用率,过多的倒池不但会增加工作量,还不利于保温,并会给淋油造成困难。

如果不采用倒池或移池法，而使用淋浇法，应在酱醅入池后每隔数日淋浇 1 次，其间需淋浇 3～4 次。所谓淋浇即用泵将发酵池底下的酱汁抽出浇淋于酱醅表面，以增加酶与原料的接触，提高原料分解效率，而不需要更换发酵池。

(6)后期降温发酵　倒池后，在酱醅表面盖一层食用薄膜或面盐，以防止表面氧化，进入后期发酵阶段。此阶段的酱醅品温降至 40～43 ℃，持续时间 10 余天。在此温度下，一些耐高温的有益微生物仍可繁殖，经过发酵，对酱油风味起到改善作用。

如果前期阶段采用浇淋工艺，可在浇淋过程中向酱醅中补盐，使含盐量达到 15%(质量分数)以上，则后期发酵温度可降至 30～35 ℃，为酵母菌和乳酸菌繁殖创造条件，酱油风味会得以提高。此工艺需注意降温应配合增加盐分，以防止酱醅中产酸过度，以致酸败。

(四)高盐稀态发酵

改革开放 10 年后(20 世纪 90 年代初)，粮食价格放开，酿造业也由计划经济转入市场经济时代。人们对优质酿造类调味品的需求越来越强烈，低盐固态发酵产品已不能完全满足市场需求，传统酿造工艺及高品质产品再次成为关注热点，人们开始采用现代化加工方法改进蒸料、制曲、发酵所用设备，以提高酱油品质。

高盐稀态发酵是指向成曲中加入 18%～20%的盐水(一般为成曲的 2～2.5 倍)，使酱醪成流动状态进行发酵的方法。该方法具有含盐量高、水分多、发酵周期长(3～6 个月)等特点。

盐分对于发酵过程和产品风味至关重要：一是防腐抑菌作用，通过降低发酵体系水活度及提高渗透压的机制，淘汰非耐盐性野生杂菌或有害微生物；二是形成有效的有益微生物筛选机制，其中与风味形成密切相关的嗜盐四链球菌能够耐受 26%的高盐环境，鲁氏酵母及易变球拟酵母分别能够耐受 180 g/L 及 250 g/L 的食盐含量；三是高浓度盐的咸味有助于酱油的风味和口感谐调。

根据发酵温度不同，高盐稀态发酵分为常温发酵和保温发酵。其中以常温发酵为主，结合纯菌种制曲、天然晒露的工艺，所生产的酱油酱香浓郁、风味好。广东省的海天、李锦记、美味鲜等大型现代化企业，多采用高盐稀态淋浇浸出法发酵酱油，以稀醪淋浇代替传统翻酱，以大池、大罐代替瓦缸，实现规模化生产。

高盐稀态发酵酱油，质量优于低盐固态发酵的酱油，香气较好，酱醪较稀薄，便于保温、搅拌及输送，适于大规模机械化生产。但高盐稀态发酵酱油颜色较淡，发酵周期长，占用设备多，如酱醪输送设备、空气搅拌设备、压榨设备等。

第五节　酱油的浸出

酱油发酵完成后，从成熟酱醅中提取酱油的过程，即为酱油的浸出或淋油，分为压榨法和浸出法两种。目前小厂仍有用压榨法生产的，劳动强度大，耗工耗时；大中型厂则采用浸出法或淋出法，即在原发酵池中加盐水为溶剂，浸渍酱醅，使有效成分充分溶解于盐水中，再抽滤出酱油。浸出工艺中，浸出池(淋油池)设有假底，并铺有稻壳，以利于浸淋去除杂质，使酱油清亮、不浑浊。浸出方法的选择与酱油酿造工艺有关。

一、浸出方式

酱油的浸出方式分为移池浸出法和原池浸出法。

移池浸出法是将发酵后的成熟酱醅移至浸出池(淋油池),进行酱油的浸出。移池法要求使用豆粕或豆饼与麸皮作原料,尤其注重麸皮的添加量,两者配比要求在 7∶3 或 6∶4,否则会造成淋油不畅。

原池浸出法是直接在原来的发酵池中浸泡和淋油,该方式不需另建淋油池,可提高酱醅含水量至 57%左右,有利于蛋白酶的水解作用,可提高原料全氮利用率,不易焦化产生焦煳气味。原池浸出法的原料适应性强,即不必虑及移池操作对淋油工序的影响,不管采用何种原料和配比,都能比较顺利地淋油。原池浸出法虽然省去了移醅操作,节省人力,但浸出时占用了发酵池。另外,浸淋时较高的温度常会影响到邻近发酵池的料温,而移池浸出恰好能避免这些缺点。

二、浸出原理

酱油的浸出是将发酵后的酱醅中所含的可溶性物质溶解于浸出液中,形成酱油的半成品。在浸出过程中涉及溶解、萃取、过滤、重力沉降等物理现象。酱油的浸出主要包括溶出和滤出两个过程。酱油的溶出主要是酱醅中有效成分的扩散作用,是酱油成分自酱醅颗粒向浸提液转移的过程。该过程主要与温度、时间和浸提液性质等因素有关。而酱油的滤出是依靠酱醅自身形成的过滤层和溶液的重力作用而发生的自然渗漏,是酱油成分的浸出液与固体酱油渣分离的过程。这个过程主要与酱醅厚度、黏度、过滤层的输送性能等因素有关。

三、浸出工艺流程及操作要点

移池浸出法是目前普遍采用的酱油提取工艺。以下以该法为例介绍浸出工艺流程及操作要点。

(一)移池浸出法工艺流程

移池浸出法工艺流程如图 8-6 所示。

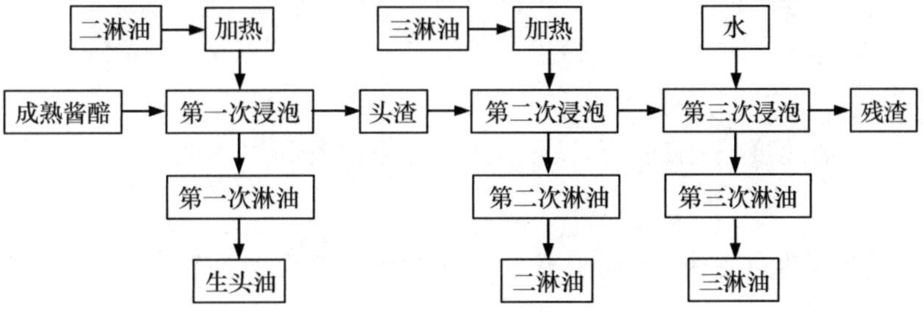

图 8-6　移池浸出法工艺流程

(二)移池浸出法操作要点

1. 淋油前的准备工作

淋油的酱醅必须达到质量标准，以免降低酱油质量和淋油不畅。淋油池要洗刷干净，处于清洁完好状态。一般将二淋油(或三淋油)作为盐水(浸提液)使用，盐度为13～16.5 °Bé。

2. 移醅入池

酱醅移入淋油池时，要做到醅内松散、醅面平整。移醅过程尽可能不破坏醅粒结构，用抓酱机移池时，要注意轻取低放，保证淋油池内醅层各处疏密一致。疏松的醅层，可以增大酱醅与浸提液的接触面积，有利于加快溶出过程。醅面平整可使酱醅浸渍一致。一般醅层厚度为40～50 cm，如酱醅发黏，可酌情缩小厚度。

3. 加入浸提液

将浸提液加热至80～90 ℃，以保证浸渍温度能够达到65 ℃左右。较高的浸渍温度有利于提高全氮利用率，增加分子动能，加速扩散作用，同时还可降低黏度，促进酱油淋出和分离。此外，较高的浸渍温度可抑制杂菌繁殖，防止酱醅变质。

加入浸提液时，冲力较大，应采取措施将冲力缓解分散。冲力太大会破坏池面平整，还可能将颗粒状的酱醅搅成糊状造成淋油困难，或者破坏疏密一致的状态，使酱醅局部变薄。

4. 浸渍时间

发酵过程中，原料中蛋白质、淀粉等大分子物质经蛋白酶系和淀粉酶系作用，而水解为氨基酸和葡萄糖，同时也生成大量的大分子中间产物，如脲、胨、肽、糊精等。大分子物质浸渍时间较长，为提高溶出率，酱醅淋头油的浸渍时间不应少于6 h。淋完头油后的浸渍时间可相继递减，如淋二油的浸渍时间不少于2 h。淋三油时，已属于酱渣的洗涤过程，浸渍时间还可进一步缩短。淋完三油的醅称为残渣，残渣可用作饲料。头油用来配制酱油产品，二油和三油则用于浸醅提油，这种方法称为三套循环淋油法。

四、浸出的影响因素

1. 酱醅黏度

成曲质量差、拌曲盐水量过大、发酵条件控制不当等原因，均可造成酱醅黏滞，导致滤油缓慢。

2. 料层厚度

酱醅料层厚，滤油速度慢；醅层薄，滤油速度快，但设备利用率低。

3. 浸渍温度

温度高，分子热运动速率快，有利于有效成分的快速溶出及加快滤油。

4. 浸渍液盐浓度

食盐浓度高，有效成分不易溶出，且滤油速度慢。

第六节　酱油的后处理及质量标准

一、后处理工艺流程

后处理工艺流程如图 8-7 所示。

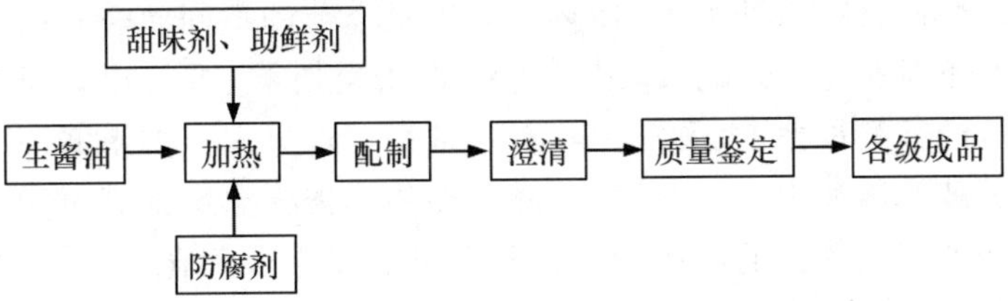

图 8-7　后处理工艺流程

二、加热

(一)加热的目的和作用

酱油加热可起到灭菌、调整香气和风味、增加色泽、清除悬浮物，以及确保酱油品质稳定性等作用，具体如下。

1. 灭菌

酱油中含有 16%以上的盐分，对多数微生物的繁殖起到一定的抑制作用，病原菌则会迅速死亡。但酱油中微生物种类繁多，一些耐盐微生物还能生长和发酵，使酱油成分发生变化而损害风味。如产膜酵母菌，会先在酱油液面形成白点，后期逐渐蔓延，结果在酱油表面构成隆起的皱状菌膜。

目前采用以加热灭菌的方法灭杀多种微生物，防止生霉发白，延长酱油贮藏期。近年来，国际上趋向于酿造低盐酱油，为防止变质，加热灭菌就更不可缺少。

2. 调和香气和风味

加热可使酱油香气变得醇厚柔和，增加醛、酚等香气成分，并使部分小分子缔结成大分子，改善口味，还可除去霉臭味。但加热必须适当，否则会使部分低沸点、易挥发的香气成分受到损失。但加热也会使一部分挥发性香气成分受到损失。

3. 增加色泽

生酱油色泽较浅，加热过程中，其氨基酸和糖类化合物会发生褐变反应生成色素，可增加酱油的色泽。

4. 清除悬浮物

酱油中的微细悬浮物或杂质经加热后可与少量高分子蛋白质凝结而沉淀，从而提高产品澄清度，增加光泽。

5. 确保品质稳定

生酱油中存在着多种酶，如微生物所产的脱羧酶和磷酸单酯酶，加热可破坏这些酶，避免其继续分解氨基酸而降低酱油质量，使酱油品质稳定。

(二)加热的操作要点

1. 加热条件

加热的温度因设备条件、酱油品种、加热时间以及季节的不同而略有差异。一般酱油的加热条件为 65～70 ℃下维持 30 min。如采用连续式热交换器，需将出口温度控制在 80 ℃为宜。该加热条件下，产膜酵母菌、大肠杆菌等有害菌都可被灭杀。如果酱油中添加核酸等调味料来增加鲜味，为了破坏酱油中的核酸酶(磷酸单酯酶)，需将温度提高至 80 ℃，保持 20 min。

另外，还应根据季节及酱油的等级确定加热温度。夏季杂菌含量大、种类多、易污染，加热温度应比冬季提高 5 ℃。高级酱油工艺操作严格，成分高、品质好、浓度大、香气足，为保持高级酱油的浓厚风味，减少加热导致的风味成分挥发，加热温度可略低些；一般普通酱油则应略高些，但均以能杀死产膜酵母及大肠杆菌为准则。

2. 设备与方法

一般采用蒸汽加热法，包括夹层锅加热、盘管加热、列管式热交换器加热、直接通入蒸汽加热等方式。

目前规模较大的酱油厂多用板式热交换器，该设备热交换效率高，但酱油加热前须经过过滤才能使用。

三、配制

成品酱油的配制是指将每批生产中的头油和二淋油或质量不等的原油按标准进行勾兑，使成品达到感官特性和理化指标要求。还可以在原来酱油的基础上，调配助鲜剂。常用的助鲜剂有谷氨酸钠(味精)；强助鲜剂有肌苷酸、鸟苷酸。

酱油的理化指标有多项，一般以氨基酸态氮、全氮和氨基酸生产率计算。如，低盐固态发酵酱油的二级标准为氨基酸态氮 0.6 g/100 mL，全氮 1.2 g/100 mL，则氨基酸生成率是 50%。如果所生产的酱油氨基酸生成率都低于 50%，可不计全氮而按氨基酸态氮配制；如果氨基酸生成率高于 50%，可不计算氨基酸态氮而以全氮含量计算并配制。

配制时参照公式(8-1)进行计算：

$$\rho_{高}A_{高}+\rho_{低}A_{低}=\rho_{标}(A_{高}+A_{低}) \tag{8-1}$$

式中，$\rho_{高}$—高于等级标准的酱油全氮或氨基酸态氮含量；$\rho_{低}$—低于等级标准的酱油全氮或氨基酸态氮含量；$\rho_{标}$—标准酱油的全氮或氨基酸态氮含量；$A_{高}$—高于等级标准的酱油的质量；$A_{低}$—低于等级标准的酱油的质量。

【例 8-1】 有两批待配制的酱油，其中甲批酱油氨基酸态氮含量为 0.72 g/100 mL，全氮含量为 1.4 g/100 mL，乙批酱油氨基酸态氮含量为 0.55 g/100 mL，全氮含量为 1.05 g/

100 mL。问需要多少吨甲批酱油才能与 20 t 乙批酱油配制成标准二级酱油(氨基酸态氮含量为 0.6 g/100 mL,全氮含量为 1.2 g/100 mL)?

解:先求出两批酱油的氨基酸生产率

氨基酸生成率＝氨基酸态氮÷全氮×100％

甲批酱油的氨基酸生成率＝0.72÷1.4×100％≈51.43％

乙批酱油的氨基酸生成率＝0.55÷1.05×100％≈52.38％

两批次酱油氨基酸生成率均超过 50％,所以用全氮进行计算和配制。

根据公式(8-1)

代入后为:

$$1.4\times A_{高}+1.05\times 20=1.2\times(A_{高}+20)$$

计算得 $A_{高}=15$ t

因此,需要甲批酱油 15 t 用以配制二级酱油。

四、成品酱油的防腐

酱油营养丰富,是耐盐微生物的天然培养基。酱油生产时可能存在酱油品质差、工艺不完善、灭菌不彻底、包装容器不清洁等多种原因,导致酱油变质,为防止因微生物生长导致的变质,有时需添加防腐剂。

选择防腐剂时,应考虑是否对人体无毒无害(且必须按国家标准限量使用),应用时操作简单,价格低廉,使用量小及效果好等方面。

按照《食品安全国家标准　食品添加剂使用标准》(GB 2760—2024)规定,目前允许在酱油中使用的防腐剂有以下几种。

(一)苯甲酸及其钠盐

苯甲酸及其钠盐在酸性环境中对多种微生物有抑制作用,能非选择性地抑制微生物细胞的呼吸酶活力。苯甲酸作为酱油防腐剂已在国内外广泛使用,溶解性好,毒性低。在酱油中最大允许添加量为 1.0 g/kg(以苯甲酸计)。

(二)山梨酸及其钾盐

山梨酸及其钾盐对霉菌、酵母菌和需氧菌均有抑制作用,但对嫌气性芽孢菌无效。在 pH 为 5 时反腐效果好,在酱油中最大允许添加量为 1.0 g/kg(以山梨酸计)。山梨酸钾极易溶于水,也易溶于高浓度蔗糖和食盐溶液,因而在生产上被广泛使用。山梨酸在水中溶解度小,在体内可参与正常的脂肪代谢,最后被氧化成 CO_2 和 H_2O。

(三)丙酸及其钠盐、钙盐

丙酸盐属酸性防腐剂,在低 pH 介质中抑菌效果好。丙酸盐对霉菌、需氧芽孢杆菌或革兰氏阴性杆菌有较强的抑菌作用,但对酵母菌几乎无作用。丙酸是食品中正常成分,也是人体代谢中间产物。丙酸盐无毒性。在酱油中最大允许添加量为 2.5 g/kg(以丙酸计)。

(四)对羟基苯甲酸酯类及其钠盐

目前多使用的是对羟基苯甲酸甲酯钠、对羟基苯甲酸乙酯及对羟基苯甲酸乙酯钠。对羟基苯甲酸酯对细菌、酵母菌及霉菌都有广泛抑菌作用,且效力强于苯甲酸和山梨酸,在 pH 为 4.0~8.0 范围内效果较好。对羟基苯甲酸酯在人体内代谢途径与苯甲酸酯基本相同,且毒性比苯甲酸低。其水溶性差,通常溶解于 NaOH 溶液、乙醇溶液或醋酸溶液中使用。在酱油中最大允许添加量为 0.25 g/kg(以对羟基苯甲酸计)。

(五)乳酸链球菌素

乳酸链球菌素是乳酸乳球菌产生的一种多肽物质,由 34 个氨基酸残基组成,相对分子质量约为 3 500,耐酸、耐热性能优良,使用时需溶于水或其他液体中;能有效抑制多种革兰氏阳性细菌,特别是对芽孢杆菌、梭状芽孢杆菌有较强抑制性;经人体食用后可被蛋白酶水解产生氨基酸,因此安全、无毒。乳酸链球菌素在酱油中最大允许添加量为 0.2 g/kg。

(六)ε-聚赖氨酸盐

ε-聚赖氨酸是一种营养型抑菌多肽,在人体内分解为赖氨酸;安全性高,不受 pH 影响,对热稳定,因此可添加后再进行加热,用于抑制耐热菌;在酱油中最大允许添加量为 0.5 g/kg。

(七)双乙酸钠

双乙酸钠(又名双醋酸钠)带有醋酸气味,主要依靠分解后的分子态乙酸起抗菌作用,对细菌和霉菌有良好抑制性。防腐效果优于苯甲酸盐类,较少受食品本身 pH 影响。酱油中添加 0.005%~0.1%时,酱油的风味与防腐性能俱佳,可在澄清与贮存前,直接添加到加热后的酱油中。在酱油中最大允许添加量为 2.5 g/kg。

五、澄清与包装

(一)澄清

1. 贮存澄清的意义

经过配制的酱油在包装前需置于容器内(一般为室内地下贮池或露天密闭大夹层罐),产生自然澄清,或采用过滤方法除去沉淀。泥状沉淀物又称酱油脚子,其中仍含有一定量的酱油成分,可通过布袋压滤的方法滤除酱油,或重新加入酱醅中浸泡。

除促进酱油澄清外,一定的贮存期还可改善酱油风味。酱油中的挥发性成分在低温静置期间能使各种自然香气成分进行自然调剂,使酱油滋味适口、香气柔和。

2. 注意事项

酱油在贮存澄清期间应保持贮存场所低温,因为当温度在 20 ℃以上时,分子运动显著加速,水分蒸发和香气挥发加速;当温度在 15 ℃以下时,酱油成分较为稳定。

应避免日光直接照射,以防止加速酱油氧化和温度升高,此外,日光长期照射还会导致酱油颜色发乌。

(二)包装

澄清后的酱油可进行包装，主要分为瓶装和散装两种形式。优质酱油用绿色玻璃瓶，散装酱油多采用木桶或塑料桶，适于当地销售。包装后的酱油须经过检验，合格后方可出厂。

六、酱油的质量标准

(一)现有执行标准

酱油最终产品须满足国家标准《国家食品安全标准　酱油》(GB 2717—2018)及《酿造酱油》(GB/T 18186—2000)。

2021年1月1日起，《配制酱油》(SB/T 10336—2012)已废止；2021年6月29日，国家市场监督管理总局发布《关于加强酱油和食醋质量安全监督管理的公告》并指出，生产企业不得再生产销售标示为“配制酱油”的产品。

(二)要求项目及内容

《国家食品安全标准　酱油》(GB 2717—2018)中分别对酱油的原料、感官特性、理化指标、污染物和真菌毒素限量、微生物限量及食品添加剂和营养强化剂等进行了要求。《酿造酱油》(GB/T 18186—2000)在其基础上，针对酿造酱油进行了分级和细化，其中，分别将高盐稀态和低盐固态发酵酱油的感官特性和理化指标分为了特级、一级、二级与三级，从三级至特级各项目要求逐级增加。若酱油主要指标中有一项不合格，则产品即为不合格。

以低盐固态发酵酱油为例，其感官特性和理化指标要求如表8-1和表8-2所示。

表8-1　低盐固态发酵酱油的感官特性

项目	特级	一级	二级	三级
色泽	鲜艳的深红褐色，有光泽	红褐色或棕褐色，有光泽	红褐色或棕褐色	棕褐色
香气	酱香浓郁，无不良气味	酱香较浓，无不良气味	有酱香，无不良气味	微有酱香，无不良气味
滋味	味鲜美，醇厚，咸味适口	味鲜美，咸味适口	味较鲜，咸味适口	鲜咸适口
体态		澄清		

引自：《酿造酱油》(GB/T 18186—2000)。

表8-2　低盐固态发酵酱油的理化指标　g/100 mL

项目		特级	一级	二级	三级
可溶性无盐固形物	≥	20.00	18.00	15.00	10.00
全氮(以氮计)	≥	1.60	1.40	1.20	0.80
氨基氮(以氮计)	≥	0.80	0.70	0.60	0.40

引自：《酿造酱油》(GB/T 18186—2000)。

第九章　其他调味品生产

第一节　酱类生产

酱类既可作菜肴又可调味，营养丰富，易消化吸收，价廉物美，是深受消费者欢迎的大众化调味副食品，主要品种有大豆酱、蚕豆酱、面酱、豆瓣辣酱及利用豆瓣辣酱和面酱加入不同品种的配料制成的各种酱类加工制品等。

一、大豆酱生产

大豆酱是以大豆为主要原料的一种酱类，也称黄豆酱、豆酱、大酱。其主要原料为大豆、面粉、食盐和水，利用以米曲霉为主的微生物发酵而制得，因此制曲的要求和方法，以及发酵的理论基本上与酱油酿造相同，不再重复叙述。

（一）大豆曲制备

1. 工艺流程

大豆曲制备工艺流程如图 9-1 所示。

大豆 → 洗净 → 浸泡 → 蒸熟 → 冷却 → 混合面粉 → 接种 → 厚层通风培养 → 大豆曲

图 9-1　大豆曲制备工艺流程

2. 制曲原料处理与配比

大豆洗净、浸泡及蒸熟的方法同酱油生产中的天然晒露法。面粉处理传统采用炒焙法，缺点是劳动强度高、劳动条件差、损耗大，现采用干蒸或加少量水蒸熟，但经过蒸后水分增加，不利于制曲，有些厂直接利用生粉。

制曲原料配比为：大豆∶面粉＝100∶（40～60）。

3. 种曲接种量

种曲接种量为 0.15％～0.30％，种曲使用时以面粉拌和。为了使豆酱中麸皮含量减少，种曲最好分离出孢子（曲精）后使用。

4. 种曲制备和制曲方法

基本上与酱油制种曲和制曲相同。但由于豆粒较大，水分不易散发，制曲时间需适当延长。

(二)制酱

大豆酱发酵方法与酱油酿造一样,有晒酱、保温速酿、无盐固态发酵和低盐固态发酵等多种方法。由于低盐固态发酵法酿制豆酱具有技术简单易行、不需特殊设备、劳动强度低、劳动生产率高、成品色泽好、味醇气香、四季皆可生产等优点,现已普遍采用。

1. 工艺流程

制酱工艺流程如图 9-2 所示。

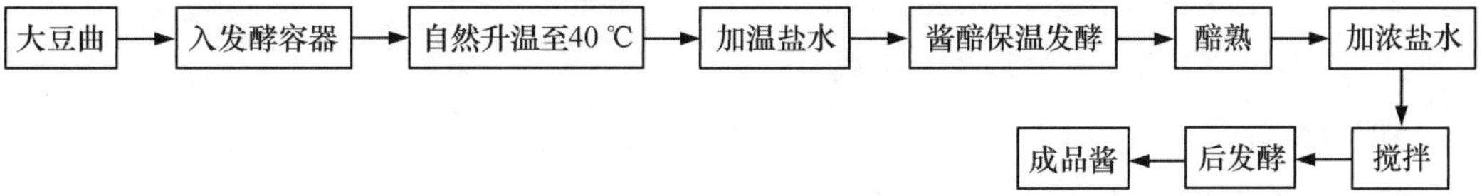

图 9-2　制酱工艺流程

2. 配料比例

大豆曲 100 kg;14.5 °Bé 盐水 90 kg;固态低盐发酵酱醅成熟后,再加入 24 °Bé 盐水 40 kg 及细盐 10 kg。

3. 制酱操作

先将大豆曲倒入发酵容器内,表面扒平,稍予压实,很快会自然升温至 40 ℃左右。再将准备好的 14.5 °Bé 热盐水(加热至 60～65 ℃)加至面层,让它逐渐全部渗入曲内。最后用细盐封面,盖好盖。大豆曲加入热盐水后,醅温即能达到 45 ℃左右,维持此温度 10 d,酱醅就会成熟。发酵完毕,补加 24 °Bé 盐水及所需细盐(包括封面盐),以压缩空气或翻酱机充分搅拌,务必使所加细盐全部溶化,同时混合均匀,在室温下后发酵 4～5 d 即得成品。

4. 制酱操作要点

①固态低盐发酵法二日曲和三日曲均可采用(一般制曲均为 2 d),唯两者水分含量不同,为了掌握酱醅厚薄均匀,在添加盐水的数量上应酌情增减。

②本法操作简便,曲与盐水不需要拌和,劳动强度显著降低。

③大豆曲加入发酵容器后,需要稍予压实,其目的有二:一是使盐水逐渐缓慢渗透,曲与盐水的接触时间增长;二是避免底部盐水积得过多,面层曲也可充分吸足盐水。

④本法堆积升温的要求较低,可直接将大豆曲放入发酵容器内,温度会很快自然上升,达到 40 ℃左右,就可以加入盐水,其浓度最好为 14～15 °Bé,这样能使酱醅食盐维持在 9%～10%。盐水加热温度为 60～65 ℃,既能达到盐水灭菌的目的,又不致破坏酶活力,同时使曲吸入热盐水后,立即能达到 45 ℃左右的发酵温度。

⑤本法保温发酵一般要求在 45 ℃左右,只要酱醅温度不低于 40 ℃,可以保证成品不会变酸。平时每天只要检查温度 1～2 次,因此管理很方便。

⑥第二次补加浓盐水及细盐后,必须充分翻拌,混合均匀。

(三)成品

大豆酱既是调味品又是副食品，一般都是由消费者经过烹调后才食用，因此习惯上就将发酵成熟的大豆酱不再经过加热灭菌等手续而直接出售。但对产品的质量规格和卫生要求，在出厂前仍须按国家标准《黄豆酱》(GB/T 24399—2009）严格控制。

1. 感官要求

色泽：红褐色或棕褐色，有光泽。

香气：有酱香和酯香，无其他不良气味。

滋味：味鲜醇厚，咸甜适口，无苦、涩、焦煳及其他异味。

体态：稀稠适度，允许有豆瓣颗粒，无异物。

2. 卫生指标

大肠杆菌群最近似值：不超过 30 个/100 g。

致病菌：不得检出。

砷：不超过 0.5 mg/kg。

铅：不超过 1 mg/kg。

黄曲霉毒素 B_1：不超过 5 μg/kg。

3. 理化指标

水分含量：65%以下。

氨基酸氮含量：0.5%以上。

铵盐(以氮计)：不超过氨基酸氮含量的 30%。

二、蚕豆酱生产

蚕豆酱是以蚕豆为主要原料的一种酱类，一般也称为豆酱。由于大豆是我国主要的油料作物，其用途甚广，且蚕豆的产区范围大，数量也多，因而是一种极为适宜的代用原料。蚕豆酱还可以用作主料与其他辅料混合成其他酱类。蚕豆制曲与发酵方法基本上与大豆酱相同。但因蚕豆有皮壳，原料处理较为复杂，仅将不同点简述如下。

(一)蚕豆去皮壳

蚕豆有层不适于食用的坚硬皮壳，因而在酿制豆酱前必须先行除去。去皮壳的方法有干法和湿法两种。如果要求在豆酱内豆瓣能保持原来形状者，则用湿法处理；如果不需要考虑保持豆瓣形状者，则用干法处理。

湿法是将蚕豆投入清水中浸泡，浸豆时间春秋两季为 30 h 左右，夏季应缩短，冬季则宜延长至 72 h，浸泡好的蚕豆用橡皮双辊筒轧豆机脱皮；或者将冷水浸泡好的蚕豆放入 80～85 ℃的 2% NaOH 溶液中 4～5 min，当皮色变为棕红色时取出，清水洗至无碱性即可去皮。

干法是用机械处理，即用锤式破碎机击碎蚕豆，经比重去石机(皮肉分离机)分离豆皮和豆肉。得到的豆肉用于酿造豆酱，皮壳作为饲料，粉屑可以酿造酱油、综合利用或作为饲料。

(二)制曲原料的处理

1. 豆瓣浸泡

干法处理所得的豆瓣,在蒸豆以前,尚需加水进行浸泡,浸泡适度的判断方法是:取出浸泡的豆肉,拭去水分,用手掰开或小刀切开,观察中心有无白色层硬心,若无硬心即证明水分已浸透,达到了浸泡的要求。也可用两指折断豆肉来观察其弹性及白色层。一般浸泡至重量达1.8～2.0倍即可。

2. 豆瓣蒸煮

蒸煮方法有两种:一种是常压蒸煮,另一种是加压蒸煮。凡产品要求豆瓣软而且能适当保持豆瓣形状者可采用常压蒸煮,且采用小锅分批为宜。凡产品不需要保持豆瓣形状者,则可采用大锅常压或加压蒸煮,尤其是利用旋转式蒸煮锅蒸煮更佳。旋转式蒸煮锅蒸熟豆肉在一定程度上不仅能保持豆瓣的原形,而且不浪费浸豆水,还可以节省燃料和改善劳动条件。蒸熟的程度以豆肉中心刚开花,用手指轻捏易成粉状,不带水珠,无生腥味为宜。

(三)制曲

制曲的要求和方法基本上与酱油相同,但由于豆肉颗粒较大,制曲时间也需适当延长,一般通风制曲时间为 2 d。制曲时原料配比为豆肉 100 kg,标准粉 30 kg。

豆酱生产的卫生要求比较高,因此熟料出锅入曲室最好使用绞龙或风送设备冷却接种,这样既卫生又改善了劳动条件。种曲用量为 0.15%～0.30%,种曲用面粉拌和,为使豆酱中不含麸皮,种曲最好分离出孢子(曲精)后使用。

(四)制酱

先将蚕豆曲放入发酵缸内,扒平表面,待品温上升至 40 ℃左右时,以 100 kg 蚕豆曲加入 15 °Bé 盐水 140 kg。但是盐水需要预先加热至 60～65 ℃,从面层四周徐徐注入曲中,使之全部渗进曲内。把蚕豆曲与盐水拌匀后移进发酵容器内,并在表面层用盐加封一层,以盖封闭。保持品温在 45 ℃,若品温偏低,需适当加温,经发酵 10 d 后,酱醅成熟,按每 100 kg 蚕豆曲补加再制盐 8 kg 和水 10 kg。食盐溶解后,再保温发酵 3～5 d,这时可移至室外数天,更能得到香气浓郁的豆酱。为了使豆酱久存防腐,应加入 0.1%苯甲酸钠。豆酱装瓶后在封口处加入少量的麻油。

(五)成品

蚕豆酱也是豆酱,因此,它的产品质量规格,除感官鉴定上具有蚕豆酱固有的香气及体态上保持有碎豆瓣的粒形外,其他感官要求、理化指标和卫生指标均与大豆酱相同。

三、甜面酱生产

面酱是以面粉为主要原料的一种酱类,因其味咸中带甜,故而又称甜酱或甜面酱。其原理是利用米曲霉分泌的淀粉酶将淀粉分解为糊精、麦芽糖及葡萄糖。此糖化作用在制曲和制酱的发酵过程中都有。曲霉分泌的蛋白酶还同时将面粉中少量蛋白质分解为各种氨基酸，故而面酱还稍有鲜味，成为特殊滋味的产品。

(一)工艺流程

甜面酱生产工艺流程如图 9-3 所示。

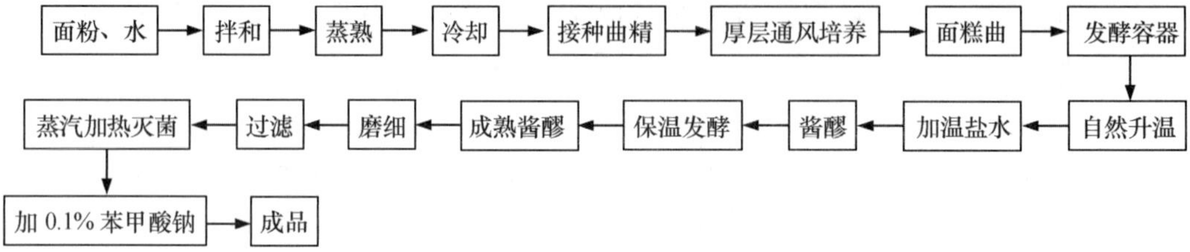

图 9-3 甜面酱生产工艺流程

(二)制曲原料处理

酿造面酱以面粉(标准粉)、食盐及水为原料。现在各厂采用的原料处理方法有两种：一是用拌和机械将面粉与水充分拌和(每 100 kg 面粉加水 28～30 kg)，使之呈细长条形或蚕豆大小的颗粒，然后及时送入常压蒸锅中，当最后一包碎面块入蒸锅后，面层予以翻拌，待全部冒汽后即可。蒸熟的标准是面糕呈玉色，嘴嚼时不黏牙且稍有甜味；二是用拌和机将面粉与水充分拌和成碎面块后，立即连续进入蒸料机内，蒸熟的面糕也就连续出料，效果良好。

(三)制曲操作要点

①由于面酱质量中要求细腻而无渣，接种的种曲以用分离出的孢子(曲精)为宜。

②面糕曲要求米曲霉分泌糖化型淀粉酶活力强，因此培养温度可以适当提高，制曲一般可以控制品温在 40 ℃左右，如果采用竹匾或曲盘培养，就不需要采取翻曲措施。米曲霉培养后要求菌丝发育旺盛，即肉眼能见到曲料全部发白，孢子不宜过多，因此制曲时间可以相应缩短。

③其他制曲的方法与豆酱相同。

(四)制酱

发酵时，食盐对于淀粉酶、蛋白酶的活力有显著的抑制作用。根据试验测定，一般当氯化钠含量在 10%的情况下，米曲霉的糖化力要比无盐时降低 50%。同时，产品中若盐分含量高，在味觉上甜味被遮盖，也影响成品质量。因此面酱的发酵方法习惯上采用低盐发酵。盐水的浓度只要求为 14 °Bé，而且盐水用量少，它的总含盐量比较低。这种低盐发酵的优点是成熟快、甜味足、色泽和香气都很好，它既能防腐，又能及时成熟，并能获得较好的甜味。盐水与面糕曲用量比例为 1∶1。

1. 制酱操作

发酵方法有以下两种。

一种方法是先将面糕曲送入发酵容器内，耙平后自然升温，并随即从面层四周徐徐一次注入制备好的 14 °Bé 热盐水（加热至 60～65 ℃，并经澄清除去沉淀物），让它逐渐全部渗入曲内，最后将面层压实，加盖保温发酵。品温维持在 53～55 ℃，每天搅拌一次，至 4～5 d 面糕曲已吸足盐水而糖化。7～10 d 后酱醅成熟，变成浓稠带甜的酱醪。

另一种方法是先将 14 °Bé 盐水加热至 65～70 ℃，同时将面糕曲堆积升温至 45～50 ℃，第一次盐水用量为面粉重的 50%，用制醅机将面糕曲与盐水充分拌和后，送入发酵容器内，此时要求品温达到 53 ℃以上。拌和入发酵容器完毕，应迅速耙平，面层用再制盐封好并加盖，品温维持在 53～55 ℃，发酵 7 d 完毕后再第二次加入沸盐水。最后利用压缩空气翻匀后，即得浓稠带甜的酱醪。为了面酱久藏卫生，还需要通入蒸汽加热至 70 ℃左右，同时应加入 0.1% 苯甲酸钠。

2. 制酱操作要点

①小型生产发酵容器用保温缸发酵；大型生产用保温发酵罐，并利用压缩空气翻酱，既省力又卫生。

②低盐发酵用的盐水，浓度最好是 14 °Bé 左右。盐水浓度高会阻碍糖化，浓度低容易引起酸败。为了使面糕曲加入盐水后立即达到发酵的最适温度，要求盐水预热至 60～65 ℃或 65～70 ℃，若超过 70 ℃则酶活力受到一定的影响，使成品甜味差，酱发黏。

③曲中一次注入热盐水发酵时，因盐水数量较多，总有部分面糕曲浮于面层，容易变质，因此必须及时充分搅拌，使面层曲均匀吸收盐水。

④发酵温度要求为 53～55 ℃，需要严格掌握。若发酵温度低，不但面酱糖分降低，质量变劣，而且容易发酸；若发酵温度过高，虽可促使酱醪成熟快，缩短生产周期，但接触发酵容器壁的酱醪往往因温度过高而变焦，产生苦味，故应加以防止。

⑤采用一次加足盐水发酵时，保温发酵期内，酱醪应每天搅拌一次，一方面使酱醪温度均匀，另一方面能促使酱醪成熟快。

⑥面酱成熟后，一般当室温在 15 ℃以下时，可移至室外贮存密容器中保存；若室温在 15 ℃以上，则贮藏时必须经过加热处理和添加防腐剂，以防止酵母发酵而变质。

（五）成品

面酱用面糕制成，酱醪成熟后总带有些小疙瘩，入口后会令人感到不舒服，因此需经过磨细工序，可用石磨或者螺旋机。面酱普通都是蘸着吃的调味品，大多不经过煮沸而直接食用；但为了提高面酱的质量及增加贮藏时间，可将成熟后的面酱迅速磨细与过滤后，立即通入蒸汽加热至 65～70 ℃，加热时再添加 0.1%苯甲酸钠搅拌均匀。若采用直接用火加热，要注意不要使酱成黑色焦状。加热灭菌后也要注意贮藏和先产先销的要求，以保证质量。对产品的质量规格和卫生要求，在出厂前仍须按《甜面酱》(SB/T 10296—2009)严格控制。

近年来，酱类的生产在传统工艺的基础上，取其精华去其糟粕，产生了许多新工艺，如面酱的多菌种酿造、酱类的酶法生产以及多酶法速酿稀甜酱等新工艺。酶法生产面酱实际上就是用酶制剂代替制曲，在色、香、味、理化性质上与一般方法生产的面酱相似，糖分稍高于后者，并且简化了生产工序，省去了制曲设备，改善了产品卫生状况。因此，酶法甜酱生产对整个酿造工业今后应用酶制剂的广阔前景也创造了有利条件。

第二节　呈味核苷酸生产

工业化生产呈味核苷酸，主要有化学合成法、酶解法和发酵法三类。酶解法包括RNA酶解法和菌体自溶法。发酵法包括发酵转化法（或称二步法）和直接发酵法。从食品角度来说，以糖质为原料发酵生产核苷酸类物质比用化学合成法生产的产品更符合于人的食用习惯。自20世纪70年代以来，通过遗传育种手段选育出的产核苷酸类的微生物高产变异株，使发酵法生产成本大大降低。目前，日本核苷酸类物质的生产以发酵法为主。

一、呈味核苷酸的性质

呈鲜味的是鸟苷酸、肌苷酸、黄苷酸那样的5′-核苷酸，其化学结构必须为对位羟基、5′位磷酸基、2′位H或OH基。

核苷酸呈鲜味的重要特点是它们作为单品无鲜味，当与谷氨酸钠混合时其鲜味远大于各单品的鲜味之和，即当核苷酸与氨基酸类物质混合使用时，发现其鲜味不是简单地叠加，而是成倍地提高，这种现象称为鲜味剂的协同效应。例如，在普通味精中添加2%肌苷酸，它的鲜度相当于味精的3倍，同时抑制酸味和苦味，从而使食品更鲜美可口。当5′-鸟苷酸和5′-肌苷酸与味精三者混合使用时，它们的协同效应更大，并具有将动植物鲜味融于一体的效果。核苷酸由于和谷氨酸钠有相乘的效果，和谷氨酸钠混合，可作为复合调味料出售。

核苷酸对甜味有增效作用，对咸、酸、苦味有消除作用，对肉味有增效作用，对腥味、焦味有去除作用。

二、核苷酸的生物合成途径及其代谢调控

（一）生物合成途径

肌苷酸（IMP）的生物合成途径也称新生（denovo）途径，是从枯草芽孢杆菌代谢中研究出的，如图9-4所示。

（二）嘌呤核苷酸生物合成的代谢调控

嘌呤核苷酸生物合成的最初反应是在谷氨酰胺的参与下，由磷酸核糖焦磷酸（PRPP）生成5′-磷酸核糖胺（PRA）的反应，如图9-5所示。

三、5′-肌苷酸生产

肌苷酸由核糖、磷酸和次黄嘌呤组成，其中磷酸结合在核酸的第5位羟基上。肌苷酸为白色结晶粉末状或颗粒状，味鲜，无臭，易溶于水，在乙醇或其他有机溶剂中溶解度极小。肌苷酸产物在生产中以肌苷酸钠盐形式存在，其化学式为$C_{10}H_{11}O_8N_4Na_2P \cdot 7.5H_2O$，相对分子质量为527.2。

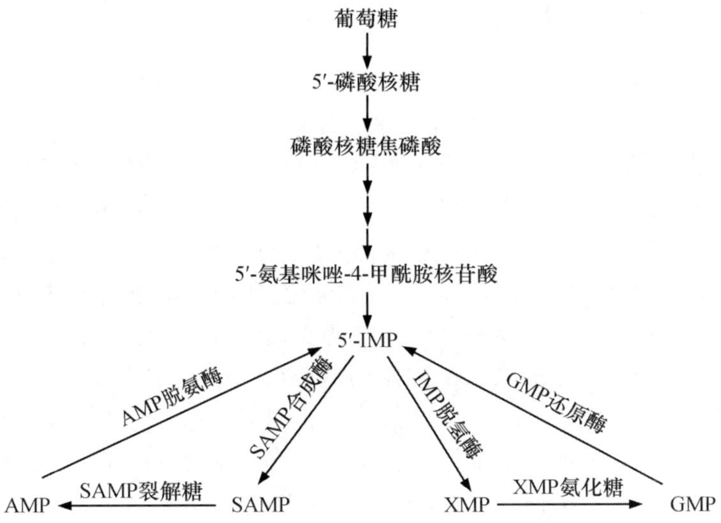

图 9-4　嘌呤核苷酸的生物合成途径

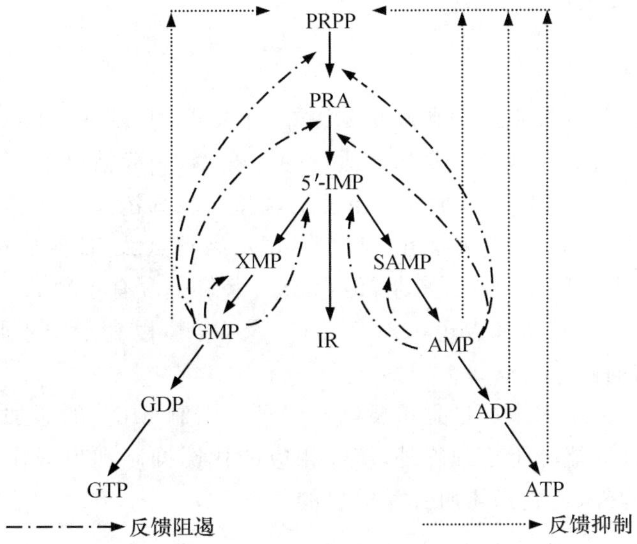

图 9-5　嘌呤核苷酸合成的代谢调控

一般来说，生产 5′-肌苷酸的方法有：①利用肌苷酸高产突变株直接发酵生产 5′-肌苷酸(一步法)；②利用微生物发酵先生产肌苷，然后用化学法或酶法进行磷酸化(二步法)；③添加前体物次黄嘌呤，经半合成途径合成 5′-肌苷酸(半合成法)；④先发酵生产腺苷或 5′-腺苷酸，然后再用化学法或酶法生产 5′-肌苷酸。

直接发酵合成肌苷酸对于工业生产来说是非常有利的，原料简单，生产效率大大提高，工厂设备的投资也比较少。目前，随着生产技术和科研水平的提高，一般采用直接发酵 5′-肌苷酸的较多。

(一)肌苷酸的生产菌种及其选育

目前国内外直接发酵法生产肌苷酸的主要菌株有:产氨短杆菌、谷氨酸棒杆菌、谷氨酸小球菌、嗜醋酸棒杆菌等,其中使用最多的是核酸代谢库较大的产氨短杆菌。

肌苷酸生产菌的选育过程:①从土壤或实验室保存菌株中选择可能产生核苷酸的产氨短杆菌或谷氨酸棒杆菌为出发菌株,将它们诱变成腺嘌呤缺陷型变异株,该菌株可在 Mn^{2+} 存在的限制培养基中积累肌苷酸;②将上述变异株诱变成对锰离子浓度不敏感性突变株,即膜通透性变异株,再经诱变,加上鸟嘌呤或黄嘌呤缺陷型标记,使细胞膜通透性进一步改善。因此,要得到一株肌苷酸产量高的菌株,需要经过很多次诱变,逐步改善膜通透性。诱变的手段,一般还是采用常规的紫外线照射、硫酸二乙酯或亚硝基胍(NTG)处理等,挑选以腺嘌呤缺陷型为主要遗传标记的变异株。例如,2305-265 菌株就是利用谷氨酸生产菌 2305 作为出发菌株,该菌原本就具有腺嘌呤缺陷,经过 2 次紫外线诱变处理,获得腺嘌呤(Ade)、甲硫氨酸(Met)双重缺陷菌株,再经 2 次硫酸二乙酯诱变处理,最后获得四重缺陷型[Ade^- + Met^- + His^-(组氨酸缺陷)+ $Nicot^-$(烟酸缺陷)]的肌苷酸生产菌 265。到 20 世纪 80 年代初,用化学和物理因子诱变获得的高产菌株,产量已达 20~27 g/L。

(二)直接发酵法生产肌苷酸

1. 培养基的选择

肌苷酸发酵时,除了具有必需的碳源和氮源外,还要求:①必须添加核酸类物质。例如,目前所用腺嘌呤缺陷型菌株,在培养时要加入适量的腺嘌呤,一般情况下,若使用酵母膏或酵母水解液,添加量为 0.5%左右。②添加较高浓度的磷盐和较高浓度的镁盐,以有利于菌体生长和产酸,添加量各为 1%左右。③添加组氨酸、赖氨酸、高丝氨酸、甘氨酸及丙氨酸的混合物以促进发酵作用。生产上一般用 2%玉米浆,但由于玉米浆中含有生物素,其用量应是亚适量,需经试验确定添加量。④必须有 Mn^{2+}、Zn^{2+}、Fe^{3+} 及 Ca^{2+},以利于积累肌苷酸。⑤B 族维生素对部分菌株是必需的。

总之,腺嘌呤和锰离子的添加量是重要调控因子。限制 Mn^{2+} 的添加量,可改变细胞膜的通透性,使合成的肌苷酸能分泌于细胞外,解除相应的代谢抑制和阻遏作用,细胞内的肌苷酸不断合成,并分泌到胞外,达到积累肌苷酸的目的。

2. 发酵条件

(1)接种量　一般为 2%~5%。接种量大,发酵周期缩短,可保持代谢旺盛。

(2)温度控制和 pH 控制　温度为 30~40 ℃,不同菌株温度控制有一定的差异。在最适温度下,可保持正常发酵,若温度过高或过低,则发酵周期延长,副生长次嘌呤,造成肌苷酸产率明显下降。

一般控制 pH 在 6.3~6.7。偏酸性发酵,有利于长菌、产酸。pH 可通过流加氨水、液氨或尿素等方式加以控制。

(3)通气量的控制　肌苷酸发酵属一般性的好氧发酵,例如 20 m^3 的发酵罐,130 r/min 的转速,通气量为 1∶(0.12~0.15)。

在工业生产中,利用产氨短杆菌突变株直接发酵生产肌苷酸,要把 Mn^{2+} 水平控制在 10~

20 μg/L 范围有一定难度。为了解决这个问题，除了选育对 Mn^{2+} 有抗性的突变株外，还可在发酵期间添加某些抗生素或表面活性剂，以解除过量 Mn^{2+} 的影响。常用的有：链霉素、环丝氨酸、丝裂霉素 C 及青霉素，或者聚氧化乙烯硬酯酰胺、羟乙基咪唑系物质等表面活性剂。添加的浓度和添加的时间需根据试验结果确定。

3. 肌苷酸的提取

肌苷酸的提取可采用活性炭吸附法和离子交换树脂法。其工艺要点如下。

(1)离子交换树脂法

①发酵液加活性白土 15 g/L，压滤除菌体，清液中加入 1.5 倍体积的 0.1 mol/L 盐酸进行酸化。

②将酸化液上 732#（H^+ 型）强酸性阳离子交换树脂柱。上柱液体积大约为湿树脂体积的 6 倍。

③含肌苷酸的流出液用氢氧化钠溶液调 pH 至 8.5～9.5，上 717#（OH^- 型）强碱性阴离子交换树脂。上柱体积为湿树脂体积的 6 倍，90％肌苷酸被吸附。

④先用水洗柱，再用 0.05 mol/L 盐酸洗至流出液 pH 为 3.5，接着调换含 0.05 mol/L 盐酸的 0.05 mol/L 氯化钾混合进行洗脱。

⑤洗脱液用 40％氢氧化钠调 pH 至 5，直接加热浓缩或减压浓缩 15～20 倍。

⑥冷却后加入 2 倍体积的 95％乙醇，冷藏，析出肌苷酸粗品。

⑦肌苷酸粗品加水溶解，加乙醇放冷库结晶，过滤，晶体用 30％乙醇洗 2～3 次。

⑧烘干，制得肌苷酸精品。整个提取收率为 55％～60％。

(2)活性炭吸附法　将发酵液加热至 45～50 ℃，缓慢加入盐酸，酸化至 pH 为 3～4，再加入活性白土 15 g/L，压滤。滤液经 H^+ 型酚醛树脂脱色。脱色液用 0.216 mm 769# 活性炭柱（80 目）吸附，吸附肌苷酸能力约为 0.03 g/L。先用 80～90 ℃热水洗柱，再用 0.1 mol/L 氢氧化钠溶液进行洗脱。洗脱液用盐酸调 pH 至 7～8，减压浓缩至肌苷酸含量为 8％。将浓缩液酸化至 pH 为 3，再一次经酚醛树脂脱色。脱色液用碱中和至 pH 为 7 后加入 2 倍体积的乙醇，冷藏、结晶，得粗品。

精制工艺同上法。整个提取收率为 40％～50％。

(三)利用基因工程技术构建肌苷酸工程菌株

利用基因工程技术构建肌苷酸高产菌株，从基因水平上造就具有目的遗传性的菌株。日本有学者将氯霉素乙酰基转移酶基因分别插入 SAMP 合成酶和肌苷酸脱氢酶基因中，使酶失活，构建 Ade^-+Xan^-（天冬酰胺缺陷）工程菌株，从而提高肌苷酸产量。另外，也有研究在肌苷酸工程菌株中引入高效的抗性基因，从而达到解除反馈调节机制的目的，提高肌苷酸产量。

四、鸟苷酸生产

鸟苷酸又名 5′-单磷酸鸟苷，由鸟嘌呤、核糖和磷酸三部分组成，磷酸结合在核糖的 5′-羟基上。其分子式为 $C_{10}H_{12}N_5O_8P$。鸟苷酸为白色晶体或粉末，溶于冷水和碱溶液中，在冷的酸性溶液中缓慢分解，生产中多以钠盐形式出现。

制造鸟苷酸的方法除了核酸分解法外，还有：①生物合成与化学合成并用法，即利用微生物发酵生产鸟苷，然后经过化学合成制成鸟苷酸。②利用细菌发酵生产鸟苷，然后用酶法或化学合成法将鸟苷磷酸化得到鸟苷酸。③直接发酵法生产鸟苷酸。④利用黄苷酸或黄苷生产菌与能将黄苷酸或黄苷转化为鸟苷酸的菌株混合培养法，即双菌混合发酵法。目前，用于工业化生产的方法为①、②，尤其是后者应用较广。

国际上对鸟苷酸的研究和生产始于20世纪60年代。最先由日本科学家发现5′-鸟苷酸具有强烈的鲜味，然后着手研究微生物发酵生产鸟苷酸的方法。在20世纪70～80年代，已经从枯草芽孢杆菌、微黄短杆菌、铜绿假单胞菌(*Pseudomonas*)中选育出一批直接发酵法生产鸟苷酸的菌株，但产率都不高。改用发酵法生产鸟苷，再经磷酸化生成鸟苷酸，鸟苷产率为20～25 mg/mL。

我国鸟苷酸生产起步较晚，现今采用核酸降解法，或微生物发酵和磷酸化(二步法)，产量不高。苏州味精厂曾筛选到一株积累鸟苷4.9 mg/mL的菌株，黑龙江微生物所选育到的鸟苷生产菌株产鸟苷3.8 mg/mL。1993年由上海工业微生物所选育得到一株枯草芽孢杆菌2066，产鸟苷16 g/L，25 t发酵罐试生产达到10 g/L。与酶解酵母核酸生产鸟苷酸的方法相比，二步法因为受鸟苷酸产率不高的限制，其生产成本要高于酶法。

(一)鸟苷酸及鸟苷生产菌种

1. 鸟苷生产菌

枯草芽孢杆菌、产氨短杆菌、微黄短杆菌、铜绿假单胞菌等都能产鸟苷。因为相关专家学者对枯草芽孢杆菌在代谢途径、调节机制等方面进行过非常深入的研究，所以较多地采用以枯草芽孢杆菌作为选育鸟苷高产菌株的出发菌株。

从鸟苷的生物合成途径及其调节机制来看，作为鸟苷高产菌株，应具备以下条件。

①丧失腺苷酸琥珀酸合成酶活性，切断肌苷酸到腺苷酸的通路，使生成的肌苷酸不转化为腺苷酸而全部转向合成鸟苷酸。与此同时，鸟苷酸还原酶活性的丧失，使鸟苷酸转化为肌苷酸的反应受阻，生成的鸟苷酸不再变为肌苷酸。

②核苷酸酶或核苷磷酸化酶等鸟苷分解酶的活性微弱。

③解除鸟苷酸对磷酸核糖焦磷酸转酰胺酶、肌苷酸脱氢酶及鸟苷酸合成酶等的反馈抑制与阻遏。

④由肌苷酸脱氢酶、鸟苷酸合成酶所催化的反应，应该比核苷酸酶所催化的反应优先进行，以此来抑制肌苷的产生，实现高效率地积累鸟苷。即肌苷酸脱氢酶的水平要高于5′-核苷酸酶的水平，宁可从5′-肌苷酸合成5′-鸟苷酸，而不降解成为肌苷。故应尽力加强肌苷酸脱氢酶的反应活性，适当降低5′-核苷酸酶的活性，如选育抗甲硫氨酸亚砜等。

⑤从对腺嘌呤、腺苷敏感突变为不敏感。因为腺嘌呤、腺苷抑制鸟苷酸合成酶活性，必须设法解除。

目前，国内外的鸟苷生产菌都是按上述要求加以诱变而获得的。上海工业微生物所选育的一株鸟苷生产菌株具有腺嘌呤缺陷和组氨酸缺陷的双重遗传标记，采用发酵过程中分批补料的方法，鸟苷产率达到15 g/L。

2. 鸟苷酸生产菌

直接发酵生产鸟苷酸的菌株，其鸟苷酸生物合成调节系统已被解除，表现如下：

①鸟苷酸对肌苷酸脱氢酶的终产物抑制作用不存在。由于鸟苷酸和肌苷酸同样难于从细胞膜内渗出，因此在解除终产物的反馈抑制的同时应设法改善细胞膜透性，尽可能降低鸟苷酸在细胞内的浓度。

②生成的鸟苷酸不被转化。有关筛选和构建鸟苷酸生产突变株的研究很多，如日本学者从自然界筛选到铜绿假单胞菌、枯草芽孢杆菌及微黄短杆菌产鸟苷的野生菌株，能积累 2.7～4.0 mg/mL 鸟苷酸。对多重缺陷型的产氨短杆菌或谷氨酸棒杆菌或放线菌来说，在起始发酵液中或发酵过程中添加抗生素、二恶烷等，能明显提高鸟苷酸产率。但是，鸟苷酸的产量都比较低，不能达到工业化生产的要求，有待进一步研究。

(二)鸟苷发酵条件

1. 培养基

鸟苷发酵的培养基组成，除碳源、氮源和无机盐等基本成分外，如果使用的是营养缺陷型菌株，那么必须在培养基中再添加菌株所必需的营养物质，其添加量必须通过预试验确定。

碳源主要是葡萄糖或麦芽糖，一般用量为 10%～12%。初糖浓度不宜太高，否则对鸟苷的生成有抑制作用。例如，上海工业微生物所试验发现：在 2066 号菌株发酵过程中，分批补糖能提高鸟苷的产率，而且在补糖总量限定的前提下，分批流加的次数越多，也就是每次补加的糖量越少，鸟苷总的生成量越多，与总投入糖量相同的一次性发酵相比，采用低初糖、后补糖的方法，其鸟苷转化率要高许多倍。

氮源一般使用硫酸铵或氯化铵作为氮源，初始培养基中用量约为 2%。在发酵过程中可以流加氨水来控制 pH 和补充氮源，也可以大豆蛋白水解液等有机氮源替代无机氮源。

无机盐主要有磷盐、镁盐、铁盐和锰盐，这些都是微生物生长所必需的离子。在鸟苷发酵培养基中还应该加入嘌呤的前体物，如 *L*-谷氨酸钠等氨基酸。对于营养缺陷型菌株，营养物质的使用量必须为亚适量，添加量过大会导致生物合成途径中反馈抑制的发生；过少则造成菌体生长不足，使鸟苷产量下降。

为了改善膜渗透性，还须控制生物素亚适量，用量在 6～10 μg/L。

2. 发酵条件

一般投料量为罐体积的 60%～80%。如果采用补料工艺，则投料量可减少至 60%。接种量为 9%～10%。

0～24 h 温度为 36 ℃，24 h 后温度控制在 36.5～37.5 ℃。发酵起始 pH 为 6.8，发酵初期 pH 会略有下降(降至 6.1)，随着 pH 的回升和鸟苷开始积累，发酵 10 h 后用氨水控制 pH 在 6.4～6.5，在临近发酵结束时，pH 会突然上升，超过 6.6 即放罐。罐压控制在 0.05～0.10 MPa。通风比按二级风量控制，例如 2.5 t 发酵罐：0～24 h 为 1∶0.2，24 h 后为 1∶0.35。

在整个发酵过程中，初始 12 h 内，鸟苷的生成极少，在其后的 12 h 内，鸟苷生成率猛增，之后生成率又放慢，在临近结束前 12 h 内，鸟苷生成率又有所增长。这种发酵后期鸟苷生成量增多的现象可能与后期菌体细胞自溶有关，细胞内的鸟苷进入发酵液，从而使鸟苷的生成量显著增加。这可以从镜检后期发酵液很少有完整的活菌存在，以及平板培养很少有菌落出现得到证实。发酵周期一般为 48 h。

3. 鸟苷的分离提取

（1）工艺流程　鸟苷的分离提取工艺流程如图 9-6 所示。

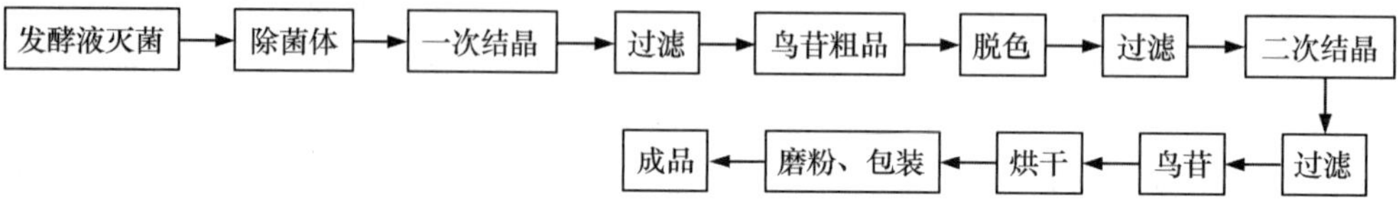

图 9-6　鸟苷的分离提取工艺流程

（2）操作方法　在发酵液中加入絮凝剂，如壳聚糖等，添加量为 1 g/L，搅拌均匀后升温至 90～95 ℃，以提高鸟苷的溶解度，趁热进板框压滤机，得滤液。沸水洗滤饼 1 次，合并滤液。然后将收集到的滤液在结晶罐中冷却析晶，得到鸟苷粗品。

按粗品鸟苷∶水∶粉末活性炭＝10∶200∶1 的比例，将三者投入脱色罐，升温至 90 ℃并维持 1 h，其间需不断搅拌，以提高除杂、脱色的效果。然后将上述 90 ℃的活性炭液送进板框压滤机，得滤液。滤饼经沸水洗涤，洗液与滤液合并。接着将滤液冷却到 10 ℃，析晶，得鸟苷精品。最后将鸟苷精品置于 80 ℃下干燥 12 h 左右。将干燥的鸟苷磨粉，过 0.44 mm（40 目）筛，包装。

五、呈味核苷酸的质量标准

我国早在 1989 年就颁布了食品添加剂的呈味核苷酸的企业质量标准，之后几经修订。现行标准为《食品安全国家标准　食品添加剂 5′-肌苷酸二钠》（GB 1886.97—2015）和《食品安全国家标准　食品添加剂 5′-鸟苷酸二钠》（GB 1886.170—2016）。

1. GB 1886.97 要求

以淀粉、糖质为原料，经发酵法或酶解法制得的食品添加剂——5′-肌苷酸二钠必须符合以下要求和指标：

（1）感官要求　产品为白色结晶或结晶性粉末；具有特殊鲜味。

（2）理化指标　应符合表 9-1 的规定。

2. GB 1886.170 要求

以淀粉、糖质为原料，经发酵法或酶解法制得的食品添加剂——5′-鸟苷酸二钠必须符合以下要求和指标：

（1）感官要求　产品为无色、白色结晶或结晶性粉末。

（2）理化指标　应符合表 9-2 的规定。

表 9-1 5′-肌苷酸二钠理化指标

项目	指标
含量(以干基计)/%	97.0～102.0
紫外吸光度比值(250 nm/260 nm)	1.55～1.65
(280 nm/260 nm)	0.20～0.30
最大吸收波长/nm	250±2
水分/%	≤29.0
透过率(5%水溶液)/%	≥95.0
pH(5%水溶液)	7.0～8.5
其他核苷酸	通过试验
砷/(mg/kg)	≤2.0
重金属(以 Pb 计)/(mg/kg)	≤10.0

引自:《食品安全国家标准 食品添加剂 5′-肌苷酸二钠》(GB 1886.97—2015)。

表 9-2 5′-鸟苷酸二钠理化指标

项目	指标
含量(以干基计)%	97.0～102.0
紫外吸光度比值(250 nm/260 nm)	0.95～1.03
(280 nm/260 nm)	0.63～0.71
干燥减量/%	≤25.0
透过率(5%水溶液)/%	≥95.0
pH(5%水溶液)	7.0～8.5
其他核苷酸	通过试验
氨基酸	通过试验
铵盐	通过试验
砷/(mg/kg)	≤2.0
重金属(以 Pb 计)/(mg/kg)	≤20.0

引自:《食品安全国家标准 食品添加剂 5′-鸟苷酸二钠》(GB 1886.170—2016)。

六、呈味核苷酸的应用

(一)5´-肌苷酸的应用

肌苷酸最主要的用途是作为助鲜剂,制成强力味精(也称第二代味精)和复合调味料(第三代味精)。肌苷酸单独存在时,鲜味并不显著,但与谷氨酸钠(味精)并存时,则该混合物的鲜味,随着肌苷酸含量的增加而增强。例如,当 2%肌苷酸与 98%谷氨酸钠混合时,鲜味比

100%味精增强3倍。当肌苷酸为6%时,谷氨酸钠为94%时,鲜味增强6倍。我国从20世纪80年代中期起,将肌苷酸用于助鲜剂,开始了第二代味精的商品化生产。此外在用于提高酱油品质方面,肌苷酸也将发挥重要作用。

肌苷酸还可参与机体能量代谢以及蛋白质合成活化丙酮酸氧化酶,能使细胞在缺氧状态下继续进行代谢。肌苷酸的主要医用价值为:白细胞或血小板减少症、各种急慢性肝炎、肺源性心脏病、中心性视网膜炎、视神经萎缩症、放射线照射病、洋地黄中毒症以及血吸虫病等的治疗。

(二)5′-鸟苷酸的应用

5′-鸟苷酸与5′-肌苷酸有相同的助鲜作用,而且与适量的谷氨酸钠按不同比例混合时,其鲜味更优于肌苷酸。当味精(谷氨酸钠)中添加鸟苷酸钠为2%、3%、4%、6%、8%和12%时,其鲜味分别提高4.6、5.5、6.2、7.4、8.4、9.9倍。目前国内配制的特鲜味精多为粉末状。

20世纪80年代以来,国内外在研制特鲜酱油方面也使用了5′-鸟苷酸,大大提高了酱油的鲜味。酱油中的鸟苷酸添加量一般控制在0.02～0.2 g/100 mL酱油。沈阳味精厂和青岛味精厂生产的复合味素内含2% 5′-鸟苷酸钠。

在医疗上,5′-鸟苷酸钠用于治疗白细胞减少、血小板下降及肝炎等。

(三)其他核酸类物质的应用

核酸类物质及其衍生物的应用范围已远远超出调味增鲜作用,核酸类药物在治疗中枢神经系统、循环系统、泌尿系统等方面的疾病都有很大的发展前途;此外,嘌呤核苷正在被用于生产各种功能性食品,包括抗寒食品、减肥食品等,其市场前景也相当乐观;以及用核酸类物质进行浸种喷雾来提高农作物产量等农业生长剂的应用。

目前,已知用发酵法生产的核酸类物质已达60余种,医疗价值较高的有:肌苷、腺苷三磷酸、鸟苷三磷酸,烟酰胺腺嘌呤二核苷、胞苷二磷酸胆碱、胞苷三磷酸,阿糖腺苷、阿糖胞苷、黄素腺嘌呤二核苷,辅酶A等,这些医药产品已都形成工业生产。

第十章　酸味剂生产

第一节　柠檬酸生产

柠檬酸又名枸橼酸，其分子式为 $C_6H_8O_7$，学名为 3-羟基-3-羧基戊二酸。柠檬酸外观为白色颗粒或白色结晶性粉末，无臭，具有令人愉快的强烈酸味，安全无毒。

20 世纪 60 年代末，老一辈科技工作者采用了独特的以薯干为原料的发酵工艺，生产出了“争气酸——中国柠檬酸”。此后几经磨难，终于在 20 世纪末，使中国成为柠檬酸生产大国。目前，中国已经进入世界柠檬酸生产强国行列，2021 年中国柠檬酸产量和需求量分别达 150 万 t 和 43.4 万 t，全球柠檬酸市场占比为 63.11%，市场规模达 28.71 亿元。中国还是柠檬酸出口大国，2020 年我国柠檬酸出口量达到 94 万 t。近年来，随着全球经济的复苏、各个领域对柠檬酸的需求日益加剧，柠檬酸的消费量随之增加。在可预见的将来，柠檬酸市场将呈现出稳步上升趋势。

一、柠檬酸的理化性质及用途

（一）柠檬酸的理化性质

1. 柠檬酸的物理性质

（1）晶体形态和性质　由于无水柠檬酸和一水柠檬酸的结晶条件不同，所以它们的晶体形态也不相同。当结晶温度不高于 36.6 ℃时，一水柠檬酸结晶析出，然后经分离、干燥得到一水柠檬酸结晶产物，其含结晶水量为 8.58%，熔点为 70～75 ℃，相对密度为 1.542。一水柠檬酸晶体为斜方棱晶，晶体较大。当结晶温度高于 36.6 ℃时，无水柠檬酸结晶析出，晶体形态为单斜晶系的棱柱形——双棱锥体。故一水柠檬酸转变为无水柠檬酸的临界温度为 36.6 ℃。

（2）柠檬酸的溶解度　柠檬酸分子中含有羧基和羟基，极易溶于水，且溶解度随温度升高而增大，溶解度与温度呈直线关系。柠檬酸还可溶于乙醚，但不溶于苯、甲苯、二硫化碳、四氯化碳和脂肪酸。

2. 柠檬酸的化学性质

柠檬酸是一种较强的有机酸，加热可以分解成多种产物，与发烟硫酸混合，在常温下即产生乌头酸，稍稍加热能生成 3-酮戊二酸。柠檬酸与浓硫酸混合，在 40 ℃时产生丙酮、CO_2、CO 等；加热至 150 ℃时生成乌头酸酐；加热至 200 ℃时生成双康酸（$C_9H_{10}O_6$）及 CO、CO_2 等。柠檬酸的常规酸碱中和反应可以生成各种盐类。

(二)柠檬酸的用途

柠檬酸的应用很广泛,在食品、医药、化工中均有重要用途。其中以食品工业用量最大,约占总用量的70%,被称为第一食用酸味剂,广泛用于糖果、饮料、果酱、果冻、果酒以及罐头、糕点等食品的生产中。柠檬酸的加入不仅可以赋予食品以水果风味,而且还具有抗氧化、保护色素和维生素的作用,使产品保持新鲜感。

在医药上,柠檬酸常用作糖浆、片剂等的调味剂,柠檬酸铁铵是常用的补血剂,柠檬酸钠是重要的抗凝血剂,广泛用于输血、血浆的保存及制造血浆代用品等。

在化工上,柠檬酸是高效螯合清洗剂,用于各种金属表面、换热器、化工管道及锅炉等的清洗除垢,还可用于工业、民用洗涤剂中,替代有害的三聚磷酸钠,生产无公害洗涤剂等。

二、柠檬酸生产菌及生物合成途径

(一)柠檬酸生产菌

1.柠檬酸生产菌及其选育

(1)柠檬酸生产菌　研究发现,产生柠檬酸并能分泌至胞外的微生物有青霉、曲霉、木霉和酵母菌等。其中,黑曲霉能分泌大量的柠檬酸,在工业生产中以薯干为原料生产柠檬酸时,黑曲霉最为重要而被广泛应用。在20世纪60年代,以正烷烃为原料生产柠檬酸则是利用假丝酵母属中的优良酵母菌种,如解脂假丝酵母(*Candida lipolytica*)、解脂复膜孢酵母(*Saccharomycopsis lipolytica*)、季也蒙假丝酵母(*Candida guiliermondii*)等,其产酸能力远高于黑曲霉,但缺点是发酵液中会同时累积大量的异柠檬酸,增加提取成本,为此,科研工作者力图采用各种代谢控制手段,控制生产菌的酶系统、提高柠檬酸产率。

我国多年来先后选育出宇佐美曲霉N558(产酸6%~7%)、黑曲霉r-144(产酸9%)、D35(产酸9%~10%)、No5016(产酸14%~17%)、T419(产酸13%)等,还选育出用于精淀粉发酵的菌种,有黑曲霉TD-01、N3008、Co827等,这些菌株可用初糖浓度为21%左右的玉米淀粉作发酵培养基,产酸达20.24%,转化率达97.28%,发酵周期为96 h。同时,这些菌种还适于用马铃薯、山芋、木薯等淀粉质原料为原料生产柠檬酸。目前,以糖质(淀粉)为原料生产柠檬酸的菌株均是从黑曲霉群中选育的。

(2)柠檬酸生产菌的选育　为了提高筛选工作效率,初筛时可采用合适的方法直接从平板上初步挑选出高产柠檬酸的菌株。常用的方法有:产酸指示剂法、透明圈法、对二甲氨基苯醛法。

从自然界中初步分离得到的产柠檬酸菌株一般还需要经过诱变育种才能获得高产菌株。常用的化学诱变剂有亚硝基胍(NTG)、硫酸二乙酯、乙烯亚胺、甲基磺酸乙酯、氮芥等,物理诱变因子有紫外线、X射线等。另外,利用基因工程手段进行菌种改良以提高柠檬酸产率也是行之有效的方法。

2.柠檬酸高产菌株的特征

①在葡萄糖为唯一碳源的培养基上生长不太好,形成的菌落较小,形成孢子的能力较弱。

②能耐受高浓度的葡萄糖并产生大量酸性 α-淀粉酶和糖化酶，即使在低 pH 下两种酶仍具有大部分活力。

③能耐高浓度柠檬酸，但不能利用和分解柠檬酸。

④能抗微量金属元素，特别是抗 Mn^{2+}、Zn^{2+}、Cu^{2+} 和 Fe^{2+} 等金属离子。

⑤在摇瓶和深层液体培养时能产生大量细小的菌丝球。

⑥具有旁系呼吸链活性，利用葡萄糖时不产生或少产生 ATP。

(二)柠檬酸生物合成途径

柠檬酸的生物合成途径有多种，原料不同，使用的菌种不同，其生化途径也有所不同。

1. 黑曲霉的柠檬酸生物合成途径

生长在葡萄糖培养基上的黑曲霉存在着糖酵解(EMP)途径、磷酸戊糖(HMP)途径、三羧酸(TCA)循环和乙醛酸循环的酶系。黑曲霉利用糖类产生柠檬酸的生物合成途径是：葡萄糖经 EMP 途径或 HMP 途径降解，形成丙酮酸；丙酮酸一方面氧化脱羧生成乙酰 CoA，另一方面经 CO_2 固定羧化成草酰乙酸；然后草酰乙酸与乙酰 CoA 缩合生成柠檬酸(图 10-1)。

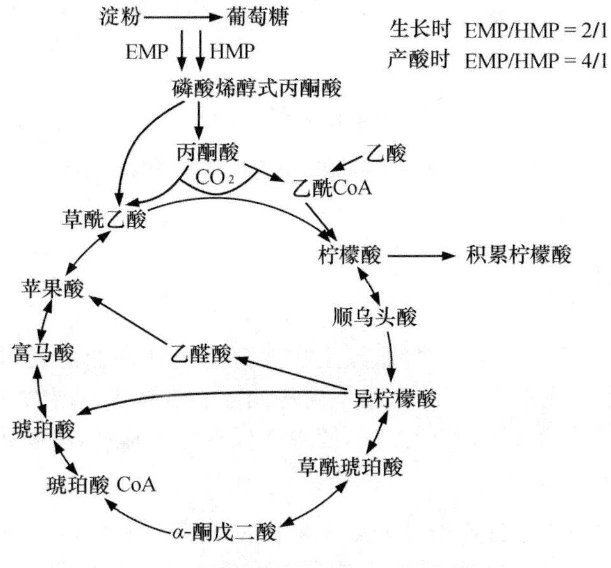

图 10-1　由葡萄糖生物合成柠檬酸的途径

2. 酵母菌的柠檬酸生物合成途径

解脂假丝酵母能够利用烷烃、乙醇、乙酸等发酵生成柠檬酸，如图 10-2 所示。正烷烃被解脂假丝酵母通过单端或双端 β-氧化生成草酰乙酰，乙酰 CoA 进入 TCA 循环的补偿途径——乙醛酸循环，生成草酰乙酸，草酰乙酸和乙酰 CoA 在柠檬酸合酶作用下生成柠檬酸，草酰乙酸还通过 CO_2 固定反应的逆过程和生糖途径相通。

在理论上，3 moL 醋酸可以合成 1 moL 柠檬酸，在此过程中，没有碳原子损失。由于生物合成柠檬酸的 C4 二羧酸只能由乙醛酸循环来提供，柠檬酸向异柠檬酸转化和异柠檬酸裂解是必不可少的。积累柠檬酸的理想的代谢途径是生成的柠檬酸量的 1/2 转化生成异柠檬酸。

这显然需要极为复杂的调节机制来控制。循环中的中间体都必须存在，使发酵产物中不仅是柠檬酸，还含有较多的异柠檬酸，有时高达总酸的50%。在酵母菌的烷烃发酵中，柠檬酸的积累是在培养基中氮源耗尽以后才开始的。当氮源耗尽时，细胞内AMP浓度陡然下降，这样抑制了NAD-异柠檬酸脱氢酶活力，这时柠檬酸合成远大于分解，从而积累柠檬酸。

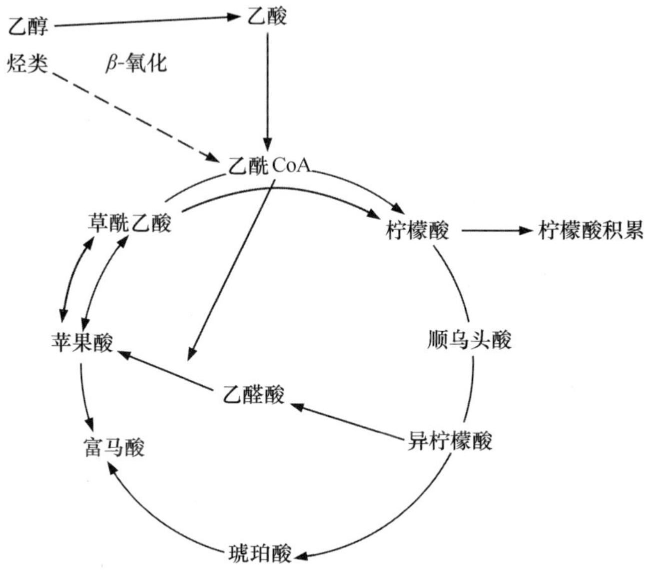

图 10-2 酵母菌(烷烃)生物合成柠檬酸的途径

三、柠檬酸生产原料

传统的柠檬酸生产是以薯干为原料，经生物发酵工艺和钙盐法提取工艺制得。传统工艺存在环境污染严重、生产成本高、产品质量不高等问题。近年来，在生产新原料方面，研究出了以玉米粉、稻米、秸秆等为原料的生产方法，使生产成本大大降低，废物排放减少。

1. 碳源

理论上，凡是能够被微生物代谢并分泌积累大量柠檬酸的物质都可作为柠檬酸的发酵碳源。目前实际生产中用于柠檬酸发酵生产的碳源可分为糖质原料和石油烷烃原料两大类。糖质原料包括甘薯、薯干、木薯(干)、马铃薯、薯渣等薯类，玉米、小麦、面粉、大米等谷物类，各种淀粉、淀粉水解糖(单糖、双糖、糊精、饴糖、葡萄糖母液)，砂糖、糖蜜以及各种含糖果实、糖食加工的下脚料等；石油烷烃原料包括正烷烃、乙酸、乙醇等。

工业生产上对原料的选择需要考虑多方面综合因素，如价格低廉、产酸高、生产稳定、货源广、贮运方便、综合利用价值等诸多方面。利用稻草、木材、乳清等废弃物发酵生产柠檬酸的研究工作也在不断深入开展。若用含淀粉或糖质的原料，发酵前需要进行预处理，如去杂质、去霉块、粉碎、液化以及去金属离子等。

2. 氮源

氮源的作用是合成细胞物质(蛋白质、氨基酸、核酸、维生素等)和调节代谢，因为细胞中铵离子浓度的升高，能解除ATP和柠檬酸对关键酶磷酸果糖激酶的反馈抑制，使EMP途径代谢流增强，有利于柠檬酸生成与积累。菌体生长发育的优劣完全取决于培养液内的氮源。一般用于柠檬酸发酵中的氮源有：①生理酸性氮，如$(NH_4)_2SO_4$、$(NH_4)_3PO_4$、$(NH_4)_2HPO_4$、NH_4Cl、$(NH_4)_2CO_3$等；②生理碱性氮，如$NaNO_3$、KNO_3、$LiNO_3$、$Ca(NO_3)_2$、$Mg(NO_3)_2$等；③两性氮，如NH_4NO_3等；④有机氮，如麸皮、米糠、蛋白胨、氨基酸、尿素等。

一般来说，黑曲霉优先利用无机氮。在无机氮中，生理酸性氮要比碱性氮好，因为生理酸性氮中的铵离子被利用后，培养基会变酸，使发酵中的黑曲霉生长阶段结束，转入产酸阶段，pH下降到较低水平有利于柠檬酸的积累。所以铵盐既可以调节代谢，也可以控制pH。简单的有机氮比复杂的好，例如，尿素比氨基酸好，氨基酸比蛋白胨好。在蔗糖合成培养基上，NH_4NO_3是最好的氮源。黑曲霉以同样的速度消耗无机氮和有机氮，所以培养基酸度不变。但糖蜜发酵培养基中还需添加少量NH_4Cl。若原料中有机氮含量过于丰富，菌生长代谢加快，有利于缩短发酵周期，但是不利于柠檬酸积累，产酸率不高。故不能利用含蛋白质丰富的粗玉米粉直接发酵产生柠檬酸。

3. 无机盐

无机盐是构成微生物生命活动不可缺少的物质，在柠檬酸发酵中，有的构成菌体，有的促进代谢，有的促进产酸等，因此对黑曲霉的生长和柠檬酸发酵具有重要的作用。尤其对国外采用的不耐金属离子的柠檬酸生产菌，在发酵中控制微量金属离子水平是极为重要的。然而，无机盐对柠檬酸发酵影响是十分复杂的，它因菌种、原料、生产方式不同而异。常用的无机盐有KH_2PO_4、K_2HPO_4、$MgSO_4 \cdot 7H_2O$、KCl等。

四、柠檬酸发酵工艺及控制

柠檬酸发酵工艺的发展可分为3个阶段：①20世纪20年代采用青霉或曲霉进行表面发酵生产；②进入20世纪30年代，曲霉的深层发酵逐渐得到发展；③从20世纪50年代起至今，以黑曲霉的深层发酵为主，并行着表面发酵和固体发酵工艺。

（一）表面发酵法

表面发酵法也称浅盘发酵法。它是柠檬酸生产的一种传统方法，国外已有悠久历史，且至今有些国家仍然采用。表面发酵法的优点是设备投资较少、动力消耗较低，所用原料价格低廉、粗放，生产也易控制。该法是将培养液盛于浅盘中接入干孢子进行发酵，浅盘大小为：长2～4 m、宽1～2 m、高0.15～0.25 m，每盘可装培养液0.5～1.0 m^3。盘子用不锈钢、高纯度铝或木料（涂料处理）制成，培养室装有盘架，每个盘架的一端装有通风管和鸭嘴形的通风口供接种干孢子和通风之用。发酵室内装有通风、温度、湿度调节装置，整个发酵室是密闭的，可进行清洗消毒操作。发酵培养液以糖蜜为原料，灭菌前用黄血盐（亚铁氰化钾）处理，培养基的糖浓度约为14%，需加入适量硝酸铵、氯化钙及其他无机盐。培养基灭菌后通过管道注入盘内，液层高约10 cm，并直接接入干孢子，同时通入热的无菌空气使发酵维持在30 ℃。培养2 d后转入产柠檬酸期，此时要通入空气使温度继续维持在30 ℃。孢子萌发后形成菌丝，在培养基表面形成皱皮，要防止皱皮下沉，否则会影响产酸。

最简单的工艺为一次发酵法，即接种后发酵12 d至发酵终了，然后放料取出菌丝体，清洗盘子后重新装入灭菌培养基。也可采用置换法，即一次发酵终了后，将酸液从菌膜底下排出，再从膜的下方通入无菌水将菌膜中残存的柠檬酸浸出并排放，然后通入新鲜培养基继续发酵。还可采用添加法，即先注入生长期培养基，液层厚约 3 cm，待菌膜形成后排出生长液，然后通入产酸培养基，液层厚 10～12 cm，直到发酵终了。

表面发酵法产酸可达 8%～9%，但对糖的转化率较低，一般仅 50%～60%。

(二)固体发酵法

利用农副产品加工后的副产物如甘薯渣、木薯渣、苹果渣等，添加麸皮、米糠等含蛋白质的辅料及无机盐，进行固体发酵生产柠檬酸。该法的优点是投资少、可利用农产品下脚料，缺点是劳动强度大、劳动生产率低、设备占地面积大，不适于大规模工业化生产。

1. 工艺流程

固体发酵法提取柠檬酸的工艺流程如图 10-3 所示。

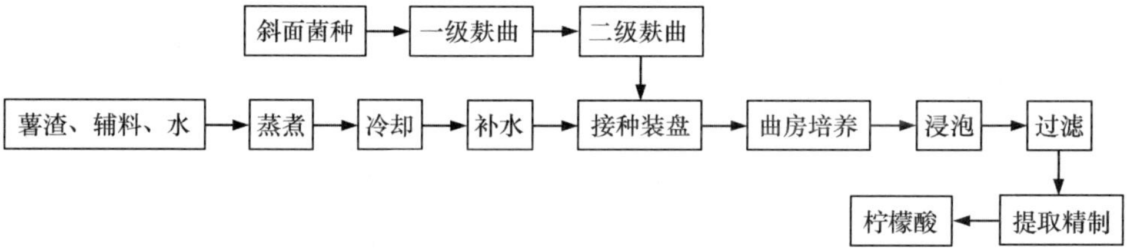

图 10-3 固体发酵法提取柠檬酸的工艺流程

2. 菌种活化及扩培

生产菌种一般用宇佐美曲霉(*Asp. usamii*)G_2B_8。菌种斜面培养为 3～4 °Bé 麦芽汁斜面培养基，35 ℃下培养 5～6 d，备用。

一级种子培养基为：麸皮 100 kg，碳酸钙 5 kg，硫酸铵 0.25 kg，水 100～120 kg。

操作：先将麸皮、碳酸钙干料拌和均匀，将硫酸铵溶在水中，然后缓慢加到干料中，搅拌均匀，放入三角瓶中，封口，0.15 MPa 下蒸汽灭菌 60 min。二级种子制备方法与一级种子相同。

3. 发酵及控制

(1)配料 薯渣 100 kg，碳酸钙 1 kg，米糠 10 kg 或麸皮 8.5 kg，尿素 0.4 kg 或硫酸铵 0.7 kg，用水量为每 100 kg 配料加水 170 kg。

(2)蒸料 将薯渣和辅料加入旋转蒸锅后，旋转锅身，使干料翻拌均匀，通入蒸汽干蒸 1 h，再向锅内加水，润料 20 min，通入蒸汽加压至 0.15 MPa，蒸料 10 min，排汽降压，抽真空加快物料冷却，出料。整个蒸料操作都是在锅身旋转时进行，所以快而均匀，灭菌彻底，料质熟而疏松，操作简便。

也可采用蒸锅蒸料，装料时要注意料层薄厚、松实一致，防止蒸汽走短路或料压得过紧；蒸煮时要求整个料面均匀冒汽，圆汽后加盖，蒸料 1 h。

(3)摊晾 料蒸好后，出锅摊晾，降低料温，同时打碎蒸料时黏结的料团。

(4)补水接种 当曲料中的含水量为 71%～77%时，才能得到较高产酸水平，但为了防止蒸料黏结，故生料含水量通常不超过 60%，所缺水分需在蒸料后补足。补水前需预先将水煮沸 10 min 灭菌，待冷却后使用，种曲和抗菌剂可一并加入补水中，接种量为 0.2%～0.3%。

(5)装盘及发酵　将补水、接种完毕的薯渣曲料装进搪瓷盘，曲层厚 4～7 cm，在气温低的季节曲层可略厚些，气温高的季节可略薄些。

装盘后，将曲盘放进曲室的曲架上，控制曲室湿度在 85%～90%，曲室温度应依品温的变化进行调节，发酵前 18 h 控制室温在 27～31 ℃，此时品温与室温相同。18～48 h 后，品温上升至 40 ℃以上，此期间应降温维持品温在 38～43 ℃，48 h 以后品温下降至略高于室温，一般控制在 35 ℃左右。由于曲架的上层与下层品温相差较大，所以在发酵 40 h 时，应进行一次拉盘，即将上下层曲盘对调。整个发酵过程中不需扣盘或翻动。

(三)深层发酵法

1. 工艺流程

深层发酵是柠檬酸生产的主要方法。国内以淀粉质原料为培养基，发酵产酸一般为 11%～13%，最高达 15%，糖酸(一水柠檬酸)转化率 90%～104%，发酵周期为 50～70 h。其工艺流程如图 10-4 所示。

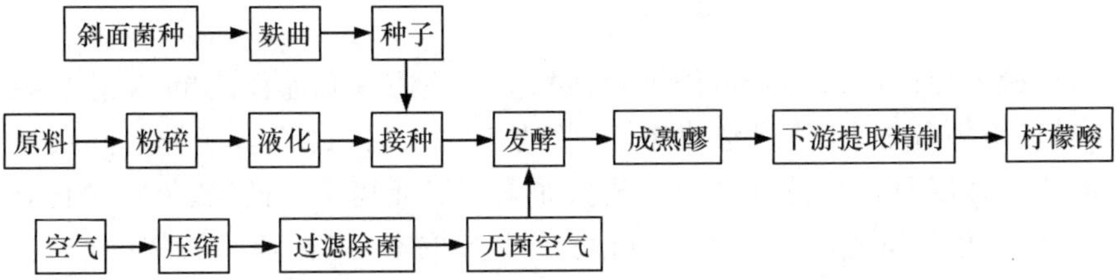

图 10-4　深层发酵法提取柠檬酸的工艺流程

2. 发酵工艺控制

(1)菌种的扩培　包括斜面菌培养、麸曲制备、种子罐培养等三个阶段。目前国内柠檬酸发酵生产菌种多数采用黑曲霉 Co827 或 γ-130 及其衍生菌。

①斜面种子培养。斜面培养基为 10～12 °Bx 麦芽汁或米曲汁，或 20%马铃薯琼脂培养基。33～35 ℃培养 4～5 d，至斜面长满孢子即可。

②麸曲制备。称取麸皮 40 g，装入 1 000 mL 三角瓶，加水搅拌均匀，控制含水量在 60%～65%，34 ℃培养 24 h 后扣瓶，以便菌种均匀生长。培养好的麸曲应无其他霉菌污染，摇瓶试验测产酸能力，合格者于 20 ℃下贮存备用。

③种子罐培养。种子罐体积一般为发酵罐的 1/10，薯干粉浓度为 16%～20%，比发酵罐浓度稀些，但需要添加一定量含氮物质，如 0.3% $(NH_4)_2SO_4$ 或尿素或适量的麸皮等。种子罐培养温度为 34 ℃，培养时间 16～24 h，至略微产酸即可转入发酵罐中。

(2)发酵　一般培养基总糖含量控制在 13%～15%。50～100 m^3 发酵罐搅拌速度为 90～110 r/min，培养温度为 35 ℃。采用二级通风，前期(16～24 h)低风量，以利于菌丝生长和糖化酶的作用，后期通风比为(1∶0.1)～(1∶0.15)(体积分数)。发酵时间为 50～70 h，产酸 12%～15%，糖酸转化率达 90%～104%。

柠檬酸深层发酵一般采用不锈钢机械搅拌发酵罐，罐体积为 50～100 m^3，目前国内已发展至 250～400 m^3，国外的发酵罐为 400～600 m^3。采用二挡搅拌，多用箭叶式搅拌器，以减少对菌丝的剪切作用。近年来国内大型柠檬酸发酵罐采用喷环装置，即在罐的底部安装一个气液型喷射混合搅拌装置和环流反应器，以增加气液混合效率并可减少一组以上搅拌叶，能明显起到节能的作用。

（四）其他发酵法

多年来，科研工作者不断地探索柠檬酸发酵新方法，如柠檬酸的连续发酵法、固定化黑曲霉孢子发酵等。例如，固定化细胞生产柠檬酸一般是利用产柠檬酸的黑曲霉菌株，在斜面或麸曲上培养使之产生孢子，然后收集孢子制成孢子悬浮液，再经海藻酸钠制成固定化细胞或孢子。发酵前，先将固定化细胞或孢子在低浓度糖液中活化，使孢子萌发，然后转入发酵培养基中进行发酵产酸。固定化细胞可重复使用，故可减少生产工序、节约原材料、减少环境污染，但其产酸能力不如游离细胞的高。随着科技的进步和研发的不断深入和改进，新的发酵法将会用于工业化生产中。

五、柠檬酸的提取

我国大多柠檬酸生产厂家仍采用传统的钙盐法。该法具有操作简单、工艺成熟等优点，但劳动强度大、对环境的危害大、柠檬酸收率不高（约 70%）。因此许多研究者寻找低能耗、少投入、无污染、低劳动强度及高收益的提取工艺。如采用工业离子色谱法、母液净化处理、循环利用废糖液等技术对生产工艺进行了改进，降低了生产成本、能耗及污染物的排放。为保护环境，使用了离子交换树脂法、电渗析、膜分离等提取技术，基本实现了清洁的生产工艺。通过这些改进，柠檬酸的生产提高了产品质量，降低了生产成本，减少了对环境的污染等。

（一）传统钙盐法

发酵液中除含有柠檬酸外，还含有黑曲霉菌丝体及其自溶物、原料残渣、残糖、色素及其他有机酸等。故柠檬酸的提取过程包括：①除去菌丝体、原料残渣及其他固形物；②初步纯化，即用化学、物理或两者结合法除去其他杂质；③精制，得到柠檬酸结晶。其工艺流程如图 10-5 所示。

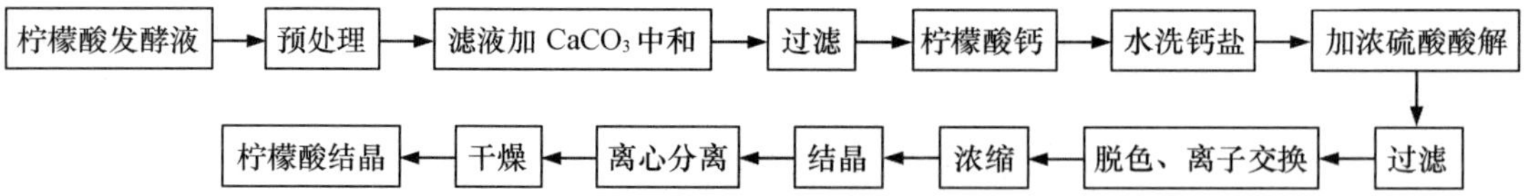

图 10-5　钙盐法提取柠檬酸的工艺流程

（二）柠檬酸提取新工艺

1. 溶剂萃取法

溶剂萃取法利用发酵液中柠檬酸和其他杂质组分在萃取剂中溶解度的不同，将水中柠檬酸萃取到有机相中，其他杂质留存于水溶液中，通过提高温度，用水将柠檬酸从有机相中反萃取到水相中，得到较纯的产物，再经过离子交换、蒸发、结晶，最后得到产品，如图 10-6 所示。

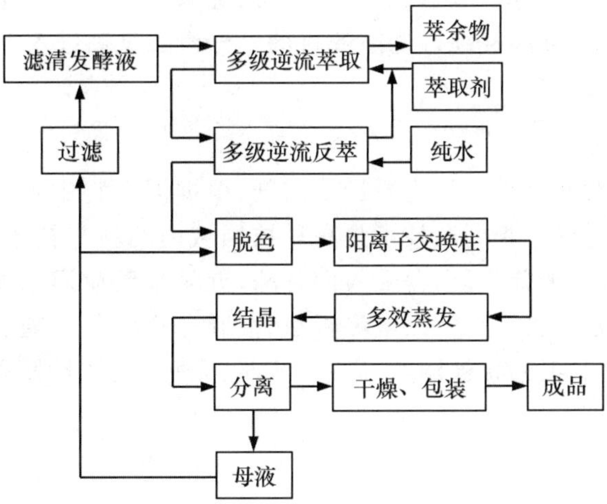

图 10-6 溶剂萃取法提取柠檬酸的工艺流程

溶剂萃取法要求萃取剂有高度的选择性，即只萃取柠檬酸而不萃取糖、色素、蛋白质等杂质，无毒、化学性质稳定、价廉、易回收。国外以葡萄糖或精制蔗糖为原料，发酵液含杂质很少，可以从发酵液中提取柠檬酸，常用的萃取剂有磷酸三丁酯、有机胺等，但均有毒性，故只能制得工业级产品。

2. 离子交换法

离子交换法利用特有的有机高分子树脂的高选择吸附性，从发酵液中提取柠檬酸，再用适当的溶液使其解吸。目前，所用的吸附剂主要包括弱碱性阴离子交换树脂、强碱性阴离子交换树脂、PVP 树脂等。其工艺流程如图 10-7 所示。

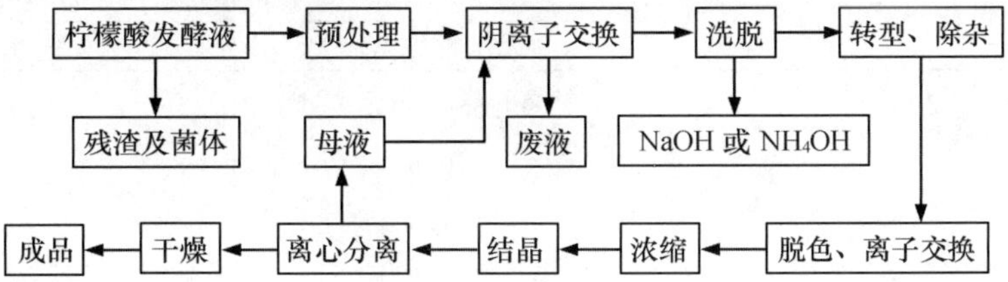

图 10-7 离子交换法提取柠檬酸的工艺流程

3. 工业色谱法

针对离子交换法存在的问题，科研人员运用色谱原理，发明了 IL-CS 离子色谱法清洁生产柠檬酸技术，通过阴离子树脂自身碱性与盐类的转换，使用多根交换柱构成的模拟移动分离系统，从发酵液中一步分离并浓缩制取柠檬酸。

4. 氢钙法

科研人员对传统钙盐法进行优化和完善，氢钙法应运而生。该法先用 1/3 的发酵清液（含二次中和过滤出的稀酸）与碳酸钙进行反应，到反应终点（pH 4.6～5.1）后，将生成的柠檬酸钙浆料过滤、洗涤，得到的柠檬酸钙调浆后进入多级反应罐中与余下的 2/3 发酵清液进行二次中和反应（柠檬酸过量），生成柠檬酸氢钙沉淀，过滤、洗涤后分离出较纯净的柠檬酸氢钙，达到去除发酵清液中有机杂质、分离提纯柠檬酸的目的。柠檬酸氢钙进入下一道酸解工序，提取步骤同传统钙盐法。

5. 膜分离法

膜分离技术是以天然或合成薄膜为质量分离剂，根据混合物中不同组分通过膜的渗透率的差异实现组分的分离过程。膜分离技术是高科技领域内的新兴技术，它具有许多常规方法难以拥有的优点，应用范围十分广泛，深受人们青睐，近年来已应用于发酵液中有机酸分离的研究中。该法有固体膜分离法、超滤法、电渗析法、液膜分离法等。随着我国柠檬酸工业的发展，该法落后的柠檬酸提取工艺将被淘汰，高效、节能、无污染、低料耗和便于自动化管理的新工艺将应运而生。

六、柠檬酸的质量标准

我国柠檬酸国家标准现有《柠檬酸》（GB/T 8269—2006）和《食品安全国家标准 食品添加剂 柠檬酸》（GB 1886.235—2016 ），其中食品添加剂的柠檬酸标准具体要求如下。

1. 感官要求

柠檬酸为无色或白色结晶状颗粒或粉末（二级略显灰黄色）；无臭，味极酸；一水柠檬酸在干燥空气中略有风化。

2. 理化指标

柠檬酸理化指标如表 10-1 所示。

表 10-1　柠檬酸理化指标

项目	指标	
	无水柠檬酸	一水柠檬酸
柠檬酸含量/%	99.5～100.5	99.5～100.5
水分/%	≤0.5	7.5～9.0
易炭化物	≤1.0	≤1.0
硫酸灰分/%	≤0.05	≤0.05
氯化物/%	≤0.005	≤0.005
硫酸盐/%	≤0.01	≤0.015
草酸盐/%	≤0.01	≤0.01
钙盐/%	≤0.02	≤0.02
铅(Pb)/(mg/kg)	≤0.5	≤0.5
总砷(以 As 计)/(mg/kg)	≤1	≤1

引自：《柠檬酸》（GB/T 8269—2006）。

第二节 乳酸生产

一、乳酸的理化性质及用途

乳酸(*Lactic acid*)学名为2-羟基丙酸(2-Hydroxypropaneic acid),分子式为$C_3H_6O_3$,结构式为CH_3 CHOHCOOH,相对分子质量为90.08。乳酸分为*D*-乳酸、*DL*-乳酸和*L*-乳酸。由于其分子内含有一个不对称碳原子,乳酸具有旋光性,有*L*-乳酸和*D*-乳酸两种旋光异构体。*L*-乳酸为右旋,当*L*-乳酸和*D*-乳酸等比例混合时,即成为外消旋的*DL*-乳酸。*L*-乳酸能与水完全相容,但不结晶。60%以上浓度的乳酸具有很强的吸湿性。纯净的无水乳酸是白色结晶体,熔点为16.8 ℃,沸点为122 ℃(2 kPa),相对密度为1.240。*L*-乳酸分子内含有羟基和羧基,因此有自动酯化能力,且能脱水聚合成聚*L*-乳酸。一般工业用*L*-乳酸含量为50%~80%,食品及医药工业用*L*-乳酸的含量为80%~90%。

(一)*L*-乳酸的用途

L-乳酸为当今有机酸行业中最具发展潜力和最具技术含量的产品。它是以粮食(如玉米、大米、薯干等)为原料,通过现代生物工程技术生产出的高附加值产品,同时它又是一种可在食品、饮料、医药、塑料、饲料、农药、日用化工、造纸及电子工业等领域中广泛应用的产品。更主要的是由于*L*-乳酸可以通过聚合方法形成聚乳酸产品,制成完全可降解的高分子材料,为人类长期使用塑料制品形成的废弃物无法处理的难题提供了一种解决的方法,因此其应用前景十分看好。

L-乳酸进一步聚合可生产能完全被降解的、具有广泛使用领域的生物塑料——聚*L*-乳酸(poly lactic acid,PLA)。PLA除具有可降解的优点外,还具有减少碳排放,减缓石油用量或替代石油等优点。最具潜力和前景的是以*L*-乳酸生产的聚*L*-乳酸,可广泛应用于医药工业和外科手术中,也可以制成生物降解塑料,消除危害世界的“白色污染”。

(二)*L*-乳酸的生产现状

生物发酵法是乳酸生产主流工艺,发酵控制与分离提纯是工艺难点。目前全球乳酸产能约为75万t,海外公司的产能占比较多。我国是全球第二大乳酸消费国,也是最大的乳酸出口国。我国鼓励发展以农副产品深加工为基础的乳酸产业,其发展规划和政策符合生物技术、新能源及新材料领域的发展需求。目前国内乳酸70%应用于食品饮料行业,属于刚性需求;乳酸应用排名第二的下游行业为PLA,但是应用于聚乳酸的乳酸仅占到12%。全球目前有三家产能超过10万t规模的企业,它们分别为荷兰科碧恩-普拉克(Corbion-Purac)公司、美国NatureWorks公司和金丹科技。其中,科碧恩-普拉克和NatureWorks均具备乳酸-乳酸盐-丙交酯-聚乳酸全产业链。河南金丹科技是我国的乳酸行业的龙头企业,拥有12.8万t的乳酸产能。其他生产乳酸的企业的产能较小,有一半企业的产能不足1万t。

二、乳酸发酵机理

(一)同型乳酸发酵

同型乳酸发酵基本上只生成乳酸,其生物合成机理如下:

$$葡萄糖\xrightarrow{EMP途径}2\ 丙酮酸\xrightarrow{乳酸脱氢酶}2\ 乳酸+2ATP$$

同型乳酸发酵利用葡萄糖产乳酸的理论转化率为100%,在同型乳酸发酵过程中,微生物利用1 mol葡萄糖可以生成2 mol乳酸,同时产生2 mol ATP,但由于发酵过程中微生物还有其他生理活动,因此实际转化率一般在80%以上,即视同为同型乳酸发酵。工业上较好的转化率可达96%。

(二)异型乳酸发酵

异型乳酸发酵是指某些乳酸菌经HMP途径,分解葡萄糖为5-磷酸核酮糖,再经差向异构酶作用变成5-磷酸木酮糖,然后经磷酸酮解酶催化裂解反应,生成3-磷酸甘油醛和乙酰磷酸。磷酸酮解酶是异型乳酸发酵的关键酶。乙酰磷酸进一步还原为乙醇,同时放出磷酸。而3-磷酸甘油醛经EMP途径后部分转化为乳酸,同时产生2分子ATP。异型乳酸发酵产物除乳酸外,还有乙醇、CO_2和ATP。其发酵总反应式为:

$$C_6H_{12}O_6+ADP+Pi\longrightarrow CH_3CHOHCOOH+CH_3CH_2OH+CO_2+ATP$$

(三)双歧发酵途径

双歧发酵是由双歧杆菌(*Bifidobacterium*)发酵葡萄糖产生乳酸的一条途径。此途径中有两种酮解酶参与反应,即6-磷酸果糖磷酸酮解酶和5-磷酸木酮糖磷酸酮解酶,分别催化6-磷酸果糖和5-磷酸木酮糖的裂解反应,产生乙酰磷酸、4-磷酸赤藓糖和3-磷酸甘油醛、乙酰磷酸,3-磷酸甘油醛经丙酮酸最后生产乳酸。其发酵总反应式为:

$$2C_6H_{12}O_6\longrightarrow CH_3CHCOOH+3CH_3COOH$$

三、乳酸发酵生产

工业上生产乳酸的方法有发酵法和化学法两种。目前,国内用发酵法主要生产*L*-乳酸;化学合成法则主要生产消旋乳酸,即*DL*-乳酸。

(一)乳酸发酵微生物

用于工业生产乳酸的细菌主要有以下4个属中的40余种。4个属分别是乳杆菌属、链球菌属(*Streptococcus*)、明串珠菌属、足球菌属(*Pediococcus*)。也有用嗜热脂肪芽孢杆菌(*Bacillus stearothermophilus*)和凝结芽孢杆菌(*Bacillus coagulans*)生产*L*-乳酸的报道。

乳酸生产对于菌种的要求是:产酸迅速、副产物少、营养要求简单、耐高温。这样可以避免杂菌污染，加速发酵进程，提高产率，便于后续提取工艺的操作。由于用细菌生产乳酸更加经济，乳酸工业中采用细菌生产工艺取代米根霉工艺已成为主导。

（二）乳酸发酵原料

1. 主要原料

微生物发酵大多以廉价的天然原料，如乳清、玉米、薯干、甜菜糖、糖蜜、淀粉等富含碳水化合物的原料。

（1）己糖和低聚糖　利用己糖和低聚糖的发酵操作较为简单，只要补充含必需养分的辅助原料，即可直接用于乳酸菌发酵。含有这类糖的物质很多，如蔗糖、淀粉水解糖（大米、玉米、马铃薯、红薯等淀粉的水解糖）、糖蜜、乳汁、亚硫酸盐废液及菊粉等。但这些原料都含有杂质，会给发酵和提取操作带来困难，因此必须分别对其进行处理。

（2）淀粉质原料　目前，淀粉质原料已成为国内外普遍采用的乳酸生产主要原料，常用的有大米、玉米、薯干等。淀粉要糖化后才能供乳酸菌发酵。糖化需在发酵前进行，常用的糖化剂有麦芽粉、麸曲、酶制剂等，其发酵过程与采用糖质原料的相同，即采用单边发酵工艺。此外，还可采用双边发酵工艺，即将糖化剂（麦芽、麸曲、酶制剂）与乳酸发酵菌同时加入糊化醪中，糖化与发酵同时进行故称为“双边”。大米和薯干均适合这种发酵工艺。

（3）菊粉原料　菊芋，其植株也称为野向日葵，块茎称为菊芋，俗称洋姜，其中含有淀粉样物质——菊粉和果聚糖，两者均易于水解成果糖。菊粉中含氮成分中有98%是可溶性氮，其中60%为氨基酸，很适宜作乳酸菌的营养物。菊粉水解稀释后，加少量 KH_2PO_4 和 $(NH_4)_2SO_4$ 即可发酵。赖氏乳杆菌、菊糖链球菌等可直接发酵菊粉生产 *L*-乳酸；保加利亚乳杆菌、乳酸乳杆菌等可直接发酵菊粉产生 *D*-乳酸。*D*-乳酸是近些年乳酸聚合物中热门研究的对象。

2. 辅助原料

乳酸菌的生长和发酵需要各种营养物质，即除了碳源和氮源外，还需要维生素、核酸、碱基等营养。具体所需营养成分因菌种而异。

（三）乳酸发酵工艺

乳酸发酵是一种厌氧发酵，如以纯糖为原料，其发酵工艺相当简单。但工业中常常采用各种廉价原料。发酵中根据所用中和剂的不同，分别有钙盐法（$CaCO_3$、石灰乳）、铵盐法（氨气、氨水）、钠盐法（NaOH）等，相应的副产品也就有了各种乳酸盐。

1. 根霉发酵法（多为钙盐法）

以淀粉为碳源接种根霉进行乳酸发酵，用碳酸钙等中和剂控制发酵液的 pH，发酵过程中形成的乳酸钙采用结晶法提取。然后用 H_2SO_4 进行复分解，并产生大量 $CaSO_4$ 沉淀。粗乳酸则经浓缩、脱色、脱离子、过滤等最后制得 *L*-乳酸。

该生产工艺烦锁，而且易染菌、产生大量杂质，使产品纯度下降；并且米根霉发酵是好氧发酵，能耗高，转化率仅为80%，污染大，环境治理困难，提取率低（一般仅80%左右），因而成本高。其产品品质较差，使用领域受制约，主要表现为光学纯度低、耐热性差等，不适用作 *L*-乳酸聚合前体。随着新技术、新工艺的开发与应用，以及国家对企业环保要求的提高，该工艺将逐渐被淘汰。

2. 细菌发酵铵盐法

淀粉质原料经水解变为葡萄糖，再经乳酸杆菌厌氧发酵，发酵过程中用碱(氨水或氨气)中和生成的乳酸，然后发酵液经膜处理，再使用树脂、电渗析或模拟移动床工艺，最后经真空浓缩或真空蒸馏制得纯*L*-乳酸。

该生产工艺的特点是厌氧发酵，发酵力强，产品纯度高，能耗低，废水、废渣排量少。尤其是模拟移动床的引入，使其提取率高(≥90%)，实现了清洁生产。其成本较低，并且光学纯度较高，耐热等级较高，适用于PLA生产的需求。随着国内外菌种的育种和引进，国内个别*L*-乳酸生产企业的生产水平也趋于或接近国际先进水平。

根据国家发改委的行业生产指导意见：乳酸发酵生产中，钙盐法则被列入逐步淘汰工艺中。铵盐法乳酸发酵成为目前最为成熟、先进、环保的工艺。

3. 细菌发酵钠盐法

该工艺技术路线目前尚处于实验室研究阶段，所用中和剂为NaOH，产生的副产品Na_2SO_4难以被分离出来。

四、乳酸发酵新技术

(一)连续发酵

利用恒化器和恒浊器维持一定基质浓度和一定细胞浓度进行乳酸的连续发酵。Bawan化学有限公司采用了连续发酵生产乳酸的工艺，在2 L连续发酵装置上，每天置换1.5倍体积培养液，连续操作了64 d。有专家学者对转盘反应器固定化米根霉的*L*-乳酸发酵进行了研究。结果表明，该方法进行乳酸发酵具有发酵速度快、收率高、既能用于连续发酵又能用于间歇发酵等优点。

(二)细胞固定化发酵

利用固定化乳酸菌可以提高细胞浓度和产率。在固定化细胞颗粒或生物颗粒中，细胞被限制在特定的载体中而保留了较高的生物活性，产酸效率更高。有研究将干酪乳杆菌(*Lactobacillus casei*)的一个亚种进行了细胞固定化，并用来发酵糖蜜生产乳酸，也取得了较好的效果。还有的采用聚氨醋泡沫法固定化米根霉发酵生产*L*-乳酸，发现速率比游离菌体提高了3倍。总之，固定化方法简单易行，所制得的细胞稳定性强，容易扩大生产。常用的固定化方法有海藻酸钙包埋法、中空纤维固定法等。

(三)细胞循环发酵

在发酵过程中，随着乳酸的不断积累，乳酸菌的生长和产酸量受到抑制。为了提高乳酸产率，需要保持高细胞浓度并及时从发酵液中移走抑制性产物(乳酸)。细胞循环发酵是利用一定装置让成熟的发酵液流向后处理单元的同时，使菌体返回生物反应器内继续使用，并适时排除衰老的细胞，也称原位分离技术。近年来出现了一系列原位分离新技术。以下介绍几种原位分离技术。

1. 溶剂萃取发酵法

溶剂萃取发酵是在发酵过程中利用有机溶剂连续移走发酵产物以消除产物抑制作用的耦合发酵技术。它具有节省能源、溶剂选择性高等优点。有研究使用微孔中空纤维膜(microporous hollow fiber membrane,MFH)溶剂萃取法,连续原位萃取乳酸。发酵菌种用德氏乳杆菌 NRRL B445,乳酸发酵原料用纤维素等,用硫酸对原料进行水解预处理,加纤维素酶同时进行糖化萃取发酵,这种工艺实际是两个工艺的组合:发酵液的同时糖化发酵(simultaneous saccharification and fermentation,SSF)和流经 MFH 的萃取工艺。另有文献报道,利用双液相萃取法进行乳酸发酵,将聚乙二醇水溶液和羟乙基纤维素水溶液加入发酵液中使乳酸和菌体分离,羟基醚纤维素对细胞的生长无影响。该工艺与间歇发酵相比,乳酸产量可提高 15%。

2. 电渗析发酵法

电渗析发酵法的原理是用电场使离子选择性地通过交换膜,以减少产物抑制作用。电渗析发酵法不用中和剂就可以控制 pH,还可以简化产品提取工艺。但乳酸菌常附着到阴离子膜上,使电渗析效率下降。因此,乳酸对膜的吸附是电渗析发酵的限制因素。细胞固定化技术可以解决这个问题。

3. 吸附发酵法

用适当的载体选择性吸附乳酸,可以减少产物抑制,常用的吸附剂有活性炭、离子交换树脂等。用固定化细胞发酵乳酸,将活性炭加入柱型流化床生物反应器中,可以控制发酵液的 pH。国内也开展了乳酸吸附发酵的研究。国产树脂 D354 具有吸附容量大、选择性好的特点,其分离效果与 PP 树脂相同。有研究将 SSF 技术与离子交换树脂吸附发酵液中乳酸相耦合,系统运作 20 h,乳酸产率达 1.18 g/(L·h)。

4. 膜法发酵法

膜法发酵使发酵和分离过程相耦合,细胞循环使用,乳酸从发酵罐中连续移走,使发酵过程中的细胞浓度保持较高的水平。细胞循环可以使用不同类型的膜,如渗析(依靠扩散排阻少)、微滤和超滤(依靠分子排阻)等。有专家学者设计了超滤膜生物反应器(Membrane Bio-Reactor,MBR)耦联一单极电渗析箱(electordialyzer,ED),构成 MBR-ED 单元操作系统,对能利用己糖和戊糖的嗜热脂肪芽孢杆菌 BS119 进行连续发酵生产乳酸的研究。结果表明,MBR-ED 单元操作系统使乳酸浓度达到 115 g/L。在运行 1 052 h 后,并未测出有微生物的污染。文献报道,用细胞再循环反应器进行连续的膜分离,形成的乳酸被连续排除,可使培养基中的乳酸质量分数保持在 12%,基本解决了产物抑制的问题。

总之,原位分离技术克服了传统发酵工艺中的产物抑制、生产成本高及因使用中和剂而带来的环境污染等缺点,是今后乳酸发酵工业的发展方向,值得深入研究。

(四)乳酸的提取及纯化新技术

1. 除杂(不锈钢管式膜过滤技术)

乳酸中和发酵液采用不锈钢管式膜直接超滤(截留相对分子质量为 30 000～50 000)代替传统的板框压滤。成熟液加热并酸化到 pH 4.5,蛋白质凝结并且细菌被杀死。热发酵成熟醪液通过金属膜而被过滤。滤饼(大量有机物质混合体)作为高蛋白质被用作动物饲料。

采用分子量级别超滤,较传统的板框压滤过滤精度高,可完全截留发酵液中菌丝体、残留培养基、胶体物、杂菌等不溶性物质以及大多可溶性蛋白质,部分截留色素,便于乳酸铵、水等小分子透过超滤膜,生产清洁、自动化。

2. 模拟移动床色谱层析技术

模拟移动床色谱层析技术是一种高精确度的液相色谱的变化形式,通常被用于几种成分的分离或者用于几种很难分离的化学成分的分离。该技术通过真空管装置延长固定相的不确定性而加强分离。模拟移动床色谱层析装置是一系列多种柱和真空管装置的联合体,提供样本和发酵液溶液,样品在一个方向进入后允许在正常的间距交换,溶液从相反的方向进入,同时萃取液和残液在适当的位置被移除。

模拟移动床层析色谱系统包含8个同样的柱子,柱子连接到移动泵(洗提液)上,通过多头真空管互相连接。内部管路布置时考虑在系统内所有的柱都被连接起来,不用考虑真空管的位置;真空管的每个不同的位置同一个又一个连续布置的柱相连接。

五、乳酸的质量标准

我国现行有效的乳酸相关标准为《食品安全国家标准 食品添加剂 乳酸》(GB 1886.173—2016),其中食品添加剂的乳酸标准具体要求如下。

1. 感官要求

无色至淡黄色透明液体或白色至淡黄色结晶颗粒,无异味,或略带特征性气味。

2. 理化指标

乳酸理化指标见表10-2。

表10-2 乳酸理化指标

项目	指标
乳酸含量/%	标示值的95.0～105.0
L-乳酸占总乳酸含量/%	≧97
灼烧残渣/%	≤0.1
氯化物(以Cl计)/%	≤0.002
硫酸盐(以SO_4计)/%	≤0.005
铁盐(以Fe计)/%	≤0.001
氰化物/(mg/kg)	≤1
柠檬酸、草酸、磷酸、酒石酸	通过试验
还原糖	通过试验
易炭化合物	通过试验
铅(Pb)/(mg/kg)	≤2.0
砷(As)/(mg/kg)	≤1.0

引自:《食品安全国家标准 食品添加剂 乳酸》(GB 1886.173—2016)。

第三节　苹果酸生产

一、苹果酸的理化性质及用途

苹果酸，学名为α-羟基丁二酸或羟基琥珀酸，是一种重要的有机酸，广泛存在于未成熟的水果中，如苹果、葡萄、樱桃、菠萝、番茄、山楂等的果实浆汁中。未成熟的苹果中约含0.5%有机酸，其中苹果酸占97.2%以上，故苹果酸因此而得名。其分子式为$C_4H_6O_5$，相对分子质量为134.09。

L-苹果酸为无色结晶或粉末，略带刺激性，具爽口的酸味，酸感强度相当于柠檬酸的1.2倍左右，易受潮，易溶于水，微溶于乙醇和醚，加热到180 ℃可失去水变成富马酸或马来酸。

由于*L*-苹果酸属于发酵生产的产品，安全性能有保障，因此，国际市场上需求量快速增加，近年来需求量保持在年均10%左右的高速度增长，市场发展空间巨大。2022年，全球苹果酸市场规模已达4.28亿美元。2020年，全球苹果酸总产量约为15万t，其中*DL*-苹果酸产量较高，约为10.3万t，*L*-苹果酸产量有4.2万t。目前，我国苹果酸生产厂家主要为常茂生物、雪郎生物、丰原生物等公司，生产方法主要为酶法和生物发酵法生产。微生物发酵生产*L*-苹果酸日益受到重视，具有原料来源丰富、产品成本低廉(约为酶法的1/4)、杂酸含量低(约为酶法的1/5)、食用安全性高等特点。发酵法生产*L*-苹果酸克服了对石化原料的依赖，被认为是最有前途的方法。

(一)苹果酸的生理作用

L-苹果酸在生物体内处于三羧酸循环和乙醛酸循环的交叉位点，同时是两个循环的代谢中间产物，在生物体内具有重要的生理功能。由于苹果酸在物质代谢途径中所处的特殊位置，可直接参与人体代谢，生理代谢上有利于氨基酸吸收、不积累脂肪，能被人体直接吸收，实现短时间内向机体提供能量，具有抗疲劳、促进羧酸盐的代谢、促进线粒体呼吸、改善记忆能力、增强钙的活性、降低抗癌药物毒副作用等生理功能。*L*-苹果酸是苹果酸-天冬氨酸穿梭的重要组成部分，对胞液和线粒体之间的还原当量(NADH)的转移起重要作用。

(二)苹果酸的用途

苹果酸是天然果酸的重要组成部分，在天然果汁所含的有机酸中，苹果酸的含量仅次于柠檬酸，葡萄、樱桃、李子等水果中含有较丰富的苹果酸，均为*L*-苹果酸。苹果酸具有特别的风味，与柠檬酸、酒石酸以1∶3∶0.1比例配合使用可模拟天然果实的酸味特征，使甜酸口感显得更加自然、丰富、谐调。此外，*L*-苹果酸还具有重要的生理调节功能，可食药两用，对加强机体健康有所裨益。*L*-苹果酸在食品、保健品、药品及化工行业中有着广泛的应用前景，最主要的用途是作为酸味剂和保鲜剂用于食品工业，是继柠檬酸、乳酸之后的世界第三大酸味剂，因其口感接近天然果汁并具有天然香味，与柠檬酸相比刺激性缓慢，保留时间长，产生的热量更低，口味更好，并且不损伤口腔和牙齿等特点，因此有逐渐替代柠檬酸的势头，是目前世界食品工业中用量最大和发展前景较好的有机酸之一。在食品饮料生产中,苹果酸已成为不可缺少的基本原料之一。在众多饮料品种中均可添加苹果酸改善其口感和风味,且常与人工合成的二肽甜味剂阿斯巴甜(aspartame)配合使用,作为软饮料的风味固定剂。

L-苹果酸还可应用在医药工业上。研究发现,*L*-苹果酸在抗体力疲劳、治疗心脏病、保护肝脏、降低药物对肾脏和骨髓细胞的毒害及对学习记忆的正性调节等方面有显著作用。

L-苹果酸也可作为印染工业中的保色剂和增效剂,作为牙膏和烟草的调味剂、清洁剂和除臭剂,还可作为焊锡助焊剂、废气脱硫剂和电镀合剂等。

二、苹果酸发酵菌种及其培养

(一) 苹果酸发酵菌种的生产和培养

L-苹果酸的生产可以通过化学合成、直接发酵及酶转化等方法来实现。酶转化法又可分为:游离酶细胞、游离酶、固定化细胞及固定化酶等方法。不同的苹果酸生产工艺采用不同的微生物。一步法发酵工艺采用的微生物有黄曲霉、米曲霉和寄生曲霉;两步法及混合发酵工艺采用的微生物有华根霉、无根根霉(*Rhizopus arrhizus*)、短乳杆菌和膜醭毕赤酵母等;酶法转化工艺采用的微生物有短乳杆菌、大肠杆菌、产氨短杆菌和黄色短杆菌等。与柠檬酸相比,微生物发酵法生产苹果酸的菌种较少,天然菌株的产酸能力低,对糖及底物的耐受性较差。

生产菌种的扩大培养是指将保存在砂土管、冷冻干燥管中处于休眠状态的生产菌种接入试管斜面活化后,在经过扁瓶或摇瓶及种子罐逐级放大培养而获得一定数量和质量的纯种过程。这些纯种培养物称为种子,发酵工业生产过程中的种子必须满足以下条件:①菌种细胞的生长活力强,移种至发酵罐后能迅速生长,适应期短;②生理形状稳定;③菌体总量及浓度能满足大容量发酵罐的要求;④无杂菌污染;⑤保持稳定的生产能力。

苹果酸发酵的菌种扩大培养普遍采用斜面培养、三角瓶培养、种子罐培养、发酵罐培养的流程。常用的培养基有察氏-多氏琼脂培养基、察氏琼脂培养基、蔗糖合成琼脂培养基、麦芽汁琼脂培养基和米曲汁琼脂培养基等。培养基营养不得过于丰富,否则会影响孢子的着生和质量。生产中使用的斜面孢子菌种不宜多次转种,一般只传 1～3 代,以免由于菌种的自然变异而退化。要经常进行菌种的分离纯化,不断提供新鲜优良斜面孢子用于生产。

(二) 苹果酸高产菌种的选育

L-苹果酸高产菌株的选育工作主要集中于两个方面:①运用传统的诱变方法,在特异性很强的选择性平板上筛选 *L*-苹果酸高产菌株;②运用分子生物学方法来构建基因工程菌,通过生物工程技术对菌种进行改造,这方面的研究已成为高产苹果酸育种的主要方向。

1. 苹果酸菌种的诱变

苹果酸是许多微生物的代谢中间体,可通过这类微生物的生理代谢活动由糖类或氨基酸而产生。产 *L*-苹果酸的微生物主要有:黄曲霉,最高产酸量达到 113 g/L,总转化速率为 0.59 g/(L·h);鲁氏接合酵母最高产酸量达 75 g/L,总转化速率为 0.54 g/(L·h);酿酒酵母最高产酸量达到 59 g/L，总转化速率为 0.19 g/(L·h)。

2. 苹果酸基因工程菌的构建

国内外学者在构建了生产琥珀酸的大肠杆菌(KJ060 和 KJ073)基础上进一步敲除了富马酸还原酶构建的工程菌(XZ372 和 XZ316)，其琥珀酸的产量减少了 90%，即使在延胡索酸酶存在的情况下，该菌株苹果酸的产量实现了大幅提高，丙酮酸的产量也相应地提高；或将来源于大肠杆菌的磷酸烯醇丙酮酸羧化酶和来源于酿酒酵母的苹果酸脱氢酶克隆到枯草芽孢杆菌中构建工程菌 BSUPM，有效建立了一个异源生物合成途径，进一步敲除了引起副产物乳酸产生的乳酸脱氢酶基因，构建了 BSUPML 基因工程菌，通过优化发酵条件，苹果酸最大产量达到 15 mmol/L。随着酿酒酵母基因工程菌研究的开展，通过敲除延胡索酸酶构建工程菌，使苹果酸的产量提高到 6 g/L，进一步过表达胞质同工酶 MDH2，使苹果酸的产量提高到 12 g/L；或通过在丙酮酸脱羧酶缺陷型酿酒酵母中过表达内源性丙酮酸羧化酶基因、苹果酸脱氢酶 MDH3 的等位基因及苹果酸转运蛋白基因 SpMAE1，通过摇瓶发酵苹果酸收率达到 59 g/L，通过优化发酵条件，苹果酸转化率比摇瓶增加 19%以上。此外，可以在酿酒酵母细胞中过表达应激反应基因，敲除硫胺素合成基因构建苹果酸工程菌株；或使细胞线粒体活性受到抑制，来构建苹果酸高产菌。

三、*L*-苹果酸代谢途径

L-苹果酸在生物体内普遍存在，作为三羧酸循环的一员而参与细胞代谢。以糖质为原料生成 *L*-苹果酸的合成途径复杂，可能涉及三羧酸循环、乙醛酸循环和 CO_2 固定途径，如图 10-8 所示。*L*-苹果酸在一般生物体中只参与循环而不会大量积累，否则会造成代谢流的阻塞。要想积累苹果酸，必须要有补充四碳酸的途径。理论上讲，补充四碳酸的途径有两条：乙醛酸循环和丙酮酸羧化支路。因此，*L*-苹果酸的合成可能存在 3 条途径。

第一条途径是不经过丙酮酸羧化支路和乙醛酸循环补充四碳酸，葡萄糖先经糖酵解途径合成丙酮酸，然后经三羧酸循环合成 *L*-苹果酸。该途径的总反应式为：

$$C_6H_{12}O_6 + 3O_2 \longrightarrow C_4H_6O_5 + 2CO_2 + 3H_2O$$

由于 1 分子葡萄糖只能生产 1 分子苹果酸，并放出 2 分子 CO_2，该途径的理论摩尔转化率为 100%。

第二条途径是通过乙醛酸循环补充四碳酸，葡萄糖先经糖酵解途径合成丙酮酸，然后通过三羧酸循环和乙醛酸途径合成苹果酸。该途径的总反应式为：

$$1.5C_6H_{12}O_6 + 3O_2 \longrightarrow 2C_4H_6O_5 + CO_2 + 3H_2O$$

由于 3 分子葡萄糖可生成 4 分子 *L*-苹果酸，并放出 2 分子 CO_2，该途径的理论摩尔转化率为 134%。

第三条途径是葡萄糖先经糖酵解途径形成丙酮酸，再利用 CO_2 固定反应补充四碳酸。在丙酮酸羧化酶的作用下，丙酮酸结合外源 CO_2 合成草酰乙酸，草酰乙酸在苹果酸脱氢酶的作用下还原为苹果酸。该途径的总反应式为：

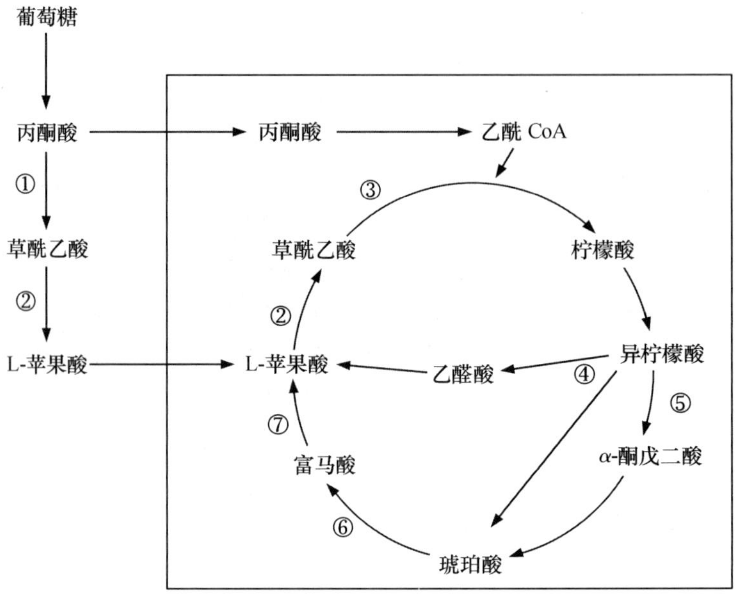

①丙酮酸羧化酶；②苹果酸脱氢酶；③柠檬酸合成酶；④异柠檬酸裂合酶；
⑤异柠檬酸脱氢酶；⑥琥珀酸脱氢酶；⑦富马酸酶

图 10-8 霉菌中线粒体和细胞质中与 *L*-苹果酸合成的相关代谢途径

$$C_6H_{12}O_6 + 2CO_2 \longrightarrow 2C_4H_6O_5$$

丙酮酸羧化的 CO_2 来源于发酵液中加入的 $CaCO_3$，因此 1 分子葡萄糖可以生成 2 分子苹果酸，该途径的理论摩尔转化率为 200%。

四、苹果酸生产工艺

(一)直接提取法

直接提取法是将石灰乳直接加到富含 *L*-苹果酸的果汁及蔬菜汁中，形成的 *L*-苹果酸钙用硫酸处理，然后再浓缩回收游离的 *L*-苹果酸的方法。这种方法生产过程简单，产品旋光度高。由于原料果汁中 *L*-苹果酸含量相对较少，原料来源有限，生产成本高，批量生产困难较大，直接提取法一般不适用于工业化生产 *L*-苹果酸。

(二)化学合成法

用化学合成法只能获得 *DL*-苹果酸，*DL*-苹果酸合成技术主要有高温高压水合法、糠醛氧化法、水解法等。1923 年，高温高压水合法便应用到苹果酸的生产中，此后人们不断对该方法进行改进。现在普遍采用的化学合成法是美国的 Veiss 和 Douns 报道的一种高温高压水合法。首先，苯在矾催化剂存在下，催化氧化制得顺酐；其次，顺酐被循环的酸液吸收变为顺丁烯二酸，顺丁烯二酸经脱色过滤后，在光催化作用或硫脲催化剂作用下，生成反丁烯二酸即富马酸；最后，用蒸馏水溶解反丁烯二酸，并吸入高压反应罐，加热并保持180～199 ℃、0.1 MPa条件下反应，即可获得*DL*-苹果酸。该方法由美国的Allied Chem公司实现了工业化，日本最大的苹果酸生产企业扶桑化学工业也采用这一工艺。

(三)微生物发酵法

1. 直接发酵法

直接发酵法又称一步发酵法，是指以糖类为原料，用霉菌直接发酵生产*L*-苹果酸的方法。采用直接发酵法生产*L*-苹果酸的同时，往往伴随着乳酸、柠檬酸、乙酸等杂酸的积累。只有通过适当的代谢调控才能使*L*-苹果酸大量积累。如果供氧不足，残留的葡萄糖、1,6-二磷酸果糖、3-磷酸甘油醛、ATP及ADP均能对*L*-苹果酸的积累产生负效应。

2. 两步发酵法

两步发酵法是指利用糖类为原料，采用两种具有不同功能的微生物，先由根霉发酵生成富马酸或富马酸与*L*-苹果酸的混合物，再由酵母或细菌等转化生成单一的*L*-苹果酸，前一步称为富马酸发酵，后一步称为转化发酵。我国学者采用无根根霉和普通变形菌(*Proteus vulgaris*)混合发酵生产*L*-苹果酸，产酸可达55～73.3 g/L，对投糖浓度的摩尔转化率为65.6%～91.3%。

3. 酶转化法

酶转化发酵是指利用微生物的富马酸酶将富马酸转化为*L*-苹果酸，一般采用游离细胞催化反应。采用黄色短杆菌、文氏曲霉、温特曲霉、普通变形杆菌等游离细胞，通过微生物发酵，底物转化率可达76.78%～91.1%。与直接发酵法和两步发酵法相比，该法具有工艺相对简单和转化率较高的优势。

4. 固定化酶与固定化细胞转化法

酶与细胞的固定化可显著降低生产成本，提高生物反应器单位体积的生产能力。有研究经过筛选获得了高产富马酸酶的菌株产氨短杆菌IAM1645，发酵离心收集菌泥，采用聚丙烯酰胺凝胶固定化技术包埋，在1 mol/L富马酸钠溶液中，37 ℃下转化，苹果酸对底物富马酸的总收率仅为70%，损失率高达30%。有研究采用基因工程方法将FUM1基因启动子GAL10和载体pFT在酿酒酵母DMM1-15A中表达，获得高产富马酸酶活力的基因工程菌，采用琼脂糖固定化方法，反应液中苹果酸的浓度高达120 g/L，转化率为84%，固定化颗粒的转化反应速率平均在20～50 mmol/(g·h)。有研究将25 g/L海藻酸钠与90 g/L黄曲霉湿菌体等体积混合，然后向混合液中滴加氯化钙溶液制得圆球形固定化细胞。再将这些固定化颗粒在氯化钙溶液中钙化处理后用聚乙烯多胺处理，之后用戊二醛交联。连续8批次发酵试验后，颗粒活性和机械强度及稳定性好，最高产酸率达29.2 g/L，平均产酸率达15.0 g/(L·d)。有研究报道，目前国内普遍采用富马酸钠固定化细胞转化体系，单位菌体酶活力回收率仅达70%，固定化细胞转化率为70%～80%，反应液中苹果酸的含量较低。

(四)直接发酵法生产 *L*-苹果酸的影响因素

1. 碳源的影响

碳是构成菌体成分的主要元素,又是产生各种代谢产物的重要原料,同时还是微生物维持生命活动所需能量的主要来源。有研究对黄曲霉 A-114 进行了各种糖类的发酵试验,结果发现除乳糖外,五碳糖、六碳糖、双糖及甘油等都能作为碳源。有研究利用黄曲霉 HA5800 发酵不同糖类,结果表明,液化淀粉、脱脂玉米粉、葡萄糖和淀粉水解液都是很好的碳源。有学者考察了以水解淀粉配制不同起始糖浓度对米曲霉菌株的产酸情况的影响,当糖浓度为 100.0 g/L 时,转化率最高。

2. 氮源的影响

氮源是合成菌体中蛋白质和核酸等含氮物质的主要来源,分为无机氮源和有机氮源。由于硝基氮需要经过还原才能被利用,因而菌体利用有机氮源的速度比无机氮源缓慢。

3. 金属离子的影响

苹果酸的积累是一个复杂的代谢过程,与许多酶的活性有关。金属离子作为酶的激活剂或抑制剂直接或间接地影响着苹果酸的积累。黄曲霉的苹果酸发酵对各种金属离子的耐性都相当强。有学者研究了金属离子对固定化细胞发酵糖质原料生产 *L*-苹果酸的影响,结果发现 Mn^{2+} 能明显促进固定化细胞产酸,Cu^{2+} 和 Pb^{2+} 能强烈抑制固定化细胞产酸,Zn^{2+}、Al^{3+} 和 Cr^{4+} 对固定化细胞产酸影响不明显。

4. 表面活性剂和氧载体的影响

L-苹果酸发酵采用的碳源为液化淀粉,液化淀粉比较黏稠,会造成发酵液的溶氧偏低。由于 *L*-苹果酸的发酵属于生长相关性发酵,在菌体生长阶段如果发酵液的溶氧偏低,易造成菌体生长缓慢,发酵周期延长。添加氧载体后,可使发酵体系的氧传递速度加快,具有能耗低、气泡小、剪切力小等优点,因此受到人们的重视。

L-苹果酸发酵时,生成的 *L*-苹果酸若不能及时分泌到细胞外,浓度过高时会对菌体产生毒害作用。在发酵液中添加适当的表面活性剂,不仅可以改变发酵液的流体特性,而且可以改变细胞膜的通透性,有利于物质的传递。

利用集成技术生产 *L*-苹果酸是近几年的发展趋势,其中包括反应与反应耦合技术生产 *L*-苹果酸和反应与分离耦合技术生产 *L*-苹果酸。

五、苹果酸的质量标准

我国现行有效的苹果酸相关标准有《食品安全国家标准　食品添加剂　*DL*-苹果酸》(GB 25544—2010)和《食品安全国家标准　食品添加剂　*L*-苹果酸》(GB 1886.40—2015),适用于以酶工程法、发酵法制得的食品添加剂 *L*-苹果酸,具体要求如下。

1. 感官要求

L-苹果酸为白色结晶或结晶粉末,有特殊的酸味。

2. 理化指标

L-苹果酸理化指标见表 10-3。

表 10-3　*L*-苹果酸理化指标

项目	指标
L-苹果酸含量/%	≥99.0
比旋光度 α_m(20 ℃,D)/[(°)·dm^2·kg^{-1}]	−1.6～−2.6
灼烧残渣/%	≤0.10
氯化物(以 Cl 计)/%	≤0.004
硫酸盐(以 SO_4 计)/%	≤0.02
富马酸/%	≤0.5
马来酸/%	≤0.05
澄清度	通过试验
重金属(以 Pb 计)/(mg/kg)	≤10.0
砷(As)/(mg/kg)	≤2.0
铅(Pb)/(mg/kg)	≤2.0

引自:《食品安全国家标准　食品添加剂　*L*-苹果酸》(GB 1886.40—2015)。

第四节　其他有机酸生产

一、衣康酸

(一) 衣康酸简介

衣康酸(Itaconic acid)是一五碳二羧酸,是不饱和二元有机酸,相对分子质量为 130.084,分子式为 $C_5H_6O_4$。衣康酸又称为:亚甲基丁二酸、甲叉丁二酸、分解乌头酸、亚甲基琥珀酸。

用途:衣康酸聚合物添加少量天然物质可制成高效除臭剂;用于金属、混凝土涂料,易于着色且不受自然条件影响;用于油漆添加剂可提高油漆品质;用于地毯上浆可使合成纤维地毯经久耐用;用作汽车、电器、冷库涂料具有黏着力强、色泽美观且抗恶劣气候等优点;用于食品包装材料,可减少包装物表面细菌污染;衣康酸制成酯类可用于油漆、弱酸性离子交换树脂、润滑油添加剂、黏结剂和增塑剂、粉压塑料以及密封胶。衣康酸衍生物可用作医药、化妆品试剂、润滑剂、增稠剂、除草剂以及改善丝毛织物性能。

(二)衣康酸生产工艺

衣康酸生产法包括柠檬酸合成法、顺酐合成法、发酵法等。下面以发酵法为例介绍以蔗糖为原料的衣康酸发酵工艺。

1. 培养基

种子培养基:蔗糖 80.0 g/L,硝酸铵 3.5 g/L,七水硫酸镁 1.0 g/L,磷酸二氢钾 0.6 g/L,玉米浆 3 mL,调节 pH 至 3.5,直接 120 ℃下蒸汽灭菌 150 min。

发酵培养基：蔗糖 100.0 g/L，硝酸铵 3.0 g/L，七水硫酸镁 4.0 g/L，磷酸二氢钾 0.2 g/L，玉米浆 2 mL，其他无机盐，调节 pH 至 4.5～5.0，95～100 ℃下蒸汽灭菌不少于 20 min。

2. 工艺条件对发酵的影响

温度：土曲霉对温度极为敏感，温度控制不当不但会影响衣康酸的积累，而且还会导致杂酸的生成。土曲霉孢子培养温度以(33±1) ℃最佳；一、二级种子培养温度以(34±1) ℃为宜，虽然温度升高有利于加速孢子的萌发及菌丝的生长、缩短培养时间，但也容易引起菌体过早衰老，因此一般不宜采用较高温度培养种子。发酵最适温度为(35±1) ℃。

pH：在深层发酵中，pH 对最终衣康酸的产量起着十分重要的作用。pH 小于 1.8 时，土曲霉几乎不能生长和产酸；pH 大于 4.5 时，菌丝形成较大菌丝球，有时直径可达 5～6 mm，同时几乎不产酸。因此，在菌体生长高峰期应维持 pH 在 3.0 左右，以获得最大生长速率；一旦进入产酸期，应控制 pH 在 2.1～2.3 范围内。

接种量：一级种子保证培养液内孢子数达 10^8～10^9 个/mL 为宜，二级种子接菌丝悬浮液 12%～14%。

通气与搅拌：在生产中如果通气不足会严重影响产酸速率及转化率；若通气过量，不但会造成能源浪费，而且会引起大量泡沫，甚至达到无法控制的程度，同时也会影响衣康酸的积累及转化率。

菌体生长量：菌体总量对发酵影响极大。生长正常时，菌体量大，转化率显著降低，衣康酸积累少；菌体量过少也会出现同样的结果。菌体干重以 1.10～1.40 g/100 mL 为宜。

3. 培养基组成对发酵的影响

蔗糖浓度：蔗糖浓度增加不但会增加发酵时间，同时降低转化率，而且在发酵过程中会产生难以控制的泡沫，影响整个生产。故最适蔗糖浓度为 9.5～10 g/100 mL。

氮源：无机氮源以硫酸铵最好。使用尿素时，往往只长菌丝不产酸，因此，一般用硝酸铵较好，用量以 0.3～0.4 g/100 mL 为宜。辅助氮源用玉米浆，一般以 0.2%为宜。

镁盐：硫酸镁的加入是必不可少的，一般以 0.4 g/100 mL 为宜。它不仅是营养盐，也是产酸促进剂。

磷酸盐：磷酸盐对菌体生长量的控制起着十分关键的作用，一般以 0.02 g/100 mL 的磷酸二氢钾为宜。

其他盐类：NaCl 能刺激菌体的生长，在 0.3 g/100 mL 为宜。微量的铁可以促进产酸，一般以 0.015 g/100 mL 的硫酸亚铁为宜。

消泡剂：在灭菌前，培养液中就必须加入 0.01%(体积分数)的消泡剂。常用消泡剂有植物油、泡敌、十八烷醇等。

4. 发酵终止的判断

发酵终止的判断对提高发酵的生产能力、缩短发酵周期有重要意义。在发酵过程中，产物的单位产率是变化的。一般产物的形成是在生长高峰期后开始，随后进入产酸高峰期，此阶段维持时间越长，发酵生产能力也越高。因此，为提高发酵生产能力、降低成本，必须做好发酵终止的判断。在衣康酸发酵生产中，当罐温度逐渐自然上升时，表明进入发酵产酸高峰期，这段时间维持 20～30 h，然后温度就开始下降，这时发酵液颜色开始变深，残余还原糖少于 0.5 g/100 mL、产酸很慢或停止时，必须立即终止发酵、放罐，否则酸浓度反而会下降。

(三)衣康酸提取工艺

1. 工艺流程

目前，常见的 3 种提取工艺流程大同小异，各有其优缺点，如图 10-9 所示。

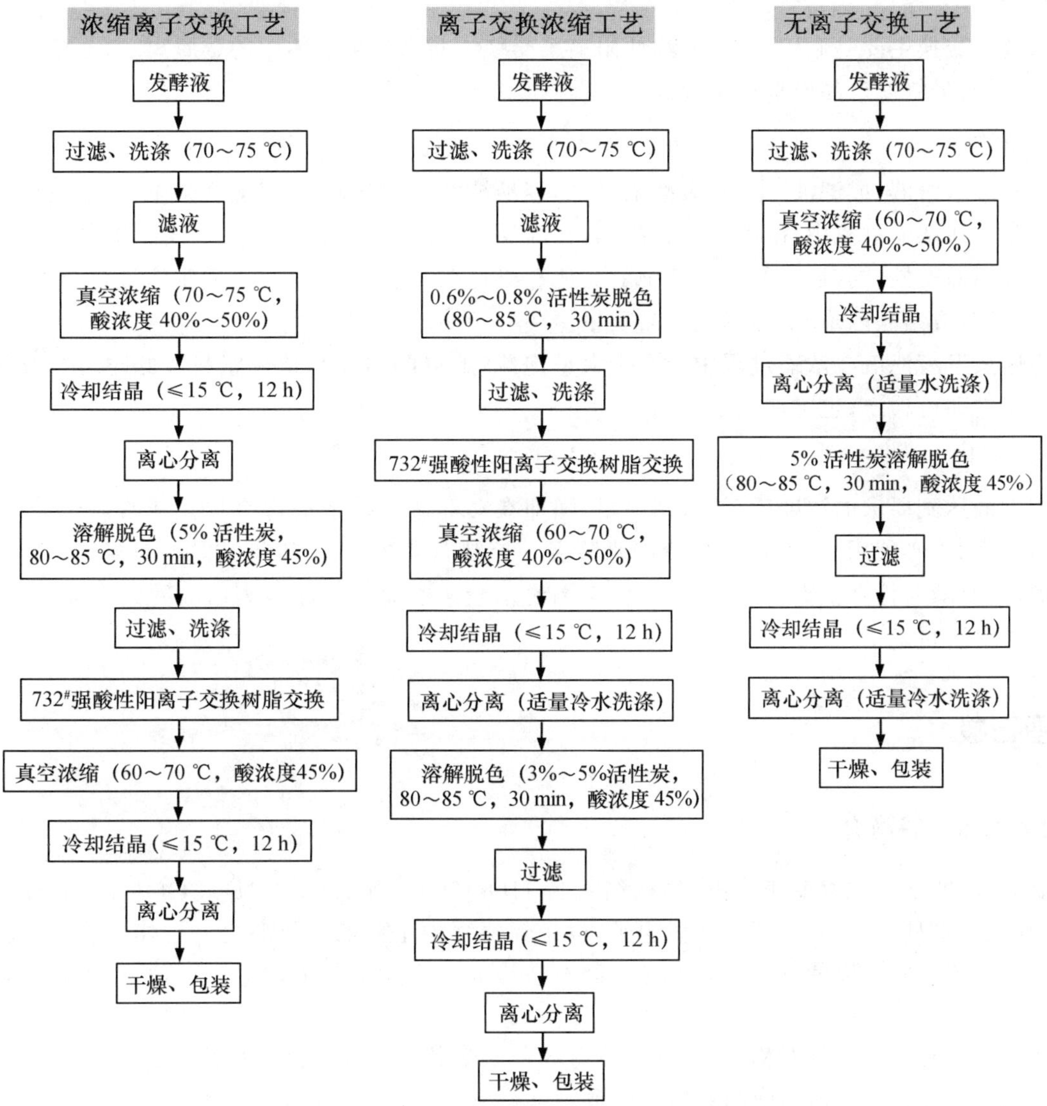

图 10-9　衣康酸提取工艺流程

2. 发酵醪的处理

发酵醪中含有菌体、蛋白质等胶体性物质，为了对后续工序有利和提高收率，在过滤前必须进行加热处理。一般70～75 ℃下维持15 min，可以杀死菌体，防止衣康酸被分解代谢，使蛋白质等胶体物质凝固变性，有利于过滤；同时使菌体中的衣康酸释放出来，以提高收率。

3. 脱色

脱色是衣康酸生产中的一个重要环节，是保证衣康酸质量的关键。对于发酵滤液中的色素及蛋白质需要脱去；一次衣康酸晶体是一种浅褐色的物质，色泽深，杂质含量多，也必须进行精制脱色，才能保证生产出外观合格的产品。

4. 阳离子交换

阳离子交换主要是利用732#强酸性阳离子交换树脂来除去液体中的金属离子，达到净化液体的目的，最终使产品质量得以提高。

5. 浓缩

在常温水溶液(或滤液)中，衣康酸浓度低，容易被微生物分解，所以应立即浓缩，不宜停留时间过长。在浓缩过程中，温度不能过高，若在高温下长时间加热，衣康酸会发生部分分解或可能被破坏而变性；同时，残留在溶液中的其他有机物在高温下也易分解，使浓缩液色泽加深、黏度增加，造成结晶困难，从而影响产品质量。

衣康酸发酵滤液在浓缩过程中会产生大量泡沫，上浮的泡沫易造成跑料。此时可打开阀门破坏真空即可稳定，也可加入消泡剂。

6. 结晶及分离

浓缩液达到要求的浓度后，放入结晶罐，随即在夹套通入冷水进行冷却并开始搅拌，当温度不再下降时，必须用10 ℃以下的冷冻水降温。控制温度在40 ℃以下结晶。对成品进行离心分离时，要随时检查铁离子的含量，以便控制洗水量。既要洗净晶体表面吸附的杂质，又要减少晶体溶解量。

二、酒石酸

(一)酒石酸简介

酒石酸，即2,3-二羟基丁二酸，结构简式为HOOCCH(OH)CH(OH)COOH，是一种α-羧酸，存在于多种植物中，如葡萄和罗望子，也是葡萄酒中主要的有机酸之一。作为食品中添加的抗氧化剂，它可以使食物具有酸味。酒石酸最大的用途是作为饮料添加剂，也可作为药物工业原料。

酒石酸具有两个相互对称的手性碳，故有3种光学异构体，即右旋酒石酸或*L*-酒石酸、左旋酒石酸或*D*-酒石酸、内消旋酒石酸。*L*-酒石酸广泛存在于水果中，尤其是葡萄，是最廉价的光活性酒石酸，常被称为天然酒石酸。*D*-酒石酸在天然产物中很罕见。*D*-酒石酸为无色透明结晶或白色结晶粉末，无臭，味极酸，相对密度为1.759 8，熔点为168～170 ℃；易溶于水，溶于甲醇、乙醇，微溶于乙醚，不溶于氯仿。等量的*L*-酒石酸与*D*-酒石酸混合得外消旋酒石酸或*DL*-酒石酸。工业上生产量最大的是*DL*-型酒石酸，通过过氧化氢与马来酸酐作用后水解制得。*DL*-型酒石酸为无色透明细粒晶体，无臭味，极酸，相对密度为1.697；熔点为204～

206 ℃,210 ℃分解;溶于水和乙醇,微溶于乙醚,不溶于甲苯。酒石酸在空气中稳定。

(二)酒石酸生产工艺

酒石酸的生产方法有多种,但目前研究最多、最具工业生产前景的方法是应用化学合成的前体为底物,发酵生产 *L*-酒石酸的方法。通常该法中的微生物发酵转化适宜在弱碱性的条件下进行,是把顺式环氧琥珀酸制备成相应的二钠盐来作为前体,再进行微生物转化生成 *L*-酒石酸。

过去,*D*-酒石酸的生产方法主要是采用化学拆分法,将 *DL*-酒石酸拆分为 *D*-酒石酸和 *L*-酒石酸,或者利用特殊微生物将 *DL*-酒石酸中的 *L*(+)-酒石酸耗竭而得。目前,采用顺式环氧琥珀酸水解酶的生物转化法是 *D*-酒石酸生产技术的发展方向,其原理是以顺丁烯二酸酐为原料加水得到顺丁烯二酸溶液,再以钨酸或钨酸盐为催化剂,使顺丁烯二酸与过氧化氢反应制得顺式环氧琥珀酸,利用特定微生物的顺式环氧琥珀酸水解酶将顺式环氧琥珀酸水解为 *D*-酒石酸。

目前,酒石酸的发展方向主要在于提高微生物发酵转化的转化率,微生物的固定化研究对其有重要意义,找到一种具有较高酶活性回收率和操作稳定性的固定化方法是提高酒石酸生产效率的有效途径。

三、葡萄糖酸

(一)葡萄糖酸简介

葡萄糖酸又名右旋葡萄糖酸、*D*-葡萄糖酸、葡糖酸等,分子式为 $C_6H_{12}O_7$,相对分子质量为 196.16,其中 C 占 36.74%,H 占 6.17%,O 占 57.10%。结晶 *D*-葡萄糖酸的熔点为 131 ℃,口感微酸性,易溶于水,微溶于醇,不溶于乙醚和其他有机溶剂。由于制备固体 *D*-葡萄糖酸结晶较困难,因此商品 *D*-葡萄糖酸通常以 50%葡萄糖酸溶液出售,结晶品多用于科研工作。其溶液通常为琥珀色,微酸臭味,可在不锈钢桶中贮存。

在液体的葡萄糖酸溶液中,一部分葡萄糖酸转型为葡萄糖酸-γ-内酯和葡萄糖酸-δ-内酯,它们之间处于一种平衡状态,随着温度和葡萄糖酸的浓度不同,它们之间所占比例也不同。在 30 ℃以下时,葡萄糖酸占主要;在 30~70 ℃时,葡萄糖酸-δ-内酯占主要;在 70 ℃以上时,葡萄糖酸-γ-内酯为主要。因此,工业上利用葡萄糖酸的这一特性,控制葡萄糖酸的浓度,在不同温度下结晶,用一种葡萄糖酸,可以生产出三种不同结晶产品。

用途:葡萄糖酸是有机酸,在人体内可以代谢成为丙酮酸而进入 TCA 循环,因此葡萄糖酸是安全、可靠的,在医疗和工业上的用途很广。葡萄糖酸钙是一种溶解度高的钙营养剂,可以口服,也可以静脉注射。在食品工业中,传统的洗瓶方法都是先用 5% NaOH 溶液浸泡,硬水中的钙镁离子形成的氢氧化物附着在瓶上很难漂洗干净,NaOH 本身的漂洗也要大量的水。如果在上述碱液中加入少许葡萄糖酸,则无上述麻烦。现在无论在手工或机械洗瓶中,葡萄糖酸钠都已被广泛应用。葡萄糖酸-δ-内酯是一种作用柔和的酸化剂,可作为焙烤食品添加剂(掺入发酵粉能使面团迅速发酵)和香肠添加剂等。葡萄糖酸-δ-内酯在水中能缓冲转变成葡萄糖酸,所以很适于用作大豆蛋白的凝固剂,生产所谓的内酯豆腐。这种豆腐持水性好,能包住较多的水(达 93%~95%),只要用量适当,可以做成不析水的豆腐。

(二)葡萄糖酸发酵工艺

能发酵葡萄糖产生葡萄糖酸的微生物极多,除了曲霉和醋酸菌(葡萄糖酸杆菌)外,很多种青霉,尤其是产黄青霉,还有假单胞菌,如卵状假单胞菌、荧光假单胞菌等都可产生葡萄糖酸,但用于工业生产上的只有醋酸菌和黑曲霉,且最有竞争力的是黑曲霉。

1. 黑曲霉葡萄糖酸钠发酵工艺

(1)培养基的配制 葡萄糖酸发酵采用的糖浓度很高,采用一次性投料法时,糖浓度为 240~300 g/L。该工艺原料用工业葡萄糖或淀粉水解糖。发酵培养基组成如下:葡萄糖(水解糖)250 g,玉米浆 4 g,磷酸氢铵 0.4 g,磷酸二氢钾 0.2 g,尿素 0.1 g,硫酸镁 0.2 g,硫酸调 pH 至 4.5。可采用连续或间歇灭菌方式,灭菌后冷却至 34 ℃,送入发酵罐,并用 NaOH 调 pH 至 6.5。

(2)发酵过程控制 发酵培养基制备好后,接入 10%(体积分数)经过预培养的菌丝悬浮液,以后的发酵可以采用回收的菌丝体接种。开动搅拌器进行通风培养,在接种预培养菌丝液的情况下,一般有 3~5 h 的迟滞期,此时葡萄糖氧化酶活力还在继续增长,耗氧速率低于旺盛发酵期,因此开始的通气量和搅拌速度可以较低,然后逐渐升高。

在旺盛发酵期内,需要大量供氧,因此葡萄糖酸钠发酵动力消耗很大。发酵过程中,要自动流加 50%NaOH 溶液,使发酵液 pH 维持在 6.0~6.5,此操作由 pH 电极配合自动控制系统来实现。发酵温度为 32~34 ℃,整个发酵过程约需 20 h,而回用菌丝的发酵约需 18 h。当残糖降至 1 g/L 时,发酵结束。

菌体的分离有快速分离法和慢速分离法。快速分离法有离心法和过滤法。为了回收菌丝体,分离时要尽量避免污染。慢速分离可以采用沉降法,具体操作是发酵结束后,停止通气和搅拌,静止 30 min,让菌体沉降。但这种方法沉降不完全,回用菌丝体时连同菌体转接的发酵液很多,达原体积的 15%~20%。

(3)影响发酵的因素

①接种物与接种量:在发酵开始时,必须采用经过预培养的菌丝液接种。接种量以生产罐体积的 10%为好。接种量过少,迟滞期长。

②营养物浓度:发酵液中营养物的存在会增加培养液黏度,降低溶氧效率,使泡沫增多,从而会降低罐体积利用率和增加消泡剂用量,也会使产品提取困难。因此,发酵终点的确定,不仅要考虑残糖,还要考虑酶活力。一般以残糖量 1 g/L 作为一个参考数据。

③消泡剂:豆油和猪脂油虽然消泡效果很好,但会损害发酵酶系统,相比之下,十八醇的消泡效果较好。

2. 黑曲霉葡萄糖酸钙发酵工艺

(1)培养基的配制 生产上采用的典型发酵培养基组成为:葡萄糖(水解糖)110~150 g,磷酸氢二铵 0.4 g,磷酸二氢钾 0.2 g,硫酸镁 0.2 g,碳酸钙 26 g(单独灭菌)。

(2)发酵过程控制 发酵在通气搅拌式发酵罐内进行,培养基在罐内配制好后于 90 ℃灭菌 20~30 min,冷却到 30 ℃,接种菌丝悬浮液,也可以接种回收菌丝体。起动搅拌和通气,30 ℃下发酵。$CaCO_3$ 粉浆单独灭菌后,根据产酸速率的快慢流加到发酵罐内,以维持 pH 在 3.5 以上。分批添加 $CaCO_3$,避免一次加入使体系中固相物太多,增加搅拌动力消耗和降低溶氧效率。为了避免葡萄糖酸钙出现沉淀，只能进行部分中和。$CaCO_3$ 的添加量只能占全中和量的 2/3，因此这种发酵生产的也只是碳酸盐混合液。

3. 细菌发酵工艺

自从 1929 年研究人员用霉菌试验成功葡萄糖酸生产以来，细菌的生产方法就逐渐被取代了。用葡萄糖醋杆菌或其他醋酸菌，在深底木槽中用含葡萄糖 15％的培养基，30～34 ℃下，通气搅拌培养 48～60 h，转化率可达 90％～95％。发酵时可以不控制 pH。黑曲霉与细菌葡萄糖酸发酵的比较见表 10-4。

表 10-4　黑曲霉与细菌葡萄糖酸发酵的比较

项目	黑曲霉	葡萄糖酸杆菌
发酵温度/℃	34	30～34
发酵时间/h	18～20	48～60
糖浓度/％	25～30	15
中和剂	要加	很少或不加
pH	6.0～6.5	4.2～6.3
菌体耗糖	多	少
菌体	多，易分离，可回用	少，不易分离，不可回用
转化率/％	95	95
副反应(过度氧化)	不易发生	易发生
产品提取	易，但要脱盐得酸	难，已是酸型
产品质量	高	难获得高质量产品

第十一章 增稠剂生产

增稠剂作为一种食品添加剂，近些年和其他食品添加剂一样饱受诟病。食品工业是国民经济的支柱产业，食品工业的发展离不开食品添加剂的应用，食品添加剂是一把“双刃剑”，是利还是弊，主要取决于如何使用，食品安全的保障离不开从业人员良好的职业素养、职业道德和正确的价值观。作为食品专业人才，职业能力的培养和职业道德的提升、法律意识和责任意识的强化尤其重要，食品企业要生产出高质量的放心食品，确保人民群众“舌尖上的安全”。本章节所介绍的增稠剂都是通过微生物培养获取的，安全性相对较高。

第一节 黄原胶生产

一、黄原胶的特性

黄原胶又称黄胶、汉生胶、黄单胞多糖，是一种由假黄单胞菌属微生物发酵产生的单胞多糖。该多糖具有很高黏度、流动触变性和稳定的理化性质。自 20 世纪 60 年代开始美国 Keloc 公司投入工业化生产以来，黄原胶产品在食品、轻工、医药、纺织、化妆品、石油开采和消防等领域得到了广泛应用。黄原胶是目前国际上集增稠、悬浮、乳化、稳定于一体，性能最优越的生物胶之一。

(一)黄原胶的分子结构

黄原胶是由 *D*-葡萄糖、*D*-甘露糖、*D*-葡萄糖醛酸、乙酸和丙酮酸组成的“五糖重复单元”结构聚合体，分子摩尔比为 28∶3∶2∶17∶(0.51～0.63)，相对分子质量在 5×10^6 左右。黄原胶分子的一级结构由 β-1,4 键连接的 *D*-葡萄糖基主链与三糖单位侧链组成，其侧链由 *D*-甘露糖和 *D*-葡萄糖醛酸交替连接而成。黄原胶分子侧末端含有丙酮酸，其含量对黄原胶性能有很大影响，在不同溶氧条件下发酵所得黄原胶其丙酮酸含量有明显差异，一般是溶氧速率小，其丙酮酸含量低。

黄原胶除拥有规则的一级结构外，还拥有二级结构，经 X 射线衍射和电子显微镜测定，黄原胶分子间靠氢键作用而形成规则的螺旋状二级结构。近年来，国内外学者对黄原胶在水溶液中的构象进行了大量的研究，认为黄原胶在氯化钠水溶液中主要以多分子缔合状态存在，少量以单分子状态存在，且为蠕虫状链，缔合状态的分子呈分段的双股螺旋构象，这是黄原胶的二级结构。黄原胶的双螺旋结构依靠微弱的共价键形成网状立体结构，即三级结构，它在水中以液晶的形式存在。

(二)黄原胶的理化性质

黄原胶是一种白色或浅米黄色的粉末,无味、无臭、无毒、食用安全,易溶于水。在水溶液中呈多聚阴离子状态,具有独特理化性质。

1. 稳定性

对热的稳定性:黄原胶溶液的黏度不会随温度的变化而发生很大的变化。

对酸碱的稳定性:黄原胶溶液对酸碱十分稳定,当 pH 在 5～10 时,其黏度不受影响;当 pH 小于 4 和大于 11 时,其黏度有轻微的变化。

对盐的稳定性:黄原胶溶液能与许多盐溶液(钾盐、钠盐、钙盐、镁盐等)混溶,黏度不受影响。在较高盐浓度条件下,甚至在饱和盐溶液中仍保持其溶解性而不发生沉淀和絮凝,其黏度几乎不受影响。

对酶解反应的稳定性:黄原胶稳定的双螺旋结构使其具有极强的抗氧化和抗酶解能力,许多的酶类如蛋白酶、淀粉酶、纤维素酶和半纤维素酶等都不能使黄原胶降解。

2. 假塑流变性

在高剪切速率下,聚合体结构解聚为无规则线团结构,黏度迅速降低;当剪切速率解除时,分子结构又恢复到双螺旋网状聚合体状态,溶液黏度瞬间恢复到最大。

3. 增稠性

黄原胶溶液具有低浓度高黏度的特性(1%水溶液的黏度相当于明胶的 100 倍),特别是在低质量浓度下具有很高黏度,0.3 g/L 黄原胶溶液即能产生 0.09 Pa·s 有效黏度。

4. 与增稠剂协效性

黄原胶可与大多数合成或天然增稠剂配伍,如与槐豆胶、瓜尔胶、卡拉胶及魔芋胶等都能互溶,混溶后可使混合胶黏度显著提高。

5. 悬浮性和乳化性

黄原胶对不溶性固体和油滴具有良好的悬浮作用和很强的乳化稳定作用。

6. 良好的水溶性

黄原胶在水中能快速溶解,特别在冷水中也能溶解,可省去繁杂的加工过程,使用方便。

二、黄原胶的发酵工艺控制

(一)工艺流程

黄原胶发酵工艺流程如图 11-1 所示。

菌种 → 摇瓶扩大培养 → 发酵罐发酵 → 提取 → 干燥 → 粉碎 → 成品包装

图 11-1 黄原胶发酵工艺流程

(二)发酵培养基的选择

1. 碳源

碳源对黄原胶产量有非常重要的影响,一般所用碳源以葡萄糖、蔗糖或淀粉为多。研究表明,较高葡萄糖浓度能抑制细胞生长及黄原胶产量,因此很多工艺采取流加碳源的方法,黄原胶产量可得到显著提高。国外采用持续流加葡萄糖、盐和氧的发酵方式,获得高浓度菌体,最终葡萄糖浓度为 50 g/L,且得到极高总体产量[0.99 g/(L·h)],但发酵过程需要极高溶氧,因此对转速要求非常高(1500 r/min)。

各国研究者在碳源种类选择上进行了大量研究。从生产上考虑,黄原胶发酵所用碳源多为玉米糖浆,但也有研究者提出用于黄原胶生产的其他一些价廉易得的碳源。例如,在黄原胶发酵生产中加入废甜菜根作为蔗糖补充,在一定培养条件下,黄原胶产量比单纯蔗糖发酵提高约 70%,具有较大的经济效益。

2. 氮源

氮源既可以是有机化合物,也可以是无机化合物,其种类和浓度对黄原胶产量和质量都会产生显著影响。例如,以硫酸铵为氮源生产黄原胶时,氮源浓度对黄原胶合成速率、最终胶浓度、收率都有重要影响;在改良设备、提高供氧情况下,黄原胶质量浓度在 55 h 内可达 40 g/L。

黄原胶质量(通过黏度衡量)不仅受其浓度和分子量的影响,还与丙酮酸盐含量有关。丙酮酸盐含量与黄原胶分子量及所用氮源氯化铵浓度有关,当氯化铵质量浓度较高时(5 g/L),丙酮酸盐产量和黄原胶分子量很低,从而降低黄原胶流变学特性,使其黏度降低;只有氯化铵质量浓度在 0.6~3.5 g/L 范围时,才能得到较高分子量的黄原胶。

(三)发酵环境的控制

由于微生物分泌的黄原胶包裹在细胞周围,妨碍营养物质运输,影响菌种生长,故接种时除应增加细胞浓度外,还应尽量降低黄原胶产量,这样就需多步接种(每步接种时间控制在 7 h 以下,以免黄原胶生成),接种体积一般为反应器中料液体积的 5%~10%,接种次数应随发酵液体积增大而增多。

发酵温度不仅影响黄原胶产率,还能改变产品结构组成。研究指出,较高温度可提高黄原胶产量,但会降低产品中丙酮酸含量。因此,如需提高黄原胶产量,应控制温度在 31~33 ℃,若要增加丙酮酸含量就应控制温度在 27~31 ℃。pH 在中性时最适于黄原胶生产,随着产物的合成,酸性基团增多,pH 降至 5 左右。研究表明,控制反应 pH 对菌体生长有利,但对黄原胶生产没有显著影响。

(四)发酵设备

黄原胶发酵过程中需要什么设备,要多方面综合考虑,如发酵液性质、搅拌浆形状、通气状况、能量消耗等。由于黄原胶溶液黏度较大,且发酵过程中需要充足的氧气,通常发酵液中溶氧浓度会影响黄原胶生产菌的生长速率、黄原胶产量及质量,故对发酵设备要进行合理选择。发酵设备有空气提升式反应器、流化床塔式反应器、泵式静态混合循环反应器、离心式填充床反应器(CPBR)等。

(五)发酵动力学

了解黄原胶发酵动力学特性是实现黄原胶生产过程中定量优化控制的必要基础，一般包括 4 个方程式：①描述菌体生长动力学方程；②描述黄原胶生成产物动力学方程；③描述碳源消耗动力学方程；④描述氮源消耗动力学方程。近年来，人们认识到溶氧、温度、pH 等发酵环境对黄原胶生产的重要影响，开始建立一些包含这些因素在内的更为复杂的动力学模型。

三、黄原胶的分离与提取

(一)工艺流程

黄原胶分离提取工艺流程如图 11-2 所示。

发酵液处理 → 沉淀反应 → 过滤沉淀物并进行洗涤 → 干燥 → 粉碎 → 成品包装

图 11-2　黄原胶分离提取工艺流程

(二)分离提取操作

1. 预处理提取工序

一般来说，最终发酵液的组分为：黄原胶 10～30 g/L，细胞 1～10 g/L，残余营养物质 3～10 g/L 及其他代谢物。预处理提取工序主要是去除菌体细胞和各种不溶性杂质，使黄原胶中不再含有活性菌体细胞、不溶性杂质和色素等。其方法有过滤法、离心法、酶降解法和次氯酸盐氧化法等。

2. 沉淀分离

黄原胶沉淀分离一般采用乙醇、异丙醇沉淀法。加入有机溶剂不仅可降低溶液黏度和增加黄原胶溶解度，还可洗脱杂质(如盐、细胞、有色组分等)，但单独加有机试剂所需量太大，成本过高。如要全部沉淀每体积发酵液中的黄原胶，需 3 倍体积的丙酮，6 倍体积的乙醇。加入盐离子可降低黄原胶极性从而降低其水溶性，且加入的盐离子浓度越高，效果越明显，因而，加入含低浓度盐有机试剂是目前较为通用的方法，如加入 1 g/L NaCl 溶液可使乙醇使用量减半；加入二价离子虽可使有机试剂使用量更小，但会使黄原胶盐溶解度降低，因此一般不采用。

四、黄原胶的应用

黄原胶作为食品添加剂已被许多国家接受。这种多糖通过控制产品的流变学行为而显著改善食品的质地、口感、外观品质，提高其商业价值，已在饮料、糕点、果冻、罐头食品、海产品、肉制品加工等领域中作为稳定剂、悬浮剂、乳化剂、增稠剂、黏合剂及具高附加值、高质量的加工原料。欧盟食品安全局再次评估了黄原胶作为添加剂的安全性，评估认为，在毒理学数据和暴露数据的基础上，黄原胶(E415)作为食品添加剂对普通人群是安全的，无须制定每日允许摄入量，然而对黄原胶的再次评估指出其不适用于 12 周以下的婴儿。黄原胶尽管安全性较高，但使用时仍然要遵守相应的规范要求。“国以民为本，民以食为天，食以安为先”，食品安全直接关系人民群众的身体健康和生命安全，食品安全问题不容忽视，生产企业作为食品安全第一责任人，要从源头上保证所生产产品的安全性，对消费者的健康负责。

1. 作为增稠剂和稳定剂

黄原胶具有较强的热稳定性，一般的高温杀菌对其不会有影响，这是其他胶无法比拟的。因此，黄原胶常作为增稠剂和稳定剂应用于各种果汁饮料、果肉饮料、植物蛋白饮料等的生产中。黄原胶作为耐酸、耐盐的增稠稳定剂，还应用于各种浓缩果汁、调味料（如酱油、蚝油、沙拉调味汁）的食品中。

2. 作为乳化剂

黄原胶可作为乳化剂应用于各种蛋白质饮料、酒类、乳饮料等中，防止油水分层和提高蛋白质的稳定性，防止蛋白质沉淀；也可利用其乳化能力作为起泡剂和泡沫稳定剂，如用于啤酒制造等。在以豆类蛋白质为主的乳化体系中加入 0.02% 黄原胶后，乳化性明显提高，并使混合体系具有高的剪切率和热诱导的高黏特性。

黄原胶可作为乳化稳定剂应用于冷冻食品。在冰激凌、雪糕中黄原胶能调整混合物黏度，使其具有均匀稳定的组成，组织滑软。由于黄原胶的黏度和温度的关系有可塑性和剪切性能，故在加工操作时黏度下降，阻力减小，有利于工艺进行，而在冷却老化阶段黏度恢复，有利于提高膨胀率，防止冰激凌组织中大冰晶的形成，使冰激凌口感润滑细腻，同时提高产品的冻融稳定性，而且在融化时奶油和水混合均匀，不会产生浆液分离现象。一般老化时间为 2～3 h，其用量为 0.2%～0.4%。

3. 作为稳定的高黏度填充剂

黄原胶可广泛应用于各类点心、面包、饼干、糖果等食品的加工中，在不改变食品的传统风味的前提下，使食品具有更优越的保形性，更长的保质期，更良好的口感，有利于这些食品多样化和工业化规模生产。在各种冷冻食品生产中，黄原胶具有防止其失水、延缓老化、延长保质期的作用。

黄原胶可广泛应用于各种肉制品的加工，可明显提高制品的嫩度、色泽和风味，还可提高肉制品的持水性，从而提高出品率。方火腿、圆火腿这些肉块制品，需经腌制剂的腌制，不应开始就加入黄原胶，否则黏液层会影响腌制剂的渗透，一般在腌制完后再加入 1% 黄原胶溶液（预先配制好），再加入其他辅料，搅拌均匀后装罐或注入肠衣。午餐肉、红肠等肉糜制品在斩拌肉时，可直接将预先配制好的黄原胶溶液倒入搅拌机，然后再加入淀粉之类的辅料，一般黄原胶用量为 0.1%～0.3%。

黄原胶可广泛应用于水果、蔬菜的保鲜加工处理，可防止果蔬失水、褐变等现象的发生，从而延长产品保质期。以往人们常采用含有亚硫酸盐的食品保鲜剂处理新鲜果蔬，以求延长蔬菜水果的货架寿命，但是亚硫酸盐会使食品失去原色而被漂白并产生不愉快的嗅感和味感。经长期研究发现，利用黄原胶即可配制不含亚硫酸盐的保鲜剂。

黄原胶可应用于罐头食品的加工，有利于保持产品的外观，而且利用黄原胶的假塑性，能控制装罐时的黏度，易于灌注。研究发现，在加工蘑菇罐头时先用黄原胶或含黄原胶及其他一些化合物的溶液对材料进行预处理，能有效地避免加工中蘑菇的皱缩、褐变及组织致密化等现象发生。

第二节　结冷胶生产

一、结冷胶的结构与特性

结冷胶是近年来最有发展前景的微生物多糖之一，是继黄原胶之后又一能广泛应用于食品工业的微生物代谢胶。结冷胶的水溶液与黄原胶比较，表现出明显的低剪切率和良好的热稳定性。

(一)结冷胶的组成和结构

结冷胶是一种从水百合上分离所得的革兰氏阴性菌——伊乐藻假单孢杆菌所产生的胞外多糖，其生产过程为：发酵→调 pH→澄清→沉淀→压榨→干燥→碾磨→成品。结冷胶为相对分子质量高达 1×10^5 左右的阴离子型线形多糖，具有平行双螺旋结构，结冷胶胶体链由 4 个基本单元重复聚合组成。每一基本单元包括一分子鼠李糖和葡萄糖醛酸以及两分子葡萄糖，其中葡萄糖醛酸可被钾、钙、钠、镁等中和成混合盐。直接获得的结冷胶产品在分子结构上带有乙酰基和甘油基团，即天然结冷胶在第一个葡萄糖基的 C3 位置上有一个甘油酰基，而在另一半的同一葡萄糖基的 C6 位置上有一个乙酰基。其相对分子质量约为 0.5×10^6。如果将获得的产品用碱处理(pH 为 10)并经加热处理，可除去分子上的乙酰基和甘油基团，则可得到用途更广的脱乙酰基结冷胶，称为天然结冷胶。一般说来，天然结冷胶(带有乙酰及甘油基团)为柔软的弹性胶，而脱乙酰结冷胶则为结实的脆性胶(类似于琼脂胶)。

(二)结冷胶的特性

结冷胶是一种线性聚合物，当有电解质存在时可形成凝胶。结冷胶对于钙、镁离子特别敏感，用钙、镁等二价离子作离子源形成凝胶要比用钠、钾等一价离子有效得多，钠盐和钾盐也可导致凝胶，但所需浓度比二价离子大 25 倍，且这类凝胶是热可逆的。

温度上升时结冷胶溶液黏度迅速下降，但冷却后黏度又能完全恢复，当温度降低到体系的凝胶形成温度时即能迅速形成凝胶。结冷胶的凝胶形成温度取决于胶浓度及盐离子浓度，离子浓度增加导致凝胶形成、温度上升，也使得凝胶强度加大，但超过一定范围后(与离子种类有关)凝胶强度开始下降。与琼脂凝胶类似，结冷胶也有凝胶温度与融化温度之差，融化温度也与体系中的离子浓度及种类有关，其范围在 70～130 ℃，使用含钙离子 0.03%的 0.2%结冷胶溶液时，凝胶的融化温度高达 120 ℃以上。结冷胶溶液一般在 pH 为 4～10 时较稳定。

二、结冷胶的生产

(一)工艺流程

结冷胶生产工艺流程如图 11-3 所示。

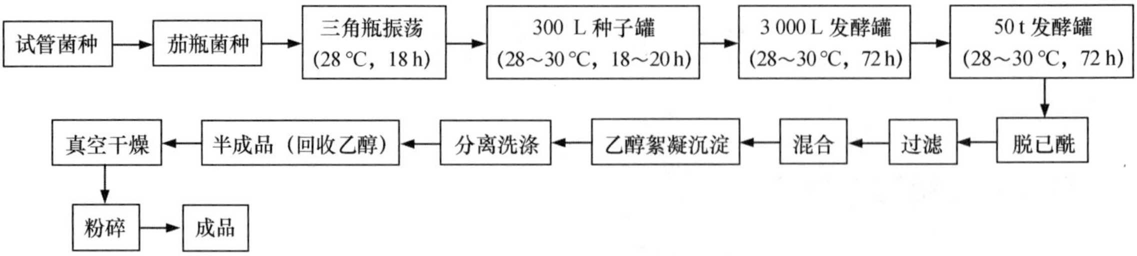

图 11-3　结冷胶生产工艺流程

(二)操作要点

结冷胶的生产菌为少动鞘脂假单胞菌，菌体生长的最适温度为 31 ℃，发酵的最适温度为 30～31 ℃。若温度下降到 28 ℃或升高到 33 ℃，结冷胶的产量会下降 50%左右。

结冷胶是高黏性的代谢产物，发酵液中胞外多糖以黏性聚合物形式构成网状结构，微生物细胞被包裹其中，这给后期提取工艺中菌体、色素及杂质的去除带来很大的难度。传统的提取方法是将发酵液适当稀释以降低其黏度，然后通过反复离心分离和冲洗去除菌体和杂质，取上清液用异丙醇或乙醇沉淀多糖。

三、结冷胶的应用

(一)在面制品中的应用

结冷胶应用于中华面、切面的制品时，可以增强面条的硬度、弹性、黏度，还能改善口感，也有抑制热水溶胀、减少断条和减轻汤汁浑浊等作用，其使用量为小麦粉的 0.1%～0.3%。

(二)在饼干中的应用

油脂是饼干生产的主要原料，它可以使饼干具有良好的层次，调节产品风味，使产品具有良好的疏松度。一般用于饼干生产的油脂多为饱和脂肪酸，如氢化猪油、人造奶油、氢化棉籽油等。但是这些油脂摄入过多对人体不利，可以用结冷胶来减少饱和脂肪酸的用量。例如，用 3%结冷胶加上 0.2%柠檬酸钠盐溶解于去离子水中，加热到 90 ℃，然后将热的结冷胶溶液加到制作饼干的面团中，可以起到改良饼干的层次、使饼干具有良好的疏松度的作用。

(三)在乳制品中的应用

结冷胶加热到 75 ℃可直接水合于奶中。在乳制品中，结冷胶可取代卡拉胶、明胶、褐藻胶和果胶，并能提供更优质的凝胶和稠度，而且结冷胶的使用量比其他食品胶要少。但在酸性乳制品如酸乳、发酵酸性稀奶油或直接酸化的奶凝胶中应用，必须同时加入羧甲基纤维素或瓜尔豆胶等胶体，以防止乳蛋白沉淀。

(四)在糖果中的应用

结冷胶应用于糖果时,其主要作用是使产品拥有优越的结构和质地,并缩短淀粉软糖胶体形成的时间。如果在淀粉软糖中添加0.075%结冷胶,可使凝胶形成时间从24～80 h缩短到12 h左右。不过,结冷胶在糖果中使用时,应避免糖浓度过高而阻止结冷胶水合,故在制备高固体糖果时,必须使结冷胶预先水合在低浓度糖中,然后通过煮沸浓缩达到最终糖浓度。

(五)在饮料工业中的应用

在饮料工业中,结冷胶可用于制备饮料、汽水、果味爽等饮料产品;还可用于制备珍珠胶粒,生产果粒悬浮饮料。所制成的胶粒具有口感滑韧、品质稳定、颜色风格多样等特点。有学者研究了琼脂、低脂果胶、卡拉胶、结冷胶、海藻酸钠、黄原胶、魔芋粉和明胶等常用食用胶作为悬浮剂应用于明列子悬浮饮料中的效果时发现,饮料的悬浮性、透明度和流动性都以结冷胶作悬浮剂的最好。

(六)改善香肠品质

经常食用香肠等脂肪含量多的食品容易引起冠心病、高血脂等疾病,而脱脂对香肠的组织结构、风味和货架期都会产生不利影响。有研究表明,在脱脂法兰克福香肠中加入一定量的魔芋胶和结冷胶的复配物代替被脱去的脂肪时,香肠的组织结构、风味和货架期都大大得到改善,接近未脱脂的香肠,而且还不影响香肠的品质。

(七)其他应用

结冷胶除在食品工业上广泛应用外,还可应用于其他工业。如在医药上它可用作眼药水,软、硬胶囊,包衣剂及新型制剂用药水等;在化工上可用作涂膜、胶黏剂、牙膏等;在农业上可用作叶肥、缓释肥料等。

第三节　凝结多糖生产

凝结多糖是一种水不溶性的微生物胞外高聚物,是继黄原胶、结冷胶之后,被美国FDA批准使用的第三种微生物发酵生产的胞外多糖。1996年12月,美国FDA经过长期的安全性及食品毒理学检测,证明了凝结多糖用于食品中是安全的,并批准凝结多糖作为一种直接的添加剂用于食品。从整体上说,全球凝结多糖生产能力还比较弱,其产品处于供不应求的状态,价格一直处于较高水平。随着科技的发展及凝结多糖工业化生产在中国的实现,凝结多糖将在我国食品、医药保健等领域得到广泛应用。

一、凝结多糖的特性

(一)凝结多糖的分子结构及构象

凝结多糖由*D*-葡萄糖残基经葡萄糖苷键在C1和C3连接形成线性的β-1,3-葡聚糖,其相对分子质量为44 000～100 000，无支链结构。

凝结多糖的一级结构是个长链，由于分子内部的相互作用与分子间氢键的结合可形成更为复杂的三级结构。X-衍射分析发现，凝结多糖具有β-三股螺旋结构。凝结多糖在加热成高强度胶时，是右手6叠3股螺旋体，能形成稳定的硬棒结构。凝结多糖是一种水不溶性多糖，不溶于一般的有机溶剂中，可溶于碱性溶液。

（二）凝结多糖的流体力学特性

凝结多糖加热至不同温度时，可以形成性质完全不同的凝胶。当加热至55～65 ℃而后冷却至40 ℃以下时所形成的凝胶是热可逆的，其强度较低，性质介于琼脂的脆性与明胶的弹性之间，因此被称为低固定胶(low set gel)；当加热至80 ℃左右时，形成热不可逆胶，该胶不会随加热温度的升高而恢复为液态，其结构坚实并具有高弹性，被称为高固定胶(high set gel)。

（三）凝结多糖的生理学功能

凝结多糖独特的大分子结构及其特殊的三股螺旋高级立体分子构造，使其具有很多独特的生理学功能。它可提高机体的免疫力，还具抗肿瘤活性。其抗肿瘤的作用不是直接杀死肿瘤细胞，而是作为生物免疫反应的调节剂，通过诱导巨噬细胞产生肿瘤坏死因子，并提高巨噬细胞的数量和吞噬能力等途径，来实现抗肿瘤的作用。

二、凝结多糖的生产

蔗糖和玉米淀粉是凝结多糖工业化生产中的最佳原料。由于胞外多糖围绕细胞以黏性聚合物形式形成网状结构，因此在凝结多糖的生产过程中，难以将胞外多糖与细胞分离，即使大量稀释也很难分离。有研究表明，用中性蛋白酶处理发酵液提取凝结多糖可有效地去除菌体中的氨基氮、核酸及其他杂质类多糖。

凝结多糖一般的纯化方法为：先将10 g粗凝结多糖加入625 mL浓度为0.01 g/mL的Na_2CO_3中充分搅拌，然后用1.0 mol/L HCl调pH至7.5，振荡60 min，真空抽滤，滤渣用0.01 g/mL Na_2CO_3和蒸馏水漂洗多次后，用62 mL 1.0 mol/L NaOH溶解并过滤，向过滤后的清液中加入等体积的异丙醇，凝结多糖沉淀析出，55 ℃下真空干燥得到多糖干燥物。

三、凝结多糖的应用

（一）在食品工业中的应用

凝结多糖作为一种新型的微生物多糖食品添加剂，在食品工业中应用十分广泛且多样化，可作为胶凝剂、结构改性剂、持水剂、成膜剂、黏合剂、增稠剂、稳定剂等。另外，凝结多糖还可以作为食品的基本成分，用量大于1%。

1. 作为品质改良剂应用

在面条中的应用：应用在中华面、荞麦面、切面以增强面条的硬度、弹性、黏度等，改善口感，抑制热水溶胀，减少煮烂，减轻汤汁浑浊。

在肉制品中的应用：凝结多糖对香肠、午餐肉、汉堡包等肉制品具有保水、保油性效果，可作为烧烤肉制品的薄膜保护层，减少产品损失，且口感香滑柔软。

在软糕点中的应用：糕点中添加凝结多糖，具有保湿、保鲜和保形效果。加工时外观不凹陷，加工后保湿性良好，冷藏后不会产生老化发干现象。

在酸奶中的应用：凝结多糖形成的凝胶在pH为3～10时具有良好的稳定性，可作为酸奶等制品的增稠剂，改善乳制品口味。

2.作为食品主成分

用于生产淀粉冻：可使淀粉冻含水量显著增加，风味更突出，且口感滑嫩。

用于生产人造果球：将含有果汁的凝结多糖水分散液在圆形模具中加热，待球外部加热凝固而内部还未凝固时冷却，可制得内部为液态或浆状的果球，凝结多糖用量一般为5%。

3.作为食品包装材料

凝结多糖具有良好的成膜特性，所制得的膜具有可食、不溶于水、能被生物降解、不透氧等优点，其强度是纤维素薄膜的1/4～1/3，是直链淀粉的3倍。因此可制成食用薄膜用于方便食品中汤料的包装袋或人造肠衣。目前该产品在国外已有生产，并受到消费者的广泛喜爱。

4.用于功能性食品

营养学研究表明，β-1,3-葡聚糖不易被人体消化酶降解，且凝结多糖膳食纤维含量高，不含生理热量。因此，凝结多糖可用作低热、减肥等功能性食品的配料和活性成分，或制作糖尿病患者的专用食品，用于肥胖病、糖尿病、心血管疾病、结肠癌等的预防和治疗。

（二）在其他工业中的应用

在医药中凝结多糖具有抗肿瘤、抗细菌和抗病毒等作用已被广泛认同。另外，凝结多糖还被广泛用于农业、化工、烟草、建筑、化妆品等领域。据有关报道，具有β-1,3-葡聚糖结构的凝结多糖有利于双歧杆菌的增殖，并且还可抑制肠道腐生菌繁殖，减缓动物衰老等。

第四节　普鲁兰多糖生产

一、普鲁兰多糖的特性

普鲁兰多糖是一种特殊的微生物胞外多糖，又称出芽短梗孢糖或普鲁兰糖等，是由出芽短梗霉发酵所产生的胞外水溶性黏质多糖。

（一）普鲁兰多糖的结构

普鲁兰多糖是葡萄糖按α-1,4-糖苷键结合成的麦芽三糖，两端再以α-1,6-糖苷键同另外的麦芽三糖结合，如此反复连接而成高分子多糖。α-1,4-键与α-1,6-键比例为2∶1，聚合度为100～5 000，其相对分子质量因菌种和发酵条件的不同而有较大的变化，一般在4.8×10^4～

2.2×10^6 范围内(日本商品普鲁兰糖平均相对分子质量为 2×10^5,大约由 480 个麦芽三糖组成),一般没有分支结构。

(二)普鲁兰多糖的性质

普鲁兰多糖是无色、无味、无臭的高分子物质,非晶体的白色粉末,是非离子性、非还原性多糖,性质可以表现为以下几个方面。

安全性:根据普鲁兰多糖的急性、亚急性和慢性毒性试验、变异源性试验结果可知,即使普鲁兰多糖的投用量达到 LD_{50}(半致死剂量)的界限量 15 g/kg,普鲁兰多糖都不会引起任何生物学毒性和异常状态的产生,所以用于食品和医药工业十分安全。

溶解性:普鲁兰多糖能够迅速溶解于冷水或温水中,溶解速度比羧甲基纤维素、海藻酸钠、聚丙烯醇、聚乙烯醇等快 2 倍以上。

稳定性:普鲁兰多糖不易受 pH 或各种盐类影响。

润滑性:普鲁兰多糖具有优良的润滑性。

黏合性、凝固性:普鲁兰多糖具有非常强的黏合力和较强的凝固力。

覆膜性:可直接制成薄膜,或在物体表面涂抹或喷雾涂层成为紧贴物体的薄膜,薄膜的透气性能低,氧、氮、二氧化碳等几乎完全不能通过。

耐分解性:普鲁兰多糖在动物消化器内消化酶的作用下难以消化,可制造低热量的特殊食品和饮料。

二、普鲁兰多糖的生产

(一)发酵条件的控制

普鲁兰多糖可由淀粉水解物、蔗糖或其他糖类直接发酵生产,目前已有不同规格的普鲁兰多糖产品。用诱变筛选得到的出芽短梗霉在 16 L 自动发酵罐中进行发酵时,总发酵时间为 96 h,发酵前 48 h 为菌体生长阶段,pH 为 3.5,搅拌速度为 300 r/min,罐压为 0.2 MPa,通气量为 30 L/min;后 48 h 为多糖合成阶段,pH 为 6.5,搅拌速度为 200 r/min,罐压为 0.1 MPa,通气量为 15 L/min,多糖的转化率可达 65%。若利用淀粉废水作为碳源生产普鲁兰多糖,不仅可降低生产成本,变废为宝,还可减少环境污染。有研究用土豆淀粉废水作为发酵培养基成分生产普鲁兰多糖,其最佳发酵温度为 28 ℃,转速为 150 r/min,初始 pH 为 6.5,培养时间为 120 h。

不同的出芽短梗霉的发酵条件是不同的,通气量、pH、温度、培养基成分等对发酵产量和质量都有影响,发酵液中碳源、氮源、金属离子、起始离子及磷酸盐的选择均影响普鲁兰多糖的发酵生产。例如,营养丰富的土豆淀粉作为碳源比工业淀粉、可溶性淀粉、葡萄糖等产糖效率更高。各种铵盐都可以作为氮源促使短梗霉生长,但铵盐的用量对糖的转化率有影响。K^+ 和 PO_4^{3-} 能促进普鲁兰多糖的产生,发酵的最佳起始 pH 为 6 左右,最适培养温度为 28 ℃左右。

(二)普鲁兰多糖的提取

正常发酵得到的发酵液为淡乳黄色。将发酵液经高速离心后,取上清液加同体积或多倍体积的95%乙醇沉淀普鲁兰多糖，沉淀的多糖于80 ℃下烘干5 h，称重，经过滤浓缩、干燥粉碎处理即可获得较纯的普鲁兰多糖。目前我国已有多项提取普鲁兰多糖的发明专利。

三、普鲁兰多糖的应用

普鲁兰多糖具有极好的成膜、成纤维、阻气、黏接、易加工、无毒性等特性，将在食品、医药、轻工、化工和石油等领域得到广泛的应用。其主要应用领域如下。

(一)在食品工业中的应用

1. 作为食品包装材料

普鲁兰多糖水溶液具有极好的成膜性，膜具有光泽和透明度，韧性好，对温度的变化极为稳定，且薄膜具有良好的热封性，成品不需添加可塑剂、稳定剂，对食品、环境和人体都无毒无害，所以是一种非常理想的水溶性食品包装材料。普鲁兰多糖膜最特殊的性质是低透气性，氧、氮、二氧化碳和香气等气体几乎不能透过，并且具有抗油脂的特性。用普鲁兰多糖水溶液制成的食品薄膜，可用于密封容易氧化变质的食品及风味强的粉末食品，如汤料、咖啡、酱、香辛料、冻结干燥食品等，可使食品外观及香味长期保持稳定。用普鲁兰多糖作为食品包装材料的最大特点是普鲁兰多糖具有可食性，食品不需开封，可连膜食用，十分方便。在水果、鸡蛋保鲜方面，可以采用普鲁兰多糖或其衍生物，加适量的化学保护成分，在其表面直接喷撒干燥成膜，有效阻抑水果、鸡蛋中水分、氧气、二氧化碳等与外界的交换和反应，抑制其呼吸强度，降低贮存过程中的营养损失，从而达到保鲜的目的。

2. 作为低热量食品添加剂

普鲁兰多糖是非消化吸收性碳水化合物，不被肠吸收，可排出体外，不会导致高血压、心脏病、肥胖症等，是一种健康的食品材料，可作为低热量食品添加剂，制造低热量食品和饮料。研究发现，普鲁兰多糖还具有使双歧杆菌增殖和治疗便秘的作用。

3. 作为食品品质改良剂和增稠剂

普鲁兰多糖水溶液有滑润、清爽的感觉，具有改善口感的作用，因此可作为食品品质改良剂和增稠剂。在食品加工过程中添加少量普鲁兰多糖可显著改善食品质量，如鱼糕能增味提质，制豆腐时添加少量普鲁兰多糖能保持大豆的香味并简化工艺；酱油、调味品、咸菜、糖煮鱼虾、美味食品等添加少量普鲁兰多糖能稳定其黏性、增加其黏稠感，使其口感更顺滑。

(二)在化妆品方面的应用

由于该多糖有良好的水溶性、分散性、成膜性、吸湿性和无毒害性，故可作为化妆品中的黏性添加物，且在价格方面远比用于化妆品的透明质酸要低廉得多，但其效果却与透明质酸相当。

(三)其他应用

在制药工业中，用20%普鲁兰多糖代替动物胶，可简化防氧化胶囊的生产；用于环保型包装材料和污水处理中；用作黏合剂、凝固剂和保护膜等。

第十二章 天然食用色素生产

天然食用色素(natural edible pigment)是指采用天然物质(包括动植物或微生物代谢物),利用物理和生物学方法加工提纯所获得的有机着色剂,它属于一种天然食品添加剂,可用于食品着色。目前,我国批准允许使用的食用天然色素品种均已列入食品添加剂使用标准(GB 2760)中。

天然食用色素不但无毒无害,而且具有各种生物活性。我国天然食用色素行业经过十几年的努力,已有了长足发展,天然食用色素新品种不断增加,目前已成为世界天然食用色素产销大国。为实现到2035年建成健康中国的目标,守护好"舌尖上的幸福",确保食品安全健康,在食品工业中需要大量运用天然食用色素,才能确保广大人民"吃得营养""吃得健康",顺应"大健康"时代人民群众食品消费结构要求。

第一节 红曲生产

红曲,从广义上讲是指以红曲菌为菌种的发酵产物,包括固体与液体发酵产物;而从狭义上讲,红曲是指以红曲菌为发酵菌种或主要发酵菌种,以早籼米为原料的固体发酵产物,通常人们所讲的红曲就是指红曲米。

红曲菌在代谢过程中可以产生各种色素、胆固醇生物合成抑制剂(monacolin)类、橘霉素(真菌霉素)等多种代谢产物。红曲在医药方面具有更广的用途,具有降血压、降血脂、降胆固醇、抗肥胖、改善老年痴呆、抑制肿瘤生长等生理活性作用。在我国,红曲主要在福建省、浙江省等大规模生产。根据用途,红曲主要分为酿造用红曲、色素红曲(色曲)和功能性红曲(药曲)三类。浙江省、福建省的黄酒与红曲酒都是利用酿造用红曲酿造生产。红曲霉菌是目前世界上唯一生产食用色素——红曲色素的微生物。早在20世纪80年代就开始用功能性红曲生产药物,目前在医药上的应用有:①开发出降胆固醇抑制剂、降血压特效药、降血糖药;②其碱金属盐和土族盐能治疗胆结石、前列腺肥大和抗肿瘤;③红曲所产生的单氨氧化酶阻遏物已用于对帕金森氏症及其相关的精神病的治疗;④利用红曲产生的麦角固醇,还可以防治佝偻病,促进人体对钙磷的吸收;⑤防治慢性肠炎痢疾等。

一、红曲的功效与作用

红曲色素是红曲霉利用糯米中蛋白质、糖类在不同发酵阶段生产的生物活性物质,目前发现的代表物有110多种,按其溶解性可分为醇溶性和水溶性,其中醇溶性色素(胞内色素)占70%~80%,水溶性色素(胞外色素)占20%~30%。

典型的醇溶性色素有6种,按颜色可分为三大类:呈红色的红斑胺素(rubropunctamine)

和红曲红胺素(monascorubramine),呈黄色的红曲素(monascin)和安卡红曲黄素(ankaflavin)以及呈橙色的红斑红曲素(rubropunctatin)和红曲红素(monascorubin),其化学结构式、颜色、溶解性如图 12-1 所示。醇溶性橙色素与胺类或糖类物质作用生成水溶性色素,其中典型的为以谷氨酸盐为氮源发酵产生的 *N*-谷氨酰红斑胺素(*N*-glutaryl rubropunctamine)和 *N*-谷氨酰红曲红胺素(*N*-glutaryl monascorubramine),以及以葡萄糖为碳源发酵产生的 *N*-葡萄糖基红斑胺素(*N*-glucosyl rubropunctamine)和 *N*-葡萄糖基红曲红胺素(*N*-glucosyl monascorubramine)。

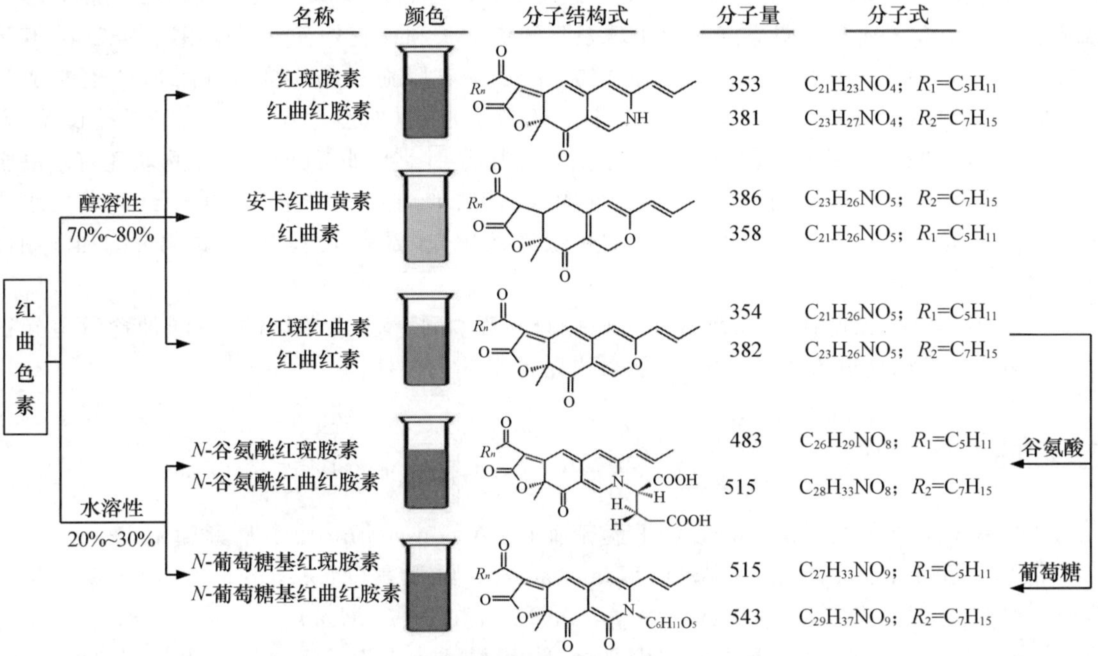

图 12-1　典型红曲色素的颜色、结构与性质

引自:《红曲色素的生物活性及其作用机制研究进展》(2023)。

红曲色素具有纯天然、色价高、纯度高、水溶性好、安全性高、pH 适用范围广及光热稳定性好等特点。红曲色素和其他几种色素性质的比较如表 12-1 所示。

表 12-1　红曲色素和其他几种色素性质的比较

名称	主要成分	稳定性						溶解度/(g/100 mL)		
		光	热	氧	微生物	酸	碱	水	植物油	乙醇
胭脂红	合成色素	好	很好	—	—	好	好	12	微溶	微溶
苋菜红	合成色素	好	很好	—	—	好	中(蓝色)	7	1	微溶
辣椒红	辣椒玉红素	差	好	差	中	好	好	不溶	溶	
高粱红	芹菜苷	好	好	好	好	好	好	易溶	不溶	易溶
胭脂虫红	胭脂虫红酸	好	好	好	好	好(鲜橙色)	沉淀(紫色)	溶	不溶	溶
红曲色素		可	极好	好	极好	好	好	微溶	溶	溶

引自:《红曲色素的研究及应用新进展》(2010)。

有些红曲色素同时具有防腐、抗氧化功能，其原因是红曲内酯、红曲红胺素、红斑胺素等可杀死大肠杆菌、痢疾杆菌（*Bacterium dysenteriae*）及假单胞菌、枯草芽孢杆菌等革兰氏阴性和革兰氏阳性细菌。

自1979年日本学者远藤章（Endo A）发现红曲菌产莫纳可林K能降血脂后，轰动世界，并引起了各国学者对红曲进行多方面的研究。1980年，阿伯茨（Alberts A. W.）发现莫纳可林K和甲羟戊酸（mevalonic acid）的化学结构都属于被取代的六氢化萘内酯族物质，莫纳可林K通过抑制3-羟基-3-甲基戊二酰辅酶A还原酶（HMG-CoA reductase）而干扰甲羟戊酸的合成，因甲羟戊酸为生物合成胆固醇的中间体，故莫纳可林类化合物可以减少或阻断内源性胆固醇的合成。莫纳可林K还具有明显抑制肾小球系膜细胞增长和细胞外基分泌作用。1987年，有研究发现，红曲具有降低血压作用。经试验分析后，认为其降血压物质为红曲霉所产生的γ-氨基丁酸（γ-GABA）。1992年，日本科学家利用SHD大白鼠（本态性高血压大鼠）进行试验，发现米曲霉及红曲霉，尤其是红曲霉具有很强的降血压作用。此外，红曲降血压物质还有乙酰胆碱。近年来我国科学家对红曲进行了多方面深入研究，如周立平和孙佰申关于红曲菌次级代谢物γ-氨基丁酸GABA支路及其代谢途径的关系的研究，周礼红对红曲菌聚酮合酶和限制性媒介导的整合的研究。

1962年，李钟庆和陈松生发现红曲霉属中许多菌株能产生麦角固醇，不同种含量差异很大。麦角固醇可以促进人体对钙的吸收，可以防治婴儿佝偻病。

二、红曲生产工艺

红曲菌属于真菌门（Enmycota）、子囊菌亚门（Ascomycotina）、不整囊菌纲（Pletomycetes）、散囊菌目（Eurotiales）、红曲菌科（Monascaceae）、红曲属（*Monascus*）。红曲色素的生产菌种主要包括紫红曲霉（*Monascus purpureus*）、赤红曲霉（*Monascus anka*）、巴克红曲霉（*Monascus barkeri*），都是属于一种腐生真菌，生长最适pH为3.5～5.5，生长温度为26～42 ℃。红曲色素的发酵生产可以采用传统的固态发酵、液态深层发酵法等不同方法。

（一）红曲色素的固态发酵工艺

红曲色素固态发酵是一种传统的发酵方式，是将红曲霉接种于大米中，再经发酵，制成红曲米，可以从红曲米中提取红曲色素。

红曲霉具有喜湿、耐温和耐酸特性。大米蒸熟成米饭后，接种红曲霉菌种，置于30～45 ℃，pH约为6.6的条件下，真菌互相扩散、传布、发酵、繁殖，红曲霉分泌红曲色素，终止发酵后，采用日光晒干或低温真空干燥，得到呈紫红色、棕红色干米粒。菌丝初呈微白色至浅红色，成熟期为棕红色，溶于水为鲜红色。

1.红曲米生产的固态发酵工艺

红曲米生产的固态发酵工艺流程如图12-2所示。

原材料及主要设备包括：大米、小米、蒸饭机、红曲自动培养箱等。

（1）原料　大米要新鲜、整粒，以精白、硬质为好。杂交米也可用，但是一些黏性过高的米，由于通风性较差，一般不用于红曲的生产。

（2）浸泡　大米浸泡吸水量一般为20%～30%，所以原料与水的比例为1∶4，并调节pH

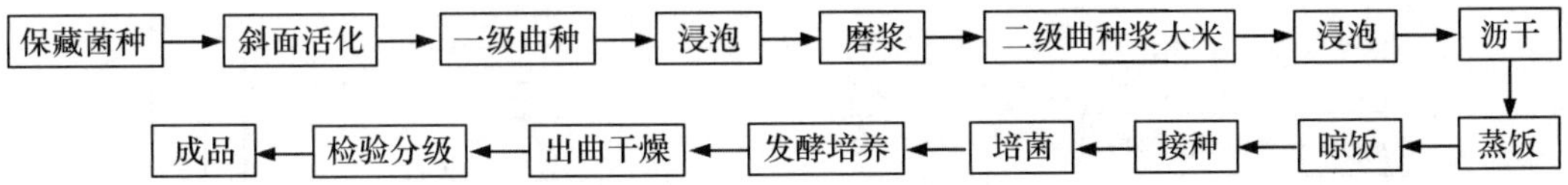

图 12-2 红曲米生产的固态发酵工艺流程

至 4.5。春季浸泡 6～8 h，夏秋季浸泡 3～5 h。

(3)蒸饭　大米用清水淋洗，沥干水分蒸饭。蒸饭要求饭粒熟透，但不烂，无白心，均匀一致，颗粒分散。

(4)接种　米饭冷却至 35～38 ℃后，接入红曲霉菌种（试管原菌于 25～28 ℃的三角瓶摇床培养 48 h）。接种量为大米量的 0.5%～1%。用红曲霉菌种 2 倍重量的 3%醋酸浸泡 4～6 h 后磨浆，与米饭搅拌均匀。

(5)培养　将接种后的米饭置于通风池中进行培菌，培菌结束后打开通风设备进行通风培养。培养起始温度控制在 41 ℃，培养 20～24 h 后，通过喷水和翻曲使温度逐渐降至 34 ℃。喷水结束后在 32～34 ℃下培养，待米粒表面长满菌丝，色泽转红时即为成曲。应该注意每次喷水量为曲料重量的 30%左右，通风量不能太大，也不能太小，通风太大，水分挥发过快，湿度不高，红曲菌生长不好；通风太小，氧气含量不足，红曲菌发育不良。

(6)出曲干燥　成曲在烘曲池 45 ℃下干燥（也可晒干），要求红曲的含水量低于 12%。

(7)检验分级　红曲米产品应符合以下理化指标（表 12-2）。

表 12-2 红米红理化指标

项目		指标	
		粉末	浸膏、液体
色价 $E^{1\%}_{1\,cm}$(535nm±5nm)	≥	15.0	8.0
灼烧残渣/%	≤	8.0	5.0
干燥减量/%	≤	8.0	—
砷(As)/(mg/kg)	≤	1	1
铅(Pb)/(mg/kg)	≤	2	2

引自：《食品安全国家标准　食品添加剂　红米红》(GB 25534—2010)。

2. 红曲色素的提取工艺

以红曲米为原料，乙醇为溶剂提取红曲红色素工艺流程如图 12-3 所示。

以红曲米为原料，乙醇为溶剂，料液比为 1∶50 的条件下，红曲红色素提取最佳工艺条件是：红曲颗粒为 80 目，乙醇浓度为 70%，提取温度为 60 ℃，提取时间为 2 h。

(二)红曲色素的液态深层发酵工艺

液态深层发酵生产红曲红色素在中国已有 10 余年的历史。与传统的固态发酵相比，液态深层发酵提高了红曲色素的产量和纯度。20 世纪 90 年代以来，国内外在红曲色素的液态深层发酵生产方面做了大量工作，并取得突破性进展。液态深层发酵生产的红曲红色素，主要成分是水溶性的“复合色素”。采用这种生产方式具有周期短、产量高、杂质少、产品质量稳定等

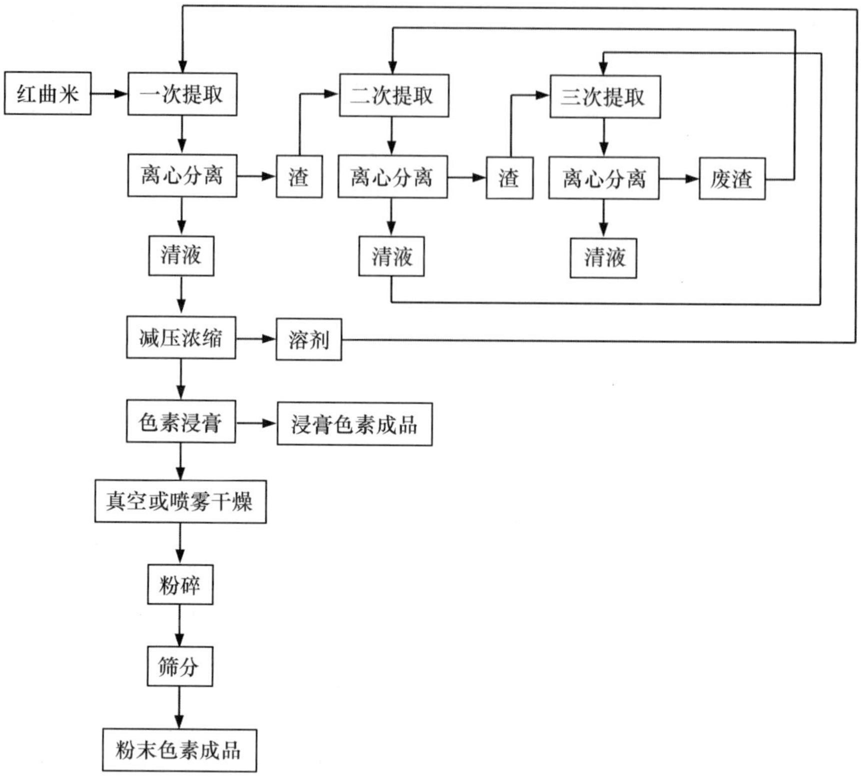

图 12-3 提取红曲红色素工艺流程

引自:《天然色素的生产及引用》(2007)。

优点,有助于实现生产自动化,提高产品质量稳定性,扩大生产规模。液态深层发酵法生产的红曲色素色价偏低,这是制约其工业化生产的重要原因之一。为此,国内外广泛开展了液态深层发酵菌种改良和工艺条件优化的研究。

目前,提高红曲色素色价的途径主要有提高红曲菌的生物量,添加促进色素形成的物质等;具体措施有菌种诱变、固定化细胞技术、葡萄糖流加培养、菌种联合培养、添加抗氧化剂和金属离子、添加植物油和青霉素以及使用超声波处理等。

随着研究的发展,国内的液态深层发酵生产红曲红色素已经形成规模化产业,液态深层发酵技术日趋成熟、稳定,并且达到了较高的水平。

1. 工艺流程

红曲色素液态深层发酵工艺流程如图 12-4 所示。

2. 培养基的制备

(1)斜面培养基 可溶性淀粉 3.0%~5.0%、麦芽糖 3.0%~4.0%、蛋白胨 1.0%~2.0%、琼脂 2.0%~3.0%,培养基 pH 5.0~5.5。

(2)种子培养基 大米粉 2%、蛋白胨 1%、$NaNO_3$ 0.01%、$MgSO_4 \cdot 7H_2O$ 0.105%、KH_2PO_4 0.12%、消泡剂 0.105%,培养基 pH 4.2。

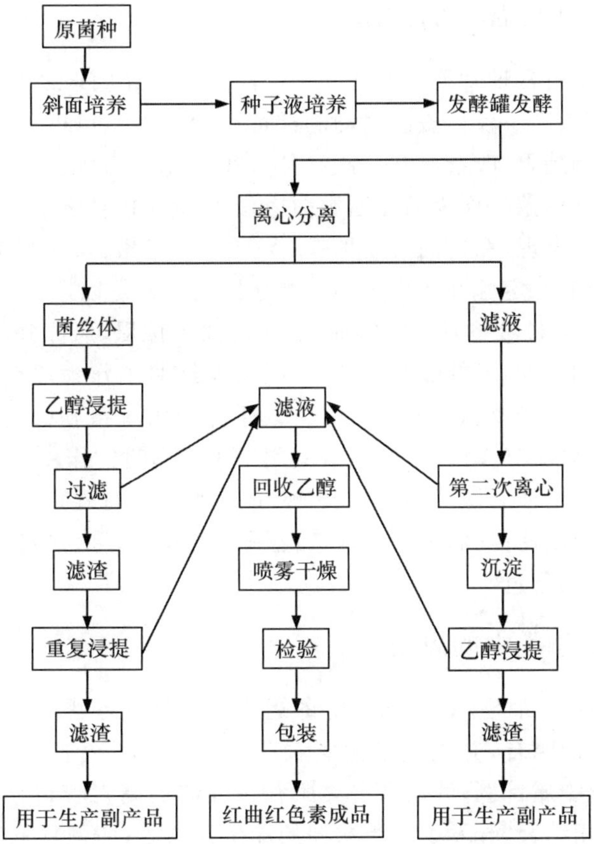

图 12-4 红曲色素液体深层发酵工艺流程

引自:《天然色素的生产及引用》(2007)。

(3)发酵罐培养基 大米 6%、黄豆 3%、$MgSO_4 \cdot 7H_2O$ 0.1%、$(NH_4)_2SO_4$ 0.08%、$NaNO_3$ 0.25%、$MnSO_4$ 0.1%、KH_2PO_4 0.2%、消泡剂 0.1%,培养基 pH 4.0。

三、红曲色素的应用

(一)红曲色素在肉制品中的应用

由于红曲色素具有良好的着色性能和较强的抑菌作用,可替代亚硝酸盐作为肉制品着色剂,目前已广泛地应用于肉制品中。红曲色素与亚硝酸盐的着色原理完全不同,亚硝酸盐是与肌红蛋白形成亚硝基肌红蛋白,而红曲色素是直接染色。两者都能赋予肉制品特有的“肉红色”和风味,且能抑制有害微生物的生长,延长保存期。亚硝酸盐毒性较强,摄入量大可使血红蛋白中 Fe^{2+} 氧化成 Fe^{3+},失去携氧能力,引起肠源性青紫症(急性亚硝酸盐中毒),更严重的是亚硝酸盐可转化成强致癌性的亚硝胺,极大地影响食品的安全性。而红曲色素的应用安全性更高,德国肉类研究中心对此进行了研究和探讨,发现在腌制类产品中添加红曲色素后,完全可以将亚硝酸盐量减少 60%,而其感官特性和可贮性不受影响,颜色稳定性也远优于原产品。

(二)红曲色素在调味品中的应用

利用红曲色素可制备各种功能性调味品。红曲除了含红色素之外还富含糖化酶、蛋白酶、酯化酶等,应用于酱油生产不仅可提高酱油的红色指数,它还可以改善物理和化学指标,如提高氨基酸、糖分等,增加酯香,改善风味。武汉佳成生物制品有限公司发明专利——以红曲为出发菌株制得的复合红曲菌种作为糖化增香曲应用于酱油中,可提高酱油的品质,明显优于普通工艺酱油。通过研究发现,在酱油中添加0.2%的红曲色素,可明显提高酱油的色泽和红色指数,并且具有良好的光稳定性和热稳定性。福建红曲老醋是以糯米、芝麻、红曲为原料,加入米量25%的古田红曲,通过液体发酵酿制而成,产品颜色棕黑,风味独特,在30多个国家均畅销。有研究发现,在原有红曲醋的酿造工艺上,以功能红曲米作为原料制造功能红曲醋,得到的功能红曲醋具有一定的降血脂功能。红曲色素还可以用于腐乳的生产,使腐乳具有良好的外观和风味,还具有抗血压等作用;红曲色素应用于水产品时的作用与应用于肉制品时的作用相似,使水产品外观鲜艳,抑制微生物的生长,赋予产品良好的风味;红曲色素应用于饮料时,有良好的着色能力和稳定性;红曲色素也被广泛用于香肠、糖果、果酱、水果茶、果汁、糖浆、糕点、冰激凌和仿生食品的着色。

(三)红曲色素在酒类中的应用

红曲色素在我国传统酒类中得到了很好的运用。义乌丹溪酒业有限公司开发的丹溪红曲酒,巧妙地将红曲与黄酒结合,并通过了国家农业农村部的无公害农产品认证和有机产品认证,这在我国黄酒企业中属首例;泸州老窖集团利用红曲的高营养价值及其怡人的色泽,创造性地将其与传统白酒相结合,开发了广受欢迎的养生红曲酒;西藏月王生物技术有限公司将红曲菌接种到青稞中,发酵制得的营养价值丰富、具有浓郁高原特色的青稞红啤酒,受到广大消费者的喜爱。

(四)红曲色素在腌制蔬菜中的应用

在传统生产中常使用酱油作为着色剂加工腌菜,使酱腌菜的色泽诱人。红曲色素可以作为腌制蔬菜中外加色素,通过物理吸附作用渗入蔬菜内部。蔬菜在腌制加工过程中,细胞膜变成全透性膜,蔬菜细胞就能吸附其他辅料中的色素而改变原来的颜色。

(五)红曲色素在面制品生产中的应用

红曲色素在面制品生产中的应用也较为广泛,如生产红曲饼干、红曲面包、糕点、红曲面条等。在面包生产中,添加红曲水浸提液时,其添加量的不同对红曲面包的色、香、味及口感影响不是很大,仅仅是随添加量的增加,其颜色有所加深、变红。与直接添加红曲粉相比,各方面均有较大改观,尤其在香味方面,与不加红曲提取液制成的面包相比,更加清新独特。

(六)红曲色素在医药中的应用

红曲色素可以用于药品着色,还具有一定治疗疾病的作用。研究表明,红曲色素具有降低血脂、抗肿瘤、抗阿兹海默症的功效。相同剂量的红曲色素、安卡红曲黄素、洛伐他汀施加作用于降血脂与动脉粥样硬化实验,结果表明红曲色素在提升血清高密度脂蛋白方面功效显著,明显高于安卡红曲黄素、洛伐他汀作用效果。研究发现，红曲素和安卡红曲黄素具有减轻阿兹海默症的作用，两者作用机理是红曲素和安卡红曲黄素通过缓解 β-淀粉质肽引起的氧化应激反应以及炎症反应的记忆缺失，从而减轻阿兹海默症。

(七)红曲色素在纺织业中的应用

红曲色素具有优良的着色能力，且较为稳定，作为天然染料是可行的，对于现在所提倡的生态文明社会是相符的，绿色环保。

第二节　β-胡萝卜素生产

类胡萝卜素(carotenoid)在自然界广泛存在。1831 年，Wachenroder 从胡萝卜根中结晶分离出碳水化合物类的色素，并命名为“胡萝卜素”；之后，Berzelius 从秋天的叶片中分离提取出黄色的极性色素，并命名为“叶黄素”；随着生物物理技术的发展，人们通过色谱分析的方法分离出一系列的天然色素，并命名为“类胡萝卜素”。它们具有共同的化学结构特征，分子中心都是多烯键的聚异戊二烯长链，以此为基础，通过末端的环化、氧的加入或键的旋转及异构化等方式产生出很多衍生物。目前，已知的类胡萝卜素大概有 600 多种。

自然界中胡萝卜素主要包括 α、β、γ 等异构体，其中 β-胡萝卜素(β-carotene)的活性是最高的。目前，天然类胡萝卜素主要有三大来源：①一些富含类胡萝卜素的植物，如胡萝卜、木瓜、南瓜等；②富含类胡萝卜素的微生物(微藻)资源；③废弃的富含类胡萝卜素的动物资源，主要是虾、蟹的甲壳。

β-胡萝卜素是一种广泛存在于各种植物、藻类、真菌和细菌中的天然色素，是所有类胡萝卜素中含量最大和被研究最多的一种。β-胡萝卜素具有较好的抗氧化特性，对人类健康具有十分重要的意义。β-胡萝卜素广泛应用于医药、食品、化妆品等领域。近年来，β-胡萝卜素更多保健和药用功能的发现及人们对天然食品添加剂需求的增加，使 β-胡萝卜素的需求量逐年增加。

一、β-胡萝卜素的特性

β-胡萝卜素是胡萝卜素中最普通的一种异构体，分子式为 $C_{40}H_{56}$，相对分子质量约为 536.88，化学结构如图 12-5 所示。

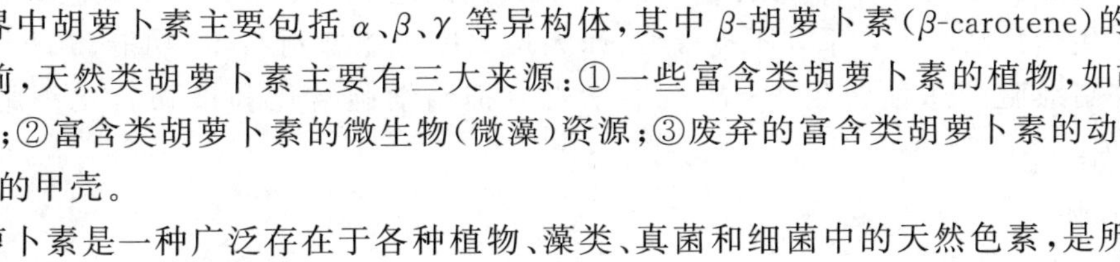

图 12-5　β-胡萝卜素的化学结构

引自：《β-胡萝卜素的主要生理功能及其在畜禽中的应用研究进展》(2021)。

(一)β-胡萝卜素的物理性质

β-胡萝卜素呈紫红色或者暗红色晶体粉末,具有β-胡萝卜素的特有气味;不溶于水、甘油、丙二醇、丙酮、酸和碱溶液,微溶于乙醇、乙醚和食用油,溶于二硫化碳、苯、己烷、石油醚和氯仿,在氯仿中溶解度为4.3 g/100 mL;在弱酸性时比较稳定,在酸性时则不稳定;呈黄色至橙色色调,低浓度时呈橙黄色至黄色,高浓度时呈橙红色,受光、热、空气的影响后色泽变淡,遇重金属离子,特别是铁离子则褪色。

(二)β-胡萝卜素的生物学功能

1.减缓氧化应激

β-胡萝卜素因其结构特点,具有大量烯烃类双键,可猝灭机体病理条件下产生的活性氧,具有较好的抗氧化作用。活性氧是大量疾病产生原因之一,即为机体过度氧化应激导致机体部分功能的异常,所以β-胡萝卜素具有缓解多种疾病的作用。

2.促进细胞间隙连接通讯

细胞间隙连接通讯(gap junctional intercellular communication,GJIC)是细胞间近距离基因信号传递的主要方式,在调节细胞的增殖和分化中起重要作用。GJIC功能受到抑制或破坏会对细胞的生命活动产生一系列不良影响,而大量促癌物能抑制GJIC功能,β-胡萝卜素能增强GJIC,抑制细胞的恶性转化。β-胡萝卜素也有抑制细胞转化和增强转化细胞与未转化GJIC的功能。

3.着色剂

β-胡萝卜素作为着色剂已被列入我国食品添加剂使用标准(GB 2760)。它有良好的着色性能,色泽稳定均匀,着色范围是黄色、橙红,着色力强,色泽稳定均匀,能与K、Zn、Ca等元素并存而不变色,尤其适合与儿童食品搭配。

4.营养添加剂

β-胡萝卜素是一种优良的抗氧化剂,与维生素E、维生素C有协同作用,因此,现已被广泛应用于食品营养添加剂。

(三)β-胡萝卜素对健康的促进作用

1.调节脂质代谢

肥胖是一种与机体代谢密切相关的疾病,随着生活方式的转变,肥胖人群的比例持续升高,机体脂肪代谢的失调可能会导致高血脂、高血压、糖尿病等多种疾病。有研究发现,肥胖可能与机体内β-胡萝卜素含量降低存在一定的关联性。β-胡萝卜素可以通过调控相关影响因子,减少异常代谢物的产生,恢复受损的肠道屏障,起到缓解肥胖的作用。同时,一些β-胡萝卜素可以通过缓解氧化应激引起的炎症反应,达到降脂并改善机体病理状态。

2.保护视力的作用

β-胡萝卜素对视力的保护作用,主要是基于叶黄素和玉米黄素的预防光损伤和抗氧化功能。作为视网膜黄斑组成色素的主要功能体现在以下几个方面:临床研究发现叶黄素的摄入可以提高黄斑的色素含量，并且能够提高老年性黄斑变性病人的视力；叶黄素能够消除自由基，预防白内障；叶黄素能够吸收蓝光，防止对眼睛的损伤，对长期荧屏光暴露者的视功能有明显的改善作用。

3. 减缓神经退行性病变

β-胡萝卜素具有恢复病理条件下神经系统的损伤的功能，因为其含有特异性烯烃类结构，所以具有较好的缓解氧化应激以及缓解神经性炎症的作用，进而减轻神经退行性病变。

4. 心血管系统的保护作用

机体心血管系统疾病的发生和氧化应激存在关联，病理状态下活性氧簇的过量产生并蓄积导致心脏发生病变，β-胡萝卜素可通过调控相关基因抑制氧化应激来保护心脏。

5. 抑制癌细胞生长与增殖

Kavalappa 等(2019)发现从海洋红藻中提取并纯化的 β-胡萝卜素对肝癌 $HepG_2$ 细胞的抑制作用，Western 印迹分析结果表明，$HepG_2$ 细胞的 BcL-2 表达降低、Bax 蛋白表达增加，证明 β-胡萝卜素可抑制 $HepG_2$ 细胞活力，同时研究表明可能呈剂量依赖性。研究还发现 β-胡萝卜素可以下调多腺苷二磷酸核糖聚合酶的表达，多腺苷二磷酸核糖聚合酶失活会加速 $HepG_2$ 细胞的不稳定，而 NF-κB 的减少也标志着 $HepG_2$ 细胞的凋亡，所以 β-胡萝卜素可有效抑制肝癌细胞的生长。

6. 提高免疫能力

β-胡萝卜素可以通过提升机体的抗氧化能力，进而提高机体的免疫力。机体免疫能力与遗传、年龄、饮食结构等多种因素有关，其中饮食是最易于调整同时也是最有效的方法之一，β-胡萝卜素的摄入可以通过提升细胞抗氧化能力，增强红细胞运载氧气效率，提升机体免疫力。

7. 可以减轻紫外线照射对皮肤的损伤

单线态氧($^1O_2$)是紫外线引起皮肤脂质过氧化反应的起始剂，而 β-胡萝卜素是$^1O_2$ 等自由基的有效清洁剂，因此，β-胡萝卜素对紫外线照射后的皮肤损伤有较好的保护作用。实验研究证明，β-胡萝卜素是活性氧自由基的猝灭剂，阻断紫外线在皮肤内引起的脂质过氧化连锁反应，防止有害自由基形成，抑制 UV-B 诱导的皮肤癌发生。

8. 放疗、化疗的辅助治疗

放疗、化疗在杀伤癌细胞的同时对机体也有较大的损害。服用 β-胡萝卜素在减轻放射性物质对组织损伤的同时，还可提高射线对肿瘤的治疗作用。同时，β-胡萝卜素还可以增强胰岛素的敏感性，降低糖尿病的发病率。

二、β-胡萝卜素的生产

目前 β-胡萝卜素的生产方法主要有植物提取法、藻类培养法、微生物发酵法、化学合成法等。由于 β-胡萝卜素的来源不同，它的提取方法也有多种，包括有机溶剂提取法、柱层析法、超临界 CO_2 萃取、超声提取、微波提取、酶解辅助萃取法。

(一)β-胡萝卜素的植物提取法

植物提取法是指以富含β-胡萝卜素的天然植物或其下脚料为原料，采用有机溶剂（如石油醚、氯仿、丙酮、乙醚、乙醇等）提取，以获得β-胡萝卜素的一种方法。

β-胡萝卜素广泛存在于绿色和黄色的果蔬中，如胡萝卜、辣椒、沙棘、苜蓿等植物中都含有较高的β-胡萝卜素，可利用有机溶剂采取多种方式提取出其中的天然β-胡萝卜素。崔亚娟(2018)得出植物源食品中6种水果和蔬菜中β-胡萝卜素含量。水果选取了常见的杏、西瓜、柿子、猕猴桃、苹果和樱桃（见表12-3），杏中的胡萝卜素含量最高，总量达到3 000 μg/100 g以上，西瓜次之，樱桃中的胡萝卜素含量最低，低于30 μg/100 g；蔬菜选取了常见的辣椒、南瓜、番茄、西葫芦、红薯和油菜，其中辣椒中胡萝卜素含量最高，总量达到3 000 μg/100 g以上，南瓜次之，油菜中的胡萝卜素含量最低，低于20 μg/100 g。

表12-3　6种常见植物源食品中β-胡萝卜素的含量　　μg/100 g

水果	β-胡萝卜素含量	蔬菜	β-胡萝卜素含量
杏	2 091	辣椒	2 122
西瓜	593	南瓜	1 087
柿子	68.6	番茄	191
猕猴桃	25.2	西葫芦	166
苹果	24.1	红薯	67.8
樱桃	20.5	油菜	13.2

引自:《植物源食品中α-胡萝卜素和β-胡萝卜素的测定及比较分析》(2018)。

向珊珊(2018)对木鳖果假种皮中β-胡萝卜素进行了超声辅助提取工艺优化，并研究了其稳定性。结果表明，木鳖果假种皮中β-胡萝卜素的最佳提取条件为：超声功率60 W，超声时间60 min，超声温度65 ℃，料液比1∶20(g/mL)。在此条件下提取的木鳖果假种皮中β-胡萝卜素含量为2.212 mg/g。稳定性实验表明：木鳖果假种皮中β-胡萝卜素在光照、高温(100 ℃)条件下不稳定，容易分解；酸性条件对β-胡萝卜素有增色作用，而碱性及中性条件对其有减色作用，保留率降低；Na^{+}、K^{+}、Fe^{2+}、Fe^{3+}、Cu^{2+}、Zn^{2+}对β-胡萝卜素有不同的作用，其中，Fe^{3+}对其有较强的增色作用，而Fe^{2+}、Cu^{2+}、Zn^{2+}对其有减色作用。

(二)β-胡萝卜素的藻类培养法

藻类培养法是利用微藻经诱变筛选后选取高产量植株提取β-胡萝卜素的方法。常用的微藻有螺旋藻(*Spirulina*)、盐生杜氏藻(*Dunaliella salina*)、巴氏杜氏藻(*Dunaliella bardawil*)等。

1. 螺旋藻

螺旋藻中提取β-胡萝卜素的工艺包括有机溶剂直接提取法、微波辅助提取法、超声波强化溶剂提取法、超临界流体萃取法。对于螺旋藻中β-胡萝卜素的提取，大部分的研究都是应用了有机溶剂萃取法。有机溶剂萃取法具有成本低、操作简单等优点，但是该法的提取率不太理想，容易导致有害物质残留，尤其对于食用色素来说，有毒物质残留是一个亟待解决的问题。

2. 盐生杜氏藻

天然海水过滤后加入适量的 KH_2PO_4 0.2 mmol/L、$CaCl_2$ 0.3 mmol/L、$MgSO_4$ 5.0 mmol/L、KNO_3 5.0 mmol/L、$FeCl_3$ 1.5 mmol/L 等，除去杂菌和杂藻，加入盐生杜氏藻种子，放入全封闭式培养箱中进行二步法培养。整个培养过程中可自动控制光照、温度和湿度（表 12-4），第 1 阶段保证较高的生物量，第 2 阶段保证较高的 β-胡萝卜素含量。此法可大大提高 β-胡萝卜素的产量。

表 12-4　盐生杜氏藻的二步法培养条件

处理阶段	光照度 /[(μmol/(m^2·s)]	光照周期光：暗 /h	温度 /℃	NaCl /(mol/L)	pH
第 1 阶段	540	=12：12	25	2.30	8.0
第 2 阶段	1 080	=16：8	32	3.13	7.5

盐藻类 β-胡萝卜素提取工艺流程，如图 12-6 所示。

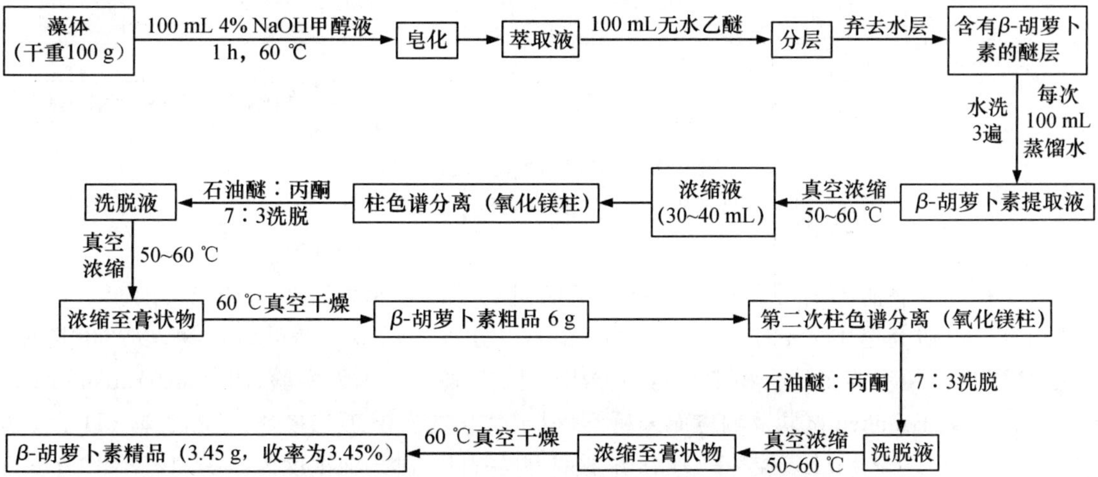

图 12-6　盐藻类 β-胡萝卜素的提取工艺流程

引自：《海洋天然色素——β-胡萝卜素提取及杜氏藻中有关营养成分的测定》(1991)。

(三) β-胡萝卜素的微生物发酵法

微生物发酵法是利用微生物培养技术，使微生物在其体内合成 β-胡萝卜素，然后自微生物体内分离得到 β-胡萝卜素的一种方法。微生物发酵法的优势在于其生产周期短以及产品纯度高，有较理想的生产效率，但这种生产方法的生产条件比较严格。总体来说，微生物发酵法具有较高潜力。

采用微生物发酵制备 β-胡萝卜素的关键是选育高产 β-胡萝卜素菌种，微生物发酵法生产 β-胡萝卜素应用的菌种主要是红酵母(*Rhodotorula*)和三孢布拉霉(*Blakeslea trispora*)。

1. 红酵母

红酵母是酵母菌的一个属，它是一类腐生菌，抗逆性较强，广泛存在于自然界，分布在各种生态环境中，且属于我国饲料行业12种确认的饲用微生物。红酵母发酵有以下的优点：①菌体无毒，并含有丰富的蛋白质和维生素；②可利用蔗渣、废糖蜜等进行培养，成本较低、生长周期短、发酵控制容易；③能够在发酵罐中实现高密度培养，有利于工业化生产。红酵母的生产过程与三孢布拉霉的生产过程一样分两个阶段，分别是培养发酵和分离提取，具体工艺流程如图12-7所示。

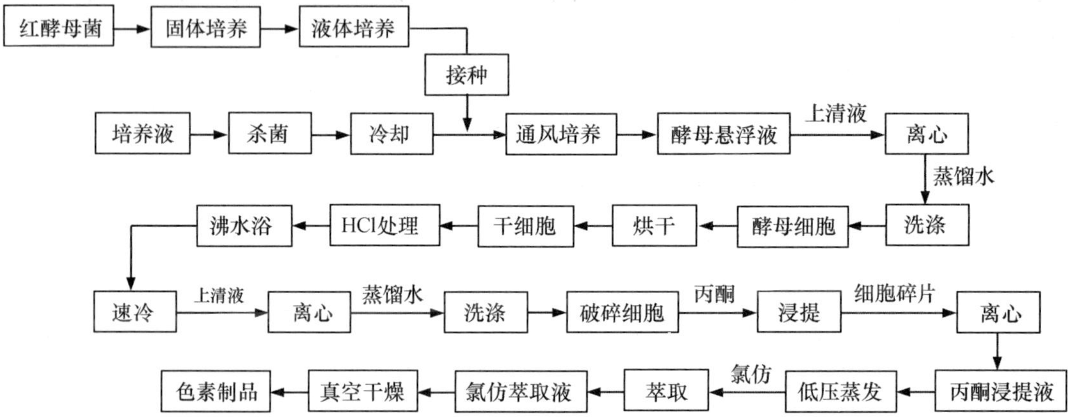

图12-7 红酵母发酵工艺流程

引自：《从红酵母中提取胡萝卜素》(1993)。

为了提高豆腐渣的饲用价值，王宁等(2020)进行了红酵母发酵豆腐渣产类胡萝卜素工艺优化研究。该研究选用了嗜还原糖红酵母发酵富含还原糖的豆腐渣酸解产物，以产生具有抗氧化、增强机体免疫等多种生物学功能的类胡萝卜素，通过单因素实验、Plackett-Burman试验回归分析、Box-Behnken试验及响应面分析，获得了优化的发酵工艺参数：发酵底物pH为6.0，装液量为80 mL/(500 mL)，接种龄为48 h，接种量为11%(种子液浓度为8.5×10^{-9} CFU/mL)，转速为60 r/min，发酵温度为31 ℃，发酵时间为128 h，该条件下类胡萝卜素产量达(2.65±0.02) mg/L。

2. 三孢布拉霉

三孢布拉霉是一种与热带植物共生的霉菌，属于毛霉目笄霉科三孢霉属，分正株和负株两种类型。该菌生长十分迅速，生物量高，产β-胡萝卜素的能力强。正株合成三孢子酸，三孢子酸既是β-胡萝卜素的代谢物，又是其生物合成的调节剂。以特定比例交配两种类型的菌株，三孢子酸就能够刺激负株合成大量的β-胡萝卜素。生产过程基本上分为以下两个阶段：

第一阶段以葡萄糖和玉米浆作为碳源和氮源进行发酵。开始时，进行斜面接种培养，再进行种子培养，随后用有氧深层发酵来产生丰富的β-胡萝卜素。

第二阶段也称恢复阶段，在这一阶段中，菌株被分离和转化成适合提取β-胡萝卜素的形式。被分离的β-胡萝卜素可在乙酸乙酯中结晶，以达到适当的纯化和浓缩目的。

丁长河等(2020)优化了三孢布拉氏霉菌生产β-胡萝卜素的发酵工艺，发现三孢布拉氏霉菌的最佳摇瓶发酵条件为：发酵液初始 pH 为 6.80，装液量为 35 mL/250 mL，负正菌种接种体积比为 1.6∶1，接种量为 12.5%，培养温度为 28 ℃，转速为 200 r/min，发酵时间为 132 h。

（四）其他方法

1. 化学合成法

化学合成法已经比较成熟，合成路线较多，目前主要有两条技术路线：①以 V_A 合成过程的中间产物 C14 醛为原料，将 C14 醛延长碳链成 C19 醛，再将两分子 C19 醛通过格利雅反应生成 β-胡萝卜素；②以 V_A 为原料，将 V_A 转化成视黄醛和甲基维蒂希试剂，再经缩合而成 β-胡萝卜素。但是合成色素不具备同种类天然色素的生理功能，而且化学合成的 β-胡萝卜素为全反式构型，不能完全被人体吸收，并对人体产生一定程度的毒副作用，长期服用还会对人体产生不可逆转的病变。所以化学合成的 β-胡萝卜素不能长期食用，不被大多数食品学家所接受，即将被淘汰。

2. 基因工程法

所谓基因工程法是指在活细胞内，利用重组 DNA 技术来修改细胞的代谢系统，使活细胞能够合成（代谢）出所需要的化学物质，并获得高产量的方法。将转基因技术应用到含有 β-胡萝卜素的生物中，能够大幅度提高生物体内 β-胡萝卜素的生物合成量，增加 β-胡萝卜素的产量。

三、β-胡萝卜素的应用

1. 医药领域

β-胡萝卜素是极好的抗氧化剂，在人体内起到清除自由基的作用，可提高人体的免疫功能，延缓衰老，并具有预防癌变、防治肿瘤转移和预防心血管疾病的作用。

2. 食品领域

β-胡萝卜素已被国际上公认为是一种安全有效的食品添加剂，早期主要作为黄色着色剂用于果汁、奶油、食用油脂、面包等食品的着色。后期研究发现 β-胡萝卜素具有抑制脂质过氧化、猝灭自由基，减少过氧化物和自由基对免疫功能的破坏等作用，于是将它与其他营养素配成复合制剂添加到清凉饮料、糕点、冰淇淋、干酪等食品中，起到增进人体健康、改善和提高人体素质的作用。近几年，β-胡萝卜素胶囊、天然胡萝卜素植物油等营养保健品已经上市。

3. 饲料添加剂

饲料中添加适宜的维生素 A 或 β-胡萝卜素，是防止动物生长障碍、繁殖障碍，提高机体免疫力、发挥动物最佳生产潜力的有效途径之一。

4. 化妆品领域

在口红、胭脂、眼影、指甲油和防晒膏等化妆品中添加 β-胡萝卜素，不仅色泽丰满自然，且能保护皮肤。

第十三章　微生物防腐剂生产

食品防腐剂是指能防止由微生物引起的腐败变质、延长食品保藏期的食品添加剂。目前，世界各国允许使用的食品防腐剂种类很多，如美国有 50 多种，日本有 40 多种，我国有 32 种。这些防腐剂包括化学防腐剂和天然防腐剂两大类。其中，化学防腐剂又分为有机化学防腐剂和无机化学防腐剂，前者主要包括苯甲酸、山梨酸及其盐类等，后者主要包括亚硫酸盐和亚硝酸盐等。天然防腐剂包括微生物来源、动植物来源的防腐剂。食品防腐剂的添加量应严格遵守《食品安全国家标准　食品添加剂使用标准》(GB 2760—2024)的规定与要求。

在 2013 年 12 月召开的中央农村工作会议上，习近平总书记以“用最严谨的标准、最严格的监管、最严厉的处罚、最严肃的问责”来要求食品安全工作，以确保广大人民群众“舌尖上的安全”。规范使用食品防腐剂是保障食品安全的重要一环，而随着食品安全性毒理学评价研究的深入开展，人们发现化学防腐剂有一定的致畸、致癌与致突变作用，易引起食品安全问题，如亚硝酸盐和硝酸盐在一定条件下会生成具有强致癌性的亚硝胺。因此，化学防腐剂的种类及其使用范围在实际生产中不断地被加以调整和改变，如传统的硼酸、硼砂、水杨酸、甲醛、萘酚、碳酸二甲酯等防腐剂已禁止在食品加工中使用。

天然食品防腐剂具有水溶性好、热稳定性高、抗菌性强、抑菌谱广、安全无毒等优点，尤其是微生物防腐剂，是当前食品防腐剂研发与应用的主要方向。

第一节　乳酸菌素生产

一、乳酸菌素的性质及用途

(一)乳酸菌素的理化特性与分类

乳酸菌素(lactein)是指某些乳酸菌在代谢过程中，通过核糖体合成机制产生的一类对革兰氏阳性菌(尤其是亲缘性较近的细菌)具有抑制作用的生物活性蛋白质、多肽或前体多肽。根据化学结构、理化性质及分子特征，乳酸菌素可分为羊毛硫细菌素(lantibiotics)、小分子热稳定多肽、大分子热不稳定蛋白质和复合型细菌素 4 大类。其中，小分子热稳定多肽、大分子热不稳定蛋白质和复合型细菌素因其结构中不含羊毛硫氨酸基团，因而又被称为非羊毛硫细菌素。

1. 羊毛硫细菌素

羊毛硫细菌素含19～50个氨基酸分子、分子量小于5 kU的肽类，此类细菌素的活性部分含有诸如羊毛硫氨酸(lanthionine)、β-甲基羊毛硫氨酸(β-methyllanthionine)、脱氢酪氨酸(dehydrobutyrine)和脱氢丙氨酸(dehydroalanine)等非编码氨基酸，依据其带电荷情况，又可细分为2个亚类：一类是可在细胞膜上形成通道并带正电荷、疏水基团的肽类，另一类是不带电荷或带负电荷的球状肽类。

2. 小分子热稳定多肽

小分子热稳定多肽即分子量小于5 kU的疏水的、具有膜活性的肽，可分为3个亚类：①N-末端氨基酸序列为Tyr-Gly-Asn-Val，并由2个半胱氨酸所构成的S-S桥，对李斯特氏菌有很强的抑制作用；包括有pediocin PA-1，leucocin A，mesentaricin Y105，carnobacteriocin A、BM1和B2，sakacin A，sakacin P，enterocin A。②孔道复合物由2个具有不同氨基酸序列的肽类寡聚体形成，可分2个亚类，一类中的每个多肽均有活性，且多肽间的协同作用可增强总体活性，lactacin F为主要的代表物质；另一类中的每个单一多肽都没有活性，这类细菌素的活性体现须依赖于2个多肽，如lactococcin G。③能被硫醇激活，活性基团要求有还原性半胱氨酸残基的细菌素，lactoccocin B是此类多肽物质的唯一代表。

3. 大分子热不稳定蛋白质

大分子热不稳定蛋白质分子量通常大于30 kU，关于此类细菌素的报道不多，主要包括有helvetic in J，lactin A，lactcin B，casecin 80和acidophilucin A。

4. 复合型细菌素

其主要成分除含有蛋白质外，还含有碳水化合物或类脂基团。

(二)抑菌作用机理

乳酸菌素的抑菌作用包括：有较强的专一性，不产生抗药性与毒性，且不易被小肠胰蛋白酶破坏，可有效抑制病原菌的生长。依据其化学结构、理化性质及分子特征的分类情况，乳酸菌素的防腐机理也可分羊毛硫细菌素型和非羊毛硫细菌素型两种。

1. 羊毛硫细菌素型

这类细菌素的典型代表是乳酸链球菌素(nisin)。它对大多数革兰氏阳性菌，特别对产芽孢菌有较强的抑制作用，一般不抑制革兰氏阴性菌、酵母或霉菌；但与其他成分结合时，可对革兰氏阴性菌表现出一定的抑制效果。如nisin与乙二胺四乙酸或表面活性剂结合后，可抑制沙门菌等革兰氏阴性细菌的生长。nisin的抑菌机理是国内外近年来的研究热点之一，也产生了不同的抑菌作用机制学说；但多数研究表明nisin吸附在微生物的细胞质膜上是其发挥杀菌作用的前提，也是其作用于细菌的第一步。nisin可能的作用机制有：①与脱氢丙氨酸和脱氢丁氨酸有关，因为脱氢丙氨酸和脱氢丁氨酸能与敏感菌株细胞膜中某些酶的巯基发生作用，释放细胞质，造成敏感菌细胞裂解；②主要靠消耗敏感细胞的质子驱动力，抑制细胞壁中肽聚糖的合成，使细胞膜和磷脂化合物的合成受阻，导致细胞内物质外泄，引起敏感细胞裂解；③在一定膜电位存在下，nisin吸附于敏感菌的细胞膜上，并通过C末端的作用入侵膜内，形成一个离子性透性管道，增强细胞膜的通透性，从而导致小分子量的钾离子、氢离子、氨基酸、核苷酸等细胞质成分流出，破坏细胞的能量代谢，引起代谢中重要中间代谢产物缺乏，并对DNA、RNA、蛋白质和多糖等物质的生物合成产生抑制作用，最终导致细胞死亡。

2. 非羊毛硫细菌素型

这类细菌素的抗菌机理主要为细菌素吸附在细胞膜上并经膜上特定的受体蛋白介导而形成亲水孔道，使细胞膜通透性增加，引起细胞内各种离子的渗漏和能量物质的消耗，导致细胞解体死亡。此类细菌素发挥抑菌作用时不具有能量依赖性，即可导致细胞膜渗透屏障的丧失及质子动力的消失，因此又称为非能量依赖型细菌素。

(三)功能与用途

乳球菌素(lactococcin)、双球菌素(diplococcin)等乳酸菌素性质稳定，基本不受加工条件限制，可用于发酵乳制品、保健食品、化妆品等领域。以nisin为例，1951年成功用于由肉毒梭状芽孢杆菌所引起的干酪膨胀腐败；1961年，联合国与农业组织和世界卫生组织将nisin确认为食品防腐剂，该物质对肉毒杆菌等厌氧芽孢菌有很强的抑菌作用，但对霉菌和酵母的影响较弱，且需在酸性条件下才能保证其稳定性，pH为7时的活性为pH为5时的40%，一般应用于制造干酪。它在消化道中可被水解蛋白酶降解，安全性高。我国已于1991年研制成功，并投产和推广使用，按《食品安全国家标准　食品添加剂使用标准》(GB 2760—2024)中规定，乳酸菌素可用于罐装食品、植物蛋白食品、乳制品(全脂消毒牛乳、灭菌乳、风味乳、罐炼乳、再制乳)和肉制品(鲜肉、烟熏火腿、香肠、牛舌、鱼子酱等)。此外，还有抗沙门菌、抗大肠杆菌、抗志贺氏菌、抗李斯特杆菌及抗痤疮杆菌的特殊乳酸菌素(表13-1)。

表13-1　乳酸菌素系列产品及其应用范围

商品名	指标细菌	应用范围
SAFELAC	幽门螺杆菌、李斯特杆菌	整肠保健食品、饮料、发酵乳制品
Prolac A	沙门菌	整肠保健食品、饮料、发酵乳制品
Prolac L	沙门菌	整肠保健食品、饮料、发酵乳制品
Lactopad	痤疮杆菌	抗粉刺、抗面疱美容化妆品
Lactocin-W	大肠杆菌、李斯特杆菌、金黄色葡萄球菌、痤疮杆菌	保健食品、饮料、乳酪、火腿

二、乳酸菌素的发酵生产

乳酸菌素是脱脂乳经杀菌和真空浓缩后，接种乳酸菌发酵并干燥而制成的乳酸菌体及其代谢产物的混合粉状物，是一种纯乳酸菌产生的制剂。目前，国内外对nisin的发酵生产报道最多，其工业化发酵生产nisin工艺流程见图13-1。工业上生产nisin的菌株主要为乳链球菌和乳酸乳球菌，发酵生产中通常通过诱变生产菌株以获得高产菌株，以及通过优化培养基配方来提高 nisin 的产量。发酵完成后，从发酵液中提取 nisin 的方法包括有机溶剂萃取法、盐析法、吸附法、层析法、免疫磁珠分离法等。有机溶剂萃取法是一种经典的提取方法，常用萃取剂有正丙醇、丙酮、乙酸等，这种方法的回收率低、产物活性低、萃取剂回收较困难，以及对环境有一定污染。盐析法操作简便、安全，且所得产品活性较高，但培养基中的杂蛋白常一起沉淀于终产品，导致产品纯度低。国内外有采用硅酸、二氧化钛、硅化合物（硅酸钙、二氧化硅、硅藻土等）为吸附剂的吸附法提取和纯化 nisin，效果较好，但高价格的吸附剂会大大增加生产成本。层析法可生产出较高纯度的 nisin，唯一不足的是该方法对层析柱有较高的性能要求。

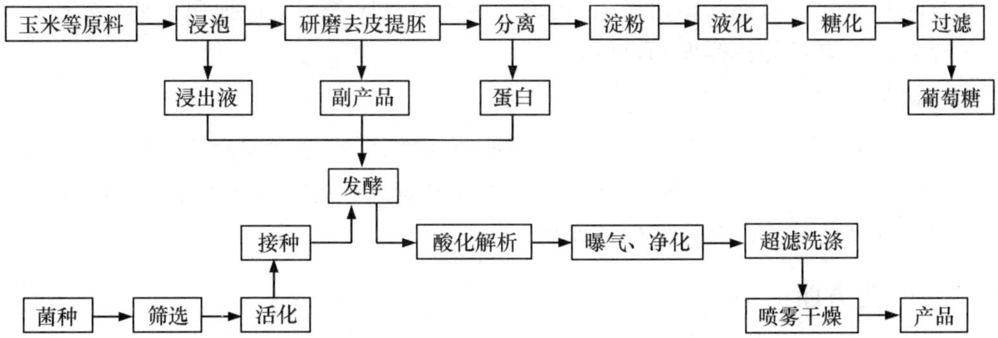

图 13-1　工业化发酵生产 nisin 工艺流程

三、乳酸菌素的应用

目前，国内外报道的乳酸菌素有 40 多种，可分别由乳球菌、片球菌、明串珠菌、乳杆菌、双歧杆菌、肠球菌、链球菌等属的菌株产生。不同菌株所产的乳酸菌素在食品、医药等行业的用途各异。

（一）在食品方面的应用

《食品安全国家标准　食品添加剂使用标准》（GB 2760—2024）中规定，乳酸链球菌素被允许限量用于乳制品、肉制品、饮料、复合调味料等 15 大类的部分产品中。

1. 用于乳制品

牛奶营养丰富，水分含量高，在生产、加工、运输和贮存等过程易受各种有害因素污染。乳酸链球菌素能有效抑制肉毒梭菌的生长和毒素产生，延长产品保质期并使其可在常温下保存，已成功用于巴氏灭菌干酪、巴氏灭菌奶、罐藏浓缩牛奶、高温灭菌奶、酸奶等乳制品中。有研究表明，鲜奶中添加 30～50 IU/mL 的 nisin 可使货架期延长一倍。酸奶中添加 60 IU/mL 的 nisin 可抑制酸奶的后酸化，而对酸奶的黏度、酸菌活菌数无明显影响。

2. 用于肉制品

肉类制品由于其营养基质很高，在加工等过程也非常容易遭受肉毒梭状芽孢杆菌等微生物污染而引发食物中毒等食源性疾病。乳杆菌素能抑制单核细胞增生的李斯特菌，nisin 可有效抑制肉毒梭状芽孢杆菌的生长，某些乳酸菌所产生的乳酸菌素能抑制肉毒梭菌和革兰氏阳性菌，明串珠菌细菌素对李斯特菌、乳球菌、粪肠球菌都有抑制作用，这些乳酸菌素在火腿、香肠、熏猪肉、咸猪肉等肉制品中有着很好的使用效果。此外，乳酸菌素可降低肉制品 pH，一定程度上可减少亚硝酸盐的残留量，提高肉制品的食用安全性。

3. 用于啤酒及果汁饮料

nisin 不影响发酵阶段的啤酒酵母活率，因而对啤酒外观和风味的影响很小；同时，在低 pH 和存在酒花物质的环境下，nisin 本身的活性不受影响，可有效控制啤酒中乳酸菌和片球菌引起的产品腐败，抑制啤酒中大多数的革兰氏阳性腐败菌，提高产品稳定性。此外，乳酸菌素能使酒花对嗜热性细菌的杀菌作用增强，还可有效避免巴氏杀菌工序所引起的“老化味”和“杀菌味”，使啤酒保持更好的新鲜度和口感。

4. 用于罐头食品

乳酸菌素在酸性条件下有更好的稳定性和抑菌活性，能有效抑制耐热微生物的生长、繁殖与产毒，因此在马铃薯、龙须菜、蘑菇、豌豆等蔬菜及其罐头制品中也经常使用，对保持罐藏食品原有色泽和提高营养价值有一定促进作用。

（二）在医药方面的应用

1. 抑菌作用

乳酸菌素对大肠埃希菌、金黄色葡萄球菌、绿脓杆菌、单增李斯特菌、志贺菌等致病菌均有抑制作用。有研究表明，乳酸菌素对李斯特杆菌的抑菌浓度为 50 mg/mL，对沙门菌的抑菌浓度为 50～62.5 mg/mL，对金黄色葡萄球菌的抑菌浓度为 31.25 mg/mL，对大肠埃希菌的抑菌浓度为 62.5 mg/mL，对链球菌的抑菌浓度为 31.25～50 mg/mL。因此，在医药生产上，可用其作为原料生产药物来治疗肠炎、胃炎等胃肠消化道疾病。

2. 改善肠道环境

乳酸菌素是多肽物质，可很快被消化道内的蛋白酶吸收，既不影响肠道内的正常菌群，又能选择性地杀死肠道致病菌，刺激肠道产生抗体，并通过调节胃肠道菌群平衡和调节肠黏膜电解质、水分平衡，改善肠道微环境。此外，乳酸菌素还可促进胃液分泌，增强胃肠蠕动，促进食物消化。

3. 提高机体免疫力

有研究表明，乳酸菌素可调节机体免疫，增强机体的特异性与非特异性免疫，激活吞噬细胞酶的活性，增强机体的体液免疫和细胞免疫。

（三）其他用途

在肉鸡的饲料中添加 100 mg/kg 乳酸菌素，可使肉鸡的体重明显增加，且生化检测结果显示肉鸡血清 SOD 活性和过氧化氢酶活性及总抗氧化能力显著升高，大大提高肉鸡的抗氧化能力。同样，往仔猪饲料中添加 0.4%乳酸菌素，可显著提高仔猪的日增重，降低其粪中大肠埃希菌数，并减少饲养过程的腹泻次数。

第二节　曲酸生产

一、曲酸的特性

(一)理化性质

曲酸(kojic acid),又称曲菌酸、麴酸,化学名称为5-羟基-2-羟甲基-1,4-吡喃酮,分子式为$C_6H_6O_4$,相对分子质量为142.11,其分子结构与葡萄糖分子相似,经同位素证实是由葡萄糖未经碳架断裂直接氧化脱水而形成的。纯净的曲酸为白色或无色棱柱状晶体,熔点为151～154 ℃,易溶于水、甲醇、乙醇和丙酮,微溶于醚、乙酸乙酯和氯仿,难溶于苯;与$FeCl_3$作用呈特殊的红色,可还原费林试剂和硝酸银氨。曲酸是一种弱酸性化合物,其酸性是由酚羟基结构所产生,与目前广泛使用的苯甲酸、山梨酸及其盐类等防腐剂相比,其优越性在于水溶性好,可直接添加于食品中使用,对人体无刺激性,可抑制亚硝酸盐生成致癌物,且抗菌谱更广和抗菌效力更强。

(二)安全性

早期对曲酸进行的急性毒性、慢性毒性试验和对皮肤和眼睛刺激性试验、致畸试验等安全性试验结果表明,曲酸对人体是安全无毒的。但近年来的研究发现,高浓度的曲酸存在一定的细胞毒性,可抑制一些细菌的生长及杀死游离活细胞。如每千克体重大于2 g的高剂量曲酸可减慢雄性小鸡的生长速度,多个脏器系数与多项生化指标及血液指标均发生明显改变,出现明显的肝中毒与胰腺毒性;每千克体重500 mg使用量可使少数受试白鼠出现睾丸发育不良、甲状腺间质增生、肾脏和肝脏部分病理改变;1 000 g/mL浓度的曲酸作用于受试动物6 h,可引起动物机体轻微的DNA损伤,使用量为2 500 g/mL时,DNA损伤明显增加。因此,对曲酸的使用安全性还有待进一步深入研究。

二、发酵法曲酸生产工艺

曲酸是微生物好氧发酵产生的一种具有抗菌作用的有机酸,许多曲霉如米曲霉、黄曲霉、舒展曲霉(*Aspergillus effuses Tiraboschi*)、构巢曲霉(*Aspergillus nidulans*)、寄生曲霉(*Aspergillus parasiticus*)等和少数青霉如产曲酸青霉(*Penicillium kojigenum*)等均能代谢产生曲酸。目前,普遍使用米曲霉和不产生毒素的黄曲霉进行曲酸的工业化生产。在培养方法上,由于曲霉的产酸过程是好氧代谢,而早期采用的静置培养法只在表面产酸,所以产率一般都较低。

为提高曲霉菌的产酸率,国外的一些学者对发酵装置和培养方法做了相关改进与提高,有学者研究出了新型的具有保持细胞活力的发酵桶,该装置用于曲酸生产时可缓解曲霉菌在重复发酵中的疲劳,在培养基重复使用率达75%、培养11～12 d时,产量仍可达5.39 g/(L·d);日本的Okay ma大学对膜界面液体培养法(membrane-surface liquid culture,MSLC)生产曲酸进行了研究,获得14.29 g/(L·d)高产率的良好效果。目前,曲酸生产常用的培养方法及生产效率是：表面静态培养法 0.75～1.00 g/(L·d)；膜液界面培养法 14.2 g/(L·d)；半连续结晶分离法 7.2 g/(L·d)；固定化生长细胞法 3.7 g/(L·d)。

利用微生物发酵生产曲酸需以碳源和氮源为原料，曲酸生产早期所用的碳源主要为大米等谷类，但由于其所含有机物成分不稳定、杂质多的不良影响，现在改用多糖（淀粉、果胶等）、单糖及其衍生物（葡萄糖、木糖、甘露糖醇等），以及简单的有机物（乙醇、甘油等）。这三类化合物的使用效果以单糖为最佳，尤其是葡萄糖。目前普遍用作曲酸生产的氮源主要有豆渣、黄浆水。另外，氮源在代谢过程中能否被吸收对曲酸的合成至关重要，一般认为有机氮源比无机氮源好，如蛋白胨、鲣油等均是较理想的氮源物质。

三、曲酸的用途

曲酸具有抑菌、抗氧化性、增强细胞活力、与金属离子螯合等性质，可广泛用于食品和化妆品等领域。

（一）食品领域的应用

曲酸作为食品添加剂，可起到良好的防腐保鲜、抗氧化、抑褐变等作用。如曲酸可与肌红蛋白中的铁反应，使肉制品呈色而部分取代亚硝酸盐的发色作用，因而可降低亚硝酸盐在肉制品中的使用量，还能有效抑制亚硝酸盐转化为具致癌作用的亚硝胺。此外，曲酸可通过去除氧自由基和螯合多酚氧化酶活性必需的铜离子，抑制由多酚氧化酶引起的酶促褐变；曲酸同时也是生产增香剂麦芽酚和乙基麦芽酚的原料，还可作为香料合成的中间体。

（二）化妆品领域的应用

曲酸可通过 5 位羟基和 4 位酮基与皮肤细胞中酪氨酸酶活性中心上的 Cu^{2+} 络合，改变酪氨酸酶的立体结构而抑制其酶活，从而有效抑制黑色素的形成，是一种黑色素专属性抑制剂。同时，曲酸还能进入细胞间质中组成胞间胶质，起到保水和增加皮肤弹性的作用；并且由于曲酸不作用于细胞中的其他生物酶，对细胞没有毒害作用；现已在美白防晒化妆品、溶剂及牙膏等日化工业中广泛应用。在化妆品中一般添加量为 0.5%～2.0%。

（三）其他领域的应用

曲酸可用于生产生物农药，促进作物增产。曲酸可消除体内自由基、增强白细胞动力，已作为头孢类抗生素等原料进行药物生产，并用于头痛、牙疼及局部炎症等疾病的治疗。

第三节　纳他霉素生产

一、纳他霉素的特性

纳他霉素（natamycin）也称游链霉素，是一种由链霉菌发酵产生的天然抗真菌化合物，属于多烯大环内酯类，分子式为 $C_{33}H_{47}O_{13}$，相对分子质量为 665.75。纳他霉素是一种两性物质，分子结构中含有一个酸性基团和一个碱性基团，解离常数 pK_a 值分别为 8.35 和 4.6，等电点为 6.5。

(一)理化性质

纳他霉素为白色无味结晶粉末，含 3 个分子以上的结晶水，熔点约为 280 ℃。纳他霉素在结构上以烯醇式结构和酮式结构存在，烯醇式居多，这就决定了它在许多溶剂中的低溶解性。室温下纳他霉素在水中的溶解度仅为 30～100 mg/L，易溶于稀酸和稀碱液；pH 低于 3 或高于 9 时，其溶解度有所提高，但此时的生物活性下降很快；对空气中氧、紫外线极为敏感，在使用或存放时应注意避光保存。

(二)防腐作用机理

纳他霉素对所有的霉菌和酵母菌几乎都具有极强的抑制作用，如 0.5～6.0 μg/mL 纳他霉素可抑制大多数霉菌。Rya 和 Bullerman 曾报道，10 μg/mL 纳他霉素对黄曲霉毒素 AFB_1 的抑制率可达 62%，并可减少赭曲霉(*Aspergillus ochraceus*) 产生的赭曲霉素(ochratoxins)、圆弧青霉(*Penicillium cyclopium*) 产生的青霉酸(penicillic acid) 以及展青霉(*Penicillium patulum*) 产生的棒曲霉素(patulin) 等。1.0～5.0 μg/mL 纳他霉素可抑制大多数酵母菌；但纳他霉素对细菌、病毒和其他微生物(如原虫)的抑制效果很弱或没有抑制作用。

传统研究认为，纳他霉素通过其内酯环结构与真菌细胞膜上的甾醇化合物(特别是麦角固醇)作用，形成甾醇(麦角固醇)-抑菌剂复合体，大环内酯的亲水部分在细胞膜上形成水孔，会改变细胞质膜的通透性，引起菌体内氨基酸、电解质等重要物质渗漏，使细胞死亡。因此，当某些微生物细胞膜上不存在甾醇化合物时，纳他霉素就对其无作用。近年来的一些研究表明，纳他霉素的抗真菌活性可能存在其他的作用机制。如 Welscher 报道，纳他霉素并不是通过干扰细胞膜屏障、改变含有麦角固醇的酵母质膜渗透性的作用方式来发挥其抑菌机制，而是以一种有待于进一步研究的未知机制来抑制真菌生长。不同真菌和酵母菌对纳他霉素的敏感性见表 13-2。

表 13-2　不同真菌和酵母菌对纳他霉素的敏感性　μg/mL

霉菌	最小抑制浓度	酵母菌	最小抑制浓度
薛氏曲霉菌	0.63	酒香酵母菌	1.5
棒曲霉菌	0.1～0.5	白假丝酵母	1.5～2.0
黄曲霉菌	4.5	季氏假丝酵母菌	3.0
巢曲霉菌	1.0	酒假丝酵母菌	1.0
黑曲霉菌	1～1.8	柠檬型克勒克氏酵母	3.0
赭曲霉菌	2.5	贝氏酵母	1.0
米曲霉菌	10.0	啤酒酵母	2.5
大毛霉菌	1.2～5.0	少孢酵母	2.5
黄青霉菌	0.6～1.3	路德维格酵母	2.5
指状青霉菌	2.5	鲁氏酵母	5.0
冰岛青霉菌	1.1	青酒酵母	5.0
米根霉菌	10.0	炼乳球酵母	3.0

(三)安全性

1966 年,纳他霉素的急性毒性和慢性毒性试验研究结果表明,纳他霉素对人体器官没有明显伤害影响;有报道说,纳他霉素口服毒性最小,静脉注射毒性极大;口服高达 500 mg/d 的纳他霉素 7 d 后,血液中检测出的含量少于 1 mg/mL,且人体肠道没有明显吸收;奶牛喂给试验中,有 90%的纳他霉素及其分解物可经粪便排出体外;雄鼠经口 LD_{50} 为每千克体重 2.73 g(每千克体重 1.99~3.73 g),雌鼠经口 LD_{50} 为每千克体重 4.67 g(每千克体重 3.0~7.23 g);单一皮肤剂量 LD_{50} 每千克体重大于 1.25 g。

1982 年 6 月,美国 FDA 正式批准纳他霉素可用作食品防腐剂;我国于 1996 年正式批准其可作为食品防腐剂使用。经毒性、致癌性、存活性、血液化学以及动物器官毒理学等生物学研究证明,纳他霉素的安全性很高。1994 年,联合国与农业组织和世界卫生组织规定其每天允许摄入量为每千克体重 0~0.3 mg,LD_{50} 为每千克体重 2.73 g。

二、纳他霉素生产工艺

纳他霉素是由链霉菌经发酵、提取、精制而得的化合物。Cyanamid 于 1960 年最早报道了纳他霉素的传统发酵生产方法,但限于当时的产量低及其应用范围小,直至纳他霉素被正式批准作为食品防腐剂使用后,其生产研究才于 20 世纪 90 年代又重新受到关注。目前,国外纳他霉素的工业发酵产量已可稳定在 7 g/L 以上,最高可达 10 g/L。要生产出质量和产量均高的纳他霉素,须注重菌种选育、原料选择和生产过程控制三个主要方面。

(一)菌种选育

一般选用纳他链霉菌(*Streptomyces natalensis*)或褐黄孢链霉菌(*Streptomyces gilvosporeus*)作为纳他霉素的生产菌株,其中 *Streptomyces gilvosporeus* 菌株的产率据 USP 5686273 的报道可稳定在 8.5 g/L。

(二)原料选择

目前生产纳他霉素用的发酵原料主要为大豆蛋白抽提物、酵母抽提物及葡萄糖等,由于原材料产地和本身质量对发酵产量有较大影响;因此,原材料的质量标准一般为通用发酵用标准。

(三)生产过程控制

奥尔森在其专利 CN 1070688A 中报道了连续发酵法生产纳他霉素的工艺过程:选用菌株 *Streptomyces gilvosporeus*,在好氧条件下进行发酵罐放大培养的总时长约为 250 h;且在整个发酵过程的不同时期要控制搅拌速度。发酵第一阶段主要为菌种繁殖并伴随少量纳他霉素产生,此阶段的搅拌速度限定在 500 r/min。发酵第二阶段为连续生产期,此阶段因产物与发酵代谢副产物的累积,纳他霉素生成速率有所降低,为保证发酵罐内足够的溶解氧水平以保证产率,应适当增加搅拌速度;同时,要持续抽出罐内的旧培养液以防有害代谢物的过度累积，并添加等量的新培养液以补充发酵所需养分。进入发酵中后期时，发酵速度加快，添加的新鲜培养液浓度应相应增大到 6～12 g/L。奥尔森认为，碳氮比是影响纳他霉素生物合成的一个关键因素，建议在发酵过程流加补充碳源（如葡萄糖）时，发酵前期的葡萄糖浓度控制在 40 g/L 左右，发酵后期降为 20 g/L 左右，此时菌体生长和纳他霉素产量均可达到最佳值。

三、纳他霉素的用途

纳他霉素作为一种天然、广谱、高效、安全的微生物防腐剂，既可有效抑制真菌和酵母菌的生长，也能防止真菌毒素的产生。由于其溶解度低，因而通常用于食品的表面防腐，且在干燥状态比较稳定，pH 为 5～7 时的使用效果最佳。我国《食品安全国家标准　食品添加剂使用标准》GB 2760—2024）规定：其可作为防腐剂用于干酪、酱卤肉制品、发酵肉制品、糕点等食品中（具体使用规定见表 13-3）；同时，也可用于加工器皿表面处理，使用限量为 10 mg/kg。

表 13-3　纳他霉素的使用范围及用量规定

食品名称	最大使用量/(g/kg)	备注
干酪和再制干酪及其类似品	0.3	表面使用，残留量＜10 mg/kg
糕点	0.3	表面使用，混悬液喷雾或浸泡，残留量＜10 mg/kg
酱卤肉制品类	0.3	表面使用，混悬液喷雾或浸泡，残留量＜10 mg/kg
熏、烧、烤肉类	0.3	表面使用，混悬液喷雾或浸泡，残留量＜10 mg/kg
油炸肉类	0.3	表面使用，混悬液喷雾或浸泡，残留量＜10 mg/kg
西式火腿（熏烤、烟熏、蒸煮火腿）类	0.3	表面使用，混悬液喷雾或浸泡，残留量＜10 mg/kg
肉灌肠类	0.3	表面使用，混悬液喷雾或浸泡，残留量＜10 mg/kg
发酵肉制品类	0.3	表面使用，混悬液喷雾或浸泡，残留量＜10 mg/kg
蛋黄酱、沙拉酱	0.02	残留量≤10 mg/kg
果蔬汁（浆）	0.3	表面使用，混悬液喷雾或浸泡，残留量＜10 mg/kg
发酵酒	0.01 g/L	

引自：《食品安全国家标准　食品添加剂使用标准》（GB 2760—2024）。

李柯欣等（2016）用纳他霉素处理月饼表面，发现处理液的最佳浓度为 300～400 mg/kg，当纳他霉素与山梨酸钾复配使用时，月饼可在 28 ℃下保质期达到 60 d 以上。在采摘后的桑果中添加一定浓度的纳他霉素，可以有效地抑制桑果霉菌和酵母菌的生长。用 0.10 g/L 的纳他霉素浸泡鲜切后的白萝卜 3 min，可以延缓组织衰老，抑制霉菌和酵母菌的生长，有利于保持风味。

第四节 ε-聚赖氨酸生产

一、ε-聚赖氨酸的特性

1977 年日本学者 S. Shima 和 H. Sakai 发现一株放线菌(No. 346)能产生大量而稳定的 DP 物质,通过对酸水解产物的分析及结构分析,证实该 DP 物质是一种含有 25~30 个赖氨酸残基的同型单体聚合物,称为 ε-聚赖氨酸(polylysine,简称 ε-PL)。

(一)理化性质

ε-聚赖氨酸为淡黄色粉末,吸湿性强,略有苦味,是赖氨酸的直链状聚合物。它不受 pH 影响,对热稳定(120 ℃,20 min),能抑制耐热菌,故加入后可进行热处理。与盐酸、柠檬酸、苹果酸、甘氨酸和高级脂肪甘油酯等合用有增效作用。但遇酸性多糖类、盐酸盐类、磷酸盐类、铜离子等可能因结合而使活性降低。相对分子质量为 3 600~4 300 的 ε-聚赖氨酸抑菌活性最好,当相对分子质量低于 1 300 时,ε-聚赖氨酸失去抑菌活性。由于聚赖氨酸是混合物,所以没有固定的熔点,温度达 250 ℃以上时开始软化分解。ε-聚赖氨酸溶于水,微溶于乙醇。

(二)生物学性质

ε-聚赖氨酸是一种具有抑菌功效的多肽,这种生物防腐剂在 20 世纪 80 年代就首次应用于食品防腐。ε-聚赖氨酸能在人体内分解为赖氨酸,而赖氨酸是人体必需的 8 种氨基酸之一,也是世界各国允许在食品中强化的氨基酸。因此 ε-聚赖氨酸是一种营养型抑菌剂,安全性高于其他化学防腐剂。其作用机理为:①作用于细胞壁和细胞膜系统;②作用于遗传物质或遗传微粒结构;③作用于酶或功能蛋白。

ε-聚赖氨酸抑菌谱广,能抑制酵母菌,如尖锐假丝酵母菌、法红酵母菌、产膜毕氏酵母、玫瑰掷孢酵母等;可抑制 G^+,如耐热脂肪芽孢杆菌、凝结芽孢杆菌、热链球菌、枯草芽孢杆菌等;可抑制 G^-,如产气节杆菌、沙门菌、大肠杆菌等。但是单独使用 ε-PL 时对枯草芽孢杆菌、黑曲霉抑制作用不明显;采用 ε-PL 与醋酸复合处理,对枯草芽孢杆菌抑制作用增强。经高温处理后的 ε-PL 对微球菌仍有抑菌活性。

二、ε-聚赖氨酸生产工艺

经典的 ε-PL 发酵策略为两段 pH 控制策略,即发酵液 pH 先保持在 5.0 以上一段时间以促进细胞生长,然后降至 pH 为 4.0 左右以促进 ε-PL 生物合成。该策略最早是由 Kahar 等(2001)于 2001 年提出的,使用该法将 ε-PL 产量提高到 48.3 g/L,该产量在随后十几年时间内,保持了最高水平,之后相关发酵工艺的研究都是基于此进行优化。

(一)菌种选育

一般选用白色链霉菌(*Streptomyces albulus*)作为 ε-PL 的生产菌株,针对发酵菌株的生产性能改善，研究人员做了全方位的评估，通过抗性筛选与诱变育种以及基因工程育种的方式，大幅度提升菌株的生产能力。

(二)生产工艺控制

ε-PL 发酵生产工艺控制主要包括培养基的优化、pH 的调控、溶解氧的控制。

1. 培养基的优化

自 1977 年研究者 Shima 等首次将生产菌白色链霉菌筛选出来后，发现以硫酸铵和酵母粉为氮源，甘油或葡萄糖为碳源的营养条件比较适合产物的积累，但是该培养基成本较高。为了降低 ε-PL 发酵的成本，研究人员寻找了其他的可代替碳源来生产 ε-PL。使用甘油作为碳源时，在 5 L 生物反应器中发酵 192 h 后，ε-PL 的产量为 62.36 g/L。Sivaramakrishnan 等(2019)以衣藻菌(*Chlamydomonas*)为底盘菌，在补充 4 mmol/L 柠檬酸发酵 110 h 后，可以将 ε-PL 的产量提高到 2.24 g/L。由于虾青素能够增强抗氧化能力，有研究在培养基中尝试添加 1.0 g/L 的虾青素并将灰褐链霉菌(*Streptomyces griseofuscus*)发酵的 ε-PL 产量提升至 36.1 g/L，比对照组提高 36.3%。有研究在添加部分氨基酸后，能够将淀粉酶产色链霉菌(*S. diastatochromogenes* 12#2)发酵的 ε-PL 产量提高到 30.54 g/L，比对照组增长了 19.8%。有研究使用 *S. albulus* X-18 在摇瓶中发酵，产量提高了 41.42%。

2. pH 的控制

ε-PL 生产菌受到酸胁迫时，耐酸能力的增强有利于发酵，有研究采用酸性 pH 胁迫策略，筛选出的突变菌株 R6 在 5 L 生物反应器中，ε-PL 的最高产率为 70.3 g/L。Pan 等(2017)采用新型的两段发酵(培养阶段和发酵阶段)方式，在传统 pH 酸性胁迫的基础上，将 ε-PL 的产量提高至 32.22 g/L，比常规发酵提高 32.3%。综合现有研究发现，当 pH 小于 5.0 时，对 ε-PL 合成有积极影响；当 pH 为 4.0 左右时，其合成速率最大；当 pH 较高(大于 4.5)时，有利于细胞生长。因此，严格控制 pH 对实现 ε-PL 的高产量是非常重要的。

3. 溶解氧含量控制

在 ε-PL 发酵过程中，高浓度的细胞密度导致氧气难以从气体传递到培养液中，因此，在发酵过程中，需要改进氧气供应的方法，比如提高发酵罐的曝气率、搅拌速度、微生物输送氧气的能力和添加载氧剂等。

在发酵过程中，由于菌丝缠绕在一起，细胞密度高，培养基变得黏稠，导致氧传递效率降低，仅通过增强搅拌速率和曝气较难提高 DO 水平(溶解氧浓度)，因此，可通过向发酵液中添加氧载体来保持 DO 水平。例如，添加 0.5%的正十二烷使 DO 保持在 32%以上，ε-PL 的产量可以从 23.4 g/L 提高到 30.8 g/L。另外，在白色链霉菌 *PD*-1 的染色体中引入类血红蛋白基因后，白色链霉菌的氧结合能力相应增强，ε-PL 的产量比野生型菌株增加了 50.7%。

三、ε-聚赖氨酸的用途

(一)在食品领域的应用

ε-聚赖氨酸在食品领域被广泛用作食品防腐剂，可作用于淀粉类(面包、馒头)，改善鲜面包的理化性质，改善馒头的理化性质；可用于乳制品，抑制有害菌的增殖；可用于水产品与肉制品的保鲜，维持肉制品的肉质和保质期。另外，它还经常用于果蔬制品的保鲜，抑制致病菌与腐败菌的增殖，减少营养流失，稳定水分子水平，且相较于其他常见食品抗菌剂抑菌范围更广、稳定性更优。

（二）在医学领域的应用

ε-聚赖氨酸在医学领域的应用主要包括：医学材料、药物载体和核酸载体等。起到止血，治疗重金属中毒，运载药物、基因、核酸等的作用。Liu 等（2020）合成了一种磁性介孔二氧化硅/ε-PL 纳米复合材料对血液中铅离子有较高的去除能力，在治疗重金属中毒方面具有不错的潜力。申有青等（2020）制备了一种复合的 ε-PL 纳米胶束，该纳米胶束载药效率高、兼容性好、毒作用小且持续时间长，可作为一种安全可靠的疏水性药物载体。

（三）在其他领域的应用

ε-聚赖氨酸还可用于材料领域、生物电子领域，如纳米级电路、光学存储器和多通道阵列方传感器等的制造，ε-PL 可制成高吸水性的材料。ε-PL 作为膳食剂时，能够抑制脂肪从小肠吸收，ε-PL 可通过调控猪肠道菌群来改善营养物质的利用（如蛋白质、脂质和纤维素）。

第十四章　发酵乳制品生产

我国乳业已进入品质升级和创新发展新阶段，市场的增量将更多来自创新驱动的高质量发展。党的二十大报告提出，高质量发展是全面建设社会主义现代化国家的首要任务。习近平总书记指出，我国是乳业生产和消费大国，要下决心把乳业做强做优，生产出让人民群众满意、放心的高品质乳业产品，打造出具有国际竞争力的乳业产业，培育出具有世界知名度的乳业品牌。发酵乳是乳业产业重要的发展方向之一，未来的发酵乳市场也将从满足“口味刚需”到“功能刚需”的方向发展。

第一节　酸奶生产

一、概述

(一)酸奶的起源与发展

一般认为酸奶(又称酸乳)起源于中东，在中东地区产奶是季节性的，由于游牧民族的迁移性强，加之气候炎热和运输落后，奶经微生物污染后很快变酸而凝固。早期乳的发酵比较单一，非乳酸菌发酵的产品口味平淡且有霉味，凝乳不规则，有气孔和严重的乳清析出。随着人们对乳酸菌认识的深入，乳酸菌被利用在乳酸发酵产品中，产生了真正的酸奶。

随着冷链技术的发展，除中东国家外，人们对传统酸奶制品的兴趣明显下降，取而代之的是新型酸奶制品不断涌现。现代酸奶技术呈以下趋势和动态：①加工乳干物质的总含量呈上升趋势，以14%～16%最为适合和常用；②利用现代杀菌技术生产的“长寿酸奶”已成为酸奶发展的新热点，其在常温下可保存半年以上，所以更适于运输和消费；③酸奶的品种已由原味酸奶向调味酸奶、果粒酸奶、功能性酸奶转化；④发酵菌种有保加利亚乳杆菌、嗜热链球菌、双歧杆菌、嗜酸乳杆菌、干酪乳杆菌、植物乳杆菌、鼠李糖乳杆菌(*L. rhamnosus*)等；⑤除对菌种自身的功能性进行筛选外，具有较好的产香、滑爽、细腻质构的酸奶菌种的选育已受到广泛重视；⑥在冷链情况下消费的包装形式，是现阶段及将来的热点和趋势，大包装家庭型酸奶已成为目前上市和研发的重点产品。传统意义上的酸奶有了更为广泛的内涵，如干制酸奶、冷冻酸奶和杀菌酸奶均属酸奶的范畴。

(二)酸奶的定义及分类

1. 酸奶的定义

联合国粮食与农业组织、世界卫生组织与国际乳品联合会于1992年发布的标准中，发酵乳的定义为：乳或乳制品在特征菌的作用下发酵而成的酸性凝乳状产品。在保质期内，该类产品中的特征菌必须大量存在，并能继续存活和具有活性。

2. 酸奶的分类

按成品的组织状态分类：凝固型酸乳、搅拌型酸乳。

按成品的口味分类：天然纯酸乳、加糖酸乳、调味酸乳、果料酸乳、复合型酸乳等。

按发酵后的加工工艺分类：浓缩酸乳、冷冻酸乳、充气酸乳、酸乳粉。

按菌种的种类分类：酸乳、双歧杆菌酸乳、嗜酸乳杆菌酸乳、干酪乳杆菌酸乳。

按原料乳中的脂肪含量分类：全脂酸乳、部分脱脂酸乳、脱脂酸乳、高脂酸乳。

(三)酸奶的生理功能

1. 发酵乳可改善和平衡人体肠道菌群

肠道中的双歧杆菌、乳酸杆菌、明串珠菌能合成维生素、蛋白质，帮助机体消化吸收，防止外来菌的增殖，增加机体的免疫能力，这些有益菌在健康人的肠道中占有明显的优势。成年人肠道中的菌群基本保持稳定，进入老年期时肠道内的双歧杆菌的数量减少，梭状芽孢杆菌、大肠杆菌和肠球菌数量增加。当有害菌增长时，人的抵抗力下降，肠道内产生的腐败物质和毒素容易引起人体疾病。因此，保持肠道的有益菌占优势，对于保持健康、预防疾病、预防衰老等均有十分重要的意义。

2. 发酵乳降胆固醇的作用

饮用发酵乳能降低血清中的胆固醇含量。许女从西藏Kefir粒分离出一株植物乳杆菌MA2，研究结果发现，MA2显著降低了大鼠血清总胆固醇、血清低密度胆固醇、血清甘油三酯的含量；有研究发现，将嗜热链球菌（*Streptococcus thermophilus*）和保加利亚乳杆菌单独和混合发酵蛋奶均可以使蛋奶中胆固醇量下降10%左右。

3. 发酵乳的抗氧化作用

有学者等利用动物试验进行了乳酸菌抗氧化能力的研究，从570株乳酸菌中筛选出19株具有抗氧化活性的菌株，其中*Lactobacillus* sp. SBT 2028表现出了最强的抗氧化作用。

目前认为乳酸菌的抗氧化作用与维持机体免疫系统的平衡、抗衰老机能有关，但益生菌的体内抗氧化机理还需得到进一步验证。目前报道过的具有抗氧化作用的乳酸菌包括：*L. acidophilus* NCDO1748、*L. acidophilus* ATCC4356、*B. longum* ATCC 15708等。

4. 发酵乳的抗癌作用

导致大肠癌的物质是由肠道细菌酶产生的，食用发酵乳后肠道菌群得以改善，这种酶的活力受到抑制，故产生预防和治疗大肠癌的疗效。另外，乳酸菌菌体、细胞壁的多糖类物质等具有明显的抑制癌细胞增长的作用。

5. 其他作用

乳酸菌对人体的健康促进作用还包括：减肥、促进泌尿系统健康、改善骨质疏松症、减弱放射性同位素的作用，以及降低与酒精中毒性肝病相关的内毒素的作用等。

二、酸奶生产原料

（一）原料乳

根据联合国粮食与农业组织和世界卫生组织对酸乳的定义，各种动物的乳均可作为生产酸乳的基本原料，但事实上大多数酸乳多以牛乳为原料。近年来，在美国、日本和印度等国家也有以山羊乳、水牛乳等其他哺乳动物的乳汁作为原料乳的酸乳产品。我国市场上的酸乳主要是以牛乳为原料，要求原料乳符合我国现行原料乳标准：一是原料乳中的总菌数要控制在500 000 CFU/mL以下，二是原料乳中不得含有抗生素和其他杀菌剂。

（二）乳粉

根据酸乳生产工艺的要求以及不同地区乳源的质量和数量的限制，在酸乳的生产中经常要添加部分乳粉。酸乳用乳粉的质量标准，如表14-1所示。

表14-1　酸乳用乳粉的质量标准

成分	微生物标准/(CFU/g)			物理化学标准
	满意	可疑	不满意	
喷雾干燥乳粉	<10 000	10 000～100 000	>100 000	酸度：复原脱脂乳粉（9%TS）
大肠菌	<10	10～100	>100	乳酸度≤0.15%
酵母菌	<10	10～100	>100	溶解度：10 g脱脂乳粉于溶解度
霉菌	<10	10～100	>100	指数管中沉淀物≤0.5 mL，水分
葡萄球菌(凝固酶阳性)	<10	10～100	>100	≤3.5%，脂肪≤1.25%，抗生素
滚筒干燥乳粉	<1 000	1 000～10 000	>10 000	类物质≤0.02 IU/g

（三）甜味剂

添加甜味剂的主要目的是减少酸味，使其口味更柔和，更易被消费者所接受。酸乳中最广泛使用的甜味剂是蔗糖，要求符合《白砂糖》(GB/T 317—2018)。通常蔗糖的使用量不超过10%。近年来，在运动员营养酸乳中，常加入果糖。还有一些天然甜味剂也应用得越来越多，如果葡糖浆、甜味菊苷、葡萄糖和阿斯巴甜等。

（四）发酵剂菌种

酸乳中所用的特征菌为嗜热链球菌与保加利亚乳杆菌。乳酸菌在发酵过程中除将部分乳糖转化为乳酸外，其蛋白酶和脂肪酶的作用也会产生一些游离的氨基酸和易挥发的脂肪酸等产香物质。因此，上述两种菌株的比例及其他乳酸菌的加入均会直接影响酸乳成品的风味和质地。

三、酸奶发酵剂

(一)酸奶发酵剂的种类

按发酵剂制备过程分类:乳酸菌纯培养物、母发酵剂、生产发酵剂等。

按发酵剂菌种组合分类:混合发酵剂、单一发酵剂、补充发酵剂。补充发酵剂又分为产黏发酵剂、产香发酵剂、其他生理功能益生菌等。

按发酵剂的形态分类:液态菌种、粉状菌种、冷冻菌种。

按菌种的功能分类:普通菌种、益生菌菌种。

(二)酸奶发酵剂的制备

1.酸奶发酵剂的选择

(1)产酸力　产酸力是发酵剂的重要性质,生产中一般选择产酸能力中等或较弱的发酵剂。

(2)后酸化　酸奶的后酸化是指酸奶在正常发酵结束后,在贮存、运输、销售、食用前这一过程中,乳酸菌仍在生长繁殖,酸度进一步升高,因此,为保证酸奶有较长的货架期,必须对乳酸菌后酸化能力进行测定和控制。

(3)产香性　乳酸菌在乳中生长繁殖,除产生大量乳酸而使乳凝固外,还产生许多风味物质,主要有乙醛、丁二酮、乙偶姻、乙酸乙酯等。这些风味物质的含量和种类决定着产品的适口性。

2.直投式酸奶发酵剂的制备

(1)乳酸菌的增殖培养　经常使用的增菌基础培养基包括配制培养基(如 MRS、M17等)、乳基质培养基、乳清基质培养基。国外主要使用乳清基质培养基。增殖培养方式:缓冲盐法、化学中和法、补料分批培养法、透析培养法、细胞循环连续培养技术、微囊化培养。

(2)乳酸菌的真空冷冻干燥技术　乳酸菌可采用真空干燥、喷雾干燥、冷冻干燥等不同的方法进行保存和制备,其中,真空冷冻干燥较常用。直投式发酵剂在制备完成后需要经过检测才能够判断其效果,常用的检测方法有乳酸菌总数测定和发酵产酸活力测定。

四、酸奶生产工艺

(一)工艺流程

酸奶生产工艺流程见图 14-1。

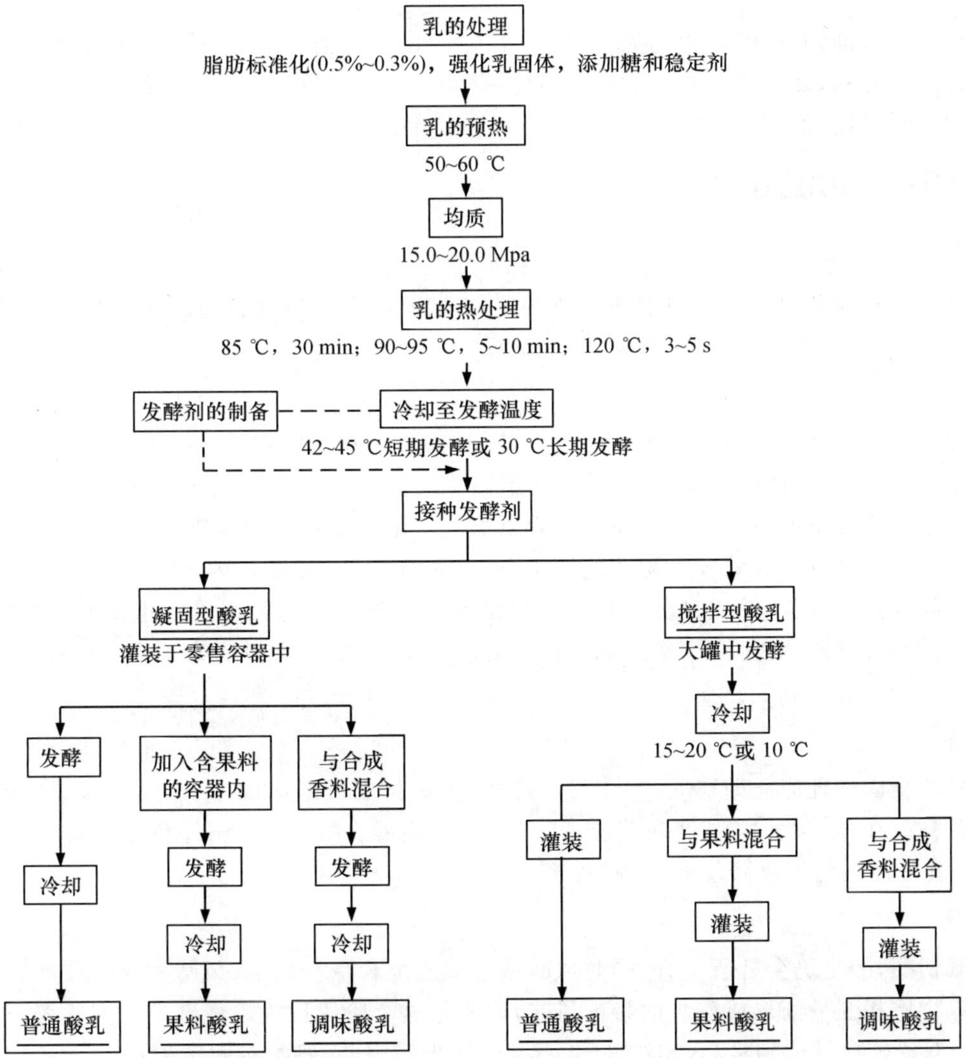

图 14-1　酸乳生产工艺流程

(二)原料预处理

1. 均质

原料配合后进行均质处理，可使原料充分混匀，阻止奶油上浮，保证乳脂肪均匀分布，有利于提高酸乳的稳定性和黏稠度，并使酸乳质地细腻，口感良好。均质压力以 20～25 MPa 为好，温度为 60～65 ℃。

2. 热处理

热处理的主要目的是杀灭原料乳中的杂菌，确保乳酸菌的正常生长和繁殖；钝化原料乳中对发酵菌有抑制作用的天然抑制物；使牛乳中的乳清蛋白变性，以达到改善组织状态、提高黏稠度和防止成品乳清析出的目的。通常原料奶经过 90～95 ℃、5 min 热处理效果最好。

3. 接种

一般生产发酵剂，其产酸活力均为0.7%～1.0%，接种量为2%～4%。接种是最易造成酸乳污染的环节之一，因此应严格注意操作卫生，防止有害微生物的污染。发酵剂加入后要充分搅拌，使其与原料乳混合均匀。

(三)凝固型酸奶的加工工艺

1. 灌装

凝固型酸奶在灌装时可选择玻璃瓶或塑料杯：在装瓶前需对玻璃瓶进行蒸汽灭菌；一次性塑料杯可直接使用。

2. 发酵

用保加利亚乳杆菌与嗜热链球菌的混合发酵剂时，温度需保持在41～42 ℃，培养时间为2.5～4.0 h(2%～4%接种量)。灌装后的包装容器放入敞口的箱子里，互相之间留有空隙，使培养室的热气和冷却室的冷气能到达每一个容器。箱子堆放在托盘上送进培养室。发酵时避免震动，否则会影响组织状态；发酵温度应恒定，避免忽高忽低；发酵室内温度应上下均匀；掌握好发酵时间，防止酸度不够或过度以及乳清析出。达到凝固状态时即可终止发酵。发酵终点可依据如下条件判断：滴定酸度达到80 °T以上；pH低于4.6(典型的为4.5)；表面有少量水痕；倾斜酸乳瓶或杯，乳变黏稠。

3. 冷却

发酵好的凝固酸乳应立即移入0～4 ℃冷库中，迅速抑制乳酸菌的生长，以免继续发酵而造成酸度升高。在30 min内温度应降至35 ℃左右，接着在30～40 min将温度降至18～20 ℃，最后在冷库内将温度降至5 ℃，贮存产品。

4. 冷藏后熟

在冷藏期间，酸度仍会有所上升，同时风味成分双乙酰含量会增加，风味物质继续产生，而且多种风味物质相互平衡形成酸乳的特征风味，通常把这个阶段称为后成熟期。实验表明，冷却24 h时，双乙酰含量达到最高，超过24 h后又会减少。因此，发酵凝固后须在0～4 ℃下贮藏24 h后再出售，一般最长冷藏期为7～14 d。

(四)搅拌型酸乳的加工工艺

1. 发酵

搅拌型酸乳的发酵是在发酵罐中进行的，应控制好发酵罐的温度，避免忽高忽低。发酵罐上部和下部温度差不要超过1.5 ℃。典型的搅拌型酸乳发酵温度为42～43 ℃，时间为2.5～3.0 h，但若采用浓缩、冷冻或冻干菌直接加入酸乳培养罐时，发酵时间延长至4～6 h。

2. 冷却

搅拌型酸乳冷却的目的是快速抑制细菌的生长和酶的活性，以防止发酵过程产酸过度及搅拌时脱水。在酸乳完全凝固（pH 4.2～4.5）时开始冷却，产品的温度应在30 min内降至15～22 ℃，冷却过程应稳定进行。冷却过快将造成凝块收缩迅速，导致乳清分离；冷却过慢则会造成产品过酸和添加果料的脱色。搅拌型酸乳的冷却可采用片式冷却器、管式冷却器、表面刮板式热交换器、冷却罐等设备。

3. 搅拌

通过机械力破坏凝胶体，凝胶体的粒子直径能达到0.01～0.40 mm，酸乳的硬度和黏度及组织状态会发生变化。这是生产搅拌型酸奶的一道重要工序。

机械搅拌使用宽叶片搅拌器，搅拌过程应注意既不可过于激烈，又不可过长时间。搅拌时应注意凝胶体的温度、pH及固体含量等。通常搅拌开始用低速，之后用较快的速度。

搅拌的最适温度为0～7 ℃，但要使40 ℃发酵乳降到0～7 ℃不太容易，所以开始搅拌时发酵乳的温度以20～25 ℃为宜。酸乳的搅拌应在凝胶体的pH在4.7以下时进行，若在pH在4.7以上时搅拌，则会因酸乳凝固不完全、黏性不足而影响其质量。

4. 混合、灌装

待酸乳冷却到15～22 ℃以后，准备包装。果料和香料可在酸乳从缓冲罐到包装机的输送过程中加入，通过一台可变速的计量泵连续地把这些成分打到酸乳中，经过混合装置混合，保证果料与酸乳彻底混合。果料计量泵与酸乳给料泵是同步运转的。果料也可在发酵罐内用螺旋搅拌器搅拌混合。

对带固体颗粒的果料或整个浆果进行充分的巴氏杀菌时，可以使用刮板式热交换器或带刮板装置的罐。杀菌温度应能钝化所有有活性的微生物，而不影响水果的味道和结构。

5. 冷却与后熟

将罐装好的酸乳于冷库中0～7 ℃冷藏24 h进行后熟，进一步促使芳香物质的产生和改善黏稠度。

（五）酸奶包装

1. 硬性材质包装

（1）玻璃瓶 玻璃材质用于酸乳包装具有明显的优点，但加工成本较高，所以包材市场目前向一次性消费包装倾斜。尤其是广口瓶越来越受到消费者和厂家的青睐，铝箔是最常用的封口材料。

（2）陶器瓶 陶器瓶用黏土生产，与酸乳接触面通常上釉，不回收，在发酵时不封盖以便形成表皮，冷却前铺以橡皮筋固定的牛皮纸。由于成本和卫生的原因，该类包装未被广泛应用。

（3）其他 粉末酸乳常用金属罐包装，常充氮气或二氧化碳以延长产品的货架期。

2. 半硬性材质包装

多用塑料加工而成。塑料材质呈化学惰性，但在合成阶段应用的化合物最终会在包材中有残留，与食品反应生成不良风味物质，故在包材中应该确保它们不存在。酸乳包材应抗酸、保味、不透氧。

3. 软体包装

软体包装有塑料袋和纸盒两种形态。塑料袋包装有PE/铝箔/PE、PE/纸/铝箔/PE两种结构，仅用于包装粉末酸乳。该包装不透气体和水蒸气，也能包装冷冻干燥发酵剂。

4. 外包装箱

外包装箱不与酸乳接触，其作用是使产品在贮存、运输和销售过程中易搬运和堆放。这类外包装可分为回收式和一次性包装。回收式包装由金属或硬质塑料加工而成，因箱体要回收，其应用受到限制，通常适用于玻璃瓶的外包装。一次性包装应用最广泛，通常有半硬质塑料箱、软体塑料箱和纸箱 3 种。

（六）酸乳质量标准

发酵乳要符合《食品安全国家标准　发酵乳》(GB 19302—2010)的要求，具体如下。

1. 感官要求

发酵乳的感官要求见表 14-2。

表 14-2　发酵乳的感官要求

项目	发酵乳	风味发酵乳
色泽	色泽均匀一致，呈乳白色或微黄色	具有与添加成分相符的色泽
滋味和气味	具有发酵乳特有的滋味、气味	具有与添加成分相符的滋味和气味
组织状态	组织细腻、均匀，允许有少量乳清析出	具有添加成分特有的组织状态

引自：《食品安全国家标准　发酵乳》(GB 19302—2010)。

2. 理化指标

发酵乳的理化指标见表 14-3。

表 14-3　发酵乳的理化指标

项目		发酵乳	风味发酵乳
脂肪[a](g/100 g)	≥	3.1	2.5
非脂乳固体/(g/100 g)	≥	8.1	—
蛋白质/(g/100 g)	≥	2.9	2.3
酸度/(°T)	≥	70.0	

引自：《食品安全国家标准　发酵乳》(GB 19302—2010)。
注：a 仅适用于全脂产品。

3. 微生物限量

发酵乳的微生物限量见表 14-4。

4. 乳酸菌数

发酵乳的乳酸菌数应不小于 1×10^{6} CFU/g(mL)，发酵后经热处理的产品对乳酸菌数不作要求。

5. 其他要求

①发酵后经热处理的产品应标识“××热处理发酵乳”“××热处理风味发酵乳”“××热处理酸乳/奶”或“××热处理风味酸乳/奶”。

表 14-4 发酵乳的微生物限量

项目	采样方案[a] 及限量(若非指定,均以 CFU/g 或 CFU/mL 表示)			
	n	c	m	M
大肠菌群	5	2	1	5
金黄色葡萄球菌	5	0	0/25 g(mL)	—
沙门菌	5	0	0/25 g(mL)	—
酵母菌 ≤	100			
霉菌 ≤	30			

引自:《食品安全国家标准 发酵乳》(GB 19302—2010)。

注:n 为同一批次产品应采集的样品件数;c 为最大可允许超出 m 值的样品数;m 为致病菌指标可接受水平的限量值;M 为致病菌指标的最高安全限量值。

a 样品的分析及处理按 GB 4789.1 和 GB 4789.18 执行。

②全部用乳粉生产的产品,应在产品名称紧邻部位标明"复原乳"或"复原奶";在生牛(羊)乳中添加部分乳粉生产的产品应在产品名称紧邻部位标明"含××%复原乳"或"含××%复原奶"("××%"是指所添加乳粉占产品中全乳固体的质量分数)。

③"复原乳"或"复原奶"与产品名称应标识在包装容器的同一主要展示版面;标识的"复原乳"或"复原奶"字样应醒目,其字号不小于产品名称的字号,字体高度不小于主要展示版面高度的 1/5。

第二节 干酪生产

一、干酪概述

(一)干酪及其种类

联合国粮食与农业组织和世界卫生组织制定了国际上通用的干酪定义:干酪是以乳、稀奶油、脱脂乳或部分脱脂乳、酪乳或这些产品的混合物为原料,经凝乳酶或其他凝乳剂凝乳,并排除乳清而制得的新鲜或发酵成熟的产品。国际上通常把干酪扩展为三大类,即天然干酪、再制干酪(processed cheese)和干酪食品(cheese food)。我国食品安全国家标准(GB 5420)关于干酪的术语和定义如下。

干酪:成熟或未成熟的软质、半硬质、硬质或特硬质、可有包衣的乳制品,其中乳清蛋白/酪蛋白的比例不超过牛(或其他奶畜)乳中的相应比例(乳清干酪除外)。

成熟干酪 (ripened cheese):生产后不能马上使(食)用,应在特定温度下存放一定时间,以通过生化和物理变化产生该类产品特性的干酪。

霉菌成熟干酪 (mould ripened cheese):主要通过干酪内部和(或)表面的特征霉菌生长而促进其成熟的干酪。

未成熟干酪(unripened cheese):生产后不久即可使(食)用的干酪。

我国食品安全标准(GB 25192) 关于再制干酪中的定义为:以干酪(比例大于 50%)为主要原料,加入其他原料,添加或不添加食品添加剂和营养强化剂,经加热、搅拌、乳化(干燥)等工艺制成的产品。

(二)干酪的分类

1. 分类

据不完全统计,全世界共有干酪 900 余种,较著名的有 400 余种。其中有些干酪间的区别仅是干酪的大小、包装方法、原产地或名称的不同,还有些种类的干酪加工方法、风味、质地很相似。有些干酪,在原料和制造方法上基本相同,由于制造国家或地区不同,其名称也不同。如著名的法国羊乳干酪 (Roquefort cheese),在丹麦生产的这种干酪被称作达纳布路干酪(Danablu cheese),又称蓝霉干酪;丹麦生产的瑞士干酪被称作萨姆索干酪 (Samsoe cheese);荷兰圆形干酪 (Edam cheese) 被称为太布干酪 (Tyb cheese)。干酪种类的划分和命名,主要依据干酪的原产地、制造方法、外观、理化性质和微生物学特性等内容而进行的。

国际乳品联合会曾提出以水含量为标准,将干酪分为硬质、半硬质、软质等三大类,并根据成熟的特征或固体物中的脂肪含量来分类的方案,现在习惯上以干酪的软硬度及与成熟有关的微生物来进行分类和区分,将干酪分为 395 个品种。

另外,按照凝乳方法的不同,干酪也可分为酸凝干酪和酶凝干酪两种,酶凝干酪更富弹性和伸缩性,水分含量较少,所以保质期较长。目前,在世界的干酪总产量中,酸凝干酪约占 25%,酶凝干酪约占 75%。酸凝干酪通常不经成熟作为鲜食干酪。

2. 世界主要干酪品种

农家干酪(Cottage cheese)是以脱脂乳、浓缩脱脂乳或脱脂乳粉的还原乳为原料而制成的一种不经成熟的新鲜软质干酪。其成品水分含量在 80%以下(通常 70%~72%)。农家干酪在美国产量最大,在法国、英国、日本也有生产。另外还有稀奶油干酪(cream cheese)、里科塔干酪(Ricotta cheese)、比利时干酪(Limburger cheese) 、法国浓味干酪(Camembert cheese)、法国羊乳干酪。

二、干酪生产的原辅料

(一)原料及要求

乳成分随动物种类、动物个体的变化而变化,不同种类的动物乳均可用于干酪加工,对此只能给出一个产品原料的概略标准。干酪加工原料对乳的成分即蛋白质、脂肪、乳糖、灰分有要求。脂肪与酪蛋白的适合比例为 1∶(0.69~0.70)。牛乳成分随季节的变化而变化,在英国仅 7—8 月份的牛乳适于干酪生产,其他季节的牛乳需标准化后才能用于干酪生产。

乳中微生物对产品的发酵、产香、风味和最终产品质量均有重要影响,故在干酪生产中对原料乳的微生物有严格要求。若乳中存在抗生素,势必会破坏干酪生产过程中产酸、产香微生物,故对原料乳中抗生素的控制极为重要。另外,所使用的添加剂,如钙平衡剂、抑制盐类、酸化剂、色素、风味剂、烟熏剂等也要符合要求。

(二)干酪发酵剂及凝乳酶

1. 干酪发酵剂

①单菌种发酵剂：只含一种菌种，如乳酸链球菌（*Str. lactis*）或乳酪链球菌（*Str. cremoris*）等。其优点是可长期保存，其活力和性状的变化较小；缺点是容易受到噬菌体的侵染，造成繁殖受阻和酸的生成迟缓等。

②混合菌种发酵剂：由两种或两种以上的产酸和产芳香物质形成干酪特殊组织状态的菌种，根据制品的不同，按一定比例组成的不同的干酪发酵剂。其优点是能够形成乳酸菌的活性平衡，较好地满足制品发酵成熟的要求。

2. 凝乳酶

凝乳酶的传统制备方法是将出生 10～30 d 的小牛屠宰，从其第四胃中用盐将凝乳酶浸提出来。代用酶按其来源分为动物性凝乳酶、植物性凝乳酶、微生物凝乳酶及遗传工程凝乳酶等。利用遗传工程技术生产皱胃酶：通过对凝乳酶基因的克隆和表达，一方面可以从理论上解释凝乳酶蛋白转录表达及酶学反应的机制，另一方面可以增加凝乳酶生产菌菌种资源，为该酶的微生物生产打下良好的研究基础。

三、干酪生产工艺及控制

(一)工艺流程

天然干酪生产工艺流程如图 14-2 所示。

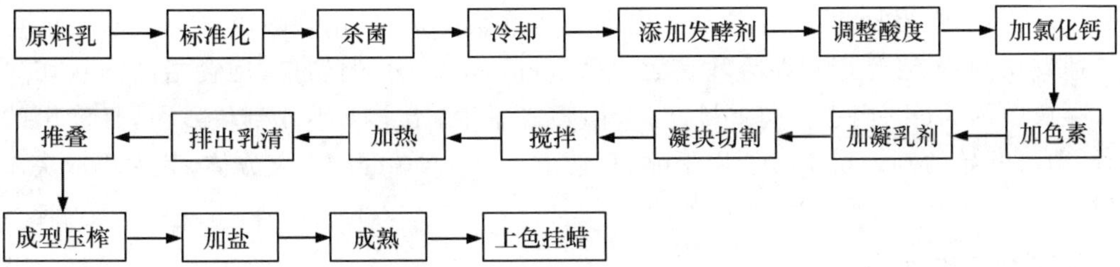

图 14-2　天然干酪生产工艺流程

(二)操作要点

1. 原料乳处理

(1)净乳　用离心除菌机进行净乳处理，可去除 90% 带芽孢的细菌，有利于提高产品质量。

(2)均质　均质可导致乳中结合水上升，一般不能生产硬质和半硬质类型的干酪。而生产蓝霉干酪和羊奶干酪(feta cheese)的原料乳(或以 15%～20% 稀奶油的状态)须经均质处理，以减少乳清排出，促进脂肪水解并使干酪增加。

(3)标准化　生产干酪时，原料乳除了要进行脂肪标准化外，还要对酪蛋白以及酪蛋白/脂肪(C/F)进行标准化，一般要求 C/F 为 0.7。

(4)杀菌　为了杀灭原料乳中的致病菌和有害菌，使酶失活，使干酪质量稳定，生产中多采用 63 ℃、30 min 保温杀菌或 71～75 ℃、15 s 高温短时杀菌。常采用的杀菌设备为保温杀菌罐或片式热交换杀菌机。

2. 添加发酵剂和预酸化

原料乳经杀菌后，直接泵入干酪槽，槽内有夹层及搅拌器，将原料乳冷却到 30～32 ℃，加入发酵剂，发酵 30～60 min，以保证充足的乳酸菌数量，该过程即预酸化，然后取样测定酸度，使最终酸度控制在 0.18%～0.22%。

另外，为了使加工过程中凝块硬度适宜、色泽一致，防止产气菌的污染，保证成品质量一致，原料乳需要加入相应的添加剂。例如，添加氯化钙($CaCl_2$)、色素、硝酸盐($NaNO_3$ 或 KNO_2)、CO_2、盐酸等。

3. 添加凝乳酶和凝乳的形成

干酪生产中，通常按凝乳酶效价和原料乳的量计算凝乳酶的用量。使用时先用 1% 食盐水将酶配成 2% 溶液，并在 28～32 ℃ 条件下保温 30 min，然后加入乳中。活力为 1：(10 000～15 000)液体凝乳酶的剂量在每 100 kg 乳中可用到 30 mL。加入凝乳酶后，小心搅拌牛乳不超过 2～3 min，然后在 32 ℃条件下静置 30 min 左右，即可使乳凝固形成凝块。

为了保证干酪质量和降低生产成本，现在人们常用各种凝乳酶的混合制剂进行干酪的生产。凝乳酶制剂有液态、粉状和片剂三种状态，使用前需要测定酶的活力。

4. 凝块切割

乳凝固后，凝块达到适当硬度时，通常要鉴定凝块的乳清排出质量，即将一把小刀刺入凝固后的乳内，然后慢慢抬起，直至裂纹的出现呈适宜状态，一旦出现玻璃样分裂状态就可认为凝块已适宜切割；或者是用刀在凝乳表面切深 2 cm、长 5 cm 的切口，用食指斜向从切口的一端插入凝块中约 3 cm，当手指向上挑起，切面整齐平滑，指上无小片凝块残留，且渗出的乳清透明时，即可开始切割。切割时须用干酪刀，切成 0.7～1.0 cm^3 小立方体，其大小取决于干酪的类型。

5. 搅拌和二次加热

为了促进干酪颗粒中的乳清排出，凝块切割后要对凝块进行搅拌及加热。搅拌必须很缓，以确保颗粒能悬浮于乳清中，约 15 min 后，搅拌速度可逐渐加快。同时，在干酪槽的夹层里通入温水渐渐升温。初始时每 3～5 min 升高 1 ℃，当温度升高到 35 ℃时，每隔 3 min 升高 1 ℃。当温度达到最终要求(高脂干酪为 17～48 ℃，半脂干酪为 34～38 ℃，脱脂干酪为 30～35 ℃)时，停止加热，维持温度一段时间，并继续搅拌。通过加热，产酸细菌的生长受到抑制，这样使得乳酸的生成量符合要求。

6. 排出乳清

在搅拌升温后期，乳清酸度达 0.17%～0.18%时，凝块收缩至原来的一半(豆粒大小)，用手捏干酪粒感觉有适度弹性，或用手握一把干酪粒，用力压出水分后放开，如果干酪粒富有弹性，仍能重新分散，即已排出全部乳清。

7. 堆叠和成型压榨

(1)堆叠 乳清排除后，将干酪粒堆积在干酪槽的一端或专用的堆积槽中，上面用带孔木板或不锈钢板压 5～10 min，压出乳清使其成块，这一过程即为堆叠。

(2)成型压榨 成型压榨是指将堆积后的干酪块切成小立方体，装入成型器中进行定型压榨。压榨是指对装在模中的凝乳颗粒施加一定的压力，可进一步排出乳清，使凝乳颗粒成块，并形成一定的形状，在干酪成熟阶段提供干酪表面的坚硬外皮。为保证干酪质量的一致性，压力、时间、温度和酸度等参数在生产每一批干酪的过程中都必须保持恒定，压榨所用的模应该是多孔的，以便使乳清能够流出。

8. 加盐

加盐的目的在于改进干酪的风味、组织和外观，排出内部乳清或水分，增加干酪硬度，限制乳酸菌的活力，调节乳酸的生成和干酪的成熟，防止和抑制杂菌的繁殖。一般干酪中盐含量为 0.5%～2%，而蓝霉干酪或白霉干酪等通常盐含量为 3%～7%。一般而言，在添加原始发酵剂 5～6 h 后，pH 达 5.3～5.6，经排放乳清后的干酪粒或压榨出生干酪后即可加盐。加盐方法通常有干盐法、湿盐法和混合法三种。

9. 成熟

将生鲜干酪置于一定温度和湿度条件下，经有益微生物(发酵剂)和酶的作用，使干酪发生一系列的微生物、生物化学和物理方面的变化的过程，称为干酪的成熟。

第十五章　发酵豆制品生产

大豆不仅是重要的食用油脂和蛋白质食品原料，而且是饲养业重要的蛋白饲料来源，在国家食物安全中占有重要地位。目前我国大豆产量排名世界第四，大豆加工和消费量居世界第二。豆制品是我国主要的传统植物蛋白食物，大豆加工业是关系国计民生的重要产业。近年来，我国大豆加工业快速增长，对满足城乡居民生活和养殖饲料业的需求、带动农业结构调整、促进农民增收等发挥了积极作用。

第一节　腐乳生产

一、简介

腐乳(fermented soybean curd，sufu，Chinese cheese)又名豆腐乳、乳豆腐、霉豆腐、乳腐、酱豆腐，是我国独有的一种传统发酵食品。它是以大豆为原料，经过浸泡、磨浆、制坯、接种、前发酵、腌制、加料、后发酵等工艺而制成的一种口味鲜美、风味独特、质地细腻、营养丰富、价格低廉、深受广大人民喜爱的佐餐品或调味品，在我国已有悠久的生产历史。

在腐乳的生产过程中，腐乳发酵分为前期发酵(培菌)和后期发酵。前期发酵主要是霉菌在豆腐坯上生长繁殖并分泌各种酶(蛋白酶、脂肪酶、肽酶等)的过程，此外，附着在豆腐坯上的各种细菌也迅速增殖，并能深入豆腐坯内部。因此，前期发酵过程中有一部分菌丝在坯面生长(基内菌丝)，对豆腐坯起到固定作用，另一部分菌丝(气生菌丝)向豆腐坯外空间生长，对豆腐坯起到保护和包裹作用。后期发酵主要是酶系与微生物协同参与生化反应的过程，包括毛坯腌制及添加料酒、红曲、香辛料等辅料，使毛坯陈酿后熟。毛坯腌制可以促进坯体析出水分，收缩变硬并具有一定咸味；微生物分泌的各种酶将豆坯内的蛋白质、淀粉及其他有机物质水解成氨基酸、多肽、麦芽糖、糊精等小分子物质，赋予腐乳鲜美的味道和细腻的组织；添加以酒为主的辅料，不仅可抑制杂菌生长繁殖，同时赋予腐乳特殊的风味、色泽和香气，尤其是酒精和食盐对蛋白酶的抑制作用，有利于保持腐乳的体态。

二、生产工艺

(一)工艺流程

豆腐乳生产工艺流程如图 15-1 所示。

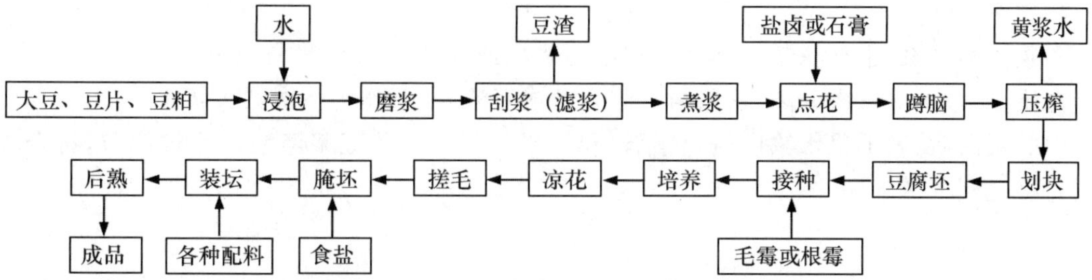

图 15-1 豆腐乳生产工艺流程

引自:《酿造学》(2005)。

(二)操作要点

1. 选料及清洗

①选料:选用当年收获或贮存期不超过 2 年的大豆,要求无霉变,不存在杂质、石块、金属碎屑等危害。

②清洗:选料后的大豆,必须进行清洗,以洗掉表皮上的大量微生物,防止微生物在加工过程中繁殖生长导致豆浆酸度改变,造成点花困难,严重时不能凝固成型。

2. 浸泡

大豆加水浸泡,使其吸收水分充分膨胀,有利于蛋白质提取。泡豆质量受泡豆水温、时间、水质三者的影响。一般泡好的大豆表面光亮,无皱纹,手抓有劲,豆皮不易脱落,分开豆粒,无菊花形(夏季泡豆,豆瓣中心有米粒大凹心,冬季泡豆至豆瓣呈乳白色,中心浅黄色),手捏豆瓣易折断。

①水温和时间:冬季水温为 0～5 ℃,浸泡 16～18 h;春秋季节水温为 10～15 ℃,浸泡 8～12 h;夏季水温为 30 ℃,浸泡 6～7 h。如用温水浸豆,时间可相应缩短。

②水质和加水量:采用软水、纯水,以提高蛋白质的收率。用水量为大豆的 4 倍,以豆胀后不露出水面为宜。

③泡豆水中加碱:水中加碱($NaCO_3$)有助于提高大豆蛋白的溶解度。大豆蛋白中一般含有 30%的非水溶性蛋白质,若贮存时间久,还可使部分蛋白质变性,非水溶性蛋白质增加。加碱可使部分非水溶性蛋白质转化为水溶性蛋白质,提高豆腐坯的质量和出品率,尤其对陈豆效果好。加碱还能抑制微生物和酶的作用,缩短泡豆时间。

3. 磨浆

磨浆是为了破坏大豆的细胞组织,使大豆蛋白随水溶出。

①磨浆加水量:适宜的加水量一方面可防止磨与豆粒摩擦产生热量而引起蛋白质的变性,另一方面可促进大豆组织中蛋白质的水化作用,形成豆浆。

②磨浆细度:要求豆浆细小均匀、粗细适宜、稀稠合适。太粗会影响蛋白质提取率;太细会使一些纤维通过筛网混合到豆浆中,制成的坯死板无弹性、粗糙易碎,还有豆腥味。

4. 刮浆

刮浆俗称吊浆，也称滤浆。刮浆是利用刮浆机或离心机将豆浆与豆渣分离。为了充分提取蛋白质，一般采取三次分离，头浆与二浆合并成豆浆，三浆作为下次的头浆水套用，从而降低残渣中的蛋白质、增加浆水浓度、提高原料利用率。分离出的豆浆经浓度测定调节，符合要求后则直接送到下道工序。

5. 煮浆

煮浆也称冲浆，将分离出来的豆浆迅速加热到 95～100 ℃，加热时间应尽量缩短，但应避免煮浆不透或受热不均，之后再经振动筛过筛（筛孔为 80～100 目），然后放入点浆缸内。

6. 点花

点花也称点浆，是通过加入凝固剂使蛋白质从溶胶状态变为凝胶状态。

①点花温度：一般在 75～85 ℃。若要求保水性好的产品，可控制在 75～80 ℃；若要求保水性低的产品，温度可控制在 85 ℃。

②豆浆的 pH：在 6.6～6.8 为宜，偏酸或偏碱时，可用 1% NaOH 或黄浆水调节。

③盐卤浓度：点浆时盐卤浓度为 25～28 °Bé。如 100 kg 大豆（或冷榨豆片）制成 1 200 kg 左右的豆浆，需 28 °Bé 盐卤 10 kg。

④点浆操作：盐卤以细流缓慢滴入热浆中，一边滴一边缓慢搅动豆浆，使豆浆上下翻动，盐卤与豆浆混合均匀，如此反复进行，直至豆浆表面出现少量豆粒状豆腐脑，再在表面搅动几次，待表面出现少量黄浆水为止。然后在豆腐脑表面滴洒少量盐卤，促使豆腐脑表面蛋白质的凝固。

7. 蹲脑

蹲脑又称涨浆或养花，指点花结束后需静置一段时间，使蛋白质充分凝结并在分子间形成网状结构。蹲脑时间的长短与豆腐品质和出品率有关。时间短，蛋白质凝固不完善，结构不牢固，形成的组织软嫩，弹性不好，同时未凝固的蛋白质会随黄浆水流失；时间长，豆脑析水多，组织致密，保水性差且温度下降过多，压榨困难。

8. 压榨

压榨也称制坯，蹲脑以后豆腐花下沉，黄浆水澄清后，插入竹滤器，除去 60% 黄浆水。取两个木框叠放于榨板上，内铺疏布一块，将凝固状态的豆腐脑倒满一框，把框外余布向内折叠覆盖其上，待黄浆水沥出，豆腐脑高度下降，取出木框一个，再另加榨板一块，按照前法加框、加布及加入豆腐脑，最后利用压榨机进行压榨，使豆腐脑中的余水排出。一般春秋季节豆腐坯水分控制在 70%～72%，冬季在 71%～73%，夏季在 70%左右；但也因品种不同而有差异，如青方一般在 75%～76%，小白方一般在 82%左右。

9. 划块

划块也称划坯，是将压榨好的豆腐坯迅速取出，按品种规格要求进行划块。划块有热划和冷划两种，压榨出来的整板豆腐品温尚有 60～70 ℃，如果热划，面积要适当放大，以使划成的豆腐坯冷却后大小符合要求。冷划是待豆腐坯冷却、水分散失、体积缩小后，再按规格进行划块。

10. 接种和培养

(1)接种　将豆腐坯摆入笼格或框内,侧面竖立放置,均匀排列,每块周围留有一定空隙,待温度降至 35 ℃时,即可进行接种;若为固体菌粉,可筛至码好的豆腐坯上,要求菌粉均匀分布;若为液态原菌,可采用喷雾法接种或将豆腐坯浸沾菌液。喷雾法操作简单,毛坯吸水机会少,有利于原菌的生长,但不易做到六面都沾原菌,所以要喷涂均匀。豆腐坯浸沾菌液是将原液加入 4 倍冷开水,豆腐坯沾菌后立即取出,以防水分浸入坯内影响毛霉生长。接种后将笼格或框置于培养室内堆叠。堆叠时,底层、中间、顶层各放一空格,以利于培养中品温的调节,上层盖双层灭菌纱布,起到保温防尘及散热的作用。

(2)培养　培养又称培菌、发花,待豆腐坯接种后将培养室内温度控制在 20～25 ℃,最高为 28 ℃,夏季温度高,可利用通风降温设备进行降温。培菌过程中为了调节上下笼格温差、补充空气,促进霉菌生长繁殖,需进行倒笼、错笼。通常培菌时间由室温及发霉程度决定。一般在室温 20 ℃接种 14 h 后,菌丝开始生长,豆坯表面出现白色短菌丝,24 h 左右菌丝布满豆腐坯,进行第一次倒笼,36 h 左右菌丝生长基本成熟,孢子开始形成,进入产酶阶段,此时形成的菌丝如棉絮状包围豆腐坯,产生大量发酵热,此时进行第二次倒笼,48 h 菌丝开始发黄,大量灰褐色孢子形成,这时即可散笼,降温,停止发霉。

在培菌过程中,应防止发霉过老发生"臭笼现象"。一般生产青方时,发霉可嫩些,即菌丝呈白色棉絮状,毛霉蛋白酶活性低,保证其在后发酵时蛋白质分解及发酵作用不致太旺盛,否则会导致豆腐破碎。但生产红方时,发霉程度可稍老一些。

11. 凉花

凉花应在菌种全面生长的情况下进行,以使菌丝成熟,增加酶的作用。过早,影响菌的生长繁殖;过晚,会因温度升高影响质量。凉花时可打开培养室的门窗,通风降温,促使毛霉散热和水分散发。

12. 搓毛

凉花后的毛坯要及时搓毛。搓毛是将豆腐坯表面的菌丝用手抹倒,使其成为豆腐坯的外衣,同时将块与块之间的菌丝搓断,使连接的豆块分开,这一操作与成品块状外形有密切关系。

13. 腌坯

毛坯搓毛之后即可用盐腌制。腌制操作大多在缸内进行,在离缸底部 18～20 cm 处铺一中心直径约 15 cm 的圆形木板,把毛坯放在木板上沿缸壁外周逐渐排至中心,每周相互紧排,不留空隙,为了防止成品变性,应将未长菌丝的一面靠缸边,采取分层加盐的方式,即下层撒薄层食盐,上层逐层增加撒上较厚的食盐。腌坯 3～4 d 后要压坯,即向缸内加入食盐水或腌毛坯后的盐卤水至超过腌坯面,以便上层增加咸度。

目前,我国规定豆腐乳成品中食盐含量不低于 6.5%,主要从产品味道和保存期等方面考虑。若用盐过高,酶活性下降,腐乳质地粗糙,咸味不鲜;若用盐过少,腌制时间缩短,但易引起腐败。因此,要严格控制用盐量和腌制时间。腌坯结束后,抽出盐水,放置过夜,使盐坯干燥收缩。

14. 装坛与配料

装坛与配料是豆腐乳后熟的关键。配料前先取出缸内腌坯,搓开块与块的连接,点块计数，装入洗净干燥或经蒸汽灭菌的坛或瓶内，根据不同品种给予不同配料。现介绍几种常见腐乳的配料及制作方法。

(1)小红方

①染坯红曲卤：红曲 1.5 kg，面曲 0.6 kg，黄酒 6.25 kg，浸泡 2～3 d，磨细成浆后再加入黄酒 18 kg。

②装坛红曲卤：红曲 3 kg，面曲 1.2 kg，黄酒 12.5 kg，浸泡 2～3 d，磨细成浆后再加入黄酒 57.8 kg，糖精 15 g(热开水溶化)，坯事先在染坯红曲卤中染红，六面均染上色，不能有白心，染好后入坛，灌入装坛红曲，超过腐乳 1 cm，再顺序加面曲 150 g，荷叶 1～2 张，封面食盐 150 g，封面再加土烧酒 150 g。

(2)小醉方　用酒总量 105 kg。每坛加花椒 10 多粒，全部用黄酒充卤，超过液面 1 cm，顺序加荷叶 1～2 张，封面食盐 150 g，封面再加烧酒 150 g。

(3)小糟方　一层腌坯加一小碗糟酒，每坛面上加封面食盐 150 g，不加封面酒。

(4)小油方　灌酒卤超过腐乳 1 cm，然后每坛面上加砂糖 250 g，顺序加荷叶 1～2 张，封面食盐 150 g，封面再加烧酒 150 g。

(5)青方　用冷开水 450 kg，黄浆水 75 kg，再用毛花卤及盐补足，所用盐卤质量分数为 8%左右，每坛加封面烧酒 50 g。

(6)小白方　用盐 0.6 kg，再加入同青方相同配法的质量分数 8%盐卤至坛口，加入封面黄酒 0.25 kg。

15.后熟

豆腐乳按品种配料装坛后，擦净坛口，加盖再用石灰或猪血封口，也可用猪血拌石灰粉末，搅拌成糊状，刷纸盖一层，最后在上面用竹壳封口。封口时要严密，防止漏气，漏气会使酒精蒸发，易染杂菌，使腐乳发霉变质。

贮藏期间由于豆腐乳及配料中微生物的共同作用，引起复杂的生化作用，从而促进豆腐乳的成熟(后熟)。豆腐乳的成熟因品种、配料不同有快有慢，在常温下一般 6 个月可以成熟，青方与白方含水量高，1～2 个月即可达到成熟。

豆腐乳贮藏一定时间，感官鉴定口感细腻而柔软、理化检验符合标准要求后，即为合格产品。

三、质量标准

(一)感官要求

腐乳应符合《食品安全国家标准　豆制品》(GB 2712—2014)中的规定：要具有产品应有的色泽、滋味和气味，无异味，具有产品应有的状态，无霉变，无正常视力可见的外来异物。同时腐乳应符合《腐乳》(SB/T 10170—2007)中的规定(表 15-1)。

表 15-1 腐乳的感官要求

项目	要求			
	红腐乳	白腐乳	青腐乳	酱腐乳
色泽	表面呈鲜红或枣红色,断面呈杏黄色或酱红色	呈乳黄色或黄褐色,表面色泽基本一致	呈青豆色,表里色泽基本一致	呈酱褐色或棕褐色,表里色泽基本一致
滋味、气味	滋味鲜美,咸淡适口,具有红腐乳特有气味,无异味	滋味鲜美,咸淡适口,具有白腐乳特有香味,无异味	滋味鲜美,咸淡适口,具有青腐乳特有气味,无异味	滋味鲜美,咸淡适口,具有酱腐乳特有香味,无异味
组织形态	块形整齐,质地细腻			
杂质	无外来可见杂质			

引自:《腐乳》(SB/T 10170—2007)。

(二)理化指标

腐乳应符合《食品安全国家标准　食品中污染物限量》(GB 2762—2022)及《腐乳》(SB/T 10170—2007)中的规定,见表 15-2。

表 15-2 腐乳的理化指标

项目		要求			
		红腐乳	白腐乳	青腐乳	酱腐乳
水分/(%)	≤	72.0	75.0	75.0	67.0
氨基酸态氮(以氮计)/(g/100 g)	≥	0.42	0.35	0.60	0.50
水溶性蛋白质/(g/100 g)	≥	3.20	3.20	4.50	5.00
总酸(以乳酸计)/(g/100 g)	≤	1.30	1.30	1.30	2.50
食盐(以氯化钠计)/(g/100 g)	≥	6.5			
铅(以 Pb 计)/(mg/kg)	≤	0.3			

引自:《食品安全国家标准　食品中污染物限量》(GB 2762—2022)和《腐乳》(SB/T 10170—2007)。

(三)微生物指标

腐乳应符合《食品安全国家标准　豆制品》(GB 2712—2014)、《食品安全国家标准　食品中真菌毒素限量》(GB 2761—2017)、《食品安全国家标准　预包装食品中致病菌限量》(GB 29921—2021)中的规定:大肠菌群为 10^2～10^3 CFU/g 或 CFU/mL;金黄色葡萄球菌为 10^2～10^3 CFU/25g;黄曲霉毒素 B_1 为 5.0μg/kg;沙门菌不允许检出。

第二节 豆豉生产

一、简介

豆豉(fermented soybeans)是我国的一种传统发酵食品,它是以黄豆、黑豆为原料,经浸泡蒸煮,培菌制曲,拌料发酵而成。它味道鲜美、色泽光润、质地细嫩、营养丰富,既可用于烹饪,也可代替佐餐,具开胃增食、消积化滞、发汗解表等疗效。在我国浙江、福建、四川、湖南、湖北、江苏等南方省份以及广大的北方地区普遍生产和销售。

酿造豆豉是利用微生物分泌的蛋白酶、淀粉酶等酶系,分解大豆中的蛋白质、淀粉等物质,产生大量的氨基酸与多肽,之后加入食盐、酒、香辛料等辅料抑制酶的活力,延缓发酵过程而制成的具有独特色、香、味的发酵食品。

制造豆豉利用的微生物有毛霉菌、米曲霉、细菌三类。毛霉菌、米曲霉用于生产豆豉、干豆豉,其中曲霉型豆豉是我国最早、最常用的生产方法,常采用沪酿 3.042 米曲霉人工接种制曲,菌种单纯,接种量大,生产周期短,但产品鲜味和香气不及毛霉型豆豉,如广东的阳江豆豉、湖南的浏阳豆豉等。毛霉型豆豉有自然接种的,也有人工接种的,接种后豆豉坯上的毛霉菌以总状毛霉为主,兼有分泌纤维素的其他霉菌及一些蛋白质分解能力强的细菌,具有菌种复杂、酶系齐全、原料蛋白质及其他成分的降解产物种类多、风味好等特点。因此毛霉型豆豉在全国同类产品中最富有特色,以四川三台县产的最负盛名;细菌主要是小球菌、乳酸杆菌,用于生产水豆豉,产量少,产品含水量较高,豆豉柔软粘连,以山东临沂水豆豉为代表,在家庭制作中最常见。以上各种豆豉只要加入不同的调味辅料即可衍生出各种各具特色的风味型豆豉。

二、生产工艺

(一)工艺流程

豆豉生产工艺流程如图 15-2 所示。

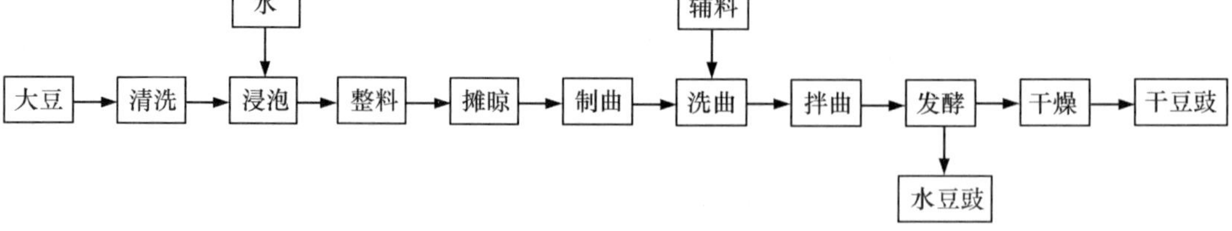

图 15-2 豆豉生产工艺流程

(二)操作要点

1. 选料

豆豉生产要选择成熟充分、蛋白质含量高、颗粒饱满、大小均匀的大豆原料，黄豆、黑豆均可，尤以春黑豆、春黄豆为佳，因其皮薄、蛋白质含量高，制成的豆豉色黑、颗粒松散、滋润化渣，不易发生破皮烂瓣现象，且黑豆含有黑色素，营养价值较高。

新鲜豆比陈豆为佳，尤其生产黑豆豆豉所用的黑豆更应注意新鲜程度。长期贮存的大豆，由于表皮中单宁及糖苷类物质受酶的水解和氧化作用使苦涩味增加，表皮上的角质蜡状物受酶的作用使油润性变淡，失去光泽，从而影响成品的色、香、味。原料大豆在浸泡前需经过挑选，除去虫蛀豆、伤痕豆、杂豆及杂物。

2. 浸泡

浸泡是为了使大豆吸收水分，易于蒸料时蛋白质的适度变性，同时使淀粉易于糊化，有利于微生物的生长及酶的分泌。一般用水量以淹过豆粒 30 cm，浸泡后有 90%～95%豆粒的"伸长"(膨胀无皱纹)，含水量达 45%～50%为宜。浸泡时间通常可根据季节气候以及大豆组织的软硬程度和成分而定，一般冬季 4～5 h，春、秋季 3～4 h，夏季 2～3 h。若浸泡不足，当大豆含水量低于 40%时，不利于微生物生长和产酶，制曲过程明显延长，且发酵后的豆豉坚硬不松软，俗称"生核"；若浸泡过度，当含水量达 55%以上时，大豆吸水过多易失去完整性，且曲料过湿，制曲品温不易控制，常出现"烧曲"现象，此时杂菌侵入，曲料酸败，会使发酵后的豆豉味苦，表皮失去光泽不油润。因此，浸泡后的大豆含水量与制曲及成品质量密切相关。

3. 蒸料与摊晾

蒸料是为了破坏大豆内部分子结构，有利于蛋白质的适度变性和淀粉的糊化，同时蒸料还可以杀死大部分杂菌，提高制曲的安全性。蒸料必须控制蒸熟的程度。豆粒蒸煮要均匀，豆肉酥松，不得过生或过熟。蒸好的大豆会散发出豆香味，豆粒柔软，用手指捻压豆粒，呈粉碎状者占 70%～80%，口尝无豆腥味。若熟度不够，蛋白质未达到适度变性，发酵后的豆豉会生硬且不酥松化渣；若过熟，豆粒组织太软，发酵后的豆豉易脱皮，肉质糜烂，油润光泽消失。

黑豆一般采用常压蒸料，并分前后两个木甑，为了使甑内上下原料蒸熟，且保持一致状态，必须换甑蒸料，一般蒸料时间为 5 h 左右。黄豆可用常压蒸料 4 h，不翻甑，也可采用旋转式高压蒸煮罐在压力 0.1 MPa 下蒸 1 h 左右即可，以含水量为 45%～50%为宜。蒸煮后的大豆出锅后，迅速摊晾至 30～35 ℃，进行制曲。

4. 制曲

制曲是使蒸熟的豆粒在霉菌或细菌的作用下产生相应的酶系，并在酿造过程中产生丰富的代谢产物，使豆豉具有鲜美的滋味和独特的风味。制曲有天然制曲法和接种制曲法。天然制曲通常是利用空气中自然落入的微生物，使其在适宜的温度和湿度等条件下，促使有益微生物的大量繁殖生长，同时也有其他杂菌生长，形成比较复杂的酶系，使豆豉具有特殊风味。但天然制曲的工艺较难控制，且产品质量的一致性不稳定，生产周期长，易受季节限制。接种制曲也称纯种制曲，是将纯菌种接入已经冷却的大豆中，拌匀后在一定条件下培养。

(1)天然制曲

①毛霉制曲：摊晾后的大豆，入曲室，上曲盘或通风制曲箱(在曲盘中厚度为 2～5 cm，通

风箱中厚度为 18～20 cm)。冬季入房,保持室温在 2～7 ℃,品温在 6～12 ℃(或 10～15 ℃)。3～4 d(或 1～2 d)后豆粒可见白色霉点;8～12 d(或 4 d)后菌丝生长整齐,进行第一次翻曲,确保每粒豆粒分散;15～21 d 后曲盘制曲的菌丝粗壮,直立紧密,呈灰白色,有少量浅褐色孢子形成,处于产酶高峰期,有曲香味,即可出曲。通风制曲一般在 6 d 后进行第二次翻曲,8 d 后进行第三次翻曲,10 d 后即可出曲。

②曲霉制曲:冷却后的大豆,入曲房,豆粒分装曲盘(四周厚 4 cm,中间厚 2 cm),依空气中的米霉菌自然接种,室温保持在 26～28 ℃。8～10 h 后孢子开始萌发;12～18 h 后菌丝生长,豆粒出现白色斑点;24 h 后品温达 31 ℃,豆粒稍有结块;约 44 h 后豆粒表面布满菌丝,豆粒结块,品温可达 35～37 ℃,进行第一次翻曲,打散曲块,调换曲盘上下位置,使品温均匀一致,有利于分生孢子的形成,翻曲后品温下降至 32 ℃。当品温回升至 35～37 ℃时,及时开窗,通风降温,使品温下降至 32～33 ℃。维持该温度,当豆粒结块且嫩黄绿色孢子出现时,进行第二次翻曲,保持品温在 28～30 ℃,孢子呈暗黄绿色时即可出曲。

③ 细菌制曲:一般家庭制作豆豉较多采用细菌制曲。家庭小量制作时,将大豆煮熟,捞出沥干,沥出的豆水和煮豆水混合,拌和食盐后备用。将沥干后的大豆放入原煮豆灶内,保温密闭培养,3～4 d 后品温升高超过室温,5～6 d 后品温可上升至 50 ℃,此时细菌形成荚膜,豆粒表面布满黏液,用玻璃棒挑起呈拉丝状,并产生特殊气味,即可出曲。但在干燥荒漠地区制作细菌型豆豉时,有时会伴生肉毒杆菌。

(2)接种制曲　目前使用的曲霉有沪酿 3.042 米曲霉及曲霉 3.798,使用的毛霉是由四川省成都市调味品研究所从自然豆豉曲中分离出的纯种毛霉,经耐热驯化,定名为 M.R.C-1 号菌种。

①纯种毛霉制曲:大豆蒸煮后,冷却至 30 ℃,接纯种毛霉种曲,接种量为 0.5%,拌匀后入室。装入已杀菌的曲盘内,厚度为 3～5 cm,保持品温在 23～27 ℃培养。24 h 左右豆粒表面出现白色菌点;36 h 后豆粒布满菌丝且略有曲香;48 h 后毛霉生长旺盛,菌丝直立,由白色转为浅灰色,孢子逐渐增多。一般第 3 天即可出曲。

②纯种曲霉制曲:大豆蒸煮出锅后,冷却至 35～38 ℃,接沪酿 3.042 种曲,接种量为 0.3%～0.4%,拌匀入室,装入曲盘,厚 2 cm 左右,保持室温在 25 ℃,品温在 25～35 ℃培养。22 h 左右豆粒结块,表面布满白色菌丝;品温上升至 35 ℃左右,进行第一次翻曲;72 h 左右豆粒布满菌丝和黄绿色孢子时即可出曲。

5.洗曲

洗曲是曲霉型豆豉生产的特定工艺,洗曲可除去豆粒表面附着的孢子、菌丝体和部分酶系,保留豆粒内的菌丝体,同时还可控制蛋白质的水解程度,以防过度分解,可溶物增多而从豆粒中流失,造成豆粒组织柔软、表面粗糙、变形和失去光泽。因此洗曲能使产品保持颗粒完整、外形油润光亮并具有特殊风味。此外,若未经清洗直接将附有大量孢子和菌丝的成曲发酵,会增加成品的苦涩味和霉味,且豆豉晾晒后外观干瘪,暗淡无光。

洗曲后将豆曲沥干、堆积,并向豆曲间歇洒水,调整豆曲含水量在 45%左右。水分过高,成品易脱皮、溃烂、失去光泽;水分过低,对发酵不利,且成品发硬、不酥软。

曲霉型豆豉需将成曲置于阳光下晾晒,使水分减少,便于扬去孢子,避免成品有苦涩味。此外,晾晒过程中紫外线照射还可以消灭成曲中的有害微生物,有利于制醅发酵的进行。成曲晒干后扬去孢子,备用。

6.制醅发酵与干燥

(1)毛霉型曲豉　将豆坯装入拌料池，打散、过筛，加入定量的食盐和水(一般控制拌料后豆曲含水量在45%左右。若含水量超过47%，会造成豆豉表面颜色减退、发红，甚至脱皮、肉质糜烂；若含水量低于40%，酶水解受到抑制，豆豉鲜味较差，不酥松)，拌匀，堆积浸润1 d，然后加入白酒、香料等混匀。将混匀后的醅料装坛，层层压实至八成满，曲坯表面加老面盐，无毒塑料薄膜封口、加盖，坛沿加水密封，隔绝空气，置于20 ℃室温下发酵。一般约经过8个月以上，豆豉发酵成熟。

发酵期间需保持坛沿水清洁、不干涸，一般每3～4 d换水一次。装坛5～7 d后检查坛内豆坯下沉状况，若下沉或收缩，必须添加曲料填满。

(2)曲霉型豆豉　将调整好水分的豆曲加盖塑料薄膜，经6～7 h的堆积，品温达55 ℃，豆曲中重新出现菌丝，具有特殊香味时，迅速按配料加入各辅料，拌匀，使颗粒分散。装坛、压实、封口、加盖、加水密封，置于室内或室外常温发酵。将发酵成熟的豆豉分装在容器中，放置在阴凉通风处晾干至水分含量在30%以下即为成品。

(3)曲霉型调味水豆豉　在扬去孢子的成曲中按配料比加入其他辅料，装入缸中置于阳光下，待食盐溶化、酱醅稀稠适度后即可装坛，封口、加盖、加水密封后置于室外阳光下40～50 d即可成熟。其中配料可以是番茄汁、果汁、西瓜瓤汁等。

(4)细菌型水豆豉　将成曲与配料拌和均匀，装坛，再按配料定量加入煮豆水，装满密封，室温下保存1个月以上成熟。将成熟后的水豆豉加热灭菌，趁热分装、密封即为成品。

三、质量标准

(一)感官要求

豆豉应符合《食品安全国家标准　豆制品》(GB 2712—2014)规定：要具有产品应有的色泽、滋味和气味，无异味，具有产品应有的状态，无霉变，无正常视力可见的外来异物。该标准适用于以大豆或杂豆为主要原料，经加工制成的食品，包括发酵豆制品、非发酵豆制品和大豆蛋白类制品。

(二)理化指标

豆豉应符合《食品安全国家标准　食品中污染物限量》(GB 2762—2022)中的规定，豆制品中铅(以Pb计)的允许含量不超过0.3 mg/kg。

(三)微生物指标

豆豉应符合《食品安全国家标准　豆制品》(GB 2712—2014)、《食品安全国家标准　食品中真菌毒素限量》(GB 2761—2017)、《食品安全国家标准　预包装食品中致病菌限量》(GB 29921—2021)中的规定：大肠菌群为10^2～10^3 CFU/g或CFU/mL；金黄色葡萄球菌为10^2～10^3 CFU/25 g；黄曲霉毒素B_1为5.0 μg/kg；沙门菌不允许检出。

第三节 其他发酵豆制品生产

一、纳豆

纳豆(natto)是日本的一种传统发酵食品，是以大豆为原料，经蒸煮后接种纯种纳豆芽孢杆菌(*Bacillus natto*)发酵而成的，不仅含有大豆的营养价值、维生素 K_2，而且在发酵过程中会产生多种生理活性物质，具有溶解体内纤维蛋白及其他调节生理机能的保健作用。成熟的纳豆呈淡黄色到茶色，具有纳豆特有的香气、滋味，表面附有一层薄如白霜的黏性物质，此物质黏性强，拉丝状态好，同时制成的豆粒软硬适当，无异物。纳豆具有溶血栓、抗肿瘤、降血压、抗菌等作用。

(一)工艺流程

纳豆生产工艺流程如图 15-3 所示。

大豆 → 分选清洗 → 浸泡 → 蒸煮 → 冷却 → 接种 → 包装 → 发酵 → 冷藏后熟 → 成品

图 15-3 纳豆生产工艺流程

(二) 操作要点

1. 大豆

大豆吸水速度和粒度大小有关，在生产过程中通常选用规格一致的豆粒。有的纳豆是用破碎的大豆制造，称为碎纳豆。制造碎纳豆时需先将大豆脱皮、破碎、过筛，取一定粒度的碎豆进行加工。

2. 分选清洗

粒度一致的大豆先除去虫蛀豆、伤痕豆、出芽豆、杂豆及杂物，之后进行清洗。

3. 浸泡

将清洗后的大豆浸泡，使其充分吸水。吸水量应控制在浸渍后的重量为浸渍前重量的 2.1～2.3 倍。浸渍时间与大豆的新旧、粒度、水温、品种等有关。如果是碎豆在室温下浸渍 7 h 即可。浸渍用水最好使用饮用水。

4. 蒸煮

大豆不需要高温蒸煮，以避免由于美拉德反应损失氨基酸及糖分，造成产品颜色加深，一般采用 0.08～0.1 MPa 蒸煮 30～40 min。若是碎豆蒸煮 7～8 min 即可。以大豆易用手捏碎为宜，宜蒸不宜煮。

5. 接种

将菌体悬浮液或培养液用喷雾器喷洒在煮熟的大豆上，每 1 kg 大豆原料约接种菌液

1 mL。由于纳豆菌耐热，为防止杂菌污染，可在蒸煮大豆冷却到 80～90 ℃后接种。

6. 包装

将接种后的大豆按 100 g/包装入已灭菌的包装内，要防止包装过程中杂菌的污染。

7. 发酵

将分装后的大豆放置在发酵室分摊架上。发酵室温度控制在 35～45 ℃，相对湿度控制在 80%～85%。入室 2 h 后，纳豆菌孢子发芽；4 h 后品温上升，此时纳豆菌生长繁殖，消耗可发酵性糖，同时蛋白质分解，伴随着增殖，品温上升到 48 ℃左右；8 h 后糖分消耗殆尽，开始分解氨基酸产氨；10～12 h 后，菌数达 10^9 个/g(对数期)。品温接近 50 ℃时，增殖受到抑制，超过 50 ℃则停止繁殖，显著产生黏性物质。入室 16～18 h 即可出室。

纳豆发酵过程中需控制几个环节：一是调节品温，通常入室的品温不低于 40 ℃，若品温太低，孢子发芽到品温上升的时间太长，则其他生长适温低的杂菌会先行增殖，进而出现发酵异常的纳豆；二是微生物控制，包括环境、包装容器、接种工具、翻拌用具、操作人员，以防止杂菌(霉菌、小球菌、乳酸菌、梭状芽孢杆菌、大肠杆菌等)的污染；三是纳豆菌生长对数期控制品温在 50 ℃左右，室内相对湿度控制在 80%～85%。

8. 冷藏后熟

出室后为防止过热及再发酵，要冷却到 5～10 ℃，冰箱内存放 1 周进行后熟。

二、丹贝

丹贝(tempeh)是一种发源于印度尼西亚的传统发酵食品，又名天培、天贝等，是接种根霉属真菌至煮过的脱皮大豆，再以香蕉树、麻栗树或月桂树等阔叶树的叶子包覆接种过的大豆，经过 1～2 d 发酵，所得到的白色饼状食品。其传统工艺是室温下天然发酵而成的，近代丹贝采用人工接种根霉菌发酵而成。根霉属真菌中的少孢根霉菌(*Rhizopus oligosporus*)为制作丹贝的主要菌种之一。

(一)工艺流程

丹贝生产工艺流程如图 15-4 所示。

大豆 → 分选清洗 → 浸泡 → 蒸煮 → 冷却 → 接种霉菌发酵剂 → 封装 → 发酵 → 成品

图 15-4　丹贝生产工艺流程

(二) 操作要点

1. 大豆分选清洗

选择无霉变、无虫蛀、颗粒饱满均匀的大豆作为原料，筛分去除杂质，洗净备用。

2. 浸泡

为防止细菌污染，一般浸泡在含 0.1%乳酸的洁净的软水中(1 t 豆瓣使用 3.5～4 t 水)。

气温不同，浸泡时间长短不一，通常室温为 25 ℃时需浸泡 18 h，20 ℃时需 20 h，低于 15 ℃时需 24 h。浸泡以大豆质量增加 1 倍为宜。

3. 脱皮

真菌菌丝不能穿透豆壳，不能在整粒大豆上生长，必须以干法脱皮或湿法脱皮，菌丝方可浸入豆瓣（子叶）内。

4. 蒸煮

煮豆可软化大豆组织，使大豆成分易于被少孢根霉菌利用；还可去除一部分抑制根霉蛋白酶活性的物质，提升发酵质量。采用旋转蒸料锅在 0.08 MPa 煮 20 min，取出冷却。

5. 发酵剂制备

将少根霉接种在米粉、麦麸、米糠等物料上，在 28～32 ℃下培养 3～7 d，低温或冷冻干燥制成种曲粉。也可在培养 7 d 后用无菌水将孢子冲洗下来制成菌悬液。

6. 接种与发酵

将制备好的种曲粉或菌悬液按 0.5%～1%接种至添加了 0.8%乳酸的冷却好的豆瓣中。分装到盘或带孔塑料袋中，发酵的物料厚度一般为 2～3 cm，采用分段控温方法，发酵初期高温（42 ℃）可促进孢子萌发并抑制腐败菌生长，待进入菌丝生长期降低温度至 30 ℃时，以相对湿度为 75%～85%，发酵 20 h 为宜。丹贝发酵时间不宜过长，发酵过头或供氧过多，根霉菌丝分化为孢囊，会导致丹贝表面出现灰黑点，并使产品呈苦味。一般豆瓣表面被白色致密菌丝布满，结构呈糕团状，触碰有弹性并具特殊香气时，即为发酵完成。

第十六章　发酵果蔬制品生产

党的二十大报告中强调“人民健康是民族昌盛和国家强盛的重要标志”，强调“强化食品药品安全监管”。摒弃落后的生产操作方式，走标准化、规范化、更安全卫生的发展路径是做好新时代食品安全和营养工作的基本纲要，是食品产业高质量发展的必经之路。

第一节　泡菜生产

一、原料及发酵剂

泡菜是蔬菜腌制的典型代表之一，传统制作过程中主要依靠新鲜蔬菜表面的微生物进行自然发酵，现代工业化生产过程中主要通过人为接入单一或混合乳酸菌的发酵剂进行纯种发酵，这样更有利于泡菜的质量稳定和控制。

(一)发酵剂种类

常用的发酵剂主要有两种：液体发酵剂和固体发酵剂。

液体发酵剂存在以下特点：①制作工艺简单，菌种可反复多次使用，成本低；②使用过程需多次扩培，生产周期较长；③菌体在多次传代培养过程中易出现比例失调、噬菌体污染、形状变异等一系列问题。

而固体发酵剂主要有直投式发酵剂和继代式发酵剂两种，由于乳酸菌在复壮和扩培环节上比较烦琐，所以直投式发酵剂使用更为普遍。

(二)直投式发酵剂的制备

直投式发酵剂主要是将乳酸菌经过高密度培养后，添加冷冻保护剂，在真空冷冻条件下获得的一种粉末菌种发酵剂。

1. 菌种的增殖培养

直投式发酵剂制备中获得高浓度的菌种是关键之一，这就必须不断优化培养基，使菌种生长快而多。同时还要满足以下要求：①培养基利用率要高，使菌种繁殖能力强，短时间内可获得高密度菌种；②菌种容易从培养基中分离；③成本低廉。

2. 获得高密度菌体的方法

制备直投式发酵剂需要获得较高的菌体密度，抑制代谢产物对菌体的影响，可以在培养的过程中，通过调节 pH 及增加营养物质等方法，促进生长，改变代谢产物对菌体的抑制作用，从而获得高密度的菌体。目前获得高密度菌体的方法主要有以下 5 种。

(1)化学中和法　在培养过程中向发酵液中滴加氨水或 NaOH 溶液等碱性物质，以此来中和培养过程中产生的乳酸，从而促进乳酸菌的繁殖。该法操作简单，是目前应用最广泛的方法之一，但乳酸盐等反应产物达到一定浓度时，也会抑制乳酸菌的繁殖。

(2)缓冲盐法　乳酸菌的代谢产物使培养液 pH 发生改变，从而抑制乳酸菌的繁殖，故可以向培养液中加入柠檬酸盐、磷酸盐及 $CaCO_3$ 等缓冲盐来改进，但该法应用较少。

(3)离心法　利用离心分离作用，将培养液中的沉淀分离出来，并弃去上清液，增加悬浮液中菌体的密度。但是离心法对于菌体有一定的机械损伤，很少使用。

(4)膜过滤法　在发酵过程中，培养液流经过滤器，滤液流出，菌体被截留。该法在发酵过程中，需不断添加新鲜的培养基，使营养物质得到补充，菌体才能不断生长繁殖。该法比较先进，并且效果很好，但成本高，工业化生产不经济。

(5)微胶囊培养法　对乳酸菌进行固定化培养，营养物质和代谢产物可自由通过微胶囊，如采用包埋法固定乳酸菌。该法可减少细胞损伤，从而获得高密度菌体。

3. 高密度菌体的干燥

对上述获得的高密度菌体要进行冷冻干燥。由于冷冻干燥对微生物细胞具有破坏作用，会导致菌体的机械损伤及菌体新陈代谢过程中各关键酶活性受影响等问题。因此，必须添加冷冻保护剂，减少对菌体的伤害，也可在加有某些添加剂的生长培养基上培养菌体，然后制作冷冻干燥发酵剂，可有效降低冷冻干燥过程中对细菌细胞膜的破坏。高密度菌体的冷冻干燥方法是：将培养得到的菌液经过浓缩分离，加入菌体保护剂，于－30 ℃冻结，然后在一定真空度条件下除去大部分水分后得到干燥发酵剂。

二、生产工艺及控制

(一)泡菜的发酵方式

泡菜的发酵方式分为自然发酵和人工发酵(发酵剂发酵)。

1. 自然发酵

自然发酵主要依靠天然附着在蔬菜表面的微生物(主要是乳酸菌)进行乳酸发酵，加上食盐(6%～16%)的高渗透作用抑制其他杂菌的生长，达到泡制保存的目的。自然发酵泡菜存在很多问题。

(1)食盐浓度过高　食用过多的食盐会对人的某些器官、心血管系统造成永久性损伤。

(2)质量不稳定　自然发酵泡菜的质量极不稳定，在贮存过程中质构易软化，表面“生花”等引起发酵泡菜的风味改变。

(3)产生有毒物质　自然发酵的泡菜中除含有大量的乳酸菌以外，还含有其他大量的杂菌，其中包括腐败菌。某些杂菌能产生硝酸盐的还原酶，使亚硝酸盐的含量增加。

(4)发酵时间较长　自然发酵泡菜需要较长的发酵时间。

2. 人工发酵(发酵剂发酵)

人工发酵是指通过分离乳酸菌,制备发酵剂对泡菜进行纯种发酵。使用人工发酵剂能明显改善自然发酵的不足,如明显降低泡菜中亚硝酸盐的含量及能提前达到亚硝酸盐峰值,提高泡菜的食用安全度。

根据风味特征不同泡菜大体上分为 3 种:保持原有风味的一般泡菜,酸度较高的酸泡菜及具有甜味或淡甜味的甜泡菜。

(二)泡菜生产工艺流程

泡菜生产工艺流程如图 16-1 所示。

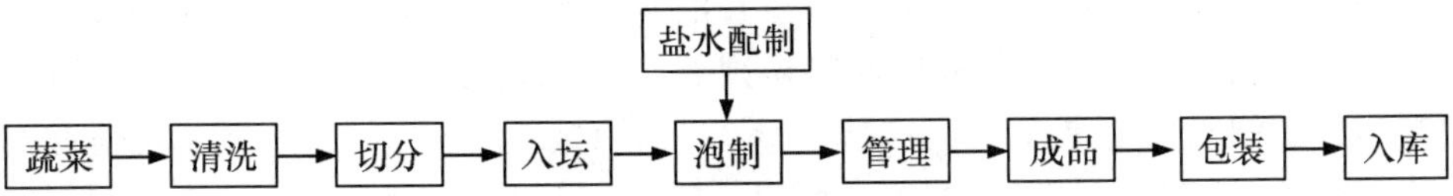

图 16-1　泡菜生产工艺流程

(三)泡菜生产操作要点

1. 原料的选择

根据其原料的耐贮性,可将制作泡菜的原料分为 3 类:①可泡一年以上的原料,如子姜、莒头、大蒜、苦瓜、洋姜等;②可泡 3～6 个月的原料,如萝卜、胡萝卜、青菜头、草食蚕、四季豆、辣椒等;③随泡随吃的原料,如黄瓜、莴笋、甘蓝等。绿叶菜类中的菠菜、苋菜、小白菜等,由于叶片薄、质地柔嫩、易软化,一般不适宜用作泡菜的原料。

2. 泡菜容器的制作和检查

泡菜坛用陶土烧制而成,抗酸碱且耐盐,口小肚大,距坛口 6～15 cm 处有一水槽,槽缘略低于坛口,坛口上放一小碟作为假盖,坛盖扣在水槽上。除陶瓷的坛子外,也可用玻璃钢、涂料铁等制成泡菜坛子,但要求使用材料符合食品的卫生安全要求,材料自身不与泡菜盐水和蔬菜起化学反应。

泡菜坛子可以实现水密封,坛内发酵时产生的气体可以透过槽内的水层排出,而坛外的空气和微生物却无法穿过水层而进入坛内。泡菜容器能有效地将容器内外隔离,又能自动排气,而且在发酵过程中可形成厌氧环境,不仅有利于乳酸发酵,而且可以防止外界杂菌侵染。泡菜坛子在使用前要进行清洗和检查。检查内容:一是看坛子是否漏气,是否有裂纹、砂眼;二是检查坛沿的水封性能是否良好,坛盖下沿是否可以淹没在密封水层以下,水槽中的水是否会进入坛内等。

3. 原料的预处理

原料充分洗涤后,将不宜食用的部分(老皮、粗筋、须根、老叶以及霉烂斑点)剔除,用自来水清洗干净,沥干菜叶表面水分,根据需要切成块、片、条、颗粒等形状。在工业化生产中,为了便于管理，一般在原料清洗后要进行腌坯，又称为出坯，其目的是避免泡菜坛内食盐浓度降低，防止腐败菌滋生。腌坯是用10%左右的食盐将原料腌制几小时或几天，去掉原料中过多的水分，也去掉原料中的异味，但出坯时间长，会使原料中的可溶性固形物流失，原料中的养分损失大。

4. 盐水的配制

腌制泡菜的盐水要求使用硬度在5.7 mol/L以上的硬水，一般使用井水或自来水，而塘水、湖水由于硬度低且水质较差，一般不宜作泡菜用水。腌制泡菜的盐水含盐量一般为6%～8%，使用的食盐一般为精盐，在确定食盐的使用浓度时还应考虑原料是否出过坯，出过坯的原料用盐量要相对减少，其用盐量以最后产品与泡菜液中食盐的平衡浓度4%为准。为了加速乳酸发酵，可在泡制时加入3%～5%的优质陈泡菜水以增加乳酸菌数量。此外，为了促进发酵或调色调味，一般可向泡菜水中加入3%左右的食糖或其他调味料。添加方法是先煮调味料，然后将煎煮液加入盐水中，或是将调料做成料包放入泡菜坛中部。常加的调料及用量如下：黄酒2.5%，白酒0.5%，糖3%，甜醪糟1%，鲜红辣椒3%～5%，这些调料可直接与盐水混合均匀；其他香料如花椒、八角、甘草、草果、橙皮、胡椒等的加入量一般为盐水用量的0.05%～0.10%，也可加入其他香料，以使制品具备更诱人的风味。

5. 泡制与管理

(1)原料入坛　将准备好的蔬菜原料装入洁净的泡菜坛内，装至半坛时，放入香料包，再继续装料至距坛口6.6 cm时为止。随即注入所配制的盐水，盐水要淹没蔬菜。而后将坛口用小碟盖上，在水槽中加入15%～20%食盐水，形成严密的水封口。如果是用老盐水泡制，可直接加入原料，并适当补加食盐、调味料或香料。

(2)乳酸发酵及成熟期的判断

①乳酸发酵：泡菜在发酵期间，由于乳酸的发酵作用，不断累积乳酸，而逐渐达到成熟。根据微生物活动情况和乳酸积累量的不同，此过程可分为以下3个阶段。

a. 发酵初期(异型乳酸发酵)：在原料装坛以后，原料表面带入的微生物会迅速繁殖，发酵开始。由于溶液的pH较高(≥5.5)、原料中还有一定量的空气，故发酵初期主要是一些不抗酸的肠膜明串珠菌、小片球菌及酵母菌甚为活跃，并迅速进行异型乳酸发酵及微弱的酒精发酵，发酵产物为乳酸、酒精、醋酸和二氧化碳等，此时的菜质咸而不酸、有生味。随乳酸发酵的进行，溶液的pH下降至4.5～4.0，CO_2大量排出，水封槽的槽水中有间歇性气泡放出，并使坛内逐渐形成嫌气状态，以利于植物乳杆菌的同型发酵，此阶段一般为2～5 d，泡菜的含酸可达到0.3%～0.4%，此为泡菜的初熟阶段。

b. 发酵中期(同型乳酸发酵)：由于乳酸发酵的进行，乳酸不断积累，pH下降以及厌气状态形成，属同型乳酸发酵的植物乳杆菌开始活跃，细菌数可达到$(5\sim10)\times10^7$个/mL，此时乳酸的积累量可达0.6%～0.8%，pH为3.5～3.8，大肠杆菌、腐败菌、酵母菌和霉菌的活动受到抑制。此为泡菜完熟阶段，时间为5～9 d，此时的菜体酸味清香。

c. 发酵后期：在此期间，继续进行同型乳酸发酵，乳酸积累量继续增加，可达1.0%以上。当乳酸含量达到1.2%以上时，植物乳杆菌也受到抑制，菌数下降，发酵速度减慢乃至停止。此阶段菜质酸度过高，风味不谐调。

经过以上3个阶段的发酵作用，从积累的乳酸含量、泡菜的风味品质来看，在初期发酵的末尾和中期发酵阶段，泡菜的乳酸含量为0.4%～0.8%，风味品质最佳，即为泡菜的成熟期。

②泡菜成熟期的判断：乳酸发酵和泡菜的成熟期与原料种类、盐水种类及气温有关。如在夏季气温较高时，用新盐水泡制叶菜类，其成熟期一般为3～5 d，根菜类需要5～7 d，而大蒜、藠头则需要半个月以上；在冬季气温较低时，泡菜达到成熟期所需时间需延长。另外，用陈泡菜水泡制时，泡菜成熟期可大大缩短，而且用优质的陈泡菜水泡制的产品比新盐水泡制的产品的品质更好。

（3）泡制过程中的管理　泡制期间要加强坛沿水的管理。坛沿水一般用清洁的饮用水或10%盐水。在发酵后期，易造成坛内真空状态，使坛沿水被倒吸入坛内。虽然坛沿水为清洁的水，但因暴露于空气中，易感染杂菌，如果被带入坛内，不仅会带入杂菌，同时还会降低坛内盐水浓度，所以坛沿水以盐水为好。在发酵期间每天要轻轻揭盖1～2次，以防坛沿水被吸入坛内。使用盐水时，随着发酵时间的延长，坛沿水易挥发，此时应适当补加槽水，以保证坛盖下部能浸没在槽水中，保持坛内良好的密封状态。

通常，由于生产中某些环节的管理失误，泡菜会产生劣变，如盐水变质、杂菌大量繁殖、起花长膜等。发生上述情况可采取以下的补救措施：①当盐水质量良好，只是轻微起花长膜时，可将膜去除，并缓慢加入白酒、生姜片等，以抑制杂菌的生长繁殖；②当盐水已发生变质但尚不严重时，可将盐水倒出进行澄清过滤，去除杂菌后补充新盐水，并洗净坛内壁，同时加入白酒、调料及香料，继续进行泡制；③当盐水或泡菜已出现严重变质时，弃去不用。

（4）成品管理　泡菜成熟后要及时取食，不宜长期贮存，因长期贮存会使其酸度增加、组织变软、品质下降。泡菜取出后，应适当加盐或补充盐水，使含盐量达6%～8%，可继续加新菜坯进行泡制，泡制的次数越多，泡菜的风味越好，另外，多种蔬菜混泡或交叉泡制，其风味更佳。若不及时加新菜泡制，则应加盐提高其含盐量至10%以上，并适量加入大蒜、紫苏藤等富含抗生素的原料，盖上坛盖，保持坛沿水不干，以防止泡菜盐水变坏，此操作称“养坛”，以后可随时加新菜泡制。

三、质量标准

《泡菜》（SB/T 10756—2012）中规定，泡菜的感官要求为必须具有泡菜应有的色泽、香气、滋味、形态和质地，有光泽，无不良气味和异味，无可见杂质；理化指标为中式泡菜的固形物≥50 g/100 g，食盐（以NaCl计）≤15 g/100 g，总酸（以乳酸计）≤1.5 g/100 g。

第二节　酸菜生产

一、原料及处理

与泡菜制作相比，酸菜腌制时用盐量较少，使乳酸菌更易繁殖，赋予产品酸味。乳酸可与食盐作用而生成微量的盐酸，略有漂白作用。酸菜原料多用黄瓜、芥菜、白菜和甘蓝等，也可用花椰菜、洋葱等。酸菜制作一般由多道工序组成，主要为原料选择、预处理（去除外部死叶、清洗干净)、装坛、发酵等,最后经一段时间发酵后即得成品。

二、生产工艺控制

酸菜的生产主要分布于中国东北、西南地区以及德国等地,不同地区所用原料、制作方式和酸菜口味也不尽相同,以下主要以北方酸菜、湖北酸菜、欧美酸菜、闽东芥菜酸菜、酸菜制品为例进行说明。

(一)北方酸菜

北方酸菜原料一般为大白菜、甘蓝等。原料收获后晾晒 1～2 d,去掉老叶、菜根,株形大的将其划 1～2 刀,洗净后放在沸水中烫 1～2 min,烫时先烫叶帮,然后将整株菜放入,烫完后捞出放入发酵容器中,一层层压紧,放满后加压重石,并灌入凉水或 2%～3%盐水,使菜完全浸在水中,自然发酵 1～2 个月后成熟。成品菜帮呈乳白色,叶肉呈黄色,存放在冷凉处,其保存期可达半年左右。

(二)湖北酸菜

原料采收后,去掉菜根和老叶,并进行充分晾晒,当 100 kg 菜晾晒至 60～70 kg 时进行腌制。腌制时按晾晒后的菜重,加入 6%～7%食盐,腌制时放一层菜撒一层盐,直至装满腌制容器,加上重物压紧,然后加入凉水,使菜完全淹没在水中,自然发酵 50～60 d 即成熟,成品为黄褐色。

(三)欧美酸菜

在欧美国家也有制作酸菜的传统,其原料多为甘蓝丝或黄瓜丝,腌制容器多为橡木桶,产品除有酸菜的鲜香味外,还有橡木的特殊香味。欧美酸菜的加盐量一般在 2.5%左右,产品酸度较高,以乳酸计,其产酸量一般在 1.2%以上。

(四)闽东芥菜酸菜

福建和华南一带制作酸菜时多以芥菜为原料,其加工方法与湖北酸菜相似。原料采收后经过整理、充分晾晒,当 100 kg 鲜菜晾晒至 60～70 kg 时进行腌制,用盐量为晾晒菜重的 6%左右,腌制时放一层菜撒一层盐,装满容器后用重物压紧,不加水,到第 2 天,腌制时渗出的菜汁即可将菜完全淹没,形成水封闭层,自然发酸 3 周左右即为成品。成品色泽微黄,美味爽口。

(五)酸菜制品

1. 甜酸黄瓜

黄瓜用 5%～8%食盐水腌制,数日后开始乳酸发酵,1～3 周后,酸度达 0.6%左右时,则可增加食盐浓度至 20%,以便保存。制甜酸黄瓜时,洗去食盐,并用明矾溶液(浓度约为 0.5%)浸泡,然后配料浸渍。10 kg 黄瓜浸液配料为:10 L 水、0.4 L 醋酸、4.2 kg 砂糖,以及月桂树叶、丁香、肉豆蔻、肉桂等香料。

2. 甜酸乳瓜

原料以南方产的短粗、上下呈直桶的品种为宜，一般需要进行瓜坯制造，一般选瓜长为5～7 cm、短粗无大肚和尖嘴者作为加工原料。先用15%食盐水制瓜坯，再加入5%～6%糖水，接种乳酸菌后，使其进行乳酸发酵。

三、质量标准

因为中国生产酸菜的地方分布较广，且所用原料、制作方式和酸菜口味各不相同，目前未有统一的国家标准，普遍是以地方标准形式来规范生产质量标准。汇总分析各地方标准后，基本要求如下。

1. 感官要求

成品酸菜应具有酸菜固有形态，无发黏、腐烂现象；颜色自然，叶呈淡黄色至黄褐色，帮呈半透明白色至深黄色，允许保质期内颜色略微变暗；具有酸菜固有的酸香味，无刺激性气味和异味；爽口、脆嫩、酸味适宜，无肉眼可见的外来杂质。

2. 理化指标

固形物/质量占比≥80%，食盐(以 NaCl 计)/质量占比≤3%，总酸(以乳酸计)介于0.8～2.0 g/100 g。

3. 安全指标

Pb≤0.5 mg/kg，亚硝酸盐(以 $NaNO_2$ 计)≤3 mg/kg，微生物限量应符合《食品安全国家标准　酱腌菜》(GB 2714—2015)中的规定，在生产过程中不应使用食品添加剂。

第三节　果蔬酵素生产

一、原料及发酵剂

由中国生物发酵产业协会牵头制定的《植物酵素》(QB/T 5323—2018)和《酵素产品分类导则》(QB/T 5324—2018)两项行业标准已获工业和信息化部批准实施，同时还制定了三项酵素团体标准。标准中规定，酵素是以动物、植物、菌类等为原料，添加或不添加辅料，经微生物发酵制得的含有特定生物活性成分的产品。其中，食用酵素是可供人类食用的酵素产品。因此，酵素就是 jiaosu，不是 enzyme，是食物发酵后的产物；食用酵素是食品，不是酶制剂。

果蔬酵素是以一种或几种新鲜水果或蔬菜为原料，通过微生物的发酵作用而制成的富含多种生物活性成分的新型功能性产品，不仅能够保留原有的维生素、多糖、氨基酸等营养成分，还通过微生物的代谢将一些不易被人体吸收利用的大分子物质转化为更易于被人体吸收的小分子活性成分，可以大大提升果蔬制品的营养价值。所用发酵剂主要为乳酸菌、酵母菌、醋酸菌、霉菌等有益菌，经过一系列物质代谢，从而得到如超氧化物歧化酶、蛋白酶、淀粉酶、脂肪酶、维生素、多酚类、多肽类等生物活性成分的代谢产物以及多种次生代谢产物。

二、果蔬酵素发酵工艺控制

（一）工艺流程

果蔬酵素生产工艺流程如图16-2所示。

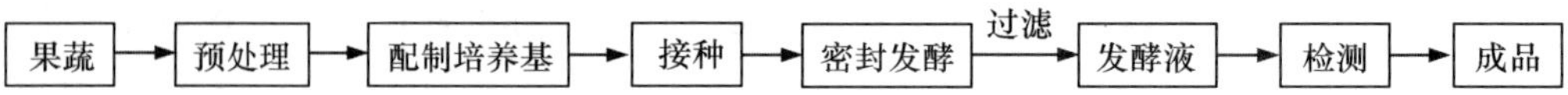

图16-2 果蔬酵素生产工艺流程

（二）操作要点

1. 原料选择

一般需挑选成熟度统一、无腐烂、无异物的新鲜水果和蔬菜作为果蔬酵素的原料。

2. 预处理及配制培养基

对于水果类原料，预处理一般包括清洗、沥干、切分和打浆等程序。以苹果为例，在切分前应进行充分清洗，清洗用水应符合《生活饮用水卫生标准》(GB 5749—2022)的要求，然后需将苹果的表面水分去除，通常采用自然沥干或机械方式，再将沥干水分后的苹果进行去核、切块，用0.1%的抗坏血酸浸泡，打浆后备用。

对于蔬菜类原料，预处理一般包括清洗、去皮、切分、蒸煮、打浆、酶解、灭菌等程序。以马铃薯为例，将新鲜的马铃薯充分清洗后去皮，切成厚度约为1 cm的薄片，在100 ℃的温度下蒸10 min后冷却至室温，加入约2倍体积的水制成马铃薯浆。然后进行酶解，通常添加质量分数为0.3%左右的α-淀粉酶，在55 ℃条件下液化60 min，冷却后再添加蔗糖调节马铃薯浆的可溶性固形物含量至10 g/100 g，最后调节温度至80 ℃保持30 min灭菌后备用。

3. 密封发酵

发酵是果蔬酵素生产的关键环节，主要有自然发酵和接种发酵两种方式。自然发酵主要利用果蔬原料表面或者自然环境中的有益菌种进行发酵，发酵周期长且产品质量不稳定，较难实现规模化生产。工业化生产中更多使用接种发酵的方式，该方式主要是选择人工培育的特定菌种，经过活化之后接种入果蔬原料培养基中进行发酵。在整个发酵过程中，原料中的葡萄糖、多糖和维生素等营养物质经过微生物的代谢转化为多种小分子活性物质。目前使用较多的是酵母菌和乳酸菌，酵母菌接种量一般为4%，发酵温度为32 ℃，发酵时间为25 h；乳酸菌接种量一般为3%，发酵温度为34 ℃，发酵时间为15 h。此外，也可以进行混菌发酵，即先接种4%的酵母菌，控制温度在31 ℃发酵5 h，然后加入3%的乳酸菌，调节温度在34 ℃下继续发酵10 h。相比于单菌种发酵，混合菌种发酵制备的果蔬酵素含有更为丰富的生物活性成分。

4. 检测

在对最终成品包装之前，应对果蔬酵素产品进行食品安全性检测，主要包括感官要求、理化指标、污染物限量及微生物限量等方面，具体检测方法可参考《食用植物酵素》(T/CBFIA 08003—2017)和《植物酵素》(QB/T 5323—2018)中的规定。

三、酵素后处理、包装及质量标准

(一)酵素后处理

发酵工艺结束后，根据最终产品形式，果蔬酵素有不同的后处理方式。目前市面上主要有液体酵素、粉剂酵素、片剂酵素、膏体酵素等。其中液体酵素是将发酵液进行过滤、离心、浓缩等工艺后制成的发酵原液，含有有利于人体吸收的最原始的高活性发酵物。粉剂酵素是将液体酵素进行进一步烘干或者冷冻干燥处理后制成的便于携带和贮存的酵素产品。片剂酵素是将粉剂酵素与其他辅料一起混合、压片后形成的产品，能够减少原料中营养物质的流失并改善原有产品的口感。膏体酵素是一种将酵素液进行较长时间(数年)发酵后制成的分子更细化、益生菌群更为丰富的酵素产品。

(二)包装

经检验合格的酵素产品应进行合理包装，方便贮藏、运输和销售。其包装应完整、无破损，包装材料应符合相应的国家标准或行业标准的规定。预包装产品标签应符合 GB 7718、GB 28050 的规定标明：产品名称，配料表，营养标签，净含量，制造者的名称、地址和联系方式，生产日期和保质期，保存方法，食品生产许可证编号，产品标准号及其他需要标示的内容。运输包装标志应符合 GB/T 191 的规定。

(三)质量标准

1. 感官要求

果蔬酵素应具有产品应有的色泽、滋味和气味，无正常视力可见的外来杂质。

2. 理化指标

果蔬酵素一般理化指标应符合表 16-1 中的规定；特征性理化指标应有 3 项或 3 项以上指标符合表 16-2 中的规定。

表 16-1 果蔬酵素的理化指标

项目		指标		
		液态	半固态	固态
pH	≤	4	4.5	—
乙醇/(g/100 g)	≤	0.5	0.5	—
氯化钠/(g/100 g)	≤	0.2	0.3	0.4

引自：《食用植物酵素》(T/CBFIA 08003—2017)。

表 16-2 果蔬酵素的特征性理化指标

项目		指标		
		液态	半固态	固态
总酸(以乳酸计)/(g/100 g)	≥	1.2	1.5	2.8
维生素(B_1、B_2、B_6、B_{12})/(mg/kg)	≥	1.1	1.2	2.3
游离氨基酸/(mg/100 g)	≥	33	35	97
有机酸(以乳酸计)/(mg/100 g)	≥	660	900	6 400
乳酸/(mg/kg)	≥	550	800	1 150
粗多糖/(g/100 g)	≥	0.1	0.15	2.8
γ-氨基丁酸/(mg/kg)	≥	0.03	0.039	0.06
多酚/(mg/kg)	≥	0.5	0.6	1.4
乳酸菌/[CFU/mL(液态),CFU/g(固态)]	≥	1×10^5	1×10^5	1×10^5

引自:《食用植物酵素》(T/CBFIA 08003—2017)。

注:* 酶活性在 25 ℃条件下保存不少于半年。表中各指标为酵素发酵过程中产生的非外源添加的物质。

3. 污染物限量

果蔬酵素的污染物限量应符合表 16-3 中的相关要求。

表 16-3 果蔬酵素的污染物限量 mg/kg

项目		限量		
		液态	半固态	固态
铅(以 Pb 计)	≤	0.05		0.2
总砷(以 As 计)	≤	0.2		0.5
镉(以 Cd 计)	≤	0.05		0.1
铬(以 Cr 计)	≤	0.5		1.0
汞(以 Hg 计)	≤	0.01		0.02

引自:《食用植物酵素》(T/CBFIA 08003—2017)。

注:符合 GB 2762 的规定。

4. 微生物限量

果蔬酵素的微生物限量应符合表 16-4 中的相关要求。

表 16-4　果蔬酵素的微生物限量

项目	采样方案[a] 及限量			
	n	c	m	M
菌落总数[b]/［CFU/g(mL)］	5	2	$10^2(10^3)$	$10^4(5\times10^4)$
大肠菌群/［CFU/g(mL)］	5	2	1(10)	$10(10^2)$
金黄色葡萄球菌/［CFU/g(mL)］	5	1	10^2	10^3
沙门菌/［CFU/25 g(25 mL)］	5	0	0	—
霉菌/［CFU/g(mL)］　≤			20(50)	

引自:《食用植物酵素》(T/CBFIA 08003—2017)。

注:括号中的限值仅适用于固体发酵产品。n 为同一批次产品应采集的样品件数;c 为最大可允许超出 m 值的样品数;m 为致病菌指标可接受水平的限量值;M 为致病菌指标的最高安全限量值。

a 样品的采样及处理按 GB 4789.1 和 GB/T 4789.21 执行。

b 不适用于活菌(未杀菌)型酵素产品。

第四节　发酵饮料生产

发酵饮料是指通过微生物发酵后经配制而成的酒精体积分数在 1%以下的饮料。根据所选用的发酵原料不同,发酵饮料可分为果蔬发酵饮料、蛋白发酵饮料、谷物发酵饮料和其他发酵饮料。相比于普通型饮料,发酵饮料主要有以下特点:①营养价值大为提高,由于微生物的代谢作用,大大改善并提高原料的有效营养成分;②具有较好的保健功能,微生物在发酵过程中产生较多的生物活性新物质;③风味口感大为改善,在微生物的作用下,原料中的风味物质发生一系列有益变化,产生大量优良风味物质。

一、果蔬发酵饮料

果蔬发酵饮料是指以水果或蔬菜或其汁(浆)等为主要原料,经过微生物发酵、分离后,可直接或添加相应原、辅料后形成的产品。

(一)工艺流程

果蔬发酵饮料生产工艺流程如图 16-3 所示。

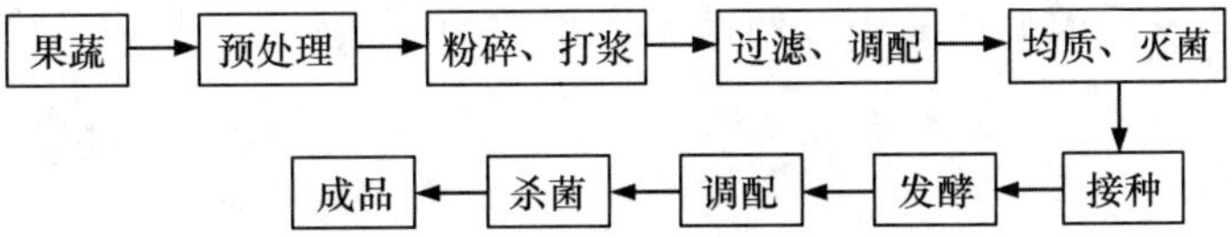

图 16-3　果蔬发酵饮料生产工艺流程

(二)操作要点

1. 果蔬原料选择及预处理

用作果蔬发酵饮料的水果应挑选汁液多、酸度低且可溶性固形物含量较高的品种，蔬菜应选择新鲜、纤维少、汁液多的品种。预处理过程一般包括清洗、去皮、切分、烫漂(护色)等工艺，确保所用果蔬原料不含有泥土、灰尘等杂质，容易褐变的原料还需要进行护色处理，常见的处理有沸水烫漂 4～6 min，或添加一定量的柠檬酸或者维生素 C 等。

2. 调配、均质及灭菌

调配时应综合考虑风味、可溶性固形物含量和 pH 等因素，可适当添加蔗糖、水等物质，将可溶性固形物含量调整为 20 °Bx，pH 不小于 5，过滤时一般用 10～20 目滤网过滤，均质时一般用 20 MPa、5 000 r/min、5 min 处理。灭菌一般使用 90 ℃、10 min 的巴氏杀菌工艺。

3. 接种发酵

待灭菌后的发酵原液冷却后，将经过活化之后的益生菌接种到发酵原液中，发酵温度一般控制在 30 ℃，发酵时间一般为 24～120 h。发酵结束后按照需求对发酵液添加相应辅料进行调配，非调配型不需要进行此步骤。

4. 杀菌

灭菌型果蔬饮料在包装前需要进行杀菌操作，常用的为 90 ℃、10 min 的巴氏杀菌工艺，而活菌型果蔬饮料则不需要进行杀菌。

(三)质量标准

果蔬发酵饮料应符合工业和信息化部批准实施的《果蔬发酵汁》(QB/T 5356—2018)中规定，具体如下。

1. 感官要求

果蔬发酵饮料产品形态应为液体、浆状或膏状，具有产品特有的色泽、香气和滋味，无异常气味和味道。

2. 理化指标

果蔬发酵饮料应符合表 16-5 中的理化指标。

3. 安全要求

果蔬发酵饮料应符合以下安全要求：甲醇≤0.24 g/L；Pb≤0.05 mg/kg；锡≤150 mg/kg；展青霉素≤50 μg/kg；活菌型产品中沙门菌不允许检出；灭菌型产品应符合 GB 4789.26 商业无菌状态。

二、红茶菌饮料

红茶菌饮料是以红茶糖水为主要原料，添加或不添加其他品种茶叶、果汁、蔬菜汁、中草药浸膏以及食品加工的副产物等辅料，经由醋酸菌、酵母菌和乳酸菌构成的共生菌群混合发酵而成，富含有机酸、多酚、黄酮、茶多酚、*D*-葡萄糖二酸-1,4 内酯和维生素等生物活性物质的保健饮品。

表 16-5　果蔬发酵饮料的理化指标

项目		指标		
		汁型		浆型
		液态	半固态	
可溶性固形物/%	≥	3.0		—
干物质/(g/100 g)	≥	—		10
还原糖(以葡萄糖计)[a]/(g/100 g))	≤	12.0		—
总膳食纤维(以干物质计)/(g/100 g)	≥	—		1.0
总酸(以乳酸计)/(g/kg)	≥	3.0		
乙醇/(g/kg)	≤	5.0		
乳酸菌总数/[CFU/g(mL)]	≥	1.0×10^5	—	

引自:《果蔬发酵汁》(QB/T 5356—2018)。

注:a 调配型产品对还原糖不做规定。

(一)工艺流程

红茶菌饮料生产工艺流程如图 16-4 所示。

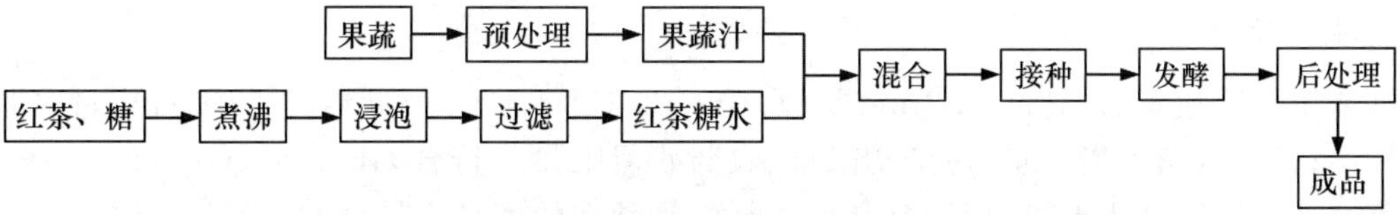

图 16-4　红茶菌饮料生产工艺流程

(二)操作要点

1. 红茶糖水制备

原料最好选择没有经过任何处理的天然红茶，糖选用蔗糖。将红茶、蔗糖和沸水按一定比例[通常为 5∶(0.1～0.40)∶100]浸泡 3 min 后过滤，再次煮沸 10 min 进行杀菌处理后备用。

2. 果蔬汁制备

相比于果汁，较少用蔬菜汁制作红茶菌饮料，由于果汁含糖量较高，大部分的红茶菌对果汁都有较强的适应性，一般是向茶糖水中添加果汁后进行发酵。如用新鲜水果或蔬菜制备果蔬汁时，一般选用新鲜的水果或蔬菜经清洗、剥皮、切块、打浆、酶解、过滤等处理，将制得的果蔬汁进行糖度调节至 14%～18%后，再进行 90 ℃加热 10 min 灭菌处理，冷却后备用。也可以选用浓缩果汁或蔬菜汁稀释后备用。

3. 混合

将灭菌后的果蔬汁和红茶糖水按照一定量的比例混合(一般为 1∶1),如有需要,需对混合后的红茶糖液进行糖度调节后得最终的混合红茶液。

4. 接种、发酵

选用一定量的酵母菌、醋酸菌和乳酸菌进行纯菌混合发酵是目前工业化生产红茶菌饮料的主要方式,可以有效缩短培养周期和促进功能性物质生成。一般在接种后将混合红茶液在 32 ℃下培养发酵,待发酵液中糖度和 pH 趋于稳定时停止发酵。

5. 后处理

发酵结束后,取发酵液上清液过滤后得澄清液体,按照最终产品要求进行糖度和酸度调整后,需进行高温(100 ℃,10 min)灭菌处理,冷却后,灌装得最终产品。

(三)质量标准

1. 感官要求

红茶菌饮料色泽应具有该产品应有的原茶色泽且色泽均匀;滋味和气味具有该产品应有的混合香气,味感谐调、无异味,无异臭;组织状态应均匀一致,久置后允许有少量沉淀,无正常视力可见的外来异物。

2. 理化指标

红茶菌饮料应符合:可溶性固形物≥5.0 g/100 g;茶多酚≥150 mg/kg;咖啡因≥25 mg/kg。

3. 安全要求

红茶菌饮料应符合:Pb≤0.2 mg/L;霉菌≤20 CFU/mL;酵母≤20 CFU/mL;沙门菌不允许检出;其他真菌毒素限量、污染物限量、农药残留限量应符合 GB 2761、GB 2762、GB 2763 及国家有关规定和公告要求;所用食品添加剂的品种和使用量应符合 GB 2760 的规定。

三、格瓦斯饮料

格瓦斯饮料是以面包或麦芽汁经乳酸菌或酵母菌发酵作用而制成的液体或者浓缩液为原料,添加或不添加其他食品原料或食品添加剂等制成的酒精含量在 1%左右的液体发酵型饮料。

(一)工艺流程

格瓦斯饮料生产工艺流程见图 16-5。

(二)操作要点

1. 无菌麦芽汁制备

将研磨过筛的大麦芽粉加入适量的水,然后加入 α-淀粉酶进行 60 ℃液化 30 min,之后加入糖化酶进行 60 ℃糖化 30 min。过滤后采用 121 ℃、15 min 高压灭菌处理,冷却后得无菌麦

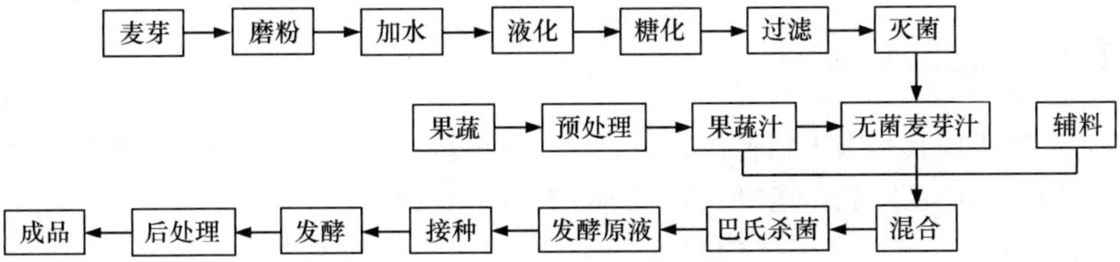

图 16-5　格瓦斯饮料生产工艺流程

芽汁。

2. 果蔬汁制备

应选择成熟度好、无霉变的新鲜水果或蔬菜原料，经过清洗、沥干、切块后进行打浆处理，非浆果类需添加适量水再打浆。然后进行浆汁分离，经过适当杀菌处理后冷却得果蔬汁。

3. 发酵原液制备

将灭菌后的果蔬汁、无菌麦芽汁和蔗糖等辅料按照一定量的比例混合后，经过巴氏杀菌后冷却得发酵原液。

4. 接种、发酵

接种、发酵之前，要将所用菌种进行活化，菌种添加量为 0.25%左右，接种前要保证发酵液温度已降到菌种的最适温度，若温度过高会影响菌种的活力。混合菌种发酵生产格瓦斯饮料比较常用的方法为异步发酵法，即先将乳酸菌接种到发酵液中发酵 24 h，然后再接入酵母菌发酵 24 h，这种方法所生产的格瓦斯饮料质量较稳定。

5. 后处理

发酵结束后，取发酵液上清液过滤后得澄清液体，按照最终产品要求进行糖度和酸度调整后，需进行巴氏杀菌处理后灌装得最终产品。

(三)质量标准

1. 感官要求

格瓦斯饮料应具有标签所标识原料制成饮料应有的色泽；具有面包或麦芽汁发酵后应有的滋味和气味，组织状态应为澄清液体，放置后可有少量沉淀，晃动后有泡沫，无外来杂质。

2. 理化指标

格瓦斯饮料应符合以下理化指标：pH 在 2.5～4.0；乙醇≤0.5 g/100 g；可溶性固形物（以面包为原料）≥3.0 g/100 g，可溶性固形物（以麦芽汁为原料）≥6.0 g/100 g。

3. 安全要求

格瓦斯饮料中污染物限量、真菌毒素限量、微生物限量等应符合《食品安全国家标准　饮料》(GB 7101—2022)的相关要求。

四、稠酒

稠酒是以糯米或其他米类粮食作物为原料，经过浸泡、蒸制、加曲、发酵、澄清过滤、调配和杀菌等工艺制成的白色或乳白色、低酒精含量的发酵型饮料。

（一）工艺流程

稠酒生产工艺流程如图 16-6 所示。

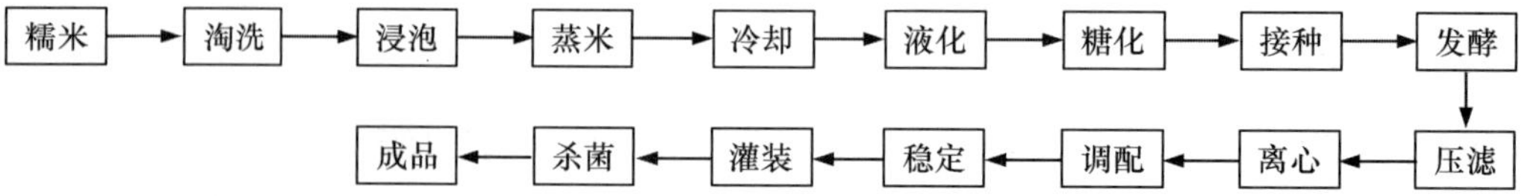

图 16-6　稠酒生产工艺流程

（二）操作要点

1. 原料选择

糯米中支链淀粉含量高达 98%～99%，蒸煮糊化速度较快，酿制的酒稠厚而且杂味少，是制作稠酒的最佳原料。也可以选择小米、大米、黑米等其他谷物原料，但应选择颗粒饱满、晶莹洁白、不含杂质的新米。

2. 淘洗

该环节要求去除砂石、尘土等杂质，糯米应洗至无白色浊水，这样后期酿制的稠酒色泽纯净，无杂味。

3. 浸泡

浸泡时间应根据气温情况而定，冬长夏短，如 0～10 ℃时浸泡 36～48 h；10～20 ℃时浸泡 24～36 h；20～30 ℃时浸泡 12～24 h。浸泡要保持米粒完整，以无硬心为度（用手指捏米粒即成粉末，无硬心）。

4. 蒸米

将浸泡好的米于 100～110 ℃蒸汽下蒸 30 min，蒸好的米要求达到外硬内软，无生心，疏而不糊，透而不烂，均匀一致，吸水率在 40%～45%。

5. 液化、糖化、接种

待蒸制后的糯米冷却到 28～32 ℃后，即可按一定的添加比例加入液化酶，液化 2 h 后加入糖化酶，糖化 24 h。糖度达到最高时加入复合酵母，要求做到加量准确，迅速拌匀。

6. 发酵

将接种后的米饭放入缸中发酵。米饭放入后扒平，中间搭窝，30 ℃发酵 2～4 d，待米全部浮起即可认为发酵过程结束。

7. 压滤、离心

用 120 目的纱布进行压滤，将未被利用的糯米中的纤维素和其他的杂质除去。离心条件为 4 000 r/min 离心 30 min，除去酒酿中的悬浮杂质，离心后酒酿为透明的黏状流体。

8. 调配、稳定

将砂糖和柠檬酸用 50～55 ℃的水充分溶解，搅拌均匀后与发酵成的稠酒进行调配。之后添加稳定剂，保证稠酒的稳定性和口感。

9. 灌装、杀菌

灌装好的稠酒要求迅速杀菌，否则会引起二次发酵。当酒体温度大于 75 ℃时，感官质量开始发生变化，温度过高，产品色泽会发生明显的褐变，产品风味也会发生不良的变化。因此在稠酒灭菌时酒体温度最好控制在 75 ℃左右。如果温度太低，会杀菌不彻底，使稠酒易变质，货架期变短。

(三)质量标准

1. 感官要求

稠酒应具有该种产品应有的色泽且色泽均匀；具有酸甜可口，稠酒特有的滋味；具有稠酒特有的发酵香气或桂花香气，无不良气味；原汁稠酒和清型稠酒组织状态应清凉，浊型稠酒组织状态应均匀细腻，允许有少量沉淀及分层。

2. 理化指标

原汁稠酒和清型稠酒应符合以下理化指标：酒精度(20 ℃)≥5.0%(体积分数)；总酸(以乳酸计)≤20 g/L；总糖(以葡萄糖计)≥100 g/L；可溶性固形物含量≥1%；Pb≤0.19 mg/L。

浊型稠酒应符合以下理化指标：酒精度(20 ℃)介于 0.5%～4.5%(体积分数)；总酸(以乳酸计)≤10 g/L；总糖(以葡萄糖计)≥60 g/L；可溶性固形物含量≥5%；Pb≤0.19 mg/L。

3. 安全性指标

稠酒中真菌毒素限量应符合 GB 2761 的相关要求，污染物限量应符合 GB 2762 的相关要求，农药残留限量应符合 GB 2763 的规定；食品添加剂的品种和用量应符合 GB 2760 的规定。

第十七章　发酵肉制品生产

我国发酵肉制品的生产具有悠久的历史，如中外驰名的金华火腿、宣威火腿以及品质优良的中式香肠等民间传统发酵型肉制品，由于其良好的特殊风味，深受国内外消费者的青睐。

第一节　发酵肉制品的种类及特点

一、发酵肉制品的种类

发酵肉制品是指在自然或人工控制条件下，利用微生物或酶的发酵作用，使原料肉发生一系列生物化学变化及物理变化，而形成的具有特殊风味、色泽和质地以及较长保质期的肉制品。人类利用腌制、干燥、发酵方法以腌腊肉类方式保存肉类已有 2 000 余年历史。发酵肉制品按照产地可以分为意大利、德国、匈牙利、美国等；发酵肉制品按加工过程中有无熟制处理可分为生与熟制形态产品；按产品加工与使用时肉类形态可分为块状发酵肉制品和馅状发酵肉制品；按发酵加工温度可分为低温发酵与高温发酵产品；按发酵类型可分为低酸与高酸发酵肉制品。

(一)发酵香肠

发酵香肠是指将绞碎的肉、动物脂肪、盐、糖、发酵剂和香辛料等混合后灌进肠衣，在自然或者是人工控制条件下，经微生物发酵而制成的具有稳定的微生物特性和典型的发酵香味的肉制品。

中式发酵香肠也称为腊肠或风干肠，约创制于南北朝以前，最早记载于《齐民要术》的“灌肠法”，与西式发酵香肠的不同之处在于，它是将猪肉切成小块与配料混合，填充于猪与羊肠衣中，经自然干燥(晾晒或者风干)后形成的一种天然发酵肠。其中有的腊肠在风干前需要用木材熏制或者直接熏干。中式发酵香肠比较出名的有广式腊肠、四川辣肠、湖南香肠、哈尔滨的风干肠。广式腊肠由于加入大量的蔗糖和高度酒，口味偏甜、气味浓郁。四川辣肠在拌肉时会加入辣椒粉和花椒粉，讲究的是要加入炒熟的辣椒和花椒磨成的粉，以麻辣为特征风味。

西式发酵香肠起源于 260 多年前的意大利，而后传入德国、匈牙利和美国等，主要分为干或半干香肠。但到目前为止，干或半干香肠还没有正式定义，人们只是根据香肠最终的干燥程度来划分两者。干香肠为经细菌作用，pH 小于 5.3，再经干燥除去 25%～50%的水分，最终水分与蛋白质之比不超过 2.3∶1 的碎肉制品。半干香肠为经细菌作用，pH 小于 5.3，再经干燥除去 15%的水分，最终水分与蛋白质之比不超过 3.7∶1 的碎肉制品。干香肠是意大利香肠的变种，起源于欧洲南部，主要用猪肉作原料，调味料较多，未经烟熏或煮制。其代表为热那亚式萨拉米香肠(Genoa salami)。半干香肠为德国香肠的变种，起源于北欧，采用传统的烟熏和煮制工艺。它含有牛肉和(或)猪肉混合肉料，加少量调味料。其代表为黎巴嫩博洛尼亚香肠(Lebanon bologna)。

(二)发酵火腿

发酵火腿主要是指以猪后腿为原料，经修整、干腌、风干、成熟等主要工艺加工而成的风味独特的发酵肉制品，也称为干腌火腿，分为中式发酵火腿和西式发酵火腿。

中式发酵火腿按照地理位置不同大致可以分为三类：长江以南地区的南火腿，长江以北地区的北火腿，云贵地区的云火腿。我国发酵火腿的生产历史悠久，火腿的制作和风味也具有地域性特点，其中浙江金华火腿、江苏如皋火腿和云南宣威火腿被称为中国的“三大名腿”。世界上其他著名的发酵火腿都出自地中海地区，主要有西班牙的伊比利亚火腿(Iberian ham)和索拉那火腿(Serrano ham)，意大利的帕尔玛火腿(Parma ham)和圣丹尼尔火腿(San Danielle ham)，法国的巴约纳火腿(Bayonne ham)和科西嘉火腿(Corsica ham)。

(三)腌腊肉制品

我国的腌腊肉制品主要包括广东、四川、湖南的腊肉，浙江、四川、上海的咸肉，江苏、南京、江西大余县板鸭和向西侗族地区的酸肉。

二、发酵肉制品的特点

发酵肉制品的主要特点是营养丰富、风味独特、保质期长。通过微生物的发酵，肉中蛋白质分解为氨基酸，大大提高其消化性；同时人体必需氨基酸、维生素和双歧杆菌的增加使营养和保健的功效增强；微生物发酵分解蛋白质为氨基酸可以进一步形成大量香味成分，从而使产品具有独特的风味。以发酵香肠为例，其成熟过程中的变化主要有以下几方面。

(一)乳酸菌数量的变化

乳酸菌数量开始呈上升趋势，12 h 后达到最高值；在成熟过程中基本保持稳定，之后开始逐步下降；最后随着发酵的结束，乳酸菌数基本保持一致。

(二)pH 的变化

在前期，pH 有上升的趋势，这是因为环境温度较低，乳酸菌的生长受到抑制；大约 3 h 后 pH 下降最快，这是由于发酵的进行，初期乳酸菌很快成为优势菌群，乳酸菌快速繁殖产生大量的乳酸，5～10 h 后有上升的趋势，这是由于蛋白质的降解使 pH 增加；大约 24 h 以后 pH 下降缓慢，因为乳酸菌生长基本趋于衰亡期，速度趋于缓慢并维持在一个较恒定的水平。但是，从整体上说变化不大，pH 基本保持在 5.0 以上。

（三）水分活度的变化

一般肉制品的水分活度值变化是先下降后上升，但水分活度值保持在0.9左右。

（四）脂质的变化

发酵香肠在发酵成熟过程中，由于微生物脂肪酶和组织中固有脂肪酶的作用，脂肪在脂肪水解酶的作用下水解产生游离氨基酸、羰基化合物、单酰甘油等。由于不发生强烈的氧化反应，因而不会发生脂肪酸败，也不会产生令人不快的感官气味。另外，脂肪也容易分解生成挥发性脂肪酸。所以，现在多采用测定挥发性脂肪酸的量来判断发酵肠的氧化程度。

（五）蛋白质的变化

蛋白质的水解是发酵肠成熟过程中重要的变化之一，蛋白质水解度的变化是先下降后上升，但整体变化不大。香肠中粗蛋白质含量的变化主要发生在成熟过程中的前14～15 d，下降20%～45%。在发酵成熟过程中有些氨基酸的含量可能会降低，如精氨酸、半胱氨酸和谷氨酰胺的含量均明显下降，大概是由于这些氨基酸在加工过程中发生了进一步的分解原因。

肉制品中存在大量的有益微生物，可以起到对致病菌和腐败菌的竞争性抑制作用，从而保证产品安全性，延长产品货架期；微生物的生理活动有利于减少亚硝胺的含量，提高产品的安全性。但是，发酵肉制品蛋白质含量丰富，在发酵过程中易产生一些有害物质，会影响到肉制品的质量和安全。其中生物胺就是微生物在发酵过程中产生的一种物质，它是由细菌中的氨基酸脱羧酶对游离氨基酸发生脱羧作用而形成的，微量的生物胺在生物细胞中具有重要的生理功效，但在人体内积累达到一定数量时就会产生毒性作用，如引起人体中毒、头痛、呼吸紊乱、心悸、血压变化等。

第二节 发酵肉制品中常用的微生物及作用

一、常用的微生物种类

从发酵肉制品中分离的微生物区系来看，主要有乳杆菌属、片球菌属、链球菌属、微球菌属和青霉菌属等。这些微生物对肉品的色泽、风味的形成以及品质卫生起着极其重要的作用。作为发酵剂的微生物应具有的特征为：具有食盐耐受性，能耐受6%的食盐溶液；能耐受亚硝酸盐，在80～100 mg/L质量浓度条件下仍能生长；能在27～43 ℃范围内生长，最适温度为32 ℃；同型发酵；发酵副产物不产生异味；无致病性；在57～60 ℃范围内灭活。

（一）乳杆菌属

乳杆菌为革兰氏阳性菌，是最早从发酵肉制品中分离出来的微生物，它是在自然发酵时趁机而入的微生物区系。在目前的自然发酵过程中它仍占主导地位。其最适生长温度为30～40 ℃，对试验耐受能力较强，能发酵果糖、葡萄糖、麦芽糖、蔗糖、乳糖等产生乳酸，但不能分解蛋白质、脂肪，且不具有还原硝酸盐能力。常用的有：植物乳杆菌、干酪乳杆菌、发酵乳杆菌。早期的美国专利证实了植物乳杆菌单独或与短乳杆菌和发酵乳杆菌联合可应用于制作干香肠。欧洲最初采用的是植物乳杆菌或植物乳杆菌、微球菌混合发酵剂。

(二)片球菌属

片球菌是发酵肉制品中使用最多的微生物，为革兰氏阳性菌，能分解可发酵的碳水化合物产生乳酸，不产生气体，不能分解蛋白质，不能还原硝酸盐。啤酒片球菌是使用较早的菌种，而目前使用更多的则是乳酸片球菌和戊糖片球菌，二者已经是市售的肉用发酵剂培养物。片球菌株在26.7～48.9 ℃发酵最有效，用较低发酵温度(15.6～26.7 ℃)发酵时间过长。最近肉类工业上用筛选的戊糖片球菌株与金属盐，最好是锰盐，在15.6～26.7 ℃范围内发酵较快。为了加强刺激，可在培养物中添加食品级金属盐，削弱肠馅成熟中可能发生的抑制作用，使发酵更快。对培养物有促进作用的盐类包括氯化锰、甘油磷酸锰、氧化锰、葡萄糖酸锰及各种微溶于水的无毒的酸金属盐。

(三)微球菌属

微球菌科包括微球菌、葡萄球菌和动性球菌三个菌属。微球菌属由三个种组成：藤黄微球菌、玫瑰色微球菌和变异微球菌。微球菌在发酵过程中产酸速度较慢，美国通常不采用微球菌，而欧洲国家将其同乳杆菌结合使用，利用其可以分解蛋白质和脂肪以及还原硝酸盐的能力，从而使产品形成腌制色泽和风味。

变异微球菌是目前唯一用于商业肉质发酵剂的微球菌种。它具有很强的硝酸盐还原能力，在较低的温度(5 ℃)和pH(>5.4)时都表现出硝酸盐还原活性。

(四)霉菌

传统的发酵香肠的霉菌主要来自环境当中，其组成较为复杂，但主要是青霉。目前，德国将白地青霉和娄地青霉两种霉菌用于肉制品发酵。许多干香肠如意大利萨拉米、匈牙利萨拉米的特征就是在表面上有霉菌生长，而且它们独特的风味必须依靠这些霉菌的作用。霉菌在肉制品发酵过程的作用有：①形成特征的表明外观，并通过霉菌产生的蛋白酶、脂肪酶作用与肉制品形成特殊风味；②通过霉菌生长消耗氧气，又在香肠表面上形成霉衣，阻止氧气渗透进肉中，防止氧化褪色；③菌丝体在香肠表面形成外衣，能调节水分损失；④许多霉菌也能把硝酸盐还原成亚硝酸盐，促进香肠表面颜色的生成；⑤竞争性抑制有害微生物的生长。

(五)酵母

发酵肉制品的酵母主要是汉逊德巴利酵母菌，用作发酵剂时在香肠中的接种量是10^6 CFU/g，可使制品具有酵母味，并有利于发色的稳定性，且对微球菌的硝酸盐还原性也有轻微抑制作用。

总之，发酵肉制品中所添加的发酵剂可以是单一菌株，也可以是混合菌株。细菌、酵母菌、霉菌在发酵肉制品中都有应用。乳酸菌不仅能缩短发酵时间，改善产品的色泽和风味，还能抑制有害菌的生长，防止毒素的产生。微球菌和葡萄球菌能加快发色、产酸速度，使产品能更快地达到所需的质地，也能很好地控制病原菌和腐败菌的生长。霉菌具有发达的酶系，代谢能力强，在金华火腿中起着重要的作用。酵母菌可使产品具有酵母味，并有利于发色的稳定性。

二、常用微生物的作用

（一）降低 pH 减少腐败，改善组织与风味

发酵肉在接种乳酸菌后，乳酸菌利用碳水化合物和葡萄糖发酵产酸（乳酸），从而使肉品 pH 降至 4.8～5.2，肌肉蛋白在酸性条件下变性形成胶状组织，从而增加肉块间的结着力以及提高肉品的硬度与弹性，此外乳酸可赋予香肠特殊的风味。由于 pH 接近于肌肉蛋白的等电点（pH＝5.2），肌肉蛋白保水力减弱，可加快香肠干燥速度，降低水分活度，而且在酸性条件下病原菌的生长得以抑制。

（二）促进发色

肉制品的色泽是决定其品质的重要指标之一。肉品在发酵成熟过程中，微球菌可以将 NO_3^- 还原为 NO_2^-，而乳酸菌在发酵成熟时利用碳水化合物产生乳酸，降低了 pH，有利于 NO_2^- 分解为 NO，NO 与肌红蛋白结合生成亚硝基肌红蛋白，从而最终使肉品呈腌制特有色泽。

（三）防止氧化变色

肉在腌制和发酵成熟期间，由于污染的抑制发酵的乳酸菌会产生 H_2O_2，与肌红蛋白形成胆绿肌红蛋白，而发生变绿现象。可在肉制品中接种发酵剂，利用优势菌抑制杂菌的生长或将其产生的 H_2O_2 还原为 H_2O 和 O_2，防止氧化变色。

（四）减少亚硝胺的生成

亚硝胺是一种致癌物。腌制肉中的亚硝胺是由残留的 NO_2^- 与二级胺反应生成的。如果在肉中加入乳酸菌，其产生乳酸降低 pH，促使亚硝酸盐分解，则可减少残留的 NO_2^- 与二级胺作用生成亚硝胺。因此在肉中添加发酵剂可以提高肉制品的安全性。

（五）抑制病原微生物的生长及其产生的毒素

发酵香肠在制作过程中不经过加热，因此在自然发酵过程中，如条件控制不当则极易造成香肠发生腐败，或因病原微生物的生长而导致食物中毒。许多研究结果表明，发酵作用可以控制发酵肉制品中的病原菌，如沙门菌、金黄色葡萄球菌、肉毒杆菌的生长和产生毒素。

第三节　发酵肉制品生产工艺

发酵肉制品品种众多，其加工方法因原料、辅料、发酵菌种、发酵条件等方面的差异而各不相同，但其基本加工原理和工艺相似。首先，发酵肉制品的原料是优质鲜肉，如猪肉、牛肉或鸡肉等。这些肉需要经过腌制处理，以提高后续发酵过程中的风味或口感。腌制通常使用盐和

糖等调味料，将肉块均匀地涂抹上，然后放置在低温环境中腌制数小时或数天，使其入味。其次，常用的发酵菌种有乳酸菌、酪酸菌和麦酒酵母等。这些菌种会在肉块表面自然生长，并在发酵过程中产生乳酸和其他有机酸，降低肉制品 pH，从而抑制有害菌的生长，并改变肉的风味。接着，将经过腌制的肉块放入发酵室进行发酵。发酵室的温度和湿度需要严格控制，通常在 25 ℃左右，并保持适当的湿度，以提供良好的发酵条件。在发酵过程中，发酵菌种会将腌制的肉块表面的糖类转化为有机酸，同时产生芳香物质，使肉块获得特殊的风味和口感。最后，是熟化和贮存。熟化的时间通常较长，可以从数天到数周不等，具体取决于所制作的产品，在熟化过程中，发酵菌种会继续发酵，肉块的风味和口感会更加丰富，熟化后的发酵肉制品需要进行适当的贮存，可以选择真空贮存或使用特殊的包装材料进行包装，以保持其新鲜和口感。

发酵火腿生产工艺流程如图 17-1 所示。

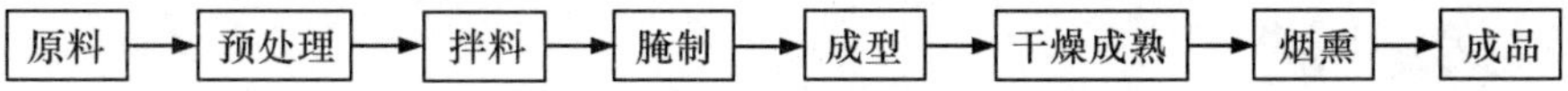

图 17-1　发酵火腿生产工艺流程

发酵灌肠制品生产工艺流程如图 17-2 所示

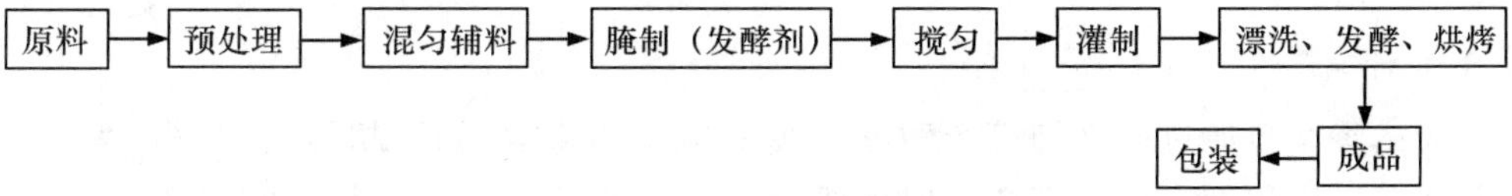

图 17-2　发酵灌肠制品生产工艺流程

一、原料及辅料

(一)原料肉的选择

1. 原料肉的质量

原料肉应选用优质的鲜、冻牛肉、猪肉为原料，应尽量降低原料肉中的初始菌数，以减少肉的腐败和被污染的机会。原料肉中微生物区系会影响其后的发酵过程。乳酸菌比例大则发酵速度快，而其他菌如假单胞菌、酵母菌等在乳酸发酵之前或之中产生的最终产物可能会影响产品的风味。

2. 水分含量

乳酸菌主要在水相阶段起作用。因此，任何影响水量的因素都会影响微生物的活性。肉的水分含量越高，pH 下降就越快；反之，脂肪的比例越大，则 pH 下降的速度越慢。冻干肉由于干耗和解冻时的汁液流失，水分含量减少，会延缓初始的发酵速度。

3. 缓冲力体系

缓冲物质含量越高，缓冲力越大，pH 下降速度越慢，这使肉总的发酵时间延长。低 pH 的牛肉以 5.8 为好，猪肉以 6.0 为好。因此，DFD 肉和 PSE 肉应避免使用，因这种肉的蛋白质已损伤到对颜色和结构发生负作用的程度。

4. 原料肉的温度

瘦肉温度最好控制在−1～4 ℃，肥肉或脂肪的温度控制在5～12 ℃。为了保证灌装时产品具有更加理想的颗粒，防止脂肪的溶化，应尽可能保持低温条件。

(二)辅料

1. 食盐

食盐能让乳酸菌的生长占优势并抑制许多有害微生物的生长。一般来说，发酵香肠中食盐的添加量为2%～3.5%，浓度过高会延长发酵时间，降低pH下降的速度，故生产发酵香肠时，初始的配料中食盐不要添加过多，或后加食盐。

2. 碳水化合物

各类糖类如葡萄糖、蔗糖、玉米糖浆能影响成品的风味、组织和产品特性，同时也会为乳酸菌提供必要的发酵基质。糖的数量和类型直接影响产品的最终pH。单糖如葡萄糖易被乳酸菌利用。干香肠添加葡萄糖量为0.5～0.75 kg/1 000 kg肉；半干香肠添加葡萄糖量为0.75～1.00 kg/100 kg肉。

3. 香辛料

某些天然香辛料通过刺激细菌产酸可直接影响发酵速度，如黑胡椒、白胡椒、大蒜粉、姜、肉桂等都能在一定程度上刺激产酸。但天然香辛料要进行降低微生物和霉菌含量处理（辐照或使用霉菌抑制剂）。

4. 化学酸味剂

有些产品使用化学酸味剂，如葡萄糖酸-δ-内酯或胶囊乳酸，使用这些酸味剂用量不能太大，必须与发酵剂配合使用，且这些酸味剂都有一种涩味。若使用葡萄糖酸-δ-内酯，添加后肉制品应立即进行填充，迅速进行热处理；若使用胶囊乳酸，必须加热到一定温度，乳酸才能释放出来。

二、合理使用发酵剂

使用发酵剂对保证发酵肉制品的安全质量起着重要的作用，在开始阶段，发酵剂要均一而迅速发酵，以确保pH迅速降低到5.3以下，有效地控制发酵初期金黄色葡萄球菌的生长。当pH还没有降至5.3以下时，必须将原料肉放置15.6 ℃以上温度中一段时间，有利于发酵剂中有益菌的生长。

三、加工工艺

1. 原料肉处理

将新鲜的原料肉冷却至−4.4～2.2 ℃，将冷冻肉解冻至−3～1 ℃，用绞肉机绞碎，牛肉一般用3.2 mm的筛板，脂肪和猪肉用9～25 mm筛板。

2. 拌料

根据不同产品的具体要求，按配方将瘦肉、脂肪及其他调味料、香辛料、添加剂等放入搅拌机中搅拌均匀。

3. 腌制

传统工艺是将肉馅放在腌制盘内，一层层压紧，在 4.4～10 ℃下腌制 48～72 h；腌制期间，硝酸盐被以片球菌和葡萄球菌为主的硝酸盐还原剂转化为亚硝酸盐；最后产生典型的腌制红色和腌制肉的风味。肠馅温度达到－2.2～1.1 ℃时，填入肠衣内，可以避免粘连充填机。如加工黎巴嫩大香肠时，将牛肉在 4.4 ℃下腌制 10 d，绞碎后与糖、食盐、硝酸盐一起拌匀，再填入肠衣内，在发酵期间浓烟熏制 4～8 d，可使香肠有一定风味。

4. 发酵与熏制

发酵的目的是给发酵菌提供合适的温度、湿度及生长时间，以便产生乳酸及其他代谢产物。填充后，将干香肠和半干香肠吊挂在贮藏间或成熟间内开始发酵循环。传统上发酵温度为 15.6～23.9 ℃，相对湿度为 80%～90%。在现代化工艺中，发酵和烟熏同时在空调室内进行，温度为 21.1～37.8 ℃，相对湿度为 80%～90%。发酵时间取决于初始产品温度、发酵温度、湿度、房间内负荷、空气流速及季节。与传统工艺相比较，现代生产工艺发酵时间短，一般为 12～24 h。彻底发酵的一个显著特征是产品变得密实，因为乳酸的生成，使蛋白质发生变性，再加上热的作用，产品就变得较为密实，并因此促进色泽的形成。发酵结束后，可对产品进行烟熏，以促进风味及表面发色的形成。典型的香肠熏制温度为 32.2～43 ℃。然后，进行干燥。

5. 加热干燥

发酵后，干香肠和半干香肠经煮熟、半煮熟或直接放在干燥室内干燥。传统上，干香肠不需要加热，即从发酵室直接移到干燥室内进行干燥，干燥室内温度为 10～21 ℃，相对湿度为 65%～75%。香肠表面生长霉菌是常见的现象，而且干香肠加工中常常希望如此。如萨拉米香肠制品，白色和蓝色霉菌生长对香肠的风味和外观有好处。显著干燥条件一般是：温度为 8.3～21.1 ℃，相对湿度为 75%～80%。

6. 包装

发酵肉制品达到要求的 pH 和水分与蛋白质比值或 aw 值后可包装和分发。较为成功的包装为真空包装盒充气包装。对包装材料的气密性要求极高，因为在真空状态下，包装袋内细菌的繁殖会受到抑制，但是包装袋本身透气的话，则随着氧气的逐渐渗入，袋内的细菌就会重新繁殖，由于这类包装需要较高的气密性，有时还需要具有避光性，因而都需要采用复合材料。

四、质量标准

发酵肉制品的质量要求主要包括外观、气味、口感、营养成分、微生物指标等多个方面。同时，发酵肉制品业需要遵循一些常规的检验方法，包括外观检查、气味检查、口感评估、化学成分分析、微生物检测等。中国对于发酵肉制品的质量检验提出了严格的标准，包括肉类原料的质量、加工工艺的规范、包装和标签的标准等多方面内容，具体见表 17-1。

表 17-1 我国发酵肉制品生产涉及的主要标准

序号	标准号	标准名称
1	GB 14881	食品安全国家标准　食品生产通用卫生规范
2	GB 19303	食品安全国家标准　熟肉制品生产卫生规范
3	GB 20799	食品安全国家标准　肉和肉制品经营卫生规范
4	GB 2726	食品安全国家标准　熟肉制品
5	GB 2707	食品安全国家标准　鲜(冻)畜、禽产品
6	GB 16869	鲜、冻禽产品
7	GB 5749	生活饮用水卫生标准
8	GB 2760	食品安全国家标准　食品添加剂使用标准
9	GB 2762	食品安全国家标准　食品中污染物限量
10	GB 2763	食品安全国家标准　食品中农药最大残留限量
11	GB 31650	食品安全国家标准　食品中兽药最大残留限量
12	GB 29921	食品安全国家标准　预包装食品中致病菌限量
13	GB 7718	食品安全国家标准　预包装食品标签通则
14	GB 28050	食品安全国家标准　预包装食品营养标签通则
15	GB/T 27301	食品安全管理体系　肉及肉制品生产企业要求
16	GB/T 20940	肉制品企业良好操作规范
17	GB/T 29342	肉制品生产管理规范
18	GB/T 19480	肉与肉制品术语
19	GB/T 26604	肉制品分类

发酵肉制品的执行标准在不同国家和地区也有所差异。以欧洲为例,欧洲联盟规定了食品行业的相关法规和标准,如欧盟食品卫生法规、欧盟有机食品标准等。随着食品工业技术的不断发展和消费者的需求变化,发酵肉制品的执行标准也需要定期更新和修订。中国食品行业标准的修订过程通常需要遵循相关法律法规,并征求各方面意见和建议。发酵肉制品的执行标准是保障产品质量和安全的基础,对保护消费者的健康和增加产品的竞争力都有着至关重要的作用。

第十八章　微生物制剂生产

微生物制剂是将自然界中有益微生物所产生的具有生物催化特性的酶或活的微生物制备而成的制剂，主要包括酶制剂和微生态制剂。酶制剂、微生态制剂所在的生物制造行业，属于国家“十三五”规划重点发展的战略性新兴产业，具备高效、安全、节能、环保等特点，是我国建设资源节约型、环境友好型社会的重要支撑。酶制剂、微生态制剂应用领域广泛，目前处于成长阶段，未来将主要受益于国家对安全环保、食品安全的逐步重视，市场前景广阔。

第一节　发酵法生产酶制剂

一、酶的生产方法及微生物发酵

酶的生产是指经过预先设计，并且通过人工控制而获得所需要的酶的过程。概括地说，酶的生产方法有提取法、化学合成法和发酵法三种。

（一）提取法

提取法是最早采用，并且一直沿用至今的一种方法。提取法采用各种技术，直接从动植物或组织中将酶提取出来。提取法虽简单易行，但必须有充足的原材料，这就使提取法的广泛应用受到了限制。但是在动植物和微生物资源丰富的地区，提取法仍然具有应用价值。例如，在屠宰场，可从家畜胰脏中提取胰酶；在水果加工厂，可从菠萝皮中提取菠萝蛋白酶。

（二）化学合成法

化学合成法是 20 世纪 60 年代末出现的一种生产酶的技术。1969 年，美国科学家首次采用化学合成的方法获得了含有 124 个氨基酸的核糖核酸酶。但是，化学合成的成本比较高，并且只能合成那些已知化学结构的酶。所以，化学合成法目前仍然停留在实验室内合成的阶段。

（三）发酵法

发酵法是 20 世纪 50 年代以来生产酶的主要方法。发酵法主要通过微生物发酵来获得人们所需要的酶。发酵法一般包括固体发酵、液体深层发酵、固定化细胞发酵和原生质体发酵等多种方式。

液体深层发酵：液体培养基，经灭菌、冷却后，接入产酶细胞，在一定条件下发酵。

固体培养发酵：培养基以麸皮、米糠等为主要原料，经灭菌后，接入产酶菌株，在一定条件下发酵。

固定化细胞发酵：将细胞固定在载体上后，进行发酵生产。

固定化原生质体发酵：原生质体是指除去了细胞壁的微生物细胞或植物细胞。

酶生产法是以微生物为来源进行酶生产的技术和方法。微生物种类繁多，凡是动植物体内存在的酶几乎都能从微生物中得到，并可通过分离和筛选获得最适宜的菌株。微生物繁殖快，生长周期短，培养简便，并可通过控制培养条件提高酶产量。微生物具有较强的适应性，通过各种遗传变异手段，可培育出新的、高产的产酶菌株。因此，采用发酵法生产酶比直接从生物原料中提取具有更大的优越性，常用的生产菌有枯草杆菌、黑曲霉、米曲霉、啤酒酵母等。

二、酶制剂的生产

目前已发现的酶有 5 000 种左右，其中已经利用的有 150 种，工业生产的酶有 60 多种，形成 1 000 多种商业酶制剂。酶制剂在各种行业都发挥着重要作用，在食品行业尤为常见。2021 年全球酶制剂市场规模达到 61 亿美元。近 20 年，中国的酶制剂产量一直保持稳定上升的趋势，2020 年中国酶制剂产量已达 151 万标准吨。现代酶制剂的大规模生产以深层液体发酵法为主。发酵法生产酶制剂，就是给酶的生产菌种提供适当的营养和生长环境，使生产菌大量增殖，同时合成所需要的酶，然后由发酵所得物料制成酶产品。

酶制剂的制备过程主要包括酶的筛选、培养基的优化、酶的提取和纯化等步骤。首先，需要从自然界中筛选出具有所需酶活性的微生物菌株，或者通过基因工程技术构建重组菌株。其次，通过优化培养基的组成和培养条件，提高酶的产量和活性。在培养过程中，可以利用发酵罐等设备进行大规模培养，以满足工业生产的需求。提取和纯化是酶制剂制备的关键步骤。首先，需要对菌体进行破碎，释放出酶。常用的破碎方法包括超声波破碎和高压破碎等。然后，通过离心、过滤和浓缩等步骤，将酶从菌体残渣和其他杂质中分离出来。最后，通过各种色谱技术，如凝胶过滤、离子交换和亲和层析等，对酶进行纯化，去除杂质，提高酶的纯度和活性。

酶制剂的制备过程中，还需要考虑酶的稳定性和贮存条件。酶在制备过程中可能会受到温度、pH、离子浓度等因素的影响，因此需要在制备过程中进行相关的优化和控制。此外，酶制剂在贮存和运输过程中也需要注意温度和湿度等条件，以保持酶的活性和稳定性。酶制剂在工业生产中有着广泛的应用。例如，蛋白酶制剂可以用于纺织、皮革和食品加工等行业，用于去除蛋白质的附着物和改善产品质量；淀粉酶制剂可以用于酿酒、制糖和面粉加工等领域，用于淀粉的降解和改善产品的口感。此外，酶制剂在生物传感器、医药制剂和环境治理等领域，发挥着重要的作用。酶制剂的制备是一个复杂而精细的过程，需要通过筛选、培养、提取和纯化等步骤，最终得到高效、高纯度的酶制剂。酶制剂在工业生产中具有重要的应用价值，可以提高反应效率、降低生产成本，对于促进可持续发展和改善人类生活质量具有重要意义。

三、主要微生物酶制剂

关于微生物酶的研究、生产和应用进展较快，研究较深、产量较大、应用较广的微生物酶类主要是淀粉酶、蛋白酶、脂肪酶和果胶酶等。

（一）淀粉酶

淀粉酶是水解淀粉物质的一类酶的总称，主要包括 α-淀粉酶、β-淀粉酶、葡萄糖淀粉酶和脱支酶等。淀粉酶生产常用的微生物有真菌和细菌。常见的真菌有曲霉属（*Aspergillus*）、青霉属（*Penicillium*）和木霉属（*Trichoderma*）等，常见的细菌有芽孢杆菌属、链霉菌属（*Streptomyces*）等。α-淀粉酶以芽孢杆菌属的枯草芽孢杆菌和地衣形芽孢杆菌深层发酵生产为主，后者产生耐高温 α-淀粉酶。另外也用曲霉属和根霉属的菌株深层和半固体发酵生产，适用于食品加工。葡萄糖淀粉酶能将淀粉水解成葡萄糖，现在几乎全由黑曲霉深层发酵生产，用于制糖、酒精生产、发酵原料处理等。

（二）蛋白酶

蛋白酶是水解蛋白质肽链的酶类的总称。按降解多肽的方式可分为内肽酶和端肽酶两大类，前者属于胞外酶，后者属于胞内酶。目前，工业上常用细菌、霉菌和放线菌作为发酵生产蛋白酶的菌种，细菌蛋白酶通常采用液体深层培养法进行发酵生产，如用地衣形芽孢杆菌、短小芽孢杆菌和枯草芽孢杆菌以深层发酵生产细菌蛋白酶；而霉菌蛋白酶则可采用固态培养法进行发酵生产，如用曲霉深层发酵生产中性蛋白酶和酸性蛋白酶，可用于皮革脱毛、毛皮软化、制药、食品工业；用毛霉属的一些菌进行半固体发酵生产凝乳酶，可在制造干酪中取代原来从牛犊胃提取的凝乳酶。

（三）脂肪酶

脂肪酶是一种特殊的酯键水解酶，它可作用于甘油三酯的酯键，将甘油三酯降解为甘油二酯、单甘酯、脂肪酸。产生脂肪酶的微生物种类很多，已报道的有 65 个属，其中细菌 28 个属，酵母菌 10 个属，放线菌 4 个属，其他真菌 23 个属。目前，产脂肪酶菌株主要集中在根霉、曲霉、假丝酵母、青霉、毛霉、须霉和假单胞菌等具有工业应用价值的菌种以及与医学相关的金黄色葡萄球菌、钩端螺旋体、粉刺状杆菌等。

（四）果胶酶

果胶酶是指能够分解果胶物质的多种酶的总称。商业化果胶酶最广泛的来源是丝状真菌，特别是黑曲霉，其拥有一个完整的果胶酶编码基因家族，并可表达几种不同的果胶酶同工酶。已有 30 多个不同种属的细菌和真菌被确定可用于生产工业相关的果胶酶，且通常酸性果胶酶主要由真菌产生，而碱性果胶酶主要由细菌产生。

第二节 微生态制剂生产

一、概述

(一)微生态制剂的定义及种类

微生态制剂在20世纪70年代兴起时,被认为只有活的微生物才能起到微生态的平衡作用,因此认定微生态制剂是活菌制剂,甚至有一段时间,把微生态制剂称为活菌制剂。但随着科学研究的深入,微生态制剂的不断发展,大量资料证明,死菌体、菌体成分、代谢产物也具有调整微生态失调的功效。因此,微生态制剂,也叫活菌制剂或生菌剂,是运用微生态学原理,利用对宿主有益无害的益生菌或益生菌的促生长物质,经培养、发酵、干燥等特殊工艺制成的含活菌或菌体及其代谢产物的活菌制剂或生物制剂。一切能促进正常微生物群生长繁殖的及抑制致病菌生长繁殖的制剂都称为微生态制剂。目前微生态制剂已被应用于食品、饲料、医药保健和农业等各领域中。在食品中广泛应用的有乳酸菌、双歧杆菌、肠球菌和酵母菌等,在饲料工业中广泛应用的有丁酸梭菌、植物乳杆菌、枯草芽孢杆菌等。

(二)微生态制剂的要求

首先,必须符合安全原则,不能产生有毒有害物质;其次,不能危害环境固有的生态平衡,特别是基因工程菌;然后,菌体要有很好的生长代谢活力,能在适宜的条件下快速增长;最后,应选用肠道中占优势的菌群的原籍菌。

(三)微生态制剂的作用机理

1.改善饲料原料,缓解蛋白质饲料原料紧缺问题

微生物发酵可消除饲料原料的抗营养因子,积累有益的代谢产物,提高饲料利用率和动物的消化能力,主要包括对豆粕的抗原蛋白质、棉粕的棉酚和菜籽粕的硫甙,进行蛋白质体外消化,其发酵可以改变粕类原料的理化性状,减少抗营养因子,产生促进动物生长的有益成分,将有毒粕类转变为无毒、低毒的优质饲料,有利于缓解中国蛋白质饲料原料紧缺的问题。

2.产生大量有益活菌,调节动物体内微生态平衡

微生物发酵饲料中含大量的有益微生物,发酵过程中微生物代谢产生的乳酸含量为3%,有效活菌数超过10亿CFU/g,这些益生菌可改善动物胃肠道微生物区系,促进胃肠道中有益菌群繁殖,有益菌通过竞争性抑制作用可阻止有害微生物在肠黏膜附着与繁殖,为构成畜禽肠道内微生态系统的平衡,建立一个正常且平衡良好的肠道微生物区系,抵御病原性微生物感染具有十分重要的意义。

3.产生有益代谢产物,促进动物生长

饲料经微生物发酵后会产生一些具有特殊生理活性的小肽,参与机体的生理活动,促进氨基酸和矿物质的吸收,提高蛋白质的合成,促进动物生长,还能改善饲料风味和提高饲料适口

性，从而提高动物生产性能。

4. 提高机体的免疫性能，增强抗病能力，促进吞噬细胞活力

有益微生物还可以发挥特异性免疫功能，增强动物体内 B 细胞产生抗体的能力，从而增强畜禽的免疫功能，减少疾病的发生。

(四)微生态制剂的生产工艺

目前，微生态制剂的生产工艺主要有两种，即固体发酵法和液体深层发酵法。

1. 液体深层发酵

液体深层发酵是将活化的菌种接种到发酵罐，进行深层液体培养，经过滤、浓缩或载体吸附、干燥等制得菌剂。其生产工艺流程如图 18-1 所示。

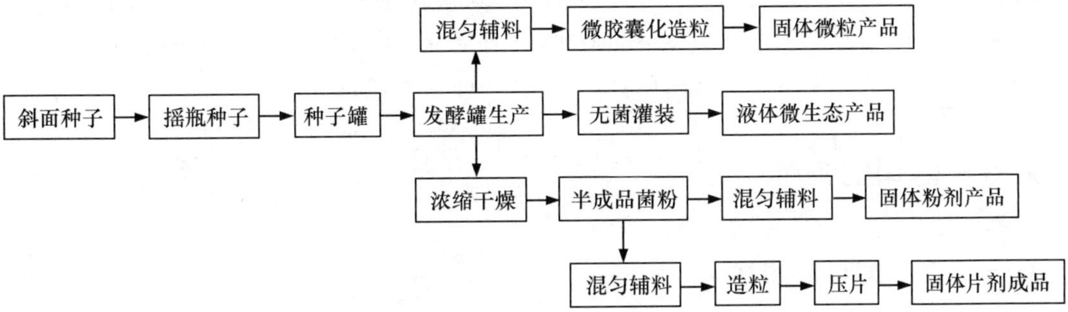

图 18-1　液生态制剂生产工艺流程(液体深层发酵)

2. 固体发酵

固体发酵是以固体基质为原材料，在没有游离水的状态下，微生物以固态基质为营养物质进行发酵的过程。固态发酵具有实用性高、投资成本低、生产率高、稳定性好和能耗低等优点。固态发酵可应用于各个领域，如利用农作物的副产品(麦麸、豆粕秸秆、玉米棒和棉籽粕等)或工业废渣等作为发酵的原材料，将其转化为富含微生物菌群的微生态制剂，用作动物饲料，促进动物的消化吸收与生长繁殖。相较于液态发酵的能耗高、效率低和后续污染严重，固态发酵的操作更加简便，其发酵环境更加接近微生物的生长环境，同时具有氧气充足、能耗低、无污染等优点。但是固态发酵也有不足之处，如固态发酵过程中物质和热量的传递存在不均匀，导致底物的利用率低，进而影响发酵效率；在发酵过程中，由于微生物的生长活动会产生大量的生物热，该过程中的温度难以实时监测和控制，温度过高会抑制其生长繁殖；发酵过程中易出现灭菌不彻底，时间较长而染菌等问题。

二、乳酸菌及益生菌制剂

乳酸菌是一类能利用可发酵碳水化合物产生大量乳酸的细菌的通称，无芽孢，属于革兰氏阳性菌，为厌氧菌。大量研究表明，乳酸菌能够改善肠道功能、提高机体免疫力、改善机体营养状况等，在医药、食品和畜牧业中广泛应用。乳酸菌进入肠道后会形成优势菌群，从而抑制病

菌的繁殖，并且自身可以产生多种抑菌物质，抑制或杀死病原微生物，从而增强机体免疫功能，增加机体抵抗力，最终改善动物体的生长性能以及饲养环境。

1. 丁酸梭菌

丁酸梭菌能耐受胃酸进入肠道，分泌肠黏膜再生和修复的重要营养物质丁酸，修复受损伤的肠黏膜，消除炎症，营养肠道，并能促进双歧杆菌等肠道有益菌生长，抑制痢疾志贺菌等肠道有害菌生长，恢复肠道菌群平衡，减少胺、氨、吲哚等肠道毒素的产生及对肠黏膜的毒害，恢复肠免疫功能和正常的生理功能。

2. 嗜酸乳杆菌

嗜酸乳杆菌在人体整个胃肠道中可从上而下调节微生态环境。“下”是指在大肠中，它可以释放有益双歧杆菌等其他益生菌生长的物质，增加大肠内益生菌的数量、增强它们的生命力，肠道内益生菌的比例越高，微生态环境就越好，肠道就越显年轻有活力。肠道的健康体现在消化吸收良好、大便正常和不易感染肠道疾病；对全身而言，充足的、有活力的益生菌通过抑制各种有害菌，可减少体内毒素的生成，减轻肝脏解毒负担。

三、活性干酵母的生产

（一）活性干酵母的用途

酵母是对人类贡献最大的微生物工业产品。人类从酿酒、制醋、制酱的历史开始之初，就与酵母打交道，这可以追溯到几千年前的古巴比伦时代和中国的周朝以前。作为药用，早在几十年前美国、英国、日本都将酵母收载入国家药典，我国中医早在数百年前就已经用酵母来治疗消化道疾病。

酵母作为微生物菌体被人类工业化生产，产量也是全球之最，没有任何微生物品种可与之相比，全世界产量达上百万吨，分布在全球各国，国家不分大小和贫富，都有酵母厂或者酵母生产的产品。因为人们每天赖以生存的面粉食品，大多都需经酵母发酵才能生产，人们喜爱的各种酒类饮料都必须经酵母菌发酵而成。现代生物技术的发展，扩大了酵母菌在人类社会中的作用范围，食品、化工、冶金、能源、环保、制药、美肤等领域都有酵母菌的广泛应用。酵母作为工程菌生产高级生化产品和药品的产品已经层出不穷，利用酵母生产燃料酒精已经实现；利用酵母生产新一代健康调味品已经初具规模，从酵母细胞里提取的药物已达 10 多种；利用酵母菌生产有机酸、醇、酯等高级化工原料越来越多。

活性干酵母是由特殊条件培养的鲜酵母，经压榨干燥脱水后，仍保持较强的发酵能力的干酵母制品。将压榨酵母挤压成细条状或小球状，利用低湿度的循环空气经流化床连续干燥，使最终发酵水分达 8%左右，并保持酵母的发酵能力。该产品被广泛用于食品工业和发酵工业。面包活性干酵母常作为面粉的膨松剂，用于面包、馒头、饼干的生产制作。如果我国广大农村都用酵母代替传统的老面法和化学品发酵剂，则年需求量为 32 t，但目前全国的年产量不足 4 万 t。将酒用活性干酵母用于白酒、酒精、醋的生产发酵，可以节约人力、物力，降低成本，提高粮食利用率。目前国内正在用活性干酵母代替白酒厂和酒精厂酒母培养车间，大大节省了建厂投资。啤酒、葡萄酒等企业也需要专用的啤酒和葡萄酒酵母，提高酒的品质。

(二)活性干酵母的生产工艺

1. 工艺流程

生产活性干酵母以淀粉或糖厂废蜜为原料,配以硫酸铵、尿素等含氮的化学物质,经消毒灭菌,通入无菌空气,恒温培养,逐级扩大,收集酵母泥,酵母泥经造粒,低温沸腾干燥床或流化干燥床干燥,得成品。

2. 操作要点

①起始培养液制备:选取合适的酵母菌种,将其接种到液体培养基中进行培养,培养至达到一定的生长状态。

②发酵罐培养:将进行过预培养的酵母菌种转移到发酵罐中,利用适宜的培养基进行大规模培养。发酵条件包括温度、pH、通气速率等,需要根据不同的酵母品种进行调控。

③发酵液收获:经过一定时间的培养,发酵液中的酵母菌体达到一定浓度后,使用离心机将酵母菌体与液体分离。

④洗涤:用适量的洗涤缓冲液对酵母菌体进行洗涤,去除杂质和培养基残留。

⑤浓缩:将洗涤后的酵母菌体通过离心浓缩装置进行浓缩,使酵母菌体达到理想的浓度。

⑥冻干:将浓缩后的酵母菌体进行冻干处理,即冷冻酸沉淀干燥。这个过程中,通过降温和增加压力,直接将水分从酵母菌体转化为冰晶,通过真空使冰晶蒸发,最终得到活性干酵母产品。

第十九章　发酵食品安全生产质量控制体系

第一节　良好操作规范概述

一、发酵食品安全现状

因生产工艺的不同，发酵食品较其他食品具有更高的食用安全性，主要原因是：①有益于微生物的生长，阻止有害微生物的生长繁殖；②经过微生物的代谢作用，产生有机酸、乙醇等杀菌剂，抑制有害微生物的生长（如酒类的生产）；③经过微生物的代谢作用，蛋白质被水解为肽和氨基酸，并产生氨气，使环境的 pH 升高，抑制有害微生物的生长（如纳豆的生产）；④有些发酵食品的生产伴随有腌渍工序，而食盐具有抑菌作用（如腐乳和酱油的生产）；⑤某些微生物具有脱毒作用，从而提高食品的安全性。

虽然发酵食品在其微生物安全性上具有得天独厚的优势，但并非发酵食品就一定安全可靠，近年来与发酵食品有关的食品安全事件也频频发生，究其原因主要集中在以下几个方面。

（一）发酵原料带来的安全性影响

有的原料本身会对发酵产生或多或少的不良影响。未去除的黄瓜花里面的某些酶可能导致黄瓜变软。在澳大利亚和新西兰的食品标准中将以蛋白质含量丰富的大豆为原料的制品（如酱油等），列为存在潜在危害的食品之一，而将以动物为原料的发酵制品列为无潜在危害食品。

（二）发酵方法带来的安全性影响

传统的发酵方式分为液态发酵和固态发酵两种。在液态发酵过程中，由于杂菌比主导发酵的微生物在含水量高的液体培养基中生长得更好，因此，发酵过程要求无菌操作；而固态发酵将所用微生物接种到已灭菌的固体培养基上，微生物的生长优于杂菌，因此固态发酵更容易掌握，同时也较为安全。

（三）发酵生产容器、包装材料、加工环境以及不当的添加物带来的安全影响

生产容器、包装材料以及加工环境中可能出现的重金属污染会使发酵产品产生不安全现象，例如泡菜制作过程中受到铜或铅的污染，会出现色泽的变化，同时也会造成食用的不安全；肉类腌制制品中被检出亚硝基化合物较多，主要是因为在腌制过程中粗盐腌制或添加硝酸盐

的结果。

根据2015年1月至2021年底国家、部分省市食品安全抽检不合格公开大数据，对酱腌菜中高风险项目进行分析。酱腌菜不合格因素涉及类型较多，包括食品添加剂、微生物、污染物等，其中食品添加剂不合格项次较多。对各个测试指标进行细化分析，在2 000多条添加剂不合格项次中，不合格次数较多的项目为：苯甲酸及其钠盐（以苯甲酸计）（防腐剂）、二氧化硫残留量（漂白剂/防腐剂/抗氧化剂）、防腐剂混合使用时各自用量占其最大使用量的比例之和、甜蜜素（以环己基氨基磺酸计）（甜味剂）、糖精钠（甜味剂）。

在抽检酱油等发酵调味品时发现，目前存在的主要问题是微生物超标、制假造假、酱油中氨基酸态氮达不到标准等。例如，部分小作坊酱油企业，把面粉发酵，再勾兑酸水解植物蛋白调味液，在水泥池子里一搅拌，就冒充名牌酱油进行出售。

制作酱油，其实就是利用微生物（米曲霉）将黄豆里的蛋白质转变成氨基酸的过程。这些氨基酸就是酱油鲜味的来源。氨基酸态氮是酱油的特征性品质指标之一，一般含量越高，酱油鲜味越浓。2023年4月，《消费者报道》整理了国家及省级市场监督管理局于2018年4月至2023年3月公布的关于酱油的质量抽检情况。经《消费者报道》统计，监管部门近5年抽检中，不合格酱油共377批次。其中，氨基酸态氮是不合格最突出的一项，不合格次数有167次，其次是菌落总数，不合格次数为123次，两者占比超过60%。

（四）发酵过程中副产物带来的安全影响

发酵过程中会伴随大量副产物的产生，如酿酒过程中主要产品是乙醇，但同时也会产生甲醇和高级醇。甲醇会损伤人的视觉神经，过量会使人双目失明甚至致人死亡；高级醇同样会抑制神经系统，使人头痛或者头晕。

2015年，国家食品药品监督管理总局对943批次白酒样品进行了抽检，合格率为95.4%。抽查中发现的主要质量问题：一是酒精度不符合标签明示值；二是安全指标氰化物不合格；三是品质指标（酒精度、固形物）不合格；四是食品添加剂（甜味剂）不合格；五是酒源、年份、产地等属性的真实性问题。

（五）发酵产品中存在的不良微生物带来的安全影响

发酵过程中不同微生物间竞争生长繁殖，因此不可避免有不良微生物甚至病原微生物侵入，导致发酵食品变质。

（六）发酵废弃物处理不当带来的安全影响

发酵过程中产生的废水、废气的排放会直接污染环境，利用工程菌发酵时产生的废液可能产生的危害会更严重。目前，在酒类、酱油、酸奶等发酵食品生产中已有采用危害分析与关键控制点（hazard analysis and critical control point，HACCP）质量监控体系，对发酵废弃物进行控制，并得到了良好的效果。

（七）转基因技术带来的安全性影响

生物技术的发展产生了大量的转基因食品原料，尤其是转基因大豆的大量使用不但会使发酵工艺发生改变，也可能会给食品安全带来影响。

(八)添加物的滥用

某些生产厂家将食品添加剂与添加物混为一谈，过量添加食品添加剂或非法使用添加物，造成严重食品安全问题。

2022 年，海天酱油因添加剂问题引发了广泛关注，导致消费者对酱油中添加剂的使用产生了疑虑。不合格的酱油可能会对人体健康构成多种风险，包括高钠摄入导致高血压、心血管疾病；添加剂过量引发肝脏损害、头痛等；微生物污染导致食物中毒；氯丙醇和三氯丙醇污染具有致癌性；重金属污染可导致神经系统损伤；过敏体质者还需警惕成分过敏。

2023 年，国家食品药品监督管理总局发布的食品抽检报告显示，有 4.45%左右的配制酱油检测不合格。其中，检测了酿造酱油 697 批次，不合格样品数为 31 批次；检测了配制酱油 21 批次，不合格样品数为 3 批次。这一数据表明，在 2023 年全年进行的食品安全监督抽检中，酱油的不合格批次占抽检总数的比例较低，反映了整体市场在酱油质量控制方面有一定的改善。

二、良好操作规范及其在发酵食品生产中的应用

(一)良好操作规范简介

良好操作规范(good manufacturing practice，GMP)，又称药品生产管理规范、良好生产规范或优良制造标准。

GMP 是一套适用于制药、食品等行业的强制性标准，要求企业从原料、人员、设施设备、生产过程、包装运输、质量控制等方面按国家有关法规达到卫生质量要求，形成一套可操作的作业规范，帮助企业改善企业卫生环境，及时发现生产过程中存在的问题，并加以改善。简要地说，GMP 要求制药、食品等生产企业应具备良好的生产设备、合理的生产过程、完善的质量管理和严格的检测系统，确保最终产品质量(包括食品安全卫生)符合法规要求。

食品 GMP 认证由美国在 20 世纪 60 年代发起，当前除美国已立法强制实施食品 GMP 外，其他如日本、加拿大、新加坡、德国、中国等国家均采取劝导方式辅导从业者自动自发实施。食品良好操作规范以现代科学知识和技术为基础，应用先进的技术和管理方法，解决食品生产中的主要问题：质量问题和安全卫生问题。广而言之，食品 GMP 不是仅针对食品企业而言的，而是应该贯穿食品原料生产、运输、加工、贮存、销售、使用的全过程。也就是说从原料到生产乃至使用的每一个环节都应有它的良好操作规范。因此，食品良好操作规范是实现食品工业现代化、科学化的必备条件，是食品优良品质和安全卫生的保证体系。食品良好操作规范，也称为食品良好生产规范，是一种具有专业性的质量保证体系和制造业管理体系。政府以法规形式对食品生产企业制定了一个通用的良好操作规范，企业在生产食品时都应自主地采用该操作规范。同时，政府还针对各种主要类别的食品生产企业制定一系列的 GMP，各类食品厂也应自觉地遵守。食品 GMP 要求食品加工的原料、加工的环境和设施、加工贮存的工艺和技术、加工的人员等的管理都符合良好操作规范，防止食品污染，减少事故发生，确保食品安全和稳定。自 20 世纪 80 年代以来，我国已建立了 19 个食品企业卫生规范和良好生产规范，极大地提高了我国食品企业的整体生产水平和管理水平。

(二)发酵食品对GMP的特殊要求

发酵食品种类繁多,不同的发酵食品对GMP有不同的要求,但由于工艺上的一些相似之处,发酵食品的GMP也存在着某些共性。

1. 原料的采购、运输和贮存的卫生要求

①生产上使用的主要原料购入原则必须符合国家相关卫生标准,要具有一定的新鲜度,不含有毒有害物质,也不应受到污染。

②发酵过程所用发酵剂必须符合生产工艺要求,无虫蛀、无霉变、无毒;选用的菌种必须经常进行纯化和鉴定。

③对于白酒的生产,原材料的水分必须控制在14%以下;对于葡萄酒的生产,进厂的酿酒葡萄原料,必须在24 h内加工破碎完毕。

④原料运输工具应符合卫生要求,不得对原料造成污染。

⑤根据企业生产能力设置相应的原材料场地和仓库。

⑥发酵类食品的原材料一般蛋白质或碳水化合物含量高,易受微生物污染,造成营养价值降低或变质,因此原料贮藏条件必须严格遵守卫生要求,避免霉变。

2. 工厂的设计与设施的卫生要求

①厂区、厂房与设施:厂区要远离有害场所,避免环境中的杂菌对发酵工艺的影响。厂房设施建筑结构要完善,并能满足生产工艺和质量卫生要求。无菌室的设计与设施必须符合无菌操作的工艺技术要求。室内必须设有带缓冲间的小无菌室,并有完好的消毒设施。缓冲间的门与无菌室的门不应直接相对,至少呈90°,避免外界空气直接进入无菌室。如果有制曲车间,制曲车间的设计与设施必须符合培养酿造微生物生长、繁殖、活动的工艺要求。门窗结构应便于调节室内温度和湿度。

②供水排水系统应能适应生产需要,设施应合理有效,污水排放必须符合国家规定的标准;加工后的废弃物应远离生产车间,且不得位于生产车间上风向。生产用水要符合国家饮用水标准,发酵食品生产企业污水中微生物的种类复杂、数量较多,因此需经过特殊的处理才能排放。发酵生产的下脚料、废弃物中也存在大量的微生物,为避免对原辅料和成品造成污染,必须远离原料车间、生产车间以及成品库堆放,堆放位置应处于生产车间的下风向,并尽快处理。

③洗手消毒设施:无菌室内及进口处、纯种微生物培养车间(室)进口处必须设有方便的、不用手动开关的冷、热水洗手设施和供洗手用的清洗剂、消毒剂。洗手设施的下水管应经反水弯引入排水管,废水不得外溢,以防止污染环境。灌装和主要车间进口处必须设有低于地面10 cm左右的鞋靴消毒池。

④设备和用具:凡与发酵食品生产接触的设备、管道、涂料、工器具和容器等必须用无毒、无异味、抗腐蚀、易清洗、不与食品起任何化学反应的材料制成,表面应光滑。所有管理设备与工器具的构造,固定设备和管道的安装定位都应便于彻底清洗和消毒。

对于酱油、食醋等发酵食品的生产,在有大量蒸汽和废气的蒸料间、制曲间、淋油间等车间应安装足够能力的排气通风设备。对于白酒的生产,在蒸料、蒸煮、糖化、蒸酒、加热杀菌期间,应根据工艺技术要求,保证有足够的蒸汽供应。

3. 工厂的卫生管理

必须建立相应的卫生管理机构，配备经过培训的专职或兼职的食品卫生管理人员；建立健全设备设施维修保养制度，定期检查、维修，防止污染食品；制定有效的清洗及消毒方法和制度，清洗剂、消毒剂、杀虫剂以及其他有毒有害物品均应有固定包装，贮存于库房和柜橱内，专人负责保管，建立管理制度。各种药剂的使用品种和范围，须经省卫生监督部门的同意。

每天工作结束后或在必要时，必须彻底清洗生产场地、墙壁及排水沟，必要时进行消毒。为防止生产受污染，所有设备工器具应经常清洗；无菌室、菌种培养室、操作台等必须定期刷洗、消毒灭菌，防止菌种被杂菌污染。发酵食品生产企业全体工作人员，每年至少进行一次体格检查，取得卫生监督机构颁发的体检合格证明者，方能从事生产工作。

4. 生产过程中的卫生要求

应按发酵产品品种分别建立生产工艺和卫生管理制度。原材料必须检验、化验，合格后方可使用；严禁使用在发酵或酿造过程中不能去除对人体有毒、有害、含杂物较多的原材料进行生产。

各项工艺操作应在良好的情况下进行。生产设备、工具、容器、场地等在使用前后均应彻底清洗、消毒，维修、检查设备时，不得污染食品；发酵室、池及菌种培养室的设备、工具、管路、墙壁、地面要保持清洁，避免生长霉菌和其他杂菌。培养容器、器皿及培养基在使用前须严格灭菌。菌种应定期筛选、纯化，必要时进行鉴定，防止杂菌污染、菌种退化和变异产毒。接种前无菌室须用紫外线消毒，操作人员必须洗手、消毒，进入无菌室时，必须穿戴工作衣帽、口罩，保证接种在无菌条件下进行。严格控制菌种培养室的培养温度和湿度，保证发酵用菌种在无污染和良好的环境中生长、繁殖。

包装上的标签，应按国家标准的有关规定执行。在包装或灌装前，包装容器应严格按照工艺要求进行清洗消毒，检验合格后方可使用。根据产品特点，在包装前或后对产品进行杀菌。

5. 卫生和质量检验的管理

应设立与生产能力相适应的卫生和质量检验室，并配备经专业培训、考核合格的检验人员。卫生和质量检验室应具备所需的仪器、设备，并有健全的检验制度和检验方法。原始记录应齐全，并应妥善保存，以备核查。

应按国家规定卫生标准和检验方法检验所用的仪器、设备，并定期检定，及时维修。发酵食品的生产企业质量检验人员必须有微生物方面的专业知识，熟悉常规的生物监测方法，并能熟练操作生物检验的各种仪器。

6. 成品的贮存、运输的卫生要求

经检验合格包装的成品必须按品种分库贮存，防止相互混杂，库房内要做到定期通风换气，清扫、消毒。成品库要设有温度、湿度检测装置和防鼠、防虫等设施，定期检查和记录，确保成品安全卫生。成品在贮藏和运输中，不得与潮湿地面直接接触，或靠近腐蚀性、易发霉、发潮货物及有毒物品。对于酒类生产工厂，成品贮存库必须有防火、防爆、防尘设施。库内应阴凉干燥。

7. 个人卫生与健康要求

从业人员（包括临时工）应接受健康检查，并要先经过卫生培训教育；不准穿工作服、鞋进厕所或离开生产加工场所;进入生产加工场所或生产车间的其他人员(包括参观人员)均应遵守 GMP 的要求。

发酵食品从业人员在工作时,必须按特定的工艺卫生要求,穿戴无菌、洁净的工作衣、帽、鞋、口罩,保持良好的个人卫生,不得留长指甲、涂指甲油。菌种培养、曲种操作人员不准穿戴工作衣、帽、鞋进入非工作场所。灌装工序人员不得涂抹气味浓烈的化妆品,不准佩戴首饰。

总之,发酵食品对于加工环境的卫生条件有着严格的要求,要避免杂菌对生产过程造成不利影响,因此应严格控制环境、生产设备、生产工具等的微生物种类和数量,特别是在灭菌环节,要严格控制温度和时间。在菌种培养和发酵过程中,要严格无菌操作,对菌种要定期进行筛选、纯化和鉴定,防止杂菌污染、菌种退化、变异,还要控制好温度和湿度。这些都是发酵成功与否的关键因素。

(三)GMP 在发酵食品生产中的应用

良好操作规范(GMP)在发酵食品生产中已广泛应用,它从厂区环境、厂房及设施、设备、机构与人员、卫生管理、原料、生产过程、品质管理、成品贮存与运输等方面做出了卫生要求。酒类生产、酱油生产等企业应用较多,下面以酒类工厂为例介绍发酵食品生产中 GMP 的应用。

酒类工厂在制造、包装及储运等过程中,有关人员、建筑、设施、设备的设置以及卫生、制程及质量等管理均应符合良好操作规范,以防范在不卫生条件、可能引起污染或质量劣化的环境下作业,并减少作业错误发生及建立健全的品保体系,以确保酒类的安全卫生及质量稳定。

良好操作规范适用于从事产制供人类消费并经适当包装的酒类制造工厂,酒类包括:①酿造酒,如啤酒、黄酒、果酒;②蒸馏酒,如白酒、白兰地等;③利口酒,如利口酒、泡制酒;④料理酒类;⑤其他酒类。

1. 厂区环境

工厂不得设置在易遭受污染的区域,四周环境应容易随时保持清洁,地面不得有严重积水、泥泞等;厂区空地及邻近、厂内道路应铺设混凝土、柏油或绿化等,以防尘土飞扬,并能美化环境;厂区内不得有产生不良气味、有害(毒)气体或其他有碍卫生的设施;厂区内禁止饲养禽、畜及其他动物;厂区应有适当的排水系统,排水道应有适当斜度;厂区周界应有适当防范外来污染源侵入的设计与构筑;厂区如有员工宿舍及附设的餐厅,应与制造、调配、加工、贮存食品或食品添加物的场所完全隔离;回收空瓶再使用者,应设置回收空瓶存放区,以便妥善堆置并保持整洁,以防止蚊、蝇或其他有害动物滋生及污染环境。

2. 厂房及设施

厂房应依作业流程需要及卫生要求,有序而整齐地配置,以避免交叉污染。制造作业场所内的设备与设备之间或设备与墙壁之间,应有适当的通道或工作空间。检验室应有足够空间,以安置试验台、仪器设备等,并进行物理、化学、官能及(或)微生物等试验工作。微生物检验场所应与其他场所适当区隔,如未设置无菌操作箱者须有效隔离,易腐败即食性成品工厂的微生物检验室应有效隔离。

(1)专用或特殊场所的设置　厂房应视需要设置验收场、冷(冻)藏库、原材料仓库、原料处理场、蒸煮与糖化场、制曲场、麦芽制造场、发酵场、蒸馏场、储酒场、酒液调和处理场、内包装场、外包装场、杀菌处理场、成品仓库、更衣室、试验室、办公室、厕所等场所，并予以标示。仓库应依原料、材料、半成品及成品等性质的不同，区分贮存场所，必要时应设有冷（冻）藏库；仓库应设置数量足够的栈板，并使贮藏物品距离墙壁、地面均在 5 cm 以上，以利于空气流通及物品的搬运；冷（冻）藏库，应装设可正确指示库内温度的指示温（湿）度计、温度测定器或温度自动记录仪，并应装设自动控制器或可警示温度异常变动的自动警报器。凡清洁度区分不同（如清洁、准清洁及一般作业区）的场所，应加以有效隔离（表 19-1）。

表 19-1　酒类工厂各作业场所的清洁度区分

<table>
<tr><th>厂房设施（原则上依制程顺序排列）</th><th colspan="2">清洁度区分</th></tr>
<tr><td>• 验收场
• 冷（冻）藏库
• 原料仓库
• 材料仓库
• 容器堆置场　　• 原料处理场
• 制曲场　　麦芽制造场
• 空瓶（罐）整列场　　• 内包装容器洗涤场[①]
• 盛装须冷藏酒类的可回收使用、贮运的箱（篮）洗涤场
• 原水处理场　　• 水处理室[②]
• 蒸煮与糖化场[②]　　• 发酵场[②]
• 蒸馏场[②]　　• 杀菌处理场[②]</td><td colspan="2">一般作业区</td></tr>
<tr><td>• 水处理室[③]
• 加工调理场（酒液调和、过滤等场所）
• 蒸煮与糖化场[③]　　• 发酵场[③]
• 蒸馏场[③]　　• 杀菌处理场[③]
• 内包装材料的准备室　　• 缓冲室
• 非易腐败即食性成品的内包装室[④]</td><td>准清洁作业区</td><td rowspan="2">管制作业区</td></tr>
<tr><td>• 易腐败即食性成品的最终半成品的冷却及贮存场所[⑤]
• 易腐败即食性成品的内包装室[⑤]</td><td>清洁作业区</td></tr>
<tr><td>• 外包装场　　• 贮酒库、露天贮酒场
• 成品仓库</td><td colspan="2">一般作业区</td></tr>
<tr><td>• 品管（检验）室　　• 办公室[⑥]
• 更衣及洗手消毒室　　• 厕所
• 回收空瓶存放区　　• 其他</td><td colspan="2">非食品处理区</td></tr>
</table>

注：①内包装容器洗涤场的出口处应设置于管制作业区内。②采用密闭设备及管路输送者。③采用开放式设备者。④蒸馏酒或行后杀菌处理者。⑤未行后杀菌处理者。⑥办公室不得设置于管制作业区内（但生产管理与品管场所不在此限，唯须有适当的管制措施）。

（2）安全设施的设置　厂房要配有相应的安全设施，配电必须能防水，电源必须有接地线与漏电断电系统，应依消防法令规定安装火警警报系统；易燃气及粉尘作业区，其电气设备应为防爆型；产生酒精气和 CO_2 等危险性或有害气体及有造成缺氧作业的工作场所，应设置警报侦测系统，必要时设置连锁安全装置。

(3)厂区地面的要求 厂区地面应使用非吸收性、不透水、易清洗消毒、不藏污纳垢的材料铺设,须平坦不滑,不得有侵蚀、裂缝及积水。作业面、清洗作业区的地面应有适当的排水斜度(应在 1/100 以上)及排水系统;废水应排至废水处理系统或经由其他适当方式予以处理。排水系统要有过滤装置,使排水沟保持顺畅;排水口应有防止动物的网;排水沟应由高清洁区流向低清洁区,并防止逆流。

(4)厂房顶部及墙面的要求 厂房屋顶及天花板应易于清洁,以防止灰尘蓄积,避免结露、长霉或成片剥落等情形发生。平顶式屋顶或天花板应使用白色或浅色防水材料构筑,若喷涂油漆应使用可防霉、不易剥落且易清洗的油漆。蒸汽、水、电等配管不得设于食品暴露的上空,否则应有能防止尘埃及凝结水等掉落的装置或措施。空调风管等宜设于天花板的上方。

厂房墙壁应采用非吸收性、平滑、易清洗、不透水的浅色材料构筑,且其墙脚及柱脚应具有适当的弧度(曲率半径应在 3 cm 以上)以利于清洗及避免藏污纳垢。作业中需要打开的窗户,应装设易拆卸清洗且具有避免食品遭污染的不生锈纱网。作业区对外出入门户应装设能自动关闭的纱门(或空气帘),以及清洗消毒鞋底的设备。设置泡鞋池时若使用氯化合物消毒剂,其有效游离余氯浓度应经常保持在 200 mg/kg 上。

(5)照明及通风设施的要求 厂内各处应装设适当的采光及照明设施,制造、包装及贮存等场所应保持通风良好,必要时应装换气设施,以防止室内温度过高、蒸汽凝结或异味等发生,并保持室内空气新鲜;作业区的排气口应装设防止有害动物侵入的装置,而进气口应有空气过滤设备;空气流向不得由低清洁区流向高清洁区。

(6)供水设施的要求 厂区供水设施应能提供工厂各部所需充足水量、适当压力及水质,必要时应有储水设备及提供适当温度的热水。洗手设施应设在适当且方便的地点,设置足够数量洗手及干手设备,干手设备应采用烘手器或擦手纸巾,洗手设备附近应备有液体清洁剂,必要时应设置手部消毒设备。水龙头应采用脚踏式、肘动式或电眼式等开关方式,以防止已清洗或消毒的手部再度遭受污染。

(7)其他要求 更衣室应设于作业区附近适当而方便的地点,并设独立隔间,男女更衣室应分开。室内应有适当的照明,且通风应良好。

厕所应设于适当而方便的地点,其数量应足够供员工使用,应采用冲水式,厕所的外门应能自动关闭,且不得正面开向作业场所,厕所应排气良好并有适当的照明,门窗应设置不生锈的纱门及纱窗。

3. 机器设备

所有酒类制造、调配、加工、包装、贮存等的机器设备的设计和构造应能防止危害食品卫生,易于清洗消毒(或易于拆卸),并容易检查。应有使用时可避免润滑油、金属碎屑、污水或其他可能引起污染的物质混入食品的构造。其大小、位置也应易于操作及保养。

所有用于食品处理区及可能接触食品的设备与器具,应由不产生毒素、无臭味或异味、非吸收性、耐腐蚀且可承受重复清洗和消毒的材料制造,同时应避免使用会发生接触腐蚀的材料。生产设备的排列应有秩序,且有足够的空间,使生产作业顺畅进行,并避免引起交叉污染,而各个设备的产能务必互相配合。

4. 组织与人事

生产制造、品质管制、卫生管理、劳工安全管理及其他各部门均应设置负责人员,以督导或执行所负的职责。负责人应为相关专业毕业的大学生或高中(职)以上学历或具有食品制造4年以上经验的人员担任。其他人员应有经政府认可的专业训练合格证。各部门工作人员均应定期参加相关的培训，从事食品制造及相关工作人员应定期举办食品卫生及HACCP系统的培训。

5. 卫生管理

工厂应制订卫生管理标准书，以作为卫生管理及评核的依据，规定检查卫生的时间及项目，确实执行并做成记录。应保持厂区及周边环境的卫生，避免污染食品。厂房内各项设施应随时保持清洁及良好维修，原料处理场、加工调理场、厕所等，开工时应每天清洗(包括地面、水沟、墙壁等)，必要时予以消毒。

冷(冻)藏库内应经常整理、整顿、保持清洁，并避免地面积水、墙面长霉等影响贮存食品卫生。用于制造、包装、贮运的设备及器具，应定期清洗、消毒，所有食品接触面，应尽可能时常予以消毒，消毒后要彻底清洗，以保护食品免遭消毒剂的污染。每日生产结束后，糖液桶、糖液过滤机、橡皮管、塑料管及各种量具、容器均应拆除清洗干净，榨汁机、精滤机、离心机等使用完后应拆除清洗。无菌充填系统于使用前应做消毒杀菌工作，其输送管路于生产完后应做原位清洗法的清洗消毒工作，并定期拆解检查清洗效果。

工作人员手部应保持清洁，凡与食品直接接触的工作人员不得蓄留指甲、涂指甲油及佩戴饰物等，工作人员必须穿戴整洁的工作衣帽及发网，以防头发、头屑及外来杂物落入食品、食品接触面或内包装材料中，必要时需戴口罩，工作中不得有抽烟、吃东西及其他可能污染食品的行为，不得使汗水、唾液或药物等污染食品、食品接触面或内包装材料。用于清洗及消毒的药剂，应在使用状态下安全使用，杀虫剂及消毒剂的使用应采取严格预防措施及限制，以防止污染食品、食品接触面或内包装材料。

6. 生产过程及品质管理

工厂应制订安全生产标准书，由生产部门主办，同时须征得品管及相关部门认可，安全生产标准书应详述配方、标准工作程序及机器设备操作与维护标准等，应教育、训练员工依照安全生产标准书进行生产。

工厂应制订品质控制标准书，由品管部门主办，经生产部门认可后确实遵循，以确保生产的食品适合。

7. 仓储与运输管理

贮运方式及环境应避免日光直射、雨淋、剧烈的温度或湿度变动等，以防止食品的成分、含量、品质及纯度受到不良的影响。物品的仓储应有存量记录，成品出厂应做成品出货记录，内容包括批号、出货时间、地点、对象、数量等，以便发现问题时，可迅速回收。

8. 其他

(1)标识　标识内容应符合《中华人民共和国食品安全法》的规定。

(2)顾客投诉处理与成品回收方面　应建立顾客投诉处理制度，对顾客提出的书面或口头抱怨与建议，品质控制负责人(必要时，应协调其他有关部门)应立即追查原因，妥善处理，同时由公司派人向提出抱怨或建议的顾客说明原因与致意；应建立成品回收制度，以迅速回收出厂成品。

(3)记录处理 各部门应做好相关的记录,包括卫生检查记录、产品投诉处理与回收记录、产品生产记录等,所有的生产和品控记录应分别由生产部门和品控部门审核,所有的记录至少应保存至该批成品有效期后一个月。

(4)管理制度的建立 工厂应建立整体有效的食品GMP管理制度,对组织及推动制度的设计及管理应具有整体性与协调性;应建立食品GMP相关管理制度的制订、修改及废止程序,以确保品控人员持有有效版本文件,确实据以执行,并做成记录。

第二节 HACCP原理及应用

一、HACCP原理

HACCP是一种对食品安全危害予以识别、评估和控制的系统方法,也是一个确保食品生产过程及供应链免受生物性、化学性和物理性危害污染的安全管理工具。HACCP关注的焦点是整个食物链的安全危害,即从原料、中间产品到餐桌的每一个环节的安全和管理控制。HACCP的七大原理如下。

1.危害分析

危害分析(hazard anaylsis,HA)与预防控制措施是HACCP原理的基础,也是建立HACCP计划的第一步。企业应根据所掌握的食品中存在的危害以及控制方法,结合工艺特点,进行详细地分析。

2.确定关键控制点

关键控制点(critical control point,CCP)是能进行有效控制危害的加工点、步骤或程序,通过有效地控制,防止发生或消除危害,使之降低到可接受水平。CCP或HACCP是由产品/加工过程的特异性决定的。如果出现工厂位置、配合、加工过程、仪器设备、配料供方、卫生控制和其他支持性计划,以及用户的改变,CCP都可能改变。

3.确定与各CCP相关的关键限值

关键限值(critical limit,CL)是非常重要的,而且应该合理、适宜、可操作性强、符合实际和实用。如果关键限值过严,即使没有发生影响食品安全的危害,也会要求去采取纠偏措施;如果过松,又会造成不安全的产品传递到用户手中。

4.确立CCP的监控程序

企业应制订监控程序并执行,应用监控结果来调整及保持生产处于受控状态,以确定产品的性质或加工过程是否符合关键限值。

5.确立经监控认为关键控制点有失控时,应采取纠正措施

纠正措施是指当监控表明偏离关键限值或不符合关键限值时采取的程序或行动。如有可

能，纠正措施一般应是在HACCP计划中提前决定的。纠正措施一般包括两步：第一步纠正或消除发生偏离CL的原因，重新加工控制；第二步确定在偏离期间生产的产品，并决定如何处理。采取的纠正措施包括产品的处理时应加以记录。

6. 验证程序

验证程序用来确定HACCP体系是否按照HACCP计划运转，或者计划是否需要修改，以及再被确认生效使用的方法、程序、检测及审核手段。

7. 记录保持程序

企业在实行HACCP体系的全过程中，须有大量的技术文件和日常的监测记录，这些记录应是全面的。记录应包括：体系文件，HACCP体系的记录，HACCP小组的活动记录，HACCP前提条件的执行、监控、检查和纠正记录。

二、HACCP体系在发酵食品生产中的应用

（一）发酵食品生产中的潜在危害

1. 发酵食品原料中的潜在危害

（1）谷物原料

①谷物原料中常见的生物危害：常见的生物危害有霉菌、酵母菌、细菌、虫害等。就危害的严重程度而言，霉菌最为严重，细菌次之，酵母菌最轻。例如，啤酒生产所用的大麦，在生长期间就会受到微生物的污染，主要是细菌、酵母菌和丝状真菌。贮存期间，污染大麦的微生物主要是真菌，其主要来源：一是在田间污染；二是在收获过程中污染。如果大麦污染根霉、镰刀霉菌等杂菌后，所产生的代谢物质肽类可能会随制麦、糖化、发酵的操作进入啤酒，引起啤酒喷涌。发霉的麦芽，不但产生霉味，还有可能产生黄曲霉毒素。

②谷物原料中常见的化学危害：在原料的种植、收获、贮藏阶段，均有可能遭受化学污染物的污染。谷物原料中常见的化学危害有农药残留、重金属、天然毒素、3，4-苯并芘以及放射性污染造成的化学危害等。

③谷物原料中常见的物理危害：如石块、玻璃、金属、塑料等，主要在收获、运输及收购的环节混入。

（2）薯类原料　发酵食品常用的薯类原料主要是甘薯、木薯、马铃薯等富含淀粉的原料。常见的危害主要是农药残留、化肥使用不当、重金属及放射性污染。在采收后贮存的过程中易受微生物的污染。此外在存放的过程中，如果不注意存放条件，容易产生各种生物毒素。

（3）豆类原料　豆类原料用于大豆发酵食品如豆豉、酱油、腐乳等生产中。

①生物危害：在农田生长期、收获、贮存过程中的各个环节都可受到霉菌的污染，不仅会使豆失去营养价值和加工价值，而且可能产生相应的霉菌毒素，对人类健康造成危害。

②化学危害：主要是农药残留、重金属和有机物的污染，在豆类收获时，容易混入有毒植物种子，这些种子产生的天然植物毒素易对食品安全造成影响。

③物理危害：主要是泥土、沙石和金属，分别来自农田、晒场、农具等。

2. 发酵剂制作和菌种保藏中的潜在危害

在发酵食品的生产中，发酵剂的制作环境条件控制不当，容易受到杂菌污染，因此应严格控制环境。在菌种的保藏过程中，可能出现变异、退化、污染杂菌等现象，故必须定期对菌种进行分离、纯化和鉴定。

3. 发酵过程中的潜在危害

如果原料在前期的蒸煮或灭菌过程中，灭菌不彻底，则在发酵过程中极易污染杂菌，造成发酵染菌。例如：啤酒酿造中如果污染杂菌，轻则出现异杂味，严重时会导致啤酒的酸败；还会破坏啤酒的胶体平衡，造成啤酒过滤困难。若杀菌不彻底会引起啤酒的早期浑浊和沉淀；若污染霉菌，会造成啤酒黏度降低，表面张力减少，泡沫粗糙，严重时喷酒。

4. 杀菌、消毒过程中的潜在危害

在发酵食品生产中，要对培养基、发酵罐、管道以及空气等进行灭菌操作；部分发酵食品在后期包装前需要进行灭菌，如果操作不当或灭菌不彻底，容易造成杂菌污染，引起食品的腐败变质。如果采用化学方法进行灭菌、消毒，要注意清洗剂、消毒剂等所带来的化学危害。

5. 成品包装过程中的潜在危害

包装容器在使用前必须进行清洗消毒，并要用清水清洗干净，否则容易造成微生物污染和化学清洗剂的残留。

(二)发酵食品的关键控制点

1. 原辅料收购

在原料收购工序中，可能存在的危害有生物危害、化学危害和物理危害。预防措施：原料必须符合国家卫生标准和卫生要求，进货验收时必须要求原料供应商提供原料检验合格证明，以保证原料的安全性；所用辅料必须符合国家卫生标准。

2. 发酵剂的制作及菌种保藏

发酵剂制作过程中要严格控制条件避免杂菌污染，菌种保藏方法要正确，防止退化、变异。

3. 发酵阶段

要严格控制发酵每个阶段的温度、湿度、时间、pH、空气洁净度、醪液浓度等条件，发挥发酵剂的最大潜能，同时避免杂菌污染。

4. 灭菌和成品包装

严格控制灭菌的时间和温度，既要防止灭菌不彻底，也要避免发酵食品品质的改变，影响食品原有的色、香、味。在包装时，要保证包装容器和材料的表面不受生物、化学和物理危害的污染。

(三)发酵食品生产企业 HACCP 计划的制订体系应用举例

1. 瓶装啤酒生产过程 CCP 的确定

(1)瓶装啤酒的生产工艺流程　参见第四章第一节。

(2)危害分析　危害分析依照工艺流程图以及具体工艺的工艺描述为基础，对生产全过程，包括原辅料、包装材料、生产过程的操作及控制等进行潜在危害的分析。潜在危害主要分析生产过程中所带来的生物的、化学的、物理的危害，并对各生产环节产生的(或带来的)生物的、化学的、物理的危害进行评估，判断其是否为显著危害。如果判断为显著危害，就需要提出相应的预防措施。在显著危害中如果有某种危害造成的污染可能超过可接受的水平，并且无法在下道工序消除或降低到可接受水平时，可判定为关键控制点(CCP)。啤酒生产CCP的确定如表19-2所示。

表19-2　啤酒生产CCP的确定

主要步骤	须控制的或潜在的危害	危害是否显著	判断依据	预防措施	是否是CCP
原料验收	生物：黄曲霉菌	是	仓库SSOP①控制	评估供应商，向供应商索取检验报告，入厂验证或检验	否
	化学：农残(六六六、DDT)、重金属(砷、汞)、其他(黄曲霉毒素B_1)	否	种植时会使用农药	选择合格供方，无合格证的拒收，向供应商索取检验报告进行验证，定期送检	否
		否	种植过程中可能会有重金属的污染		否
		是			是
	物理：夹杂物	否	加工过程可能混入，可通过筛选除去	无	否
糊化	生物：致病菌、寄生虫、大肠杆菌	否	设备不干净	糊化可杀死大部分微生物，后煮沸工艺也可控制	否
	化学：残留清洗剂	是	清洁不充分导致清洁剂残留在上面	设备、管道按SSOP控制	否
	物理：无	无	无	无	无
糖化	生物：致病菌、寄生虫、大肠杆菌	否	设备不干净	糖化可杀死大部分微生物，后煮沸工艺也可控制	否
	化学：残留清洗剂	是	清洁不充分导致清洁剂残留在上面	设备、管道按SSOP控制	否
	物理：无	无	无	无	无
麦芽汁煮沸	生物：微生物	否	此工序为高温操作，微生物可杀灭	控制煮沸时间及温度	否
	化学：残留清洗剂	是	清洁不充分导致清洁剂残留在上面	操作性前提方案	否
	物理：无	无	无	无	无

续表 19-2

主要步骤	须控制的或潜在的危害	危害是否显著	判断依据	预防措施	是否是CCP
发酵	生物：致病菌	是	压空不清洁；回收酵母染菌	通过发酵 CIP[②] 和 SSOP 控制	否
	化学：残留清洗剂	否	清洁不充分导致清洁剂残留在上面	操作性前提方案	否
	物理：无	无	无	无	无
验瓶	物理：瓶中异物、破损瓶	是	前面工序带入	提高人工检验的质量	是
巴氏杀菌	生物：致病菌、微生物	是	杀菌温度、时间不够	严格按 SOP[③] 控制杀菌温度、时间	是
检验	物理：玻璃渣、微小杂物	是	空瓶及清酒中带入	验酒按 SOP 控制	是

注：①卫生标准操作程序（sanitation standard operating procedure，SSOP）。②原位清洗（cleaning in place，CIP）。③标准作业程序（standard operating procedure，SOP）。

表 19-2 中仅列出了主要工序的危害分析方法，其他工序的分析与此相同。

（3）关键控制点的建立　根据上述危害分析方法得出如下结果（表 19-3）。

（4）HACCP 的验证及实施

①HACCP 的验证：是 HACCP 计划成功实施的基础。HACCP 的验证途径很多，目前比较实用的有内部验证，查阅相关科学文献和书籍，请教有关专家，请权威机构（食品研究所、专业协会等）进行现场测定等。

②HACCP 的实施：是为了产品在出现偏离时，能及时得到纠正，以最大限度地保证生产的食品安全。纠偏计划包括对原料验收、杀菌等关键控制点的监控限值发生偏离时，能及时对产品进行评估，采取措施，最大限度保障食品安全。

当 CL 发生偏离时，应立即停止运行，查清发生偏离期间产品数量，重新检查偏离产品并做好记录。纠偏计划实施后，必须对相关监控点偏离原因进行分析并加以纠正。必要时可根据偏离产生的原因和偏离发生的频率，对 HACCP 计划重新验证，避免类似偏离情况发生，从而保证产品安全卫生。

2. 酱油生产企业的 HACCP 计划的制订

（1）酱油生产工艺流程　酱油生产工艺流程见第八章第一节。

（2）危害分析工作表　酱油生产危害分析工作表见表 19-4。

（3）HACCP 计划表　酱油生产 HACCP 计划表见表 19-5。

表 19-3 瓶装啤酒生产过程 CCP 的确定结果

CCP	显著危害	各预防措施的关键限值	监控				纠偏行动	记录	验证
			对象	方法	频率	监控人			
CCP1 麦芽\大米\采购	农药\重金属残留\霉烂粒	不得高于相关的国家标准	原料农药残留\重金属检验报告\外观检验	评价和确认	1 次/批	检验员	评价不合格的供方不采购；无合格证明的原料不接收	1. 供方评价表 2. 采购物资验证单	1. 记录复查 2. 委托检验 2 次/年
CCP2 空瓶检验	残碱\缺口瓶\异物瓶	空瓶无残碱\无缺口瓶\无异物	洗净空瓶	残碱检测\灯检	连续监控	验瓶员	空瓶残碱不合格进行返洗\缺口瓶、异物瓶检出	洗瓶机验瓶岗检验记录	1. 质检员抽检 2. 验熟酒工序检验
CCP3 巴氏杀菌（瓶装）	酵母及微生物污染	高温区温度偏差不超过±1 ℃，时间大于 40 min	温度、时间	温度计计时器	连续监控，每隔半小时记录温度，4 h 记录时间	操作工、检验员	调整设备以达到工艺要求，重检合格后流转	杀菌机操作记录	1. 记录检查 2. PU 值检验 3. 仪表定期校准
CCP4 熟酒检验	悬浮物\异物\矮酒\漏气酒	外观检验	杀菌后熟酒	灯检	连续监控	验酒员	将存在缺陷的酒检出	熟酒检验记录	1. 记录检查 2. 质检员抽检

表 19-4　酱油生产危害分析工作表

主要工序	引入的潜在危害	危害是否显著	判定依据	预防措施	是否是 CCP
原料接收	生物:致病菌	是	原料加工不当可能污染致病菌	后面蒸煮可起到杀菌目的	否
	化学:重金属、农药残留、毒素	是	原料种植中可能受化学物、农药残留污染;原料贮存中可能发霉、产生真菌毒素。	原料供应商的合格证明;合理控制贮存条件	是
	物理:石块、金属、线头等	是	在原料拆包装和晾晒过程可能引入	在筛选时去除	否
蒸煮	生物:致病菌、大肠菌	是	原料中存在	本步骤可杀灭	是
	化学:无	否			否
	物理:金属屑	是	机械磨损的碎片可能带入	后面工序金属探测仪可控制	否
发酵	生物:微生物污染	是	发酵条件控制不当,会引起杂菌污染	严格控制发酵温度、时间、pH	是
	化学:无	否			否
	物理:金属碎屑	是	机械磨损碎片带入	后面工序金属探测器可控制	否
杀菌	生物:致病菌生长	是	温度、时间控制不当,造成致病菌生长	杀菌温度 75～85 ℃,时间 20～30 min	是
	化学:消毒剂残留	否	通过 SSOP 控制		否
	物理:金属碎屑	是	管道,设备磨损带入	后面工序金属探测器可控制	否
包装	生物:无	否			否
	化学:无	否			否
	物理:金属碎屑	是	如控制不当,金属碎屑进入产品	金属探测器控制	是

表 19-5 酱油生产 HACCP 计划表

CCP	显著危害	关键限值	监控				纠偏行动	验证	记录
			对象	方法	频率	人员			
原料验收	农药残留	不得高于国家标准	农药残留	检查和确认	每批	原料验收员	无合格证明的原料拒收	每批审核记录，每季度化学检测	原料验收记录
蒸煮	致病菌	微生物≤10 CFU/g，大肠菌群不得检出	细菌总数	对蒸煮后的原料进行微生物培养	每批	化验员	发现超标立即调整蒸煮温度和压力	每日审核微生物检验记录	微生物检验记录
发酵	杂菌污染	发酵温度前期 40～42 ℃，后期 30～35 ℃，最后进行 15 d 后熟	发酵温度和时间	目测，定时记录	每批	操作工	调整温度和时间，确认偏离的产品，隔离待评估，降低温度，缩短时间	每日审核监控记录，每季度对温度计进行检定和校准	温度和时间控制记录
罐装	金属碎片	Fe 直径<0.5 mm	过程中金属碎屑的进入	用金属探测器检测	连续监控	金属探测操作人员	停止生产，修复金属探测器，确认偏离的产品，对偏离的产品重新进行金属探测	每日用标准块测试金属探测器	金属探测仪测试记录
灭菌	致病菌	杀菌温度 75～85 ℃，时间 20～30 min	杀菌温度和时间	目测	每批巴氏杀菌	操作工，质检员	及时纠正仪表和操作条件，评估偏离期间的产品	审核灭菌条件记录和纠偏记录，抽取酱油进行微生物培养	灭菌记录，管道清洗记录，仪表校正记录

第二十章　现代物流与食品

第一节　现代物流概述

一、现代物流及主要特征

（一）现代物流的概念

物流是一个古老的话题，自从有商品的交换活动起就有物的流动；物流又是一个现代的概念，在现代社会、经济和科学技术发展的环境下，物流被赋予许多新的内涵。因此，物流是一个伴随着社会分工和市场经济的发展而不断演进的概念，整个物流过程是一个物理过程，只改变物的空间和时间状态，不改变其使用价值。物流的概念大致经历了由传统意义上的实物配送(physical distribution，PD)到今天所说的现代物流(logistics)的转变过程。

1. 物流概念的产生

从 20 世纪初到 20 世纪 50 年代，是物流概念的孕育和产生阶段。对物流这种经济活动的认识，在理论上最初产生于 1901 年的《农产品流通产业委员会报告》中，其中第一次论述了对农产品流通产生影响的各种因素和费用，从而揭开了人们对物流活动认识的序幕。

1922 年，著名市场营销学者弗莱德・克在《市场营销的原则》中将市场营销定义为：为了实现商品所有权转移而发生的包含物流在内的各项活动，从而使物流正式成为企业经营研究的一个重要部分。

1935 年，美国市场营销学会(American Marketing Association)对物流定义为：物流是包含于销售之中的物质资料和服务，以及从生产地到消费地的流通过程中，伴随的种种经济活动。总之，物流是流通活动中的一个重要组成部分，对商品流通的实现具有支持作用。

2. 物流概念的发展

从 20 世纪 50 年代开始到 80 年代中期，PD 概念继续发展并占据主导地位，且从美国走向世界，形成了比较统一的物流概念，也为世界所公认。

1960 年，全美实物配送管理协会(National Council of Physical Distribution Management，NCPDM)成立。该协会认为，实体配送是把完成品从生产线的终点有效地移动到消费者手里的大范围的活动，有时也包括从原材料的供给源到生产线的始点的移动。实体配送不仅包括了销售物流，还包括了原材料从供应商到生产线的始点移动的部分供应物流。

1963 年，全美实物配送管理协会又对实体配送给出了新的定义，即实体配送是指有计划地对原材料、在制品和成品由生产地到消费地的高效运动的过程所实施的一系列功能性活动，包括货物的运输、仓储、物料搬运、防护包装、存货控制、工厂和仓库选址、订单处理、市场预测和客户服务等。实物配送管理范围更为扩大，尤其强调了实物配送管理计划的重要性。

1956年，日本派代表团赴美考察，考察报告直接引用“physical distribution”，并将其解释为“物的流通”“实物流通”。20世纪70年代，日本成为世界上物流最发达的国家之一。1981年，日本人在《物流手册》中指出，物流是物质资料从供给者向需要者的物理性移动，是创造时间性、场所性价值的经济活动。从物流范畴来看，包括包装、装卸、保管、库存管理、流通加工、运输、配送等诸种活动。

20世纪70年代末，我国从日本直接引入“物流”这一概念。后来，全世界各个国家基本上都接受了分销物流(physical distribution，PD)这一物流概念。

与此同时，企业内部物流理论和技术也悄悄地发展起来。随着物流需求计划(material requirement planning，MRP)、MRPⅡ、MRPⅢ、DRP(distribution requirement planning)、DRPⅡ、DRPⅢ 及准时生产(just-in-time，JIT)技术等先进管理方法的开发和在物流管理中的运用，人们逐步认识到，仅使用分销物流的概念已经不太合适了，需要从流通生产的全过程来把握物流管理，物流也已经被提高到了一个战略的高度，得到了企业高层管理人员的充分重视。特别是到20世纪80年代中期，随着物流活动进一步网络化、一体化、集成化、信息化，人们改换物流概念的想法更加强烈了。

3. 现代物流学(logistics)

20世纪80年代中期，人们决定放弃PD，而采用logistics作为物流的概念。这一时期的logistics已突破了商品流通的范围，把物流活动扩大到生产领域。物流不仅仅从产品出厂开始，而是包括从原材料采购、加工生产到产品销售、售后服务，直到废旧物品回收等整个物理性的流通过程，因此这个阶段的logistics应译为“现代物流学”。

1985年，全美实物配送管理协会更名为美国物流管理协会(Council of Logistics Management，CLM)，正式启用logistics。1991年，CLM认为，物流是以满足客户需求为目的的，以高效率和高效益的手段来组织原材料、在制品、成品以及相关信息从供应地到消费地的运动和贮存的计划、执行和控制的过程。这一定义强调了信息在物流管理中的重要性，其实质是“一体化物流”或“综合物流”。1998年，美国物流管理协会认为，物流是供应链流程的一部分，是为了满足顾客需求而对物品、服务及相关信息从产出地到消费地的高效率、高效益的正向和反向流动及贮存进行的计划、实施与控制过程。这一定义强调物流是供应链过程中的一部分，进一步将物流管理的范围拓宽到企业上下游的商业合作伙伴，其实质是“供应链物流”。2000年，CLM年会的主题定位在“电子商务条件下的物流”。2001年，其年会的主题确定为“在多变的经济环境中的协作关系”。2005年1月1日，CLM正式改名为美国供应链管理专业协会(Council of Supply Chain management Professionals，CSCMP)，标志着全球物流进入了供应链时代，这必将进一步推进物流的健康发展。从物流到供应链，是物流产业发展由量变到质变的必然过程。供应链管理是物流管理的拓展，是企业与其商业伙伴之间物流活动和其他所有商务活动的集成。

我国一直在沿用“物流”两个字作为物流的概念，只是其英文由20世纪70年代末的“physical distribution”转变为80年代末的“logistics ”。2001年，国家标准《物流术语》(GB/T 18354—2001)颁布。2007年5月，国家标准《物流术语》(修订版)(GB/T 18354—2006)对物流概念有如下表述:“物流是物品从供应地到接受地的实体流动过程,根据实际需要,将运输、贮存、装卸、搬运、包装、流通加工、配送、信息处理等基本功能实施有机结合。”此为现代物流,是在传统物流的基础上,引入高科技的计算机技术、信息技术、通信技术、网络技术,整合运输、仓储、包装、装卸搬运、分拨、发货、流通加工、配送、回收加工及物流信息处理等各种功能而形成的综合性物流活动模式,为用户提供多功能、一体化的综合性服务,从而使物流速度加快,准确率提高,库存减少,成本降低,以此延伸和放大传统物流的功能。具体地说,就是使物流向两头延伸并加入新的内涵,使社会物流与企业物流有机结合在一起,从采购物流开始,经过生产物流,再进入销售物流,与此同时要经过包装、运输、仓储、装卸、加工配送到达用户（消费者)手中,最后还包括回收物流。因此,现代物流包含了产品从“生”到“死”的整个物理性的流通全过程。传统物流和现代物流的区别如表 20-1 所示。

表 20-1　传统物流与现代物流的区别

项目	传统物流	现代物流
目标与理念	效率与成本的均衡,以自我为中心	效率、成本和服务的均衡,以客户为中心
系统概念	具有自我的封闭性,重视物流系统的最佳系统	具有开放性,重视物流系统与其他经营系统的最佳系统
应用领域	以销售物流与生产物流为主	强调供应、生产、销售、消费等全领域
功能定位	节约成本的手段与策略	扩大销售、增加利润的战略
物流服务特点	各种物流功能相对独立、各行其是,无物流中心,不能控制整个物流链,仅限于区域或企业内物流服务,与客户形成短期合约	整合资源,提供全过程物流服务,TPL 广泛应用,采用物流中心,提供供应链的全面管理及物流服务,与客户建立长期合约
物流信息技术	无 POS、GPS、EOS 系统,有限或无 EDI	有 POS、EOS、EDI、RFID、GPS 系统等
物流管理	有限或无现代管理	全面质量管理、战略管理、业务过程管理
物流服务侧重	以成本为主,追求单一环节成本最低,提供标准服务	以降低总物流成本为目标,提供增值服务,满足顾客个性化需求

(二)现代物流的主要特征及发展趋势

1. 现代物流的特征

现代物流的特征可以理解为物流的现代化特征,是与现代化社会大生产紧密联系在一起的,体现了现代企业经营和社会经济发展的需要,表现出了许多特征,而这些特征又具有不同属性,即科学属性、技术属性、经济属性、管理属性和社会属性。各种属性之间相互影响、相互促进、相互交叉、相互包含,既有区别又有联系。

(1)流通渠道一体化　现代物流的发展经历了从 PD 到 logistics 再到 3PL(第三方物流)和 4PL(第四方物流)的历程,呈现的是生产过程与物流过程相互渗透、相互融合的一体化趋势。物流流通渠道的一体化是搞好物流管理、开展现代物流活动的重要基础,是系统科学在物流管理中的应用,不是运输、保管、流通加工等活动的简单叠加,而是通过彼此的内在联系,在共同的目标下形成的一个系统,从系统的角度出发,通过物流功能的最佳组合实现物流整体的最优化目标。

(2)技术自动化和智能化 在现代物流活动中,各物流作业过程中的设备和设施逐渐趋于自动化、智能化、专业化,包括运输、装卸、包装、分拣、识别等过程。例如条形码技术、自动化立体仓库技术、自动导引车(automated guided vehicle,AGV)、射频识别技术(radio frequency identification,RFID)、全球定位系统(global positioning system,GPS)、电子自动订货系统(electronic order system,EOS)、销售时间地点管理系统(point of sale,POS)、电子数据交换系统(electronic data Interchange,EDI),还有仿真、数据库等技术。这些现代技术和设施设备的应用大大提高了物流活动的效率,扩大了物流活动的领域,实现了物流信息的实时跟踪与采集,提高了整个物流系统的管理和监控水平。物流管理智能化的发展和应用,从某种意义上看是自动化的继续和提升。智能化包含更多的电子化成分如集成电路、计算机软件和硬件等,使物流管理在更广的范围内和更高的层次上实现了自动化。例如,发酵食品中酸奶的运输采用冷链物流。

(3)操作标准化 现代物流按通行的物流技术标准进行操作,包括技术标准、工作标准和作业标准。其中技术标准是对标准化领域中需要协调统一的技术所制定的标准;工作标准是对工作方法、程序、质量所制定的标准,包括各岗位职责与权限、完成任务的程序、相关岗位的协调、信息传递的方式、职工的奖惩办法、车辆运行的时刻表、异常情况的处理等;作业标准包括物流设施运行标准、作业流程等标准,这是实现作业规范化、效率化的保证。

(4)物流精益化 精益物流(lean logistics)是指以客户需求为中心,对价值链中的产品设计、制造和订货等的每一个环节进行分析,根据不间断、不迂回、不倒流、不等待和不出废品的原则及时创造仅由顾客价值驱动的行动方案,一旦发现造成浪费的环节就及时消除,努力追求完美。其核心思想是以越来越少的投入(较少的人力和设备、较短的时间和较小的场地)创造出尽可能多满足客户需求的价值。精益思想在物流管理的运用主要体现在降低成本、提高价值上。

(5)信息电子化和网络化 物流过程是一个多环节的复杂组合,把众多的环节及其功能整合成一个有机的系统,以追求整体功能的最优化,信息是其中的关键,它像一根“红线”,将所有物流功能和环节串起来。同时,物流信息贯穿于物流活动的始终,是其他物流活动进行的先导和前提,信息传递的快慢及准确与否直接影响物流系统效益的发挥。因此,物流信息是现代物流重要的功能要素,电子化、网络化物流信息便于进行物流供应链管理。因此,从某种意义上说,现代物流竞争已成为物流信息的竞争。

(6)物流专业化 社会分工导致物流专业化,并导致物流专业的形成。物流专业化主要包括两个方面,一是在企业内部设立相对独立的物流专业部门,并承担专门的职能;另一方面是在社会经济领域中出现了专业化的物流企业,物流企业提供各种不同的物流服务,并进一步演变成服务专业化的物流企业。

(7)物流社会化 物流社会化突出表现为第三方物流与物流中心的迅猛发展。随着社会分工的深化和市场需求的日益复杂。现代物流已经打破“一家一户”作坊式生产,从自给自足的生产方式转变为在一定社会分工条件下的专业化和社会化的生产方式,随着社会化的进一步发展和完善,不仅社会物流需求社会化,而且物流组织机构需求也实现了社会化,从而实现了真正意义上的物流社会化。

(8)物流协同化　现代物流通过供应链强化了企业间的联系，如果企业部门间的生产、销售、物流的结合追求的是企业内部经营最优的话，那么供应链管理达到的结果就是实现“协同效应”，即供应链上所有参与者以“核心企业”的效率为参照，为核心企业提供所需要的产品和服务，不同于传统物流的合作和协作。现代物流是协作各方利益均沾的共同目标，而在传统物流中，合作是横向的，协作是纵向的。

(9)物流规范化　物流规范化是指在全社会范围内建立了各种物流规范，包括非物流企业内部的各种物流规范、物流企业内部的各种规范、物流行业的企业行为规范以及物流从业人员的行为规范。在法律体系中，建立了针对物流企业和物流产业的各种法律法规，相关的法律还对物流作了相应的规定。

(10)物流柔性化和理念现代化　物流柔性化就是要以顾客的物流需求为中心，对顾客的需求做出快速反应，及时调整物流作业，同时有效地控制物流成本。现代物流以顾客为中心，奉行“我为人人、人人为我”的经营理念，完成了由重视功能向重视成本(效率)进而向重视服务(效果)转变，这一转变主要取决于现实社会中生产、流通和消费需求的变化，而柔性化物流正是适应了这种变化。

(11)物流国际全球化　为了实现资源和商品在国际间的高效流动与交换，促进区域经济的发展和全球资源的优化配置要求，物流运作必须要向全球化的方向发展。在产业全球化的浪潮中，跨国公司普遍采取全球战略，在全世界范围内选择原材料和零部件，选择产品和服务的销售市场。大型跨国公司普遍的做法是选择一个适应全球分配的分配中心以及关键供应物的集散仓库；在获得原材料以及分配新产品时使用当地现存的物流网络，并且把这种先进的物流技术推广到新的地区市场。

随着现代物流的发展，某些季节性的食品可以实现全球共享。例如啤酒，销售的就是物流，当今人们可以享受到当天不同地方生产的啤酒的新鲜和爽口，而这在过去是不可能实现的。

2.现代物流业的发展趋势

(1)物流技术高速发展，物流管理水平不断提高　目前已经形成以信息技术为核心，以信息技术、运输技术、配送技术、装卸搬运技术、自动化仓储技术、库存控制技术、包装技术等专业技术为支撑的现代化物流装备技术格局。其中信息化主要表现在广泛采用互联网技术、GPS系统等；自动化主要表现在采用AGV技术、机器人系统技术等；智能化主要表现在采用RFID技术、智能交通与运输系统；集成化是指集信息化、机械化、自动化和智能化于一体。

(2)专业物流形成规模，共同配送成为主导　专业物流企业是物流业发展到一定阶段的产物，是伴随制造商经营取向的变革应运而生的，有利于制造商降低流通成本，提高运营效率，并将有限的资源和精力集中于自身的核心业务上，如第三方物流、第四方物流。其中第三方物流是指受各个供方和委托方企业委托，专业承包他们各项物流业务活动的物流企业，是实现第三方物流活动的载体；第四方物流是一个供应链集成商，它调集和管理组织自己的以及具有互补性的服务提供商的资源、能力和技术，以提供一个综合的供应链解决方案。

共同配送是经长期的发展和探索优化出的一种追求合理化配送的配送形式，是物流配送发展的总体趋势，在美国、日本等一些发达国家作为影响力较大的一种物流方式被较广泛采用，对降低物流成本、提高物流服务和动作效率具有重要意义，同时还可以去除多余的交错运输，并取得缓解交通、保护环境等社会效益。

(3)物流企业向集约化、协同化、全球化方向发展　国外物流企业向集约化、协同化方向发展主要表现在两个方面：一是大力建设物流园区；二是物流企业兼并与合作。物流园区是在物流作业集中的地区，在几种运输方式衔接地，将多种物流设施和不同类型的物流企业在空间上集中布局的场所，也是一个有一定规模的和具有多种服务功能的物流企业的集结点。物流园区的建设有利于实现物流企业的专业化和规模化，有利于发挥它们的整体优势和互补优势。

(4)电子物流需求强劲，快递业"冲锋陷阵"　电子商务的迅速发展，促使了电子物流的兴起。电子物流的兴起，一方面刺激了传统邮政快递业的需求和发展；另一方面新兴的快递业发展迅猛，触角伸向全球各地。一些国际著名的快递企业如美国联邦快递、联合包裹服务公司在电子物流中充当着前锋，大有抢占电子物流市场先机之势。

(5)绿色物流将成为新增长点　物流活动的频繁带来了一系列社会问题，如空气的污染、废弃物的污染、资源的浪费、城市交通的阻塞等，为了解决物流产业带来的这些问题，同时也为物流产业的可持续发展问题，"绿色物流"概念孕育而生。

绿色物流指在实际的物流活动中充分体现环境保护与可持续发展的理念，最大限度抑制或消除物流对环境造成或可能造成的危害，同时实现对物流环境的净化，减少资源消耗，使物流资源得到充分利用；并且从环境的角度对物流体系进行改进，希望形成一个环境共生型的物流系统。

(6)物流专业人才需求增长，教育培训体系日趋完善　在物流人才需求的推动下，一些经济发达国家已经形成了较为合理的物流人才教育培训体系。如在美国，已建立了多层次的物流专业教育，并在一些高等院校设置物流管理专业。在美国物流管理委员会(American Council of Logistics Management)的组织和倡导下，所有物流从业人员除接受正规教育外，还必须接受职业教育，获得工程师资格认证后，才能从事物流工作。

二、现代物流在食品生产中的作用

物流是经济社会这个大系统中的一个重要子系统，与经济社会发展的关系极为密切，在经济活动中具有十分重要的地位和作用。美国学者德鲁克指出，物流是降低成本的最后领域，从而在理论高度上提升了物流活动地位，使之成为继生产、销售活动之后的又一利润的源泉，即"第三利润的源泉"。搞好物流可以实现零库存、零距离和零流动资金占用，是构筑企业供应链、增加企业核心竞争力的重要途径。

(一)为生产的连续性提供前提

现代生产的重要特征之一是生产的连续性。一个企业的生产要连续地、不间断地进行，除了按照生产需要，按质、按量、按时、均衡不断地供给原材料、设备和工具等以外，还必须将产品销售出去。同时，在生产过程中，各种物资资料也要在各个生产场所和工序之间相互传递，使它们经过一步步的连续加工，成为价值更高的产品。在现代企业经营中物流贯穿于从生产计划到把成品送达到顾客手中的整个循环过程，并紧紧围绕着物品使用价值的形态功能更替和价值的实现而发生转移。因此，企业生产经营的全部职能都要通过物流实现，不论是供应物流、生产物流、销售物流还是回收物流，若出现阻塞，企业整个生产经营系统的运行就必然要受到影响。

（二）创造时间价值

生产经营活动中的物品及时而准确地由供应地转移到接收地，将能有效地发挥物品的效用或使用价值，但这一价值的发挥存在时间差。物流活动通过调节和改变这一时间差，从而创造时间价值。

1. 缩短时间差

对于大多数商品来说，随着时间的推移，客户新的消费欲望和消费标准会导致原先所需要的商品因过时而失效，尤其是对于有前置期的食品如鲜奶、发酵奶、蛋糕、面包、啤酒等，随时间的延长，其品质受各种因素的影响通常会发生改变，因此时效性是商品非常重要的特征。设法缩短商品从供应地向接收地的流转时间，及时满足客户的需要，常常是有效地发挥商品效用的必要条件。如青啤集团以“新鲜度管理”为中心的物流管理系统，实现了青岛及山东市场的消费者可以喝上当天酒、当周酒；省外市场的东北、广东及沿海城市的消费者可以喝上当周酒、当月酒。

2. 延长时间差

由于在生产和消费之间普遍存在着时间差，在某些情况下，人为地、有意识地延长物流时间，也能创造时间价值。这种创造时间价值的方法不仅存在于专业分工和市场经济发达的社会里，在自给自足的经济社会里同样也存在。如陈年老酒在适宜的环境下，随着在地窖里贮藏时间的延长，酒会越发醇香，价值也随之攀升，就是通过延长时间差创造时间价值的非常典型的例子，是时间效应发挥的结果。

（三）创造场所价值

生产活动受地理因素、社会因素或生产（消费）因素的影响，往往局限于某些空间场所，不能像消费活动那样在广泛的范围内展开。例如，养殖业生产的牛乳，种植业生产的粮食、蔬菜、瓜果等农副产品，捕捞业捕获的水产品，生产加工企业生产的成品、半成品等。在这些例子中，养殖、种植、捕捞或生产加工的产品的消费却不拘于生产地，因为饮用鲜奶的主要是城乡广大居民而不是奶牛场的工人；粮食、蔬菜、瓜果、水产品等农副产品也不可能都由这一地域的人消费，大多是经过运输、保管、包装、装卸、搬运、流通加工等多环节、多次数的物流活动，销售到消费集中的一些区域，且物流活动正随着经济条件的改善和消费观念的转变而日益迫切。因此，物流能够改变生产者与消费者在场所上的差异，创造场所价值。如麦当劳餐厅使用的鸡蛋由专业养鸡厂提供，供应商在鸡蛋产下 3 d 内运到工厂，按标准检测鸡蛋的大小、新鲜度，然后清洗、消毒、涂膜，冷藏保存，同时冷藏的鸡蛋要在 45 d 用完，以保持鸡蛋的新鲜美味。

第二节 现代物流在食品生产中的应用

一、现代物流在原料运输中的应用技术

（一）RFID 技术的应用

射频识别技术（RFID）是一种非接触式的自动识别技术，它类似于雷达原理，通过射频信号自动识别目标对象并获取相关数据，无须人工干预，可工作于各种环境中，从而实现非接触式目标识别与跟踪。一个最基本的 RFID 系统由标签（tag）、读写器（reader）和天线（antenna）3 部分组成。其工作原理是：读写器通过天线发射出一定功率的射频信号，当电子标签进入读写器天线的辐射场区时，射频能量激活电子标签使之进入工作状态，被激活的电子标签利用反射调制技术，将内存的代码信息反射回读写器，读写器与电脑相连，接收到反射回的信号后，经过解调处理，获得电子标签识别代码信息，完成自动识别过程，同时这些信息被传送到电脑上进行下一步处理。

基于 RFID 构建食品物流系统，实现对食品物流的全程监控、自动识别等功能，不仅能够满足食品生产、贮存、分拣以及库存管理等业务的需要，还能实现对物流运输状况的实时监控，完善物流系统的及时调度功能，提高食品供应链的透明化。

在运输管理中，在途运输的食品和车辆贴上 RFID 标签，运输线的一些检查点上安装上 RFID 接收转发装置。接收装置收到 RFID 标签信息后，连同接收地的位置信息上传至通信卫星，再由卫星传送给运输调度中心，送入数据库中，这样可以加强对运输途中的食品进行监控。

（二）GPS 技术

全球定位系统（GPS）其原理是卫星不间断地发送自身的星历参数和时间信息，用户接收到这些信息后，经过计算求出接收机的三维位置、三维方向以及运动速度和时间信息。

GPS 技术应用始于军事领域，但随着近年来 GPS 技术的民用化，它逐渐成为一个全球性工具。在陆地上的移动信息系统方面，GPS 技术逐步被应用到交通运输的领域中来。

GPS 车辆监控系统就是把全球卫星定位（GPS）技术、无线通信技术和地理信息技术相结合，用以监控车辆所在位置和状态的安全保障系统。此系统通过 GPS 技术，获得被监控车辆的地理位置和一些附加信息（如速度、方向等），然后通过无线通信网，把信息传到监控中心，并通过监控软件，在监控中心的电子地图上显示出来，从而达到监控的目的。

GPS 车辆监控系统应用于原料运输，能对车辆的运行位置及众多信息进行实时获取，实现对车辆的快捷、准确的连续定位和监控，管理人员可以在监控管理中心查看每一入网车辆的运行位置、运行情况的自动分析结果，并通过无线通信手段下发合适的指令，从而实现运输车辆的实时监控、实时调度、智能配货、全程追踪、综合信息查询等增值服务，这些服务可以极大提高物流的透明度，有利于食品的溯源。

二、现代物流在食品加工过程中的应用

(一)RFID 技术的应用

1. 生产环节

在食品生产制造环节应用 RFID 技术，可以完成生产线自动化运作，实现对整个生产线上的原料、半成品和产成品的识别与跟踪，减少人工识别成本和出错率，提高效率和效益。同时 RFID 技术还可以使企业有效整合业务流程，提高市场应变能力，为客户提供更多的个性化服务，提高客服水平。

2. 存储环节

RFID 应用到食品物流系统的库存管理中，能够实时掌握食品的库存信息，从中了解每种食品的需求模式，及时进行补货，提高库存管理能力，实现自动化的存货和取货等操作。将 RFID 读写设备设置在食品出库、入库的托盘和库房中的货架之上，这不仅能够实现写入信息和出入库扫码等工作，还可实时获取食品从入库到待发区的所有环节的信息，提升库存的信息化管理水平，减少食品误置、送错、损坏和出货错误等造成的损耗，实现出入库的准确性和快捷性，提高服务质量。此外，RFID 的应用极大地降低了人工作业量，降低了成本，提高了作业效率。

(二)EDI 的应用

电子数据交换系统(EDI)俗称为“无纸交易”，是通过电子方式，采用标准化的格式，利用计算机联网进行结构化的数据传输和交换，如采购文件、订货文件、运输文件等。

EDI 的使用效果：第一，只要输入资料准确，就能准确无误地从一个电脑向另一个电脑交换资料；第二，信息以电子方式处理和传送，减少文件相关业务；第三，缩短所需时间；第四，提高顾客服务的质量，增强顾客的满意度；第五，企业为销售而订的货物可以及时到达，缩短库存决定周期和补充周期，安全库存也减少到最佳状态。如雀巢公司为世界最大的食品公司，总部位于瑞士，主要产品有婴幼儿食品、乳制品及营养品类、饮料类、冰激凌、冷冻食品、巧克力糖果等。1999 年雀巢与家乐福合作，建立了整个供应商管理库存(vender management inventor, VMI)计划的运作机制，增加了商品的供应率，降低了家乐福库存持有天数，缩短了订货前置时间，降低了双方物流作业的成本。在系统方面，双方各自拥有独立的内部企业资源计划(enterprise resource planning, ERP)系统，彼此不兼容，在推动计划的同时，家乐福也正在进行与供应商以 EDI 联机的推广计划，与雀巢的 VMI 计划也打算以 EDI 的方式联机。此外，企业利用 EDI 时还可以关注供应链各参与方之间传送信息的及时性和有效性，并利用这些信息来实现企业各自经营目标和实现整个供应链活动的效率化。

(三)AGV 的应用

自动导引车(AGV)又称无人搬运车，是指装有自动导引装置，能够沿规定的路径行驶，在车体上还具有编程和停车选择装置、安全保护装置以及各种物料移载功能的搬运车辆。AGV

一般以电池为动力，目前也有用非接触能量传输系统（contactless power system，CPS）为动力的，若采用非接触导航（导引）装置，可实现无人驾驶的运输作业。

内蒙古蒙牛乳业（集团）股份有限公司的六期工厂的智能化车间，采用比利时的AGV，它是在下方蓝色地板上输送平铺状态的内包装材料，纸张放入下方的灌装设备，设备将其压成盒装，使牛奶的灌装和压成盒装同时进行。此外，在空中滑行的日本空中小车，用来输送外包装材料，即牛皮纸箱，可以自行坐电梯上和下，到适当位置自动停下来，稍后横跨整个车间滑行，把纸箱放到下方的牛奶装箱位置。

三、现代物流在成品配送中的应用

（一）POS

销售时间地点系统（POS），包含前台POS和后台管理信息系统（management information system，MIS）两大基本部分。前台POS是通过自动读取设备直接读取商品销售信息，实现前台销售业务自动化，对商品交易进行实时服务管理，并通过通信网络和计算机系统传送至后台，通过后台MIS的计算、分析与汇总等掌握商品销售的各项信息，为企业管理者分析经营成果、制订经营方针提供依据，以提高经营效率的系统。后台MIS负责整个商场进、销、调、存系统的管理以及财务管理、库存管理、考勤管理等。

POS的运行步骤：①零售商销售的商品都贴有表示该商品信息条形码；②顾客购买商品结账时，收银员使用扫描读数仪自动读取商品条形码标签上的信息，通过店铺内的微型计算机确认商品的单价，计算顾客购买总金额等，同时返回给收银机，打印出顾客购买清单和付款总金额；③各个店铺POS通过增值网（value-added network，VAN）传送给总部或物流中心；④总部、物流中心和店铺利用POS来进行库存调整、配送管理、商品订货等作业。通过信息加工分析来掌握消费者购买动向，找出畅销商品和滞销商品，进行商品品种配置、商品陈列、价格设置等方面的作业；⑤在零售商与供应链的上游企业（批发商、生产厂家、物流业者等）结成战略联盟的条件下，零售商利用VAN以在线的方式把POS传送给上游企业，上游企业可以利用销售现场的最及时准确的销售信息制订经营计划、进行决策。

（二）EOS

电子订货系统（EOS）是零售商、批发商、制造商运用电脑对订购商品进行全面管理的技术，可以迅速准确地传递订货信息，掌握商品信息，构筑一个不缺货、不出错、不延迟的进货、检货、补货系统。

在实际运行时，POS与EOS高度结合，通过EDI实现高质量信息的传递，满足零售商和供应商之间的信息传递。

（三）RFID技术

将RFID设备安装在配送车上，还能够实时管理运输途中的食品。零售商收货时，通过RFID设备的认证，可以确认货物信息。

以葡萄酒为例，据说，中国市面上的1982年的拉菲酒比拉菲酒庄当年的总产量还要多，要想喝上真正的拉菲该如何辨别呢？其实企业只要通过在生产线封装生产 RFID 标签，给每瓶葡萄酒一个“电子身份证”，就能在包装线实现数据的采集进行防伪，对流通环节中的产品进行识别、读取和验证，进行产品追溯、生产管理、仓储和物流管理、销售管理、辅助决策等，而消费者则可以通过 RFID 查询产品的真伪，了解产品的来龙去脉。

现代物流是一种综合性物流活动模式，这一活动的运行依赖物流信息技术的运用，因此物流信息化是物流现代化的重要标志，如 RFID 技术应用领域广阔，可用于移动车辆的自动识别、资产跟踪、生产过程控制等。由于射频标签成本较高，目前在物流过程中多用于可回收托盘、包装箱的识别。对于食品行业，RFID 可以为每一件货品提供单独的身份识别及储运历史记录，从而提供一个详尽且具有独特视角的供应链，使食品行业彻底实现“源头”食品追踪和供应链中的完全透明。在未来几十年里，智能标签将大量应用于食品领域，免除跟踪过程的人工干预，并提供 100%准确的物流数据，因而具有巨大的吸引力。

(四)实际案例

1. 啤酒行业的现状

在快速消费品行业里，当产品的成本压得已经不能再低的时候，提高利润就需要从物流成本中去实现。啤酒具有易腐、保质期短、运输条件要求高以及不易搬运等特点，对供应链具有很大的挑战性。

2. 啤酒在实行供应链管理前的混乱局面

大多啤酒厂在实行供应链管理前每年由于车队而带来的亏损就达上千万，其表现主要有以下几个方面。

(1)产品的“保鲜”之痛　新鲜是啤酒品牌的竞争利器，而由于运输的混乱，啤酒必须要保持较高的库存量以避免在旺季时由于运输上的失误而导致库存的不足。这样就会导致产品的积压，使到达顾客手中的啤酒早已过了“保鲜期”。

(2)运输环节上缺乏有效控制　由于管理混乱，企业并不知道送货需要多长时间，这样通常会导致司机超期回来，甚至使本该运往甲地的啤酒运送到了乙地。另外，一些不负责任的司机甚至会趁机借口“车坏了”去拉别的客户的啤酒。

(3)贮存设备的管理不当　有些啤酒厂不仅在总部有仓库，各个分公司也有仓库。由于贮存设备的陈旧和管理不当，而啤酒对贮存的要求又很高，因此居高不下的库存成本占用了企业大量的流动资金。

(4)人为管理，没有实现信息化　由于采取的是人为管理，在供应链方面出错率极高，而且无法保证执行基本的先进先出原则。

3. 啤酒供应链管理的改革

供应链管理并不是简单地调整物流配送网络。青岛啤酒为了改善自己的供应链，开始同日本的朝日啤酒进行合作，并组织人员去参观学习。朝日啤酒的供应链管理，又称“鲜度管理”，以生产 8 d 内送到客户手中为目标，库存量控制在 1.5～1.6 d。通过参观学习，青岛啤酒于 2001 年提出了要实行自己的供应链管理，随之在供应链方面开始了全方位改革。

(1)严格评估服务商和经销商，对不负责任的服务商和经销商进行撤换　服务商和经销商是一个企业供应链的命脉，尤其是在啤酒行业，必须拥有大批的运输服务商来解决运力问题。

青岛啤酒通过筛选，挑选了最优的运输服务商，然后交给招商物流来运作。通过严格的评估，青岛啤酒仅在山东一省就把运输方面的服务商全部撤换掉，区域的经销商则换掉了一半。

(2)对运输过程进行严格监控　青岛啤酒对每条路线都规划了具体的时间，实行自动车辆配载，这样就提高了配车效率和配载率。在贮存设备的管理上，取消了原有的仓库及物流职能，实行“中央仓—区域仓—客户”的配送网络体系。

(3)采用信息化管理　从运输到仓储，青岛啤酒逐步理清头绪，改变过去的人为管理模式，通过实现自己的ERP系统和招商物流的SAP(System Applications and Products)物流管理系统的自动对接，借助信息化改造对订单流程进行全面改造，从而使“新鲜度管理”的战略得以有条不紊地实施。

(4)加强对市场终端的掌控　青岛啤酒的各个分公司不仅要做市场管理与拓展，还要负责所在范围内的物流运作。这样就可以将企业的全部精力投入市场终端，而销售人员对市场终端的情况也能够及时掌控。正如青岛啤酒管理层人员所说：“我们以前80%的精力都在处理物流的问题上，但现在，我们可以把精力完全放到营销上了。”同时，由于终端的有效维护，青岛啤酒能够较为准确地做好每个月的销售计划，然后报给招商物流。而对方根据销售计划安排安全库存，这样也就减少了库存过高的危险。

4. 实行供应链管理的效果

青岛啤酒通过实行供应链管理，大量消减了成本，并增加了收入，从而使企业的利润得到了大幅度的提高。在一系列的整合后，青岛啤酒每年亏损过千万的车队转变成一个高效诚信的运输企业。而且就运输成本来说，由0.4元/km下降到了0.29元/km，每个月下降了100万元。在运往外地的速度上，也比以往提高了30%以上。山东省内300 km以内的消费者都能喝上当天的啤酒。而在其他地区，如东北的啤酒一出厂，直接用大头车装上集装箱，运到大连时还是热乎乎的。

第二十一章　发酵食品工业副产品的综合利用

第一节　酿酒工业副产品的综合利用

一、白酒糟的利用

白酒糟是酒醅发酵完后再经蒸馏出酒后残留的混合固形物，因此酒糟中仍有一定量未利用完的蛋白质、淀粉、脂肪等成分。另外还有发酵过程中产生的新成分，如核糖核酸、嘌呤、嘧啶和其他一些次级代谢产物等对微生物生长有益的微量成分，这大大提升了酒糟的利用价值。白酒糟的再利用对我国的资源开发利用和环境保护都具有十分重大的意义。

(一)生产饲料

1. 直接用作家畜饲料

作为白酒的副产品，酒糟是很好的饲料，营养成分极高，有利于畜禽生长。可把固态白酒糟分离稻壳干燥或晒干后，再与其他原料配合生产不同品种的饲料。

2. 糟渣发酵蛋白质饲料

以酿造糟渣和屠畜鲜血为原料，采用微生物发酵法生产蛋白质饲料，粗蛋白质含量可达35%以上，并含有多种氨基酸，气味纯正，适口性好，完全达到国家蛋白质饲料的质量标准。实践证明，合理添加糟渣蛋白质饲料，能提高畜禽的采食量，增重效果明显，产蛋率高，用以代替相应常规蛋白质饲料具有一定的可行性。

3. 用作饲料添加剂

白酒糟可作为家畜饲料饲养的添加剂，酒糟中含有大量的维生素 E。实验表明，以酒糟为饲料添加剂饲养的猪肉中，维生素 E 含量增加了 23 倍，并且由于维生素 E 的抗氧化性，可延长猪肉的货架期。

4. 青贮酒糟饲料

鲜酒糟与秕谷或其他碾碎粗料混合进行青贮，可提高鲜酒糟的营养价值。

5. 生产粗酶制剂

酶制剂是继单细胞蛋白质饲料、活性饲料酵母之后的又一种微生物制剂。采用三级培养固体浅层发酵生产的酶制剂，可提高饲料营养成分利用率，降低饲料成本和降低畜禽粪便造成的环境污染。

(二)白酒糟生产化工原料

1. 提取复合氨基酸及微量元素

从白酒糟中提取复合氨基酸及微量元素,原料来源丰富,价格便宜,设备简单,工艺简便。而且其作为食品、药品、化妆品添加剂安全可靠。提取的复合氨基酸精品中,还含有钙、锌、锰、铁、铜、镉和锡等微量元素,同时,用酒糟制取的复合氨基酸中支链氨基酸与芳香族氨基酸分子比值远远大于正常人体比值,更适合于肝脏、心脏疾病的治疗。

2. 制取甘油

在白酒生产中甘油是以淀粉为原料发酵酿酒的后期产物,当乙醇蒸出后,少量甘油则留在酒糟中,若单纯对酒糟中含有的少量甘油进行提取,从提取设备、工艺技术和成本效益上考虑意义不大,但酒糟中尚含有在酿酒过程中没有完全利用的淀粉,占酒糟的10%左右,可经过再发酵,制取甘油产品。

3. 提取植酸和植酸钙镁(菲汀)

植酸和植酸钙镁(菲汀)是制取肌醇的原料,肌醇具有独特的化学性能和生理、药理功能。因而菲汀在化学、化工、轻工、食品、燃料的防爆以及医药领域具有广泛的应用。菲汀又是一种抗营养物质,如果给畜禽类(反刍动物除外)动物喂不脱菲汀的酒糟饲料,会降低该类动物对钙、镁、锌等元素的吸收和利用,并影响其正常发育,因此提取菲汀对饲料用酒糟更有意义。

(三)酒糟酿醋

白酒酒糟中含有一定量的粗淀粉、粗蛋白质、糖和有机酸,因而可以作为酿醋原料,这也是酒糟进行再利用的途径之一。固态发酵酒糟酿醋是用酒糟代替部分填充料,从源头上节约酿醋的原料。另外,酒糟中的蛋白质通过发酵分解,可增加食醋中的氨基酸含量,提高食醋的质量,使酿制的醋更香、更可口。在酿造的过程中酒糟一般不单独作为原料,而是需要添加配料(如麸皮、大米、玉米粉或面粉等)。

(四)培养食用菌

随着人们生活水平的提高,对食用菌的需求量逐渐增加,但食用菌栽培原料价格不断上涨,造成生产食用菌的成本大幅度提高。酒糟中氮、磷元素含量高,同时含有丰富的B族维生素和生长素,只要调节pH即可直接栽培多种食用菌,如平菇、金针菇、香菇、凤尾菇、黑木耳、猴头菌等。

另外,酒糟和无机氮磷肥配合使用对旱地增肥效果明显,同时可提高土壤的蓄水能力并改善土壤结构。

二、葡萄酒生产中副产品的综合利用

(一)葡萄皮渣的利用

葡萄皮渣是指葡萄酒在生产过程中剩下来的、不能再供酿酒用的一部分原料葡萄,以及原料葡萄经过压榨、提取葡萄汁后剩下的葡萄皮、肉、籽、果柄等新鲜的植物体。每 100 kg 葡萄原料生产葡萄酒时会产生 40 kg 葡萄渣。

1. 用来制备“小酒”或葡萄酒精

没有经过发酵的葡萄渣或葡萄皮渣，含有少量葡萄汁，可以回收，制成“小酒”：①加工白葡萄酒所得的葡萄皮渣，尚未经过发酵，含有少量葡萄汁及其糖分，可将其边喷水，边搅拌，使皮渣被水充分浸洗，将皮渣浸提液接入酒母发酵，即得“小酒”，其质量较葡萄汁发酵所得产品差，仅供家庭自用或蒸馏白兰地。②将白葡萄皮渣添加净水，任其自然发酵 7 d 左右，使皮渣的残留糖分转为酒精，然后分离除去皮渣，滤液含有少量酒分，进行蒸馏回收酒精。③将皮渣接入酒母，投入水泥池，进行固态发酵后蒸馏，回收酒精。

2. 生产配合饲料

葡萄渣营养成分变化很大，它与生产工艺有关，经压榨、洗涤、去梗、去籽后的渣，粗蛋白质、粗脂肪、无氮浸出物、纤维素含量是不同的。洗涤前后葡萄渣的主要营养成分(粗蛋白质、脂肪、无氮浸出物等)尚无多大变化，但是残留酒精被洗去。因此，洗涤后葡萄渣的主要营养成分没有较大损失，并且没有残留酒精，十分有利于作家畜饲料。

3. 直接或洗涤后作肥料

葡萄渣含有肥料成分的三要素(氮、磷、钾)，因此可将葡萄渣作为肥料或堆肥。

4. 葡萄皮提取食用色素

(1)天然食用色素　葡萄皮中的天然红色素可广泛用于果酱、酸性饮料、果酒中，其色泽鲜艳，与合成色素相比，具有一定的营养和药理作用，且使用安全。葡萄皮提取物以花色苷或双糖苷形式存在，易溶于水、甲醇、乙醇等溶液，酸性条件下最稳定。

(2)提取　由于红色素在酸性条件下比较稳定，一般采用酸性乙醇溶液提取，其提取过程是将鲜葡萄压榨去梗，所得废渣(约占果 25%)以适当浓度的乙醇(用盐酸调 pH)在室温下提取，然后过滤纯化，再用真空薄膜蒸发器浓缩至适当浓度，即得浸膏，喷雾干燥可得粉剂。此方法的收率(对皮渣而言)为 27%左右。

(3)葡萄皮色素稳定性　由于葡萄皮色素稳定性差，其影响因素有 pH、温度、氧(空气)及食物中其他成分(如维生素 C、糖类、防腐剂等)。色素适合在酸性食品中使用，并允许短时间高温处理，食品中常见的蔗糖、苯甲酸钠防腐剂都不影响该色素的色调和色度。低浓度维生素 C 对该色素无明显影响，但其抗氧化能力差，应避免与氧化物质接触。

5. 葡萄皮提取果胶

果胶是一种杂多糖的衍生物，即由半乳糖醛酸、*L*-鼠李糖等组成的杂多糖衍生物，在食品工业、医药、轻工业生产中具有很高的利用价值。

6. 葡萄皮渣提取酒石酸

酒石酸是一种多羟基有机酸。由葡萄皮渣提取的酒石酸是 *D*-酒石酸，是一种无色透明的白色结晶细粉，无嗅，有酸味，大部分用作食品添加剂(酸味剂、膨化剂)，在纺织工业用作感光剂，在医药工业也有广泛的用途。

7. 山葡萄籽蛋白质的提取

将山葡萄籽进行粉碎(60 目)，除油，室温风干，加入 NaCl 水溶液，充分搅拌，离心分离。

取溶液用火棉胶袋透析，得粗蛋白质，进行纯化。蛋白质中氮的质量分数为 14.92%，蛋白质质量分数为 85.74%，其中含有人体所必需的 8 种氨基酸，可用作强化食品、滋补剂、保健药物等。

8. 葡萄籽油的开发利用

目前，有用超临界二氧化碳萃取葡萄籽油的工艺。葡萄籽油的精炼可采用碱式过氧化氢法，以过氧化氢（30%，用 NaOH 调 pH 至 10）为精炼剂，去除杂质，再在较高温度下进行蒸发与分解除去过氧化氢。

9. 单宁的提取

提取葡萄籽油后的葡萄籽残渣，含有质量分数为 10% 的单宁。单宁是不同聚合度的黄烷-3-醇聚合物的混合物。它除供药用外，是皮革工业很好的鞣料，也是制造墨水、日用化工和印染工业的原料。

单宁的提取可将葡萄籽残渣用 50% 乙醇在常温常压下浸提 2 次，每次 5～7 d，过滤除去的滤渣可作饲料，合并滤液蒸馏，将乙醇蒸出回收利用，母液真空浓缩或直接加热浓缩，沉淀干燥后即为单宁。注意提取时隔氧操作，避免氧化使颜色变黑。

10. 皮渣发酵制白兰地

未经发酵的葡萄废渣可采用发酵法制取酒精，方法是用水浸泡皮渣，酒石酸调 pH 至 3～4，添加 30% 酵母，补充糖至 10% 左右，于 25 ℃下通风发酵 7～8 d，再蒸馏，取中馏分酒。中馏分酒近似白酒，度数高，无香气，辣味重，需老熟。因橡木会赋予白兰地独有的风味和色泽，故采用橡木桶密闭陈酿为宜。贮存时间越长，色泽越深，香味越浓，再经调配可得优良的白兰地酒。

11. 葡萄皮渣酿醋

葡萄皮渣中含有较多的糖分，可用固体发酵法制取醋酸。先将皮渣、麸皮、糠按 50∶25∶15 的比例（质量比）配制搅拌均匀，蒸煮 45 min，降温至 35 ℃，加入质量分数为 10% 的曲块，搅拌均匀后置于缸中。34 ℃发酵 15 min，再添加质量分数为 2% 的食盐、糖等，冷开水浸泡 2 h，补醋，灭菌，即可得食用醋。

12. 生产果胶酶

由果渣生产的果胶酶用于果汁澄清，具有不影响果汁风味的优点。

目前，葡萄果渣已用于生产果胶酶。果渣经 121 ℃、31 min 灭菌后，加入霉菌孢子进行培养。一般葡萄果渣用黑曲霉，培养温度在 30 ℃左右，培养时间 2～3 d，至孢子出现为止。酶制剂可做成粗酶，抽提后即干燥成粉末，也可进一步纯化成精制酶，一般每克葡萄果渣可得到 300～400 U 果胶酶。

（二）葡萄酒糟的利用

葡萄酒糟是葡萄酒酿造过程中葡萄经过酒精发酵作用，再经过压榨工艺分离出的葡萄渣，葡萄酒糟也具有葡萄皮渣相似的利用价值，可生产葡萄籽油，可提取单宁、色素、果胶等物质，同时还可以再次发酵，以及提取酒石酸氢钾、生产沼气等。

1. 葡萄酒糟的再发酵利用

压榨过的葡萄酒糟中仍有相当于已流酒量的 50% 的葡萄原酒，若将它们全部榨出比较困难,即使榨出一部分的原酒质量也不好,因此可以加入含糖量为 170 g/L 的糖水,并用酒石酸调节其酸度,使 pH 保持在 3～4 进行发酵。在进行发酵时砂糖必须全部溶解,并分 2 次加入,第一次加总糖量的 60%,待发酵醪糖分降至 6%～7%时,再将剩余糖加入,并保持发酵温度在 22～28 ℃,适当通风,同时添加 3%～4%酵母,糖水用量应不超过原来葡萄酒的量。再次发酵后的酒糟中仍含有一定量的酒精,可将酒糟在蒸馏锅内蒸馏,保持锅内温度在 100～105 ℃,压力在 0.02～0.04 MPa,出酒后要截头去尾,蒸馏酒可直接加入葡萄酒中以增加酒精度,也可贮存在橡木桶中进行陈酿。

2. 酒石酸氢钾的提取

酒石酸氢钾是白色透明的晶体,在医药、化工、食品领域均有广泛的应用。

在蒸馏酒精后的葡萄酒糟中含有一定量的酒石酸氢钾,因此在蒸馏结束后立即往蒸馏锅内放热水,使水盖过酒糟,然后盖好蒸馏锅,煮 15～20 min 后,将浸提液放入浅而开口的结晶槽中,待浸提液冷却 1～2 d 后,粗酒石酸氢钾就会在槽壁和槽底结晶,这些晶体经过进一步精制提纯,就能得到较纯净的酒石酸氢钾。

(三)葡萄酒泥的利用

葡萄酒泥是葡萄酒酿造过程中沉积于罐底的细微葡萄果肉、果渣和葡萄果穗上黏附的泥土等固体混合物质,是葡萄酒酿造过程中的主要副产物,一个万吨级葡萄原酒加工厂每年要产生 600 t 以上的酒泥废弃物。葡萄酒泥中富含多种植物营养物质,是优良的有机肥源。

葡萄酒泥含有大量的营养物质,研究结果显示:酒泥中 N、P、K 含量均达 10%以上,是鸡粪养分含量的 2.6 倍,有机质含量也非常丰富,远高于鸡粪,而且 pH 较低,非常适合在北方盐碱土壤上应用。用葡萄酒泥制成肥料用在大田作物(鲜食玉米)、果树(桃、冬枣)上,对果实的增大以及品质的提高都有较好的作用。

由于酒泥是葡萄汁发酵后的沉积物,其中含有一些对自然环境产生负面影响的生物需氧量、化学需氧量及各种菌体等物质,因此在施用前须经发酵处理,以释放养分并杀灭其中的各种病原微生物。

三、啤酒生产中副产品的综合利用

(一)啤酒废酵母的利用

啤酒废酵母作为啤酒生产排放的主要废弃物,每生产 1 000 t 啤酒,就会产生 1.5 t 左右的剩余酵母。啤酒废酵母含有丰富的蛋白质、核酸、维生素、矿物质等多种营养成分,并且安全、无毒,其利用价值非常高。我国啤酒产量已连续多年居世界第一位,但对啤酒废酵母的处理方面与世界先进水平比还有一定的差距。我国啤酒废酵母的主要处理方式是干燥后作为饲料或直接排放,有效成分未能得到充分利用,不但浪费资源,还污染环境。

1. 啤酒废酵母在食品工业上的应用

啤酒酵母含有丰富营养成分,并且安全无毒,在食品工业具有广阔的应用前景。有大量的研究结果表明,啤酒废酵母可以生产或提取多种食品添加剂以及高附加值的产品。啤酒生产排放的啤酒废酵母除含有活性啤酒酵母以外，还含有少量的麦糟、酒花、絮凝沉淀物以及酵母自身代谢形成的代谢副产物、酵母自溶物等，因此未经预处理的啤酒废酵母呈褐色，具有明显的苦杂味，用于食品工业必须进行去杂、脱苦、脱色等处理。

(1)利用啤酒废酵母生产食用酵母蛋白　啤酒废酵母中含有丰富的蛋白质，蛋白质含量占酵母干重的50%左右，且氨基酸组成非常理想，是一种良好的蛋白质资源。酵母蛋白的营养价值虽低于动物蛋白，但与植物蛋白营养价值相当。据报道，酵母蛋白添加蛋氨酸后可大大提高蛋白质的营养价值。利用啤酒废酵母生产的酵母蛋白营养粉添加在食品中，不仅可强化食品的营养价值，还可赋予食品以丰富而宽广的口味和浓郁感。酵母蛋白营养粉的生产工序主要包括酵母泥预处理、自溶、杀菌灭酶、调配、干燥等。

(2)啤酒废酵母抽提物的生产和应用　酵母抽提物又名酵母精，是利用废弃酵母采用酸法、碱法和自溶处理而得到的一种食品营养添加剂。其富含蛋白质、氨基酸、B族维生素、矿物质、核酸及其降解物、有机酸和糖类等，具有调味、强化营养、抗衰老、抗氧化等功能，广泛应用于肉类、水产品、膨化食品、快餐食品加工中，起着改善食品风味，提高产品品质及营养价值等作用。

酵母抽提物生产工艺过程：先将新鲜废酵母过80～100目筛，然后加水并添加占酵母干重1%～5% NaCl和纯碱调节pH为8～9，充分搅拌，离心分离并用水多次清洗。将得到的酵母泥做自溶处理，即使用6%酒精，在45～65 ℃温水下溶解，搅拌20～48 h。自溶结束后，将悬浮液在90～100 ℃保温灭酶30 min。离心分离得滤液、滤渣，将滤液于60 ℃减压浓缩可得糊状物，再经干燥可得糊状酵母抽提物。

(3)利用啤酒废酵母生产天然复合调味料　啤酒废酵母富含蛋白质和核酸类物质，酵母蛋白和核酸的降解产物中含有丰富的呈味氨基酸和核苷酸，因此，利用酵母中所含的多种营养成分可生产富含十几种氨基酸、肽、呈味核苷酸、维生素多种微量元素的天然调味品，产品不仅滋味鲜美，而且营养丰富，是集调味、营养两大功能于一体的天然复合调味料，其生产成本比传统酱油成本降低50%，主要用作增鲜剂和风味调节剂。

(4)利用啤酒废酵母生产甘露糖蛋白　酵母甘露聚糖是酵母细胞壁多糖中的一种，为糖蛋白，分子量约为90 kU，呈白色粉末，溶于水。酵母甘露聚糖在食品行业可以作为食品强化剂，具有抗辐射作用，也可以作为癌患病人体质增强剂，为处于辐射环境中工作人员健康增补剂，还可用于防晒化妆品的生产。因此，啤酒废酵母生产甘露糖蛋白市场前景广阔。

酵母泥提取甘露聚糖的工艺流程如图21-1所示。

酵母液 → 除去杂质 → 酵母多糖 → 提取 → 酵母甘露聚糖（粗品） → 纯化 → 酵母甘露聚糖纯品

图21-1　酵母泥提取甘露聚糖的工艺流程

(5)其他方面的应用　在食品加工中还可以利用啤酒废酵母丰富的营养，通过全酶工艺，将酵母细胞壁酶解，生产复合氨基酸型的保健食品；利用啤酒酵母做培养基的主要成分，加入双歧因子经发酵生产双歧酵母保健食品；利用啤酒酵母代替可可粉加工巧克力和可可饮料；将酵母抽提物超滤液和截留液分别制成功能饮料等。

2. 啤酒废酵母在生物制药工业中的应用

啤酒废酵母含有多种生物活性物质、完整的酶系，是提取多种生化物质及生化药物的宝贵资源。

(1)提取核酸、核苷酸、核苷类药物 啤酒酵母中含有丰富的核糖核酸，核酸又可降解为核苷酸，核苷酸可脱去磷酸根生成核苷。核酸和核苷类药物具有扩张血管、增加血红蛋白浓度、增加血红球数、白细胞数、减轻浮肿和抗病毒、肿瘤等作用。

核糖核酸主要存在于啤酒酵母细胞质内，借助物理、化学或生物化学的方法破坏细胞壁使核酸释放出来，将核糖核酸和杂质分离，可得到纯度较高的核糖核酸产品。核糖核酸进一步降解可得到核苷酸，目前利用核糖核酸降解生产核苷酸常用的方法是酶解法。

(2)提取凝血质和麦甾醇 酵母细胞内含有大量的凝血质，凝血质通过凝血酶的作用可使人体或动物血浆内可溶性纤维蛋白变成不溶性纤维蛋白，从而达到凝血目的。从酵母中提取凝血质工艺简单，安全性高，是凝血药品的理想资源。

啤酒酵母由于本身富含麦甾醇，所以它是生产麦甾醇的较好原料。麦甾醇是维生素 D 的前体，工业生产麦甾醇主要是从啤酒酵母细胞中提取。

(3)制取谷胱甘肽等生化药物 利用啤酒酵母还可制取谷胱甘肽。谷胱甘肽(由谷氨酸、半胱氨酸、甘氨酸构成的三肽)具有参加肝细胞内的氧化还原反应及对 SH 酶的激活和提高 Fe^{2+} 酶活性的作用，它作为肝脏病与药物中毒的治疗药物已经商品化。

(4)制取药物果糖二磷酸钠 果糖二磷酸钠是人体代谢中的一种活性生化物质。它的分子结构中有两个高能磷酸键，可以作为恢复和改善细胞代谢的分子水平药物。果糖二磷酸钠药粉制成粉剂、水剂可供静脉滴注，它能改善心脏机能、缓和冠状动脉阻塞，用于心肌梗死、心功能不全、冠心病、心肌缺血、休克等症的急救良药。利用啤酒酵母以酶法制取果糖二磷酸钠已形成批量生产。

(5)制取碱不溶性葡聚糖 啤酒酵母细胞壁成分主要是葡聚糖，分为碱不溶性、碱溶性、酸溶性三种。碱不溶性葡聚糖能增强免疫力，有抗癌、抗病毒、降低血脂等功能。

可采用碱制备法或酶-碱制备法两种方法从啤酒废酵母中提取 β-1,3-*D*-葡聚糖。碱法制备工艺为：废酵母处理后自溶，离心分离，沉淀物用 3% NaOH、60 ℃处理 3.5 h，离心，沉淀物再用 2% NaOH、90 ℃处理 2 h，离心、水洗、去脂干燥。

(6)其他 由于酵母菌细胞中含有 2%左右的 B 族维生素，所以可以利用啤酒废酵母提取 B 族维生素、细胞色素 C。在提取细胞色素 C 的同时，还可以得到辅酶 A、酵母多糖和核糖核酸等多种产品。另外，酵母菌是微量元素的载体，它能大量吸收和同化微量矿物质元素，并将其转化成有机形态，成为容易被人体所利用的矿物质微量元素。

3. 啤酒废酵母在饲料工业中的应用

(1)用于混合饲料的生产 啤酒生产过程中的固体废弃物主要包括制麦芽工序产生的麦芽根、糖化工序生产的麦糟、发酵工序排放的啤酒废酵母等。直接将上述固体废弃物混合干燥、粉碎，制备颗粒混合饲料。

(2)用于蛋白质饲料添加剂的生产 啤酒废酵母富含蛋白质，且氨基酸组成接近理想蛋白质，营养丰富。以啤酒废酵母为主要原料生产蛋白质饲料添加剂，作为配制其他混合饲料的蛋白质源，可替代进口鱼粉。其工艺过程主要包括酵母泥搅拌、加热、滚筒干燥、粉碎等工序。

(二)麦糟的利用

麦糟又称啤酒糟或酒糟，是啤酒在糖化过程结束时，糖化醪液经过滤后残留的皮壳、高分子蛋白质、纤维素、脂肪等，也是啤酒生产过程中数量最多的副产品，大约占啤酒总生产量的 1/4。

麦糟是由麦芽和不发芽的谷物原料在糖化中由于不溶解而形成的，主要是麦芽的皮壳、叶芽、不溶性蛋白质、半纤维素、脂肪、灰分及少量的未分解淀粉和可溶性浸出物等成分，在啤酒生产过程中，每 100 kg 麦芽投料可得 110～130 kg 含水 75%～80%的麦糟。干麦糟的蛋白质含量高达 25%左右，脂肪为 8.2%，无氮浸出物为 40%～50%，纤维素约为 16%，矿物质约为 5%。

1. 麦糟膳食纤维在食品工业中的应用

麦糟经压榨机部分脱水后，再在回转式干燥设备中干燥至含水量为 6%～7%，然后在磨粉机中研磨粒度达 100～50 μm。研碎的麦糟输送至连续式悬吊鼓筛分选机，上层筛孔直径为 130 μm，底层筛孔直径为 120 μm，筛得的细麦糟粉含 40%蛋白质和 35%纤维，粗磨部分含 20%蛋白质和 67%膳食纤维，高纤维部分可取代麦麸做面包和饼干。

将新鲜麦糟在 100～114 ℃条件下干燥 10 s～10 min 后，调制成面团，经酵母发酵后，成型烘焙，可制成香味独特的麦糟焙烤食品。麦糟加酵母和胶凝剂、小麦粉、奶粉按一定比例混合还可制备医疗食品、食品添加剂和药剂；另外，还可根据不同需要，添加醋栗、草莓、柠檬酸、山梨酸、乳清粉、维生素、葡萄糖、香化剂等，制备成风味不同的食品添加剂和药品。

2. 在饲料工业中的应用

(1)麦糟饲料　麦糟中蛋白质含量较高，在加工过程中受到适度分解，作为饲料的消化率较高。湿麦糟从糖化排放到成品，全部在封闭的设备或管道内进行，实现集中控制，整个工艺流程可在糖化排放的每个周期内，将水分含量在 80%以上的湿麦糟加工成水分含量在 13%以下便于贮存和运输的粉状或颗粒状物料，其中含有丰富的蛋白质和氨基酸等营养物，可作为饲料工业的优质原料。

干饲料的生产工艺流程如图 21-2 所示。

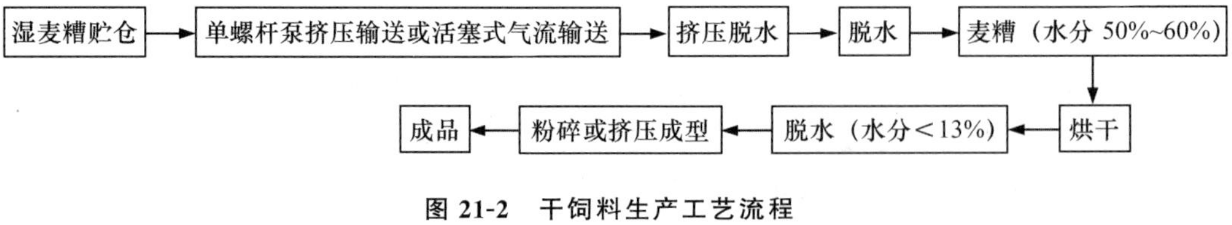

图 21-2　干饲料生产工艺流程

(2)单细胞蛋白质饲料的生产　麦糟经霉菌、酵母菌等多菌混合发酵，可转化为营养丰富，容易被动物吸收的高效生物活性蛋白质饲料。先是霉菌将麦糟中不易被发酵利用和消化吸收的有机物质分解为易于被消化吸收的单糖和氨基酸等小分子物质，然后再经酵母菌的发酵作用，将麦糟中的植物蛋白转化为消化吸收率高的微生物菌体蛋白，同时在发酵过程中，微生物会产生一系列的次级和末端代谢产物，包括酶、有机酸、维生素、氨基酸、生物活性物质及生长调节促进剂等，这些产物能促进动物的快速生长和发育。经过处理后的麦糟饲料，蛋白质含量高，消化吸收率也可得到很大的改善。

(3)酒糟可作燃料　麦糟的水分含量很大，容易腐败变质，给处理和综合利用带来很大问题，成为啤酒厂的主要污染源，将麦糟作为燃料符合环保要求。其工艺流程如图 21-3 所示。

图 21-3　酒糟作燃料的工艺流程

操作过程：将含水量约为 80%的湿麦糟加入连续带式压滤机进行预脱水处理，脱水后的麦糟含水量低于 60%，然后输送到中间缓冲槽。预脱水后的麦糟具有很强的生物稳定性，可以贮存较长的时间，能为锅炉提供足够的燃料。

压滤出的水可以利用厌氧方法进行处理，达到环保要求后排放或者回收利用，一般情况下，锅炉通过燃烧麦糟产生的蒸汽量是啤酒厂所需蒸汽量的 60%，麦糟燃烧后产生的灰烬可以作为肥料，通常燃烧的废气不经过处理即可以满足排放标准。

四、CO_2 回收

(一)啤酒生产中 CO_2 的回收与利用

二氧化碳是啤酒发酵过程主要代谢产物之一，也是啤酒生产不可或缺的物料，啤酒发酵的主要代谢产物是乙醇和 CO_2，同时产生一系列代谢副产物。乙醇与 CO_2 是啤酒的必需成分，因此，CO_2 的回收使用既减少排放，又降低成本。

啤酒发酵过程可分为三个阶段：①酵母恢复；②有氧呼吸；③无氧发酵。其中，阶段②和③有 CO_2 产生，啤酒厂二氧化碳回收装置一般由除沫、水洗、压缩、吸附、干燥、制冷、贮罐、汽化及供气或灌充等单元组成。为了保证二氧化碳压缩机工作稳定，在水洗塔和压缩机之间安装了一个缓冲气囊，回收的 CO_2 纯度要求不低于 99.9%，CO_2 存储罐压力不低于 2.0 MPa，回收进气压力为 0.03～0.05 MPa，供气压力为 0.5～0.6 MPa。

(二)白酒生产中 CO_2 的回收与利用

白酒发酵废气中的 CO_2 纯度很高，一般在 97%～99%以上，利用发酵废气生产的 CO_2，不需要提高 CO_2 浓度的设备，只需要将其进一步的净化，把所含的少量杂质(水分、空气、有机物和无机物)去除即可，因而是公认的最经济的气源。因此，对 CO_2 的回收和利用，既能优化生产车间的工作环境，减少杂菌的繁殖，确保发酵时的质量要求，又能创造经济效益。

根据 CO_2 液化的性质和规律，目前国内外回收 CO_2 的工艺主要分为低压法、中压法、高压法三种。

1. 低压法

虽然低压法需要的压力最低(0.6～0.8 MPa)，但在该压力下，要使 CO_2 液化的温度为 −42～50 ℃，制冷能耗高，气体贮存困难。因此，无法以液态方式贮存。当没有发酵气体时，便无法回收和供气。

2. 中压法

中压法的压力为 1.6～2.5 MPa，但需要设置制冷设备或利用 CO_2 自身蒸发系统来降低温度，通常为－12～25 ℃，中压法介于低压法和中压法之间，需要的压力不高，液化的温度也不是很低，容易贮存和运输，效率高，不管起源纯度如何，都可以制得高纯度的二氧化碳，是国际上公认的发展方向。贮存方式可以采用恒温储罐低温贮存，也可以用增压泵将液态的 CO_2 装入高压钢瓶贮存和运输。

3. 高压法

高压法可以在常温（低于 30 ℃，一般是 22～30 ℃）液化，但是需要 6.0～9.0 MPa 的高压。高压法最大的优点是在 22～30 ℃可以液化，设备流程简单，但该法所需的压力高，设备的安全要求高，生产效率低，随着生产规模的扩大，其缺点更为突出。

五、黄酒糟的利用

（一）利用黄酒糟制备糟烧酒

黄酒糟经过再糖化、发酵、蒸馏得到的白酒就是糟烧酒。即在黄酒糟中加入根霉、麦曲作为糖化发酵剂，少量的陈皮、薄荷等作为助香物，充分发酵，然后用食用酒精串成“调香酒液”，再勾兑调味而成。

黄酒糟制取低度健身糟香酒的工艺为：将刚压榨的新鲜糟饼用粉碎机打碎，呈疏松细粒状，同时加入 0.5% 麦曲粉，混匀，投入大瓦缸中，整缸踩实、密封，加工制成香醅，加入香料，再经串蒸、勾兑、调味等工艺，最后制得具有糟香白酒独特风格的低度健身糟香酒。

（二）利用黄酒糟制曲

传统麦曲是多种微生物与多酶系的混合载体，所含的微生物和酶系丰富。麦曲中含有大量霉菌、细菌、酵母菌。黄酒的酿造过程结束后，大部分微生物仍残留在黄酒糟中，能够二次利用。即用黄酒糟替代熟麦，根据制曲原理和米曲霉培养生长要求，合理配入小麦、麸皮进行曲料组合，在工艺中采用原料轧碎、曲料上甑、加热汽化、蒸馏取酒、扬冷接种、曲料入箱、通风制曲。利用黄酒糟替代熟麦制曲可使黄酒糟实现二次利用，具有较高的实用价值和经济效益。

（三）利用黄酒糟作为酿酒的辅料

用黄酒糟代替部分大米制料酒的最佳物料配比为：香糟 35.71%，生麦曲 7.857%，熟麦曲 2.857%，糖化酶 0.5%，液化酶 0.2143%，蛋白酶 0.07143%，酒母 12.86%，米水比为 1：2.2。

最佳工艺参数为：大米在水中浸泡 12 h，待到黄酒糟散冷后从落料口加入，各种酶制剂与水混匀后一起加入。落料 10 h 后主动开耙，以后每隔 4 h 开 1 次耙，后发酵温度为 18 ℃，约 10 d，后发酵成熟后及时压榨，煎酒放坛，贮存 1 年。

该方法制得的酒在保持料酒原有品质的基础上，可使氨基酸态氮含量提高 0.25 g/L，酯含量提高 0.16 g/L，用曲量减少 4.36%，出酒率提高 75%，节约生产成本，为企业带来一定的经济效益，具有实用价值。

(四)利用黄酒糟制备酱油

利用复合风味蛋白酶、麸曲酸性蛋白酶以及麸曲糖化酶水解黄酒糟生产特鲜酱油的工艺为:黄酒糟粉碎加水(1∶2.5)调浆,在100 ℃条件下加入高温淀粉酶液化10 min,冷却醪液至55 ℃,加入复合风味蛋白酶于55 ℃恒温水解,最后灭菌压榨得成品酱油。酶法水解黄酒糟制酱油,可充分利用黄酒糟中的残留蛋白质,相对于传统的酱油制备方法,原料成本低,节能省时。

(五)利用黄酒糟制备食醋

利用黄酒糟生产食醋的工艺为:黄酒糟中加入相当2～3倍体积的清水混匀,加热至60 ℃保温浸泡3 h,对酒糟进行糖化。随后再接入酵母菌,经发酵、过滤、调整补充、醋酸发酵、灭菌、包装等步骤制得优质食醋。该法制得的食醋风味柔和,与传统工艺制得的食醋差别不大,且投资少、设备简单、操作容易、周期短、效益高。

(六)利用黄酒糟制备复合氨基酸

黄酒糟经酸水解、冷却、中和、过滤、杀菌、调配,生产复合氨基酸调味液。在水解过程中,黄酒糟中的残留蛋白质被分解为游离氨基酸,残余的淀粉与纤维素都被降解为葡萄糖,在各种水解产物中,氨基酸和葡萄糖可为调味液增加鲜味、香味和甜味,同时,也可赋予复合氨基酸调味液很高的营养价值。利用黄酒糟制备复合氨基酸,原料来源广泛,价格低廉,生产成本低。酒糟含有天然植物蛋白,利用黄酒糟制的成品氨基酸种类和含量都很丰富,该法制得的复合氨基酸调味液也可加工成低盐酱油、富铁补血酱油、浅色酱油或风味调味汁的前产品,用途广泛。

(七)其他

黄酒糟中残留的蛋白质性质与啤酒泡沫蛋白质相似,经酶法提取,其蛋白质的泡持性和起泡性较好,可以作为啤酒泡沫的强化剂。用鲜酒糟代替麸皮栽培金针菇,可增加生产金针菇的原辅材料,降低金针菇生产成本,结果表明方法可行。黄酒糟还可提取蛋白质及作蛋白质饲料等,均可有效地利用黄酒糟的营养成分,极大地降低其对环境的影响。

第二节 味精工业副产品的综合利用

一、谷氨酸菌体蛋白的回收

谷氨酸菌体蛋白是味精生产过程中的副产品之一,是谷氨酸生产菌生产的谷氨酸经分离、干燥、磨粉后制成的一种单细胞蛋白,含有丰富的蛋白质和其他营养物质,目前我国谷氨酸菌体蛋白年产量可达上百万吨。谷氨酸菌体蛋白一般呈粉末状或细颗粒状,其颜色因发酵过程中使用的糖质原料不同而不同,通常为灰白色至土黄色(褐色)。如流加糖蜜颜色深,则呈棕褐色至深褐色产品,具有菌体所特有的微香,无异臭。谷氨酸菌体蛋白占味精生产废水中有机成分的30%～40%，回收谷氨酸菌体蛋白，不但可变废为宝，还可减轻对环境的污染。味精发酵废水中含有约4%谷氨酸噬菌体，提取干燥后可生产蛋白质含量超过60%的高质量蛋白质。目前常用的提取方法有高速离心分离法、加热沉淀法、超滤膜法、絮凝沉淀法和气泡捕集法等。

(一)高速离心分离法

离心分离一般用于提取味精生产中发酵液或母液的谷氨酸菌体以及回收味精废水酵母生产中的酵母菌体。谷氨酸菌体小，普通离心机不能分离，必须用高速离心方法，该法多与蒸发浓缩法一起使用，以回收味精废水中的菌体蛋白。采用高速离心分离机去除菌体处理能力大，可连续分离，完全适用于提取菌体蛋白工业化生产的要求。但高速离心机价格昂贵，投资大，运行能耗也较高，且离心分离过程中易损失发酵液，不太适合工业化生产。

(二)加热沉淀法

味精废水经加热杀死谷氨酸菌体，使菌体蛋白变性后絮凝沉降，过滤后可回收菌体蛋白，粗蛋白质含量大于50%，可作为蛋白质饲料添加剂。但该方法能量消耗太大，目前尚不能连续生产。

(三)超滤膜法

膜分离作为一种新型的水处理技术，近几年来在废水处理中发展很快，超滤、反渗透和电渗析等方法已在多个领域中得到应用，味精行业也不例外。目前用于味精废水处理的膜分离工艺主要为超滤。超滤技术作为一种新兴的分离技术，具有常温操作、设备简单、占地面积小、操作方便且分离效果好，对菌体的提取率大于90%等优点，但超滤技术在处理味精废水中也存在一次性投资大、能耗大、废水处理成本高、膜污染严重、使用寿命短等一系列的问题，在生产中推广应用有一定的困难。

(四)絮凝沉淀法或气泡捕集法

絮凝不能单独使用，必须和沉淀法或气浮法结合，构成絮凝沉淀或絮凝气浮，是分离谷氨酸菌体的主要方法之一。在味精废水处理过程中，无机絮凝剂一般作为助凝剂与有机絮凝剂配合使用。有机絮凝剂对味精废水的絮凝效果较好，聚丙烯酸钠絮凝效果好、用量少、无毒，能适应较低范围的pH，可不经调整pH直接使用，因此，在味精废水菌体蛋白回收中已被广泛使用。有机絮凝剂壳聚糖，无毒无害且不造成二次污染，合适的pH为7～11，对温度的变化不敏感，絮凝效果随浓度的增加而提高，使用时调节味精废液的pH即可。微生物絮凝剂也是一种新型的絮凝剂，无毒无害，而且可以被微生物降解，使用安全、方便，适于提取味精菌体蛋白。

大量的研究发现，2种或2种以上的絮凝剂配合使用，絮凝效果要优于单独使用一种絮凝剂。例如，在聚丙烯酸钠中加入木质素作助凝剂，比单独使用聚丙烯酸钠效果好；在壳聚糖中加入氯化钙，可提高壳聚糖的絮凝活性。在实际生产中，应该充分发挥助凝剂的作用，节约主要絮凝剂的用量，既可提高处理效果，又可节省费用。

二、利用发酵废母液生产饲料酵母

提取谷氨酸后的废液也可生产饲料酵母，该工艺成熟，应用广泛。酵母菌采用热带假丝酵母 YZH-105 菌，该菌有耐酸（pH 3.0）、耐高温（37 ℃）、生长繁殖快和稳定强等优点，连续流加通风发酵工艺，能将废液中的残糖、氨基酸等成分转化为酵母菌体蛋白，酵母收率为 1.2%～1.4%，经分离、压榨和干燥后得成品。在此基础上，加入絮凝剂凝絮酵母菌体后，再经分离、压榨和干燥，能提高酵母菌体收率。成品含蛋白质达 40%以上，富含维生素 B 和 16 种氨基酸，为优质饲料添加剂，可代替鱼粉，具有能使禽畜增重快、抗病力强和饲料消化吸收率高等优点。

第三节　柠檬酸工业副产品的综合利用

一、柠檬酸废渣的利用

柠檬酸发酵渣是柠檬酸厂发酵液压榨废弃物。我国是世界柠檬酸生产大国，年产能接近 100 万 t，每生产 1 t 柠檬酸排放 1.5～2.0 t 废渣。

（一）柠檬酸废渣的主要成分

柠檬酸渣是食品化工业采用石灰法制取柠檬酸时的一种化学沉积物，渣量与产品量基本相当，因此产生的工业废渣较多，如果不合理利用的话对于柠檬酸企业来说是一个比较严重的环保问题。

柠檬酸渣的化学成分，水分一般在 30%～40%，细度（4 900 孔筛）为 25%～40%，三氧化硫含量高达 45%以上，K_2O 等有害成分较少。经检验，其主要化学成分见表 21-1。

表 21-1　柠檬酸渣主要化学成分　%

名称	SiO_2	Al_2O_3	Fe_2O_3	CaO	MgO	K_2O	Na_2O	SO_3	Cl
含量	微量	0.27	微量	31.07	微量	0.04	0.03	45.57	微量

柠檬酸渣的矿物组成主要为 $CaSO_4$，含量达 75%以上，结晶水为 18.5%左右。

（二）柠檬酸废渣生产壳聚糖

壳聚糖是一种天然高分子化合物，属于碳水化合物中的多糖，是白色无定型、半透明、略有珍珠光泽的固体，相对分子质量从十万至数百万不等，不溶于水和碱溶液，可溶于稀的盐酸、硝酸等无机酸和大多数有机酸，不溶于稀的硫酸、磷酸。在稀酸中，壳聚糖的主链也会缓慢水解，溶液的黏度逐渐降低。

利用这些性质，它在制降解性地膜，作植物生长调节剂、饲料、饲料添加剂、处理污水的絮凝剂、吸附剂等许多方面得到了应用。

柠檬酸废渣生产壳聚糖的工艺为：在柠檬酸废渣中加入50%浓盐酸，于80 ℃处理4～6 h，水洗离心后再次用5%氢氧化钠于100～110 ℃沸腾状态下保温4～6 h，将产物离心洗涤至中性，得到的灰白色湿菌丝，即为黑曲霉菌丝。把提取出的黑曲霉菌丝浸入浓碱中，在压力蒸汽灭菌器中高温处理4～6 h，保持压力为0.1 MPa。处理后的固形物经离心、水洗至中性，用10%过氧化氢于沸水浴中保持35 min，水洗离心至中性，用10%醋酸浸泡3 h，离心取上清液用碱液调节pH至10，使壳聚糖沉淀下来，离心水洗至中性。所得壳聚糖在低温下干燥至恒重，即得壳聚糖成品。

以柠檬酸废菌渣为原料生产壳聚糖，成本低，纯度高，性能稳定，同时可减轻对环境的污染。该工艺不仅改善了传统壳聚糖产业，又为柠檬酸工业开辟了一条新途径。

二、菌丝渣和淀粉渣的利用

（一）菌丝渣和淀粉渣的主要成分

以白薯干为基本原料，经黑曲霉发酵后分离出的菌丝残渣，呈泥状，颜色为棕褐，柠檬酸味和发酵味兼有。

（二）菌丝渣和淀粉渣生产饲料

柠檬酸菌丝渣和淀粉渣是柠檬酸生产中的主要副产物，这些酸渣主要成分是含有丰富蛋白质和其他营养物质的菌体细胞，如果直接排放，不仅污染环境，也是一种浪费。如果直接作为饲料，由于它含有较高残酸，适口性差，动物不爱吃，需重新处理。

采用柠檬酸渣为主要原料时，需适当加入一些辅料，以黑曲霉和经过优选的酵母菌HB001、白地霉2.498为菌种进行混合协同固体发酵，不仅提高了柠檬酸渣的pH，增加了香味，提高了适口性，而且其粗蛋白质也由柠檬酸渣的19.0%提高到了37.8%，同时其活菌细胞数达到了45亿个/g，大大提高了可被动物利用的活性蛋白质，提高了饲料的营养价值。

参考文献

[1] 国家市场监督管理总局,中国国家标准化管理委员会.GB/T 17204—2021 饮料酒术语和分类[S].北京:中国标准出版社,2021.

[2] 中华人民共和国国家质量监督检验检疫总局,中国国家标准化管理委员会.GB/T 7416—2008 啤酒大麦[S].北京:中国标准出版社,2008.

[3] 中华人民共和国国家质量监督检验检疫总局,中国国家标准化管理委员会.GB/T 4927—2008 啤酒[S].北京:中国标准出版社,2008.

[4] 中华人民共和国国家质量监督检验检疫总局,中国国家标准化管理委员会.GB/T 4928—2008 啤酒分析方法[S].北京:中国标准出版社,2008.

[5] 国家市场监督管理总局,中国国家标准化管理委员会.GB/T 5749—2022 生活饮用水卫生标准[S].北京:中国标准出版社,2022.

[6] 国家市场监督管理总局,中国国家标准化管理委员会.GB/T 15109—2021 白酒工业术语[S].北京:中国标准出版社,2021.

[7] 国家市场监督管理总局,中国国家标准化管理委员会.GB/T 17204—2021 饮料酒术语和分类[S].北京:中国标准出版社,2021.

[8] 中华人民共和国国家质量监督检验检疫总局,中国国家标准化管理委员会.GB/T 15037—2006 葡萄酒[S].北京:中国标准出版社,2006.

[9] 国家市场监督管理总局,中国国家标准化管理委员会.GB/T 13662—2018 黄酒[S].北京:中国标准出版社,2018.

[10] 杨丽娜,张陪正.中国黄酒中营养成分与功能成分的研究进展[J].酿酒,2009,36(5):9-12.

[11] 范怀德,乔自林.黄酒营养价值的研究[J].西北民族学院学报,2000,21(35):47-49.

[12] 谢广发,胡志明,傅建伟,等.中国黄酒技术与装备研究新进展[J].食品与发酵工业,2017,43(11):225-231.

[13] 骆思铭,张辉,谢静茹.ICP-MS 测定几种不同地域黄酒中的无机元素[J].酿酒科技,2022,337(7):126-129+135.

[14] 李国龙,金建明,谢广发.黄酒的营养成分与功能因子分析研究[J].酿酒,2021,48(3):78-80+85.

[15] 谢广发.黄酒酿造技术[M].北京:中国轻工业出版社,2010.

[16] 孙剑秋.黄酒酿造学[M].北京:科学出版社,2019.

[17] 何国庆.食品发酵与酿造工艺学[M].2 版.北京:中国农业出版社,2011.

[18] 陈福生.食品发酵设备与工艺[M].北京:化学工业出版社,2011.

[19] 国家市场监督管理总局,中国国家标准化管理委员会.GB/T 8967—2007 谷氨酸钠(味精)[S].北京:中国标准出版社,2007.

[20] 中华人民共和国国家卫生健康委员会,国家市场监督管理总局.GB 5009.43—2023 食品

安全国家标准 味精中谷氨酸钠的测定[S]. 北京:中国标准出版社,2023.
[21] 中华人民共和国国家卫生健康委员会. GB 2720—2015 食品安全国家标准 味精[S]. 北京:中国标准出版社,2015.
[22] 中华人民共和国国家卫生健康委员会,国家市场监督管理总局. GB 2719—2018 食品安全国家标准 食醋[S]. 北京:中国标准出版社,2018.
[23] 国家质量技术监督局. GB/T 18187—2000 酿造食醋[S]. 北京:中国标准出版社,2000.
[24] 中华人民共和国国家质量监督检验检疫总局,中国国家标准化管理委员会. GB/T 19777—2013 地理标志产品 山西老陈醋[S]. 北京:中国标准出版社,2013.
[25] 中华人民共和国国家质量监督检验检疫总局,中国国家标准化管理委员会. GB/T 18623—2011 地理标志产品 镇江香醋[S]. 北京:中国标准出版社,2011.
[26] 中华人民共和国国家质量监督检验检疫总局,中国国家标准化管理委员会. GB/T 19461—2008 地理标志产品 独流(老)醋[S]. 北京:中国标准出版社,2008.
[27] 国家市场监督管理总局. BJS 202302 冰乙酸假冒食醋的鉴别方法 气相色谱-稳定同位素比值质谱法[S]. 北京:中国标准出版社,2023.
[28] 中华人民共和国国家卫生健康委员会,国家市场监督管理总局. GB 2717—2018 食品安全国家标准 酱油[S]. 北京:中国标准出版社,2018.
[29] 中华人民共和国国家卫生健康委员会,国家市场监督管理总局. GB 2760—2024 食品安全国家标准 食品添加剂使用标准[S]. 北京:中国标准出版社,2024.
[30] 国家质量技术监督局. GB/T 18186—2000 酿造酱油[S]. 北京:中国标准出版社,2000.
[31] 中华人民共和国国家质量监督检验检疫总局,中国国家标准化管理委员会. GB/T 24399—2009 黄豆酱[S]. 北京:中国标准出版社,2009.
[32] 中华人民共和国国家卫生和计划生育委员会. GB 1886.97—2015 食品安全国家标准 食品添加剂 5′-肌苷酸二钠[S]. 北京:中国标准出版社,2015.
[33] 中华人民共和国国家卫生和计划生育委员会. GB 1886.170—2016 食品安全国家标准 食品添加剂 5′-鸟苷酸二钠[S]. 北京:中国标准出版社,2016.
[34] 中华人民共和国国家质量监督检验检疫总局,中国国家标准化管理委员会. GB/T 8269—2006 柠檬酸[S]. 北京:中国标准出版社,2006.
[35] 中华人民共和国国家卫生和计划生育委员. GB 1886.235—2016 食品安全国家标准 食品添加剂 柠檬酸[S]. 北京:中国标准出版社,2016.
[36] 中华人民共和国国家卫生和计划生育委员. GB 1886.173—2016 食品安全国家标准 食品添加剂 乳酸[S]. 北京:中国标准出版社,2016.
[37] 中华人民共和国卫生部. GB 25544—2010 食品安全国家标准 食品添加剂 *DL*-苹果酸[S]. 北京:中国标准出版社,2010.
[38] 中华人民共和国国家卫生和计划生育委员. GB 1886.40—2015 食品安全国家标准 食品添加剂 *L*-苹果酸[S]. 北京:中国标准出版社,2015.
[39] 玛合沙提·努尔江. 红曲色素的生物活性及其作用机制研究进展[J]. 食品与发酵工业, 2023,49(6):347-356.
[40] 陈运中. 天然色素的生产及应用[M]. 北京:中国轻工业出版社,2007.
[41] 中华人民共和国卫生部. GB 25534—2010 食品安全国家标准 食品添加剂 红米红[S]. 北

京：中国标准出版社，2010.

[42] 袁旭鹏，王文欢，张文晔，等. β-胡萝卜素的主要生理功能及其在畜禽中的应用研究进展[J]. 中国畜牧杂志，2021，57(4)：27-33.

[43] 崔亚娟. 植物源食品中 α-胡萝卜素和 β-胡萝卜素的测定及比较分析[J]. 食品科学，2018，39(4)：194-198.

[44] 向珊珊. 木鳖果假种皮中 β-胡萝卜素的提取工艺优化及稳定性研究[J]. 食品工业科技，2018，39(21)：191-195+201.

[45] 孙福璋，贾磊，贺君. 海洋天然色素——β-胡萝卜素提取及杜氏藻中有关营养成分的测定[J]. 海洋科学，1991，(4)：3.

[46] 杨文，刘炯，吴晨曦，等. 从红酵母中提取胡萝卜素[J]. 食品与发酵工业，1993，(4)：24-28.

[47] 王宁，杨继业，陈书明，等. 红酵母发酵豆腐渣产类胡萝卜素工艺优化[J]. 农业工程学报，2020，36(09)：323-330.

[48] 曲蕙名. β-胡萝卜素提取方法、生理功能及应用研究进展[J]. 中国食物与营养，2017，23(08)：37-41.

[49] 丁长河，尹萌，李鸿莉. 三孢布拉氏霉菌发酵产 β-胡萝卜素工艺优化[J]. 食品研究与开发，2020，41(16)：188-194.

[50] 李柯欣，江燕竹，覃平，等. 纳他霉素在月饼中抑菌防腐的研究[J]. 中国食品添加剂，2016(3)：138-142.

[51] 申有青，吴碧寒，相佳佳，等. 一种聚乙二醇-聚赖氨酸/异硫氰酸酯键合物及其作为药物载体的应用：CN110041522B[P]. 2020-05-29.

[52] 中华人民共和国国家质量监督检验检疫总局，中国国家标准化管理委员会. GB/T 317—2018 白砂糖[S]. 北京：中国标准出版社，2018.

[53] 中华人民共和国卫生部. GB 19302—2010 食品安全国家标准 发酵乳[S]. 北京：中国标准出版社，2010.

[54] 葛向阳，田焕章，梁运祥. 酿造学[M]. 北京：高等教育出版社，2005.

[55] 中华人民共和国国家卫生和计划生育委员. GB 2712—2014 食品安全国家标准 豆制品[S]. 北京：中国标准出版社，2014.

[56] 中华人民共和国国家卫生健康委员会，国家市场监督管理总局. GB 2762—2022 食品安全国家标准 食品中污染物限量[S]. 北京：中国标准出版社，2022.

[57] 中华人民共和国国家卫生健康委员会，国家市场监督管理总局. GB 29921—2021 食品安全国家标准 预包装食品中致病菌限量[S]. 北京：中国标准出版社，2021.

[58] 中华人民共和国国家卫生健康委员会，国家市场监督管理总局. GB 2761—2017 食品安全国家标准 食品中真菌毒素限量[S]. 北京：中国标准出版社，2017.

[59] 中华人民共和国国家卫生健康委员会，国家市场监督管理总局. GB 2714—2015 食品安全国家标准 酱腌菜[S]. 北京：中国标准出版社，2015.

[60] KAVALAPPA Y P，RUDRESH D U，GOPAL SS，et al. β-carotene isolated from the marine red alga，Gracillaria sp. potently attenuates the growth of human hepatocellular carcinoma (HepG2) cells by modulating multiple molecular pathways[J]. Journal of

Functional Foods,2019,52: 165-176.

[61] Kahar P,Iwata T,Hiraki J,et al. Enhancement of ε-polylysine production by Streptomyces albulus strain 410 using pH control[J]. J Biosci Bioeng,2001,91(2): 190-194.

[62] Shima S,Sakai H. poly-lysine produced by Streptomyces[J]. Agric For Meteorol,1977,41(9): 1807-1809.

[63] Sivaramakrishnan R,Suresh S,Incharoensakdi A. Chlamydomonas sp. as dynamic biorefinery feedstock for the production of methyl ester and ε-poly-lysine[J]. Bioresour Technol,2019,272: 281-287.

[64] Pan L,Chen X S,Liu M M,et al. Efficient production of ε-poly-*L*-lysine from glucose by two-stage fermentation using pH shock strategy[J]. Process Biochem,2017,63:8-15.

[65] Liu J N,Chang S L,Xu P W,et al. Structural changes and antibacterial activity of epsilon-poly-*L*-lysine in response to pH and phase transition and their mechanisms[J]. J Agric Food Chem,2020,68(4): 1101-1109.

附　　录

氨基酸缩略表

名称	缩写	名称	缩写
半胱氨酸	Cys	亮氨酸	Leu
苯丙氨酸	Phe	脯氨酸	Pro
丙氨酸	Ala	色氨酸	Trp
甘氨酸	Gly	丝氨酸	Ser
谷氨酸	Glu	苏氨酸	Thr
谷氨酰胺	Gln	天冬氨酸	Asp
甲硫氨酸	Met	天冬酰胺	Asn
精氨酸	Arg	缬氨酸	Val
赖氨酸	Lys	异亮氨酸	Ile
酪氨酸	Tyr	组氨酸	His